# Sleep & Duwbc

CW01666719

**W. van Heck - A.M. v**

**Foto's omslag voorzijde:**

De RWS 70 (imo 9479175) was de eerste in een serie van 10 nieuwe patrouillevaartuigen van Rijkswaterstaat. Foto: F. de Vries.

*Linksboven:* De YN 503419 (imo 9529425) voer even bij Muller. Ze zou de EN AVANT 31 worden, maar ze werd verkocht als GENERAL RAEVSKY.

*Rechtsboven:* De TJOBA werd verleden jaar verkocht, de nieuwe naam is CITIUS (023.19673), de thuishaven is Heinkenszand. Foto: A. Poots.

*Linksonder:* Prachtig onderhouden, de ROEK (021.01735) bij aankomst bij Dordt in Stoom. Foto: T .v.d. Zee.

*Rechtsonder:* De COASTAL SERVICE (027.16321) is na haar verbouwing weer fris en strak in de verf. Foto: T .v.d. Zee.

**Foto's omslag achterzijde:**

Ons museumschip RENÉ SIEGFRIED (023.27668) met een aantal vrijwilligers op de brug. Foto: C. de Bijl.

*Linksboven:* De ruim 100-jarige ALPHECCA (022.12782) voer ruim 92 jaar onder Duitse vlag voordat een stichting zich over haar ontfermde. Foto: D. Henken.

*Rechtsboven:* De GEPKE III (023.26726) kreeg een facelift. Foto: A. van Zanten.

*Linksonder:* De duwboot AMAZONE (023.22517) werd verkocht naar Frankrijk. Foto: D.Henken.

*Rechtsonder:* De SIRE (imo 8872057), de voormalige zeegaande patrouilleboot van de Rijkshavendienst, is een tijd opgelegd, maar wat gaat er nu met haar gebeuren? Foto: D.Henken.

ISBN 978 90 6013 396 5


E-mail: info@alk.nl - Website: www.alk.nl

# INHOUD

Dat deurtje onder de stuurhut van de HEIN JR (021.04162) verraadt haar herkomst; een ex Monopol dus. Foto: C. v.d. Veer.

# Inleiding

In deze vijftiende editie van vindt u een (nagenoeg) compleet overzicht van de Nederlandse sleep- en duwvaartvloot per 1 september 2014.

Bij het tot stand komen van deze editie zijn wij naast een uitgebreid aantal bedrijven veel dank verschuldigd aan een aantal personen die ons regelmatig voorzagen van informatie. Dit zijn de, in de binnenvaart geïnteresseerde kenners ieder met hun eigen specialisme op het gebied van de sleep- en duwvaartwereld. Van deze mensen ontvingen wij meerdere malen per jaar zeer uitgebreide lijsten met wijzigingen.

Hierdoor werden ten opzichte van de vorige uitgave ongeveer 1000 wijzigingen, zoals afmetingen, autotelefoon, eigenaar en adres, verwerkt.

Het totaal aantal opgenomen boten is 2981 (-39) waaronder 22 stoomsleepboten en 180 opduwers. Het overgrote deel van de opgenomen boten betreft 1492 motorsleepboten, 442 vletten en 584 duw(sleep)-boten. Daarnaast zijn nog een aantal werkvaartuigen (Multicats), bevoorradingsschepen en patrouillevaartuigen met sleepcapaciteit opgenomen.

In totaal werden 74 vaartuigen nieuw ingevoerd. Van naam veranderden 54 vaartuigen.

In deze editie zijn 21 vaartuigen als gesloopt aangegeven, soms al vele jaren geleden. Afgevoerd, veelal verkocht naar het buitenland, werden 78 vaartuigen. Daaronder zijn een aantal waarvan onbekend is waar ze zijn gebleven.

Zoals u mag verwachten, hebben wij getracht de gegevens van de vaartuigen zo zorgvuldig mogelijk te verwerken. Het is echter bijna onmogelijk onvolkomenheden te voorkomen. Indien u onjuiste gegevens constateert en/of over aanvullende informatie beschikt, meldt u dat dan aan de samenstellers.U kunt daarvoor de, achter in het boekje opgenomen mutatiekaart gebruiken. Gelieve deze kaart gefrankeerd aan de samenstellers te zenden.
U kunt er ook voor kiezen de gegevens per email aan de redactie te zenden: binnenvaartwvh@gmail.com

# Bedrijfsnieuws

De Franse Rijnvaart rederij CFNR is sinds 29 april 2014 volledig in handen van het Rotterdamse HES Beheer. De CFNR stopte in 2013 al met de duwvaart. De vloot werd overgedragen aan Grave Antverpia (dochter van Imperial). De containervloot ging naar Danser Container Line. Na de Tweede Wereldoorlog werd de O.N.N. door President De Gaulle belast met de wederopbouw en exploitatie van de Franse binnenvaartvloot. Later werd dit, met name de exploitatie van de Rijnvaartvloot, overgenomen door de Compagnie Française de Navigation Rhenane Ook had de CFNR eind 50-er jaren een belangrijk aandeel in de ontwikkeling van de duwvaart op de Rijn. In 1996 werd de rederij geprivatiseerd en verwierf een groot aandeel in scheepswerf De Biesbosch in Dordrecht.

Acta Marine heeft een vestiging geopend in Parijs. Er is al wat langer een samenwerkingsverband met het Franse Almatug. Acta zal het contact verbeteren met Franse en internationale klanten, die zowel aan de Franse kust als de Afrikaanse markt werken uitvoeren. Er zijn vijf vaartuigen actief, te weten COASTAL SAGE, FRIGHTER, CONQUEST, ASSISTANT en de COASTAL WARRIOR.

De Koninklijke Boskalis Westminster NV heeft van de Franse Louis Dreyfus Armateurs het sleepvaartbedrijf Fairmount Marine BV en Fairmount Ocean Towage Company BV in Rotterdam overgenomen. Fairmount is een wereldwijde toonaangevende zeesleepbedrijf voor lange afstanden. Voor Boskalis betekent het een verdere versterking in de offshore-, energie- en dienstverlening als berging en vult de diensten van Smit en Dockwise aan. Fairmount werd in 1980 opgericht en ging in 2007 over in Franse handen bij Louis Dreyfus. Het bedrijf heeft vijf sleepboten in bezit met een trekkracht van 205 ton.

Er lijkt weer een nieuwe sleepbootoorlog te ontstaan als Maersk-dochter Svitzer binnenkort ook in Bremerhaven havensleepdiensten gaat verlenen. Eerder had Kotug uit Rotterdam hier al een voet tussen de deur gekregen na een hevige concurrentiestrijd met URAG en Bugsier. Deze twee Duitse sleepdiensten lijken nu samen met Svitzer op hun beurt Kotug te willen aanpakken. Svitzer heeft enkele sleepboten, waaronder SVITZER MUIDEN naar Duitsland gestuurd.
Ook in Rotterdam is Svitzer op 1 juni 2014 een sleepdienst gestart met SVITZER MUIDEN, SVITZER NARI, SVITZER HUTTON, SVITZER THOR alsmede de BRENT en GINGER. Ze worden op de Tweede Maasvlakte ingezet voor sleepbootassistentie van de Maersk Line schepen,

Door de samenvoeging van de terminalsleepdiensten van Boskalis-dochter, Smit met die van Lamnalco, is Smit Lamnalco ontstaan. Door Smit Lamnalco is een flink nieuwbouwprogramma in gang gezet. De typen sleepboten zijn ontwikkeld door Damen Shipyards of Robert Allan uit het Canadese Vancouver.
Op 1 juli 2011 maakte Boskalis bekend uit de terminaldivisie van Smit plus een aantal bevoorradingsvaartuigen te willen verkopen aan Lamnalco. In deze terminalsleepdienst, (opgericht in 1963), hadden de Boskalis en de Rezayat Groep uit Saoedi-Arabië elk een belang van 50%. De verkoop leverde Boskalis 450 miljoen dollar op. Door de samenvoeging van de twee terminalsleepdiensten ontstond een vloot van ruim 150 schepen, die verdeeld over ruim 50 terminals in meer dan 30 landen actief waren. Het hoofdkantoor werd na de samenvoeging in Rotterdam gevestigd. Ook zijn alle vaartuigen in de nieuwe huisstijl geschilderd en voor hun naam de letters SL van Smit Lamnalco geplaatst. Doordat alle nieuwbouw sleepboten geen Nederlandse vlag hebben bespreken we deze niet verder.

Hebo Maritiem Service in Zwartsluis en Rotterdam heeft per 1 augustus 2014 de binnenvaartactiviteiten van Mammoet Europe in Schiedam overgenomen. Een groot deel van de sleep- en duwboten, drijvende bokken, pontons alsmede zo'n 30 personeelsleden zijn door Hebo overgenomen. Hebo Maritiem Service gaat het materieel exploiteren vanaf dezelfde locaties in Schiedam, Lelystad en Mülheim (D). De overgenomen boten en bokken zijn herdoopt in CATHARINA met volgnummer. Het betreft een multicat, vijf sleep- en duwboten, een kraan (250 ton), 19 dekschuiten en pontons, wat werkboten en zes drijvende bokken. Mammoet Europe BV richt zich steeds meer op offshoreactiviteiten en meent dat de binnenvaartactiviteiten niet langer past in de strategie binnen Europa.
BTS ontstond al in 1985 door het samenvoegen van Berging Transport Mij Scheffer en delen van Rederij Gebroeders Goedkoop. Vanaf 2002 was BTS een volle dochter van Mammoet welke haar in 2009 volledig overnam.
Hebo startte in Zwartsluis met een sleepdienst en kreeg enkele jaren geleden in het Rotterdamse veel werk in de dienstverlening, calamiteitenbestrijding (olie bestrijding) en berging.

Damen Shipyards heeft van Defensie een order binnengesleept voor het bouwen van vijf haven- zeesleepboten. De Defensie Materiaal Organisatie, kortweg DMO genoemd, is voor deze opdracht een samenwerking aangegaan met de Zweedse marine. Twee boten gaan naar Zweden, en drie blijven in Nederland. De Zweedse boten zijn iets aangepast voor het slepen en duwen in 'ijswateren'. De Nederlandse boten zijn van het type Damen ASD tug 2810 Hybrid, de Zweedse van het type ASD tug 3010 ICE. De oplevering staat gepland voor eind 2015 en 2016 en vervangen dan de boten van de 'Lingeklasse'.

ALP Maritime Service BV uit Rotterdam, heeft een overeenkomst gesloten voor overname door Teekay Offshore Partners in Hamilton Bermuda. ALP heeft vier zeesleepboten besteld, met vier MAK motoren met elk 4500 kW, en een trekkracht van 300 ton,. De boten worden gebouwd bij Niigata Shipyard in Niigata City (Japan), en meten 89 x 21 meter, en zijn voorzien van twee boegschroef installaties van 1500 kW. De ALP STRIKER, ALP DEFENDER, ALP SWEEPER en de ALP KEEPER, worden in 2015 en 2016 opgeleverd. ALP Marine service werd in 2010 opgericht door voormalige Fairmount medewerkers. Het bedrijf houd zich bezig als makelaar in zeesleepvaart, bergingen, zwaar transport en offshore.

Scheepswerf Bodewes Binnenvaart in Millingen aan de Rijn is per 31 december 2013 gesloten. De werf van Damen Shipyards had geen werk meer in de nieuwbouw en ook de reparatie was sterk afgenomen. De werf had last van hoog en laagwater periode, waardoor schepen per jaar 15 a 20 weken niet op of af van de helling konden.

Scheepswerf Peters in Kampen is op 8 april 2014 failliet verklaard. De scheepswerf begon in 1896 in Dedemsvaart en verhuisde in de jaren zestig naar Kampen. Rond 2000 werd met de Kroatische werf Leda in Korcula een samenwerking aangegaan en deze leverde sindsdien alle casco's. Voor de binnenvaart bouwde Peters in 2013 de GREENSTREAM en de GREENRHINE. De werf ging failliet door het betalingsgedrag van de Canada Feeder Lines (CFL), waarvoor de werf twee speciale zeeschepen bouwde. De werf had ongeveer 100 personeelsleden in dienst.

De failliete scheepswerf Gelria, is voor twee jaar verhuurd aan Gerd Swart, met optie tot koop. De heer Swart heeft in 2013 de scheepswerf Dodewaard verkocht en gaat nu hier verder met reparaties en hellingen van schepen tot 135 meter.

De Veka Group uit Werkendam heeft Madera Bibs op 24 januari 2014 overgenomen. Madera Bibs is bouwer van kleine boten voor de bewaking van grenzen en andere activiteiten op het water voor overheden, beveiliging instanties en offshore bedrijven. Inmiddels zijn er ruim 400 gebouwd

Scheepswerf Damen heeft een scheepswerf geopend in Vietnam. De Damen Song Cam werf in Haiphong gaat zo'n 80 schepen per jaar bouwen. Het zijn voornamelijk werkschepen en sleepboten van het type ASD 2810, ASD 3212 en Stantug 2608.

# Nieuwbouw

**Oplevering in 2013**
Het casco van de YN 571680 van het type Shoalbuster 2609 is bij Damen Kozle Shipyard gebouwd. Zij arriveerde op 13 juni 2012 in Nederland achter de sleepboot ATLAS II. Zij is voor D.M.S. afgebouwd bij Damen Shipyards in Hardinxveld. Zij meet 26,21 x 9,10 x 3 meter en is voorzien van twee Caterpillar motoren van 823 kW 1119 pk (trekkracht 28,5 ton). De oplevering was in maart 2013.

Op 12 januari 2013 arriveerde op de Nieuwe Waterweg de sleepboot EGESUND vanuit Polen met het casco van de 1688, een Multicat type 2611. Zij is naar Damen in Hardinxveld gebracht voor afbouw voor D.M.S. als YN 571688. De boot meet 26 x 11,50 x 3,50 meter en is voorzien van drie Caterpillar motoren van 634 kW 862 pk. De proefvaarten werden gehouden in juli 2013.

Op 23 juli 2013 werd in Sharjah Dubai de SEA DELTA van Seacontractors BV gedoopt door mevr. M.R. Lawrence – Oostendorp. De boot (type Shoalbuster 2709) werd gebouwd bij de Damen-werf Albwardy in Sharjah, Dubai (bwnr 571693), meet 27 x 9,10 x 3,50 meter en is uitgerust met twee Caterpillar motoren (type 3512 B TA/A) van 1119 kW 1521 pk (trekkracht 40 ton). Op het dek staat een hydraulische kraan van Heila type HLRM SK140-4 van 5,3 ton. Ze werd opgeleverd door Global Ship Leasing 15 BV uit Gorinchem.

Het casco van de 1689 (Shoalbuster 2609), werd gebouwd bij Damen Shipyards in Kozle. Op 18 december 2012 arriveerde zij achter de sleepboot CYKLOP in Dordrecht, waarna ze naar Hardinxveld werd gebracht voor afbouw als YN 571689. De proefvaarten waren op 2 juli 2013 in Europoort. Medio 2014 werd ze verkocht aan Maritime Craft Services uit Glasgow en omgedoopt in MSC ROSIE.

De Damen sleepboot YN 509654 hield op 19 augustus 2013 haar proefvaart in de Europoort. De trekproeven op het Calandkanaal vonden plaats op 6 november. Zij is afgebouwd door Damen in Gorinchem onder bouwnummer 509654. De boot, type Stantug 2208, meet 22 x 8 meter en is voorzien van tweemaal 1119 kW 1521 pk Caterpillar. De trekkracht is 38 ton.

Het casco van de sleepboot YN 571686 (Shoalbuster 2709) werd gebouwd bij Damen in Kozle en arriveerde op 24 november 2012 achter de sleepboot CYCLOP in Dordrecht. Door Van der Wees sleepboten werd ze naar Damen in Hardinxveld-Giessendam gebracht om te worden afgebouwd. Op 16 april 2013 vertrok ze van de werf voor de technische proefvaart in de Europoort. De afmetingen zijn 27 x 9 meter en is voorzien van tweemaal 1119 kW 1521 pk Caterpillar. In augustus 2013 verkocht aan GPS Avenger Ltd in Groot Brittannië en als GPS AVENGER onder beheer gebracht bij GPS Marine Contractors Ltd.in Chatham.

De multicat YN 571670 van Damen Marine Service voer op 21 augustus 2013 haar proefvaarten uit. Zij werd in Polen gebouwd als 1670 en werd door de sleepboot WOLTEK naar Dordrecht versleept. Afgebouwd bij Damen Shipyard in Hardinxveld. Zij meet 23,33 x 9 meter.

De duwsleepboot VLB 3 van de Vlissingse Bootliedenwacht BV werd op 19 augustus 2013 te water gelaten, waarna in oktober 2013 de oplevering plaatsvond. Het casco werd gebouwd bij scheepswerf J. Schlieker & Zonen BV in Sliedrecht en afgebouwd bij plaatsgenoot Vink Diesel BV. De afmetingen zijn 14,95 x 5,30 x 1,20 meter en ze is voorzien van twee MAN motoren van 287 kW 379 pk (trekkracht 10 ton). De Kalkman boegschroef (type Beta $122^{E}$) wordt aangedreven door een 89 kW 122 pk John Deere.

De TAUPO van Damen Marine Service (DMS) was op 11 september 2013 in Europoort voor proefvaarten. Zij is van het type Damen Shoalbuster 3209. Het casco werd op de Poolse Damenwerf gebouwd en kwam op 28 april 2013 achter de sleepboot CYCLOP in Nederland aan. De afbouw werd verzorgd door Damen Shipyards in Hardinxveld (bwnr 571697). Zij meet 32,27 x 9,10 x 4,40 meter en is voorzien van tweemaal 1305 kW 1774 pk Caterpillar (trekkracht 47,5 ton). Later verkocht aan Thong Yong Group Ltd in St. Vincent & The Grenadines.

De KAIKOURA van DMS (Shoalbuster 3511) hield op 17 september 2013 haar proefvaarten in de Europoort. Deze duwsleepboot werd op 1 juli 2009 te water gelaten bij Damen werf in Gdynia. (bwnr 571616). Op 16 juli 2009 arriveerde de boot te Hardinxveld voor afbouw als DMS STARLING. De boot meet 35,28 x 11,88 x 3,20 meter en is voorzien van twee Caterpillar motoren van 1775 kW 2412 pk (trekkracht 60 ton).

De sleepboot SEA HOTEL van Global Ship Leasing 16 BV (Damen) in Gorinchem werd opgeleverd aan Seacontractors BV. Zij is van het type Shoalbuster 2709 en werd, in opdacht van Damen Gorinchem, gebouwd bij Damen Shipyards Albwardy BV in Sharjah, Dubai, (bwnr 571694). Ze meet 27,02 x 9,10 x 3,20 meter en is voorzien van tweemaal 1119 kW 1521 pk Caterpillar. De trekkracht is 40 ton. Op 23 oktober 2013 werd ze in Dubai gedoopt door Mevr. Marieke Regoor.

De sleepboot PROMPT (type ASD 2411) van Global Ship Leasing 18 BV (Damen) in Gorinchem werd onder bouwnummer 512261 gebouwd bij Damen Song Thu Shipyard in Hai Phong (Vietnam). Zij meet 22,16 x 10,70 x 3,20 meter en is voorzien van twee Caterpillar motoren van 2100 kW 2856 pk op een Azimuth Stern Drive. Met het zeeschip FRAUKE werd ze naar Nederland verscheept en naar scheepswerf Maaskant in Stellendam gebracht. De proefvaarten waren op 14 november in Europoort. Na de oplevering in oktober 2013 kwam ze als PROMPT in de vaart bij URAG in Bremerhaven.

Het casco van de duwboot WALVIS van VKV Service werd op de scheepswerf van Gebr. De Jonge, Shipyard Kladovo in Kladova gebouwd (bouwnummer 076) en bij Trico BV in Rotterdam afgebouwd. Zij meet 19.80 x 9,65 x 2,00 meter en is voorzien van twee Caterpillar motoren van 956 kW 1300 pk. Op 12 oktober werd ze opgeleverd en gedoopt.

De SASKIA B van Neptun Equipment BV werd gebouwd door Neptune Marine in Aalst, (bwnr NP 430). Zij meet 26,48 x 11,00 x 2,61 meter en is voorzien van tweemaal 1043 kW 1418 pk Cummins. De SASKIA B (Eurocarrier 2611) werd opgeleverd op 11 november 2013 en in december verkocht aan Zumaja Offshore in Santa Cruz de Tenerife in Spanje en verscheept naar Pasajes.

De sleepboot NOOR werd door F. Visser in Kampen op eigen terrein gebouwd. De sleepboot meet 8,90 x 3,15 x 0,88 meter en is voorzien van 44 kW 60 pk Yanmar. Oplevering was in november 2013.

Het zeeschip TRINA (imo 9376505) is op 31 december 2013 vertrokken vanuit Rotterdam naar Sharjah Dubai, met aan boord allemaal nieuwbouw boten van Damen, te weten de SL KIWI, TAUPO, YN 571680, YN 571688, MSC ROSIE en de YOGI. Daar worden de boten ingezet bij een groot karwei.

De sleepboot KOLGA (bwnr 86) van Heerema Shipping 23 BV werd gebouwd bij Astilleros Armon in het Spaanse Vigo. Even als het zusterschip BYLGIA die al eerder werd opgeleverd, wordt ze ingezet bij sleep-, bevoorradings- en ankerwerk. Zij meet 72 x 18 x 4 meter, is voorzien van vier MAK motoren van 3000 kW 4080 pk en een boegschroefinstallatie. (de trekkracht bedraagt 202 ton). Zij werd op 26 april 2013 te water gelaten, proefvaarten waren op 20 november en 4 december bij Estacion Maritime in Vigo en zijn gedoopt door Mevr. Caroline Heerema. De eerste reis was een sleep met de THIAL van Afrika naar de Golf van Mexico.

Het casco van de Multicat 1674 (type 2611) arriveerde met de sleepboot STORESUND op 7 augustus 2013 vanuit Polen in Dordrecht. De afbouw werd zoals gebruikelijk verzorgd in Hardinxveld als YN 571674. De afmetingen zijn 26 x 11,50 x 3,50 meter en ze is voorzien van twee Caterpillars.

**Oplevering in 2014**

De Eurocarrier ANNA B (type 3212) van Stemat werd gebouwd bij Neptune Shipyard in Aalst (bwnr NP 419). Zij werd op 22 december 2013 te water gelaten als NEPTUNE 419. Zij meet 31,98 x 12 x 2,90 meter en is voorzien van twee Caterpillar motoren van 1140 kW 1550 pk (trekkracht 31 ton). De proefvaarten werden op 15 januari en 20 januari gehouden in de Europoort en op de Oude Maas.

De duwboot M & M van JVS Shipping werd gebouwd bij Van Slooten Scheepsbouw in Urk (bwnr 1). Zij meet 13,66 x 4,80 x 1,80 meter en is voorzien van 331 kW 450 pk Baudouin. In januari werd ze opgeleverd.

De duwsleepboot KEES JR (bwnr 101/150) van De Boer Baggeren is gebouwd bij Hoekman Shipbuilding BV in Urk. Hoekman besteedde de bouw van het casco uit aan Bodewes in Harlingen, waar zij op 3 oktober 2013 te water is gelaten. De ploeg- en sleepboot meet 22,30 x 7,00 x 2,10 meter en is voorzien van twee Doosan motoren van 441 kW 600 pk (trekkracht 15 ton) De oplevering en doop vond plaats op 29 januari 2014.

De Eurocarrier NP 435 (type 2611) werd gebouwd door Neptune Shipyards in Aalst voor Neptune Equipment in Hardinxveld. Zij meet 26 x 11 x 3 meter en is voorzien van twee Cummins motoren van 1045 kW 1420 pk

Het werkschip COASTAL CHARIOT van Acta Marine werd op 6 december 2013 te water gelaten bij Maritiem Cluster Friesland in Wartena. Het casco werd gebouwd bij het zusterbedrijf Bijlsma Wartena in Wartena, met bouwnummer MCF 0016/ 60. Het werkschip meet 37 x 11,84 x 1,70 meter, kan duwen, slepen maar ook nog eens 430 ton lading vervoeren. Ze is voorzien van drie Caterpillar motoren van 746 kW 1014 pk, waarvan er twee zijn voor de voortstuwing en één voor het aandrijven van de Schottel Veth Z drive (type VZ400). Tevens heeft ze twee Veth boegschroeven (type compact jet CJ 1000) met elk 249 kW 338 pk (trekkracht 39 ton). Op 20 februari 2014 werd ze gedoopt en in gebruik genomen bij St.Nazaire.

De PEARL (Type Blauwe Stad 1040) van Kok werd onder bouwnummer BS 26 gebouwd bij No Limit Ships BV in Groningen. De opduwer meet 10,40 x 3,25 x 0,90 meter en werd in maart 2014 opgeleverd.

De INGE W (type Eurotug 2710) werd door Neptun Shipyards BV, Aalst (bwnr NP 433) gebouwd voor Stemat Marine Services (Stemat BV). Zij meet 28,10 x 10 x 3 meter en is voorzien van twee Caterpillar motoren van 1351 kW 1836 pk (trekkracht 52 ton). De proefvaarten waren in april en mei 2014, waarna ze op 16 mei werd opgeleverd. Haar maidentrip naar Hvide Sande maakte ze op 27 mei samen met de MTS VANGUARD.

De EDDY 1 werd gebouwd bij Holland Shipyards in Hardinxveld (bwnr 12-082) voor Eddy Tug The Netherlands in Hardinxveld. Zij meet 30,30 x 13,43 x 4,75 meter, en is voorzien van tweemaal 1611 kW 2189 pk Mitsubishi (trekkracht 65 ton). Op 5 mei 2014 werd ze te water gezet door de bokken MATADOR en MATADOR 2. De proefvaarten werden gehouden op 4 en 5 juni 2014. (EDDY staat voor Eddicient Doubleended Dynamic.

De BERNARDUS (type ASD Tug 2810 Hybrid) van Iskes Towing & Salvage BV werd op 16 mei opgeleverd aan Bernardus Tug BV. Zij is voorzien van een combinatie van diesel elektrische voortstuwing en accuenergie waarmee een brandstof besparing van circa 30 % mogelijk is en de uitstoot met 40 % wordt verminderd. De boot werd op 9 oktober 2013 te water gelaten bij Damen Galati in Galati (bwnr 512319). De afmetingen zijn 28,67 x 9,80 x 4,60 meter en ze is voorzien van tweemaal 1800 kW 2448 pk MTU (trekkracht 60 ton).

De MERCURIUS van Iskes Towing & Salvage werd op 21 mei 2014 afgeleverd door duwboot DOLFIJN bij Maaskant Shipyards in Stellendam. Het casco (type Damen ASD tug 3213) werd gebouwd bij Damen Song Cam in Vietnam en afgebouwd bij Maaskant Shipyards in Stellendam, onder bouwnummer 512533, (trekkracht 90 ton).

De TESSA F (NP 436) van Neptune Equipment BV werd gebouwd bij Neptune Shipyards in Aalst. Zij is van het type Eurotug 2710, meet dan ook 27,53 x 10 x 3 meter en is voorzien van tweemaal 1425 kW 1938 pk Caterpillar (trekkracht 41,7 ton). De proefvaarten waren op 22 juli, waarna ze op 5 augustus werd opgeleverd en onder beheer gebracht bij Gareloch Support Services in Greenock en Maassluis.

Het casco van de RODIE 2 van Rodie Waterwegtransporten werd gebouwd bij Scheepswerf Made BV in Made en is op 27 februari 2013 naar Zaandam gebracht om in eigen beheer te worden afgebouwd (bwnr 12-408). Zij meet 16,50 x 5,20 x 2,00 meter en is voorzien van tweemaal 375 kW 485 pk Caterpillar.

**Nieuwbouw van Damen**

Op 4 april 2014 kwam het zware ladingschip ZHEN HUA 29 in Rotterdam aan. Ze was geladen met 29 door Damen in China gebouwde casco's van 13 pontons, 6 sleepboten en 10 tenders. Onderweg bij West Afrika zijn enkele sleepboten en pontons gelost, die daar verkocht zijn. De overige vullen de voorraad van Damen aan om de levertijden kort te houden.

Dat Damen veel sleepboten bouwt is bekend. Wat ook vaak gebeurt is dat bij de aanschaf van een nieuwe boot een oudere wordt ingeruild. Zo werden bijvoorbeeld door de Russische eigenaren voor de nieuwe boten SILVER en BULAT de oudere sleepboten VYSOTSK 1 en VYSOTSK 2 ingeruild. Zij werden omgedoopt en onder de vlag van de Bahamas gebracht.

De sleepboot YN 503419 van Damen Shipyards in Gorinchem is door de werf afgebouwd. De proefvaart werd gehouden op 16 maart 2014. Deze Stantug (type 1907) meet 19 x 7 meter en zou eind juli 2014 als EN AVANT 31 verkocht worden aan Rederij Muller in Dordrecht. Die aankoop werd geannuleerd en ze werd verkocht naar St.Vincent & Grenadines als GENERAL RAEVSKY.

De sleepboot 509657 van Damen Shipyards in Gorinchem, is een Stantug 2208 en werd in Gorinchem afgebouwd. De afmetingen zijn 22 x 9 meter. Na de proefvaart op 22 oktober 2013 werd ze verkocht aan Smit Lamnalco en onder Cypriotische vlag in de vaart gebracht als SL KIWI.

De sleepboot YN 509826 (Stantug 2608) van Shipyard Damen in Gorinchem meet 26 x 8 meter. De proefvaarten vonden plaats op 13 februari 2014 in Europoort en de Noordzee. Aansluitend verkocht naar Puerto Quertzal als ALCMEME, vlag St Vincent and The Grenadines.

De sleepboot CYKLOP bracht het casco van de 1682 op 26 juni 2013 naar Nederland waar ze in Hardinxveld werd afgebouwd als YN 571682. De afmetingen zijn 27 x 9,10 x 3,50 meter en ze is voorzien van twee Caterpillars. De proefvaarten waren op 29 en 30 januari 2014.

Het casco van de sleepboot YN 571685 arriveerde met de sleepboot CYCLOP op 14 april 2013 vanuit Kozle in Dordrecht. Zij is afgebouwd bij Damen in Hardinxveld voor D.M.S. De afmetingen zijn 27 x 9,10 x 3,50 meter. Ze is voorzien van tweemaal 1119 kW 1521 pk Caterpillar. De proefvaarten werden gehouden op 22 en 31 oktober.

Het casco van de 1687 (type Damen Multicat 2712), werd op 7 mei 2013 te water gelaten in Damen Kozle. Aansluitend werd ze door de sleepboot WESTSUN versleept naar Nederland, waar ze op 31 mei arriveerde. Vervolgens werd ze afgebouwd bij Damen Shipyards in Hardinxveld als YN 571687. De afmetingen zijn 27,27 x 12 x 2,50 meter, is voorzien van twee Caterpillar motoren van 634 kW 862 pk en een Kalman boegschroefinstallatie. De trekkracht is 30 ton. Enkele weken voor de oplevering werd ze op 12 juni verkocht aan Samba AS in Lepsoy (Noorwegen) als FOX FIGHTER. Twee dagen later vertrok ze naar Noorwegen.

Het casco van de multicat (type 3213) van DMS werd gebouwd op de Damenwerf in Gdansk als bouwnummer 1690. Na te zijn afgebouwd door Damen werd ze omgedoopt in YN 571690. Zij meet 32,68 x 12,50 x 4 meter en is voorzien van twee Caterpillar motoren. De oplevering was eind november 2013.

De sleepboot YN 571698 (type Shoalbuster 3312) vertrok op 5 oktober 2013 van Gdansk met de sleepboot WESTSUND naar Nederland. Na aankomst, op 12 november ging ze voor afbouw naar Damen Shipyards in Hardinxveld. Twee weken later ging ze, gesleept door de sleepboten MERWESTROOM en VLIESTROOM naar Maaskant Shipyards in Stellendam. Zij meet 33,73 x 12 x 4 meter en is voorzien van twee Caterpillar motoren.

Het casco van de YN 571703 (Shoalbuster type 2709), werd gebouwd bij Damen in Kozle en afgebouwd bij Damen Shipyards in Hardinxveld. De afmetingen zijn 27,00 x 9,00 meter en ze wordt voorzien van tweemaal Caterpillar.

Het casco van de YN 571705 (Shoalbuster 2609) werd gebouwd bij Damen in Kozle en afgebouwd bij Damen Shipyards in Hardinxveld. Ze meet 26,00 x 7,00 meter en is voorzien van twee Caterpillars.

Het casco van de 1707 werd gebouwd bij Damen Shipyards in Stettin en arriveerde op 22 mei 2013 achter de sleepboot CYCLOP in Dordrecht. Vervolgens werd ze afgebouwd door Damen Shipyards in Hardinxveld als YN 571707. De boot, type Shoalbuster 3209, werd beproefd op 5 november 2013 in Europoort.

Het casco van de YN 571708 (Shoalbuster type 2709) werd gebouwd bij Damen in Kozle en afgebouwd bij Damen Shipyards in Hardinxveld. De afmetingen zijn 27,00 x 9,00 meter en ze wordt voorzien van tweemaal Caterpillar.

Het casco van de YN 571712 (Shoalbuster type 3209) werd gebouwd bij Damen in Kozle en afgebouwd bij Damen Shipyards in Hardinxveld. De afmetingen zijn 32,00 x 9,00 meter.

Het casco van de YN 571713 kwam op 31 december 2013 achter de sleepboot CYCLOP in Nederland aan.

De sleepboot EN AVANT 1 bracht het casco van de YN 576619 naar Nederland. Op 16 augustus 2013 arriveerde ze in Dordrecht, waarna het casco bij Damen Shipyards werd afgebouwd.

**De duwboot BO JO (023.18407) werd gekocht uit de inboedel van de failliete werf Blumenthale en afgebouwd als de 3e MURA. Foto: P. Inpijn.**

## Vlootmodernisering

De duwsleepboot GEPKE III van Verschoor is gemoderniseerd bij Van Berchum Scheepsreparatiebedrijf in Sleeuwijk. Zij is voorzien van een hefbaar stuurhuis (hoogte tot 9,50 meter). De stuurhut kwam van Kampers Shipyard in Puttershoek. Voorts is de woning vernieuwd en werden machinekamer, beting en achterschip aangepast.

De duwboot ALK, ex URIA, is bij Scheepvaart Balk in Rotterdam in samenwerking met Gerrit de Jonge, grondig verbouwd. De boot was voorzien van een zuig- en persinstallatie en voer met een vaste bak. Nu is ze weer helemaal op en top een duwboot.

De restauratie van de zeesleepboot ELBE van de stichting Maritieme Collectie Rijnmond is gereed. Op 6 april 2014 maakte ze in volle glorie haar eerste reis, een dagtrip met 70 betalende passagiers van Vlaardingen naar Scheveningen. Ooit was zij samen met het zusterschip de CLYDE de sterkste zeesleper. De restauratie werd uitgevoerd door zo'n zestig vrijwilligers; zij mogen trots zijn op het resultaat.

# Motoren

**Baudouin**
Type 6M 19.3 van 331 kW 450 pk werd geplaatst in de M & M van JVS Shipping

**Caterpillar**
*Geleverd en/of ingebouwd door Pon Power.*
Type C 18 van 447 kW 608 pk werd ingebouwd bij de COASTAL CHARIOT van Acta Marine en JILL F van Fransbergen (in eigen beheer ingebouwd).
Type C 32 van 956 kW 1300 pk werd, door Antwerp Diesel Repair BvbA tweemaal ingebouwd in de WALVIS van VKV Service Orient duwvaart en COASTAL CHARIOT van Acta.
Type C 32 van 634 kW 862 pk werd driemaal geplaatst in de YN 571688 van DMS en tweemaal in de FOX FIGTHER van DMS.
Type 3412 Dita elec van 426 kW 580 pk werd tweemaal geplaatst in de AMAZONE van Vof Amazone.
Type 3512 B TA/A van 1119 kW 1521 pk, hiervan werden er twee ingebouwd in de SEA DELTA, SEA HOTEL (beide van Global Ship Leasing 16 BV), ANNA B , INGE W (beide van Stemat) en in de TESSA F van Neptune.
Type 3516 van 2100 kW 2856 pk werd geplaatst tweemaal in de PROMPT van Global Ship Leasing 18 BV en KAIKOURA van DMS.

*Ingebouwd door Dolderman*
Type 3508 C van 783 kW 1065 pk werd tweemaal geplaatst in de WILLEM LOURENS van Red Bull BV.

**Cummins**
Type QSK 38 M van 1044 kW 1419 pk; twee van deze motoren werden geplaatst in de SASKIA B van Neptune en NP 435 van Neptune.

**Doosan**
Type V 180 TIH van 441 kW 600 pk werd tweemaal geplaatst in de KEES JR van de Boer.

**John Deere**
Type 89 kW 122 pk in de VLB 3 van de Vlissinger Bootliedenwacht.

**MAK**
Type 6M32C van 3000 kW 4080 pk werd viermaal geplaatst in de KOLGA van Heerema.

**MAN**
Type D 28661 LXE 40 van 278 kW 379 pk, tweemaal in de VLB 3 van de Vlissinger Bootliedenwacht.
**Mitsubishi**
Type van 1030 kW 1400 pk werd tweemaal geplaatst in de SIRIUS van Iskes.
Type S 16 R van 805 kW 1094 pk werd tweemaal geplaatst in de EDDY I van Rederij Holland Offshore en van 1611 kW 2189 pk werd geplaatst in de EDDY 1 van Rederij Holland Offshore.

**MTU**
Type 16V 4000 M 53 van 1800 kW 2448 pk, werd geplaatst in de BERNARDUS van Iskes.

**Volvo**
Type TAMD 121D van 270 kW 367 pk kwam in de ORION van Van de Velde.
Type TAMD 165C van 350 kW 476 pk werd geplaatst in de ZEELEEUW van Woude Beheer.
Type D 138BE MH van 331 kW 450 pk werd geplaatst in de STENTOR van Van de Velde.

**Yanmar**
Type 41 NE94 SA van 44 kW 60 pk werd geplaatst in de NOOR van Visser.

# Scheepsongevallen

De EN AVANT 5 is door Neptune Repair in Hardinxveld hersteld van de schade die ze had opgelopen nadat ze op de Oude Maas voor Dordrecht was gekapseisd. In juni 2014 werd ze in gebruik genomen als PM 1.

De sleepboot PESANTE zonk op 22 maart 2014 in de 1$^{e}$ Merwedehaven in Dordrecht (gelukkig geen slachtoffers). De uit de bunkers vrijgekomen gasolie werd door Hebo Maritime Service met de HEBO 7 opgeruimd. Op 24 maart werd ze gelicht door Mammoet Maritiem in samenwerking met duikers van Smit Waalhaven. Na het lichten werd ze gerepareerd en verkocht naar Zwitserland als BO CHRIS JR. De oorzaak van het zinken is nog niet bekend.

# Nieuw in de vaart gebrachte sleep- en duwboten van 1 september 2013 tot 1 september 2014

Van een aantal boten is ons het registratienummer (nog) niet bekend, hierbij staat een door ons toegekend fictief nummer.

| *naam* | *ENI* | *ex naam* | *jaar* | *bijzonderheden* |
|---|---|---|---|---|
| Aakant | 023.35661 | Aakant 294-78 | 2013/07 | ingevoerd |
| Adriana | 023.21629 | Kelly | 2014/08 | uit België |
| Anna B (2) | imo 9653202 | | 2014/ | nieuwbouw |
| Bas | 020.05705 | | 2014/08 | ingevoerd |
| Bertus | 023.34244 | | 2013/11 | uit Zweden |
| Bever | 032.20188 | | 2013/ | ingevoerd |
| Bizon | 065.04296 | Petrus 23.35194 | 2012/09 | uit België |
| Boxer | 023.35760 | DN 49 | 2013/10 | uit België |
| Coastal Chariot 27.23639 | imo 9704946 | | 2014/ | nieuwbouw |
| Conquest 3 | 023.35246 | | 2013/ | nieuwbouw |
| Daniel | 023.35484 | | 2013/10 | ingevoerd |
| De Pearl | 023.35978 | | 2014/ | nieuwbouw |
| DMS Weaver | imo 9562984 | Weaver | 2014/03 | uit Singapore |
| Eddy I | imo 9714575 | 2014/ | nieuwbouw | |
| Eendracht I | 023.35763 | | 2014/08 | ingevoerd |
| Energie | 023.34242 | | 2013/11 | uit Duitsland |
| Farmsumerdiep 23.35624 | 322.00670 | TR 23 | 2013/06 | uit Tsjechië |
| FN Stormer | 023.35705 | | 2013/08 | nieuwbouw |
| Frans | 023.34243 | | 2013/11 | uit Zweden |
| Havenbeheer | 023.35451 | | 2014/ | ingevoerd |
| Havendienst 2 (2) | 023.35899 | | 2014/ | ingevoerd |
| Inge W | imo 9412412 | | 2014/ | nieuwbouw |
| Kees Jr 27.23660 | imo 9701384 | | 2014/ | nieuwbouw |
| M & M | 023.35874 | | 2014/ | nieuwbouw |
| Main XXI | 080.00139 | Unité | 2014/03 | uit Luxemburg |
| Manta | 023.35659 | | 2013/10 | ingevoerd |
| Marieke | 023.28087 | | 2013/10 | ingevoerd |
| Meeuw | 023.35804 | | 2014/ | ingevoerd |
| Mercurius | imo 9695523 | | 2014/ | nieuwbouw |
| MS Lemmer | 023.29030 | Lemmer 524-75 | 2013/02 | ingevoerd |
| Multratug 4 | imo 9360582 | Multratug 4 | 2014/ | uit Malta |
| Noor | 023.35797 | | 2013/10 | nieuwbouw |
| NP 435 | 023.23789 | | 2014/ | nieuwbouw |
| Ome Tinus | 1930-36 | | 2014/04 | ingevoerd |
| Orca | 2014-09 | | 2014/08 | ingevoerd |
| Pelikaan | 021.02377 | | 2014/04 | ingevoerd |
| Prompt 27.23695 | imo 9647409 | | 2013/10 | nieuwbouw |

| *naam* | *ENI* | *ex naam* | *jaar* | *bijzonderhede* |
|---|---|---|---|---|
| Rodie 2 | 023.35714 | | 2014/ | nieuwbouw |
| RWS 59 - Ir Josephus Jitta 832-99 | 039.00026 | | 2013/12 | ingevoerd |
| RWS 75 | imo 9479125 | | 2010/ | nieuwbouw |
| RWS 76 | imo 9479278 | | 2010/ | nieuwbouw |
| Saskia B 23.23689 | imo 9705108 | | 2013/ | nieuwbouw |
| Sperwer I | 020.04724 | Sperwer | 2014/01 | uit België |
| Stern | 023.30605 | | 2014/08 | ingevoerd |
| Svitzer Mallaig 27.23738 | imo 9317901 | Svitzer Mallaig | 2013/12 | uit Engeland |
| Svitzer Trave 27.23677 | imo 9001693 | Svitzer Trimley | 2013/09 | uit Engeland |
| Synergie 23.35801 | 060.03353 | Bo Bjorn | 2013/10 | uit Zwitserland |
| Tessa F | 027.23851 | | 2014/ | nieuwbouw |
| Titan | 022.02323 | | 2013/02 | ingevoerd |
| Tor | 1960-23 | | 2014/04 | ingevoerd |
| Torsten | imo 9623142 | Torsten | 2013/04 | uit St.Vincent & The Grenadines |
| VB 11 | 023.28120 | | 2014/04 | ingevoerd |
| Vigilant | 2014-02 | | 2013/ | nieuwbouw |
| Viktoria | 023.35811 | | 2014/ | ingevoerd |
| VLB | 023.35638 | | 2013/ | nieuwbouw |
| Walvis | 023.35680 | | 2013/ | nieuwbouw |
| Wilma | 033.50418 | | 2012/12 | ingevoerd |
| Wupper | 023.35777 | Wupper | 2013/10 | uit Duitsland |
| YN 503419 | imo 9529425 | | 2014/ | nieuwbouw |
| YN 509826 | imo 9476343 | | 2013/ | nieuwbouw |
| YN 571674 | 027.23662 | | 2013/ | nieuwbouw |
| YN 571690 | 027.23723 | | 2013/ | nieuwbouw |
| YN 571698 | 027.23724 | | 2013/ | nieuwbouw |
| YN 571703 | imo 9700536 | | 2014/ | nieuwbouw |
| YN 571705 | imo 9705548 | | 2014/ | nieuwbouw |
| YN 571708 | 2014-06 | | 2014/ | nieuwbouw |
| YN 571712 | imo 9688867 | | 2014/ | nieuwbouw |
| YN 571713 | 2014-07 | | 2014/ | nieuwbouw |
| Zeerob | 027.21709 | Vickey | 2013/10 | ingevoerd |
| Zeewolf | 021.04781 | | 2013/10 | ingevoerd |
| Zegge | 334-78 | Zegge | 2013/05 | ingevoerd |
| Zuiderzee | 023.20212 | | 2014/ | ingevoerd |

# Afgevoerde sleep - en duwboten van 1 september 2013 tot 1 september 2014

Helaas, ze kon niet behouden worden in Nederland; de stoomsleepboot ROSALIE werd in 2014 verkocht aan het Rahmi M Koç Museum in Istanbul. Op 17 januari 2014 arriveerde ze in Maassluis en werd ze met het zeeschip HARINGVLIET verscheept naar Istanbul waar ze op 3 maart aankwam. Het is bijzonder dat zo'n oude historische sleepboot aan het buitenland wordt verkocht. Zij werd in 1873 bij J.& K.Smit in Kinderdijk gebouwd voor Het Ministerie van Oorlog. Als DEN BRIEL voer ze 38 jaar bij de Torpedodienst. Ze kwam in particuliere handen en had vele eigenaren én namen; NIEUWE ZORG, ROSALIE, JACOBA, WILLEM III en WILLEM V. Wat onveranderd bleef was de 2-cilinder Diepenveen, Lels & Smit stoommachine van 95 ipk.

| *naam* | *ENI* | *nieuwe naam* | *jaar* | *bijzonderheden* |
|---|---|---|---|---|
| Adcor II | 023.12017 | Dekatria | 1975/11 | verkocht naar Griekenland |
| Alice | 1962-08 | | 2000/ | verder onbekend |
| Amazone | 023.22517 | | 2014/06 | verkocht naar Frankrijk |
| Anita G | 2011-11 | SWS Breda | 2013/12 | verkocht naar Engeland |
| Apollo | 023.05389 | Tern | 1972/09 | verkocht naar Engeland |
| Aquanaut | 020.12643 | Windforce | 2014/01 | verkocht naar Zweden |
| Argus | 027.17283 | Argus I | 2014/03 | verkocht naar Cyprus |
| Arjan 5 | 023.02802 | | 1994/02 | verder onbekend |
| Auriga 23.12334 | A 40607 | Aurora | 2006/12 | verkocht naar Oostenrijk |
| Benelux | 023.11798 | | 2003/ | verder onbekend |
| Berkel | 025.09090 | Berkel | 2013/10 | verkocht naar USA |
| Bever | 030.51101 | | 2010/ | verder onbekend |
| Bo | 023.27447 | Bo | 2014/08 | verkocht naar Zwitserland |
| Claudia B 27.18535 | imo 9122344 | Seiholm | 2014/05 | verkocht naar Noorwegen |
| Colas | 023.23805 | Maxi | 2014/03 | verkocht naar Duitsland |
| De Zeven | 020.06913 | | 2012/ | verkocht naar Frankrijk |
| Dintelmond | 023.12206 | Dintelmond | 2013/10 | verkocht naar België |
| Duo | 022.04079 | Duo | 2000/ | verkocht naar Engeland |
| Dynamis 23.19277 | imo 5300280 | Dynamis | 2007/04 | verkocht naar België |
| Esem | 023.07294 | | 2004/ | verder onbekend |
| Field Express 27.17792 | imo 8219621 | Sea Wave | 2013/05 | verkocht naar Alexandria |
| Floris 23.10211 | 065.03940 | Schelde | 2006/ | verkocht naar België |
| Gejo | 030.50799 | | 2013/ | verder onbekend |
| Gruno | 054.02820 | Gruno (3) | 1996/ | verkocht naar Duitsland |
| GV 71 | 023.13273 | | 2006/ | afgevoerd |
| HAM 773 | 023.16694 | | 1994/ | verkocht naar buitenland |
| Hannibal | 023.24619 | | 2005/ | verder onbekend |
| Hilda | 032.60105 | | 2007/ | verder onbekend |
| Husky | imo 7708974 | Maro | 2014/04 | verkocht naar Nigeria |
| Ingrid | 023.15205 | Ingrid | 1992/06 | verkocht naar buitenland |

| *naam* | *ENI* | *nieuwe naam* | *jaar* | *bijzonderheden* |
|---|---|---|---|---|
| ITC Meltemi | imo 9531624 | Antilope | 2014/06 | verkocht naar St.Vincent & Grenadines |
| Kaikoura | imo 9548902 | Kaikoura | 2014/03 | verkocht naar St.Vincent & Grenadines |
| Kortenoord 2 | 023.13272 | Lille Björn | 1992/09 | verkocht naar Denemarken |
| Laga | 021.04329 | Laga | 2013/02 | verkocht naar België |
| Liberté | 023.05991 | Liberté | 2014/08 | verkocht naar Engeland |
| Lis | 022.06364 | Lis | 2000/03 | verkocht naar België |
| Lucy | 030.20604 | Lucy | 2014/03 | verkocht naar Duitsland |
| Marko E | 023.15990 | | 1980/ | afgevoerd |
| Mathilda | 023.07478 | Mathilda | 2014/08 | verkocht naar België |
| Merwede (2) | 023.15846 | | 2003/ | verder onbekend |
| Neptun 10 | imo 9568615 | Neptun 10 | 2010/04 | verkocht naar Gibraltar |
| Noel | 023.14225 | Metalltrade 4 | 2012/08 | verkocht naar Roemenië |
| Noordpool | 023.09787 | Noordpool | 2014/07 | verkocht naar Litouwen |
| Pesante | 032.30201 | Bo Chris Jr | 2014/06 | verkocht naar Zwitserland |
| Piet | 027.12697 | | 2011/ | verder onbekend |
| Poseidon | 023.13921 | Poseidon | 1990/05 | verkocht naar België |
| Prompt 27.23695 | imo 9647409 | Prompt | 2013/12 | verkocht naar St.Vincent & Grenadines |
| Retriever | imo 8106991 | Roma | 2014/04 | verkocht naar Nigeria |
| Rosalie | 023.02901 | Rosalie | 2014/01 | verkocht naar Turkije |
| Sally | 025.07182 | | 2013/ | afgevoerd |
| Saskia B 23.23689 | imo 9705108 | Saskia B | 2013/12 | verkocht naar Spanje |
| Scheldepoort 2 | 023.09518 | | 2013/12 | verkocht naar Marshal Islands |
| SD Seahorse | imo 9448190 | SD Seahorse | 2008/08 | verkocht naar Malta |
| SD Seal | imo 9448188 | SD Seal | 2008/06 | verkocht naar Malta |
| SD Stingray | imo 9448176 | SD Stingray | 2008/06 | verkocht naar Malta |
| Smit Barbados | imo 9370173 | Smit Barbados | 2014/06 | verkocht naar Engeland |
| Smit Barracuda 27.21096 | imo 9345506 | Smit Barracuda | 2014/03 | verkocht naar Cyprus |
| Smit Bison 27.21187 | imo 9345518 | Smit Bison | 2014/03 | verkocht naar Cyprus |
| Smit Bronco 27.20747 | imo 9345491 | Smit Bronco | 2014/03 | verkocht naar Cyprus |
| Smit Cheetah | imo 9454876 | Smit Cheetah | 2014/03 | verkocht naar Bahamas |
| Smit Hudson | imo 9402421 | Smit Hudson | 2014/06 | verkocht naar Bahamas |
| Smit Japan 27.17424 | imo 8521464 | Leonardo | 2013/12 | verkocht naar Finland |
| Smit Martinique | imo 9402445 | SL Martinique | 2014/04 | verkocht naar Bahamas |
| Smit Schelde | imo 9402433 | Smit Schelde | 2014/02 | verkocht naar Bahamas |
| Smit Tiger | imo 9454888 | Smit Tiger | 2014/ | verkocht naar België |
| Svitzer Trave 27.23677 | imo 9001693 | Svitzer Trimley | 2014/01 | verkocht naar Engeland |

| *naam* | *ENI* | *nieuwe naam* | *jaar* | *bijzonderheden* |
|---|---|---|---|---|
| Taupo 27.23612 | imo 9688664 | Taupo | 2013/ | verkocht naar St.Vincent & Grenadines |
| Telstar 27.19037 | imo 8521127 | Sirius | 2014/06 | verkocht naar Estland |
| Triton | 023.14033 | Triton | 1991/11 | verkocht naar Duitsland |
| Tulla | 023.34789 | Chris Li Jr | 2013/11 | verkocht naar België |
| Walcheren | 023.17903 | Walcheren | 2007/06 | verkocht naar België |
| Willem | 021.03075 | | 2006/ | verder onbekend |
| Willem Barends | 020.12187 | | 2011/ | verder onbekend |
| YN 503419 I | imo 9529425 | General Raevsky | | verkocht naar St.Vincent & Grenadines |
| YN 509826 | imo 9476343 | Alcmeme | 2014/03 | verkocht naar Portorico |
| YN 571687 23.23614 | imo 9698082 | Fox Fighter | 2014/06 | verkocht naar Noorwegen |
| YN 571689 27.23486 | imo 9688685 | MSC Rosie | 2014/07 | verkocht naar Schotland |
| Zephyr 21.00197 | 023.30364 | Zephyr | 2009/ | verkocht naar Zwitserland |

## Gesloopte sleep - en duwboten van 1 september 2013 tot 1 september 2014

| *naam* | *ENI* | *jaar* | *bijzonderheden* |
|---|---|---|---|
| Adriana | 023.19810 | 1997/ | gesloopt |
| Adrie | 023.23401 | 2014/03 | gesloopt Treffers |
| Atlantis | 023.20240 | 2004/10 | gesloopt |
| Belt | 023.24121 | 2013/07 | gesloopt RDM Kampen |
| Cherie | 023.17526 | 2008/ | gesloopt Treffers |
| Constantijn | 023.24904 | 2005/ | gesloopt Treffers |
| Daan | 021.01384 | 2014/06 | gesloopt Treffers |
| De Janus | 023.00122 | 2013/05 | gesloopt Treffers |
| Dorus | 020.12902 | 2005/ | gesloopt Treffers |
| Friso | 023.24764 | 2013/03 | gesloopt RDM Kampen |
| Gerda | 021.01707 | 2006/ | gesloopt Treffers |
| Hondsdijk | 030.11951 | 2013/01 | gesloopt Treffers |
| Kolyma | 060.02395 | 2011/ | gesloopt Treffers |
| Norderney | 1953-17 | 2013/ | gesloopt |
| Paula | 022.02156 | 2006/ | gesloopt Treffers |
| Port de Beyrouth 2 | 022.08584 | 2010/ | gesloopt Treffers |
| Puma | 022.06072 | 2014/06 | gesloopt RDM Kampen |
| Sara Maatje V 26.05316 | imo 8330102 | 2012/ | gesloopt |
| Sjaak | 023.26079 | 2006/10 | gesloopt Treffers |
| Tiny | 031.30064 | 1977/02 | gesloopt |
| Tonnie | 021.02280 | 2008/ | gesloopt Treffers |

## Mutaties sleep- en duwboten van 1 september 2013 tot 1 september 2014

Het afgelopen jaar veranderden nogal wat boten van eigenaar. Hierna volgt een opsomming van de boten die van eigenaar veranderden en waarvan ook de scheepsnaam is gewijzigd.

| *ex naam* | *ENI* | *nieuwe naam* |
|---|---|---|
| En Avant 5 27.19399 | imo 9192313 | PM 1 |
| Eureka | 021.04178 | Alk |
| Gerda | 020.04740 | Janny |
| HD Pollux | 023.35709 | Walrus III |
| He Ad | 023.09278 | The Ad |
| Irene | 021.02281 | Quo Vadis |
| Jean | 031.40053 | Dirkje |
| Joli Coeur | 020.01964 | Gersom |
| Le Cri 23.32303 | 065.03878 | Merwekracht |
| Lekstroom (3) | 021.03088 | Merwevlet |
| Linge | 023.13175 | Catharina 8 |
| Marieke | 023.12006 | Laura |
| Mathilda | 023.07101 | Vier Gebroeders |
| Mevo II | 023.04688 | Mevo |
| Mikida | 060.02897 | Frisian |
| Nellie | 020.06116 | Atlantis |
| Nova | 021.00012 | Suzanna |
| Obelix | 030.50653 | Annie |
| Offshore I | 031.20009 | Hendrik Sr |
| Oude Rijn | 023.22101 | Attack 49 |
| Paes 3 | 032.60108 | Linda |
| Piet Hein | 023.05832 | Julia |
| Sanny | 023.15773 | TSM 6 |
| Sara Maatje I | 022.11789 | Lady |
| Sara Maatje VI 26.05359 | imo 8607476 | Coastal Saga |
| Savanna III | 027.18408 | Bonanza II |
| Savanna IV | 023.20354 | Bonanza |
| Smit Polen 27.17416 | imo 8521701 | Polen |

| *ex naam* | *ENI* | *nieuwe naa* |
|---|---|---|
| Specht | 023.18747 | Lastdrager |
| Spitsbergen | 023.10239 | Catharina 7 |
| Stern | 023.28760 | Noardermar |
| Svezia | imo 8521141 | Svitzer Svezia |
| Thor H | 030.50588 | Romar |
| Titan | 1898-04 | Sperber |
| Triton | 023.35452 | Port of Amsterdam 3 - Triton |
| V 85 82-70 | 022.07435 | Stuvesant |
| Waterman | 033.20049 | Manta |
| Zephyrus 27.18227 | imo 8433435 | Catharina 11 |
| Zeus | 022.07957 | Simson |
| Zwerver | 020.05129 | Friendship |

# Nederlandse sleepbootrederijen

### *Aalst*

**Neptune Marine Service BV**
**Veerdam 1**
**5308 JH Aalst**
LYDIA D
MARISKA 2
NP 351
NP 352
TESSA W

### *Abbega*

**Heeres G.**
**Abbegeasterkelt 14**
**8617 LB Abbega**
**Telefoon: 0515-569367**
JOKE
TOM

### *Alem*

**Bosma J.**
**Jan Klingenweg 3**
**5335 JK Alem**
AVONTUUR
THE AN XII

### *Amsterdam*

**Amstel & IJ**
**Dijkgracht 9**
**1019 BT Amsterdam**
**Telefoon: 020-4188013 / 06-55195020**
AMSTELSTROOM
HEINZ
IJSTROOM
NOORD
SPES
WISSELSTROOM
YSKA

**Blom Holding BV K.H.**
**Pier Afrika 10**
**1013 BK Amsterdam**
**Telefoon: 020-6866007**
JOKE
KAREL
KRACHTWIJK
SEAN

**De Koperen Ploeg**
**Capriweg 8**
**1045 AW Amsterdam**
**Telefoon: 020-4487090**
KP 2
KP 3 ROVER
KP 7
K.P.12

**Gemeente Amsterdam**
**Dijkgracht 6**
**1019 BS Amsterdam**
ONDERHOUD BRUGGEN
ONDERHOUD BRUGGEN

**Gulien A.H.**
**Insulindeweg 639**
**1095 CZ Amsterdam**
**Telefoon: 020-6680701**
DOLLARD
WILLEMSTAD 2

**Houthaven Sleepdienst & Dekschuiten**
**Danzigerkade 2**
**1013 AP Amsterdam**
**Telefoon: 020-6828440**
KEVIN
KIEVIT
NORA

**Port of Amsterdam Authority**
**De Ruyterkade 7**
**1013 AA Amsterdam**
**Telefoon: 020-5238600**
HAVENBEHEER
PORT OF AMSTERDAM 1 - CASTOR
PORT OF AMSTERDAM 2
PORT OF AMSTERDAM 3 - TRITON
PORT OF AMSTERDAM 4 - ATHENA
PORT OF AMSTERDAM 5 -POLLUX
PORT OF AMSTERDAM 7 - POSEIDON
PORT OF AMSTERDAM 8 - HEPHAISTOS

**Schreuder B.V. Aannemersbedrijf**
**TT Vasumweg 99**
**1033 SG Amsterdam**
**Telefoon: 020-6333676**
HOUTRIB
OPDUWER

**Stedelijk Beheer**
**Gen Vetterstraat 27**
**1059 BT Amsterdam**
**Telefoon: 020-5705680**
SB 2
SB 3
SB 8
SB 13
SB 15
SB 16
SB 17

**Svitzer Amsterdam BV**
**Capriweg 28**
**1044 AL Amsterdam**
**Telefoon: 020-5060400**
FRIESLAND
SIMSON
SVITZER MARKEN
SVITZER MARS
SVITZER MUIDEN
SVITZER SVEZIA

**Verduin H.B**
**Danzigerkade 9**
**1013 AP Amsterdam**
**Telefoon: 020-6165815**
CELEBES
DE RUYTERKADE
DREADNOUGHT VII
ERNST WERNER
H.V.MAURITZKADE
HOUTMANKADE
HV 5
MEDUSA
NASSAUKADE
OOSTERDOK
PAES 6
PIET HEINKADE
SWIFT
VAN NOORTKADE
ZEGGE

**Waternet Sector Waterbeheer**
**Papaverweg 54**
**1032 KJ Amsterdam**
SB 21
SB 24
STADSWATERKANTOOR

## *Appingedam*

**Koerts International Towing Service BV**
**Postbus 29**
**9900 AA Appingedam**
**Telefoon: 0596-617884**
NORNE
VIKING

## *Arkel*

**Mill Internationaal BV Van**
**Waldhoornstraat 12**
**4241 CV Arkel**
**Telefoon: 0183-561678**
ADMAR 2
MILLIE 4

## *Arnhem*

**Niba Grind Mij BV**
**Nieuw Plein 5**
**6811 KN Arnhem**
**Telefoon: 026-4423041**
SCARLET
TRIO

## *Barendrecht*

**Kraaijeveld Beheer BV**
**Londen 9**
**2993 LA Barendrecht**
**Telefoon: 0180-613522**
GRIENDUIL 7
GRIENDUIL 23
GRIENDUIL 32

## *Beesd*

**Jong & Zn Beheer BV Aannemersbedr.**
**Katijdeweg 20**
**4153 RG Beesd**
**Telefoon: 0345-684590**
BIANCA
DINTEL
RESI

## *Beneden Leeuwen*

**Oort L.J.v.**
**Havenkade 2**
**6658 LX Beneden Leeuwen**
**Telefoon: 0487-592298**
ANJO
ANJORO

### *Bergen en Zoom*

**Dredging & Contracting Rotterdam BV**
**Zuidoostsingel 24 B**
**4611 BB Bergen en Zoom**
**Telefoon: 0164-2361144**
DN 56
DN 57

### *Borger*

**Waterwerken BV**
**Barnsteen 22**
**9531 PL Borger**
**Telefoon: 0599-234411**
PERNILLA
ROBINE

### *Borssele*

**Booij Duw & Sleepvaart BV**
**Monsterweg 66**
**4454 AC Borssele**
JANNICK
TEUNIS

### *Brielle*

**Thyssen Krupp Veerhaven BV**
**Nic.Pieckstraat 12**
**3232 BP Brielle**
**Telefoon: 0181-419911**
VEERHAVEN II - NARWAL
VEERHAVEN III - WATERBUFFEL
VEERHAVEN IV - NEUSHOORN
VEERHAVEN VI - BISON
VEERHAVEN VII - WALRUS
VEERHAVEN VIII – NIJLPAARD
VEERHAVEN IX - DOLFIJN
VEERHAVEN X - ORKA
VEERHAVEN XI - IJSBEER
VEERHAVEN 12 - BIBER
VEERHAVEN 13 - OTTER

### *Capelle a/d IJssel*

**Kamar BV**
**Kerklaan 6**
**2903 BE Capelle a/d IJssel**
**Telefoon: 010-2847848**
AGNES
IRBIS
SEPIA

### *Cuijk*

**Smals Bouwstoffen BV**
**Havenlaan 31**
**5433 NK Cuijk**
**Telefoon: 0475-316054 / 06-53473753**
DE GEEST
DE KLEF
HULDER
MICHIEL
T'MAKKEN

### *Dalen*

**Stravers C.R.J.A.**
**Postbus 1**
**7750 AA Dalen**
**Telefoon: 06-54605104**
LAURA
MARYSIA

### *Delfzijl*

**Heuvelman Ibis Materieel BV**
**Handelskade West 34**
**9934 AA Delfzijl**
**Telefoon: 0596-619911**
BIZON
FARMSUMERDIEP
REITDIEP

**Wagenborg Kazachstan BV**
**Marktstraat 10**
**9934 CK Delfzijl**
**Telefoon: 0596-636911**
ARMANBORG
KHAZARBORG
SANABORG
SERKEBORG

**Wagenborg Sleepdienst BV**
**Marktstraat 10**
**9934 CK Delfzijl**
**Telefoon: 0596-636911**
GYAS
WATERGEUS
WATERLELIE
WATERLINES
WATERMAN
WATERPOORT
WATERSTAD
WATERSTRAAT
WATERSTROOM

*Den Helder*

**Acta Marine BV**
**Het Nieuwe Diep 39 D**
**1781 AE Den Helder**
**Telefoon: 0223-615666 / 06-53164218**
BUFFEL
COASTAL BOXER
COASTAL CHALLENGER
COASTAL CONQUEST
COASTAL DIGGER
COASTAL DISCOVERY
COASTAL EXPLORER
COASTAL FIGHTER
COASTAL GUARDIAN
COASTAL HUNTER
COASTAL LEGEND
COASTAL LIBERTY
COASTAL POWER
COASTAL RAMBLE
COASTAL RANGER
COASTAL TIGER
COASTAL VANGUARD
COASTAL WARRIOR
JUTTER
LIDA
MERIJN
NICOLINE
PANTER
VIKING

**Acta Marine Van Stee**
**Het Nieuwe Diep 39 D**
**1781 AE Den Helder**
**Telefoon: 0233-615666 / 06-51798017**
SARA MAATJE VIII
SARA MAATJE X

**Coastal Shipping BV**
**Het Nieuwe Diep 39 D**
**1781 AE Den Helder**
**Telefoon: 0223-615666**
COASTAL ASSISTANT
COASTAL BIGFOOT
COASTAL CHARIOT
COASTAL ENTERPRISE
COASTAL SAGA
COASTAL SHUTTLE
COASTAL VICTORY
COASTAL VOYAGER
BISON

**Koninklijke Marine**
**Rijkszee Marinehaven 1**
**1781 ZZ Den Helder**
**Telefoon: 0223-653000**
A 874 LINGE
A 875 REGGE
A 876 HUNZE
A 877 ROTTE
A 878 GOUWE
Y 8018 BREEZAND
Y 8019 BALGZAND
Y 8055 SCHELDE
Y 8056 WIERBALG
Y 8057 MALZWIN
Y 8058 ZUIDWAL
Y 8059 WESTWAL

**Offshore Support Vessels BV**
**Het Nieuwe Werk 88**
**1781 AK Den Helder**
**Telefoon: 0233-673800**
VOS THALASSA
VOS THALIA

**Vroon Offshore Service BV**
**Het Nieuwe Werk 88**
**1781 AK Den Helder**
**Telefoon: 0233-673800**
POOL EXPRESS
VOS BASE
VOS POWER
VOS PRODUCER
VOS PROMINENCE
VOS SATISFACTION
VOS SOUTHWIND
VOS SYMPATHY

**Y 8122 Stichting**
**Willemsoord 73**
**1781 AS Den Helder**
**Telefoon: 0223-624359**
Y 8017 DOMBO
Y 8122

**B.S.T. Dintelsas BV**
**Sasdijk 18**
**4671 RN Dinteloord**
**Telefoon: 0167-523288**
04-17
AVONTUUR
ELISE 6
FURIE 3
NEPOMUK
PROTECTOR

**B.S.T. Perfico BV**
**Telefoon: 0167-523288**
ILMEN
JOSH

## *Doetinchem*

**Geluk BV Aannemersbedrijf**
**Hanzestraat 10**
**7006 RH Doetinchem**
**Telefoon: 0314-325553**
BERKEL
VH 79
WAAL
RIJN

## *Dordrecht*

**Buijtenhek J.A.**
**Krommedijk 121-119**
**3312 LC Dordrecht**
**Telefoon: 078-6131089**
GIGANTIA
NOLDINA

**Hoebee BV Scheepswerf**
**Merwedestraat 56**
**3313 CS Dordrecht**
**Telefoon: 078-6130088**
HB 8
HB 9

**Muller Beheer Mij BV**
**Merwekade 82-83**
**3311 TH Dordrecht**
**Telefoon: 078-6392000**
EN AVANT 10
EN AVANT 20
EN AVANT 21
EN AVANT 27
EN AVANT 28
EN AVANT 32

**Muller Rederij T.**
**Merwekade 82-83**
**3311 TH Dordrecht**
**Telefoon: 078-6392000**
EN AVANT 7
EN AVANT 12

**Tebra Beheer BV**
**Merwekade 82-83**
**3311 TH Dordrecht**
**Telefoon: 078-6392000 / 06-53622363**
EN AVANT 1
EN AVANT 4
ORION
SIRIUS

**Wees Groep BV Van der**
**'s-Gravendeelsedijk 100**
**3316 AZ Dordrecht**
**Telefoon: 078-6482665**
DUTCH PIONEER
LOUISE VAN DER WEES

**Wees Watertransporten BV Van der**
**'s Gravendeelsedijk 100**
**3316 AZ Dordrecht**
**Telefoon: 078-6482665**
BROEDERTROUW II
BROEDERTROUW 4
BROEDERTROUW XIV
BROEDERTROUW XV
GEERTRUIDA VAN DER WEES
JOHANNA VAN DER WEES

## *Druten*

**Gerlien v. Tiem B.V. Scheepsreparatiebedr.**
**Waalbandijk 129**
**6651 KB Druten**
**Telefoon: 0487-515544**
DE GERLIEN I
ORION

**Hebbes Holding BV**
**Waalbandijk 179**
**6651 KD Druten**
FLUMAR
FLUMAR V

## *Enkhuizen*

**Mos J.Th.**
**Johanna de Vriesstraat 6**
**1601 CK Enkhuizen**
**Telefoon: 0228-313366**
GEEZINA
REGINA

## *Enschede*

**Velde Marine BV W.v.d.**
**Binnenhaven 1**
**7547 BG Enschede**
**Telefoon: 053-4307251**
BRUISER
ORION
STENTOR

## *Farmsum*

**Hunfeld Machinefabriek BV**
**Eemskanaal ZZ 26**
**9936 AN Farmsum**
**Telefoon: 0596-613446 / 06-53138060**
NEREUS
SPICA 1
VLUG

## *Franeker*

**Koehoorn & Zn J.K.**
**Kiesterzijl 18**
**8801 HN Franeker**
**Telefoon: 0517-396884 / 06-53413663**
ALCYON
BOBCAT
BONNY
BUIZERD
DIKKY
KORNELIS JR
MARIAN
STERN
TARZAN
WILLY

## *Geertruidenberg*

**Anker Maritiem Shipping**
**Rivierkade 5**
**4931 AA Geertruidenberg**
**Telefoon: 0162-514890**
CURA NOSTRA
DROOGDOK 3
JEROM
ODETTE
ZEEHOND

**Halfrond Maritiem BV**
**Mauritsweg 43**
**4931 CC Geertruidenberg**
GEROME
ZWARTE GANS

## *Genemuiden*

**Tebezo BV**
**Sasdijk 15**
**8281 BM Genemuiden**
**Telefoon: 038-3855225**
CORNELIA
JOS
NR 21
STERN
ZEVENHONT II

## *Gorinchem*

**Global Ship Leasing 12 BV**
**Avelingen West 20**
**4202 MS Gorinchem**
SEA FOXTROT
SEA DELTA

**Mijnster Zand & Grinthandel BV**
**Jan Blankenweg 2**
**4207 HN Gorinchem**
**Telefoon: 088-8265400**
459
HERMES

## *'s Gravenhage*

**Scheveninger Sleepdienst B.V.**
**Statenlaan 156**
**2582 GX 's Gravenhage**
**Telefoon: 070-3548854**
OCEAAN
OCEAAN II

## *Groningen*

**Hunzetrans BV**
**Bornholmstraat 4 H**
**9723 AX Groningen**
**Telefoon: 050-3185760**
DRIEBOND I
DRIEBOND II

**Weerden G.J.v.**
**Oostendeweg 43**
**9723 HJ Groningen**
**Telefoon: 050-5890527**
DOES
HARM
KAATJE

## *Grou*

**Redzwa Holding BV**
**De Buorkerij 21**
**9001 DR Grou**
**Telefoon: 0566-621020 / 06-53857070**
FRISO
STATUM
WARBER

## *Haarlem*

**Treffers & Zn BV G.J**
**H.Figeeweg 35**
**2031 BJ Haarlem**
**Telefoon: 023-5325211 / 06-22392597**
GERDA
PAULA

## *Hagestein*

**Lee Gebr. van der**
**Lekdijk 28**
**4124 KC Hagestein**
**Telefoon: 0347-351824**
ARGO II
MATHEA
TIMMY
ZEELANDIA

## *Hansweert*

**Polderman I.**
**Tramperweg 4**
**4417 CZ Hansweert**
**Telefoon: 06-53194270**
BRAVO
DELTA
FOXTROT

**Reimerswaal Vof**
**Oude Kerkstraat 20**
**4417 AV Hansweert**
**Telefoon: 0113-383944 / 06-51808090**
REBEL 06
REBEL 08
REBEL 10
REBEL 11

**Straaten Beheer BV Van der**
**Werfdijk 6**
**4417 AN Hansweert**
**Telefoon: 0113-382510**
ADRIANUS
JAN
MARINUS
ROB
TUIMELAAR

## *Harderwijk*

**Huigen Transport H.**
**Gruttomeen 126**
**3344 ZG Harderwijk**
**Telefoon: 0341-420744**
BERTUS
MARJAN

## *Hardinxveld-Giessendam*

**Damen Marine Services BV**
**Rivierdijk 561**
**3371 EC Hardinxveld-Giessendam**
**Telefoon: 0184-626000**
DMS CONDOR
DMS HAWK
DMS MERLIN
DMS OSPREY
DMS ROOK
DMS WEAVER
DMS RAVEN
MARIJKE
MULTRASALVOR 3
NAVIN
OPUA
TOR
YN 571657
YN 571670
YN 571674
YN 571675
YN 571677
YN 571680
YN 571682
YN 571683
YN 571684
YN 571685
YN 571688
YN 571703
YN 571705
YN 571707
YN 571708
YN 571712
YN 571713

**Kok Beheer BV De**
**Rivierdijk 452 B**
**3372 BW Hardinxveld-Giessendam**
INGE J
NEPTUN 7

**Neptune Equipment BV**
**Rivierdijk 458**
**3372 BW Hardinxveld Giessendam**
JIF BREIZH
NP 435
TESSA F

**Zevenmorgen Bagger & Overslag BV**
**Rivierdijk 31**
**3372 BE Hardinxveld-Giessendam**
**Telefoon: 0184-615820**
DELTA
DOLFIJN
HERCULES

## *Harlingen*

**HvS Dredging Support BV**
**Noorderhaven 96**
**8861 AR Harlingen**
**Telefoon: 0517-413588**
ZWERVER I
ZWERVER III

**Tuinman & Zn Sleepvaartbedrijf Vof A.**
**Nieuwe Vissershaven 11**
**8861 NX Harlingen**
**Telefoon: 0517-412854 / 06-51083686**
ANITA

**Tuinman & Zn Sleepvaartbedrijf Vof A.**
**Telefoon: 0517-412854 / 06-51083633**
JENNY
THEO

## *Hedel*

**Boeren Beheer BV**
**Parallelweg 9**
**5321 JA Hedel**
**Telefoon: 073-5997041**
AVONTUUR
DELTA
GANZEBOOT
PACIFIC

## *Heemstede*

**Blankevoort & Zn D.**
**Havenstraat 87**
**2102 LB Heemstede**
ANTILOPE
BUFFEL

## *Heerenveen*

**Krikke CV Baggerbedrijf**
**Leeuwarderstraatweg 3**
**8441 PG Heerenveen**
**Telefoon: 06-53333674**
ORION
SANNY

## *Heijningen*

**Waal Service BV**
**Oude Heijningsedijk 207**
**4794 AK Heijningen**
BO DEN MAR
BO JO

## *H.I.Ambacht*

**Ad Stolk Schepen BV**
**Veersedijk 161 A**
**3341 LL H.I.Ambacht**
**Telefoon: 078-6128000 / 06-53117582**
GRETA
MONIKA
STEVENSWEERT
SUZANNE D

**Stok Marine Service BV**
**v.Godewijckstraat 261**
**3341 VL H.I.Ambacht**
**Telefoon: 078-6849434 / 06-23225273**
CHALLIS
HSN 1

**Verschoor Vof Sleepdienst S.**
**Steur 56**
**3344 JJ H.I.Ambacht**
**Telefoon: 06-53624626**
GEPKE
GEPKE III

## *Hooghalen*

**Bokschoten Sleepdienst P.**
**Laaghalerveen 30**
**9414 VJ Hooghalen**
**Telefoon: 0592-355568 / 06-55823665**
ANNA 1
ANNA 6

## *IJmuiden*

**Heida J.**
**Duinstraat 17**
**1973 CD IJmuiden**
**Telefoon: 0255-516889**
IDA 1
IDA 3

**Iskes Towing & Salvage BV**
**Monnickendamkade 19 D/E**
**1976 EC IJmuiden**
**Telefoon: 0255-522860 / 06-53901609**
AARON
ARGUS
ARION
BERNARDUS
BRENT
GINGER
HERCULES
MERCURIUS
POLLUX
SATURNUS
SIRIUS
THETIS
TRITON

**Tschudi Offshore & Towage BV**
**Sluisplein 45**
**1975 AG IJmuiden**
**Telefoon: 088-5485200**
BLIZZARD
BLUSTER
BOULDER
ITC CHINOOK
ITC CYCLONE
ITC MISTRAL

**Vletterlieden Coop.Ver.van**
**Zuidersluisweg 5**
**1975 AK IJmuiden**
BOATMAN 1
BOATMAN 4
BOATMAN 5

## *IJzendoorn*

**Dekker Grondstoffen BV**
**Waalbandijk 1**
**4053 JB IJzendoorn**
**Telefoon: 0344-641900**
ROTTERDAM 30
ROTTERDAM 59

## *Jutrijp*

**Zijsling & Zn BV**
**Riperwei 3**
**8623 XR Jutrijp**
**Telefoon: 0515-424603**
ARGO
BREKKENEXPRESS
CAESAR
URSUS

## *Kampen*

**Kromkamp R.H.G.**
**Reijersdijk 5**
**8262 CM Kampen**
**Telefoon: 038-3318183 / 06-53272725**
GIJSBERTHUS
HENDRIKA

## *Koog a/d Zaan*

**Stichting to behoud van stoomschip**
**Vijfpootveld 22**
**1541 PT Koog a/d Zaan**
**Telefoon: 075-6176749**
JACOB LANGEBERG
SCHEELENKUHLEN

## *Kootstertille*

**Santen F.v.**
**Mounestrjitte 56**
**9288 AT Kootstertille**
**Telefoon: 0512-332085 / 06-22996447**
ANTJE
ANTJE 2
ANTJE 4
ANTJE 5
ANTJE 7
ANTJE 10
ANTJE 11

**Santen Hon Scheepvaartbedr. A.**
**Mounestrjitte 56**
**9288 AT Kootstertille**
**Telefoon: 0512-332085 / 06-22996447**
ANTJE 3
ANTJE 8
JIM

## *Koudekerk a/d Rijn*

**E.N.B.O. BV**
**Hondsdijk 3**
**2396 HG Koudekerk a/d Rijn**
FATIMA
JUSTICE
MATHIEU
THEODORA

### *Krimpen a/d IJssel*

**Brusse & Zn A.**
**Heemraadhof 30**
**2922 CK Krimpen a/d IJssel**
**Telefoon: 0180-515737**
ADRIANUS
RONALD
ROMIRA

### *Leeuwarden*

**Haan A.de**
**Marnixstraat 28**
**8913 GW Leeuwarden**
**Telefoon: 058-2155808**
ANNE BAUKE
ANNE BAUKE II

**Provincie Friesland**
**Tweebaksmarkt 52**
**8911 KZ Leeuwarden**
**Telefoon: 058-2925888**
PW 2
PW 206
PW 305

### *Leiden*

**Heerema Shipping 22 BV**
**Vondellaan 52**
**2332 AA Leiden**
**Telefoon: 071-5799000**
BYLGIA
KOLGA

**Lachnit Duwbotenverhuur**
**Korte Gelgewater 56**
**2313 BR Leiden**
DUO
QUATRO
SOLO
TRIO

**Ulden F.W.L. van**
**Utrechtse Jaagpad 62 A**
**2313 LB Leiden**
**Telefoon: 071-5122902**
ADRIAAN
DOCKYARD I
IDEAAL

### *Lekkerkerk*

**Lekstroom Transport BV**
**Opperduit 73 A**
**2941 AS Lekkerkerk**
**Telefoon: 0180-661305 / 06-53135292**
LEKSTROOM I
LEKSTROOM IV
LEKSTROOM V

### *Lobith*

**Hol E.M.**
**Dorpsdijk 4**
**6915 AD Lobith**
BIANCA
IVONNE

### *Maarssen*

**FN Holding BV**
**Proostwetering 74**
**3604 DB Maarssen**
DUVENEE
FN DIVING III
FN STORMER

### *Maasbracht*

**Fransbergen BV**
**Havenstraat 10**
**6051 CR Maasbracht**
**Telefoon: 0475-465090 / 06-53400208**
COLIN F
DANIQUE F
DENNIS F
JILL F
ROELOF F
SANDRA F
WILLEM
WILLEM JR

**Voets Holding BV**
**Havenstraat 22**
**6051 CS Maasbracht**
**Telefoon: 0475-461100 / 06-53170141**
ARUBA
BONAIRE
CHRISTIAN
CHRISTIAN 2
CURACAO
FARLEY
KEVIN
NJORD 2
SABA

## Made

**Meeuwissen Beheer Made BV**
**Haasdijk 28**
**4921 CL Made**
**Telefoon: 162-683752**
04-03
04-09
04-15

## Muiden

**Spithorst N.**
**Muidertrekvaart 17**
**1398 PP Muiden**
**Telefoon: 0294-413362**
ZEEHOND
ZEETIJGER

## Nederhorst den Berg

**Ridder C.H.de**
**Vreelandseweg 44**
**1394 BN Nederhorst d/Berg**
**Telefoon: 0294-251432**
INSULINDE
ORCA

## Nieuw Vennep

**M.N.O. Vervat BV**
**Pontweg 1**
**2153 PK Nieuw Vennep**
**Telefoon: 0252-628628**
COMMEWIJNE
DIRK PIETER
M.N.O. ANNA
M.N.O. EVA

## Nieuwegein

**Basal Toeslagstoffen BV**
**Kelvinbaan 44**
**3439 MT Nieuwegein**
**Telefoon: 030-6078330**
LEO 3
NAOMI

**Driemast BV**
**Bernhardstraat 9**
**3433 EL Nieuwegein**
**Telefoon: 030-6062305 / 06-23609666**
HARMKE
HARMONIE
MEANDER

## Nieuwkoop

**Bruin J.F. de**
**Zuideinde 128**
**2421 AN Nieuwkoop**
**Telefoon: 0172-571138**
KLORUS
SNIKKEL

## Nijmegen

**Daanen Shipping & Logistics BV**
**Oostkanaaldijk 308**
**6541 CD Nijmegen**
**Telefoon: 024-3775830**
DAAN
PATRIOT

**Swets Dols & Heuff BV**
**St Canisiussingel 18**
**6511 TH Nijmegen**
**Telefoon: 024-3228217**
ARD
AXEL
FREDERIK
KEES

**Valkenburg R.v.**
**Ark Iris**
**6522 KR Nijmegen**
**Telefoon: 06-15034317**
PETRA
ROY

## Noordwijk

**Bergen Beheer BV P.van**
**Q.v.Uffordstraat 30**
**2202 NH Noordwijk**
**Telefoon: 071-3618816 / 06-53756553**
ATTACK 5
ATTACK 8
ATTACK 12
ATTACK 32
ATTACK 33
ATTACK 55

## Noordwijkerhout

**Heemskerk B.V. J.J.M.**
**Gieterij 53**
**2211 WC Noordwijkerhout**
**Telefoon: 0252-372212**
KEVER III
WUST

## *Oost Souburg*

**Puister Maritiem BV**
**Padweg 45**
**4388 EL Oost Souburg**
A.B.S. 3
STIER

**Vlissingen Bootliedenwacht BV**
**Dongestraat 50**
**4388 VM Oost Souburg**
VLB 2
VLB 3
VLB 6
VLB 7

## *Oosterhout*

**Martens & Van Oord Materieel BV**
**Rederijweg 6**
**4906 CX Oosterhout**
**Telefoon: 0162-474747**
BRABANT
ZEELAND

## *Oudewater*

**Hotze J.**
**Kromme Haven 5**
**3421 BK Oudewater**
DOUWE
GORS
HENDRIKUS
J.W.R.WONDER EN GEWELD
KOMER

## *Papendrecht*

**Boskalis Offshore Marine Service BV**
**Rosmolenweg 20**
**3356 LK Papendrecht**
**Telefoon: 078-6969000**
EERLAND 23
EERLAND 28
RIJN
FALCON

**Boskalis Westminster N.V. Koninklijke**
**Rosmolenweg 20**
**3356 LK Papendrecht**
**Telefoon: 078-6969000**
ACHILLES
ADE
AJAX
APOLLO
B.K.M.100
B.K.M.285
B.K.M.286
B.K.M.290
B.K.M.292
BK 17
BK 25
BK 26
BK 29
BK 51
BLACKY
BREEVAER 12
BULLDOG
COBY
DENISE
DOLLY BIRD
F 22
F 41
GUAYAS
HASSAN
HENDRIKJE
JOHANNE
MARGERIE
MARGO
MARIEKE
MORIAMO
MULTICAT
NANCY
POPKE
PORT QASIM
ROOMKLOPPER
RUIGOORD
SANDY
W D PETREL
W D PLOVER
W D SKUWA
W.D.HALIBUT
W.D.HERRING
WILLY

**Koning & Zn**
**Scheepvaartweg 1**
**3356 LL Papendrecht**
**Telefoon: 078-6442644**
COGRI
MATTHIJS

**Smit International Overseas BV**
**Rosmolenweg 20**
**3356 LK Papendrecht**
**Telefoon: 078-6969000**
SMIT DANE
SMIT NIDA
SMIT VENTA

**Smit Transport Europe BV**
**Telefoon: 078-6969000**
SMIT BUFFALO
SMIT BULLDOG

**Smit Vessel Management Service BV**
**Telefoon: 078-6969000**
SMIT CAYMAN
SMIT MONTSERRAT
SMIT AL KOUT

## *Raalte*

**Weegh J.J.v.d.**
**Oude Molenweg 72**
**8101 EM Raalte**
**Telefoon: 0572-363869**
DANNY
DRUM

## *Ridderkerk*

**Jiskoot W.**
**Tarwestraat 60**
**2989 AW Ridderkerk**
**Telefoon: 078-6816110**
CONCORDE
DOLLARD

**Mover BV**
**Boelewerf 52**
**2987 VE Ridderkerk**
**Telefoon: 0180-410222**
MOVER 1
MOVER 2
MOVER 3
MOVER 4
REMOVER

**Red Bull BV**
**Telefoon: 0180-410222 / 06-53483420**
MIRA
WILLEM LOURENS

## *Rijnsburg*

**Heemskerk A.**
**Dubbelebuurt 33**
**2331 GK Rijnsburg**
**Telefoon: 071-4021829**
DE ATLAS
MARINUS

## *Rijswijk*

**H.E.C.**
**Gen Spoorlaan 489**
**2285 TA Rijswijk**
**Telefoon: 070-3152393**
FLEVOLAND
VLIELAND

**Interbeton B.V.**
**Gen Spoorlaan 489**
**2285 TA Rijswijk**
**Telefoon: 070-3152393**
HUBERT
TERSCHELLING

**Vlootbeheer Rijkswaterstaat**
**Lange Kleiweg 34**
**2288 GK Rijswijk**
RWS 70
RWS 71
RWS 72
RWS 73
RWS 74
RWS 75
RWS 76
RWS 77
RWS 78
RWS 79

## *Roden*

**Zweep H.**
**Leeksterweg 22**
**9301 AN Roden**
DRIEBOND III
DRIEBOND IV

## *Roermond*

**Kauffeld BV**
**Mijnheerkensweg 27**
**6041 TA Roermond**
**Telefoon: 0475-317676**
MARSDIEP
MERWEVOGEL

## *Rotterdam*

**Adelaar Duwvaart BV**
**Stieltjesstraat 12 A**
**3071 JW Rotterdam**
**Telefoon: 010-2940555**
ADELAAR
AREND

**Avra Towage BV**
**Scheepmakershaven 32 B**
**3011 VB Rotterdam**
**Telefoon: 010-2810886**
EAST
NORTHWIND
SOUTHWIND
WEST

**Ballast Nedam Baggeren BV**
**Schaardijk 211**
**3063 NH Rotterdam**
ANS
SEA HORSE

**Bonn & Mees BV**
**Sluisjesdijk 123**
**3087 AE Rotterdam**
**Telefoon: 010-4290544**
GANTEL
JAN LEENHEER
PIETER L

**Boskalis Oosterwijk BV**
**'s-Gravenweg 399-405**
**3065 SB Rotterdam**
**Telefoon: 010-2888777 / 06-51090322**
ECHO
LEEUW

**Chemgas Shipping BV**
**v.Vollenhovenstraat 3**
**3016 BE Rotterdam**
**Telefoon: 010-2412222**
THERA
TOBA

**Fairmount Marine BV**
**Hofplein 20**
**3032 AC Rotterdam**
**Telefoon: 010-2402500**
FAIRMOUNT ALPINE
FAIRMOUNT EXPEDITION
FAIRMOUNT GLACIER
FAIRMOUNT SHERPA
FAIRMOUNT SUMMIT

**Fairplay Towage BV**
**Terwenakker 42-44**
**3011 XS Rotterdam**
**Telefoon: 010-4112999**
FAIRPLAY III
FAIRPLAY XII
FAIRPLAY XIV
FAIRPLAY 24
FAIRPLAY 25
FAIRPLAY 29
FAIRPLAY 30

**Fiducia Holding BV**
**Ophemertstraat 43**
**3089 JD Rotterdam**
**Telefoon: 010-4290888**
BEVER
SNOEK

**Havenmuseum**
**Leuvehaven 67**
**3011 EA Rotterdam**
**Telefoon: 010-4048072**
DOCKYARD IX
HAVENDIENST 20
MAASHAVEN
PIETER BOELE

**Heijstek Beheermaatschappij BV**
**Woudrichemstraat 2**
**3087 BR Rotterdam**
PERFECT 6
PERFECT 7

**Jong BV Rederij De**
**Montrealweg 153**
**3197 KH Rotterdam**
**Telefoon: 010-2311555 / 06-53138457**
AQUARIUS
ARIES
BIESBOSCH
BONHEUR II
GEMINI
LIBRA
MOOS
TAURUS
SCORPIO
VIRGO

**Kotug BV**
**Wilhelminakade 318**
**3072 AR Rotterdam**
**Telefoon: 010-2170217**
RT EDUARD
RT INNOVATION
RT MAGIC
RT PETER
RT SPIRIT
RT ZOE
SD JACOBA

**Oord Acz Overige Materieel BV Van**
**Schaardijk 211**
**3063 NH Rotterdam**
**Telefoon: 010-4478444**
AILSA PAT
ARGUS
ATLAS
BLACKBIRD
BUZZARD

COASTAL ONE
COR
CORMORANT
CRONUS
HARRIER
HUBRECHT
JAMUNA I
JOOP
KINGFISHER
LOEK
MARCO I
MARIUS
MARTINUS JAN
OCEANUS
PULAU BAAI
VOLSON 2
ZEEAREND

**Orient Duwvaart BV**
**Stieltjesstraat 12 A**
**3071 JW Rotterdam**
**Telefoon: 010-2940555**
ORIENT
WALVIS

**Perfect Maintenance BV**
**Woudrichemstraat 3**
**3087 BR Rotterdam**
**Telefoon: 010-4952930 / 06-53370554**
PERFECT III
PERFECT IV

**Rotterdam Port Authorities**
**GHR Wilhelminakade 999**
**3072 AP Rotterdam**
**Telefoon: 010-2521010**
RPA 1
RPA 2
RPA 10
RPA 11
RPA 12
RPA 13
RPA 14
RPA 15
RPA 16
RPA 20
RPA 24

**Smit Harbour Towage Rotterdam BV**
**Waalhaven OZ 85**
**3087 BM Rotterdam**
**Telefoon: 010-4549911**
SMIT AFRICA
SMIT ARUBA
SMIT CLYDE
SMIT COLLINGWOOD
SMIT CURACAO
SMIT DONAU
SMIT EBRO
SMIT ELBE
SMIT EUROPE
SMIT JAGUAR
SMIT JOS
SMIT LOIRE
SMIT MADAGASCAR
SMIT RHONE
SMIT SEINE
SMIT TAHITI
SMIT TRAFALGAR
SMIT YENOGOA
TEXELBANK
THAMESBANK

**Smit Waalhaven Holding BV**
**Waalhaven OZ 151**
**3097 BM Rotterdam**
JOMA
SMIT WAALHAVEN 2
SMIT WAALHAVEN 3

**Stemat Marine Service BV**
**Quarantaineweg 10**
**3089 KP Rotterdam**
**Telefoon: 010-2996555**
ALBERT B
GEERTRUIDA M
INGE W
INGRID B
JASON T
JOERY H
MIKE H
NAOMI E
NOVA K
REBECCA S
SIDI C
SUZANNE D
YVONNE W
ANNA B

**Van Gansewinkel Shipping**
**Loswalweg 50**
**3199 LG Rotterdam**
**Telefoon: 010-4726200**
994
DE ACHT
REINOD 1
REINOD 5
REINOD 6
REINOD 9
REINOD 10
REINOD 11
REINOD 14

**Van Oord Ballast HAM Dredging**
**Schaardijk 211**
**3063 NH Rotterdam**
**Telefoon: 010-4478444**
AVS 5
CATHY
EDWIN D
GANNET
HAM 457
HAM 460
HAM 814
HAM 1406
HAM 1509
ICARUS
IGUAZU
LAURA
MARJAN
MICHEL
ROERDOMP
STERN

## *Sas van Gent*

**Aerde Sleepdienst**
**Zandstraat 20**
**4551 LH Sas van Gent**
**Telefoon: 0115-451877**
HENDRIK 3
HENDRIK 7

## *Schagen*

**Vries & Van de Wiel BV De**
**Harmenkaag 9**
**1741 LA Schagen**
**Telefoon: 0224-211211 / 06-53991848**
BERTUS
ENERGIE
FRANS
HENK
JAAP
JAN SR
PETER
SJOERD
WILLEM

## *Scharendijke*

**Hubregtse**
**Caristraat 1 A**
**4322 BA Scharendijke**
**Telefoon: 0111-672155**
DUTCH PEARL
DUTCH POWER
ISA

## *Scharsterbrug*

**Zandstra BV**
**Trijegea 49**
**8517 JA Scharsterbrug**
**Telefoon: 0513-413558 / 06-51099488**
DYNAMIEK
ZEEMEEUW
ZEEMEEUW II

## *Scharwoude*

**Ooms Materiaal BV**
**Scharwoude 9**
**1634 EA Scharwoude**
ALKMARIA VICTRIX
MARY I

## *Schiedam*

**Mammoet Maritime BV**
**Karel Doormanweg 47**
**3115 JD Schiedam**
**Telefoon: 010-2042483**
ARCTIC
TIJGERHAAI

**Mammoet Salvage BV**
**Telefoon: 010-2042483**
MMS KINETIC
MMS OMEGA

## *Schore*

**Polderman E.& H.C.**
**Zandweg 1**
**4423 AA Schore**
**Telefoon: 06-53194270**
CHARLIE
ROOMPOT
SCHELDE III

## *Sleeuwijk*

**Hoog M.d.**
**Larikslaan 9**
**4254 BD Sleeuwijk**
CENTURION
NOORDERKLIP

**Koek D.P.**
**Kerkeinde 30**
**4254 LD Sleeuwijk**
**Telefoon: 0183-301321**
ELIZABETH
F 50
JAN
RUURTJE
STERN
STORMVOGEL
TREKVOGEL
WILMA

**Koek J.H.**
**Kerkeinde 30**
**4254 LD Sleeuwijk**
**Telefoon: 0183-301321**
MADI II
WILLEM

**Labor Holding BV**
**Vijcie 12**
**4254 LA Sleeuwijk**
MERWEKRACHT
MERWEVLET

## *Sliedrecht*

**Boer Baggeren BV De**
**Dr.Langeveldplein 11**
**3361 HE Sliedrecht**
**Telefoon: 0184-411999 / 06-40354046**
ALCYON
ALICE
ARCA
ELCO
ETNA
HUGO
JANNEKE
JOMAR
KEES JR
MAX

**Herik Holding BV**
**Industrieweg 24**
**3361 HJ Sliedrecht**
**Telefoon: 0184-412881**
HANNE
SIENTJE
SLAGAARD
VITESSE

**Kraayeveld BV**
**Postbus 180**
**3360 AD Sliedrecht**
**Telefoon: 0184-412288**
AARSTROOM
LEKSTROOM

**Waaltransport BV**
**Baanhoek 387**
**3316 GG Sliedrecht**
EN AVANT
EN AVANT III

**Wijngaarden Marine Service BV**
**Merwestraat 2**
**3361 HL Sliedrecht**
**Telefoon: 0184-490244**
AMERSTROOM
AMSTELSTROOM
DINTELSTROOM
EEMSTROOM
GIESSENSTROOM
GOUWESTROOM
KILSTROOM
LINGESTROOM
RIJNSTROOM
SCHELDESTROOM
VECHTSTROOM

**Wijngaarden Materieel Exploitatie**
**Merwestraat 2**
**3361 HL Sliedrecht**
**Telefoon: 0184-490244**
MERWESTROOM
VLIESTROOM

## *Slootdorp*

**Krul J.**
**Klieverweg 9**
**1774 NC Slootdorp**
**Telefoon: 0224-211211**
EEMSHORN
HARBURG

## *Sneek*

**Roggeveld Stichting**
**Selfhelpweg 1 A**
**8607 AB Sneek**
**Telefoon: 0515-424189 / 06-53492820**
ANNA TOBY
FIFTY FIFTY

## *St.Pancras*

**Groen R.J.J.**
**Twuijverweg 23**
**1834 AA St.Pancras**
**Telefoon: 072-5641205 / 06-53833576**
ANNE FEM
EMMELOORD

## *Termunterzijl*

**Vlig & Zn BV K.C.**
**Mello Coendersbuurt 2**
**9948 PL Termunterzijl**
DE JONGE GERBRAND
DE JONGE GERBRAND 7

## *Terneuzen*

**Multraship Towage & Salvage**
**Scheldekade 48**
**4531 EH Terneuzen**
**Telefoon: 0115-645000**
BARRACUDA
GRAND SLAM
MULTRATUG 4
MULTRATUG 5
MULTRATUG 6
MULTRATUG 9
MULTRATUG 10
MULTRATUG 11
MULTRATUG 12
MULTRATUG 15
MULTRATUG 16
MULTRATUG 17
MULTRATUG 19
MULTRATUG 20
MULTRATUG 22
MULTRATUG 26
MULTRATUG 27

**Nijhuis G.**
**Jeroen Boschstraat 40**
**4532 HN Terneuzen**
**Telefoon: 0115-694768**
BERT
MON REVE

**U.R.S. Nederland BV**
**Beneluxweg 4 A**
**4538 AL Terneuzen**
DRADO
ZELZATE

## *Tholen*

**Jansen Vof**
**Kruittoren 1**
**4691 EP Tholen**
**Telefoon: 0166-602800 / 06-53431420**
ANNIE III
ANNIE IV

## *Tiel*

**Leeuwen W.L.van**
**Haven 24**
**4001 LZ Tiel**
**Telefoon: 0344-621025 / 06-51064391**
JOCO II
JOCO III
JOCO IV
JOCO V
JOCO VI

## *Tollebeek*

**K & W Schepenverhuur BV**
**8309 AS Tollebeek**
DANCING WATER
DESTINY
DISCOVERY

**Midena Shipping BV**
**Telefoon: 0527-688000 / 06-53208193**
HENDRIK KLAAS
JOHANNES J
WATER LADY
WATERMAN

## *Urk*

**Jannetje Vof**
**Almerelaan 20**
**8321 JB Urk**
MISTRAL
VIKING

**Kapitein & Zn**
**Wijk 1 nr 39**
**8321 EL Urk**
**Telefoon: 0527-681864 / 06-22712158**
AUKE
COBY
HUNTER
JELLE AUKE
SIMSON
ZEELEEUW
ZEEWOLF

## *Velsen Noord*

**Hendriksma G.**
**3e Rijksbinnenhaven 1**
**1951 JL Velsen Noord**
**Telefoon: 0251-224279**
TITANIC
WALVIS

### *Vijfhuizen*

**Hane J.B.d'**
**Cruquiusdijk 205**
**2141 EX Vijfhuizen**
BUDDY
MARIA

### *Vlaardingen*

**Marine Projects Rotterdam BV**
**Kreekweg 14**
**3133 AZ Vlaardingen**
**Telefoon: 010-7600270**
M.P.R.1
M.P.R.2
M.P.R.3
M.P.R.4
MPR SOUNDER

**Marine Trading & Brokerage BV**
**Kotterstraat 2**
**3133 KW Vlaardingen**
HSN 3
MARTIJN EVA

### *Vlieland*

**Ottesen P.**
**Lutinelaan 2 B**
**8899 BE Vlieland**
**Telefoon: 0562-451877 / 06-53155659**
RYSUM
VLIELAND

### *Vlissingen*

**Seacontractors BV**
**Bellamypark 50-52**
**4381 CK Vlissingen**
**Telefoon: 0118-410206**
SEA ALFA
SEA BRAVO
SEA ECHO
SEA GOLF
SEA HOTEL

### *Warns*

**Vries Rederij R.J. de**
**'t Noard 12**
**8721 GC Warns**
**Telefoon: 0514-681998 / 06-51451321**
GLOEIKOP
MORRA
NOARDERMAR
RENO

### *Werkendam*

**Hakkers BV**
**Oudsas 11**
**4251 AW Werkendam**
**Telefoon: 0183-501122**
BRAAKMAN
EUROPOORT
MAAS WAAL

**Klerk BV De**
**Sasdijk 10**
**4251 AA Werkendam**
**Telefoon: 0183-508666**
URK
WATERWEG

**Veka Scheepvaart & Handelsonderneming BV**
**Biesboschhaven Zuid 10-11**
**4251 NM Werkendam**
**Telefoon: 0183-505230**
ALJO
JANNO
ORLIK

**Vries Werkendam BV Aannemersbedrijf De**
**Hulsenboschstraat 25**
**4251 LR Werkendam**
**Telefoon: 0183-508888**
ERICA 7
MAASWERKEN
RIJNWERKEN

**Walrus Maritiem BV**
**Ir.Blankenstraat 8**
**4251 NR Werkendam**
**Telefoon: 0183-505354 / 06-53126312**
WALRUS
WALRUS III

### *Wessem*

**Kaliwaal Bijland BV**
**Waage Naak 15**
**6019 AA Wessem**
ESTHER
TRIO 2
TRIO 3

**Merwede BV Ballast Mij**
**Waage Naak 15**
**6019 AA Wessem**
**Telefoon: 0475-562344**
ADRIAAN S
LAURE
MAURICE
MERWEDE 5
MERWEDE 6
MERWEDE 16
MERWEDE 36
SPES

**NSI Holland BV**
**Polderweg 1**
**6019 RG Wessem**
**Telefoon: 0475-561427 / 06-53228243**
N S I 8
N S I 32

### *West Terschelling*

**Noordgat BV Rederij**
**Burg.Swaanstraat 5**
**8881 AG West Terschelling**
**Telefoon: 0562-443044 / 06-53105466**
HURRICANE
ORCA

### *Wormer*

**Doorn Sleepdienst BV G.v.**
**Lepelbladstraat 18**
**1531 SN Wormer**
**Telefoon: 075-6421675**
BETSY G
ANCOR

### *Woudsend*

**Nagelhout Vof Aann. Bedrijf**
**Vosselaan 39**
**8551 PZ Woudsend**
**Telefoon: 0514-591255**
ANNET
ELVO

### *Zaandam*

**Ballast Nedam Groep BV**
**Sluispolderweg 67**
**1505 HJ Zaandam**
**Telefoon: 030-2853333**
CONNY
FARU

**Brouwer verhuur BV**
**Zomerdijk 22**
**1505 HW Zaandam**
**Telefoon: 075-6164672**
JOSEPHINE
SANDRA
VOORZAAN III

**Desta BV**
**Gerrit Bolkade 7**
**1507 BR Zaandam**
**Telefoon: 075-6171327 / 06-22489483**
DESTA 3
DESTA 4
KWADIJK

**Rodie Watertransport BV**
**Hanepad 88**
**1501 WE Zaandam**
**Telefoon: 075-6166576 / 06-53412365**
CHELSEA B
RODIE
RODIE 2

**Thaumas BV**
**Hanepad 61 A**
**1501 WC Zaandam**
**Telefoon: 075-6310440**
CASTOR
HOUTVAART 6
HOUTVAART 7

### *Zalk*

**Woltheus L.**
**Zalkerdijk 2 A**
**8276 AC Zalk**
NEELTJE W
STERRE DER ZEE

### *Zaltbommel*

**Vos Gebr.**
**Toepadweg 12**
**5301 KA Zaltbommel**
**Telefoon: 0418--575830 / 06-53407616**
MAASSTROOM 7
MAASSTROOM 8
MAASSTROOM 9
MAASSTROOM 11

## *Zierikzee*

**B.M.S. River Towage BV**
**Grevelingenweg 10 A**
**4301 XX Zierikzee**
**Telefoon: 06-53126185**
ANDRE B
JANNIE B
WILCO B
WILLEM B SR

## *Zoutkamp*

**Oosterom H.J.van**
**Pansenweg 8**
**9974 SL Zoutkamp**
**Telefoon: 0595-401409 / 06-27312020**
SPARTA
SPICA

## *Zuidbroek*

**Bijma BV**
**W.A.Scholtenweg 84**
**9636 BT Zuidbroek**
**Telefoon: 0598-451778 / 06-22991135**
FONS
GRUNO II
GRUNO III
GRUNO IV
GRUNO V

## *Zuidoost Beemster*

**Hek BV Gebr. Van 't**
**Nekkenweg 63**
**1461 LD Zuidoost Beemster**
**Telefoon: 0299-423865**
HEKGOLF
HEKHULP
HEKTREK
MAURITS
ORCA

## *Zwartsluis*

**Hebo Maritiem Service BV**
**Stouweweg 17-19**
**8064 PD Zwartsluis**
**Telefoon: 038-3868180 / 06-53484223**
AVONTUUR 2
CATHARINA 4
CATHARINA 5
CATHARINA 6
CATHARINA 7
CATHARINA 8
CATHARINA 9
CATHARINA 11
HEBO CAT 1
HEBO CAT 10

## *Zwijndrecht*

**Herman Sr BV Scheepvaartbedrijf**
**Anjerstraat 73**
**3333 GC Zwijndrecht**
**Telefoon: 078-6192507**
BALOE
BOMMEL
BRUTUS
TARKA
YOGI

**Jongen BV Oliehandel**
**Uilenkade 14**
**3336 LP Zwijndrecht**
**Telefoon: 078-6352934**
DE HOOP 1
DE HOOP 7

**Swets ODV BV**
**Scheepmakerij 250**
**3331 MB Zwijndrecht**
**Telefoon: 078-6191237**
DE ACHT
DE DERTIEN
DE EEN
DE NEGEN
DE TWAALF
DE TWEE
DE VIER
DE ZES
DE ZEVEN
JACOBA 9

# Scheepsbevrachters

## *Amsterdam*

**Bevrachtings Combinatie B.V. v/h H. Stoffers**
T **020-6867021 / 020-6867041** - F **020-6867947**
Coenhavenweg 16 (1013 BL)
Postbus: 20641 (1001 NP)
e-mail: info@stoffersbevrachtingen.nl
internet: www.stoffersbevrachtingen.nl

**MegaBarging BV**
T **088-1011250** - F **088-1011208**
Duldalfweg 60-1 (1041 BE)
e-mail: info@megabarging.nl
internet: www.megabarging.nl

## *Delfzijl*

**Wagenborg Sleepdienst B.V.**
T **0596-636911** - F **0596-636250**
Marktstraat 10 (9934 CK)
Postbus: 14 (9930 AA)
e-mail: sleepdienst@wagenborg.com
internet: www.wagenborg.com

## *Den Helder*

**Peterson Supply B.V.**
T **0223-622900** - F **0223-620632**
Paleiskade 100 (1781 AR)
e-mail: supply@onepeterson.com
internet: www.onepeterson.com

## *Franeker*

**Water-land bevrachtingen B.V.**
T **0517-419777** - F **0517-418788**
Prins Hendrikkade 3 unit 1 (8801 JK)
Postbus: 124 (8800 AC)
e-mail: info@water-land.nl
internet: www.water-land.nl

## *IJmuiden*

**Westcoasting Shipbrokers**
T **0255-534066** - F **0255-517845**
Trawlerkade 34a (1976 CB)
Postbus: 302 (1970 AH)
e-mail: info@westcoasting.com
internet: www.westcoasting.com

## *Landsmeer*

**Maritime Transport Services B.V.**
T **020-6866631** - F **020-6840596**
Noordeinde 124 E (1121 AL)
Postbus: 37196 (1030 AD) Amsterdam
e-mail: info@mtsgroup.nl
internet: www.mtsgroup.nl

## *Maasbracht*

**Voets Shipment B.V.**
T **0475-461100** - F
Havenstraat 22 (6051 CS)
e-mail: tsbv@voetsshipment.nl
internet: www.voetsshipment.nl

## *Nijmegen*

**Daanen Shipping & Logistics B.V.**
T **024-3775830** - F **024-3775830**
Oostkanaaldijk 308 (6541 CD)
Postbus: 356 (6500 AJ)
e-mail: info@daanen-shipping.nl
internet: www.daanen-shipping.nl

## *Ridderkerk*

**Elbe Rijn Lloyd B.V.**
T **0180-442255** - F **0180-442256**
Boelewerf 52 (2987 VE)
Postbus: 4170 (2980 GD)
e-mail: info@elberijnlloyd.nl
internet: www.elberijnlloyd.nl

**Novitrans Bevrachting BV**
T **0180-487487** - F **0180-487342**
Boelewerf 44 (2987 VE)
Postbus: 3040 (2980 DA)
e-mail: info@novitrans.nl
internet: www.novitrans.nl

## *Rotterdam*

**FTS Hofftrans B.V.**
T **0181-291111** - F **0181-291122**
Torontostraat 20 - Havennr.4540 (3197 KN)
e-mail: fts@burando.eu
internet: www.burando.eu

**Jaegers Shipping BV**
T **010-2412261** - F **010-2412295**
Van Vollenhovenstraat 3 (3016 BE)
e-mail: m.jarings@jaegersshipping.nl
internet: www.reederei-jaegers.de

**Rheintrans B.V.**
T **010-2823939** - F **010-2823930**
Maaskade 161 A (3071 NR)
e-mail: maarten@rhein.nl
internet: www.rheintrans.nl

**Slavenburg & Huyser bv**
T **010-4032800** - F **010-4137502**
Vasteland 38 J (3011 BM)
Postbus: 543 (3000 AM)
e-mail: post@slavenburg-en-huyser.nl
internet: www.slavenburg-en-huyser.com

## *Schiedam*

**Gerard Mauritz**
T **010-4156518** - F **010-2457291**
's Gravelandseweg 359 (3125 BJ)
e-mail: agencies@gerardmauritz.com
internet: www.gerardmauritz.com

## *Zaandam*

**MCT Lucassen**
T **020-6866710** - F
Sluispolderweg 53 (1505 HJ)
e-mail: info@mct-lucassen.nl
internet: www.mercurius-group.nl /
internet: www.mct-lucassen.nl

## *Zwijndrecht*

**Ara Bulk B.V.**
T **078-8903045** - F **078-8903046**
Scheepmakerij 130 (3331 MA)
e-mail: info@arabulk.nl
internet: www.arabulk.nl

**BLG Interrijn Autotransport RoRo BV**
T **078-6259195** - F **078-6121208**
Scheepmakerij 130 (3331 MA)
e-mail: v.vanluijk@interrijn.com /
e-mail: e.straver@interrijn.com
internet: www.interrijn.com

**Interrijn RO-RO**
T **078-6259195** - F **078-6121208**
Scheepmakerij 130 (3331 MA)
e-mail: E.Straver@interrijn.com
internet: www.interrijn.com

**K.N. Overmeer & Zn. BV (100% Member of NPRC)**
T **078-7890930** - F **078-7890940**
Scheepmakerij 210 (3331 MB)
Postbus: 292 (3330 AG)
e-mail: nprc@nprc.nl
internet: www.overmeer.com

**Rebes B.V.**
T **078-6259355** - F **078-6259947**
Scheepmakerij 130 (3331 MA)
e-mail: rebes@rebes.com /
e-mail: interrijn@interrijn.com
internet: www.rebes.com

# Werven, machinefabrieken en reparatiebedrijven

**Astro BV, Raamsdonksveer**
T **0162-513650** - F **0162-522406**
Keizersveer 3c (4941 TA)
Postbus 3 (4940 AA)
e-mail: info@asto-bv.nl
internet: www.asto-bv.nl

**Van Ballegooy Scheepsschroeven B.V., Moerdijk**
T **0168-416310** - F **0168-412394**
Havenkant 8 (4781 AA)
e-mail: info@scheepsschroeven.com
internet: www.scheepsschroeven.com

**Bijlsma BV, Lemmer**
T **0514-568550** - F **0514- 562165**
Sluisweg 13-16 (8531 DJ)
e-mail: info@bijlsma.com
internet: www.bijlsma.com / www.veka-group.nl

**Scheepswerven Gebr. G. & H. Bodewes B.V., Hasselt**
T **038-4771215** - F **038-4773492**
Van Nahuysweg 8 (8061 EZ)
Postbus 1 (8060 AA)
e-mail: info@scheepswerven-bodewes.nl
internet: www.scheepswerven-bodewes.nl

**Scheepswerf L.J. Boer Sliedrecht BV, Sliedrecht**
T **0184 412303** - F **0184 420165**
Industrieweg 18 (3361 HJ)
e-mail: info@scheepswerfboer.nl
internet: www.scheepswerfboer.nl

**Machinefabriek Börger, Hoogezand**
T **0598-392733** - F **0598-397816**
Van Neckstraat 1a (9601 GW)
Postbus 255 (9600 AG)
e-mail: info@mf-borger.nl
internet: www.mf-borger.nl

**Machinefabriek Bos Steenwijk V.o.F., Steenwijk**
T **0521-321700** - F **0521-321701**
Lange Baan 5A (8331 LW)
e-mail: bossteenwijk@xs4all.nl

**Breko Shipbuilding & Repair, Papendrecht**
T **078-6416868** - F **078-6416869**
Scheepvaartweg 9 (3356 LL)
e-mail: info@breko.com
internet: www.breko.com

**Van Brink Rotterdam, Rotterdam**
T **010-2995300** - F **010-4295923**
Pastoriestraat 1 (Port no. 2820) (3195 HT)
Postbus 5502 (3008 AM)
e-mail: vbr@vanbrink.nl
internet: www.vanbrink.nl

**Wed. K. Brouwer Scheepswerf B.V., Zaandam**
T **075-6163604** - F **075-6704441**
Zomerdijk 22 (1505 HW)
e-mail: info@scheepswerfbrouwer.nl
internet: www.scheepswerfbrouwer.nl

**Cummins Holland B.V., Dordrecht**
T **078-6181200** - F **078-6176579**
Olivijn 800 (3316 KH)
Postbus 520 (3300 AM)
e-mail: info.holland@cummins.com
internet: www.cummins.com / www.cummins.nl

**Damen Shipyards Gorinchem, Gorinchem**
T **0183-639922** - F **0183-632189**
Avelingen West 20 (4202 MS)
Postbus 1 (4200 AA)
e-mail: info@damen.com
internet: www.damen.nl

**Damen Shiprepair Rotterdam B.V., Schiedam**
T **010-2041222** - F **010-4732577**
Adm. De Ruyterstraat 24 - Port no. 550 (3115 HB)
Postbus 22 (3100 AA)
e-mail: dsr@damenshiprepair.com
internet: www.damenshiprepair.com

**Damen Shipyards Den Helder BV, Den Helder**
T **0223-616641** - F **0223-615391**
Zwarte Pad 1 (1781 AH)
Postbus 114 (1780 AC)
e-mail: info@damendenhelder.nl
internet: www.damendenhelder.nl

**E.B.R. B.V. Scheepsreparatie- en konstruktiebedrijf, Lage Zwaluwe**
T **0168-484555** - F **0168-484224**
Biesboschweg 5 (4926 SJ)
Postbus 144 (4940 AC) Raamsdonksveer
e-mail: info@ebr-bv.nl
internet: www.ebr-bv.nl

**Scheepsbouw & Reparatie Friesland (SRF), Harlingen**
T **0517-417523** - F **0517-430998**
Koningsweg 27 (8861 KN)
e-mail: srf@planet.nl
internet: www.scheepsreparatiefriesland.nl

**Galama scheepsbouw, Marknesse**
T **06-26372467**
Scharnier 7 (8316 GD)
e-mail: galamascheepsbouw@hetnet.nl
internet: www.galamascheepsbouw.nl

**De Groot Diesel Marine Services BV, Dordrecht**
T **078-6165599**
Grevelingenweg 23 (3313 LB)
e-mail: info@dgstechniek.nl
internet: www.dgscheepstechniek.nl

**Holland Diesel Maassluis B.V., Maassluis**
T **010-5912611** - F **010-5929155**
Govert van Wijnkade 40 (3144 EG)
Postbus 280 (3140 AG)
e-mail: info@hollanddiesel.nl
internet: www.hollanddiesel.nl

**Holland Shipyards B.V., Hardinxveld-Giessendam**
T **0184 630516** - F **0184 621172**
Rivierdijk 436 (3372 BW)
e-mail: info@holland-shipyards.nl
internet: www.holland-shipyards.nl

**Scheepswerf Hoogerwaard, Rotterdam**
T **010-4290888** - F **010-4950727**
Ophemertstraat 43 (3089 JD)
e-mail: info@hoogerwaard.com
internet: www.hoogerwaard.com

**IHC Holland B.V., Sliedrecht**
T **0184-411555** - F **0184-411705**
Molendijk 94 (3361 EP) - Postbus 3 (3360 AA)
e-mail: info.bd@ihcmerwede.com
internet: www.ihcbeaverdredgers.com

**Jooren Scheepsschroeven B.V., Dordrecht**
T **078-6133831** - F **078-6311795**
Papendrechtsestraat 2 A (3313 CT)
e-mail: info@joorenpropellers.nl
internet: www.scheepsschroeven.nl

**Scheepswerf De Kaap B.V., Meppel**
T **0522-270013** - F **0522-262254**
Kaapweg 6 (7944 HV)
Postbus 100 (7940 AC)
e-mail: info@scheepswerfdekaap.nl
internet: www.scheepswerfdekaap.nl

**Kampers Scheepskonstruktie B.V., Puttershoek**
T **078-6763811** - F **078-6764853**
Oosthavenzijde 5 (3297 LD)
Postbus 5606 (3297 ZG)
e-mail: info@kampers.nl
internet: www.kampers.nl

**Kampers Pompservice B.V., Puttershoek**
T **078-6760610** - F **078-6761149**
Oosthavenzijde 5 (3297 LD)
Postbus 5401 (3299 ZG) Maasdam
e-mail: info@kampers.com
internet: www.kampers.com

**Kemper & Van Twist Diesel B.V., Dordrecht**
T **078-6326600** - F **078-6136746**
Keerweer 62 (3316 KA)
Postbus 156 (3300 AD)
e-mail: info@kvt.nl
internet: www.kvt.nl

**Koedood Dieselservice b.v., Hendrik Ido Ambacht**
T **078-6813127** - F **078-6812025**
Frankepad 1 (3341 LV)
e-mail: info@koedood.nl
internet: www.koedood.nl

**Scheepswerf Gebr. Kooiman B.V., Zwijndrecht**
T **078-6100477** - F **078-6100039**
Lindtsedijk 84 (3336 LE)
e-mail: werf@scheepswerfkooiman.nl
internet: www.dekooimangroep.nl

**Kramer Scheepsreparatie & Machinefabriek, Zaandam**
T **075-6164082** - F **075-6703729**
Kalf 33 C (1509 AB)
e-mail: info@kramervof.nl
internet: www.kramervof.nl

**Lagendijk Constructie BV, Wemeldinge**
T **0113-621385** - F **0113-622591**
Choorhoekseweg 3 (4424 NW)
e-mail: info@lagendijkequipment.com
internet: www.lagendijkequipment.com

**Scheepswerf en Machinefabriek Leenman B.V., Zwolle**
T **038-4215254**
Industrieweg 31 (8031 EB)
e-mail: jan.leenman@hetnet.nl

**Revisie- en Reparatiebedrijf van Leeuwen B.V., Sliedrecht**
T **0184-614246 / 06-53356633** - F **0184-613794**
Kubus 6-8 (3364 DG)
e-mail: info@revrep.nl
internet: www.revrep.nl

**De Maas bv, Zwijndrecht**
T **010-4196530** - F **010-4194789**
Molenvliet 51 (3335 LH)
e-mail: info@demaasbv.nl
internet: www.demaasbv.nl

**Scheepswerf & Machinefabriek Maasbracht N.V., Maasbracht**
T **0475-465555** - F **0475-465468**
Bunkerhaven 5 (6051 LR)
Postbus 7002 (6050 AA)
e-mail: info@scheepswerfmaasbracht.nl
internet: www.scheepswerfmaasbracht.nl

**Mercurius Shipbuilding, Zwijndrecht**
T **078-6195000** - F **078-6194866**
Ringdijk 466 C (3331 LK)
Postbus 147 (3330 AC)
e-mail: info@mercurius-group.nl
internet: www.mercurius-group.nl

**Scheepssloperij Nederland B.V., 's-Gravendeel**
T **078-6736055** - F **078-6736174**
Havenweg 1 (3295 XZ)
Postbus 5234 (3295 ZJ)
e-mail: info@sloperij-nederland.nl
internet: www.sloperij-nederland.nl

**Neptune shipyards B.V., Aalst**
T **0418-673103** - F **0418-673222**
Veerdam 1 (5308 JH)
e-mail: info@neptuneshipyards.com
internet: www.neptunemarineservice.nl

**Neptune shipyards B.V., Hardinxveld Giessendam**
T **078-621423**
Rivierdijk 458 (3372 BW)
e-mail: info@neptuneshipyards.com
internet: www.neptunemarineservice.nl

**Koninklijke Niestern Sander B.V., Delfzijl**
T **0596-649400** - F **0596-649402**
Venjelaan 6 (9936 BR)
Postbus 108 (9930 AC)
e-mail: info@knsbv.nl
internet: www.niesternsander.com

**Oranjewerf Scheepsreparatie B.V., Amsterdam**
T **020-6347511** - F **020-6347533**
Nieuwendammerdijk 542 (1023 BX)
e-mail: info@oranjewerf.nl
internet: www.oranjewerf.nl

**Scheepswerf Van Os Yerseke B.V., Yerseke**
T **0113-571447** - F **0113-574431**
Dregweg 6 (4401 LS)
e-mail: info@scheepswerfvanos.nl
internet: www.dekooimangroep.nl

**Machinefabriek Padmos Bruinisse B.V., Bruinisse**
T **0187-498020** - F **0187-498051**
Havenkade 12 (4311 BA)
e-mail: info@padmos.nl
internet: www.padmos.nl

**Machinefabriek Padmos Stellendam B.V., Stellendam**
T **0187-498020** - F **0187-498051**
Deltahaven 18 (3251 LC)
Postbus 23 (3250 AA)
e-mail: info@padmos.nl
internet: www.padmos.nl

**Pon Power BV, Papendrecht**
T **078-6420420** - F **078-6157122**
Ketelweg 20 (3356 LE)
Postbus 61 (3350 AB)
e-mail: power.nl@pon-cat.com
internet: www.pon-cat.com

**Machinefabriek & Reparatiebedrijf W. Prins B.V., Volendam**
T **0299-363409 / 06-54386243** - F **0299-369179**
Haven 47 (1131 EP)
e-mail: prinsvol@telfort.nl
internet: www.wprins.nl

**Promac B.V., Zaltbommel**
T **0418-683333** - F **0418-683355**
Van Voordenpark 14 (5301 KP)
Postbus 22 (5300 AA)
e-mail: info@promac.nl
internet: www.promac.nl

**Reikon B.V., Spijkenisse**
T **0181-614466**
Newtonweg 9 (3208 KD)
e-mail: info@reikon.nl
internet: www.reikon.nl

**Scheepswerf Reimerswaal B.V., Hansweert**
T **0113-383021** - F **0113-383421**
Kaai 1 (4417 ES)
Postbus 15 (4417 ZG)
e-mail: info@swreimerswaal.com
internet: www.swreimerswaal.com

**Scheepssloperij Nederland B.V. (kantoor), Ridderkerk**
T **0180-463990** - F **0180-418596**
Ringdijk 486 (2983 GS)
Postbus 1060 (2980 BB)
e-mail: info@sloperij-nederland.nl
internet: www.sloperij-nederland.nl

**Scheepswerf De Schroef B.V., Sas van Gent**
T **0115-471659** - F **0115-472619**
Wervenweg 1 (Haven nummer 5241) (4551 MC)
e-mail: mailbox@deschroef.com
internet: www.deschroef.com

**Shipyard Trico BV, Rotterdam**
T **010-2940800** - F **010-4280700**
Sluisjesdijk 145 (3087 AG)
e-mail: info@tricobv.nl
internet: www.tricobv.nl

**Veka Shipbuilding B.V., Werkendam**
T **0183-505230** - F **0183-505660**
Biesboschhaven Zuid 10-11 (4251 NM)
e-mail: info@vekagroup.nl
internet: www.vekagroup.nl

**Veth Propulsion B.V., Papendrecht**
T **078-6152266** - F **078-6411169**
Griendweg 1 (3356 LN)
Postbus 53 (3350 AB)
e-mail: info@veth.net
internet: www.veth.net

**Van Voorden Maritime B.V., Zaltbommel**
T **0418-571200** - F **0418-515790**
Bossekamp 6 (5301 LZ)
e-mail: maritime@vanvoorden.nl
internet: www.vanvoorden.nl

# Toeleveringsbedrijven

**ABB b.v., Turbocharging dept, Rotterdam**
T **010-4078885**
Albert Plesmanweg 53 A –
Havenummer 2250 (3088 GB)
Postbus 5875 (3008 AW)
e-mail: turbo@nl.abb.com
internet: www.abb.nl

**Admiraal BV Jacht & Scheepsbetimmeringen, Hasselt**
T **038-4772187** - F **038-4772674**
Ambachtsweg 18 - 32 (8061 RN)
Postbus 54 (8060 AB)
e-mail: info@admiraalbv.com
internet: www.admiraalbv.com

**Alfa Laval Benelux B.V., Breda**
T **076-5791200** - F **076-5791211**
Baarschot 2 (4817 ZZ)
Postbus 9377 (4801 LJ)
e-mail: benelux.info@alfalaval.com
internet: www.alfalaval.com/benelux

**Bakker Sliedrecht Electro Industrie B.V., Sliedrecht**
T **0184-436666** - F **0184-436677**
Leeghwaterstraat 55-59 (3364 AE)
Postbus 25 (3360 AA)
e-mail: info@bakker-sl.nl
internet: www.bakkersliedrecht.com

**Barth Aggregaten B.V., 's Gravendeel**
T **078-6733799** - F **078-6732726**
Noord Voorstraat 43 (3295 BL)
Postbus 5121 (3295 ZG)
e-mail: info@barthaggregaten.nl
internet: www.barthaggregaten.nl

**Machinefabriek Bolier BV (New Engine Sales), Dordrecht**
T **078-6163301** - F **078-6210393**
Grevelingenweg 21 (3313 LB)
Postbus 215 (3300 AE)
e-mail: support@bolier.nl
internet: www.bolier.nl

**Wed. K. Brouwer Verhuur B.V., Zaandam**
T **075-6354069** - F **075-6704441**
Zomerdijk 22 (1505 HW)
e-mail: verhuur@scheepswerfbrouwer.nl
internet: www.scheepswerfbrouwer.nl

**Nederlandse Accumulatoren Produktie BV Centurion Akku, Roermond**
T **0475-324147** - F **0475-322999**
Montageweg 1 (6045 JA)
Postbus 2427 (6040 EA)
e-mail: sales@centurion-akku.nl
internet: www.centurion-akku.nl

**Damen Marine Components, Hardinxveld-Giessendam**
T **0184-676262** - F **0184-676267**
Nijverheidsstraat 8 (3371 XE)
e-mail: info@damenmc.nl
internet: www.damenmc.nl

**Dejo Metaalindustrie B.V., Wolvega**
T **0561-691691** - F **0561-691699**
Ambachtsstraat 3 (8471 AA)
e-mail: info@dejo.nl
internet: www.dejo.nl

**Dokkumer Vlaggen Centrale, Dokkum**
T **0519-228228**
Holwerderweg 25 (9101 PA)
e-mail: vbn@dvc.nl
internet: www.dvc.nl

**Electronic Service BV, Nieuwendijk**
T **0183-404113** - F **0183-404038**
Ippelseweg 15b (4255 HW)
e-mail: info@electronic-service.nl
internet: www.electronic-service.nl

**Emha Technisch Bureau B.V., Ridderkerk**
T **0180-484343** - F **0180-418581**
Ringdijk 520 A (2987 VZ)
Postbus 54 (2980 AB)
e-mail: info.emha@ham-groep.nl
internet: www.emhabv.com

**EOC Onderlinge Schepenverzekering u.a., Meppel**
T **088-6699500**
Blankenstein 150 (7943 PE)
Postbus 333 (7940 AH)
e-mail: info@eoc.nl
internet: www.eoc.nl

**Flying Focus Luchtfotografie, De Cocksdorp**
T **0222-728128** - F **0222-728111**
Postweg 128 B (1795 JS)
Postbus 55 (1790 AB) Den Burg
e-mail: info@flyingfocus.nl
internet: www.flyingfocus.nl

**GK Staal B.V., Rotterdam**
T **010-4954868**
Anthony Fokkerweg 60-62 (3088 GG)
e-mail: sales@gkstaal.nl
internet: www.gkstaal.nl

**Haagen Draaijer BV , Krimpen a/d IJssel (technisch leder, pakkingen en slangen)**
T **0180-512213** - F **0180-550425**
Griendstraat 11 (2921 LA)
e-mail: info@haagendraaijer.nl
internet: www.haagendraaijer.nl

**Hatenboer-Water BV – (drink)waterbehandeling, Schiedam**
T **010-4091200** - F **010-4091210**
Mercuriusweg 8 (3113 AR)
Postbus 6013 (3002 AA) Rotterdam
e-mail: info@hatenboer-water.com
internet: www.hatenboer-water.com

**Hatz Nederland B.V., Culemborg**
T **0345-470040** - F **0345-470044**
Anthonie van Diemenstraat 38 (4104 AE)
Postbus 55 (4100 AB)
e-mail: info@hatz.nl
internet: www.hatz-diesel.com

**Rob Heijkoop Trading B.V., Dordrecht**
T **078-6185522** - F **078-6182966**
Heliotroopring 300 (3316 KG)
Postbus 159 (3300 AD)
e-mail: info@robheijkooptrading.com
internet: www.robheijkooptrading.com

**Hobrand Algebra, Rotterdam**
T **010-4355022** - F **010-4603582**
Heijplaatstraat 1A (3089 JB)
Postbus 59236 (3008 PE)
e-mail: info@hobrand-algebra.nl
internet: www.hobrand-algebra.nl

**Holugt-Sauer, Tiel**
T **0344-577511** - F **0344-630640**
Sir Rowland Hillstraat 2 (4004 JT)
Postbus 6129 (4000 HC)
e-mail: info@holugt-sauer.com
internet: www.holugt-sauer.com

**IMOS, Rotterdam**
T **010-2887604** - F **010-2887567**
Alkmaardermeer 9-11 (3068 KL)
e-mail: info@imos.be
internet: www.imos.be

**Imtech Marine BV, Rotterdam**
T **010-4871911** - F **010-4281498**
Sluisjesdijk 155 (3087 AG)
e-mail: comms@imtechmarine.com
internet: www.imtechmarine.com

**Kampers Scheepskonstruktie B.V., Puttershoek**
T **078-6763811** - F **078-6764853**
Oosthavenzijde 5 (3297 LD)
Postbus 5606 (3297 ZG)
e-mail: info@kampers.nl
internet: www.kampers.nl

**Kampers Pompservice B.V., Puttershoek**
T **078-6760610** - F **078-6761149**
Oosthavenzijde 5 (3297 LD)
Postbus 5401 (3299 ZG) Maasdam
e-mail: info@kampers.com
internet: www.kampers.com

**Kooyman-Shipchandlers, Rotterdam**
T **010-7536753** - F **010-4165662**
Columbusstraat 2-10 (3165 AD)
e-mail: sales@kooyman.nl
internet: www.kooyman.nl

**Lagaay International B.V., Rotterdam**
T **010-4123871** - F **010-4331829**
Van Helmontstraat 99 (3029 AA)
e-mail: sales@lagaay.com
internet: www.lagaay.com

**Licorne Petroleum Nederland B.V., Rotterdam**
T **010-4115242** - F **010-4135041**
Mauritsweg 45b (3012 JV)
e-mail: info@licornepetroleum.nl
internet: www.licornepetroleum.nl

**MME Group, Ridderkerk**
T **0180-482828** - F **0180-462240**
Rietdekkerstraat 16 (2984 BM)
Postbus 4222 (2980 GE)
e-mail: info@mme-group.com
internet: www.mme-group.com

**Alubouw de Mooy B.V., Hendrik Ido Ambacht**
T **078-6821214** - F **078-6821217**
Noordeinde 3 (3341 LW) - Postbus 311 (3340 AH)
e-mail: info@alubouwdemooy.nl
internet: www.alubouwdemooy.nl

**Nijhuis Pompen BV - Fairbanks Nijhuis, Winterswijk**
T **0543-547474** - F **0543-547475**
Parallelweg 4 (7102 DE)
e-mail: info.nijhuis@pentair.com
internet: www.fairbanksnijhuis.com

**NRF B.V.**
**(Nederlandse Radiateuren Fabriek), Mill**
T **0485-476476** - F **0485-476400**
Langenboomseweg 64 (5451 JM)
Postbus 1 (5450 AA)
e-mail: info@nrf.eu / marine@nrf.eu
internet: www.nrf.eu

**Periskal cvba, Wuustwezel (B)**
T **+32-36695736** - F **+32-36695737**
Bredabaan 451 (B 2990)
e-mail: info@periskal.com
internet: www.periskal.com

**PPG Coatings Europe B.V., Amsterdam**
T **0204075050/0180-487564** - F **020-4075059**
Kopraweg 35 (1047 BP)
Postbus 58034 (1040 HA)
e-mail: csmarine@ppg.com
internet: www.ppgpmc.com

**Promac B.V., Zaltbommel**
T **0418-683333** - F **0418-683355**
Van Voordenpark 14 (5301 KP)
Postbus 22 (5300 AA)
e-mail: info@promac.nl
internet: www.promac.nl

**SAM Electronics Nederland B.V., Rotterdam**
T **010-4795444** - F **010-4795545**
IJzerwerkerkade 36 (3077 MC)
e-mail: info@sam-electronics.nl
internet: www.sam-electronics.nl

**Sandfirden Technics B.V., Den Oever**
T **0227-513613** - F **0227-513800**
Haventerrein 1 (1779 GS)
Postbus 9 (1777 ZG) Hippolytushoef
e-mail: sales@sandfirden.nl
internet: www.sandfirden.nl

**Sanmax sanitair &**
**Q-H-Max pompen, Rotterdam**
T **010-2363980**
Drionpad 16 (3053 TT)
e-mail: info@sanmax.nl
internet: www.sanmax.nl

**Schottel Nederland B.V., Zoetermeer**
T **079-3611391** - F **079-3611417**
Chroomstraat 143 (2718 RJ)
Postbus 477 (2700 AL)
e-mail: info@schottel.nl
internet: www.schottel.com

**SKF Nederland, Nieuwegein**
T **030-6075957** - F **030-6307397**
Kelvinbaan 16 (3439 MT)
Postbus 1275 (3430 BG)
e-mail: marketingnl@skf.com
internet: www.nederland.skf.com

**Snijder Filtertechniek B.V., Hasselt (Ov)**
T **038-4773800** - F **038-4773888**
Randweg 1 (8061 RW)
Postbus 69 (8060 AB)
e-mail: info@snijderfiltertechniek.nl
internet: www.snijderfiltertechniek.nl

**SwetsODV, Zwijndrecht**
T **088-6191234** - F **088-6191235**
Scheepmakerij 250 (3331 MB)
Postbus 136 (3330 AC)
e-mail: maritiem@swetsodv.com
internet: www.swetsodv.com

**Vidol Marine, Sas van Gent**
T **088-7435500** - F **088-7435501**
Mercuriusstraat 5 (4551 LB)
Postbus 4040 (5004 JA) Tilburg
e-mail: info@vidol.eu / / orders@vidol.eu
internet: www.vidol.eu

**Vissers & van Dijk Scheeps Elektro Techniek bv, Maasbracht**
T **0475-464667 / 06-53832857** - F **0475- 597770**
Bunkerhaven 22 (6051 LR)
Postbus 7194 (6050 AD)
e-mail: info@vissersenvandijk.nl
internet: www.vissersenvandijk.nl

# Verenigingen

**Vakblad Sleep & Duwvaart, Wormerveer**
T **06-22516238**
Postbus 190 (1520 AD)
e-mail: sleepduwvaart@ziggo.nl / basmbehoud@ziggo.nl
internet: www.sleepduwvaart.nl / www.watererfgoed.nl / www.dienstvaartuig.nl / www.sleepboothavens.nl

**Vereniging De Binnenvaart, Rotterdam**
T **06-12380257**
Postbus 24066 (3007 DB)
e-mail: info@debinnenvaart.nl
internet: www.debinnenvaart.nl

# Opleidingen

**HZ De Ruyter Academy, afd. Marof, Vlissingen**
T **0118-489400** - F **0118-489200**
Edisonweg 4 (4382 NW)
Postbus 364 (4380 AJ)
e-mail: info@hz.nl
internet: www.hz.nl

**Stichting voor Landelijk Onderwijs aan Varende Kinderen (LOVK), Rotterdam**
T **010-4130034**
Schulpweg 37 (3084 NG)
e-mail: landelijk.bureau@lovk.nl
internet: www.lovk.nl

**Maritiem Instituut Willem Barentsz, Terschelling**
T **0562-446600** - F **0562-446601**
Dellewal 8 (8881 EG)
Postbus 26 (8880 AA)
e-mail: miwb@mi.nhl.nl
internet: www.miwb.nl

**Noorderpoort Eemsdollard, Energy & Maritime, Delfzijl**
T **0596-610219**
Duurswoldlaan 2A (9936 HA)
Postbus 35 (9930 AA)
e-mail: fo_eemsdollard@noorderpoort.nl
internet: www.zeevaartschoolabeltasman.nl / www.noorderpoort.nl

**STC-Group: VMBO/MBO/HBO/Master/ Training en opleiding, Rotterdam**
T **010-4486000**
Lloydstraat 300 (3024 EA)
Postbus 63140 (3002 JC)
e-mail: reactie@stc-r.nl
internet: www.stc-group.nl

**STC Amsterdam, Amsterdam**
T **010-2832300**
Zekeringstraat 48 (1014 BT)
e-mail: info@amsterdam.stc-bv.nl
internet: www.stc-bv.nl

# Makelaars en scheepshandelaren

**Bais Maritiem B.V. [1], IJmuiden**
T **0255-513839** - F **0255-512095**
Trawlerkade 106 (1976 CC)
e-mail: info@bais.nl
internet: www.bais.nl

**Makelaarskantoor W.L.A. de Bot & Dtr. [1], Rotterdam**
T **010-4667106** - F **010-4669664**
Bergsingel 131 (3037 GC)
e-mail: info@debotshipbrokers.nl
internet: www.debotshipbrokers.nl

**DSM Shipbrokers, Meppel**
T **0646-222111** - F **0522-270914**
Loberingemaat 5D (7942 JD)
e-mail: dsm@shiptrade.nl
internet: www.shiptrade.nl

**Gensta Trading & Shipping B.V., Krimpen aan den Ijssel**
T **0180-398874**
Industrieweg 2 (2921 LB)
Postbus 384 (2920 AJ)
e-mail: info@gtsschepen.nl
internet: www.gtsschepen.nl

**Huizinga & Snijder B.V., Ridderkerk**
T **0180-487508** - F **0180-487504**
Boelewerf 44 (2987 VE)
Postbus 3040 (2980 DA)
e-mail: info@huizinga-snijder.nl
internet: www.huizinga-snijder.nl

**Scheepsmakelaardij J. Hut B.V. [1], Ridderkerk**
T **0180-463606**
Werfkade 33 (2987 RH)
e-mail: info@schipkopen.nl
internet: www.schipkopen.nl

**Scheepsmakelaardij J. Hut B.V. / schipkopen BV [1], Zaltbommel**
T **0418-510100 / 06-55333583** - F **0418-510112**
Dwarsweg 41 (5301 KB)
e-mail: info@schipkopen.nl
internet: www.schipkopen.nl

**Oosse Maritiem B.V., Zwijndrecht**
T **078-6191040** - F **078-6193508**
Maasboulevard 264 (3331 ML)
e-mail: info@oossemaritiem.nl

**Schepenkring/ Jachtmakelaardij Zwartsluis, Zwartsluis**
T **06-11395929**
Het Oude Diep 5 - 7 (8064 PN)
e-mail: zwartsluis@schepenkring.nl
internet: www.schepenkring.nl

**Vessel4sale, Breskens**
T **06-28536638**
Boulevard 83 (4511 AB)
e-mail: info@vessel4sale.com
internet: www.vessel4sale.com

[1] Deze makelaars zijn aangesloten bij:
De Nederlandse Bond van Makelaars in Schepen (N.B.M.S.)
Veenderij 2A
8331 VH Steenwijk
Tel: 0521-361216 - Fax: 0521-361919
Email: info@nbms.nl
Internet: www.nbms.nl

# Uitzendbureaus

**Adonai Business Services B.V., Rotterdam**
T **010-4921333** - F **010-4921717**
Heemraadssingel 186 (3021 DM)
e-mail: info@adonaicrewing.com
internet: www.adonaicrewing.com

**Atlas Services Group, Hoofddorp**
T **023-5560430**
Wijkermeerstraat 32b (2131 HA)
e-mail: hoofddorp@atlasprofessionals.com
internet: www.atlasprofessionals.com

**Atlas Services Group, Den Helder**
T **0223-670370** - F **0223-633765**
Luchthavenweg 6b (1786 PP)
e-mail: denhelder@atlasprofessionals.com
internet: www.atlasprofessionals.com

**Lowland Marine & Offshore, Nieuw Vennep**
T **088-5570101** - F **088-5570150**
Lireweg 14-16 (2153 PH)
Postbus 3036 (2130 KA) Hoofddorp
e-mail: info@lowland.com
internet: www.lowland.com

**Rivertech BV, Arnhem**
T **026-3620340** - F **026-3628880**
Delta 60 (6825 MS)
e-mail: info@rivertech.nl
internet: www.rivertech.nl

**TOS bv, Rotterdam**
T **010-4366293** - F **010-4366286**
Waalhaven O.Z. 77 (3087 BM)
Postbus 55064 (3008 EB)
e-mail: info@tos.nl
internet: www.tos.nl

**TOS bv, Vlissingen**
T **0118-440911** - F **0118-440912**
Boulevard Bankert 308 (4382 AC)
e-mail: info@tos.nl
internet: www.tos.nl

**Waterjobs, Rotterdam**
T **010-4774119** - F **010-4777283**
Nieuwe Binnenweg 137 (3014 GJ)
e-mail: info@waterjobs.nl
internet: www.waterjobs.nl

# Branche organisaties

**BinnenvaartBrancheUnie, Rotterdam**
T **010-2060600** - F **010-4147584**
Vasteland 12 C (3011 BL)
e-mail: info@bln.nl
internet: www.binnenvaartbrancheunie.nl

**Centraal Bureau voor de Rijn- en Binnenvaart (CBRB), Rotterdam**
T **010-7989800** - F **010-4129091**
Vasteland 12 E (3011 BL)
Postbus 23133 (3001 KC)
e-mail: cbrb@binnenvaart.nl
internet: www.cbrb.nl

**Christelijke Bond van Ondernemers in de Binnenvaart, Rotterdam**
T **010-2060602**
Vasteland 12 C (3011 BL)
e-mail: cbob@bln.nl
internet: www.cbob.nl

**I.V.R., Rotterdam**
T **010-4116070** - F **010-4129091**
Vasteland 12 E (3011 BL)
Postbus 23210 (3001 KE)
e-mail: info@ivr.nl
internet: www.ivr.nl

**Landelijk Bureau KSCC - Katholiek Sociaal en Cultureel Centrum voor Rijn- en binnenvaart, Nijmegen**
T **024-3777575 / B.E.M.v Welzenes dir:06-55356666** - F **024-3788201**
Waalhaven 1 K (6541 AG)
Postbus 390 (6500 AJ)
e-mail: info@kscc.nl
internet: www.kscc.nl

**Koninklijke Vereniging van Nederlandse Reders (KVNR), Rotterdam**
T **010-4146001**
Boompjes 40 (3011 XB)
e-mail: kvnr@kvnr.nl
internet: www.kvnr.nl

**Nautilus International, Rotterdam**
T **010-4771188** - F **010-4773846**
Schorpioenstraat 266 (3067 KW)
Postbus 8575 (3009 AN)
e-mail: infonl@nautilusint.org
internet: www.nautilusint.org

**Stichting Nederland Maritiem Land, Rotterdam**
T **010-4007160**
Boompjes 40 (3011 XB)
e-mail: info@maritiemland.nl
internet: www.maritiemland.nl

**Vereniging Europese Binnenvaart-ondernemers (VEB), Ridderkerk**
T **0180-464964**
Postbus 4204 (2980 GE)
e-mail: info@vebondernemers.nl
internet: www.vebondernemers.nl

# Vlootlijst Nederlandse sleep- en duwboten per 1 september 2014

## Verklaring bij de vlootlijst

De boten zijn op alfabetische volgorde per kolom van boven naar beneden gerangschikt. Bij boten van gelijke naam staan deze op volgorde van registratienummer.

reg.nr. = het officiële ENI of IMO nummer, onverbrekelijk verbonden met het schip, ongeacht of al dan niet van nationaliteit wordt veranderd. Als het ENI nummer ons (nog) onbekend is, wordt een door ons toebedeeld nummer gegeven.

type
- BS = bevoorradings schip
- BV = bergingsvaartuig
- CP = cementpompboot
- DB = duwboot
- DS = duwsleepboot
- DV = duwvlet
- MC = multicat, boot die kan slepen, duwen, of als -werkvaartuig ingezet kan worden.
- MS = motorsleepboot
- MV = motorvlet
- OP = opduwer
- PS = patrouillevaartuig
- recr = schip bestemd voor (uitsluitend) bewoning en/of recreatief gebruik
- SS = stoomsleepboot
- WV = werkvaartuig

| | | |
|---|---|---|
| naam | = | huidige naam van de boot |
| ex namen | = | ex namen van de boot |
| eigenaar | = | naam en adres van de eigenaar |
| telefoon | = | nummer van de (auto-)telefoon |
| bouwjaar | = | jaar waarin de officiële proefvaart werd gehouden |
| bouwnummer | = | bouwnummer van de scheepswerf |
| bouwwerf | = | bouwwerf en plaats van vestiging |
| l x b x d | = | grootste lengte, breedte en diepgang van de boot |
| vermogen | = | merk en vermogen in kiloWatt en pk's van de motor |
| boegschroef | = | merk en vermogen in kiloWatt en pk's van de boegschroefmotor |

| | | | |
|---|---|---|---|
| **reg.nr. / type** : | 023.25087 DB | 1987-11 MS | imo 9152624 MS |
| **naam** : | **04-03** | **A 874 LINGE** | **A 878 GOUWE** |
| **ex naam** : | RV 04-03 | | |
| **ex naam** : | | | |
| **ex naam** : | | | |
| **eigenaar** : | Meeuwissen Beheer Made BV | Koninklijke Marine | Koninklijke Marine |
| **adres** : | Haasdijk 28 | Rijkszee Marinehaven 1 | Rijkszee Marinehaven 1 |
| **woonplaats** : | 4921 CL Made | 1781 ZZ Den Helder | 1781 ZZ Den Helder |
| **telefoon** : | 0162-683752 | 0223-653000 | 0223-653000 |
| **bouwjaar / -nr.** : | 1992 | 1987 812/638 | 1997 963 |
| **bouwwerf** : | Damen Shipyards BV | Delta Shipyard/Bijlsma | Delta Shipyard |
| **plaats** : | Gorinchem | Sliedrecht/Wartena | Sliedrecht |
| **l x b x d** : | 7,03 x 3,02 x 0,91 | 27,45 x 8,30 x 2,50 | 27,45 x 8,30 x 2,70 |
| **vermogen** : | 210 kW 286 pk Deutz | 2x589kW/800pk StorkWerkspoor | 2 x 600 kW 816 pk Caterpillar |
| **boegschroef** : | | | |

| | | | |
|---|---|---|---|
| 2012-35 MV | 023.25093 DB | 1986-29 MS | 020.10608 DS |
| **459** | **04-09** | **A 875 REGGE** | **A.B.S. 3** |
| | RV 04-09 | | Nr 52 |
| | | | |
| | | | |
| Mijnster Zand & Grinthandel BV | Meeuwissen Beheer Made BV | Koninklijke Marine | Puister Maritiem BV |
| Jan Blankenweg 2 | Haasdijk 28 | Rijkszee Marinehaven 1 | Padweg 45 |
| 4207 HN Gorinchem | 4921 CL Made | 1781 ZZ Den Helder | 4388 EL Oost Souburg |
| 088-8265400 | 0162-683752 | 0223-653000 | |
| | 1992 | 1986 813/639 | 1964 |
| | Damen Shipyards BV | Delta Shipyard/Bijlsma | St.Pieter |
| | Gorinchem | Sliedrecht/Wartena | Hemiksem |
| | 7,03 x 3,02 x 0,91 | 27,45 x 8,30 x 2,50 | 24,50 x 6,97 x 2,95 |
| | 210 kW 286 pk Deutz | 2x589kW/800pkStorkWerkspoor | 2 x 350 pk ABC |

| | | | |
|---|---|---|---|
| 023.24959 DB | 023.25098 DB | 1987-13 MS | 020.05796 MS |
| **994** | **04-15** | **A 876 HUNZE** | **A.S.I** |
| | RV 04-15 | | CHRISTINA |
| | | | |
| | | | |
| Van Gansewinkel Shipping | Meeuwissen Beheer Made BV | Koninklijke Marine | Slingerland J.M. |
| Loswalweg 50 | Haasdijk 28 | Rijkszee Marinehaven 1 | |
| 3199 LG Rotterdam | 4921 CL Made | 1781 ZZ Den Helder | Leiden |
| 010-4726200 | 0162-683752 | 0223-653000 | |
| 1900 | 1992 | 1986 /818 | 1935 |
| | Damen Shipyards BV | Jac.den Breejen/Delta Shipyard | Hondsbosch |
| | Gorinchem | Hardinxveld/Sliedrecht | Alkmaar |
| 19,50 x 4,77 x - | 7,03 x 3,02 x 0,91 | 27,45 x 8,30 x 2,50 | 14,59 x 3,50 x 1,20 |
| 100 kW 136 pk | 210 kW 286 pk Deutz | 2x589kW/800pkStorkWerkspoor | 77 kW 105 pk Kromhout. |

| | | | |
|---|---|---|---|
| 023.25085 DB | 023.25100 DB | imo 8703995 MS | 1935-09 OP |
| **04-01** | **04-17** | **A 877 ROTTE** | **AAGJE** |
| RV 04-01 | RV 04-17 | | |
| | | | |
| | | | |
| Kramer & Snoek Vof | B.S.T. Dintelsas BV | Koninklijke Marine | Goossens R. |
| Kon.Julianastraat 7 | Sasdijk 18 | Rijkszee Marinehaven 1 | |
| 8321 HW Urk | 4671 RN Dinteloord | 1781 ZZ Den Helder | Ottersum (L) |
| | 0167-523288 | 0223-653000 | |
| 1992 6002 | 1992 | 1986 819 | 1935 |
| Damen Shipyards BV | Damen Shipyards BV | Delta Shipyard/Jac.den Breejen | |
| Gorinchem | Gorinchem | Sliedrecht/Hardinxveld | |
| 7,03 x 3,02 x 0,91 | 7,03 x 3,02 x 0,91 | 27,45 x 8,30 x 2,50 | 5,62 x 1,48 x 0,60 |
| 210 kW 286 pk Deutz | 210 kW 286 pk Deutz | 2x589kW/800pk StorkWerkspoor | 3,6 kW 5 pk Triumpf |

022.02330 MS
**AAGJE B**
MARIA/ TO/ GERWI
Roelofs R.P.R.
Schepperbuurt 20
9948 PR Termunterzijl
0596-602079
1920
Kroeze
Hoogezand
14,08 x 3,50 x 1,35
36 kW 50 pk Brons

023.35661 MV
**AAKANT**
Lispet J.J.
s-Hertogenbosch
1978
Damen Shipyards
Hardinxveld-Giessendam
10,80 x 3,60 x 1,20
85 kW 115 pk DAF

023.09715 DS
**AALTJE**
LEAN II/ THEODORUS/
JOHANNA /JAN VAN GENT/
JOOP/ ANACONDA
Bakker J.
Grote Fok 27
8321 VX Urk
06-51400977
1956
Th.v.d.Beldt
West Graftdijk
20,26 x 5,25 x 1,90
334 kW 455 pk GM

023.18898 MS
**AALTJE**
Wal & T.Vermaning T.v.d.
Waltawei 29
8635 MZ Bozum
0515-521818
1916
Rotterdam
9,90 x 2,92 x 1,30
66 kW 90 pk BMC

imo 2311117 MS
**AARON**
VOLHARDING 4
Iskes Towing & Salvage BV
Monnickendamkade 19 D/E
1976 EC IJmuiden
0255-522860 / 06-53901609
1962 41
A.v.Bennekum
Sliedrecht
19,46 x 5,05 x 2,50
684 kW 930 pk Deutz

1950-34 MV
**AARSTROOM**
Kraayeveld BV
Postbus 180
3360 AD Sliedrecht
0184-412288
7,03 x 2,37 x 1,25
37 kW 50 pk Peugeot

023.21749 MS
**ABELFORTE**
Biemans W.
Marga Klompestraat 34
5142 MG Waalwijk
0416-342860
1994
Flevo jachtwerf
Nijkerk
18,15 x 4,85 x 1,55
110 kW 150 pk Industrie
18 kW 25 pk

023.02205 MS
**ABRAHAM MARTIEN**
GERARD
Baggerman P.H.
s-Hertogenbosch
1925 140
Boele
Bolnes
26,00 x 5,38 x 1,61
287 kW 390 pk MAN

021.04720 MV
**ACHILLES**
Koninklijke
Boskalis Westminster N.V.
Rosmolenweg 20
3356 LK Papendrecht
078-6969000
1973
Damen Shipyards BV
Hardinxveld-Giessendam
10,32 x 4,98 x 1,50
136 kW 184 pk GM

020.02039 MS
**ACTIEF**
PIET VAN DER ZEE/ H 9 S/
JOHANNES /
GERRIE
1938
N.A.Bernhard Jr
Nieuwendam
16,04 x 4,20 x 1,60
191 kW 260 pk GM

020.04789 MS
**ACTIEF**
ELISABET/ HERAN
Jong F. de
Zwartsluis
1926
t Hondsbosch
Alkmaar
14,42 x 3,38 x 1,40
66 kW 90 pk Modag

022.05067 MV
**ACTIEF**
Koopman & Zn I.C. C.
Harlingen
1943
7,09 x 2,56 x 0,90
44 kW 60 pk Mercedes

1911-14 MS
**ACTIEF**
YOLE /GALEREZS
Faber A.
Zwartsluis
1911
Gebr.v.Damme
Baasrode
10,27 x 3,10 x 1,20
124 kW 168 pk DAF

023.22593 DB
**AD**
RHEINSTADT 4/EMSTRA 10 /
MAINBUFFEL II /
ALI
Duwplus BV
Den Brem 59
5052 RB Goirle
1972
Boot
Lemmer
15,00 x 9,30 x 1,50
399 kW 542 pk Caterpillar

030.50788 DS
**ADA**
RP 11/ SPERA/
HOUTRIB/
GOUWZEE
Au am Rhein
Papendrecht
1934
Stadewerft
Hamburg
16,95 x 4,37 x 1,23
333 kW 453 pk Detroit Diesel

023.05200 MS
**ADDIO**
WIELDRECHT/ JOHAN/
UR/ JOHAN/ ALJA /
TRIJNTJE/ GERMA
Vijven J.v.
Rotterdam
1914
De Ridder
Delfshaven
13,05 x 3,20 x -
90 kW 123 pk MWM

| | | | |
|---|---|---|---|
| **reg.nr. / type** : | 023.01428 SS | 1914-09 MS | 023.06999 recr |
| **naam** : | **ADELAAR** | **ADRI** | **ADRIAANTJE** |
| **ex naam** : | BOTLEK / | | ADRIAANTJE / |
| **ex naam** : | ADELAAR | | MARRETJE/ |
| **ex naam** : | | | HELMBERT |
| **eigenaar** : | Gulik B. van | Stockbroeks | Weenen K.v. |
| **adres** : | | | |
| **woonplaats** : | Beverwijk | Wessem | St.Annaland |
| **telefoon** : | | | |
| **bouwjaar / -nr.** : | 1925 694 | 1914 | 1909 |
| **bouwwerf** : | Hubertina v/h W.H. Jacobs | I.A.Kreber | Gebr.v.d.Windt |
| **plaats** : | Haarlem | Vlaardingen | Vlaardingen |
| **l x b x d** : | 20,70 x 5,20 x 1,80 | 14,50 x 3,40 x 1,70 | 13,70 x 3,75 x 1,35 |
| **vermogen** : | 110 kW 150 ipk | 128 kW 175 pk | 59 kW 80 pk Kromhout |
| **boegschroef** : | | | |

| | | | |
|---|---|---|---|
| 027.16955 MV | 023.06832 MS | 023.09964 DS | 020.05136 MS |
| **ADE** | **ADMA** | **ADRIAAN** | **ADRIANA** |
| | TERRA NOVA | | TINE/ CERES |
| | | | |
| Koninklijke | | | |
| Boskalis Westminster N.V. | Beek & J.Pol K.J.v. | Kooren A. Sleepdienst | Vrieswijk D. |
| Rosmolenweg 20 | | Wilhelminakade 318 | |
| 3356 LK Papendrecht | Rotterdam | 3072 AR Rotterdam | Hoek |
| 078-6969000 | | 010-2170217 | |
| 1981 3420 | 1946 | 1957 | 1928 |
| Damen Shipyards BV | Concordia S.Seymonsbergen | Wortelboer | Nic.Witsen |
| Gorinchem | Amsterdam | Gouderak | Alkmaar |
| 15,70 x 4,90 x 2,40 | 12,63 x 3,19 x 1,45 | 19,50 x 5,30 x 2,30 | 15,30 x 3,20 x 1,04 |
| 2 x 268 kW/365 pk Caterpillar | 106 kW 145 pk Caterpillar | 276 kW 376 pk Stork Ricardo | 73 kW 100 pk Ford |

| | | | |
|---|---|---|---|
| 030.50760 DS | 1992-01 DS | 023.21712 MV | 020.15271 MS |
| **ADEA** | **ADMAR 2** | **ADRIAAN** | **ADRIANA** |
| LEBA I/ RP 85/ LEBA I/ | | | |
| WOUT/ ELDORADO / | | | |
| JEANNE | | | |
| Harkema K. & F. Gruis | Mill Internationaal BV Van | Ulden F.W.L. van | Steen C.J. |
| Koestraat 32 | Waldhoornstraat 12 | Utrechtse Jaagpad 62 A | |
| 9936 CE Delfzijl | 4241 CV Arkel | 2313 LB Leiden | Den Helder |
| 050-5256477 | 0183-561678 | 071-5122902 | |
| 1943 420 | 1992 | 1950 | 1950 |
| G.Bijlsma & Zn | Van Mill | | |
| Wartena | Hardinxveld-Giessendam | USA | Wurzburg |
| 12,76 x 3,45 x 1,43 | 23,00 x 9,00 x 2,50 | 8,32 x 2,50 x 0,75 | 14,30 x 3,50 x 1,25 |
| 110 kW 150 pk Deutz | 2 x 353 kW/480 pk GM | 2 x 67 pk/92 pk GM | 110 kW 150 pk Deutz |

| | | | |
|---|---|---|---|
| 020.12519 DB | 021.03327 MS | 023.11588 DB | 023.01873 MS |
| **ADELAAR** | **ADONIS** | **ADRIAAN S** | **ADRIANA** |
| SEINE/ PHOENIX/ | V.D.v.H. I/ HENDRIK/ RIO / | MARIA VAN DER WEES/ | DE ZAAN/ RICA ANNA/ |
| WHY NOT | TALISMAN/ RIO/ | ADRIAAN S | ERNA/ MAAIKE/ MARIE 9 / |
| | TALISMAN | | EERLAND 9/ EQUATOR |
| Adelaar Duwvaart BV | Monster A.M. | Merwede BV Ballast Mij | Nispen H.H.v. |
| Stieltjesstraat 12 A | | Waage Naak 15 | Amsteldijk 876 |
| 3071 JW Rotterdam | Dordrecht | 6019 AA Wessem | 1079 LN Amsterdam |
| 010-2940555 | | 0475-562344 | |
| 1972 | 1958 290 | 1963 80 | 1911 |
| Delta Shipyard/Biesbosch | A.v.Vliet | De Hoop | De Ridder |
| Sliedrecht/Dordrecht | Hendrik Ido Ambacht | Schiedam | Delfshaven |
| 16,70 x 7,87 x 1,50 | 11,30 x 3,45 x 0,98 | 15,62 x 5,10 x 1,09 | 17,77 x 3,98 x 1,60 |
| 2 x 471 kW/640 pk Caterpillar | 87 kW 118 pk DAF | 169 kW 230 pk Scania Vabis | 88 kW 120 pk Industrie |

023.21629 DS
**ADRIANA**
RHEINKIES 1O/ ANNALIES/
MEERVAL/ ANDA II /
KELLY
Kleinstra B.
Dinteloord
1930 132
H.J.Koopman
Dordrecht
18,08 x 5,35 x 1,10
310 kW 421 pk Deutz

1943-02 MS
**ADRIANA**
C 1/HC 2/RISICO /
ANNIE
Toor J.G.H.v.
Oss
1943
Cornilis
Gent
14,06 x 3,88 x 1,38
121 kW 165 pk GM

023.12732 MV
**ADRIANUS**
Straaten Beheer BV Van der
Werfdijk 6
4417 AN Hansweert
0113-382510
1969
Damen Shipyards BV
Hardinxveld-Giessendam
12,83 x 3,42 x 1,67
147 kW 200 pk MWM

023.12968 MV
**ADRIANUS**
DIRK SR
Laar Scheepswerf BV Van
Westerduinstraat 19
1976 BV IJmuiden
1970
A.J.Sepers & Zn
Heerewaarden
14,05 x 4,18 x 1,32
176 kW 240 pk GM

023.23062 DB
**ADRIANUS**
TR 406
Brussé A.
Heemraadhof 30
2922 CK Krimpen a/d IJssel
0180-515737
1981
Ceske Lodenice
Melnik
12,37 x 8,62 x 1,50
2 x 145 kW/197 pk Skoda

023.06783 DS
**AEGIR**
ANTONIE II/ MABI XI/
PIE AD /
HENCA/ ELJO
Bootsma Sleepbedrijf
De Munniksplaat 7
8754 HG Makkum
0515-231069 / 06-50666867
1946 422
G.Bijlsma & Zn
Wartena
19,32 x 4,72 x 2,12
375 kW 510 pk Volvo

030.51645 MV
**AGATHA**
Boltje & Zn R.
Zwolle
24 pk Deutz

1935-10 MS
**AGATHA M**
ADRIAAN /
DE TOEKOMST /
AGATHA MARIA
Pielage P.J.J.W.
Heemskerk
?1935
13,00 x 3,00 x 1,50
88 kW 120 pk Mercedes Benz

040.08540 DB
**AGNES**
VTG 221/ ESSO KÖLN/
RAAB KARCHER 105 /
JUTTA
Kamar BV
Kerklaan 6
2903 BE Capelle a/d IJssel
010-2847848
1973/2012 811/
E.Berninghaus/Hendriks
Keulen/Dodewaard
22,12 x 9,49 x 2,00
2 x 600 kW/816 pk MTU

imo 9570888 MC
**AILEEN M**
Kok Beheer BV
Rivierdijk 458
3372 BW Hardinxv.-Giessendam
2010 NP 335
Neptune Marine
Aalst
1940 kW 2638 pk

027.17324 MV
**AILSA PAT**
Oord Acz Overige Materieel BV
Jan Blankenweg 2
4207 HN Gorinchem
0183-642200
1971 417
Damen Shipyards BV
Hardinxveld-Giessendam
11,10 x 3,32 x 1,60
176 kW 240 pk Caterpillar

021.04913 MV
**AJAX**
Koninklijke
Boskalis Westminster N.V.
Rosmolenweg 20
3356 LK Papendrecht
078-6969000
1975
Damen Shipyards BV
Hardinxveld-Giessendam
10,52 x 4,95 x 1,80
133 kW 180 pk GM

020.01523 MS
**AKRUESDA**
BREJOMAJA/HAIKE/
MARIE CATHARINA/BRIZO /
PEKONA/CORNELIA
Heijsman R
Postbus 3138
3502 CC Utrecht
1922
Pehling
Alkmaar
15,25 x 4,02 x 1,50
88 kW 120 pk Industrie

020.11010 DS
**ALANY**
PR 4/ BEVER/ ALCYON/
MAIKEL/ ARGO
Hoefnagel Vof P.& A.
Valkenier 15
8309 CZ Tollebeek
0527-865057 / 06-10029644
1956 916
VEB Yachtwerft Neptun
Rostock
19,88 x 6,14 x 2,10
473 kW 644 pk Caterpillar

023.17905 MS
**ALBA**
Risico II/ Jo/ Adwil III/ Bernard/
Wilcor /Johnny/ Rex / Beleam /
Louise Marina/ Siljan
Alba Sleepdienst
C.Gordijnsingel 161
2353 GL Leiderdorp
071-5895949 / 06-22938750
1911
Gebr.Kooiman
Zwijndrecht
16,45 x 4,03 x 1,50
121 kW 165 pk GM

020.06184 MS
**ALBATROS**
AMSTELBROUWERIJ XX IV
Riezebos G.
Ens
1964
Th.Kempers & Zn
Alphen a/d Rijn
14,24 x 3,66 x 1,16
77 kW 105 pk Kromhout

| reg.nr. / type | : | 032.30277 MS | 022.08091 MS | 020.08442 MS |
|---|---|---|---|---|
| **naam** | : | **ALBATROS** | **ALBERDINA** | **ALBERT V** |
| **ex naam** | : | ADDIJ/ INJO II/ DEBORA | ALBERDINA/ | ORANJE/ WSP 33/ |
| **ex naam** | : | | ANDREAS/ | GB I/ RV 5 / |
| **ex naam** | : | | DE RUPEL II | JAN I |
| **eigenaar** | : | Remery H. | Vloed N.R.v.d. | Viswat J. |
| **adres** | : | Dotingestate 31 | | Stationsweg 1006 |
| **woonplaats** | : | 8926 ML Leeuwarden | Amsterdam | 9726 AZ Groningen |
| **telefoon** | : | 058-2151814 | | 050-5423535 |
| **bouwjaar / -nr.** | : | 1957 240 | 1937 369 | 1938 317 |
| **bouwwerf** | : | Damen Shipyards BV | G.Bijlsma & Zn | Th.v.d.Beldt |
| **plaats** | : | Hardinxveld-Giessendam | Wartena | West Graftdijk |
| **l x b x d** | : | 13,50 x 3,35 x 1,50 | 16,60 x 4,25 x 1,90 | 19,10 x 4,80 x 1,86 |
| **vermogen** | : | 191 kW 260 pk GM | 110 kW 150 pk Bohn & Kahler | 316 kW 430 pk Cummins |
| **boegschroef** | : | | | |

| | | | |
|---|---|---|---|
| 022.10991 DS | 1954-12 MS | 023.23958 MS | 020.04739 MS |
| **ALBATROS** | **ALBATROS** | **ALBERT** | **ALBERTA** |
| | A 795 HUNEBOURG/ | Jenny II/ Nero/ Orion/ Cor/ | H.A.R. |
| | A 795 NIDECK / | Wytenkamp 10/ Efpe / Nes/ | |
| | NIDECK | Multidive I/ Triton/ Doros | |
| Seinen D.H.J. | Blauw H. | Mol M. | Kooten F.J.A.v. |
| | | Pr Hendrikkade 66 A | |
| Hoorn | Terneuzen | 1501 AE Zaandam | Soest |
| | | 075-6163087 / 06-22145666 | |
| 1927 | 1954 | 1939 328 | 1920 |
| Ernst Menzer | Ferd.Clausen | Th.v.d.Beldt | 't Hondsbosch |
| Bergedorf | Oberwinter | West Graftdijk | Alkmaar |
| 13,04 x 2,82 x 1,13 | 25,75 x 5,52 x 1,08 | 14,55 x 3,86 x 1,75 | 15,30 x 3,30 x 1,35 |
| 77 kW 105 pk Mercedes | 2 x 184 kW/250 pk Deutz | 143 kW 194 pk Caterpillar | 77 kW 105 pk Kromhout |

| | | | |
|---|---|---|---|
| 023.01277 MS | 020.15103 MS | 023.14955 DB | 023.06307 recr |
| **ALBATROS** | **ALBATROS II** | **ALBERT B** | **ALBERTUS M** |
| ARGO/ MAWI/ ADRIAAN/ | MOWE 12 | VERONIQUE / | FIAT / |
| WILAN/ VONDEL / | | BALDER | DE JONGE GERBRAND 4 |
| MARS/ GERARDUS | | | |
| Marquet J. | Spithorst J. | Stemat Marine Service BV | Tiem Van |
| | Postbus 3 | Quarantaineweg 10 | |
| Maastricht | 3755 ZG Eemnes | 3089 KP Rotterdam | Beneden Leeuwen |
| | | 010-2996555 | |
| 1901 195 | 1967 | 1974 952 | 1931 69 |
| A.Vuijk & Zn | Gustavsburg | Damen Shipyards BV | De Jong & Smit |
| Capelle a/d IJssel | Mz Gustavsburg | Hardinxveld-Giessendam | IJsselmonde |
| 18,23 x 4,23 x 1,95 | 17,20 x 4,00 x 0,94 | 14,00 x 6,00 x 1,45 | 16,50 x 4,16 x 1,78 |
| 176 kW 240 pk MAN | 110 kW 150 pk Mercedes | 2 x 368 kW/500 pk Caterpillar | 220 kW 300 pk Deutz |

| | | | |
|---|---|---|---|
| 023.16862 DB | 031.50429 MS | 030.51726 DS | 1933-07 MS |
| **ALBATROS** | **ALBATROS II** | **ALBERT R** | **ALCO II** |
| NEDLLOYD 1/ | | CORNELIA / | PIETERKE/ BRONS II/ |
| NAUTICA 1 | | E 281/ | PIETERKE / |
| | | ADEA | PIETJE BELL |
| Albatros Duwvaart BV | Bogaard C.H.v.d. | Albert R Sleep & Duwvaartbedrijf | Vierhoven A. |
| Stieltjesstraat 12 A | | Waalbandijk 45 | |
| 3071 JW Rotterdam | Rotterdam | 6541 AJ Nijmegen | Dwingeloo |
| 010-2940555 | | 024-3731001 / 161-323-0092 | |
| 1982 734 | | 1939 | 1933 |
| De Biesbosch | | Bodewes & Dutmer | Schut |
| Dordrecht | | Groningen | Hoogezand |
| 18,97 x 8,30 x 2,16 | | 21,25 x 4,92 x 2,35 | 8,45 x 2,40 x 1,30 |
| 2 x 456 kW/620 pk Caterpillar | | 309 kW 420 pk Volvo Penta | 29 kW 40 pk Brons |

023.12647 MS
**ALCYON**
SIJA/ MARVA/ KM 5/
RS 10/ A 850/Y 8032 /
TEXEL
Boer Baggeren BV De
Dr.Langeveldplein 11
3361 HE Sliedrecht
0184-411999
1939 94
Baars/ De Jong & Smit
Sliedrecht/IJsselmonde
18,22 x 4,70 x 1,85
268 kW 365 pk Caterpillar

023.19644 DS
**ALCYON**
H 15/ KUBA/ WILJACO F 3/
WILJACO F 5 /
BOBCAT
Koehoorn & Zn J.K.
Kiesterzijl 18
8801 HN Franeker
0517-396884 / 06-53413663
1962
Stocznia Gdansk
Gdansk
21,10 x 6,30 x 2,10
920 kW 1250 pk Mitsubishi

027.22741 MS
**ALCYON**
Ulsen & B.Piket J.v.
Heeswijk-Dinther
1939 15
Gebr.Kooiman
Zwijndrecht
21,19 x 5,16 x 1,87
235 kW 320 pk SKL

1939-06 OP
**ALDERFERSKUORRENDST**
BRUZER
Bosma P.
De Wearen 36
8614 AE Oudega
06-12134104
1939
H.Holtman
Stadskanaal
6,10 x 1,90 x 0,80
13 kW 18 pk Lister

1940-10 OP
**ALDMAN**
ALDERFEKSKORRUNDS
Jong A.de
Irnsum
1940
Leeuwen
6,00 x 2,00 x 0,95
22 kW 30 pk Hatz

021.03074 MV
**ALEXANDER**
MARIA/ LENIE
Kampen Maritiem Material BV
Montagestraat 7
8263 BP Kampen
1955
C.Buitendijk
Hendrik Ido Ambacht
12,35 x 3,14 x 1,04
169 kW 230 pk Scania Vabis

023.28111 PS
**ALEXANDER GOGEL**
Hager G.J.
Leeuwarden
1964 262
Niestern
Delfzijl
25,60 x 5,10 x 2,08
2 x 170 pk GM

030.50959 MS
**ALFA**
HAARLEMMERMEER VII /
SPERANZA /
SALLAND III
Poel & A.Schouten C.
Harderwijk
1908 334
Van der Giessen
Krimpen a/d IJssel
19,01 x 4,12 x 1,80
147 kW 200 pk Deutz

020.01580 MS
**ALI B**
NIEUWE ZORG/
HENDRIKUS/ JACO /
FORZA/ ATB
Bosch Sr. A. ten
Amsterdam
1935
Mulder & Suurmeijer
Foxhol
14,05 x 3,75 x 1,80
147 kW 200 pk Caterpiller

023.14507 DS
**ALICE**
HERMAN SR
Boer Baggeren BV De
Dr.Langeveldplein 11
3361 HE Sliedrecht
0184-411999
1976 429
Jonkerpaans
Dordrecht
15,65 x 4,40 x 2,10
356 kW 485 pk Caterpillar

023.12255 MV
**ALIDA B**
Constant/Luctor Et Emergo/
Jan / Lekstroom XIII/
Jan/ Elisa/ Marion
Balk G.
Delfzijl
1936
De Wachter
Hemiksem
9,89 x 3,54 x 1,50
29 kW 40 pk Lister

023.29363 OP
**ALIE**
Paas H.J.
Harkstede
2007 1
Paas Zelfbouw
Harkstede
6,10 x 1,95 x 1,00
22 kW 30 pk Lister Blackstone

032.50169 MS
**ALIE**
AnnaMaria/LeonoraMaria/Vigilia/
St.Antony/ Bernhard/ Hardy III/
Harlo / Anna Mathilde/ Diana
Veen K.v.d.
Foxham
1918
Wortelboer
Foxhol
15,20 x 5,20 x 2,25
121 pk 165 pk Industrie

020.09617 DB
**ALINA**
CORNELIS SR /
ILANA
Tichelaar Scheepvaartbedr.
t Wijd 41
8531 RC Lemmer
1987
Stapel/Koole
Spaarndam/Zaandam
26,00 x 9,00 x 2,60
2 x 447 kW/608 pk Caterpillar

023.17608 DS
**ALJA**
M 253/ DICK/ ROTATOR/
CONCORDIA /
SATURNUS/ ARIES/ MARIUS
Post & De Boer Vof
Richel 11
8321 RZ Urk
1941
Gebr.Wiemann
Brandenburg
23,46 x 5,84 x 1,89
2 x 268 kW/365 pk Caterpillar

1950-44 MV
**ALJO**
Veka Scheepvaart &
Handelsonderneming BV
Biesboschhaven Zuid 10-11
4251 NM Werkendam
0183-505230
?1950

| | | | |
|---|---|---|---|
| **reg.nr. / type** : | 020.09707 MS | 022.12782 MS | 031.71719 OP |
| **naam** : | **ALPHA** | **ALPHECCA** | **AMANCIS** |
| **ex naam** : | RISICO/ | MARIANNE / | BABALAN |
| **ex naam** : | HAND IN HAND / | GEBR.COHRS II/ | |
| **ex naam** : | CLEVRA | JASON/ JOHANN | |
| **eigenaar** : | Groot M. de | Alphecca Stichting MS | Pijper E. |
| **adres** : | | Bryhoekstraat 3 | |
| **woonplaats** : | Woubrugge | 3223 BD Hellevoetsluis | Oudewater |
| **telefoon** : | | 0181-317810 / 06-53468220 | |
| **bouwjaar / -nr.** : | 1939 | 1913 554 | 1930 |
| **bouwwerf** : | Bodewes & Dutmer | G.& H.Bodewes | Th.J.Fikkers |
| **plaats** : | Groningen | Hoogezand | Martenshoek |
| **l x b x d** : | 10,43 x 3,15 x 1,50 | 23,02 x 5,82 x 1,70 | 4,65 x 2,00 x 0,60 |
| **vermogen** : | 121 kW 165 pk GM | 368 kW 500 pk Deutz | 29 kW 40 pk HanomagHenschell |
| **boegschroef** : | | | |

| | | | |
|---|---|---|---|
| 021.04178 DB | 021.01971 MS | 1934-05 OP | 023.25945 MS |
| **ALK** | **ALPHA** | **ALTIJD WAT** | **AMAZONE** |
| URIA/ | BONA FIDE | | ANNIE/ CEASAR/ BEA/ |
| EUREKA * | | | KNOCK T31/ KNOCKE / |
| | | | LOUISE/ BEA |
| Anna Marie Duwvaart BV | Diderik J.J.M. | Voet I.v.d. | Spaans B. |
| Steiltjesstraat 12 A | Haringvliet 68 | | |
| 3071 JW Rotterdam | 3011 TG Rotterdam | Hardinxveld-Giessendam | Tolkamer |
| 010-2940555 | | | |
| 1967 783/4 | 1933 | 1934 | 1912 |
| Verolme | Gebr.Matena | Hylkema & Zn | Huiskens & Van Dijk |
| Heusden | Papendrecht/Coevorden | Martenshoek | Dordrecht |
| 19,40 x 10,27 x 2,07 | 18,32 x 4,73 x 2,09 | 5,84 x 1,76 x 1,00 | 19,00 x 4,88 x 1,62 |
| 2 x 353 kW/480 pk GM | 132 kW 180 pk Worthington | 18 kW 25 pk Samofa | 169 kW 230 pk Deutz |

| | | | |
|---|---|---|---|
| 031.10448 MV | 021.02268 DS | 020.03348 MS | 023.18676 recr |
| **ALKMARIA VICTRIX** | **ALPHA** | **ALTO** | **AMELAND** |
| | LIES / TITAN/ | JAN/ JOHANNA/ | Adelaine/ Rosette/ Sleeplust I / |
| | IRA/ DECOMEA | CATHARINA HELENA / | Amstelbrouwerij Xv/ |
| | | DE JONGE GERBRAND | Karel Doorman/ Anje / Ameland/ |
| Ooms Materiaal BV | Berg Jac.v.d. | Bosch Jr A. ten | Stevensweert/Coppelstock/ Lisa |
| Scharwoude 9 | Roggebot 14 | | |
| 1634 EA Scharwoude | 8321 RA Urk | Amsterdam | |
| | 0527-683217 / 06-53750653 | | |
| 1959 | 1942 | 1938 | 1906 |
| Visscher & Zn | Boot | Bodewes & Dutmer | Friese Scheepsb Mij |
| Zwartsluis | Leiden | Groningen | IJlst |
| 13,80 x 3,75 x 1,60 | 19,44 x 5,10 x 1,90 | 15,95 x 4,59 x 1,65 | 13,30 x 3,02 x 1,60 |
| 124 kW 169 pk DAF | 565 kW 768 pk Deutz | 73 kW 100 pk Brons | 121 kW 165 pk GM |

| | | | |
|---|---|---|---|
| 020.04297 MV | 023.09191 MS | 021.02791 MS | 023.08536 MS |
| **ALPHA** | **ALPHA** | **ALY** | **AMELIE** |
| | DUITSLAND / | LAUWERZEE/ | N.H.B. VII/ COAL VII/ |
| | DOCAT 8 | LEVANTKADE/ | JURJEN S / |
| | | LAUWERZEE | COAL VII |
| Oudhaarlem C.H. | F.B.T.Sleep & Bergingsbedrijf | Admiraal G. | Koster & Zn BV L.P. |
| Danzigerkade 2 | Waalbandijk 179 | | Ophemertstraat 50 |
| 1014 AP Amsterdam | 6651 KD Druten | Hasselt | 3089 JE Rotterdam |
| 020-6828440 | | | 010-4290033 |
| 1953 | 1955 487 | 1898 | 1937 |
| De Walvis | H.H.Bodewes | Huiskens & Van Dijk | Gebr.Pot |
| Amsterdam | Millingen | Dordrecht | Bolnes |
| 7,67 x 2,68 x 1,27 | 22,94 x 5,70 x 1,90 | 16,58 x 3,98 x 1,80 | 13,09 x 3,49 x 0,89 |
| 21 kW 28 pk Samofa | 588 kW 800 pk Mitsubishi | 110 kW 150 pk MWM | 184 kW 250 pk Ford |

023.10969 MV
**AMER**
RENEE

K3 Delta BV
Rondweg 29-33
6515 AS Nijmegen

1961
G.J.v.Berk
Beneden Leeuwen
9,40 x 3,22 x 0,80
55 kW 75 pk Deutz

023.30192 MS
**AMER**

Westerneng E.

Kortenhoef

1966 320
Damen Shipyards BV
Hardinxveld-Giessendam
12,10 x 3,24 x 1,15
73 kW 80 pk DAF

imo 9665023 MS
**AMERSTROOM**

Wijngaarden Marine Service BV
Merwestraat 2
3361 HL Sliedrecht
0184-490244
2012 NP 424
Neptune Marine
Aalst
23,68 x 8,75 x 3,00
2 x 357 kW/485 pk Caterpillar
92 kW 125 pk Caterpillar

030.20437 DS
**AMICE**
JENNY/ AMICE I/
AMICE/ GERLIEN 1

Dongen P.v.

Waspik

1925
t Hondsbosch
Alkmaar
15,36 x 3,68 x 1,80
264 kW 360 pk Detroit Diesel

023.26917 MS
**AMICITIA**
HENJA

Stichting Beheer Amicitia
Tolstraat 1
4231 BB Meerkerk
0183-352010
1941
Czaar Peter
Zaandam
11,28 x 3,44 x 1,19
59 kW 80 pk Kromhout

023.15410 DS
**AMIGO**
D 218/ M 418/
ARGO/ PIERRE

Donk R.T.M.v.d.
Kruisstraat 100
5373 BS Herpen
0486-425882 / 06-53186994
1938 217
Meidericher Schiffswerft
Ruhort
23,45 x 5,82 x 2,10
675 kW 918 pk Caterpillar

030.31618 MS
**AMJA II**
ANNIE/ ANNIE II/ AMNIA II

Meter L.

Groningen

1929

7,50 x 2,30 x 1,20
120 pk DAF

023.20213 MS
**AMOR**
EDDY/ GEMA/ MAR MAR I/
MAR MAR / MAR MAR 2/
ASSISTENT/ ROMI/ SAM K
Speculatief Vof
Werfkade 64
2987 RH Ridderkerk

1945
Hellemans
Boom
16,53 x 3,96 x 1,60
265 kW 360 pk GM

023.30225 MS
**AMORE**
PIRMA / HUSKY

Akker A.G.v.d.

Maasbracht

1964
VEB E.Andre
Magdeburg
14,20 x 3,50 x 0,90
74 kW 100 pk SKL

020.04717 MS
**AMSTELMEER**
AMSTELMEER/
GRETE/
SIEBREGJE
Voort H.v.d.
M.Snelplantsoen 10
1106 WP Amsterdam ZO
020-6974857
1929
Concordia S.Seymonsbergen
Amsterdam
15,35 x 3,55 x 1,35
121 kW 165 pk GM

030.51380 MS
**AMSTELSTROOM**
INA

Amstel & IJ
Dijkgracht 9
1019 BT Amsterdam
020-4188013 / 06-55195020
1931
Friesland

10,31 x 2,79 x 1,48
88 kW 120 pk Cummins
7,3 kW 10 pk Eller

imo 9295775 MS
**AMSTELSTROOM**

Wijngaarden Marine Service BV
Merwestraat 2
3361 HL Sliedrecht
0184-490244
2004 /1557
Magra/Damen
Gdynia/Hardinxveld
26,10 x 9,35 x 2,35
2 x 819 kW/1114 pk Caterpillar
110 kW 150 pk

023.09008 MS
**ANCO**
GEZINA/ LUCTOR/
PAX/ ANRO

Zoomeren H.v.
Pr Bernhardstraat 45
4132 XE Vianen
0347-375712
1911 78
Boon, Molema & de Cock
Hoogezand
15,44 x 3,85 x 1,55
88 kW 120 pk Deutz

020.14449 MS
**ANCOR**

Duis H.
Smidslaan 7
1544 AB Zaandijk

1962
Bootsman
Zaandam
8,80 x 2,84 x 1,45
95 kW 130 pk Ford

023.34709 MS
**ANCOR**
HAVENPOLITIE II/
HAVENDIENST II /
GVB 7
Doorn Sleepdienst BV G.van
Lepelbladstraat 18
1531 SN Wormer
075-6421675
1954 281
Westerdok
Amsterdam
17,48 x 4,35 x 1,83
110 kW 150 pk Kromhout

020.06270 MS
**ANDERS J GOEDKOOP**
ANDERS J GOEDKOOP /
VROUW GEURT

Anders J Goedkoop Stichting
Hertogstraat 5
6828 ER Arnhem

1965 432
A.S.M.
Arnhem
24,80 x 6,35 x 3,40
441 pk 600 pk Bolnes

| | | | |
|---|---|---|---|
| **reg.nr. / type** : | 023.09001 MS | 023.06440 MS | 020.13215 recr |
| **naam** : | **ANITA** | **ANJO** | **ANKLAM** |
| **ex naam** : | NEDERLAND/CHARLY / | THOBRO | |
| **ex naam** : | NOORDSTER 7 / DOCAT 7 | | |
| **ex naam** : | Tuinman & | | |
| **eigenaar** : | Zn Sleepvaartbedrijf Vof A. | Dijk G. van | Brink J.& K. |
| **adres** : | Nieuwe Vissershaven 11 | | |
| **woonplaats** : | 8861 NX Harlingen | Beuningen | Amsterdam |
| **telefoon** : | 0517-412854 / 06-51083686 | | |
| **bouwjaar / -nr.** : | 1954 480 | 1941 | 1954 |
| **bouwwerf** : | H.H.Bodewes | Concordia S.Seymonsbergen | E.André |
| **plaats** : | Millingen | Amsterdam | Magdeburg |
| **l x b x d** : | 22,94 x 5,70 x 1,90 | 13,63 x 3,97 x 1,78 | 34,47 x 7,45 x 1,55 |
| **vermogen** : | 588 kW 800 pk Mitsubishi | 104 kW 142 pk Caterpillar | 540 pk SKL |
| **boegschroef** : | | | |

| | | | |
|---|---|---|---|
| imo 9451252 MS | 020.08844 MS | 023.07949 MS | 030.31370 MS |
| **ANDRE B** | **ANITA II** | **ANJO** | **ANNA** |
| | TORPEDODIENST II/ | SPARTAN/ | NAMA/ HAROLD II/ CORA/ |
| | KPT 2 | TRANSPORT IX/ | VOORUIT II/ELLY/CO HERMKE/ |
| | | NEPTUNUS VII | VOLHARDING II/ REINIER |
| B.M.S. Sea Towage BV | Rijs J.v. & J.P.v.Dijk | Groot J. de | Ernst L.J. |
| Grevelingenweg 10 A | | Klaproos 19 | Oude Kerkweg AB |
| 4301 XX Zierikzee | Amsterdam | 2377 EC Oude Wetering | 2355 AV Hoogmade |
| | | 071-3316529 | |
| 2008 178 | 1909 617 | 1927 | 1945 |
| Gebr.Kooiman | J.& K.Smit | Gebr.v.d.Windt | Joh.v.Duijvendijk |
| Zwijndrecht | Kinderdijk | Vlaardingen | Krimpen a/d IJssel |
| 31,10 x 9,50 x 2,95 | 20,01 x 4,06 x 1,70 | 17,11 x 3,46 x 1,60 | 10,10 x 3,15 x 0,94 |
| 1250 kW/1700 pk Mitsubishi | 168 pk DAF | 121 kW 165 pk Leyland | 112 kW 153 pk Scania Vabis |
| 300 kW 408 pk | | | |

| | | | |
|---|---|---|---|
| 023.06496 MV | 020.01857 DS | 031.40055 MS | 030.50697 MS |
| **ANGELIQUE** | **ANJABE** | **ANJO** | **ANNA** |
| TESSY/ ALLEMA / | JO/ CHRISTINA/ | JENNIE | FIAT/MASCOTTE / |
| AMSTELSTROOM / | HENDRIK/ AHOY | | TRUKKER |
| DE WALVIS | | | |
| Filmer M. | Dullaart J.J.M. | Oort L.J.v. | Veenhuizen R. |
| | Opaalstraat 4 | Havenkade 2 | |
| Den Helder | 2403 XK Alphen a/d Rijn | 6658 LX Beneden Leeuwen | Utrecht |
| | 0172-418790 | 0487-592298 | |
| 1931 | 1943 343 | 1930 | 1927 |
| Van Rossem | Th.v.d.Beldt | J.Vos & Zn | |
| Dreumel | West Graftdijk | Groningen | Dedemsvaart |
| 9,16 x 2,36 x 1,00 | 13,39 x 3,61 x 1,60 | 17,06 x 4,30 x 1,60 | 14,50 x 3,00 x 0,75 |
| 33 kW 45 pk MWM | 84 kW 116 pk Deutz | 221 kW 300 pk Brons | 110 kW 150 pk Bussink |

| | | | |
|---|---|---|---|
| 030.51308 MS | 1936-03 OP | 023.03986 MS | 031.60121 MS |
| **ANIMO** | **ANJE GEZINA** | **ANJORO** | **ANNA** |
| TIMAR/ HEMA/ | BUFFEL | FORTUNA/ VOLHARDING III/ | ANNA/ LELYSTAD II/ |
| AMAZONE / | | MAASSTROOM / | STELLA/ JOHAN / |
| ONS GENOEGEN | | RANSEL/ MERWEDE IV | AMSTELSTAD/ DELTA |
| Michielse H. | Bootsma H | Oort L.J.v. | Egas P.A. |
| | | Havenkade 2 | Zuiderzeestraat 7 |
| Standaardbuiten | Emmeloord | 6658 LX Beneden Leeuwen | 3363 CZ Sliedrecht |
| | | 0487-592298 | 0184-413182 |
| 1943 | 1936 | 1909 | 1931 |
| Th.J.Fikkers | Bijlholt | Vrijenban (TH.d.Groot) | Telgenhof |
| Foxhol | Foxhol | Delft | Coevorden |
| 18,15 x 4,68 x 1,50 | 5,40 x 1,80 x 0,70 | 18,19 x 4,46 x 1,70 | 18,00 x 4,40 x 1,50 |
| 161 kW 220 pk Scania Vabis | 8 kW 12 pk Lister | 235 kW 320 pk Modag | 195 kW 265 pk Brons |

1900-08 MS
**ANNA**
Reppel E.
Vianen
1900
E.Herbosch
Schoten
15,38 x 3,63 x 1,70
85 kW 116 pk Deutz

030.21115 MV
**ANNA 1**
MAJA
Bokschoten Sleepdienst P.
Laaghalerveen 30
9414 VJ Hooghalen
0592-355568 / 06-55823665
1954
J.Schlieker & Zn
Sliedrecht
10,15 x 3,05 x 0,90
110 kW 150 pk Scania Vabis

023.09486 DS
**ANNA 7**
HOOP OP ZEGEN/
DORINE/ TRIOMF /
PORTUS 2
Bokschoten & A.L.Wolthuis P.
Laaghalerveen 30
9414 VJ Hooghalen
0592-355568 / 06-55823665
1955
L.J.Boer
Sliedrecht
16,26 x 4,74 x 1,86
273 kW 371 pk Caterpillar

023.18905 DS
**ANNA MARIE**
VKV Service BV
Stieltjesstraat 12 A
3071 JW Rotterdam
010-2940555
1989 /8673
Bijholt/Damen Shipyards BV
Foxhol/Gorinchem
17,00 x 6,94 x 2,00
2 x 397 kW/540 pk Caterpillar

1945-03 MS
**ANNA**
VIOS/ YAEL
Groeneveld M.W.
Nieuwendijk
1945
Hoekman
Urk
10,50 x 3,70 x 1,20
121 kW 165 pk GM

1950-46 MV
**ANNA 3**
Moere Vof Zandwinning De
Grollo
?1950
6,50 x 2,00 x 1,00
73 kW 100 pk DAF

1987-18 OP
**ANNA B**
Berkel G.v.
Langereis 54
1733 ME Nieuwe Niedorp
0226-411646
1987
Bijdam
Wormer
6,00 x 2,50 x 0,80
39 kW 54 pk Volkswagen

022.01100 MS
**ANNA SOPHIA**
ANNA SOPHIA II/ HENRI XXIV/
LUCTOR 61/ GRUNO /
TRITON/ COR/ GRUNO
Drongelen & L.Rusch H.J.M.
Joh.v.Keukenstraat 34
1087 BN Amsterdam
1907 37
Wilmink & Co
Groningen
18,56 x 4,81 x 1,85
151 kW 205 pk DAF

1950-42 MV
**ANNA**
Rabbers E.
Aalsmeer
9,00 x 2,85 x 0,80
29 kW 40 pk Perkins diesel

020.04089 DS
**ANNA 4**
CSM XI/ HIELKE/
DRIEBOND IV
Kuipers & Onrust Vof
Noorderhaven t/o 39
9712 VH Groningen
1928 /823
Schouten
Muiden
13,78 x 3,66 x 1,62
184 kW 250 pk Deutz

imo 9653202 MC
**ANNA B**
Stenat Marine Service BV
Quarantaineweg 10
3089 KP Rotterdam
010-2996555
2014 NP 419
Neptune Shipyard
Aalst
31,98 x 12,00 x 2,90
2 x 1140 kW/1550 pk Caterpillar

051.00980 DS
**ANNA TOBY**
WILLI KOSTER/
BRONCO *
Roggeveld Stichting
Selfhelpweg 1 A
8607 AB Sneek
0515-424189
1913
Janssen & Schmilinsky
Hamburg
17,36 x 5,30 x 2,43
276 kW 375 pk Deutz

1990-19 OP
**ANNA**
Wormer
1990
6,00 x 1,65 x 0,80
7 pk Victor

030.51710 DS
**ANNA 6**
ALMAR/ADELAAR/
ANTILOPE
Bokschoten Sleepdienst P.
Laaghalerveen 30
9414 VJ Hooghalen
0592-355568 / 06-55823665
1965
Visscher & Zn
Zwartsluis
13,24 x 4,10 x 1,63
198 kW 270 pk Mercedes

023.06014 MS
**ANNA FRATER**
ANNA FRATER/
NEELTJE/ ZEMAR /
ANMA
Bootsma H.
Sondel
1938 1120
De Industrie D.& Joh.Boot
Alphen a/d Rijn
18,60 x 4,74 x 1,80
110 kW 150 pk Industrie

031.50558 MS
**ANNA W**
KIEBLITZ
Wittjes A.A.
Leliestraat 15
6915 SN Lobith
0316-543939 / 06-53433511
1964
VEB Yachtwerft
Berlin
14,20 x 3,50 x 1,20
88 kW 120 pk SKL

| | | | |
|---|---|---|---|
| **reg.nr. / type** : | 020.04797 MS | 023.23873 MS | 032.40087 DS |
| **naam** : | **ANNE BAUKE II** | **ANNET** | **ANNIE** |
| **ex naam** : | A.S.II/ DRECHT/ | | |
| **ex naam** : | REMCO/ ONRUST/ | | |
| **ex naam** : | A.S.II | | |
| **eigenaar** : | Haan A.de | Nagelhout Vof Aann. Bedrijf | Remerij B. |
| **adres** : | Marnixstraat 28 | Vosselaan 39 | Oostersingel 26 |
| **woonplaats** : | 8913 GW Leeuwarden | 8551 PZ Woudsend | 8921 GA Leeuwarden |
| **telefoon** : | 058-2155808 | 0514-591255 | 058-2151814 |
| **bouwjaar / -nr.** : | 1923 | 1940 | 1957 529 |
| **bouwwerf** : | Concordia S.Seymonsbergen | Bos | G.Bijlsma & Zn |
| **plaats** : | Amsterdam | Echtenerbrug | Wartena |
| **l x b x d** : | 10,42 x 3,10 x 1,08 | 10,17 x 2,90 x 1,53 | 17,50 x 4,76 x 1,80 |
| **vermogen** : | 22 kW 30 pk Samofa | 144 kW 196 pk DAF | 294 kW 400 pk GM |
| **boegschroef** : | | | |

| | | | |
|---|---|---|---|
| 1952-09 OP | 020.14554 DS | 023.08246 MS | 020.11587 DS |
| **ANNABEL** | **ANNE FEM** | **ANNIE** | **ANNIE III** |
| | | | SAALE / |
| | | | CLIMAX |
| | | | |
| Filmer A. | Groen R.J.J. | Vlies J.v.d. | Jansen Vof |
| | Twuijverweg 23 | | Kruittoren 1 |
| Den Helder | 1834 AA St.Pancras | Sliedrecht | 4691 EP Tholen |
| | 072-5641205 | | 0166-602800 / 06-53431420 |
| 1952 | 1945 | 1925 | 1956 502-1 |
| | | | VEB Volkswerft Ernst Thalmann |
| | | | Brandenburg |
| 8,70 x 2,60 x 1,25 | 8,25 x 2,95 x 0,55 | 10,70 x 2,42 x 0,95 | 21,70 x 6,40 x 2,69 |
| 66 kW 90 pk Baudouin | 65 kW 88 pk Mitsubishi | 19 kW 26 pk | 220 kW 300 pk SKL |
| | | | |

| | | | |
|---|---|---|---|
| 031.40051 MS | 020.04922 MS | 030.11805 DS | 023.23317 DS |
| **ANNABELLA** | **ANNEKE** | **ANNIE** | **ANNIE IV** |
| Coja/ Jennie/ Hen Mar II/ | HEIN/ JAN/ GOLGATHA | | TETJE/ LION |
| Marie 6 / Eerland 6/ Thor/ | | | |
| Grietje Elisabeth | | | |
| Veldhuizen M.R. | Raukema P. | Reuser A.J.M. | Jansen Vof |
| | | Lisserdijk 419 | Kruittoren 1 |
| Langweer | Zwolle | 2165 AE Lisserbroek | 4691 EP Tholen |
| | | 0252-411569 | 0166-602800 / 06-53473850 |
| 1922 | 1956 | 1964 | 1966 |
| Gebr.Bodewes | | J.Schlieker & Zn | VEB E.Andre |
| Martenshoek | | Sliedrecht | Magdeburg |
| 15,75 x 4,22 x 1,60 | 10,40 x 2,65 x 1,05 | 12,00 x 3,40 x 1,55 | 26,54 x 8,02 x 3,75 |
| 107 kW 145 pk MAN | 116 pk Deutz | 147 kW 200 pk Mercedes Benz | 552 kW 750 pk SKL |
| | | | |

| | | | |
|---|---|---|---|
| 1925-18 OP | 020.01257 DS | 030.50653 MS | 020.05322 MS |
| **ANNE BAUKE** | **ANNEMARIE** | **ANNIE** | **ANNY** |
| STUFF | ANTONIE III / HENCOR / | ANNIE/ LIEN/ ANNEMARIE / | CONTROLEUR/ ANNY/ |
| | LAUWERZEE/ ELAN | GIJSBERTHA/ | APHRODITE |
| | | OBELIX * | |
| Haan A.d. | Jong J.A. de | Bosma-Hoekstra P. | Bos Sleepdienst D.J. |
| Marnixstraat 28 | Plukmadestraat 14 | | Ranonkelkade 54 I |
| 8913 GW Leeuwarden | 4921 AK Made | Oudega | 1031 XV Amsterdam |
| 058-2155808 | 0162-683513 | | |
| 1925 | 1930 246 | 1938 | 1957 |
| | Th.v.d.Beldt | Worst | Th.A.d.Groot |
| | West Graftdijk | Meppel | Landsmeer |
| 5,20 x 1,80 x 0,80 | 17,24 x 4,68 x 1,89 | 10,08 x 3,07 x 1,50 | 16,70 x 4,51 x 2,00 |
| 8,8 kW 12 pk MWM | 169 kW 230 pk Gardner | 51 kW 70 pk Industrie | 239 kW 325 pk Caterpillar |
| | | | |

023.06091 MS
**ANOESKA**
JOHAN/ HERMA/
MARTIN B / JOHAN
Brenk v.d.
Wijk bij Duurstede
1908
Hamburg
15,54 x 4,20 x 1,52
81 kW 110 pk DAF

---

032.90301 MV
**ANS**
Ballast Nedam Baggeren BV
Schaardijk 211
3063 NH Rotterdam
1963
Jac.den Breejen
Hardinxveld-Giessendam
14,25 x 4,08 x 1,10
260 pk GM

---

027.10610 MS
**ANTILOPE**
Blankevoort & Zn D.
Havenstraat 87
2102 LB Heemstede
1984 630
Delta Shipyard
Sliedrecht
14,40 x 4,00 x 1,80
186 kW 254 pk Caterpillar

---

023.21773 MS
**ANTIQUITEIT**
JOHANNA /
RICHARD D
Leget E.R.
Numansdorp
1930
Gebr.Kooiman
Zwijndrecht
22,52 x 5,06 x 2,25
209 kW 285 pk Kromhout

---

022.03339 MS
**ANTJE**
Couperus A.
Hemelum
1955
J.Vos & Zn
Groningen
10,15 x 3,10 x 0,92
80 kW 110 pk Caterpillar

---

023.06371 DS
**ANTJE**
BROEDERTROUW V/
MAR nr ?/ PELIKAAN 2
Santen F.v.
Mounestrjitte 56
9288 AT Kootstertille
0512-332085 / 06-22996447
1940
t Hondsbosch/Kooiman
Alkmaar/Zwijndrecht
17,21 x 4,33 x 1,67
206 kW 280 pk Caterpillar

---

023.06790 MS
**ANTJE**
ALGRA /
LIBERTY/
BLANKO
Falkeisen H.D.
Diemen
1921
Concordia S.Seymonsbergen
Amsterdam
12,65 x 3,15 x 1,25
88 kW 120 pk Scania Vabis

---

1930-63 OP
**ANTJE**
Schoonwater D.J.
Leiden
1930
Bijlholt
Foxhol
5,20 x 1,85 x 0,60
26,4 kW 36 pk Mercedes

---

1935-12 OP
**ANTJE**
Zoetemeijer F.
Brielle
?1935
5,55 x 1,73 x 0,75
14,7 kW 20 pk Mitsubishi

---

020.07408 MS
**ANTJE I**
KALIWAAL 7/ HEMI
Burger P.A.
H Dijkstralaan 2
8525 GM Langweer
0513-499681
1925
Amsterdam
14,94 x 3,55 x 1,52
58 kW 80 pk Industrie

---

022.05065 MS
**ANTJE 2**
W.S.P./ PAUL
Santen F.v.
Mounestrjitte 56
9288 AT Kootstertille
0512-332085 / 06-22996447
1964
Schottelwerft
Keulen
8,10 x 2,40 x 1,00
57 kW 78 pk Mercedes Benz

---

1969-07 MV
**ANTJE 3**
Santen Hon Scheepvaartbedr. A.
Mounestrjitte 56
9288 AT Kootstertille
0512-332085 / 06-22996447
1969
Schottelwerft
Keulen
8,20 x 2,40 x 1,00
58 kW 80 pk Mercedes Benz

---

031.10421 DS
**ANTJE 4**
PIETER PD 30 /
PIETER
Santen F.v.
Mounestrjitte 56
9288 AT Kootstertille
0512-332085 / 06-22996447
1925
Kremer, Elmshorn
Clucstad
15,15 x 3,87 x 1,77
147 kW 200 pk DAF

---

038.00005 MS
**ANTJE 5**
Santen F.v.
Mounestrjitte 56
9288 AT Kootstertille
0512-332085 / 06-22996447
6,30 x 2,24 x 0,80
73 kW 100 pk DAF

---

022.06584 DS
**ANTJE 7**
NIKOLAUS
Santen F.v.
Mounestrjitte 56
9288 AT Kootstertille
0512-332085 / 06-22996447
1909
Kienh
Hamburg
18,15 x 5,40 x 2,30
221 kW 301 pk Mercedes Benz

---

020.15634 DS
**ANTJE 8**
MAIN /
VEERMAN
Santen Hon Scheepvaartbedr.A.
Mounestrjitte 56
9288 AT Kootstertille
0512-332085 / 06-22996447
1952
Carl Siebert
Berlijn
16,42 x 3,66 x 0,95
2 x 72 kW/98 pk MWM

| reg.nr. / type : | 023.23035 MV | 027.16231 MS | 023.31318 MS |
|---|---|---|---|
| naam : | **ANTJE 11** | **ANTONIE II** | **APOLLO** |
| ex naam : | SCHELLEKE/ LAQ/ | ANTONIE II/ KARLA/ HOEK/ | HAVENDIENST XI/ |
| ex naam : | JACOBA | RS 08/ A 848/ Y 8027 / | HAVENDIENST 11/ RPA 28 / |
| ex naam : | | DIERIK/ CONNIE D/ VAGANT | NASSAUKADE |
| eigenaar : | Santen F.v. | Lemmens J. | Hoondert & Zn BV J. |
| adres : | Mounestrjitte 56 | Bouvigne 27 | Heinkenszandweg 19 |
| woonplaats : | 9288 AT Kootstertille | 5653 LE Eindhoven | 4453 VE 's-Heerenhoek |
| telefoon : | 0512-332085 / 06-22996447 | 06-51138655 | |
| bouwjaar / -nr. : | 1964 | 1939 391 | 1960 535 |
| bouwwerf : | J.Schlieker & Zn | G.Bijlsma & Zn | J.Hendriks |
| plaats : | Sliedrecht | Wartena | Dodewaard |
| l x b x d : | 11,97 x 3,44 x 1,58 | 18,44 x 4,76 x 1,46 | 24,15 x 6,22 x 2,75 |
| vermogen : | 176 kW 240 pk GM | 110 kW 150 pk Brons | 331 kW 450 pk Bolnes |
| boegschroef : | | | |

| | | | |
|---|---|---|---|
| 032.50198 MS | 027.17503 MV | 1950-49 OP | 023.08319 DS |
| **ANTJE 8** | **ANTON P** | **ANTOON** | **AQUAMARIJN** |
| ANNA/ WILJO/ JAN/ | | | BELGIË / SPANJE/ |
| MARTJE III | | | LEKSTROOM XV |
| | | | |
| Jong A.W.de | Sprunder BV | Kersten T. | Hoornstra T. |
| | | | |
| Kampen | Ridderkerk | Amsterdam | Meppel |
| | | | |
| 1932 | 1986 | ?1950 | 1916 278 |
| Dalen & Vermeulen | Stapel | | P.Smit Jr |
| Papendrecht | Spaarndam | | Rotterdam |
| 12,08 x 3,71 x 1,40 | | 8,10 x 2,00 x 0,80 | 22,76 x 5,24 x 2,25 |
| 121 kW 165 pk GM | 88 kW 120 pk GM | 15,4 kW 21 pk Lister | 265 kW 360 pk Detroit Diesel |
| | | | |

| | | | |
|---|---|---|---|
| 038.00019 MV | 023.11747 MS | 1896-06 MS | 021.04793 DS |
| **ANTJE 9** | **ANTONIA** | **ANTWERPEN 12** | **AQUARIUS** |
| | DUC | Nr 3/ Nr 12 | M 486/ ULF/ JAN |
| | | | |
| | | | |
| Wiers BV Aannemingsbedr. | Grevenstein Holding BV | Knook A. | Jong BV Rederij De |
| Wolvenjacht 1 | Spinbollaan 18 | | Montrealweg 153 |
| 8064 PB Zwartsluis | 3052 XP Rotterdam | Sliedrecht | 3197 KH Rotterdam |
| 038-386628 | | | 010-2311555 / 06-53138457 |
| | 1947 | 1899 | 1941 |
| | De Hoog | Cockerill Yards Hoboken | Gute Hoffnungs Hutte |
| | Rotterdam | Hoboken | Walsum |
| 7,20 x 2,24 x 0,90 | 17,87 x 4,37 x 1,56 | 16,75 x 4,84 x 2,72 | 23,06 x 5,77 x 2,11 |
| 73 kW 100 pk DAF | 121 kW 165 pk DAF | 110 kW 150 pk Bolnes | 2 x 441 kW/600 pk Cummins |
| | | | |

| | | | |
|---|---|---|---|
| 038.00012 MS | 030.51484 MS | 023.20024 MC | 023.09873 DB |
| **ANTJE 10** | **ANTONIE** | **APOLLO** | **AQUILA** |
| | | | AFRIKA/ MAASSTROOM 9/ |
| | | | MAASSTROOM 10 / |
| | | Koninklijke | BORRASCA |
| Santen F.v. | Hageman & Zn H. | Boskalis Westminster N.V. | Cornelis Vof Gebr. |
| Mounestrjitte 56 | | Rosmolenweg 20 | Ambachtsplantsoen 1 |
| 9288 AT Kootstertille | Zwolle | 3356 LK Papendrecht | 4551 HG Sas van Gent |
| 0512-332085 / 06-22996447 | | 078-6969000 | |
| | 1933 | 1984 | 1957 512 |
| | | Damen Shipyards BV | H.H.Bodewes |
| | | Gorinchem | Millingen |
| | 9,50 x 3,07 x 1,52 | 14,31 x 6,05 x 1,80 | 25,60 x 6,30 x 2,88 |
| | 55 kW 75 pk | 2 x 103 kW/140 pk GM | 537 kW 730 pk Caterpillar |
| | | | |

023.05999 DS
**ARA**
ORION/ ZEEPAARD/
ORION H/ ORION /
ARA/ ORION
Aanemingsbedrijf A.Blom & Zn
Jan van Goyenstraat 3
3351 JM Papendrecht
1938
Bodewes & Dutmer
Groningen
18,21 x 4,80 x 1,90
330 kW 450 pk Caterpillar

023.09755 MS
**ARCA**
GECOMA
Boer Baggeren BV De
Dr.Langeveldplein 11
3361 HE Sliedrecht
0184-411999 / 06-40354046
1956
Geertman
Zwartsluis
12,51 x 3,43 x 1,75
124 kW 268 pk DAF

1960-21 MS
**ARCHIMEDES**
SPERBER/ FRED
Goudappel H.
Kampen
1960 2201-11
VEB Yachtwerft
Berlin
14,20 x 3,47 x 1,27
88 kW 120 pk SKL

023.25883 DB
**ARCTIC**
MON DESIR/ DIENI
Mammoet Maritime BV
Karel Doormanweg 47
3115 JD Schiedam
010-2042483
2002
Stig Jiansu/Vink
Jiangsu/Sliedrecht
18,90 x 11,15 x 1,85
2 x 1300 pk Cummins

023.07890 DS
**ARCTURUS**
INO/ DIKKI
Bakker K.
Hooiland 60
8321 JX Urk
0527-685565 / 06-53210556
1951 1217
De Industrie D.& Joh.Boot
Alphen a/d Rijn
22,23 x 6,32 x 2,20
500 kW 680 pk Caterpillar

023.18383 MV
**ARD**
VENUS/ BETTY/ VENUS
Swets Dols & Heuff BV
St Canisiussingel 18
6511 TH Nijmegen
024-3228217
1976 2406
Damen Shipyards BV
Hardinxveld-Giessendam
12,88 x 3,43 x 1,50
176 kW 240 pk Detroit

020.02981 MS
**AREND**
JO WIM/ AREND/
VROUWE GRETHA II
Heide W.A. v.d.
Gouda
1922
Vooruit
Enkhuizen
14,17 x 3,56 x 1,25
83 kW 113 pk Thornycroft

023.16425 DB
**AREND**
PANTA RHEI/ ELMA/
SALVÉ /
ALANY
Adelaar Duwvaart BV
Stieltjesstraat 12 A
3071 JW Rotterdam
010-2940555
1980 8614
H.A.v.Gelder
Gorinchem
16,50 x 6,45 x 1,80
2 x 262 kW/354 pk Cummins

025.10022 MS
**AREND**
Heerde J.W.van
Enkhuizen
1935
De Hoop
Hardinxveld-Giessendam
16,02 x 3,70 x 1,60
73 kW 100 pk Bolnes

031.10347 MS
**AREND**
JAN
Kersen P.A.
Hardinxveld-Giessendam
1927
Kuiper
Schoorldam
11,80 x 3,00 x 1,02
44 kW 60 pk Kromhout

1927-13 MS
**ARETHUSA**
INA
Arnhem & S.Maessen Q.H.v.
Nigtevecht
1927
N.Zuidam
Haarlem
12,60 x 3,00 x 1,00
37 kW 50 pk Industrie

023.09193 DS
**ARGO**
MARCO
Zijsling & Zn BV
Riperwei 3
8623 XR Jutrijp
0515-424603
1954 493
G.Bijlsma & Zn
Wartena
17,32 x 4,55 x 1,60
177 kW 240 pk Detroit

030.21138 MS
**ARGO**
MERWEDE
Berg R.P.M.v.
Uitgeest
1956
Mulder & Rijke
IJmuiden
12,20 x 3,65 x 1,77
85 kW 116 pk MWM

030.31474 DS
**ARGO**
ARDO
Argo Sleepdienst
Schiplaan 2 F
1974 LB IJmuiden
0255-534735 / 06-53842571
1953
G.den Heeten & Co
Leidschendam
15,35 x 4,46 x 2,15
270 kW 367 pk Volvo Penta

032.20046 DB
**ARGO**
TR 25
Kramer BV Gebr.
Falster 8
1506 BN Zaandam
075-6310092
1986
Ceske Lodenice
Melnik
27,21 x 8,70 x 1,02
2 x 330 kW/449 pk Volvo

040.11580 MS
**ARGO**
RUTH
Bulthuis P.
Sluis St.Andries
5328 JJ Rossum
0418-662094
1907
J.W.Klawitter
Danzig
26,83 x 5,80 x 1,70
368 kW 500 pk MWM

| | | | |
|---|---|---|---|
| **reg.nr. / type** : | 023.22375 MS | 1935-01 OP | 1929-26 OP |
| **naam** : | **ARGUS** | **ARIE** | **ARIKOK** |
| **ex naam** : | ARGUS/ ANTJE 6 | | |
| **ex naam** : | | | |
| **ex naam** : | | | |
| **eigenaar** : | Boer G.d. | Beek J.van | Simons S |
| **adres** : | Eemstein 9 | | |
| **woonplaats** : | 3332 NA Zwijndrecht | Zeewolde | Maassluis |
| **telefoon** : | 06-46051433/ 06-54794036 | | |
| **bouwjaar / -nr.** : | 1955 495 | 1935 | 1929 |
| **bouwwerf** : | H.H.Bodewes | Bijlholt | Groningen |
| **plaats** : | Millingen | Foxhol | Hoogezand |
| **l x b x d** : | 24,60 x 6,60 x 2,90 | 5,50 x 1,90 x 0,60 | 5,80 x 1,90 x 0,90 |
| **vermogen** : | 441 kW 600 pk MAN | 11,7 kW 16 pk Deutz | 17,6 kW 24 pk Deutz |
| **boegschroef** : | | | |
| 023.24174 MS | 1951-10 MV | 021.03127 MV | imo 7528491 MS |
| **ARGO II** | **ARGUS** | **ARIE JAN** | **ARION** |
| | RV 154 | BROEDERTROUW IV | KARL / |
| | | | FLYING KESTREL |
| | Alba Sleepdienst | | |
| Lee Gebr. van der | (A.W.v. Diedenhoven) | Velden A.v.d. | Iskes Towing & Salvage BV |
| Lekdijk 28 | C Gordijnsingel 161 | | Monnickendamkade 19 D/E |
| 4124 KC Hagestein | 2353 GL Leiderdorp | Rotterdam | 1976 EC IJmuiden |
| 0347-351824 | 071-5895949 / 06-22938750 | | 0255-522860 / 06-53901609 |
| 1965 | 1951 | 1941 | 1976 194 |
| Jonkerpaans | Van Eijk & Zn | | Mutzelfeldtwerft GmbH |
| Dordrecht | Sliedrecht | Lekkerkerk | Cuxhaven |
| 9,85 x 3,30 x 0,97 | 9,40 x 2,50 x 1,15 | 7,50 x 2,28 x 1,00 | 28,75 x 9,10 x 3,30 |
| 88 kW 120 pk Ford | 95 kW 130 pk DAF | 29 kW 40 pk BMC | 2 x 1150 kW/1564 pk ABC |
| | | | |
| 020.15230 MS | 1982-13 MV | 023.17569 MS | 022.00133 MS |
| **ARGUS** | **ARGUS** | **ARIE JUNIOR** | **ARJAGE** |
| ARGUS/ ZA 453 | | ONRUST/ | |
| | | ALBERT SR | |
| | Van Oord Acz Overige | | |
| Kuit J. | Materieel BV | Slooten T.v. | Vliet J.A.v. |
| Romeinenstraat 23 | Schaardijk 211 | Wijk 5 nr 90 | |
| 2225 ZA Katwijk a/Zee | 3063 NH Rotterdam | 8321 GP Urk | Leiden |
| 071-4075723 | 010-4478444 | 0527-688000 | |
| 1923 | 1982 113 | 1965 | 1925 685 |
| W.Mulder | Van Mill | Stapel | Bodewes |
| Stadskanaal | Hardinxveld-Giessendam | Zaandam | Hasselt |
| 16,25 x 3,85 x 1,30 | 14,15 x 3,80 x 1,35 | 13,28 x 3,90 x 0,68 | 16,36 x 4,34 x 1,34 |
| 121 kW 165 pk DAF | 538 kW 730 pk Caterpillar | 187 kW 254 pk Mercedes | 126 kW 172 pk Caterpillar |
| | | | |
| 023.06484 MS | imo 9600762 MS | 023.18920 DB | imo 8959879 BS |
| **ARGUS** | **ARGUS** | **ARIES** | **ARMANBORG** |
| ANJO/ TJIKO/ | | SHAMU/ MAAS | ARPPE |
| GERARDUS/ IDA II / | | | |
| DE JONGE GERBRAND | | | |
| Brouwer H.R. | Iskes Towing & Salvage BV | Jong BV Rederij De | Wagenborg Kazachstan BV |
| It Terpsaad 4 | Monnickendamkade 19 D/E | Montrealweg 153 | Marktstraat 10 |
| 9001 AP Grou | 1976 EC IJmuiden | 3197 KH Rotterdam | 9934 CK Delfzijl |
| 06-53422663/ 06-10061556 | 0255-522860 / 06-53901609 | 010-2311555 | 0596-636911 |
| 1941 | 2011 511580 | 1989 160 | 1989 483 |
| De Industrie D.& Joh.Boot | Damen Shipyard Galati | Visser/Swinschip | Wartsila Meriteollisuus |
| Alphen a/d Rijn | Galati | Irnsum/Ridderkerk | Helsinki |
| 15,061 x 4,25 x 1,65 | 28,67 x 10,43 x 4,60 | 18,41 x 9,54 x 1,95 | 42,56 x 12,50 x 2,80 |
| 290 kW 395 pk Volvo Penta | 2 x 1840 kW/2500 pk Caterpillar | 2 x 933 kW/1268 pk Cummins | 2 x 1705 kW/2380 pk MTU |
| | | 294 kW 440 pk Cummins | |

021.04011 DS
**ARUBA**
H 01/ D 296/ D 212/
WALBURG IV/ FRANKI /
JOSON
Voets Holding BV
Havenstraat 22
6051 CS Maasbracht
0475-461100 / 06-53170141
1938
Teltowwerft
Berlijn
22,60 x 5,85 x 1,90
485 kW 660 pk Stork Ricardo

023.00069 MS
**ASSISTENT**
ASSISTENT/
THEAN/ BECO /
STERN
Scholten & F.Hendriks J.
Schoonhoven/Gouda
1909
De Toekomst (De Groot)
Delft-Vrijenban
16,10 x 4,10 x 2,00
104 kW 141 pk Stork

038.00006 MV
**ASSISTENT**
ANTJE 6
Kroon J.d.
7,20 x 2,24 x 0,80
73 kW 100 pk DAF

1935-05 OP
**ASTERIX**
Lentink G.
Kampen
193?
Hylkema
Martenshoek
6,00 x 1,95 x 0,85
54 kW 74 pk Kromhout

020.03538 MS
**AS IX**
Eccelston B.D.
Amsterdam
1929
Concordia S.Seymonsbergen
Amsterdam
12,97 x 3,42 x 1,45
29 kW 40 pk Kromhout

023.05089 MS
**ASSISTENT**
PIETERNELLA /
ZEESTER/ ANJOS
Verschoor C.
Papendrecht
1931
Wortelboer
Oude Pekela
13,98 x 3,53 x 1,40
100 pk Brons

1922-02 MS
**ASSISTENT**
ASSISTENT/ LEMA
Leegwater W.
Middelmoot 4
1721 CL Broek op Langedijk
022-6317210
1922
Gebr.v.d.Windt
Vlaardingen
10,23 x 2,50 x 1,25
29 kW 40 pk Lister

1950-51 MS
**ATALANTA**
FLORA
Wink M.
Ravelijnspad 1
1398 VA Muiden
?1950
Hamburg
12,30 x 3,40 x 1,20
51 kW 70 pk Jastram

020.13809 MV
**ASSISTENT**
Ligthart H.
Oosterdok 43
1011 VZ Amsterdam
1910
8,78 x 2,54 x 1,00

023.34721 MS
**ASSISTENT**
KRAMMER/ RHD 4 /
RWS XII
Laarman M.L.M.
Leidschendam
1954 483
H.H.Bodewes
Millingen
16,30 x 4,32 x 1,95
126 kW 172 pk Caterpillar

1930-44 OP
**ASSISTENT**
Dijk S. van
Vinkeveen
?1930
5,40 x 1,80 x 0,70
6,6 kW 9 pk Yanmar

022.02298 MS
**ATINA III**
NELLIE / CHRIS B/
VROUWENZAND /
CATHARINA S/ SIRENE II
Hensen G.J.
Westkapelle
1941 1159
De Industrie D.& Joh.Boot
Alphen a/d Rijn
18,43 x 4,80 x 1,80
110 kW 150 pk Industrie

022.01347 MS
**ASSISTENT**
HILLECHIENA/
PIWIHENDU
Vos A.J.W.
Werkendam
1930
Wolthuis
Sappemeer
12,96 x 3,46 x 1,45
169 kW 230 pk DAF

033.30134 DS
**ASSISTENT**
FRIESLAND/
DE HORIZON/
KLAAS KRUIJFF
Brekelmans T.
Rossum
1936
Bos
Echtenerbrug
17,92 x 4,05 x 1,86
206 kW 280 pk Lister Blackstone

1930-64 OP
**ASSISTENTJE**
1930
Bijlholt
Foxhol
5,50 x 1,80 x 0,80
20,6 kW 28 pk Samofa

020.06116 DS
**ATLANTIS**
CHARLOTTE/ PIERRE/
NELLIE/ LUCRETIA /
NELLIE *
FKL Vof
Noordkil 30
3356 CJ Papendrecht
1940 1707
Bayerische Schiffswerft
Erlenbach am Main
14,10 x 4,25 x 1,40
191 kW 260 pk GM

**reg.nr. / type :**
**naam :**
**ex naam :**
**ex naam :**
**ex naam :**
**eigenaar :**
**adres :**
**woonplaats :**
**telefoon :**
**bouwjaar / -nr. :**
**bouwwerf :**
**plaats :**
**l x b x d :**
**vermogen :**
**boegschroef :**

---

1996-01 MS
**ATLANTIS**
Rijf Gebr. I. & C.
Dellewal 12
8881 EG West Terschelling
0562-442296 / 06-53164381
1996
Engelaer Scheepsbouw BV
Beneden Leeuwen
20,95 x 6,30 x 0,95

---

023.03883 MS
**ATLAS**
FRITZ II
Hermes B.
Tilburg
1928
Borger & de Jong
Rotterdam
13,82 x 3,25 x 1,30
165 kW 225 pk Mercedes

---

023.20025 MC
**ATLAS**
Haan BV Aann. Bedrijf
Brinkstraat 6 A
9471 EX Zuid Laren
1977
Altena
Werkendam
18,42 x 8,02 x 2,10
169 kW 229 pk Scania Vabis

---

1935-14 OP
**ATLAS**
Tigelaar M.
Purmerend
?1935
5,50 x 1,65 x 0,90
12 kW 15 pk Samofa

---

imo 9569346 MC
**ATLAS**
DMS HERON
Van Oord Acz Overige
Materieel BV
Schaardijk 211
3063 NH Rotterdam
010-4478444
2011
Damen Shipyards BV
Hardinxveld-Giessendam
26,00 x 11,50 x 2,35
3 x 515 kW 70 pk Caterpillar

---

022.05454 MS
**ATLEET**
Meijer S.
Oudebildtdijk 894
9079 NG St.Jacobiparochie
0518-492949
1984
J.Helfrich
Kiesterzijl
14,75 x 5,20 x 1,25
3 x 137 kW/186 pk Scania Vabis

---

1950-53 OP
**ATTACK 5**
Bergen Beheer BV P.van
Q.v.Uffordstraat 30
2202 NH Noordwijk
071-3618816 / 06-53756553
1950
4,50 x 1,80 x 0,60
59 kW 80 pk Mitsubishi

---

023.05964 MS
**ATTACK 8**
JOHANNA/ NEPTUNUS/
WILLEM/ AMIKO/ JOAN /
ANNA
Bergen Beheer BV P.van
Q.v.Uffordstraat 30
2202 NH Noordwijk
071-3618816 / 06-53756553
1913
Gebr.v.d.Windt
Vlaardingen
18,30 x 4,30 x 1,70
140 pk Kromhout

---

033.40136 DS
**ATTACK 12**
FURIE
Bergen Beheer BV P.van
Q.v.Uffordstraat 30
2202 NH Noordwijk
071-3618816 / 06-53756553
1955
Wortelboer
Gouderak
17,35 x 4,82 x 1,90
330 kW 450 pk Volvo

---

022.11215 MS
**ATTACK 32**
TREKVOGEL
Bergen Beheer BV P.van
Q.v.Uffordstraat 30
2202 NH Noordwijk
071-3618816 / 06-53756553
1999
Koolmees
Ermelo
9,35 x 3,16 x 1,20
153 kW 209 pk Mitsubishi

---

023.29897 DS
**ATTACK 33**
PETER
Bergen Beheer BV P.van
Q.v.Uffordstraat 30
2202 NH Noordwijk
071-3618816 / 06-53756553
1978
J.Schlieker & Zn
Sliedrecht
7,00 x 2,26 x 1,10
141 kW 192 pk Deutz

---

023.22101 MS
**ATTACK 49**
REINOD 4/ RENE/
OUDE RIJN
Bergen Jr P.v.
Zuideinde 92-93
2627 AH Delft
1964 637
De Hoop
Hardinxveld-Giessendam
13,60 x 4,18 x 1,50
124 kW 168 pk DAF

---

023.34863 MV
**ATTACK 55**
DORDRECHT
Bergen Beheer BV P.van
G.v.Uffordstraat 30
2202 NH Noordwijk
071-3618816 / 06-53756553
1978
K.Damen
Hardinxveld-Giessendam
12,47 x 3,56 x 1,07
224 kW 305 pk John Deere

---

022.11384 MV
**AUDAX**
Kuipers Waterbouw Dokkum BV.
Hendoweg 11
91091 PC Dokkum
0519-397734 / 06-53792820
2004
Koolmees
Ermelo
59 kW 80 pk DAF

---

023.10164 DS
**AUKE**
IJSLAND/ EUREKA/
WATERWEG/WENDY/SEMPER
Duw & Sleepdienst
A. Kapitein & Zn
Wijk 1 nr 39
8321 EL Urk
0527-681864 / 06-22712158
1958 547
H.H.Bodewes
Millingen
22,72 x 5,72 x 2,23
625 kW 850 pk Detroit

1970-19 MV
**AUKE**
SIMON DIRK/
ONTARIO
Stolk A.
Aldtun 18
9137 RX Oosternijkerk
0519-242104
?1970
10,00 x 3,40 x 1,30
88 kW 120 pk Ford

---

020.15717 DS
**AUKE JR**
CAPO/BOEKANIER /
EN AVANT 34 /
SELMA/ ZEELEEUW
Slooten & J.M.A.Kuijt T.van
Wijk 5 nr 90
8321 GP Urk
0527-688000
1955
Visscher & Zn
Zwartsluis
12,60 x 3,52 x 1,50
202 kW 275 pk Caterpillar

---

1950-22 MV
**AVANTI**
EBELTJE
Poog R.
Den Oever
1950
5,50 x 1,80 x 0,70
7,3 kW 10 pk Yanmar

---

020.07795 MS
**AVANTI D**
Dekker L.C.
Hogendijk 37
1506 AC Zaandam
075-6163865 / 06-53331766
1977
Van der Molen
Zaandam
13,34 x 4,18 x 1,40
214 kW 291 pk MTU

---

020.01128 DS
**AVIOR**
CHRISTOPH/TIRISTO/
ESPERANCE/VOLHARDING /
ORANJE
Delhaas H.J.
De Strikel 25
8604 VT Sneek
0515-425379 / 06-22464635
1929
Telgenhof
Coevorden
14,00 x 4,00 x 1,80
147 kW 200 pk Gardner

---

020.01856 MS
**AVONTUUR**
HAFENAMT KÖLN
Bosma. J.
Jan Klingenweg 3
5335 JK Alem
1920
Fritz Bausch
Keulen Muehlheim
12,00 x 3,00 x 1,00
44 kW 60 pk Petter

---

020.04234 MS
**AVONTUUR**
CENTRUM
Net P.v.t.
1910
15,20 x 3,32 x 1,14
123 kW 168 pk Leyland

---

022.08695 MS
**AVONTUUR**
Boeren Beheer BV
Parallelweg 9 G
5321 JA Hedel
073-5997041
1960
Duitsland
8,30 x 2,64 x 1,20
147 kW 200 pk DAF

---

030.10642 MS
**AVONTUUR**
HENRI II/ CORBULO
Felser H.J.
Volder 72
1625 DE Hoorn
0229-231469
1896
H.v.Duijvendijk/Huiskens&v Dijk
Papendrecht/Dordrecht
17,28 x 4,05 x 1,26
132 kW 180 pk Bolnes

---

1950-47 MS
**AVONTUUR**
JAN/ ANTJE
Poppema J.
Bedum
?1950
13,50 x 3,20 x 1,25
2 x 29 kW/40 pk Petter

---

1964-23 MV
**AVONTUUR**
DE SNIP
B.S.T. Dintelsas BV
Sasdijk 18
4671 RN Dinteloord
0167-523288
1964
J.Schlieker & Zn
Sliedrecht
11,89 x 3,56 x 1,10
147 kW 200 pk GM

---

2008-10 OP
**AVONTUUR**
Leenman A.P.
Hardinxveld-Giessendam
4,50 x 1,72 x 0,95
10,1 kW 15 pk Samofa

---

022.09029 MV
**AVONTUUR 2**
HORN/ ROERMOND/
HORN/ ENK
Hebo Maritiem Service BV
Stouweweg 17-19
8064 PD Zwartsluis
038-3868180 / 06-53484223
1978 610
Damen Shipyards BV
Hardinxveld-Giessendam
10,90 x 3,69 x 1,05
253 kW 344 pk MTU

---

027.17179 MV
**AVS 5**
Van Oord Ballast HAM Dredging
Schaardijk 211
3063 NH Rotterdam
010-4478444
1976 2408
Damen Shipyards BV
Hardinxveld-Giessendam
12,65 x 3,43 x 1,68
176 kW 240 pk Caterpillar

---

024.02010 DS
**AXEL**
ARGO II
Swets Dols & Heuff BV
St Canisiussingel 18
6511 TH Nijmegen
024-3228217
1971
Damen Shipyards BV
Hardinxveld-Giessendam
10,83 x 3,23 x 1,42
125 kW 170 pk DAF

---

1920-09 MS
**AXEL**
Verhagen H.C.H.
Geertruidenberg
1920
België
11,70 x 3,20 x 1,40
88 kW 120 pk Mercedes Benz

| reg.nr. / type | : | 1994-02 MC | 1930-53 OP | 1938-11 MV |
|---|---|---|---|---|
| **naam** | : | **B.K.M.290** | **BALDER** | **BARCA I** |
| **ex naam** | : | | DREUMES | |
| **ex naam** | : | | | |
| **ex naam** | : | Koninklijke | | |
| **eigenaar** | : | Boskalis Westminster N.V. | Buitink S. | Barca Service BV |
| **adres** | : | Rosmolenweg 20 | | Donkerslootstraat 19 B |
| **woonplaats** | : | 3356 LK Papendrecht | Amstelveen | 3074 WB Rotterdam |
| **telefoon** | : | 078-6969000 | | 010-4199399 |
| **bouwjaar / -nr.** | : | 1994 5928 | ?1930 | 1938 852 |
| **bouwwerf** | : | Damen Shipyards BV | | De Industrie D.& Joh.Boot |
| **plaats** | : | Gorinchem | | Alphen a/d Rijn |
| **l x b x d** | : | 16,89 x 5,20 x 2,51 | 6,15 x 1,80 x 0,85 | 13,20 x 3,25 x 1,20 |
| **vermogen** | : | 2 x 345 kW/470 pk Caterpillar | 7,3 kW 10 pk Kromhout | 88 kW 120 pk DAF |
| **boegschroef** | : | | | |

| | | | |
|---|---|---|---|
| 1990-11 MC | 027.19115 MC | imo 9382463 MS | 023.27387 MS |
| **B.K.M.100** | **B.K.M.292** | **BALOE** | **BARKI** |
| | | | ZOLLENSPIEKER |
| | | Herman Sr BV | |
| Koninklijke | Koninklijke | Scheepvaartbedrijf | |
| Boskalis Westminster N.V. | Boskalis Westminster N.V. | Anjerstraat 73 | Veenma A. |
| Rosmolenweg 20 | Rosmolenweg 20 | 3333 GC Zwijndrecht | |
| 3356 LK Papendrecht | 3356 LK Papendrecht | 078-6192507 | Papendrecht |
| 078-6969000 | 078-6969000 | 2006 1570 | 06-54305454 |
| 1990 | 1997 5949 | Stocznia Kozle Serwis / | 1955 |
| Damen Shipyards BV | Damen Shipyards BV | Damen Shipyards | Carl Siebert |
| Gorinchem | Gorinchem | Kozle/Hardinxveld | Berlijn |
| 25,00 x 10,00 x 1,50 | 16,89 x 5,29 x 2,10 | 22,35 x 8,64 x 2,99 | 15,35 x 3,42 x 1,10 |
| 2 x 597 kW/812 pk Caterpillar | 2 x 349 kW/475 pk Caterpillar | 2 x 632 kW/860 pk Caterpillar | 113 kW 153 pk MWM |
| | | 88kW 120pk CaterpillarKalkman | |

| | | | |
|---|---|---|---|
| 1992-02 MC | 023.34151 MV | 033.50399 MS | 050.18740 MS |
| **B.K.M.285** | **B.V.D.1** | **BAMSER** | **BARKI II** |
| | | RENE/ L'INCONNU/ | LAUTER |
| | | LEO/ FLEVO | |
| Koninklijke | Bootlieden Vereniging Delfzijl | | |
| Boskalis Westminster N.V. | Handelskade Oost 1 | Veldhuijzen M. | Veenma A. |
| Rosmolenweg 20 | 9934 AR Delfzijl | | Kekrbuurt 64 |
| 3356 LK Papendrecht | | Muiden | 3354 XL Papendrecht |
| 078-6969000 | 2011 35 | | |
| 1992 5920 | Merwelands Jachtbouw | 1952 | 1965 |
| Damen Shipyards BV | Rotterdam BV | | Bayerische |
| Gorinchem | Rotterdam | Vreeswijk | Erlenbach |
| 16,89 x 5,20 x 2,51 | 10,50 x 3,24 x 1,45 | 10,07 x 2,80 x 0,65 | 16,86 x 4,06 x 0,95 |
| 2 x 300 kW/408 pk Caterpillar | 103 kW 140 pk J.Deere | 88 kW 120 pk Leyland | 150 kW 204 pk John Deere |

| | | | |
|---|---|---|---|
| 1993-01 MC | 021.02913 MS | 033.50365 MS | 1969-03 MV |
| **B.K.M.286** | **BALATON** | **BARCA** | **BARKOS** |
| | MEEUW/JADI II/ | STAD UTRECHT 2 | HEMUS |
| | JONAL | | |
| Koninklijke | | | |
| Boskalis Westminster N.V. | Tuyl I.J.K. van | PT Waterbouw Vof | Jong J.G.de |
| Rosmolenweg 20 | | Nieuwerdammerkade 12 | |
| 3356 LK Papendrecht | Roermond | 1022 AB Amsterdam | Aalsmeer |
| 078-6969000 | | | |
| 1993 | 1912 571 | 1929 241 | 1969 363 |
| Damen Shipyards BV | P.Boele Pzn | Th.v.d.Beldt | Damen Shipyards BV |
| Gorinchem | Slikkerveer | West Graftdijk | Hardinxveld-Giessendam |
| 16,89 x 5,20 x 2,51 | 17,28 x 4,44 x 1,68 | 14,21 x 3,80 x 1,50 | 8,45 x 2,50 x 0,90 |
| 2 x Caterpillar | 110 kW 150 pk Brons | 110 kW 150 pk Volvo Penta | 26 kW 36 pk Mercedes Benz |

020.02508 MS
**BARRACUDA**
PIJL/ FIAT/ NELLIE MARIE/
JANTJE / PROMENADE/
RISICO/ GERRITJE
Weidema J.T.
Nummer 33
8644 VS Deersum
0515-521689 / 06-53151307
1908
t Kromhout Wed.J.L.Ceuvel
Amsterdam
17,96 x 3,54 x1,26
88 kW 120 pk Kromhout

022.09103 MS
**BARRACUDA**
NOORDSTER
Vliet S.& J.v.
Kromme Waal 20 F
1011 BT Amsterdam
1960
G.J.v.Berk
Beneden Leeuwen
14,25 x 4,04 x 1,30
132 kW 180 pk GM

026.06181 MS
**BARRACUDA**
Fogo Isle BV
Delfweg 14 A
2211 VM Noordwijkerhout
0252-344470
1996 3/9600
BWM
Emsworth
8,41 x 2,20 x 0,85
2 x 198 kW/270 pk Mercruiser

imo 7052911 MS
**BARRACUDA**
Multraship Towage & Salvage
Scheldekade 48
4531 EH Terneuzen
0115-645000
1971 RT 13
Ateliers Francais de l'Quest C
St Nazaire
37,17 x 9,43 x 4,20
2208 kW 3000 pk Crepelle &Cie

1930-50 OP
**BARST**
Kikkert & M. Janssen E.
Muiden
1930
7,80 x 2,00 x 1,00
66 kW 90 pk Gardner

020.05705 MS
**BAS**
TO
Felix R.
Den Hoef
1942
Vooruit
Enkhuizen
10,10 x 3,50 x 1,14
29 kW 40 pk Deutz

023.05117 MS
**BASTOGNE**
BASTOGNE/ GERMA II/
GERJO/ NELLY/ GERJO /
SANDRA/ OKAPI/ GERJUMA
Fischer H.
Hengelo
1915
A.J.v.Dam
Overschie
12,20 x 3,18 x 1,34
73 kW 100 pk Industrie

1967-15 MS
**BATAVIAHAVEN**
KP
Havendienst Gemeentelijke
Lelystad
1967
9,00 x 2,72 x 1,40
112 kW 152 pk Ford

020.04835 MS
**BATTLE**
BATTLE/ VOORZAAN/
ANNABELLA
Bakker T.E.
Zaandam
1939
Concordia S.Seymonsbergen
Amsterdam
14,46 x 3,69 x 1,60
103 kW 140 pk Kromhout

022.07554 MS
**BAUKJE**
SUDEROOG
Drachten Sleepdienst (J. Sterk)
Moleneind NZ 148
9203 ZT Drachten
0512-516620 / 06-53811682
1949
Joh.Oelkers
Hamburg
18,10 x 4,11 x 2,12
250 kW 340 pk Mercedes Benz

020.08738 MS
**BE AR**
Druenen & E. Hardus M.v.
Hoorn
1957
De Dollard Doornbosch
Landsmeer
13,65 x 3,30 x 1,38
110 kW 150 pk Scania Vabis

032.80159 OP
**BEATRIX**
BEATRIX / HARPOEN /
PLEURES /
ANNEMARIE
Bent & Zonen. J.v.d.
Katwijk (ZH)
1938
Hollandia
Leiden
6,87 x 2,13 x 1,07
29 kW 40 pk Brons

020.05708 MS
**BEER**
Reijmers A.R.
Amsterdam
1959
Staverno
8,86 x 2,68 x 1,10
128 kW 175 pk Perkins

023.30071 MV
**BEKOR**
Boer K.d.
Groningen
1948
8,50 x 2,40 x 0,80
70 kW 95 pk DAF

021.01579 MS
**BELIER**
HBM 10/ ANNIE
Weve L.
Noorderstraat 63
1486 MZ Westgraftdijk
075-6411622 / 06-40125511
1912 484
Nic.Witsen
Alkmaar
15,25 x 3,85 x 1,55
44 kW 70 pk Kromhout

023.12793 MS
**BELLE ILE**
RIJNVAART III/ EWT 2
Hollander J. den
Badhoevendorp
1938
Haarlemse Scheepsbouw Mij
Haarlem
15,06 x 3,25 x 1,00
88 kW 120 pk DAF

| reg.nr. / type | 022.04079 MS | 022.12681 DS | 025.09334 DS |
|---|---|---|---|
| naam | **BEP S** | **BERGHOUT 2** | **BERT JAN** |
| ex naam | M 029/ BENNI/ ISTRIA | ARVIC/RSB 560/E 237/JOSINA/ | SPAANDERBANK |
| ex naam | | DELOS / ST JOHN II / | |
| ex naam | | TOM / DESPERADO | |
| eigenaar | Laan de Vries H.J.A.v.d. | Berghout Vof | Kazimir Shipping BV |
| adres | Moleneind 1 | Kramerswei 6 | Papiermolen 29 |
| woonplaats | 1241 NE Kortenhoef | 8723 EW Koudum | 8311 BE Espel |
| telefoon | 035-6561871 | 0514-521722 / 06-16044214 | |
| bouwjaar / -nr. | 1948 | 1928 | 1969 359 |
| bouwwerf | Weserwerft | J.Sprik | Damen |
| plaats | Minden | Krimpen a/d Lek | Hardinxveld-Giessendam |
| l x b x d | 22,31 x 5,96 x 1,85 | 20,50 x 4,97 x 2,00 | 14,36 x 4,28 x 1,05 |
| vermogen | 2 x 136 kW/185 pk Rolls Royce | 255 kW 347 pk Deutz | 168 kW 228 pk Caterpillar |
| boegschroef | | | |

| | | | |
|---|---|---|---|
| 1930-17 OP | 1950-30 OP | 023.12510 MV | 020.08140 recr |
| **BENJAMIN** | **BEREBOOT** | **BERKEL** | **BERTHA** |
| | | ZANDCENTRALE | WORMER 30/ JOKE/ |
| | | | AGROS/ MEDEA |
| | | | |
| Faber F.A. | Wijngaarden P. | Geluk BV Aannemersbedrijf | Dekker E.R.L. |
| | | Hanzestraat 10 | Neonweg 38 |
| Zwolle | Sliedrecht | 7006 RH Doetinchem | 3812 RH Amersfoort |
| | | 0314-325553 | |
| 1930 | 1950 | 1967 | 1929 |
| Bijlholt | Willems | Baan Hofman | Howaltswerke |
| Foxhol | Beneden Leeuwen | Gorinchem | Kiel |
| 4,80 x 1,70 x 0,70 | 6,00 x 1,80 x 0,75 | 10,02 x 3,17 x 1,44 | 22,10 x 5,48 x 2,00 |
| 4 kW 6 pk Kromhout | 44 kW 60 pk Volvo Penta | 63 kW 86 pk DAF | 177 kW 241 pk MAN |

| | | | |
|---|---|---|---|
| 1957-07 MS | 023.16323 DS | imo 9668025 MS | 023.08294 MS |
| **BENJAMIN** | **BEREND N** | **BERNARDUS** | **BERTHA** |
| | HANS | | |
| | | | |
| | | | |
| Vis G.M. | Sander Gebr. | Iskes Towage & Salvage BV | Dijkers BV |
| | Venjelaan 6 | Monnickendamkade 19 D/E | Edison 28 |
| Kwintsheul | 9936 BR Farmsum | 1976 EC IJmuiden | 3241 LS Middelharnis |
| | 0596-617979 | 0255-522860 / 06-53901609 | |
| 1957 | 1920 | 2013 512319 | 1932 77 |
| De Industrie D.& Joh.Boot | Boele | Damen Galati | De Jong & Smit |
| Alphen a/d Rijn | Bolnes | Galati | IJsselmonde |
| 13,50 x 3,58 x 1,30 | 15,57 x 3,66 x 1,82 | 28,67 x 9,80 x 4,60 | 11,26 x 3,64 x 0,96 |
| 44 kW 60 pk Industrie | 162 kW 220 pk Volvo Penta | 2 x 1800 kW/2448 pk MTU | 60 kW 81 pk MWM |

| | | | |
|---|---|---|---|
| 021.04150 MS | 020.15393 MS | 032.30350 MS | 020.06912 MV |
| **BENNIE** | **BEREZINA** | **BERT** | **BERTUS** |
| RIO | JOHANN HEINRICH / | MERWEDE | SUSANNE/ WODAN 3/ |
| | GERT GEORG I /FRANCISCA/ | | SUSANNE |
| | MARIA/ MEANDER | | |
| Feijter Groep Verhuur BV | Fair Nature Stichting | Nijhuis G. | Huigen Transport H. |
| Oostzeedijk 4 | Spaarndamseweg 120 B | Jeroen Boschstraat 40 | Gruttomeen 126 |
| 4521 PW Biervliet | 2021 KA Haarlem | 4532 HN Terneuzen | 3344 ZG Harderwijk |
| 0115-482563 | | 0115-694768 | 0341-420744 |
| 1958 | 1908 | 1955 | 1967 |
| L.J.Boer | Smit | L.J.Boer | Molenaar |
| Sliedrecht | Hoogezand | Sliedrecht | Zaandam |
| 9,49 x 2,81 x 1,40 | 21,50 x 4,50 x 1,20 | 13,02 x 4,12 x 1,44 | 9,01 x 2,95 x 0,84 |
| 88 kW 120 pk DAF | 103 kW 140 pk DAF | 132 kW 180 pk | 88 kW 120 pk Ford |

023.34244 DS
**BERTUS**
Vries & Van de Wiel BV De
Harmenkaag 9
1741 LA Schagen
0224-211211
1970
Kalkmar Verkstad A/B
Kalmar
6,85 x 2,30 x -
77 kW 105 pk Deutz

1930-45 OP
**BERTUS**
Elbertse H.E.S.
Nieuwegein
1930
4,61 x 1,53 x 0,65
9,5 kW 13 pk Volvo Penta

1950-29 OP
**BERTUS**
ONRUST
Akerboom D.A.
Hoge Morsweg 115
2332 HJ Leiden
071-5769634 / 06-17020483
1950
5,10 x 1,70 x 0,90
17,6 kW 24 pk MWM

023.22529 DS
**BERTUS JR**
KORL WEIT WAT/
VOLKSWERFT II/ENTERPRISE/
HERCULES/ COMMANDO
Nentjes & G.Verheij M.
Steenbank 2
8309 RB Tollebeek
1956
Volkswerft
Stralsund
21,35 x 5,82 x 2,55
471 kW 640 pk Mitsubishi

020.05303 recr
**BESTEVAER**
Hubbers G. & M.A. Schriek
Veerdam 89
3351 AJ Papendrecht
1957
Haak Scheepsbouw
Zaandam
14,95 x 3,83 x 1,35
150 kW 205 pk Kromhout

020.05741 MS
**BESTEVAER**
HEEN EN WEER/ ELJA/
BESTEVAER II
Alkema M.O.
Sneek
1929
Haak Scheepsbouw
Zaandam
13,70 x 3,80 x 1,20
117 kW 160 pk DAF

020.03015 MS
**BETSY**
BETSY/ DIK/ NELLY
Eekma N.
Workum
1914
Amsterdam
12,55 x 2,81 x 1,27
88 kW 120 pk DAF

020.06618 DS
**BETSY G**
ZEEMEEUW III /
CARRERA II
Doorn Sleepdienst BV G.v.
Lepelbladstraat 18
1531 SN Wormer
075-6421675
1968
Van Goor
Monnickendam
15,36 x 4,28 x 1,67
331 kW 450 pk Caterpillar

023.07217 MS
**BETTY**
Risico/Janny/Linquenda/ Bertha/
Gerro/ Incopore/ Marion / Bison/
Antje 5 /EvelienDijkstra W.M.
Weidum
1906
Gebr.v.d.Windt
Vlaardingen
12,16 x 2,92 x 0,90
110 kW 150 pk DAF

023.25471 MV
**BEVER**
HSN 1/ FENDER CARE
Fiducia Holding BV
Ophemertstraat 43
3089 JD Rotterdam
010-4290888
2001
Jachtwerf Nederlek
Krimpen a/d IJssel
8,61 x 3,01 x 1,00
92 kW 125 pk New Holland

032.20188 MS
**BEVER**
Wim Muller Scheepswerf
Terneuzen
1958 79
TSM
Terneuzen
10,20 x 3,88 x 1,59
55 kW 75 pk Deutz

imo 9492256 MS
**BEVER**
Viegers & Zn Scheepvaartbedr.
Schoutsland 23
1619 DM Andijk
0228-592303
2010 /571631
Safe Shipyard/Damen Shipyards
Gdynia/Gorinchem
36,00 x 12,00 x 4,00
2 x 1920 kW/2575 pk Caterpillar
294 kW 400 pk Kalkman

030.11443 MS
**BEVRIJDING**
Dume B.V.
Vest 63
2801 VE Gouda
0182-514770
1946
9,22 x 2,70 x 1,32
33 kW 45 pk GM

020.14489 MS
**BIA**
B.I.A.
Harmsen & Voogt
Lochem
1922
Schouten
Muiden
16,06 x 3,77 x 1,60
29 kW 40 pk Industrie

023.23498 MV
**BIANCA**
W.S.B.13 /ORCA
Aannemersbedr.
Jong & Zn Beheer BV
Katijdeweg 20
4153 RG Beesd
0345-684590
1976
Schlesswerft
Wesel
14,65 x 3,76 x 1,30
2 x 176 kW/239 pk MAN

030.50592 MS
**BIANCA**
LEBA II
Hol E.M.
Dorpsdijk 4
6915 AD Lobith
1935
Th.Kempers & Zn
Alphen a/d Rijn
18,19 x 4,70 x 1,72
184 kW 250 pk MAN

| | | | |
|---|---|---|---|
| **reg.nr. / type** : | 023.18569 DB | 023.20457 DB | 021.04772 MC |
| **naam** : | **BINGER** | **BISON III** | **BK 17** |
| **ex naam** : | KIEWIET/ KIEVIT/ | BIZON B 071 | |
| **ex naam** : | JACOB SR | | |
| **ex naam** : | | | Koninklijke |
| **eigenaar** : | Bouius H.L. | Ridderburcht BV | Boskalis Westminster N.V. |
| **adres** : | Woudweg 13 | Keersluisweg 5 | Rosmolenweg 20 |
| **woonplaats** : | 9257 RM Noordbergum | 5433 NM Katwijk (NB) | 3356 LK Papendrecht |
| **telefoon** : | 0511-471624 / 06-50261185 | 0485-313985 / 06-53104647 | 078-6969000 |
| **bouwjaar / -nr.** : | 1965 | 1973 | 1976 163 |
| **bouwwerf** : | Breejen Bout | Tczewska Stocznia Rzeczna | Damen Shipyards BV |
| **plaats** : | Hardinxveld-Giessendam | Tczewska | Hardinxveld-Giessendam |
| **l x b x d** : | 15,30 x 4,20 x 1,50 | 20,87 x 8,27 x 1,30 | 14,31 x 6,05 x 1,80 |
| **vermogen** : | 294 kW 400 pk MWM | 2 x 250 kW/340 pk DAF | 2 x 92 kW/125 pk Caterpillar |
| **boegschroef** : | | | |

| | | | |
|---|---|---|---|
| 023.34968 DV | 065.03959 MS | 1986-25 MS | 1976-05 MC |
| **BIESBOSCH** | **BIRGIT** | **BITAM** | **BK 25** |
| | POSEIDON | | |
| | | | |
| | | | Koninklijke |
| Jong BV Rederij De | Smit J. | Mariventure BV | Boskalis Westminster N.V. |
| Montrealweg 153 | | | Rosmolenweg 20 |
| 3197 KH Rotterdam | Siddeburen | Zwijndrecht | 3356 LK Papendrecht |
| 010-2311555 | | | 078-6969000 |
| 2012 11483 | 1957 100 | 1986 5901 | 1976 |
| L.J.Boer | H.d.Haas | Damen Shipyards BV | Damen Shipyards BV |
| Sliedrecht | Maassluis | Gorinchem | Hardinxveld-Giessendam |
| 15,00 x 5,00 x 1,20 | 20,93 x 5,64 x 2,00 | 15,70 x 4,90 x 1,40 | 14,52 x 6,02 x 1,78 |
| 166 kW 226 pk Volvo | 228 kW 310 pk Deutz | | 2 x 92 kW/125 pk Caterpillar |

| | | | |
|---|---|---|---|
| 023.29345 MS | 027.19706 MV | 023.34320 MS | 1976-14 MC |
| **BIG JOE** | **BISON** | **BIZON** | **BK 26** |
| ARLENE | | | |
| | | | |
| | | | Koninklijke |
| Roorda NV Sportvisserij | Coastal Shipping BV | Heuvelman Ibis Materieel BV | Boskalis Westminster N.V. |
| Afsluitdijk 1 | Het Nieuwe Diep 39 D | Handelskade West 34 | Rosmolenweg 20 |
| 8766 TS Breezanddijk | 1781 AE Den Helder | 9934 AA Delfzijl | 3356 LK Papendrecht |
| | | 0596-619911 | 078-6969000 |
| | 2000 1539 | 2004 | 1976 |
| | Stocznia Serwis/Damen | Ten Woude | Damen Shipyards BV |
| | Kozle/Hardinxveld | IJlst | Hardinxveld-Giessendam |
| 12,84 x 4,14 x 0,88 | 20,55 x 7,10 x 1,55 | 9,50 x 3,50 x 1,30 | 14,52 x 6,02 x 1,78 |
| 162 kW 220 pk DAF | 2 x 548 pk Caterpillar | 150 kW 204 pk John Deere | 2 x 92 kW/125 pk Caterpillar |

| | | | |
|---|---|---|---|
| 023.25265 MV | 023.20456 DB | 065.04296 DB | 1978-11 MC |
| **BIGGELAAR 16** | **BISON II** | **BIZON** | **BK 29** |
| | BIZON B 0 | REINOD 12/ PETRUS | |
| | | | |
| | Technical Diving Equip | | Koninklijke |
| Biggelaar Aannemersbedrijf BV | Pommee BV | Mariserve BV | Boskalis Westminster N.V. |
| Oude Weistraat 17 | Ampereweg 6 | | Rosmolenweg 20 |
| 5334 LK Velddriel | 4631 SP Hoogerheide | Urk | 3356 LK Papendrecht |
| 0418-636000 | | | 078-6969000 |
| 2001 502904 | 1973 | 1983 160 | 1978 3009 |
| Damen Shipyards BV | Tczewska Stocznia Rzeczna | De Hoop | Damen Shipyards BV |
| Gorinchem | Tczewska | Schiedam | Hardinxveld-Giessendam |
| 12,30 x 3,80 x 1,85 | 20,87 x 8,27 x 1,30 | 22,30 x 7,83 x 1,50 | 18,53 x 8,06 x 1,89 |
| 201 kW 273 pk caterpillar | 2 x 147 kW 200 pk Wola | 2 x 276 kW/375 pk Scania | 2 x 176 kW/239 pk Caterpillar |

1977-06 MC
**BK 51**
F 51

Koninklijke
Boskalis Westminster N.V.
Rosmolenweg 20
3356 LK Papendrecht
078-6969000
1977 3001
Damen Shipyards BV
Hardinxveld-Giessendam
18,54 x 8,06 x 1,90
2 x 170 kW/231 pk GM

---

imo 9524504 MS
**BLACKBIRD**
DMS BLACKBIRD

Van Oord Acz Overige
Materieel BV
Schaardijk 211
3063 NH Rotterdam
010-4478444
2008 1599
Damen Shipyards BV
Polen/Hardinxveld
35,25 x 11,60 x 3,75
2 x 1825 kW/2482 pk Caterpillar

---

1980-17 MC
**BLACKY**
HH 877

Koninklijke
Boskalis Westminster N.V.
Rosmolenweg 20
3356 LK Papendrecht
078-6969000
1980
Damen Shipyards BV
Hardinxveld-Giessendam
18,54 x 8,06 x 2,00
2 x 175 kW/238 pk GM

---

032.30281 MS
**BLAUWE ZEE**
JOHNNY

Toorn A.J. v.d.

Lisse

1929

10,40 x 2,65 x 1,20
69 kW 95 pk Ford

---

imo 8516952 MS
**BLIZZARD**
MAERSK LEADER

Tschudi Offshore & Towage BV
Sluisplein 45
1975 AG IJmuiden
088-5485200
1987 359
J.J.Pattje
Waterhuizen
69,90 x 15,91 x 6,30
2 x 4008 kW/5450 pk MAK

---

1930-46 OP
**BLUFF**

Doornbos W.

Santpoort

6,00 x 1,95 x 0,80
7,3 kW 10 pk Kromhout

---

imo 8516976 MS
**BLUSTER**
MAERSK LAUNCHER

Tschudi Offshore & Towage BV
Sluisplein 45
1975 AG IJmuiden
088-5485200
1988 361
J.J.Pattje
Waterhuizen
69,90 x 15,91 x 6,30
2 x 4008 kW/5450 pk MAK

---

023.25910 MS
**BO**
PRESIDENT BARON
HOUTART / CARLO

Cavern Holding BV
Witte de Wthstraat 92
3012 BT Rotterdam

1934
Boele
Bolnes
19,12 x 4,61 x 1,50
228 kW 310 pk Deutz

---

1940-13 MS
**BO ALEXANDER**
E 1576

Renate Scheepvaartbedrijf

Dinteloord

1940
Gute Hoffnungs Hutte
Walsum
23,75 x 5,75 x 1,80
294 kW 400 pk Henschel

---

021.02404 DS
**BO DEN MAR**
Curaus/ Duranee/ Whitoker/
Francoise / Madoera Ii/ Willem/
Beaufort/ Maurice II / Verona/
AnacondaWaal Service BV
Oude Heijningsedijk 207
4794 AK Heijningen

1914
Verschure
Amsterdam
23,50 x 5,50 x 1,43
633 kW 862 pk Volvo Penta

---

023.18407 DB
**BO JO**
MURA/ VREDENURG/
PELORUS /
LENY
Waal Service BV
Oude Heijningsedijk 207
4794 AK Heijningen

1988 86
Blumenthal Schiffswerf/Grave
Bremen/Grave
18,02 x 9,50 x 2,29
2 x 701 kW/953 pk Cummins

---

023.27701 DB
**BO PETRA**
Paradox / Midden Limburg/
David/ Adirge/ Campolunga /
Sierre Morena/ Wesley/ Bouke
Vervoer Binenvaart
Sasdijk 2 F
4671 RN Dinteloord

1941
Chr.Ruthof
Regensburg
21,42 x 9,06 x 2,07
588 kW 800 pk Cummins

---

1940-09 DS
**BOAT BRIDGE ERECTION**

Mey M. v.d.

Leiden

1940
Aluminium Compagny
USA
8,00 x 2,40 x 1,00
2 x 73 kW/100 pk GM

---

2008-01 MV
**BOATMAN 1**

Vletterlieden Coop.Ver.van
Zuidersluisweg 5
1975 AK IJmuiden

2008
KRVE
Rotterdam
10,50 x 3,24 x 1,10
128 kW 175 pk John Deere

---

023.35344 MV
**BOATMAN 4**

Vletterlieden Coop.Ver.van
Zuidersluisweg 5
1975 AK IJmuiden

1993 238
Molenaar
Zaandam
10,14 x 3,14 x 1,60
107 kW 145 pk DAF

---

023.35345 MV
**BOATMAN 5**

Vletterlieden Coop.Ver.van
Zuidersluisweg 5
1975 AK IJmuiden

1993 239
Molenaar
Zaandam
10,14 x 3,14 x 1,60
107 kW 145 pk DAF

| | | | |
|---|---|---|---|
| **reg.nr. / type :**<br>**naam :**<br>**ex naam :**<br>**ex naam :**<br>**ex naam :**<br>**eigenaar :**<br>**adres :**<br>**woonplaats :**<br>**telefoon :**<br>**bouwjaar / -nr. :**<br>**bouwwerf :**<br>**plaats :**<br>**l x b x d :**<br>**vermogen :**<br>**boegschroef :** | 1984-16 OP<br>**BOLLE**<br><br><br><br>Berkelaar P.L.B.<br><br>Vinkeveen<br><br>1984<br>P.& J.Berkelaar<br>Vinkeveen<br>5,17 x 2,13 x 0,90<br>16 kW 22 pk Lister Blackstone | 023.05425 MS<br>**BONA SPES II**<br>ALOYSIUS<br><br><br>Bakker J.<br><br>Warmond<br><br>1931<br>De Hoop Gebr.Thijssen<br>Leiden<br>17,02 x 4,25 x 1,85<br>169 kW 230 pk Deutz | 1950-23 OP<br>**BONGEL**<br><br><br><br><br><br>Leeuwarden<br><br>1950<br><br><br>4,10 x 1,45 x 0,65<br>11 kW 15 pk Volvo |
| 023.10288 DS<br>**BOBBY**<br>DREADNOUGHT IX/ ATLAS/<br>DREADNOUGHT /<br>HERCULES/ VENTURA<br>R.A.B.Service BV & Gervo BV<br><br>Zwijndrecht/Rotterdam<br><br>1958<br>Niehuis & v/d Berg<br>Schiedam<br>22,70 x 5,27 x 2,50<br>441 kW 600 pk Stork Wartsila | 023.06068 MS<br>**BOLPLAAT**<br><br><br><br>Wijlen H.van<br><br>Alblasserdam<br><br>1921 613<br>Nic.Witsen<br>Alkmaar<br>16,00 x 3,25 x 1,50<br>29 kW 40 pk Kromhout | 023.12737 DB<br>**BONAIRE**<br>H 428/ D 440/ JACOBA<br><br><br>Voets Holding BV<br>Havenstraat 22<br>6051 CS Maasbracht<br>0475-461100 / 06-53123340<br>1941 440<br>Gebr.Wiemann<br>Brandenburg<br>22,20 x 5,85 x 1,90<br>264/298 kW 360/406 pk Caterp. | 022.04188 DS<br>**BONHEUR II**<br>D 266I/ BONHEUR<br><br><br>Jong BV Rederij De<br>Montrealweg 153<br>3197 KH Rotterdam<br>010-2311555 / 06-53138457<br>1939<br><br><br>23,20 x 6,06 x 1,75<br>535 kW 730 pk Detroit Diesel |
| 023.17422 DS<br>**BOBCAT**<br>No 28/ JEICHIEN B/<br>PORTUS 2/ ABS 1/<br>MITA B<br>Koehoorn & Zn J.K.<br>Kiesterzijl 18<br>8801 HN Franeker<br>0517-396884 / 06-53413663<br>1964 4029<br>Gebr.Smidts<br>Hemiksem<br>15,38 x 4,81 x 2,61<br>2 x 279 kW/380 pk Volvo | imo 9643659 MS<br>**BOMMEL**<br><br>Herman Sr BV<br>Scheepvaartbedrijf<br>Anjerstraat 73<br>3333 GC Zwijndrecht<br>078-6192507<br>2012 1175/571667<br>Stocznia Serwis /<br>Damen Shipyards<br>Kozle/Hardinxveld<br>22,54 x 9,00 x 3,19<br>2 x 746 kW/1014 pk Caterpillar | 023.20354 DB<br>**BONANZA**<br>NOSOROZEC S 03/<br>IHORKS 20002 /<br>SAVANNA IV *<br>Bruzo Invest BV<br>Waterfront 234 A<br>4531 HZ Terneuzen<br>0115-620707 / 06-53371479<br>1974 5<br>Stocznia Kozle/Instalho<br>Kozle/Werkendam<br>22,20 x 11,00 x 2,00<br>2 x 552 kW/750 pk Deutz<br>331 kW 450 pk | 1930-65 OP<br>**BONKE**<br><br><br><br>Schoof R.<br><br>Leiden<br><br>1930<br><br><br>4,50 x 1,30 x -<br>6,6 kW 9 pk Samofa |
| 033.10401 MS<br>**BOBO**<br>NJORD/<br>AEOLUS/<br>NJORD<br>Booy A.<br><br>Hoofdplaat<br><br>1956 1739<br>Eltink<br>Beneden Leeuwen<br>16,42 x 4,85 x 1,79<br>360 kW 490 pk Volvo Penta | 023.06304 MS<br>**BON VIVANT**<br>ANTONIUS/ ST.ANTONIUS /<br>ST.ANONIUS I /<br>EDDY<br>Oosten C.v.<br>Keulsekade 366<br>3531 JZ Utrecht<br>06-51840232<br>1930<br><br><br>11,61 x 3,25 x 1,30<br>59 kW 80 pk DAF | 027.18408 DS<br>**BONANZA II**<br>SARAH 7/ SARAH B/ REGGE /<br>GOVERT KRUIJFF/<br>VERVENNE JR/ SAVANNA III*<br>Bruzo Vof<br>Waterfront 234 A<br>4531 HZ Terneuzen<br>0115-620707<br>1983 2717/232<br>Damen Shipyards BV<br>Gorinchem/Sliedrecht<br>22,15 x 6,80 x 2,10<br>2 x 353 kW/480 pk Caterpillar | 022.02002 DS<br>**BONNY**<br>GEJO/ LENA/ THEODORUS<br><br><br>Koehoorn & Zn J.K.<br>Kiesterzijl 18<br>8801 HN Franeker<br>0517-396884 / 06-53413663<br>1941<br>Suurmeijer<br>Foxhol<br>18,00 x 5,06 x 2,12,<br>323 kW 440 pk Caterpillar |

020.15938 MV
**BOOMERWAAL**

Smit P.H.

Oudkarspel

2005
Koolmees
Zeewolde
7,50 x 2,05 x -
70 kW 96 pk Mitsubishi

2008-11 OP
**BORGER**

Mei J.v.d.

Utrecht

Bijlholt
Foxhol
5,20 x 1,86 x 0,70
11.7 kW 16 pk Deutz

022.04284 MV
**BOUKJE**
BOUKJE

Akkermans BV

Dokkum

1959
Eltink
Ben.Leeuwen
9,98 x 3,16 x 0,75
92 kW 125 pk Volvo

030.50684 MS
**BOVENRIJN**
BOVENRIJN/LECO/
JOTHE/WILMART

Klooster G.

Spaarndam

1914 143
Botje Ensing & Co
Groningen
17,15 x 3,50 x 1,90
88 kW 120 pk Volvo Penta

021.03791 MV
**BOREAS**
BROEDERTROUW XIII

Ruiter K.G.de
Baanhoek 397
3361 GG Sliedrecht
06-53163943
1963 38
Visscher & Zn
Zwartsluis
13,22 x 3,97 x 1,35
163 kW 223 pk Caterpillar
12,5 kW 17 pk Lombardini

023.24436 DB
**BORIS**
SCH 2202/ NENNHAUSEN/
FRITZ

Suiker L.
Capelleweer 23
3371 RA Hardinxv.-Giessendam
0184-615243
1964
Plaue
Zehndenick
10,98 x 4,32 x 1,41
85 kW 116 pk SKL Schonebeck

imo 8516988 MS
**BOULDER**
MAERSK LIFTER

Tschudi Offshore & Towage BV
Sluisplein 45
1975 AG IJmuiden
088-5485200
1987 362
J.J.Pattje
Waterhuizen
69,90 x 15,90 x 6,30
2 x 3974 kW/5400 pk MAK

023.35760 MC
**BOXER**
M.P.1/ DN 49

Husky BV
De Were 35
3332 KC Zwijndrecht

1999
Hullen BV
Zwolle
17,67 x 7,35 x 1,30
2 x 166 kW/226 pk Deutz

023.01979 DS
**BOREAS**
BARTA JOHANNA /
DEUX AMIS

Passman Gebr. J. & P.
Klarinetweg 97
2997 GG Barendrecht

1916
Marckmann & Faassen
Kralingse Veer
17,64 x 4,09 x 1,90
279 kW 380 pk Deutz

054.00560 MS
**BORKUM**
KOLIBRI

Schumacher

Hoofddorp

1943 341
Gebr.Wiemann
Brandenburg
24,10 x 6,12 x 2,70
662 kW 900 pk MAK

022.04116 MV
**BOUNTY**
REINA LOUISE/
WILJO S/ PETRA

Lammes W.M.
Versteegstraat 9
1141 TK Monnickendam

1966 71
Akerboom
Bergum
16,00 x 4,74 x 1,60
2 x 153 kW/207 pk Volvo Penta

023.18936 MC
**BRAAKMAN**

Hakkers BV
Oudsas 11
4251 AW Werkendam
0183-501122
1979
Hakkers
Werkendam
12,89 x 5,17 x 1,32
2 x 71 kW/96 pk DAF

023.26549 MV
**BOREAS**

Visser BV H.P.

Druten

1980
Lubecker Bootwerft
Lubeck
9,20 x 2,55 x 1,10
184 kW 250 pk Deutz

020.04560 recr
**BORNEO**

Gruyter M. de
Herengracht 263
1016 BJ Amsterdam

1938 537
De Vries Lentsch
Nieuwendam
16,50 x 4,00 x 1,30
44 kW 60 pk Kromhout

020.10779 MV
**BOVENMAAS**
BOVENMAAS/
MAASBRACHT II /
RWS 21/ RWS 96
Kramer S.

Heeg

1966 312
Damen Shipyards BV
Hardinxveld-Giessendam
12,10 x 3,25 x 1,30
88 kW 120 pk DAF

023.22866 MV
**BRABANT**
JOCO V

Martens & Van Oord
Materieel BV
Damweg 50
4905 BS Oosterhout
0162-474747
1996
Made/De Waal
Made/Werkendam
14,05 x 4,41 x 2,23
331 kW 450 pk Scania Vabis

| | | | |
|---|---|---|---|
| **reg.nr. / type** : | 023.34262 MV | 020.06667 MV | 020.06427 MC |
| **naam** : | **BRANTA** | **BREEHORN** | **BREKKENEXPRESS** |
| **ex naam** : | NIEUWE MAAS | HK 7/ POLITIE VII/ | |
| **ex naam** : | | MARGOT/ | |
| **ex naam** : | | BREEHOORN | |
| **eigenaar** : | V.H.L.Beheersmij BV | Dushis & Co Stichting De | Zijsling & Zn BV |
| **adres** : | Van Heemskerkweg 2 | Monteverdistraat 74 | Riperwei 3 |
| **woonplaats** : | 5306 TA Brakel | 2901 KE Capelle a/d IJssel | 8623 XR Jutrijp |
| **telefoon** : | 0418-639757 | | 0515-424603 |
| **bouwjaar / -nr.** : | 1971 380 | 1940 | 1966 |
| **bouwwerf** : | Damen Shipyards BV | Van Eijk & Zn | J.Maessen |
| **plaats** : | Gorinchem | Sliedrecht | Maasbracht |
| **l x b x d** : | 12,65 x 3,42 x 1,20 | 17,00 x 4,00 x 1,60 | 18,96 x 6,02 x 1,70 |
| **vermogen** : | 71 kW 96 pk DAF | 154 kW 210 pk Fiat | 191 kW 259 pk Steyr |
| **boegschroef** : | | | |

| | | | |
|---|---|---|---|
| 023.34434 MS | 023.09048 MS | 021.04247 MV | 060.02235 DB |
| **BRAKZAND** | **BRAVO** | **BREEVAER 3** | **BRENDAN** |
| GRUNO II | IERLAND/DOCAT 6 | | DE GRUYTER & CO 10 - |
| | | | ERNST DEUBERT / |
| | | | BUFFEL/ NORWELLA |
| Toxopeus J.A. | Polderman I. | | Crea Scheepvaart BV |
| De Schans 44 | Tramperweg 4 | | Kropkreek 7 |
| 9974 PL Zoutkamp | 4417 CZ Hansweert | | 4465 AJ Goes |
| 0595-401667 | 06-53194270 | | |
| 1977 | 1954 481 | 1968 | 1956 |
| Ral | H.H.Bodewes | Jac.den Breejen | Meidericher Schiffswerft |
| Irnsum | Millingen | Hardinxveld-Giessendam | Ruhrort |
| 13,33 x 4,02 x 1,62 | 22,55 x 5,70 x 1,90 | 13,70 x 3,70 x 1,60 | 33,58 x 8,10 x 2,00 |
| 298 kW 405 pk Cummins | 588 kW 800 pk Mitsubishi | 147 kW 200 pk GM | 2 x 441 kW/750 pk Detroit |

| | | | |
|---|---|---|---|
| 030.31171 MS | 031.70338 MS | 021.04910 MV | imo 9507051 MS |
| **BRAM** | **BRAVOURE** | **BREEVAER 12** | **BRENT** |
| St.Antonius/ Marla/ Louiske/ | ST ANTONIUS/ | | |
| Wouterke / Alemco/ Haziene | JAMICO/ | | |
| nna/ Pointdexter | HOUTRIB | Koninklijke | Iskes Towing & Salvage BV |
| Huffelen G.W.v. | Bennekom M. van | Boskalis Westminster N.V. | Monnickendamkade 19 D/E |
| | Valeriusstraat 219 | Rosmolenweg 20 | 1976 EC IJmuiden |
| Vaassen | 1075 EZ Amsterdam | 3356 LK Papendrecht | 0255-522860 / 06-53901609 |
| | 020-6620992 / 06-20031686 | 078-6969000 | 2009 180 |
| 1939 | 1929 | 1975 | Eregli Shipyard SA/ |
| G.den Heeten & Co | Gebr.Paans | Jac.den Breejen | Gebr.Kooiman |
| Leidschendam | Roodevaart | Hardinxveld-Giessendam | Eregli/Zwijndrecht |
| 12,08 x 3,30 x 1,32 | 16,99 x 4,42 x 1,73 | 13,95 x 4,15 x 1,73 | 33,10 x 12,00 x 5,36 |
| 56 kW 77 pk Deutz | 139 kW 190 pk Kromhout | 176 kW 240 pk Detroit Diesel | 2 x 2650 kW/3604 pk ABC |
| | | | 206 kW 280 pk |

| | | | |
|---|---|---|---|
| 027.19091 DS | 2012-37 MV | 023.20127 MV | 1945-02 MV |
| **BRANDARIS** | **BREEDIEP** | **BREEVAER 18** | **BRIEFJE** |
| DIRK SR | | | |
| | | | |
| | | | |
| Bouwman Towing &Shipping BV | Broere C. | Breejen BV Jac.den | Sea Scouts |
| Engelsekade 5 | | Havenstraat 7 | |
| 4301 NA Zierikzee | Capelle a-d IJssel | 3372 BD Hardinxv.-Giessendam | Muiden |
| 0111-412966 / 06-54614636 | | 0184-618154/615577 | |
| 1980 1440 | | 1991 | 1945? |
| Jac.den Breejen | Damen Shipyards | Jac.den Breejen | |
| Hardinxveld-Giessendam | Hardinxveld-Giessendam | Hardinxveld-Giessendam | |
| 14,48 x 4,63 x 2,10 | 9,15 x 2,70 x 1,10 | 13,89 x 4,10 x 1,84 | 9,20 x 2,10 x 0,80 |
| 404 kW 550 pk Caterpillar | 57 kW 79 pk Thornycroft | 176 kW 240 pk Detroit Diesel | 35 kW 48 pk Peugeot |

1920-10 MS
**BRIES**
HAR III/ C.V.A./
BETA/ ADRIANA /
WILLY
Remmelzwaal D.
Katwijk aan Zee
1920
Van de Stoel
Alkmaar
13,30 x 3,10 x 1,20
88 kW 120 pk DAF

1918-02 MS
**BRIKET**
ISABELLE/ ADUA/
GABY/ ANNICK /
DANIEL
Wesselius H.
Stavoren
1918
14,69 x 3,82 x 1,75
136 kW 185 pk DAF

020.04241 MS
**BRISANT**
BERNARD/ BRISANT/
STERN /
STERN
Meer J. & C.v.d.
Dorpsstraat 48 B
3274 BD Heinenoord
06-51345767
1954
G.J.v.Berk
Beneden Leeuwen
10,30 x 3,20 x 1,20
68 kW 93 pk MWM

020.04321 MS
**BRITANNIA**
Zee S.v.d.
Dronten
1954 277
Cammenga
Zaandam
16,52 x 4,03 x 1,20
114 kW 155 pk Deutz

020.04787 MS
**BRITTANNIA**
BRITTANNIA/ GEESJE/
AQUARIUS /
TWEE GEBROEDERS
Valk G.
Dordrecht
1912 650
t Kromhout Wed.J.L.Ceuvel
Amsterdam
15,48 x 3,39 x 1,14
35 kW 48 pk Industrie

030.50668 recr
**BRITTANNIA**
HOOP/ SR 39/ MADI
Lans A.J. v.d.
Naaldwijk
1921
Zwartsluis
16,90 x 3,70 x 1,45
73 kW 100 pk MWM

021.01994 MS
**BROEDERTROUW II**
Heuvelman H.P.
's Gravendeel
1923
Köser & Meyer AG
Hamburg
16,35 x 4,13 x 1,75
126 kW 172 pk Caterpillar

023.17287 DB
**BROEDERTROUW II**
STERNA
Van der Wees
Watertransporten BV
's Gravendeelsedijk 100
3316 AZ Dordrecht
078-6482665 / 06-53262169
1967 783/2
Verolme
Heusden
19,40 x 10,27 x 1,60
2 x 459 kW/624 pk Caterpillar

032.30273 DS
**BROEDERTROUW 4**
SLIPWAY /
BROEDERTROUW IV
Van der Wees Watertransporten
's Gravendeelsedijk 100
3316 AZ Dordrecht
078-6482665
1957 19
A.v.Bennekum
Sliedrecht
19,72 x 5,40 x 2,63
537 kW 730 pk Caterpillar

023.09738 DS
**BROEDERTROUW XIV**
MABI 15
Van der Wees Watertransporten
's Gravendeelsedijk 100
3316 AZ Dordrecht
078-6482665
1956 98
H.d.Haas
Maassluis
21,76 x 5,46 x 2,25
388 kW 527 pk Caterpillar

023.09671 DS
**BROEDERTROUW XV**
MABI 14
Van der Wees Watertransporten
's Gravendeelsedijk 100
3316 AZ Dordrecht
078-6482665
1956 97
H.d.Haas
Maassluis
21,70 x 5,46 x 2,25
537 kW 730 pk Caterpillar

023.34127 MS
**BRUGGE**
LE BOULONNAIS/
LANGERBRUGGE/ BRUGGE /
HENK/ BRUG
Prinsenland BV
Sasdijk 2 D
4671 RN Dinteloord
1930
Gute Hoffnungs Hutte
Walsum
20,90 x 6,05 x 2,70
2 x 154 kW/210 pk MAN

023.16905 DS
**BRUINVIS**
Peters & Van Lopik BV
A R Holstlaan 13
4942 ED Raamsdonksveer
0162-519657 / 06-53485399
1950
13,35 x 3,35 x 1,00
137 kW 186 pk DAF

022.05992 MV
**BRUISER**
Velde Marine BV W.v.d.
Binnenhaven 1
7547 BG Enschede
053-4307251
1984
Rorink & v.d.Broek/v.d.Velde
Enschede
11,00 x 3,50 x 1,10
103 kW 140 pk DAF

020.04921 MS
**BRUTUS**
RAPIDE/ MARIA/
MARTINE
Brutus Stichting.
Bosveld 11
6099 AN Beegden
1956
Het Jacht H.Bernhard
Nieuwendam
16,43 x 4,30 x 1,80
132 kW 180 pk Industrie

020.13550 DS
**BRUTUS**
JACOBA/ LOAD I/
ADRI/ MEERVAL/
BORIS/ JAN
Romijn J.A.
v.Wijnbergenstraat 37
6721 TH Bennekom
06-19216690
1933
Peters
Dedemsvaart
20,00 x 4,30 x 1,80
294 kW 400 pk Mitsubishi

| | | | |
|---|---|---|---|
| **reg.nr. / type** : | 1912-01 MS | 020.11273 DB | 2008-12 OP |
| **naam** : | **BRUTUS** | **BUFFEL** | **BUFFEL** |
| **ex naam** : | NEELTJE JACOBA | SCH 2307/ DUWEXPRES I/ | |
| **ex naam** : | | BUFFEL I / | |
| **ex naam** : | | DE VRIJBUITER | |
| **eigenaar** : | Muis R. | Oogjen J.W, | Hultink R. |
| **adres** : | Veldoven 47 | | |
| **woonplaats** : | 3961 ET Wijk bij Duurstede | Veen | Amsterdam |
| **telefoon** : | | | |
| **bouwjaar / -nr.** : | 1912 | 1965 3002 | |
| **bouwwerf** : | | VEB Rosslauer Schiffswerft | |
| **plaats** : | | Rosslau | |
| **l x b x d** : | 9,50 x 2,65 x 0,95 | 14,06 x 8,16 x 1,37 | 4,60 x 1,60 x 0,60 |
| **vermogen** : | 62 kW 85 pk Kromhout | 2 x 74 kW/100 pk SKL | 16 kW 22 pk Fairyman |
| **boegschroef** : | | | |

| | | | |
|---|---|---|---|
| 022.11523 MS | imo 9563201 MS | 030.11747 MV | 1887-04 MS |
| **BRUTUS** | **BRUTUS** | **BUFFEL** | **BUGSIER V** |
| | DMS SISKIN | PETRA / | GERMANIA / WILHELM / |
| | | OUDE IJSSEL | AUGUST/ TUMMLER |
| | | | |
| Kotter BV | Herman Sr BV | Acta Marine BV | Rijn C.R.van |
| Nienhuis Ruijskade 22 | Anjerstraat 73 | Het Nieuwe Diep 39 D | |
| 1399 GR Muiderberg | 3333 GC Zwijndrecht | 1781 AE Den Helder | De Lier |
| | 078-6192507 | 0223-615666 | |
| 2002 | 2011 571624 | 1961 167 | 1887 |
| Friesland BV | Damen Shipyards BV | G.J.v.Berk | Brandenburg |
| Harlingen | Hardinxveld-Giessendam | Beneden Leeuwen | Hamburg |
| 14,99 x 4,62 x 1,00 | 27,02 x 9,10 x 3,60 | 13,20 x 3,97 x 1,82 | 16,14 x 5,04 x 1,70 |
| 2 x 85 kW 115 pk Iveco | 2 x 1119 kW/1521 pk Caterpillar | 121 kW 165 pk Deutz | 184 kW 250 pk Deutz |
| | 147 kW 200 pk Kalkman | | |

| | | | |
|---|---|---|---|
| 023.00185 DS | 020.01659 MS | 1925-20 OP | 022.05578 MS |
| **BRUTUS** | **BRUTUS 2** | **BUFFEL** | **BUIZERD** |
| En Avant VI/ Willem M / Eerland | Phoenix/ Thakha/ Berkel/ Betsy/ | REIN | HOOGE |
| 18/ Onedin/ Verago 2/ Onedin / | Marga / Noordster/ Assistent V/ | | |
| Willy/ Adma / Janny/ Hendrika | Assistent 2/ De Maurice | | |
| Smit & C.L.Schrik J. | Goddijn M.H.L. | Lussenberg R.H. | Koehoorn & Zn J.K. |
| | Groeneveld 16 | | Kiesterzijl 18 |
| Siddeburen | 2203 BP Noordwijk | Leiden | 8801 HN Franeker |
| | | | 0517-396884 / 06-53413663 |
| 1926 | 1904 420 | 1925 | 1950 |
| Roorda | t Kromhout Wed.J.L.Ceuvel | | Husumer Schiffswerft |
| Sliedrecht | Amsterdam | | Husum |
| 18,61 x 4,25 x 1,40 | 19,48 x 4,27 x 1,85 | 7,00 x 1,80 x 0,90 | 16,30 x 4,00 x 1,00 |
| 239 kW 325 pk Brons | 220 kW 300 pk Bolnes | 29 kW 40 pk Kromhout | 108 kW 147 pk MWM |
| | | | |

| | | | |
|---|---|---|---|
| 023.28156 MS | 1950-50 OP | 1984-14 WV | 027.16529 DS |
| **BRUTUS** | **BUDDY** | **BUFFEL** | **BUIZERD** |
| | | | |
| | | | |
| | | | |
| Smit G. | Hane J.B.d' | Blankevoort & Zn D. | Jong C.de |
| | Cruquiusdijk 205 | Havenstraat 87 | Zanddijk 3 |
| Havelte | 2141 EX Vijfhuizen | 2102 LB Heemstede | 3181 HV Rozenburg |
| | | | |
| 1915 | 1950 | 1984 702 | 1960 |
| De Ridder | Barkmeijer | Delta Shipyard | Th.d.Groot & Zn Vrijenban |
| Delfshaven | Stroobos | Sliedrecht | Landsmeer |
| 13,65 x 3,65 x 1,60 | 6,13 x 1,83 x 0,90 | 18,44 x 8,00 x 2,40, | 23,69 x 6,00 x 2,00 |
| 63 kW 65 pk Stork Ricardo | 73 kW 100 pk DAF | 2 x 331 kW/450 pk Caterpillar | 829 kW 1125 pk Deutz |
| | | | |

| | | | |
|---|---|---|---|
| 1938-05 MS<br>**BUIZERD**<br>CORRY/ LIS<br>Vries G. de<br>Rottum<br>1938 3..<br>Th.v.d.Beldt<br>West Graftdijk<br>10,32 x 3,20 x 1,30<br>88 kW 120 pk DAF | 023.25096 DB<br>**BUNNIK II**<br>RV 04-13 / 04-13/<br>REBEL 09<br>Bunnik BV A.<br>Weijpoort 21 A<br>2415 BV Nieuwerbrug<br>1992<br>Damen Shipyards BV<br>Gorinchem<br>7,03 x 3,02 x 0,91<br>210 kW 286 pk Deutz | 1990-15 MV<br>**BUT**<br>15,00 x 4,00 x -<br>Mercedes | 1911-15 MS<br>**CABADELLO**<br>Teelker N.<br>Amsterdam<br>1911<br>17,00 x - x -<br>DAF |
| 1993-03 MV<br>**BUIZERD**<br>Provinciale Waterstaat Zeeland<br>Het Groene Woud 1<br>4331 NB Middelburg<br>1993<br>Koolmees<br>Nieuw Beijerland<br>9,00 x 3,10 x 0,80<br>70 kW 96 pk Ford | 023.07173 MS<br>**BURLY**<br>BATO/ NELLIE/<br>WENNY/ ELRI /<br>IRMA<br>Groenen R.F.<br>Rijnkade 268<br>2331 AN Leiden<br>071-5123140 / 06-53294887<br>1921<br>t Hondsbosch<br>Alkmaar<br>15,30 x 3,79 x 1,45<br>132 kW 180 pk Kaeble | 023.24125 MV<br>**BUZZARD**<br>TNST 3/ BUZZARD<br>Renate BV<br>Heijplaatstraat 21 bus 26<br>3089 JB Rotterdam<br>1952<br>Nordsee Werke Emden<br>Emden<br>17,15 x 4,02 x 1,42<br>136 kW 185 pk GM | 022.08647 MS<br>**CAESAR**<br>RV 150/ ANNA<br>Zijsling & Zn BV<br>Riperwei 3<br>8623 XR Jutrijp<br>0515-424603<br>1950<br>Van Eijk & Zn<br>Sliedrecht<br>9,49 x 2,62 x 1,50<br>92 kW 125 pk DAF |
| 020.13288 MV<br>**BULA**<br>GERJO<br>Bosch C. & A.C.A, Steltenpool<br>Enkhuizen<br>1990<br>G.J.v.Wezel<br>Heijen<br>11,50 x 3,75 x 1,40<br>147 kW 200 pk MWM | 1930-11 MS<br>**BURRO**<br>Schoonwater D.J.<br>Leiden<br>1930<br>Bijlholt<br>Foxhol<br>13,87 x 3,18 x 1,00<br>22 kW 30 pk Kromhout | imo 9524528 MS<br>**BUZZARD**<br>DMS BUZZARD<br>Van Oord Acz Overige<br>Materieel BV<br>Schaardijk 211<br>3063 NH Rotterdam<br>010-4478444<br>2009 /571601<br>Polen/ Damen Shipyards<br>Polen/Gorinchem<br>35,25 x 11,60 x 5,25<br>2 x 1825 kW/2482 pk Caterpillar | 020.03449 MS<br>**CALYPSO**<br>ADRIANA/ VIOS/ ERICK<br>Veltman J.<br>Westenholterweg 74<br>8042 AK Zwolle<br>1924<br>Th.Kempers & Zn<br>Alphen a/d Rijn<br>13,07 x 3,55 x 1,04<br>88 kW 120 pk DAF |
| 1976-10 MV<br>**BULLDOG**<br>Koninklijke<br>Boskalis Westminster N.V.<br>Rosmolenweg 20<br>3356 LK Papendrecht<br>078-6969000<br>1976<br>Van der Giessen De Noord<br>Alblasserdam<br>9,00 x 2,85 x 0,90<br>53 kW 72 pk DAF | 020.01934 MS<br>**BUSCO**<br>TONNY II<br>Dankbaar F.J.<br>Ede<br>1944<br>Concordia S.Seymonsbergen<br>Amsterdam<br>12,85 x 3,50 x 1,69<br>110 kW 150 pk Kromhout | imo 9646314 MS<br>**BYLGIA**<br>Heerema Shipping 22 BV<br>Vondellaan 52<br>2332 AA Leiden<br>071-5799000<br>2013 85<br>Astilleros Armon Vigo<br>Vigo<br>72,00 x 18,00 x 7,38<br>4 x 3000 kW/4080 pk MAN | 023.06931 MS<br>**CARBON**<br>CARBON/ JAPICO I/<br>WENNY JAPICO II<br>Tilleman Th.C.J.<br>Huissen<br>1914<br>A.v.d.Eijk & Zn<br>Overschie<br>15,94 x 3,65 x 1,20<br>121 kW 165 pk GM |

**reg.nr. / type** :
**naam** :
**ex naam** :
**ex naam** :
**ex naam** :
**eigenaar** :
**adres** :
**woonplaats** :
**telefoon** :
**bouwjaar / -nr.** :
**bouwwerf** :
**plaats** :
**l x b x d** :
**vermogen** :
**boegschroef** :

026.06163 MS
**CAROLE**
CHRISTINA/AUBERG /
ORION

Haas & M.C.v.d.Wal L.d.

Rotterdam

1955
Carl Siebelt
Berlijn
20,00 x 4,30 x 1,30
184 kW 250 pk MWM

023.35372 MS
**CARPE DIEM**

Jig Saw BV

Nijmegen

1959 6354
Schweers
Bardenfleth
18,10 x 4,69 x 2,00
273 kW 371 pk MAN

023.22887 DS
**CATHARINA 4**
CLIMONT/VEKA 104/
ZWABO 5/
MERCURIUS
Hebo Maritiem Service BV
Stouweweg 17-19
8064 PD Zwartsluis
038-3868180 / 06-10560789
1953 113
Ferd.Clausen
Oberwinter
23,40 x 5,68 x 1,35
2 x 463 kW/630 Caterpillar

1899-01 MS
**CARDINAL D**
NORDWEST/ P10/
D 10 /
EISBÄR
Meyer K.

Westerbroek

1899 376 D
Schiffs & Machinebau
Dresden
19,35 x 5,00 x 2,65
220 kW 300 pk Deutz

023.26414 PS
**CAROLIEN**
RHD 8/ V 28 /
HAVENDIENST 8 /
RPA 21
Waterkant Holding BV
Sasdijk 2
4671 RN Dinteloord

1973
Schouten
Muiden
24,65 x 5,52 x 2,27
331 kW 450 pk Bolnes

1976-07 MS
**CASTOR**
HAVENDIENST 5 - CASTOR /
PORT OF AMSTERDAM 5 -
CASTOR
Thaumas BV
Hanepad 61 A
1501 WC Zaandam
075-6310440
1976
Van Goor
Monnickendam
17,23 x 4,42 x 2,30
279 kW 380 pk Stork Werkspoor

023.28246 DB
**CATHARINA 5**
ELLY/ ILHA DO CORSICO/
BETSY G/ BRITT /
HENDRIK 6/ DIABLO
Hebo Maritiem Service BV
Stouweweg 17-19
8064 PD Zwartsluis
038-3868180
1989 8672
Damen Shipyards BV
Gorinchem
16,50 x 6,54 x 2,00
2 x 397 kW/540 pk Caterpillar

020.04988 DS
**CARITAS**
DAWI/ BRISAN/
COMMANDO *

Speksnijder H.
Wilhelminahoeve 7
2924 BE Krimpen a/d IJssel

1956
R.Huisman Jr
Rohel
17,50 x 4,45 x 1,89
500 kW 680 pk Caterpillar

023.06447 MS
**CAROLUS**
Knirps/ Inspector 7 / Elisabeth /
Gretha / Vios/ Thy Grie/
Koerier/ Machiel/ Patrick
Stiching Behoud slb Carolus
De Meerpaal 11
9209 AJ Drachten
1880
Forges & Chantier
de la Mediteranee
Le Havre
16,55 x 3,56 x -
72 kW 98 pk Volvo

020.13549 MV
**CATHARINA**
VOORTREKKER/RP 1/
HERMINA /
RP 1/ VOORTREKKER
Nolst Trenité S.W.
Keizersgracht 127
1015 CJ Amsterdam

1920
De Vries Lentsch
Nieuwendam
16,75 x 3,65 x 1,35
44 kW 60 pk Kromhout

027.19635 DS
**CATHARINA 6**
MON DESIR

Hebo Maritiem Service BV
Stouweweg 17-19
8064 PD Zwartsluis
038-3868180
2000 1536
Stocznia Kozle Serwis /
Damen Shipyards
Kozle/Hardinxveld
21,00 x 7,20 x 2,10
2 x 404 kW/550 pk Caterpillar

023.05333 MS
**CARMEN**
DEUTZ I/ MEEUW/ CITO/
JO/ JACOB/ STORMVOGEL /
SORAYA
Meulenberg A.

Maurik

1914
Schimag
Mannheim
15,40 x 3,40 x 1,30
92 kW 125 pk J.Deere

023.25600 MV
**CARPE DIEM**
ZEEHOND/ELJA

Zevenbergen

1958
G.J.v.Berk
Beneden Leeuwen
13,30 x 3,80 x 1,45
85 kW 116 pk MWM

023.09440 MS
**CATHARINA**
CULEMBORG/ EXCELSIOR /
REINOD I/ ARIDA

Fikkers BV

Groningen

1898
De Ridder
Delfshaven
19,34 x 4,14 x 1,89
121 kW 165 pk GM

023.10239 DS
**CATHARINA 7**
ZWEDEN/ SPITSBERGEN *

Hebo Maritiem Service BV
Stouweweg 17-19
8064 PD Zwartsluis
038-3868180
1958 /551
Weerter Scheepsbouw MI/
Bodewes
Weert/Millingen
22,94 x 5,70 x 2,48
634 kW 862 pk Mitsubishi

023.13175 DB
**CATHARINA 8**
NEPTUNUS 6/ MARS VI/
LINGE *

Hebo Maritiem Service BV
Stouweweg 17-19
8064 PD Zwartsluis
038-3868180
1971 158
H.d.Haas
Maassluis
16,50 x 5,50 x 2,80
2 x 264 kW/360 pk GM

---

023.13823 DB
**CATHARINA 9**
NEPTUNUS 9/ MAAS/ FIAT/
MONTANA/ ALASKA *

Hebo Maritiem Service BV
Stouweweg 17-19
8064 PD Zwartsluis
038-3868180
1973 161
H.d.Haas
Maassluis
16,77 x 7,05 x 1,84
2 x 403 kW/548 pk Caterpillar

---

imo 8433435 MS
**CATHARINA 11**
IJSSELSTROOM /
ZEPHYRUS *

Hebo Maritiem Service BV
Stouweweg 17-19
8064 PD Zwartsluis
038-3868180
1992 2565
Jac.den Breejen
Hardinxveld-Giessendam
19,50 x 6,00 x 2,00
2 x 331 kW/450 pk Caterpillar

---

027.16985 MS
**CATHY**

Van Oord Ballast HAM Dredging
Schaardijk 211
3063 NH Rotterdam
010-4478444
1977
Damen Shipyards BV
Gorinchem
14,00 x 6,00 x 1,90
2 x 88 kW/120 pk GM

---

020.03325 MS
**CECILIA**

Halewijn H.

Oost Knollendam

1905

Duitsland
13,47 x 3,20 x 1,50
66 kW 90 pk Caterpillar

---

021.01958 DS
**CECILIA**
EN AVANT III/ RISICO/
MUTATIO II/ MAJA /
LEVANT/ ALBATROS
Passmann J.F.Th.A.
Westerhof 9
2987 XS Ridderkerk
0180-413384 / 06-53234056
1915
Gebr.Kooiman
Zwijndrecht
20,05 x 4,64 x 1,78
334 kW 455 pk Detroit Diesel

---

020.04558 MS
**CELEBES**
CELEBES/
NITSCHJEWO III *

Verduin H.B
Danzigerkade 9
1013 AP Amsterdam
020-6165815
1937
t Hondsbosch
Alkmaar
15,94 x 3,70 x 1,34
110 kW 150 pk Scania

---

023.15413 CP
**CEMENTSTROOM 2**
MAINKETTE X/ HARPEN V/
THIEL I

Hoop De
Duitslandweg 2
4538 BK Terneuzen

1925
Chr.Ruthof
Mainz Kastel
32,83 x 6,56 x 1,84
2 x 331 kW/450 pk Deutz

---

023.23392 DS
**CENTURION**
PRESIDENT GERLING/
GERRIT

Hoog M.d.
Larikslaan 9
4254 BD Sleeuwijk

1948 1092
Jos Boel & Zn
Temse
31,25 x 7,48 x 2,92
787 kW 1070 pk MAN

---

020.08756 SS
**CERBERUS**
HAVENPOLITIE I /
HAVENDIENST 4

Kapitein Kok
Weesperstraat 118 J
1112 AP Diemen

1930
Hubertina v/h W.H. Jacobs
Haarlem
20,75 x 4,65 x 2,00
185 ipk Hubertina

---

022.02712 MS
**CETUS**
TRIJNCOR/ HERCULES/
JUSTITIA /
PEJA/ DORIEN
Brugman B.L.

Rotterdam

1930
Wolthuis
Sappemeer
15,15 x 3,82 x 1,24
132 kW 180 pk MWM

---

020.07432 recr
**CEUVEL**
AMSTERDAM/ CEUVEL/
MARIA /
HUMUS I
Knip M.
Turfmarkt 40
8021 AB Zwolle

1921
t Kromhout Wed.J.L.Ceuvel
Amsterdam
11,82 x 2,60 x 0,88
22 kW 30 pk Samofa

---

1950-21 MV
**CHALLIS**

Stok Marine Service BV
v.Godewijckstraat 261
3341 VL H.I.Ambacht
078-6849434

Engeland
7,50 x 2,50 x 0,80
88 kW 120 pk DAF

---

020.13571 MS
**CHARLES**

Fessem A.W.J.M.van
Wilsonstraat 15
6566 CN Millingen

1928
Chantier de la Haute Seine
Villeneuve le Roi
16,56 x 4,41 x 1,85
265 kW 360 pk GM

---

023.21208 MV
**CHARLIE**
W.D.DORI

Polderman E.& H.C.
Zandweg 1
4423 AA Schore
06-53194270
1974 717
Damen Shipyards BV
Hardinxveld-Giessendam
14,36 x 4,33 x 2,40
268 kW 365 pk Caterpillar

---

023.23237 DS
**CHEETA**
MOTOR IV /
PUMA CHEETA

Arends van den Ouden Vof
Azaleastraat 21
4537 RA Terneuzen
0115-619882 / 06-53684117
1958
D.I.W
Berlijn
23,80 x 5,22 x 1,65
375 kW 510 pk DAF

| | | | |
|---|---|---|---|
| **reg.nr. / type** : | 065.03576 DB | 033.50197 MS | imo 9395783 MS |
| **naam** : | **CHRISTIAN** | **CINCHONA** | **COASTAL ASSISTANT** |
| **ex naam** : | Nimmerrust III/ Henri IV/ | | |
| **ex naam** : | Luctor IV / En Avant 7/ | | |
| **ex naam** : | E 282/ Ingona/ Tarzan | | Coastal Shipping BV |
| **eigenaar** : | Voets Holding BV | Alblas R.A. | Het Nieuwe Diep 39 D |
| **adres** : | Havenstraat 22 | Rijksstraatweg 68 | 1781 AE Den Helder |
| **woonplaats** : | 6051 CS Maasbracht | 4197 RM Buurmalsen | 0223-615666 |
| **telefoon** : | 0475-461100 | 0345-571496 | 2006 |
| **bouwjaar / -nr.** : | 1912 | 1926 | Limenda Shipbuilding/ |
| **bouwwerf** : | | Nic.Witsen | Meptune Marine |
| **plaats** : | Duisburg | Alkmaar | Kotlas/Aalst |
| **l x b x d** : | 18,60 x 4,40 x 1,82 | 15,76 x 3,46 x 1,50 | 18,80 x 8,00 x 2,70 |
| **vermogen** : | 275 kW 374 pk Dorman | 77 kW 105 pk Kromhout | 2 x 373 kW/507 pk Cummins |
| **boegschroef** : | | | |

| | | | |
|---|---|---|---|
| 020.16073 DS | 065.03070 DS | 023.19673 MS | 026.05529 BS |
| **CHELSEA B** | **CHRISTIAN 2** | **CITIUS** | **COASTAL BIGFOOT** |
| | Arina Elzabeth/ Cofra/ Martin/ | AMPETCO/ PIETER/ | SEERYP |
| | Damco 176 / Nanny/ Bonheur 4/ | WEWA/ JOTHE / | |
| | Ria/ Dukra / Maverick/ Avontuur | ALWI/ SEELAND/ TJOBA | |
| Rodie Watertransport BV | Voets Holding BV | Dongen & A.Janse C.R.van | Coastal Shipping BV |
| Hanepad 88 | Havenstraat 22 | | Het Nieuwe Diep 39 D |
| 1501 WE Zaandam | 6051 CS Maasbracht | Heinkenszand | 1781 AE Den Helder |
| 075-6166576 / 06-53412365 | 0475-461100 | | 0223-615666 |
| 2005 10957 | 1928 | 1904 160 | 1984 579 |
| IHC Holland Delta | Barkmeijer | Wilton Fijenoord | C.Cassens |
| Sliedrecht | Stroobos | Schiedam | Emden |
| 19,50 x 6,20 x 2,10 | 20,46 x 4,95 x 2,30 | 19,24 x 4,22 x 1,28 | 39,80 x 13,14 x 1,40 |
| 2 x 375 kW/485 pk Caterpillar | 412 kW 560 pk Detroit | 176 kW 240 pk MAN | 2 x 370 pk Fiat |

| | | | |
|---|---|---|---|
| 023.28407 MS | 020.06669 MS | 023.05957 MS | imo 9600463 MC |
| **CHIEL** | **CHRISTINA** | **CITO** | **COASTAL BOXER** |
| | MVD 7/ KM 7/ RS 11/ | Cito/ Marjo/ Guroe/ Annemarie / | |
| | A 815/ Y 8009 / | Mapele/ Horsey/ Cito/ | |
| | JENJA/ CRESCENDO | Horsey/ Equinox | |
| Eeden R.G.J.v. | Gijzen H.M. | Kleinepier & Y.Veerhoek P.A. | Acta Marine BV |
| | | | Het Nieuwe Diep 39 D |
| Krommenie | Vinkeveen | Koudekerke | 1781 AE Den Helder |
| | | | 0233-615666 |
| 1910 | 1939 | 1903 6 | 2010 NP 382 |
| | Bodewes & Dutmer | A.S.M. | Neptune Marine |
| | Groningen | Arnhem | Aalst |
| | 16,25 x 4,25 x 1,60 | 16,18 x 4,15 x 1,90 | 20,25 x 9,05 x 3,00 |
| 110 pk MAN | 136 kW 185 pk Deutz | 88 kW 120 pk Deutz | 2 x 559 kW/760 pk Cummins |

| | | | |
|---|---|---|---|
| 020.06647 SS | 023.18397 DB | 1953-18 MS | imo 9647320 MC |
| **CHRISTIAAN BRUNINGS** | **CHRISTINE** | **CLAES COMPAEN** | **COASTAL CHALLENGER** |
| | CITERNA 83 | LESUM/ JOTTUM | |
| | | | |
| | | | |
| Ned. Scheepvaartmuseum | Liemberg E.H. | Sam-Sam Scheepvaartond. | Acta Marine BV |
| Kattenburgerplein 1 | Hekelstraat 132 | Statenplein 15 | Het Nieuwe Diep 39 D |
| 1018 KK Amsterdam | 3295 TG 's Gravendeel | 3311 NH Dordrecht | 1781 AE Den Helder |
| | 078-6733123 | | 0223-615666 |
| 1900 | 1963 | 1953 | 2012 1101 |
| Meursing | Chantier de la Haute Seine | Busumer Schiffswerft | Bijlsma/ |
| Amsterdam | Villeneuve le Roi | Busum | Wartena/ |
| 31,25 x 6,60 x 1,89 | 22,98 x 7,38 x 1,90 | 15,20 x 3,75 x 1,20 | 35,85 x 11,84 x 2,42 |
| 375 ipk Meursing | 2 x 588 kW/800 pk Caterpillar | 110 kW 150 pk Deutz | 2 x 969 kW/1317 pk Caterpillar |
| | | | 2 x 250 kW/340 pk |

imo 9704946 MC
**COASTAL CHARIOT**

Coastal Shipping BV
Het Nieuwe Diep 39 D
1781 AE Den Helder
0223-615666
2014
MC Friesland
Wartena
37,00 x 11,84 x 2,42
2 x 969 kW/1317 pk Caterpillar
2 x 250 kW/340 pk

imo 8987424 BS
**COASTAL ENTERPRISE**
STEMAT 72/
SARA MAATJE XIV

Coastal Shipping BV
Het Nieuwe Diep 39 D
1781 AE Den Helder
0223-615666
1987
Stig Jiangsu Machinery
Nanjing
36,53 x 9,50 x 2,35
3 x 299 kW/406 pk Caterpillar

imo 9494993 MC
**COASTAL HUNTER**
MIRJAM V

Acta Marine BV
Het Nieuwe Diep 39 D
1781 AE Den Helder
0223-615666
2007 /NP 305
Nanjing Shuitian/NeptuneMarine
Nanjing/Aalst
21,60 x 9,04 x 2,02
2 x 447 kW/608 pk Caterpillar

027.18596 MS
**COASTAL POWER**

Acta Marine BV
Het Nieuwe Diep 39 D
1781 AE Den Helder
0223-615666 / 06-51572709
1995 5935
Damen Shipyards BV
Hardinxveld-Giessendam
16,89 x 5,29 x 1,90
2 x 345 kW/470 pk Caterpillar

imo 8954702 WV
**COASTAL CONQUEST**
JOKER / BRIGITTE B /
SARA MAATJE II

Acta Marine BV
Het Nieuwe Diep 39 D
1781 AE Den Helder
0223-615666
1977 3005
Damen Shipyards BV
Gorinchem
18,96 x 8,06 x 1,30
2x169 kW/230 pk Detroit Diesel

026.05989 BV
**COASTAL EXPLORER**
WARLOCK

Acta Marine BV
Het Nieuwe Diep 39 D
1781 AE Den Helder
0223-615666
1994 75
Greuns
Leeuwarden
25,20 x 6,95 x 2,00
2 x 176 kW/240 pk DetroitDiesel

imo 9102887 BS
**COASTAL LEGEND**
SARA MAATJE IX

Acta Marine BV
Het Nieuwe Diep 39 D
1781 AE Den Helder
0223-615666
1994 100/144
Metz/Padmos
Urk/Stellendam
33,97 x 9,00 x 1,60
3 x 480 kW/653 pk Mitsubishi

imo 9304904 MS
**COASTAL RAMBLE**
DMS GLOBE

Acta Marine BV
Het Nieuwe Diep 39 D
1781 AE Den Helder
0233-615666
2004 1559
Stocznia Kozle Serwis/
Damen Shipyards
Kozle/Hardinxveld
26,08 x 9,32 x 2,60
2 x 783 kW/1065 pk Caterpillar

026.06123 MS
**COASTAL DIGGER**
NOORDEWIND

Acta Marine BV
Het Nieuwe Diep 39 D
1781 AE Den Helder
0223-615666
1995 261
Van de Werf & Visser
Irnsum
23,00 x 6,00 x 1,40
2 x 125 kW/170 pk DAF

imo 9579418 MC
**COASTAL FIGHTER**

Acta Marine BV
Het Nieuwe Diep 39 D
1781 AE Den Helder
0223-615666
2010 NP 368
Neptune Marine
Aalst
21,60 x 9,00 x 1,84
2 x 1118 kW/1520 pk Cummins

imo 9186077 BS
**COASTAL LIBERTY**
SARA MAATJE XII

Acta Marine BV
Het Nieuwe Diep 39 D
1781 AE Den Helder
0223-615666
1997 109/151
Metz/Padmos
Urk/Stellendam
33,75 x 9,00 x 1,20
3 x 357 kW/485 pk Caterpillar

imo 9372664 MS
**COASTAL RANGER**
DMS EAGLE

Acta Marine BV
Het Nieuwe Diep 39 D
1781 AE Den Helder
0233-615666
2006 1566
Damen Shipyards BV
Hardinxveld-Giessendam
26,02 x 9,10 x 2,65
2 x 821 kW/1117 pk Caterpillar

imo 9563861 MC
**COASTAL DISCOVERY**

Acta Marine BV
Het Nieuwe Diep 39 D
1781 AE Den Helder
0223-615666
2009 775
Staalbouw Groningen/Bijlsma
Groningen/Foxhol
35,00 x 11,80 x 1,30
3 x 447 kW/608 pk Caterpillar
447 kW 608 pk Caterp. v.Tiem

imo 9447093 MC
**COASTAL GUARDIAN**

Acta Marine BV
Het Nieuwe Diep 39 D
1781 AE Den Helder
0223-615666 / 06-53164218
2007
Neptune Marine
Aalst
21,60 x 9,04 x 2,00
2 x 447 kW/608 pk Caterpillar

027.18866 MS
**COASTAL ONE**

Van Oord Acz Overige
Materieel BV
Schaardijk 211
3063 NH Rotterdam
010-4478444
1996
Damen Shipyards BV
Hardinxveld-Giessendam
16,89 x 5,29 x 2,52
2 x 349 kW/475 pk Caterpillar

imo 8607476 BS
**COASTAL SAGA**
ZUS/ SARA MAATJE VI

Coastal Shipping BV
Het Nieuwe Diep 39 D
1781 AE Den Helder
0233-615666 / 06-22935466
1984 3/105
Marcon
Hoogezand
32,42 x 10,00 x 2,05
3 x 235 kW/320 pk Mitsubishi
92 kW 125 pk

| | | | |
|---|---|---|---|
| **reg.nr. / type** : | imo 9591569 MS | 027.18127 WV | 021.04930 recr |
| **naam** : | **COASTAL VANGUARD** | **COASTAL WORKER** | **COBY M** |
| **ex naam** : | | OCTOPUS 1/ SEERYP II | |
| **ex naam** : | | | |
| **ex naam** : | | | |
| **eigenaar** : | Acta Marine BV | Coastal Workboats BV | Muller C.L. |
| **adres** : | Het Nieuwe Diep 29 D | Het Nieuwe Diep 39 D | Scheldekade 48 |
| **woonplaats** : | 1781 AE Den Helder | 1781 AE Den Helder | 4531 EH Terneuzen |
| **telefoon** : | 0223-615666 | | 0115-645000 |
| **bouwjaar / -nr.** : | 2010 571644 | 1991 | 1956 |
| **bouwwerf** : | Damen Shipyards BV | Padmos | J.Schlieker & Zn |
| **plaats** : | Hardinxveld-Giessendam | Stellendam | Sliedrecht |
| **l x b x d** : | 32,27 x 9,00 x 3,70 | 33,62 x 10,00 x 3,20 | 12,08 x 3,40 x 1,29 |
| **vermogen** : | 2 x 1230 kW/1650 pk Caterpillar | 4 x 385 pk Mitsubishi | 158 kW 215 pk GM |
| **boegschroef** : | | | |

| | | | |
|---|---|---|---|
| 027.16321 MV | imo 9450258 MS | 023.11279 MS | 023.23195 MV |
| **COASTAL SERVICE** | **COASTAL VICTORY** | **COBY** | **COGRI** |
| COASTAL SERVICE I/ | DMS DUNNOCK | MARIUS | EN AVANT XX/ ANTJE III/ |
| MULTRATUG III | | | PETER/ THOR / |
| | | Kapitein & Zn | FEMKE |
| Haas G.d. | Coastal Shipping BV | Duw & Sleepdienst A. | Koning & Zn |
| | Het Nieuwe Diep 39 D | Wijk 1 nr 39 | Scheepvaartweg 1 |
| Maassluis | 1781 AE Den Helder | 8321 EL Urk | 3356 LL Papendrecht |
| | 0233-615666 | 0527-681864 | 078-6442644 |
| 1970 143 | 2007 1579 | 1962 237 | 1952 |
| H.d.Haas | Damen Shipyards BV | Gebr.Paans | J.Schlieker & Zn |
| Maassluis | Hardinxveld-Giessendam | Roodevaart | Sliedrecht |
| 16,24 x 4,55 x 1,60 | 30,08 x 9,35 x 3,30 | 21,30 x 5,85 x 2,50 | 9,80 x 3,60 x 1,40 |
| 294 kW 400 pk GM | 2 x 1230 kW/1673 pk Caterpillar | 632 kW 860 pk Stork | 85 kW 116 pk Deutz |

| | | | |
|---|---|---|---|
| 026.06881 MS | imo 9660322 MS | 030.51427 DS | 023.00433 DS |
| **COASTAL SHUTTLE** | **COASTAL VOYAGER** | **COBY** | **COLIN F** |
| SEERYP IV | | Emil Korner II/ Undine / | GONDA/ HARRY/ |
| | | Westfalisches Kohlenkontor/ | HUBERT/ MIRONI |
| | | Albert/ Piet /Anna | |
| Coastal Shipping BV | Coastal Shipping BV | Leicht J. | Fransbergen BV |
| Het Nieuwe Diep 39 D | Het Nieuwe Diep 39 D | | Havenstraat 10 |
| 1781 AE Den Helder | 1781 AE Den Helder | Groningen | 6051 CR Maasbracht |
| 0223-615666 | 0223-615666 | | 0475-465090 / 06-53400208 |
| 1997 | 2012 571665 | 1924 626 | 1926 49 |
| Damen | Stocznia Kozle/Damen | Janssen & Schmilinsky | Marckmann & Faassen |
| Hardinxveld-Giessendam | Kozle/Gorinchem | Hamburg | Kralingse Veer |
| 13,40 x 4,02 x 1,79 | 32,27 x 9,35 x 3,20 | 18,33 x 5,39 x 2,50 | 20,92 x 4,96 x 1,91 |
| 2 x 370 pk Caterpillar | 2 x 1305 kW/1775 pk Caterpillar | 710 pk GM | 331 kW 450 pk Caterpillar |
| | 257 kW 350 pk Kalkman | | |

| | | | |
|---|---|---|---|
| 023.14747 MS | imo 9520338 MC | 1983-12 MC | 023.09852 MS |
| **COASTAL TIGER** | **COASTAL WARRIOR** | **COBY** | **COMMERIJN** |
| TIJGER | | | EH 23/ VOLHARDING/ |
| | | Koninklijke | NANNY / |
| | | Boskalis Westminster N.V. | MADI H |
| Acta Marine BV | Acta Marine BV | Rosmolenweg 20 | Twist J. van |
| Het Nieuwe Diep 39 D | Het Nieuwe Diep 39 D | 3356 LK Papendrecht | Smidsweg 25 A |
| 1781 AE Den Helder | 1781 AE Den Helder | 078-6969000 | 3295 BT 's Gravendeel |
| 0223-615666 | 0223-615666 | 1983 4001 | |
| 1977 276 | 2008 NP 306 | Van der Giessen de Noord/ | 1928 |
| H.A.v.Gelder | Neptune Marine | Damen | Ruijtenberg |
| Gorinchem | Aalst | Alblasserdam/Gorinchem | Raamsdonksveer |
| 17,10 x 5,22 x 2,00 | 21,60 x 9,04 x 1,80 | 25,00 x 10,00 x 2,23 | 18,23 x 4,75 x 1,50 |
| 552 kW 750 pk GM | 2 x 1000 kW/1359 pk Caterpillar | 3 x 161 kW/220 pk GM | 139 kW 190 pk MAN |

032.40032 MS
**COMMEWIJNE**
TRITON
M.N.O. Vervat BV
Pontweg 1
2153 PK Nieuw Vennep
0252-628628
1949 11
K.Westerdijk
Terhorne
17,62 x 4,85 x 1,60
409 kW 566 pk Deutz

022.12303 MS
**COMPAEN**
Veldman
Sleep - & Bergingsbedrijf
Achterdijken 30 D
9163 JV Nes Ameland
0519-250200 / 06-20620933
1980
Oost-Duitsland
10,95 x 3,20 x 0,55
2 x 145 kW/250 pk Steyr

imo 9534078 MS
**COMPASS**
PACIFIC FALCON
Compass CV
Scheepmakershaven 32 B
3011 VB Rotterdam
2008 25112
Yong Choo Kui Shipyard
Sibu
33,70 x 10,60 x 4,96
2 x 1324 kW/1800 pk Niigata

022.02579 MS
**CONCORDE**
GRETE/ LIBERTE/
TRIJNTJE V/ JACO /
CONCORDIA
Jiskoot W.
Tarwestraat 60
2989 AW Ridderkerk
078-6816110
1939
Duitsland
18,67 x 4,32 x 2,01
206 kW 280 pk Stork Ricardo

020.08899 MS
**CONDOR**
Loog C.Th.J.
Rotterdam
1950
Rotterdam
17,45 x 4,48 x 2,00
165 kW 225 pk Mercedes

023.15230 DS
**CONDOR**
ANTWERPEN/
MUSTANG/ CONDOR /
MUSTANG
Krikke E.J.A.
Buiksloterdijk 437
1034 ZA Amsterdam
020-6314735
1949
De Wachter
Hemiksem
20,32 x 5,25 x 1,76
736 kW 1000 pk Cummins

023.17087 MS
**CONDOR**
Bos G.J.
Zuid Willemsvaart WS
Maastricht
1938 5
Bremen
22,52 x 3,67 x 1,62
315 kW 429 pk Kromhout

023.35381 MS
**CONDOR**
Woude P/ten
IJlst
1950
10,00 x 3,50 x 1,10
165 kW 220 pk Scania

030.21206 WV
**CONDOR**
Smit Subsea Europe BV
Rosmolenweg 20
3356 LK Papendrecht
078-6969000
1958
C.d.Ruiter
Halfweg
2 x 75 pk/102 pk Detroit

1930-55 OP
**CONJO**
ZWERVER
Gravesteijn B. & R.
Vreeswijk
1930
6,00 x 2,20 x 1,05
22 kW 30 pk Samofa

025.07482 MV
**CONNY**
Ballast Nedam Groep BV
Sluispolderweg 67
1505 HJ Zaandam
030-2853333
264 kW 360 pk GM

023.16516 DS
**CONQUEST**
EH 38/ SPERWER/ COBY
Snoek R.
Kamerik
1947
E.Herbosch
Schoten
17,40 x 4,26 x 1,84
265 kW 360 pk GM

023.35246 DS
**CONQUEST 2**
Snoek R.
Kamerik
12,00 x 4,00 x -

imo 8862652 MS
**CONRAD**
A 873 WIELINGEN/
PIETER
Essen G.H.von
Den Helder
1967 84
Rijkswerf Willemsoord
Den Helder
27,60 x 6,90 x 2,30
552 kW 750 pk Bolnes

023.26824 DS
**CONSTANT**
I.C.D.I. 2/ E.L. 6
Boldert BV De
Hermerkade 26
8861 JP Harlingen
06-20390618 / 06-53492820
1952
Chantiers Naval Meuse&Sambre
Beez
12,73 x 3,58 x 1,06
220 kW 300 pk DAF

imo 9524932 BS
**CONSTRUCTOR**
NOORDHOEK CONSTRUCTOR
Hanzevast Diving SupportVessel
Verlengde Hereweg 174
9722 AM Groningen
2010
Niigata Shipbuilding & Repair
Niigata
76,85 x 18,00 x 5,00
4 x 879 kW/1196 pk Caterpillar

| | | | |
|---|---|---|---|
| **reg.nr. / type** | 023.20660 DS | 020.14106 MV | 020.04122 MS |
| **naam** | **COR** | **CORAX** | **CORNELIA** |
| **ex naam** | GEMA | NSI 7 / BEVER | CORNELIA/ GRETHA |
| **ex naam** | | | |
| **ex naam** | | | |
| **eigenaar** | Nobel B.L.P. | Wajer E.C.E. & Barendrecht W.D.B. | Werkhoven Th.van |
| **adres** | Voordoel 23 | | |
| **woonplaats** | 3264 AT Nieuw Beijerland | Amsterdam | Lisse |
| **telefoon** | 0186-691364 | | |
| **bouwjaar / -nr.** | 1948 | 1954 | 1922 |
| **bouwwerf** | | G.J.v.Berk/Schlieker | W.Mulder |
| **plaats** | Baasrode | Beneden Leeuwen/Sliedrecht | Stadskanaal |
| **l x b x d** | 23,00 x 4,42 x 2,39 | 11,04 x 3,33 x 1,55 | 16,13 x 3,75 x 1,60 |
| **vermogen** | 295 kW 401 pk Baudouin | 88 kW 120 pk Mercedes | 73 kW 100 pk Kromhout |
| **boegschroef** | | | |

| | | | | |
|---|---|---|---|---|
| reg.nr. | 023.28726 | 027.16424 | 020.05378 | 020.11183 |
| type | DB | MC | MS | OP |
| naam | **CONTENDER** | **COR** | **CORMORAN** | **CORNELIA** |
| ex naam | | | KADENDIENST I/BERNETTA/ 's GRAVENHEKJE III/MARLA B/ HELENE VII/ MERWESTROOM | VOLHARDING 2 / CORNELIA |
| eigenaar | Estate Shipping BV | Oord Acz Overige Materieel BV | Zee D.M.A..v.d. | Beek A.J. van |
| adres | Horst 3 | Jan Blankenweg 2 | | |
| woonplaats | 3344 GG H.I.Ambacht | 4207 HN Gorinchem | Amsterdam | Amsterdam |
| telefoon | 06-55195136 | 0183-642200 | | |
| bouwjaar / -nr. | 2007 | 1981 3015 | 1917 | 1928 |
| bouwwerf | Arkel Shipyard/Boer | Damen Shipyards | Jonker & v Otegam | |
| plaats | Arkul/Sliedrecht | Gorinchem | Amsterdam | |
| l x b x d | 19,75 x 11,00 x 1,80 | 18,60 x 8,06 x 2,75 | 13,17 x 3,14 x 0,90 | 6,00 x 2,05 x 1,10 |
| vermogen | 2 x 954 kW/1298 pk Caterpillar | 2 x 178 kW/242 pk Caterpillar | 51 kW 70 pk Gardner | 77 kW 105 pk DAF |

| | | | | |
|---|---|---|---|---|
| reg.nr. | 022.02283 | 020.14586 | 027.16822 | 020.16092 |
| type | MS | MS | MS | MS |
| naam | **CONTENT** | **COR BAS** | **CORMORANT** | **CORNELIA** |
| ex naam | BEISTADFJORD/ JASPERINA/ JOSE / SALLAND IV/ JA FO/ INFRA/ VH 75 / PAES 4 | | | WINTERKONING/ BANJER / BERTUS JR |
| eigenaar | Leenman & J.L.Vlot W.W. | Stoutjesdijk T.M. | Van Oord Acz Overige Materieel BV | Pulleman M.J. |
| adres | Drijverschuit 20 | | Schaardijk 211 | |
| woonplaats | 3372 VA Hardinxv.-Giessendam | Limmen | 3063 NH Rotterdam | Haarlem |
| telefoon | 06-43838875 | | 010-4478444 | |
| bouwjaar / -nr. | 1944 | | 1981 1744 | 1966 |
| bouwwerf | Th.J.Fikkers | | Damen Shipyards BV | Th.Kempers & Zn |
| plaats | Martenshoek | | Gorinchem | Alphen a/d Rijn |
| l x b x d | 17,50 x 4,60 x 1,80 | 14,80 x 3,50 x 1,20 | 14,15 x 4,28 x 1,85 | 14,30 x 4,00 x 1,60 |
| vermogen | 272 kW 370 pk Caterpillar | 169 kW 230 pk Fiat | 267 kW 364 pk Caterpillar | 2 x 177 kW/240 pk Ford |

| | | | | |
|---|---|---|---|---|
| reg.nr. | 023.08537 | 023.02584 | 022.05241 | 030.50560 |
| type | MS | DS | MV | MS |
| naam | **COR** | **COR JOS** | **CORNEEL** | **CORNELIA** |
| ex naam | N.H.B.VI/ COAL VI | Passe Partout II/ Antoon Cornelis IJm 361 / Adriana/ Bernanda II/ Fredecor | IDEAAL /ZEEHOND II | |
| eigenaar | Koster L.P. | Teirlinck B.V. | Vries C.T.de | Tebezo BV |
| adres | Ophemertstraat 50 | Opperduit 1 A | | Sasdijk 15 |
| woonplaats | 3089 JD Rotterdam | 2941 AL Lekkerkerk | St.Maartensdijk | 8281 BM Genemuiden |
| telefoon | 010-4290952 | 0180-664245 / 06-53207918 | | 038-3855225 |
| bouwjaar / -nr. | 1937 | 1914 | 1981 | 1917 |
| bouwwerf | Gebr.Pot | Boele | A.P.v.d.Werf | N.A.Bernhard Jr |
| plaats | Bolnes | Bolnes | Doesburg | Nieuwendam |
| l x b x d | 13,09 x 3,49 x 0,97 | 16,19 x 4,36 x 1,45 | 10,00 x 3,15 x 1,22 | 13,05 x 3,00 x 1,60 |
| vermogen | 91 kW 123 pk Ford | 268 kW 365 pk Caterpillar | 73 kW 100 pk DAF | 88 kW 120 pk DAF |

032.50260 MS
**CORNELIA**
VAMO/ SAN ANTONIO/
WUTA
Jong & M.J.M.v.Ginkel M.J.M.de
V.C.J. Smitsstraat 1
5165 EV Waspik
0416-313536
1935
Tjallinga
Vroomshoop
15,31 x 3,83 x 1,60
59 kW 80 pk Brons

1923-05 MS
**CORNELIS**
Geerlings J.J.C.
Noordwijkerhout
0215-411934
1923
16,20 x 5,00 x 1,55
117 kW 160 pk Deutz

023.05804 MS
**CORRIE**
ADJA
Heijsman S.
Staveren
1924
Pauw
Boskoop
13,65 x 3,65 x 1,70
132 kW 180 pk Scania

1995-04 MS
**CORSAN**
Sluyk C.J.A.
Weesp
1995
Flevo jachtwerf
Nijkerk
10,00 x 3,40 x 1,10
66 kW 90 pk Sole

1930-27 MS
**CORNELIA CATHARINA**
ESCAPADE/
AGNES
Marwitz R. & C. Timmermans
Waddinxveen
1930
9,40 x 2,60 x 1,00
58 kW 80 pk Ford

1990-17 MS
**CORNELIS**
Willemsen C.M.
Onze Lievevrouwenstr 116
4735 AG Zegge
0165-535168
15,80 x 3,20 x 2,10

1889-01 MS
**CORRIE II**
V.V.B 8/MARGO/CONFIDENTIA/
PRUDENCE / MARIA/ DANIEL/
MIR MIKE/ KALI
Valstar H.V.
Rijswijk
1889
J.& K.Smit
Kinderdijk
15,83 x 3,63 x 1,60
121 kW 165 pk DAF

020.07749 recr
**CORSY**
VOOR DE WIND/ CORSY/
KNEBRA I /
C 226
Persoon J.
Aalsmeer
1924 84
G.Bijlsma & Zn
Wartena
15,22 x 3,77 x 1,09
128 kW 175 pk Modag

020.09029 MS
**CORNELIA EMMA**
CORNELIA EMMA/
TIME IS MONEU/BART /
PETRONELLA II
Knaps J.H.J.
Venlo
1920
De Industrie D.& Joh.Boot
Alphen a/d Rijn
13,47 x 3,20 x 1,40
80 kW 109 pk Kromhout

020.04970 MS
**CORRIE**
Spaargaren S.
Aalsmeer
1948
De Vries Lentsch
Alphen a/d Rijn
14,65 x 3,28 x 1,39
44 kW 60 pk Kromhout Gardner

030.20256 recr
**CORRY**
ALPHA/ ANNIE
Leeuwen H.L.M.v.
Alphen a/d Rijn
1919
Stadskanaal
14,12 x 3,43 x 1,20
67 kW 92 pk Volvo

020.03984 MS
**CORTEZ**
JUPITER/ IJSSELMEER/
ONDERNEMING V /
DENNIS LANGEBERG
Veen C.H.F. v.d.
Uithoorn
1920 592
t Hondsbosch
Alkmaar
15,40 x 3,28 x 1,50
220 kW 300 pk Mercedes Benz

023.00341 MS
**CORNELIS**
KLARA/ CORNELIS/
HOOIDRIFT
Jansen A.C.
Amersfoort
1920
Bergedorf Warmburg
Warmburg
16,14 x 4,00 x 1,70
110 kW 150 pk Deutz

021.02890 MV
**CORRIE**
I.H.C. BV
Molendijk 84
3361 EP Sliedrecht
0184-411555
1952
Van Rees
Sliedrecht
12,91 x 3,50 x 1,61
44 kW 60 pk Skoda

1990-16 MS
**CORRY**
CORNELIA
Blomberg
Maastricht
Kramer
Zaandam
17,50 x 5,10 x 1,90
338 kW 460 pk Deutz

023.04946 MS
**CREDO**
LEMA/ CREDO/ ANIMO/
LETON /
FURIE III/ KNILLIS
Heden S.v.d.
Oude Wetering
1930
Goor & Spiekman
Zwartsluis
14,04 x 3,35 x 1,20
62 kW 85 pk MAN

| reg.nr. / type : | 021.01992 DS | 031.70502 MV | 023.35484 DB |
|---|---|---|---|
| naam : | **CURA NOSTRA** | **DAFNIA** | **DANIEL** |
| ex naam : | EX / | LUCIA/ NEDAM 6 | |
| ex naam : | MARIA/ VALK/ LUTETIA | | |
| ex naam : | | B.van Hees & Zn | |
| eigenaar : | Anker Maritiem Shipping | Aannemersbedr. | |
| adres : | Rivierkade 5 | Heijcopstraat 4 | |
| woonplaats : | 4931 AA Geertruidenberg | 3521 EN Utrecht | |
| telefoon : | 0162-514890 | 030-2937946 | |
| bouwjaar / -nr. : | 1926 | 1952 | 475 |
| bouwwerf : | De Hoop | Eltink | Schottelwerft |
| plaats : | Hardinxveld-Giessendam | Beneden Leeuwen | Spay |
| l x b x d : | 17,91 x 4,53 x 1,84 | 9,10 x 3,10 x 0,97 | 7,45 x 2,48 - |
| vermogen : | 313 kW 425 pk Caterpillar | 88 kW 120 pk DAF | 184 kW 250 pk Deutz |
| boegschroef : | | | |

| | | | |
|---|---|---|---|
| 080.23064 DB | 060.04113 DS | 023.05085 DS | 065.03864 DS |
| **CREDO** | **CURACAO** | **DAGERAAD 1** | **DANIQUE F** |
| | Greta/Risicoll/ | IDEAAL/ ANNY/ | D 413 / D 213 / IJSSELMEER / |
| | Fiat Voluntas XVIII/ Montini / | ANNY B/ ANGELIKI 2 | KIM/ MAROMA / |
| | Leja/Elly/ Maurice / Barzabel | | NOOIT VOLMAAKT / MATRIA B |
| Lutana Watertransport BV | Voets Holding BV | Romkes H.H. | Fransbergen BV |
| W.Alexanderplantsoen 94 | Havenstraat 22 | Schelpenhoek 13 | Havenstraat 10 |
| 2991 NC Barendrecht | 6051 CS Maasbracht | 8321 BJ Urk | 6051 CR Maasbracht |
| | 0475-461100 | 06-20007817 | 0475-465090 / 06-53400208 |
| 1912 | 1931 57 | 1931 | 1936 |
| Huiskens & Van Dijk | Marckmann & Faassen | J.Vos & Zn | Meidericher Schiffswerft |
| Dordrecht | Kralingse Veer | Groningen | Ruhrort |
| 30,67 x 6,10 x 2,36 | 22,80 x 4,97 x 1,93 | 20,44 x 5,15 x 2,26 | 24,13 x 6,22 x 2,37 |
| 969 kW 1318 pk Cummins | 535 kW 727 pk Caterpillar | 559 kW 730 pk Caterpillar | 883 kW 1200 pk MTU |

| | | | |
|---|---|---|---|
| 1926-08 MS | 023.16297 MV | 1940-05 MS | 1930-47 OP |
| **CREDO** | **CYCLOOP** | **DAJA** | **DANNY** |
| GRIEROEPIE/ LIEJO/ | NIMIA/ CORNELIUS/ | RIBELO/ PAROMA | |
| PEETHAVEN | FINTAN/ SCIPIO / | | |
| | CORNELIS R | | |
| Millenburg J.H.M. | Meijne C.W. | Fase J. | Weegh J.J.v.d. |
| Prinssenweg 62 | Broekerhavenweg 265 | | Oude Molenweg 72 |
| 3433 AC Nieuwegein | 1611 CE Bovenkarspel | Nieuwegein | 8101 EM Raalte |
| 030-6062654 | 0228-520750 | | 0572-363869 |
| 1926 | 1952 200 | 1940 | 1930 |
| Mittendorf | Damen Shipyards BV | | Suuroverste |
| Dedemsvaart | Hardinxveld-Giessendam | | Hasselt |
| 13,10 x - x - | 12,15 x 3,22 x 1,14 | 11,70 x 2,65 x 1,20 | 5,50 x 1,85 x 0,90 |
| | 92 kW 125 pk DAF | 71 kW 98 pk GM | 7,3 kW 10 pk Scania Vabis |

| | | | |
|---|---|---|---|
| imo 9639971 MC | 020.06965 MS | imo 9065807 MS | 020.02241 MS |
| **CRONUS** | **DAAN** | **DANCING WATER** | **DAVID** |
| | DE ZAAN | OIL RANDAN/ | ONDERNEMING III / |
| | | MARINECO INDIA | ONDERNEMING III |
| Van Oord Acz | | | |
| Overige Materieel BV | Daanen Shipping & Logistics BV | K & W Schepenverhuur BV | Krielaart A.B. |
| Schaardijk 211 | Oostkanaaldijk 308 | In 't Vizier 2 A | Kerkstraat 3 |
| 3063 NH Rotterdam | 6541 CD Nijmegen | 8309 AS Tollebeek | 5308 KH Aalst |
| 010-4478444 | 024-3775830 | | |
| 2012 571659 | 1970 437 | 1993 111 | 1947 |
| Damen Shipyards BV | Th.v.d.Beldt | Mc Tay Marine Ltd | Bijlholt |
| Hardinxveld-Giessendam | West Graftdijk | Bromborough | Foxhol |
| 32,70 x 13,40 x 3,00 | 16,29 x 4,26 x 1,58 | 19,50 x 6,00 x 2,00 | 18,53 x 4,88 x 1,47 |
| 2 x 820 kW/1114 pk Caterpillar | 239 kW 325 pk Caterpillar | 2 x 287 kW/398 pk Caterpillar | 264 kW 360 pk GM |
| | 66 kW 90 pk | | |

023.26443 MS
**DE 3e STORM**
CITO/LUNA/HENCOR J
Kroef J.A.v.d.
Breukelen
1941
J.Smit
Alblasserdam
14,67 x 3,92 x 2,24
85 kW 116 pk Deutz

023.20975 MV
**DE ACHT**
SWIFT
Swets ODV BV
Scheepmakerij 250
3331 MB Zwijndrecht
078-6191237
1980
H.A.v.Gelder
Gorinchem
17,00 x 4,50 x 1,80
2x235kW/320pk Mercedes Benz

023.23716 DS
**DE ACHT**
REINOD 8
Van Gansewinkel Shipping
Loswalweg 50
3199 LG Rotterdam
010-4726200
1969 115
De Hoop
Schiedam
5,57 x 3,27 x 0,81
62 kW 85 pk DAF

020.06762 MV
**DE ATLAS**
HARMONIE
Heemskerk A.
Dubbelebuurt 33
2331 GK Rijnsburg
071-4021829
1930
De Roos & Van der Meijden
10,20 x 2,66 x 1,04
22 kW 30 pk Samofa

023.08836 MS
**DE BARK II**
SNEL/ SPIDO/ WATERGEUS/
NELI / DON BOSCO/ ALI/
GEJA/ DE BARK II
Bos R.
Groningen
0227-543080
1925
Vrijenban (Boot)
Delft
14,70 x 3,12 x 1,35
85 kW 116 pk Volvo Penta

023.24556 MS
**DE BARRI**
JADE/ ONDERZEEDIENST IV/
R.S. 17/ A 857 /
Y 8014/ JADE
Vriend J.J.
Wevershoof
1943 1173
De Industrie D.& Joh.Boot
Alphen a/d Rijn
20,00 x 5,25 x 1,80
147 kW 200 pk Industrie

033.20080 OP
**DE BEER**
CORDI/ TIENEKE/ DIEZE/
TIENEKE/ CORDI
Stralen K.J. van
Rengersstraat 19
8521 LD St.Nicolaasga
0513-431827
1935 1088
De Industrie D.& Joh.Boot
Alphen a/d Rijn
6,95 x 2,55 x 0,91
17,6 kW 24 pk Industrie

022.01309 MS
**DE BREKEL**
Heilke/ Dina/Onderneming/
Geertruida / Joma/ Hamm IV/
Sanato/Tonnie/Combinatie/Aagje
Ban R.v.d.
Wormerveer
1909
P.Smit Jr
Rotterdam
14,34 x 3,38 x 1,78
58 kW 80 pk DAF

020.11544 MS
**DE COOGH**
UKKE/ SR 6/
CAPO D
Coogh Matreiaal BV De
Zaandam
1932
t Kromhout Wed.J.L.Ceuvel
Amsterdam
14,23 x 3,66 x 1,70
100 kW 136 pk DAF

022.11813 MS
**DE DERTIEN**
SARA MAATJE XIII
Swets ODV BV
Scheepmakerij 250
3331 MB Zwijndrecht
078-6191237
2002 1
Frisian Shipyards
Harlingen
9,30 x 2,82 x 1,10
62 pk Mitsubishi

023.20977 MV
**DE EEN**
ADELAAR
Swets ODV BV
Scheepmakerij 250
3331 MB Zwijndrecht
078-6191237
1981
H.A.v.Gelder
Gorinchem
17,00 x 4,50 x 1,80
2 x 235 kW/320 pk Mercedes

023.33892 MS
**DE ELF**
WESTERGAT
Bijleveld Maritiem
Nooitgedacht 39
3701 AM Zeist
1979 963
Damen Shipyards BV
Gorinchem
14,75 x 4,50 x 0,98
129 kW 175 pk Mitsubishi

023.08636 MS
**DE GEEST**
No 4/ ANDRE/
ASSISTENT
Smals Bouwstoffen BV
Havenlaan 31
5433 NK Cuijk
0475-316054 / 06-53473753
1953
J.H.Ooms
Groot Ammers
9,53 x 3,39 x 0,77
55 kW 74 pk Gardner

021.03662 MV
**DE GERLIEN I**
JOCO II
Scheepsreparatiebedr.
Gerlien v. Tiem B.V.
Waalbandijk 129
6651 KB Druten
0487-515544
1962
G.J.v.Berk
Beneden Leeuwen
12,32 x 3,60 x 1,30
121 kW 165 pk DAF

023.08544 MS
**DE GEUS**
ADRIANA /
CARLA
Stichting De Geus
Arnhem
1937
Weerter Scheepsbouw Mij
Weert
88 kW 120 pk DAF

022.12189 MS
**DE GROTE WALVISCH**
Ris A.
Sneek
2005 23
Talma Heeg BV
Heeg
9,90 x 3,40 x 0,90

| | | | |
|---|---|---|---|
| **reg.nr. / type** : | 023.17643 DB | 023.05088 DS | 025.09825 MS |
| **naam** : | **DE HOOP 1** | **DE JONGE GERBRAND 7** | **DE MAURICE** |
| **ex naam** : | Mura/ Franz Ohlrogge/ Ohio/ | MARJOCHRI/ NELLY/ | |
| **ex naam** : | Thuredrecht / Noordereiland/ | TRITON / | |
| **ex naam** : | Dordrecht De Hoop I | HYDRA/ EOS | |
| **eigenaar** : | Jongen BV Oliehandel | Vlig & Zn BV K.C. | Dijk Handel & Management Van |
| **adres** : | Uilenkade 14 | Mello Coendersbuurt 2 | Venedijk Z 3 |
| **woonplaats** : | 3336 LP Zwijndrecht | 9948 PL Termunterzijl | 8278 AD Kamperveen |
| **telefoon** : | 078-6352934 | | 038-3636534 |
| **bouwjaar / -nr.** : | 1979 | 1931 127 | 2000 18/17298 |
| **bouwwerf** : | Jonkerpaans | J.Hendriks | Roskam Jachtbouw |
| **plaats** : | Dordrecht | Dodewaard | Noord Scharwoude |
| **l x b x d** : | 15,26 x 8,07 x 2,08 | 17,17 x 4,56 x 2,00 | 25,00 x 5,00 x 2,00 |
| **vermogen** : | 2 x 331 kW/450 pk Caterpillar | 272 kW 370 pk Caterpillar | 279 kW/380 pk Scania |
| **boegschroef** : | | | Ford |

| | | | | |
|---|---|---|---|---|
| reg.nr. / type | 022.06944 DS | 1994-03 MV | 021.04737 MS | 023.12383 MS |
| naam | **DE HENDRIK** | **DE HOOP 7** | **DE KLEF** | **DE NEGEN** |
| ex naam | ALICE R/ TERTIA/ | HAVENDIENST 1/ HD | | TARZAN |
| ex naam | HEDWIGS HÜTTE III / | | | |
| ex naam | PRIMA/ WERNER | | | |
| eigenaar | Sterk Holding BV J. | Jongen BV Oliehandel | Smals Bouwstoffen BV | Swets ODV BV |
| adres | De Steven 57 | Uilenkade 14 | Havenlaan 31 | Scheepmakerij 250 |
| woonplaats | 9206 AX Drachten | 3336 LP Zwijndrecht | 5433 NK Cuijk | 3331 MB Zwijndrecht |
| telefoon | 0512-515608 | 078-6352934 | 0475-316054 / 06-53473753 | 078-6191237 |
| bouwjaar / -nr. | 1907 467 | 1994 | 1973 | 1967 |
| bouwwerf | Janssen & Schmilinsky | Tukker | J.Schlieker & Zn | De Ruiter & de Jong |
| plaats | Hamburg | Gorinchem | Sliedrecht | Hardinxveld-Giessendam |
| l x b x d | 17,44 x 5,33 x 1,73 | 13,30 x 4,30 x 1,50 | 9,22 x 2,82 x 1,53 | 14,85 x 4,15 x 1,78 |
| vermogen | 375 kW 510 pk Volvo Penta | 176 kW 240 pk Cummins | 73 kW 100 pk DAF | 235 kW 320 pk Mercedes Benz |
| boegschroef | | | | |

| | | | | |
|---|---|---|---|---|
| reg.nr. / type | 020.03139 MS | 022.06410 MV | 1947-10 MV | 030.51561 MS |
| naam | **DE HOOP** | **DE HORDE** | **DE LIEFDE** | **DE OTTER** |
| ex naam | DE HOOP/ NETZTENDER/ | | ZILVERMEEUW/ | JOMAR |
| ex naam | DE HOOP/ WIM | | LARIMAR/ REBEL | |
| ex naam | | | | |
| eigenaar | Vegt S.v.d. | Stienstra & v. Wal Vof | Slagter E.G. | Wal A.L.v.d. |
| adres | Hegedijk 3 A | Rogmolewei 6 | | |
| woonplaats | 9024 EB Weidum | 8651 EP IJlst | Franeker | Amsterdam |
| telefoon | 058-2519247 | 0515-533243 | | |
| bouwjaar / -nr. | 1906 | 1955 | 1947 | 1900 |
| bouwwerf | Gebr.v.d.Windt | | | |
| plaats | Vlaardingen | | | |
| l x b x d | 16,08 x 3,37 x 1,45 | 11,12 x 3,12 x 1,10 | 9,44 x 2,55 x 0,90 | 12,53 x 2,90 x 1,50 |
| vermogen | 74 kW 101 pk Brons | 71 kW 96 pk DAF | 73 kW 100 pk DAF | 88 kW 120 pk Deutz |
| boegschroef | | | | |

| | | | | |
|---|---|---|---|---|
| reg.nr. / type | 1912-13 MS | 030.51266 DS | 023.15917 MS | 020.02026 MS |
| naam | **DE HOOP** | **DE JONGE GERBRAND** | **DE LOEDER** | **DE OUDE ANNA** |
| ex naam | | GER/ BROEDERTROUW 9 | SCHWABENLAND/ ANNIE | ANNA |
| ex naam | | | | |
| ex naam | | | | |
| eigenaar | Ploeg H.v.d. | Vlig & Zn BV K.C. | Baas H. | Cocon Vastgoed Man |
| adres | | Mello Coendersbuurt 2 | t' Noard 1 | |
| woonplaats | Nieuwersluis | 9948 PL Termunterzijl | 8721 GA Warns | Amsterdam |
| telefoon | | | 0314-681523 | |
| bouwjaar / -nr. | 1912 | 1954 | 1957 | 1915 |
| bouwwerf | | Van de Velde | Schiffswerft Oberkassel | t Kromhout Wed.J.L.Ceuvel |
| plaats | | Zwolle | Ramersdorf | Amsterdam |
| l x b x d | 16,90 x 4,26 x 1,90 | 16,18 x 4,65 x 1,79 | 15,04 x 3,80 x 1,25 | 14,30 x 3,24 x 1,02 |
| vermogen | 128 kW 175 pk MAN | 162 kW 220 pk Caterpillar | 124 kW 168 pk DAF | 61 kW 84 pk Kromhout |
| boegschroef | | | | |

020.05336 MS
**DE OUWE CORNELIS**
MEEUW I/ MEEUW 17/
TROUBLE SHOOTER /
HERA/ MEEUW I
Slijkerman C.

Echternerbrug

1924

Amsterdam
14,36 x 3,25 x 1,30
36 kW 50 pk Deutsche Werke

023.20948 MS
**DE RIKUS**
ELSA/ ADRIANUS /
RV 6/ SNOOPY

Scholten F.

Enkhuizen

1928
t Huys d.Merwede H.te Veldhuis
Papendrecht
20,13 x 4,98 x 1,96
88 kW 120 pk Industrie

023.07671 DS
**DE RUYTERKADE**
START/ WALCHEREN IX/
THOLEN / MICO/
CARLA/ EN AVANT 31
Verduin H.B.
Danzigerkade 9
1013 AP Amsterdam
020-6165815
1939 342
Atlas Werke
Bremen
24,20 x 5,70 x 2,02
1126 kW 1530 pk Caterpillar

022.12203 MS
**DE STOUTE SCHOEN**

No Limit Ships BV
Friesestraatweg 207-2
9743 AD Groningen

2004 1
No Limit Ships BV
Groningen
8,80 x 2,80 x 0,65
29 kW 40 pk Lombardini

022.08766 MS
**DE OUWE MANUS**
ADJUDANT/ GRONINGEN/
OOSTPLAAT/ ADEA /
DEA/ TEVREDEN/ IDA/ TINE
Elp J.van

Lochem

1900 158
P.Smit Jr
Rotterdam
14,48 x 3,72 x 1,55
88 kW 120 pk Kromhout

022.08967 MS
**DE ROEK**
TAURUS/ JAN

Langius B.P.

Heerenveen

1924
Heiligenhafen
Hamburg
16,50 x 4,24 x 1,50
110 kW 150 pk Deutz

023.17286 DS
**DE RUYTERKADE**
RINY/ HONDSBOSCH/
ABRAHAM VAN DER WEES
Verduin H.B.
Danzigerkade 9
1013 AP Amsterdam
020-6165815
1944
De Industrie D.& Joh.Boot
Alphen a/d Rijn
20,033x 5,11 x 1,90
415 kW 565 pk Caterpillar

1920-11 OP
**DE STROPER**

1920?

Stroobos
6,00 x 2,00 x 0,90
17 kW 24 pk MWM

023.35978 OP
**DE PEARL**

Kok K.

Amsterdam

2014 B 526
No Limit Ships BV
Groningen
10,40 x 3,25 x 0,90

033.10342 MS
**DE RUIGT**
Gerfra/ Nelly / Assistent/
Hendrikus/ Esperance/Rakoes /
Simson/ Maranatha/ Victor
Fens A.C.
Norbartstraat 68
4921 ED Made
06-24528161
1916
De Jager
Nijmegen
18,35 x 4,28 x 2,09
117 kW 160 pk MAK

021.04708 MS
**DE SCHELDE**
WIM/ BROEDERTROUW XII

Blokland K

Sliedrecht

93
De Jong & Smit
IJsselmonde
12,90 x 3,55 x 1,65
88 kW 120 pk DAF

023.30443 MC
**DE TIEN**

E.S.B.Holding BV
Havenkade 29
8081 GR Elburg

2009
L.J.Boer/Hardinxveld BV bn 7
Sliedrecht/Hardinxveld
14,98 x 4,99 x 0,50
165 kW 225 pk J.Deere

023.10492 DS
**DE REGGE**
JUMBO/JOMA/ GERIZIM II

Heteren S.
Nijverheidsstraat 10
7641 AB Wierden
0546-572849
1954 236
Damen Shipyards BV
Hardinxveld-Giessendam
12,20 x 3,22 x 1,74
179 kW 244 pk MAN

030.21323 DB
**DE RUYTER**
DE RUYTER/
RUYTERVEER II

Boekhorst Th.H.H.M.

Arnhem

1950
Haak Scheepsbouw
Zaandam
12,00 x 4,02 x 1,50
88 kW 120 pk DAF

023.06102 MS
**DE SCHELDE**

Blokland H.
Rivierdijk 168
3372 BL Hardinxv.-Giessendam
0184-612546
1939
De Jong & Smit
IJsselmonde
12,75 x 3,55 x 1,65
66 kW 90 pk Caterpillar

030.21481 MS
**DE TROUW**

Baars Azn BV Holding
Rivierdijk 330
3361 AW Sliedrecht
0184-411227
1952
Concordia S.Seymonsbergen
Amsterdam
10,73 x 3,29 x 1,45
81 kW 110 pk DAF

| | | | |
|---|---|---|---|
| **reg.nr. / type** : | 020.06955 MV | 1946-08 MS | 1924-13 OP |
| **naam** : | **DE VIER** | **DE ZEEUW** | **DEBBY** |
| **ex naam** : | JACOBA IV/ JACOBA 4 | | |
| **ex naam** : | | | |
| **ex naam** : | | | |
| **eigenaar** : | Swets ODV BV | Duivendijk C.v. | Brandt R.J.B. |
| **adres** : | Scheepmakerij 250 | | |
| **woonplaats** : | 3331 MB Zwijndrecht | Kapelle | Amsterdam |
| **telefoon** : | 078-6191237 | | |
| **bouwjaar / -nr.** : | 1966 | 1946 | 1924 |
| **bouwwerf** : | Visscher & Zn | | |
| **plaats** : | Zwartsluis | | |
| **l x b x d** : | 13,65 x 4,52 x 1,30 | 10,00 x 3,00 x 1,00 | 6,00 x 2,00 x 0,60 |
| **vermogen** : | 257 kW 350 pk MTU | 29 kW 40 pk Industrie | 66 kW 90 pk Mercedes |
| **boegschroef** : | | | |

| | | | |
|---|---|---|---|
| 020.11551 PS | 020.07883 recr | 020.06727 MV | 023.13266 MS |
| **DE TWAALF** | **DE VLIET** | **DE ZES** | **DEBORA** |
| JACOBA 12 | KATE/ HENNY/ GERIHAL/ | JACOBA VI/ JACOBA 6 | ELSE/ GE XII |
| | ARJEN / BREEHORN/ | | |
| | RIBBEMOOS II | | |
| Swets ODV BV | Ruiter B.J.A.M. de | Swets ODV BV | Voorbij G.F. |
| Scheepmakerij 250 | | Scheepmakerij 250 | |
| 3331 MB Zwijndrecht | Rhenen | 3331 MB Zwijndrecht | Amsterdam |
| 078-6191237 | 026-4954201 | 078-6191237 | |
| 1993 | 1928 | 1969 | 1929 207 |
| v.Mill & Ballegooy | Brandt Schiffsbau | Visscher & Zn | De Hoop |
| Moerdijk | Oldenburg | Zwartsluis | Hardinxveld-Giessendam |
| 14,95 x 4,20 x 1,25 | 13,15 x 4,42 x 1,35 | 13,83 x 4,42 x 1,20 | 21,13 x 5,09 x 1,90 |
| 2 x 575 pk Detroit | 97 kW 132 pk DAF | 235 kW 320 pk Mercedes Benz | 128 kW 175 pk MAN |
| | | | |

| | | | |
|---|---|---|---|
| 023.14276 MV | 020.01331 MS | 020.06913 MV | 020.12912 MS |
| **DE TWEE** | **DE VRIENDSCHAP** | **DE ZEVEN** | **DEBORA E** |
| ALBATROS | JANNY | JACOBA VII/ JACOBA 7 | SPERBER |
| | | | |
| | | | |
| Swets ODV BV | Feber F. le | Swets ODV BV | Lam H. |
| Scheepmakerij 250 | | Scheepmakerij 250 | |
| 3331 MB Zwijndrecht | Lisserbroek | 3331 MB Zwijndrecht | Amsterdam |
| 078-6191237 | | 078-6191237 | |
| 1975 | 1930 | 1970 | 1964 2203-22 |
| H.A.v.Gelder | Velthuizen | Visscher & Zn | VEB Yachtwerft |
| Gorinchem | Zaandam | Zwartsluis | Berlin |
| 15,93 x 3,90 x 0,80 | 14,67 x 3,46 x 1,43 | 16,43 x 4,60 x 2,13 | 14,20 x 3,50 x 1,04 |
| 2 x 132 kW/180 pk DAF | 117 kW 160 pk GM | 272 kW 370 pk Mercedes Benz | 66 kW 90 pk SKL |
| | | | |

| | | | |
|---|---|---|---|
| 020.02459 MV | 1924-10 MS | 1925-11 OP | 033.30113 MS |
| **DE VEREENIGING** | **DE WILHELMINA RP 17** | **DE ZON** | **DEBORAH** |
| INSULINDE | HAVENPOLITIE 2/ RP 72/ | | STAD IJLST/ ANNY/ |
| | RP 17 / | | BOREAS / |
| | DE WILHELMINA | | ANESCA |
| Vlijmen T.van | Westrate C.J. | Zee R.J.B.v.d. | Feenstra R. |
| | | Koningsweg 27 | |
| Krimpen a/d Lek | Roelofarendsveen | 8861 KN Harlingen | Parrega |
| | | 06-51786339 | |
| 1928 | 1924 | 1930 | 1922 |
| Concordia S.Seymonsbergen | De Vries Lentsch | | Van de Werf/Leenman |
| Amsterdam | Nieuwendam | | Stavoren/Zwolle |
| 13,38 x 3,30 x 1,18 | 15,40 x 3,45 x 1,50 | 6,00 x 1,90 x 1,10 | 14,90 x 3,65 x 1,10 |
| 147 kW 200 pk Stork-Werkspoor | 78 kW 105 pk DAF | 14 kW 20 pk Kromhout | 110 kW 150 pk Gardner |
| | | | |

023.11028 MV
**DEEN**
TINY
Vink & Zonen vof
Sliedrecht
1961 267
Damen Shipyards BV
Hardinxveld-Giessendam
14,15 x 3,54 x 1,54
200 kW 272 pk DAF

023.06810 MS
**DELTA**
PETRONELLA/ GERCOR/
ELDORADO/ LOUISE /
CHAWI/ DINY/ KAREL
Deyk E.R. van
Noordvliet 35
3142 CJ Maassluis
010-5918579
1946
Concordia S.Seymonsbergen
Amsterdam
16,20 x 4,14 x 1,70
110 kW 150 pk Industrie

030.51360 MS
**DELTA**
DELTA/ GREIF
Vullings P.
Gennep
1956 378
Th.v.d.Beldt
West Graftdijk
16,50 x 4,50 x 1,70
132 kW 180 pk Brons

020.15725 MV
**DESIREE**
ZWERVER III
Vliet BV J.van
Toetsenbordweg 3
1033 MZ Amsterdam
1950
9,83 x 3,04 x 0,86
63 kW 86 pk DAF

021.04671 MS
**DEKAA I**
SPIDA I/EWT 10/
BARCA 2
Dekaa Scheepsonderhoud
Mathenesserweg 28 C
3026 HB Rotterdam
010-4370294
1965 264
Eltink
Beneden Leeuwen
13,98 x 3,80 x 0,85
129 kW 176 pk MWM

023.09829 DS
**DELTA**
JOHANNA S/
BROEDERTROUW XII
Boeren Beheer BV
Parallelweg 9
5321 JA Hedel
1956
G.J.v.Berk
Beneden Leeuwen
17,78 x 5,17 x 1,86
331 kW 450 pk Caterpillar

1979-08 MS
**DENISE**
Koninklijke
Boskalis Westminster N.V.
Rosmolenweg 20
3356 LK Papendrecht
078-6969000
1979 182
Delta Shipyard
Sliedrecht
15,28 x 4,36 x 2,02
2 x 93 kW/126 pk Caterpillar

022.11330 MV
**DESPERADO**
KDC I/ KAREKIET
Schut H.
Bornhomstraat 6 A
9723 AX Groningen
050-3132546 / 06-53688494
1977 1720
Damen Shipyards BV
Hardinxveld-Giessendam
14,45 x 4,28 x 1,85
268 kW 365 pk Caterpillar

1950-43 MV
**DELIVERTJE**
Deliver BV
Voorpiek 2
8322 AC Urk
7,00 x 3,10 x 0,80
210 kW 286 pk Deutz

023.27036 MV
**DELTA**
GIESSENSTROOM/ HAAI
Polderman I.
Tramperweg 4
4417 CZ Hansweert
1971
De Ruiter & de Jong
Hardinxveld-Giessendam
17,20 x 5,00 x 2,20
331 kW 450 pk Caterpillar

022.05299 DS
**DENNIS F**
WALTER/ JELLE/
LUMMIE
Fransbergen BV
Havenstraat 10
6051 CR Maasbracht
0475-465090
1922 563
Stulcken & Söhne
Hamburg
18,60 x 5,40 x 2,80
441 kW 600 pk Cummins

030.30817 MS
**DESPERADO**
ADELINE/ SWANKEBAST
Spijkstra J.Tj.
Huzebosk 2
9001 AN Grou
1929
De Hoop Gebr.Thijssen
Leiden
17,01 x 4,21 x 1,95
85 kW 116 pk Deutz

020.12530 MS
**DELTA**
TWEE GEBROEDERS
Hofer J.A.
Groningen
1931
Gebr.Akerboom
Oegstgeest
10,68 x 3,05 x 1,10
44 kW 60 pk Deutz

023.33372 DB
**DELTA**
Bagger & Overslag BV
Zevenmorgen
Rivierdijk 31
3372 BE Hardinxv.-Giessendam
0184-615820
1990
Deltawerf
Schiedam
8,35 x 3,30 x 1,10
77 kW 105 pk Mitsubishi

023.12445 MS
**DENZO**
SONJA/ TAHAN/
ST.RITA/ ELDORADO/
ARGO
Baarsen Volendam BV Van
Havenstraat 2
1131 BS Volendam
1939
Het Anker (Buitendijk)
H.I.Ambacht
14,98 x 4,06 x 1,50
221 kW 300 pk Thomassen

020.07357 MS
**DESTA 3**
Desta BV
Gerrit Bolkade 7
1507 BR Zaandam
075-6171327 / 06-22489483
1969 80
Eltink
Mook
12,60 x 3,84 x 1,20
128 kW 175 pk Gardner

| reg.nr. / type : | 023.29493 DS | 020.04700 MS | 2012-41 MV |
|---|---|---|---|
| naam : | **DEVOTION** | **DICKENS** | **DIESEL** |
| ex naam : | ELCH/ AJAX | | |
| ex naam : | | | |
| ex naam : | | | |
| eigenaar : | Deliver BV | Borst Th. | Gomes M. |
| adres : | in 't Vizier 2 A | | |
| woonplaats : | 8309 AS Tollebeek | Weesp | Vinkeveen |
| telefoon : | 0527-654495 | | |
| bouwjaar / -nr. : | 1975 1367-27 | 1922 | |
| bouwwerf : | VEB Yachtwerft | Akerboom | |
| plaats : | Berlin | Boskoop | |
| l x b x d : | 10,78 x 5,08 x 0,90 | 15,15 x 3,76 x 1,50 | 11,10 x 3,70 x 1,00 |
| vermogen : | 103 kW 140 pk SKL | 169 kW 230 pk Deutz | 86 kw 118 pk GM |
| boegschroef : | | | |

| | | | |
|---|---|---|---|
| 1992-05 DS | 027.23671 MC | 023.35399 MS | 030.31797 MS |
| **DESTA 4** | **DIABLO** | **DICKENS** | **DIEU DONNE** |
| | | DICKENS/ DELTA/ | DIEU DONNE/VENUS/ |
| | | ROELOF II | JESSICA/VENUS / |
| | | | ALJANE/PIRNA/CHRIS M |
| Desta BV | Diablo Vof | Reijmers & E. Doornbosch F.C. | Bakker B. |
| Gerrit Bolkade 7 | Valkenier 15 | | |
| 1507 BR Zaandam | 8309 CZ Tollebeek | Arnhem | Assendelft |
| 075-6171327 / 06-22489483 | | | |
| 1992 | 1978 424 | 1912 | 1946 |
| W.Mulder | Scheel & Jonk | t Kromhout Wed.J.L.Ceuvel | G.den Heeten & Co |
| Zaandam | Hamburg | Amsterdam | Leidschendam |
| 7,00 x 2,50 x 0,80 | 17,61 x 8,00 x 1,26 | 14,25 x 3,32 x 1,12 | 15,64 x 4,76 x 1,90 |
| 45 kW 62 pk Peugeot | 2 x 169 kW/230 pk Detroit | 88 kW 120 pk DAF | 110 kW 150 pk Industrie |

| | | | |
|---|---|---|---|
| 023.27404 DB | 022.03256 DS | 065.03505 DS | 023.33916 DB |
| **DESTINY** | **DIANNE** | **DIDI** | **DIEUWERTJE** |
| SCH 2366/ AMANDA | TRIO/ ZEEHOND/ | | |
| | NELLIE S/ MIRIAM / | | |
| | ZEEHOND/ ANNIE | | |
| K & W Schepenverhuur BV | Blom T.de | Hurk A.v.d. | Zevenmorgen Beheer BV |
| In 't Vizier 2 A | | Wilhelminakade 90 | Rivierdijk 31 |
| 8309 AS Tollebeek | Tholen | 6211 AG Maastricht | 3372 BE Hardinxv.-Giessendam |
| | | 06-53794078 | 0184-615820 |
| 1971 | 1927 | 1956 | 1985 6729 |
| VEB Rosslauer Schiffswerft | A.Apol | | Damen Shipyards BV |
| Rosslau | Wirdum | | Hardinxveld-Giessendam |
| 14,99 x 8,20 x 1,30 | 15,35 x 3,90 x 1,90 | 19,63 x 5,09 x 2,25 | 7,70 x 3,65 x 0,70 |
| 2 x 177 kW/240 pk Deutz | 235 kW 325 pk DAF | 165 kW 225 pk | 80 kW 109 pk DAF |

| | | | |
|---|---|---|---|
| 020.02145 MS | 023.27232 MV | 020.08724 MS | 1930-49 OP |
| **DEUN** | **DIANNE** | **DIESEL** | **DIEUWERTJE S** |
| MAASSTAD II/ | | STADSREINIGING 9/ FENNA / | |
| ANITA/ | | JEANNETTE/ | |
| ELLEN | | SAENSTROOM | |
| Akerboom J.G.M. | Ekelschot J.A. | Feenstra A. | Huis & D.E.v.Kuijk F. |
| Hoge Morsweg 115 | | | |
| 2332 JJ Leiden | Harmelen | Makkum | Amsterdam |
| 071-5769634 / 06-21565012 | | | |
| 1932 | 2005 | 1931 | 1930 |
| Van der Laan | Gebr.De Jong | t Kromhout Wed.J.L.Ceuvel | |
| Woubrugge | Alphen a/d Rijn | Amsterdam | |
| 15,51 x 4,13 x 1,70 | 9,54 x 2,78 x 0,90 | 14,00 x 3,70 x 1,60 | 4,50 x 1,60 x 1,00 |
| 88 kW 120 pk Kromhout | 77 kW 105 pk Deutz | 77 kW 105 pk Kromhout | 17 kW 13 pk Bolinder |

020.14956 MV
**DIEZE**
LION/JAKRI/
DISPONIBEL

Woud Wormer BV
Veerdijk 76
1531 MA Wormer
075-6285853 / 06-51709564
1956
Van Goor
Monnickendam
12,16 x 3,58 x 1,15
138 kW 188 pk DAF

023.05095 MS
**DILLES**
RIKA/ ROB/
JOHANNA

Verhulst G.F.C.
Vonderen 13
6067 GR Linne
0475-461099
1931 215
Goor & Spiekman
Zwartsluis
15,97 x 4,15 x 1,50
88 kW 120 pk Deutz

imo 9556612 MS
**DINTELSTROOM**

Wijngaarden Marine Service BV
Merwestraat 2
3361 HL Sliedrecht
0184-490244
2009 571609
Damen Shipyards BV
Gorinchem
30,08 x 9,35 x 3,20
2 x 1230 kW/1672 pk Caterpillar
184 kW 250 pk

025.10077 MS
**DIRK PIETER**
HAVEL/ J.W.R.MARTEN

M.N.O. Vervat BV
Pontweg 1
2153 PK Nieuw Vennep
0252-628628
1957 502-5
VEB Volkswerft Ernst Thalmann
Brandenburg
21,20 x 5,60 x 2,27
588 kW 800 pk GM

023.19645 DS
**DIKKY**
H 13/ ANK/
WILJACO F 6 /
FRANKI
Koehoorn & Zn J.K.
Kiesterzijl 18
8801 HN Franeker
0517-396884 / 06-53413663
1962
Stocznia Gdansk
Gdansk
21,20 x 6,30 x 2,45
356 kW 485 pk Detroit Diesel

023.05056 MS
**DINA**
DINA/ BROEDERTROUW VIII /
THE AD / HARALD/ BISON II/
JOHANNA/ DE LIEFDE
Mannee W.G.H.

Putten

1914
Marckmann & Faassen
Kralingse Veer
13,25 x 3,38 x 1,30
73 kW 100 pk Deutz

023.06822 recr
**DIRK**
GERJO/ TRIJNTJE/
ALBERTJE/ ANNEKE /
TITAN
Kraaij H.
Dr.Oosteromstraat 25
4281 LD Andel

1941
E.J.Hylkema
Martenshoek
10,12 x 2,94 x 1,10
88 kW 120 pk Daimler Benz

031.40053 MS
**DIRKJE**
JOHANNA/ JEAN/
NICOLE/ JEAN*

Mudde A.

Rotterdam

1930
Barkmeijer
Stroobos
14,95 x 3,58 x 1,18
73 kW 100 pk Brons

023.21558 MV
**DIKKY**
HEUMEN/ KADIA/ DIEZELAND/
KRAANERWEERD/
SCHOLLEVAAR
Bos N.
Buiksloterdijk 431
1034 ZA Amsterdam
06-51542276
1957
De Lek
Krimpen a/d Lek
10,68 x 3,15 x 1,02
191 kW 260 pk DAF

023.17844 MS
**DINKEL**
VESTA/TONNY/
GERMA III/INGRID /
MADERI/REVENIR
Hulscher P.E.

Amsterdam

1928 608
t Hondsbosch
Alkmaar
15,36 x 3,30 x 1,07
96 kW 130 pk DAF

023.19255 MV
**DIRK**
BERGSE DIEP/ ZEPHYR I/
GRIENDUIL 14 /
JUNIOR
Waalboer Maritime Service BV
Rembrandtlaan 189
3362 AG Sliedrecht
06-53923013
1974 524
Damen Shipyards BV
Hardinxveld-Giessendam
10,85 x 3,10 x 1,35
176 kW 240 pk DAF

033.20120 MS
**DIRKJE**
Rijn En Schelde/ Sybille/
Leven Is Strijd /Riri/ Marmar/
St.Antonius/ Rosalie /Samoerai
Brands H.

Urk

1907
De Ridder
Delfshaven
20,38 x 5,24 x 1,90
172 kW 235 pk Stork

023.32209 PS
**DIKKY**
HAVENDIENST 14/
RPA 23

Koehoorn K.
Kiesterzijl 18
8801 PH Franeker
0517-396884
1962 539
J.Hendriks
Dodewaard
23,37 x 6,01 x 2,34
347 kW 471 pk GM

027.16666 MS
**DINTEL**
DINTELSTROOM

Jong & Zn BV De
Katijdeweg 20
4153 RG Beesd
0345-684590
1982 119
Van Mill
Hardinxveld-Giessendam
17,65 x 6,00 x 2,35
2 x 382 kW/520 pk GM

025.09729 MS
**DIRK**
JANNA/ CASTOR/ LEGIO/
HENDI /
BLAUWVOET/ TOMBELLE
Bos W.
J. Honigstraat 33
1035 XV Amsterdam
020-6315481
1910
Gebr.v.d.Windt
Vlaardingen
15,80 x 3,96 x 1,54
132 kW 180 pk Cummins

023.22165 DB
**DISCOVERY**
SCH 2304/ SKOWER

K & W Schepenverhuur BV
In 't Vizier 2 A
8309 AS Tollebeek

1965 2999
VEB Rosslauer Schiffswerft
Rosslau
14,12 x 8,16 x 1,20
2 x 117 kW/160 pk DAF

reg.nr. / type :
naam :
ex naam :
ex naam :
ex naam :
eigenaar :
adres :
woonplaats :
telefoon :
bouwjaar / -nr. :
bouwwerf :
plaats :
l x b x d :
vermogen :
boegschroef :

imo 9251987 DS
**DMS CONDOR**
CAMPERDUIN
Damen Marine Services BV
Rivierdijk 561
3371 EC Hardinxv.-Giessendam
0184-626000
2001 1540
Stocznia Kozle Serwis/
Damen Shipyards
Kozle/Hardinxveld
25,80 x 9,00 x 2,20
2 x 716 kW/974 pk Caterpillar
88 kW 120 pk

027.20176 MS
**DMS RAVEN**
Damen Marine Services BV
Rivierdijk 561
3371 EC Hardinxv.-Giessendam
0184-626000
2003 1549
Damen Shipyards BV
Hardinxveld-Giessendam
22,35 x 8,64 x 2,00
2 x 537 kW/730 pk Caterpillar

027.17388 MV
**DN 57**
Dredging & Contracting
Rotterdam BV
Zuidoostsingel 24 B
4611 BB Bergen en Zoom
0164-266144
1986 658
Delta Shipyard
Sliedrecht
16,21 x 4,85 x 2,37
2 x 300 kW/406 pk Caterpillar

1905-07 MS
**DJATI**
DJATI/ EXCELSIOR/
HEIMERSWIJK /
BONTE PIET
Molen M.M.J.v.d.
Sneek
1905 437
t Kromhout D.Goedkoop Jr
Amsterdam
15,13 x 3,97 x 1,31
59 kW 80 pk Kromhout

imo 9414204 MS
**DMS HAWK**
Damen Marine Services BV
Rivierdijk 561
3371 EC Hardinxv.-Giessendam
0184-626000
2006 509811
Damen Shipyards BV
Hardinxveld-Giessendam
26,09 x 7,94 x 3,80
2 x 1305 kW/1750 pk Caterpillar

027.22353 DS
**DMS ROOK**
Damen Marine Services BV
Hardinxveld-Giessendam
2009 503120
Scheepswerf Damen BV
Bergum
16,56 x 5,54 x 2,24
2 x 447 kW/608 pk Caterpillar

023.23677 DS
**DOCKYARD I**
DOCYARD I./ RINI
Ulden F.W.L. van
Utrechtse Jaagpad 62 A
2313 LB Leiden
071-5122902
1962
Schottelwerft Jozef Becker
Oberspay
14,76 x 3,64 x 1,72
132 kW 180 pk GM

020.04528 MV
**D'JOY**
BARRY/
SPIEGELPOLDER/
KRAAK
Knist & E.v.Linden P.
Wijk bij Duurstede
1930
9,00 x 2,90 x 0,86
88 kW 120 pk Ford

027.20478 MS
**DMS MERLIN**
Damen Marine Services BV
Rivierdijk 561
3371 EC Hardinxv.-Giessendam
0184-626000
2004 1558
Stocznia Kozle Serwis/
Damen Shipyards
Kozle/Hardinxveld
22,35 x 8,00 x 2,99
2 x 537 kW/730 pk Caterpillar

imo 9562984 MC
**DMS WEAVER**
CLAIRE H/
DMS WEAVER/
WEAVER
Damen Marine Services BV
Rivierdijk 561
3371 EC Hardinxv.-Giessendam
0184-626000
2011 571596
Damen Shipyards BV
Hardinxveld-Giessendam
23,33 x 9,00 x 3,20
2 x 634 kW/862 pk Caterpillar

020.07952 MS
**DOCKYARD IV**
DOCKYARD IV/
ZEEDUIVEL/ THENA
Geijn O.E.A.v.d.
Rockanje
1928 146
Nieuwe Waterweg
Schiedam
17,21 x 3,87 x 1,40
77 kW 105 pk Kromhout

1977-04 MV
**DMS 1467**
Algemene Laese Mij
Amsterdam
1977 1467
Damen Shipyards BV
Gorinchem
15,70 x 4,90 x 2,30
2 x 184 kW/250 pk GM

imo 9548897 DS
**DMS OSPREY**
Damen Marine Services BV
Rivierdijk 561
3371 EC Hardinxv.-Giessendam
0184-626000
2009 571614
Stocznia Kozle Serwis/
Damen Shipyards
Kozle/Hardinxveld
35,25 x 11,60 x 5,00
2 x 1825 kW/2412 pk Caterpillar

027.17387 MS
**DN 56**
Dredging & Contracting
Rotterdam BV
Zuidoostsingel 24 B
4611 BB Bergen en Zoom
0164-266144
1986 631
Delta Shipyard
Sliedrecht
14,49 x 4,00 x 2,00
2 x 268 kW/365 pk GM

023.09768 SS
**DOCKYARD IX**
Havenmuseum
Leuvehaven 67
3011 EA Rotterdam
010-4048072
1942 226
R.D.M.
Rotterdam
25,06 x 6,31 x 2,31
500 ipk RDM Lentz

023.09762 SS
**DOCKYARD V**
Stichting Buiten Museum
Leuvehaven
Leuvehaven 67
3011 EA Rotterdam
010-4048072
1947 227
R.D.M.
Rotterdam
25,06 x 6,31 x 2,31
500 ipk RDM Lentz

022.08575 MV
**DOLFIJN**
IN JO
Verheij B.J.
Dordrecht
1975
Abma Jachtwerf De Domp
Sneek
8,72 x 2,94 x 1,20
58 kW 80 pk Mercedes Benz

021.03885 MS
**DOLLARD**
M 305/ D 305/
EINIGKEIT II
Gulien A.H.
Insulindeweg 639
1095 CZ Amsterdam
020-6680701
1928
Gebr.Sachsenberg
Rosslau
21,50 x 5,50 x 1,60
147 kW 200 pk Deutz

022.08077 MV
**DOMMERHOLT**
Velde Sleep & Peilwerk BV S.v.
Lochemseweg 10
7575 PB Markelo
1997
Kuipers Woudsend BV
Woudsend
17,00 x 5,00 x 1,15
220 kW 300 pk Volvo Penta

023.31721 MS
**DOES**
Weerden G.J.v.
Oostendeweg 43
9723 HJ Groningen
050.5890527
2008
Groningen
9,30 x 3,32 x 1,50
88 kW 120 pk DAF

023.12261 DS
**DOLFIJN**
SERAING/ VOLHARDING I
Cardol H.M.
Lisserdijk 413
2165 AE Lisserbroek
0252-414417 / 06-53413884
1950
Kruibeke
Burcht
21,34 x 5,28 x 2,00
443 kW 602 pk Deutz

023.20527 MV
**DOLLY BIRD**
Koninklijke
Boskalis Westminster N.V.
Rosmolenweg 20
3356 LK Papendrecht
078-6969000
1972 428
Damen Shipyards BV
Hardinxveld-Giessendam
12,88 x 3,40 x 1,75
172 kW 235 pk Caterpillar

032.80078 MS
**DONAU**
DONAU/ HEN MAR/
LYDIA
Groot J.M.d.
Woubrugge
1932
Boot
Leiden
10,08 x 2,81 x 1,40
121 kW 165 pk GM

1950-33 MV
**DOKUS**
Woude F.v.d.
De Wieken 22
88901 RA Franeker
0518-402076 / 06-53459135
?1950
8,61 x 2,63 x -

023.23704 DS
**DOLFIJN**
REINOD 7
Zevenmorgen Bagger &
Overslag BV
Rivierdijk 31
3372 BE Hardinxv.-Giessendam
0184-615820
1964
De Hoop
Hardinxveld-Giessendam
8,35 x 3,65 x 1,25
150 kW 204 pk Scania Vabis

027.19290 BV
**DOMBO**
ADLER II/ DOMBO
Schoonenberg L.P.
Afferden
1968
Papenburg
23,43 x 5,11 x -
154 pk Mitsubishi

1951-09 MS
**DOORDOUWER**
Langeveld M.
Oude Wetering
1951
Van Eijk & Zn
Sliedrecht
15,00 x 3,97 x 1,10
73 kW 100 pk Volvo Penta

020.13632 MS
**DOLFIJN**
CLÖDEN/ KLÖDEN
Schoo A.M.& C.A.M.
Akersloot
1936 297
Gebr.Wiemann
Brandenburg
13,18 x 3,04 x 1,25
73 kW 100 pk SKL

021.02165 MS
**DOLLARD**
Jiskoot W.
Tarwestraat 60
2989 AW Ridderkerk
078-6815110
1939
Gebr.Paans
Roodevaart
17,98 x 4,72 x 1,96
213 kW 290 pk Deutz

027.17629 MS
**DOMMEL**
DOMMEL Y 8039/
DOMMEL/ KORNELIS
Veen R.J.v.d.
Hoofdweg 106
9615 AH Kolham
1957 509
H.H.Bodewes
Millingen
25,10 x 6,30 x 2,88
368 kW 500 pk Werkspoor

023.04382 DS
**DOORTJE**
LIS/ DOORTJE/ SAWAI V
Sawai Shipping Vof
Oostdam 45
4551 CH Sas van Gent
0115-425068
1922
Timmer
Schiedam
22,75 x 5,22 x 1,90
477 kW 641 pk Caterpillar

| | | | |
|---|---|---|---|
| **reg.nr. / type** : | 2008-13 OP | 1912-14 MS | 023.09922 MS |
| **naam** : | **DORUS** | **D'OUWE** | **DREADNOUGHT VII** |
| **ex naam** : | | TROS/ ILSE/ ANJA/ | |
| **ex naam** : | | ST.ANTONIUS / | |
| **ex naam** : | | FOKKELINA | |
| **eigenaar** : | Hagenbeek C.J. | Kropman R. | Verduin H.B. |
| **adres** : | | | Danzigerkade 9 |
| **woonplaats** : | Amsterdam | Giesbeek | 1013 AP Amsterdam |
| **telefoon** : | | | 020-6165815 |
| **bouwjaar / -nr.** : | | 1912 | 1937 |
| **bouwwerf** : | Bijlholt | Schouten | t Hondsbosch/Niehuis&v/d Berg |
| **plaats** : | Foxhol | Muiden | Alkmaar/Pernis |
| **l x b x d** : | 5,55 x 2,00 x 1,10 | 13,50 x 3,04 x 1,50 | 16,15 x 3,83 x 1,63 |
| **vermogen** : | 8,3 kW 12 pk Lister | 66 kW 90 pk Kromhout | 117 kW 160 pk Detroit Diesel |
| **boegschroef** : | | | |

| | | | |
|---|---|---|---|
| 022.03091 MS | 1928-15 MS | 1930-48 OP | 1920-28 MV |
| **DORA** | **DORUS RIJKERS** | **D'OUWE** | **DREUMES** |
| SPES/ JOHNNY | DORUS RIJKERS/ | | |
| | DON JUAN | | |
| | | | |
| Kasbergen A. | Carpay M.M.L. | Hoorn W. | Wijkstra H. |
| Z. Lindschoterzandweg 64A | | | |
| 3425 EN Snelrewaard | Lent | Balkbrug | Akkrum |
| 0348-561856 | | | |
| 1937 | 1928 | 1930 | 1920 |
| Goor & Spiekman | t Kromhout Wed.J.L.Ceuvel | De Noord | |
| Zwartsluis | Amsterdam | Friesland | |
| 14,50 x 3,65 x 1,45 | 17,75 x 3,76 x 1,76 | 6,15 x 2,10 x 0,85 | 5,20 x 1,60 x 0,70 |
| 113 kW 153 pk Scania Vabis | 206 kW 280 pk ABC | 15 kW 21 pk Lister Blackstone | 7 kW 10 pk Deutz |

| | | | |
|---|---|---|---|
| 1930-51 OP | 023.09528 MS | 025.09565 MS | 1990-20 OP |
| **DORUS** | **DOUWE** | **DR.IR.DR BLOCK** | **DREUMES** |
| 'T POOLTJE | LICO | VAN KUFFELER | |
| | | | |
| | | Boer R.d. | |
| Woltheus S. | Stam C. | | Dreumel C.Th.van |
| | | Almere | |
| Heerhugowaard | Krommenie | | Cuijk |
| | | 1965 | |
| 1930 | 1927 | Schouten BV Scheepswerf | 1990 |
| | A.P.v.d.Werf | Vliet Quality | Dreumel |
| | Echtenerbrug | Muiden | Cuyk |
| 6,60 x 1,80 x 0,80 | 15,03 x 3,63 x 1,65 | 22,60 x 5,10 x 1,65 | 4,00 x 1,60 x 0,40 |
| 44 kW 60 pk Fiat | 117 kW 160 pk Volvo | 171 kW 232 pk MWM | 2,9 kW 4 pk Kister Blackstone |

| | | | |
|---|---|---|---|
| 1978-10 MS | 023.29113 MV | imo 7514189 MS | 1995-06 MS |
| **DORUS** | **DOUWE** | **DRADO** | **DREUMES** |
| | | | PANAJOTTA |
| | | | |
| | | | |
| Dorus Rijkers Zeeverkenners | Hotze J. | U.R.S. Nederland BV | Versloot M. |
| Karalensteeg 5 | Kromme Haven 5 | Beneluxweg 4 A | |
| 2011 AC Haarlem | 3421 BK Oudewater | 4538 AL Terneuzen | Hardinxveld-Giessendam |
| | | | |
| 1978 | | 1976 738 | 1995 |
| Jansen | | De Hoop | |
| Rhenen | | Hardinxveld-Giessendam | |
| 9,00 x 3,25 x 1,50 | 8,00 x 2,30 x 0,60 | 31,02 x 9,36 x 4,45 | 7,50 x 2,55 x 1,00 |
| 64 kW 88 pk Lister | 136 kW 185 pk | 2 x 1185 pk Stork Werkspoor | 11 kW 16 pk Lister |

031.70722 MS
**DREUMES SR**
OVERTOCHT/
JOHANNA WILLEM
Dreumel C.Th.van
Cuijk
1936
Boot
Leiden
11,05 x 3,44 x 1,10
29 kW 40 pk Kromhout

022.07495 MV
**DRIEBOND I**
JOCO III/
GEULSTROOM/
ANNA 2
Hunzetrans BV
Bornholmstraat 4 H
9723 AX Groningen
050-3185760
1947
9,30 x 2,85 x 0,70
73 kW 100 pk DAF

032.30225 DS
**DRIEBOND II**
CARLA/ VITESSE/
HETTY
Hunzetrans BV
Bornholmstraat 4 H
9723 AX Groningen
050-3185760
1954
G.J.v.Berk
Beneden Leeuwen
11,58 x 3,54 x 1,18
113 kW 153 pk Scania Vabis

023.09581 MV
**DRIEBOND III**
JOHAN/ BONA SPES/
HENDRIK JR /
ALBATROS
Zweep H.
Leeksterweg 22
9301 AN Roden
1956
Visscher & Zn
Zwartsluis
13,06 x 3,80 x 1,20
264 kW 360 pk Caterpillar

022.04413 DS
**DRIEBOND IV**
PIJO/ AGATHA/ LIS II/
LOUISE /
ZEEHOND
Zweep H.
Leeksterweg 22
9301 AN Roden
1938 380
G.Bijlsma & Zn
Wartena
18,34 x 4,56 x 1,81
268 kW 365 pk Caterpillar

1935-16 OP
**DRIEKUS**
Ham N.& A.v.d.
De Strodekker 15
5283 NN Boxtel
0411-673999 / 06-49680255
1997
Krielaart
Aalst
6,00 x 2,00 x 0,90
92 kW 125 pk DAF

023.23107 MS
**DROMMEL**
Groenendaal M.
Roelofarendsveen
1951
Klahn werft
Berlijn
17,00 x 4,00 x 1,40
110 kW 150 pk MAN

023.23168 MS
**DROOGDOK 3**
DROOGDOK 3/ ONRUST/
DROOGDOK
Anker Maritiem Shipping
Rivierkade 5
4931 AA Geertruidenberg
0162-514890
1947
A.D.M.
Amsterdam
12,23 x 3,35 x 1,50
53 kW 72 pk Kromhout Gardner

022.04730 MS
**DROOGDOK IX**
'T Koggeschip/ Holland/
Droogdok 9 /Welgelegen I/
Marco/Jolande/The Wall /Margo
Aalst J. van
Breda
1908
Holland
Amsterdam
14,19 x 3,15 x 1,60
36 kW 50 pk Kromhout

023.23467 DS
**DRUM**
KRAKEN/ MARIE JOSE BOEL/
WOESTE WILLEM /
ATTACK 42
Weegh J.J.v.d.
Oude Molenweg 72
8101 EM Raalte
0572-363869
1958
G.J.v.Berk
Beneden Leeuwen
20,50 x 5,50 x 2,50
264 kW 360 pk MWM

030.10288 MS
**DRUM**
HAM 405
Weegh J.J.v.d.
Oude Molenweg 72
8101 EM Raalte
0572-363869
1927
Klop
Sliedrecht
23,30 x 5,60 x 1,80
353 kW/480 pk Enterprice

023.12217 MS
**DUCO I**
A.A.de Zeeuw Scheepvaart-en
Handelsbedrijf Arnolina BV
Harfsen
1939 776
J.& K.Smit
Kinderdijk
24,70 x 6,40 x 2,90,
600 pk MAN

030.51713 MV
**DUIKER**
WERA II/ BESTEVAER/
JAN
Lukkien J.B.R.
Klaverkampen 4
9481 JN Vries
1964
Visscher & Zn
Zwartsluis
13,06 x 4,00 x 1,27
88 kW 120 pk DAF

021.04092 MV
**DUNDALK**
Holland B.V.
Hardinxveld-Giessendam
1967
Jac.den Breejen
Hardinxveld-Giessendam
14,56 x 4,56 x 1,84
176 kW 240 pk GM

2007-04 DB
**DUO**
Lachnit Duwbotenverhuur
Korte Gelgewater 56
2313 BR Leiden
2007
ACT De Helling
Enschede
6,75 x 2,60 x 1,00
95 kW 130 pk John Deere

021.04301 MV
**DURME**
Blokland M.
Sliedrecht
1954
Harlingen
7,84 x 2,64 x 1,12
55 kW 75 pk Bolinder

| reg.nr. / type : | imo 9547879 MS | imo 9513244 MS | 023.15819 MV |
|---|---|---|---|
| naam : | **DUTCH POWER** | **EAST** | **ECHO** |
| ex naam : | | MASTINE 9 | |
| ex naam : | | | |
| ex naam : | | | |
| eigenaar : | Hubregtse F.J.M. | Avra Towage BV | Boskalis Oosterwijk BV |
| adres : | Caristraat 1 A | Scheepmakershaven 32 B | 's-Gravenweg 399-405 |
| woonplaats : | 4322 BA Scharendijke | 3011 VB Rotterdam | 3065 SB Rotterdam |
| telefoon : | 0111-672155 | 010-2810886 | 010-2888777 |
| bouwjaar / -nr. : | 2009 189 | 2009 106 | 1979 1390 |
| bouwwerf : | Gebr.Kooiman | Kian Juan Dockyard | Damen Shipyards BV |
| plaats : | Zwijndrecht | Miri (Maleisië) | Gorinchem |
| l x b x d : | 31,10 x 9,50 x 2,60 | 30,00 x 8,60 x 3,50 | 14,65 x 4,28 x 1,85 |
| vermogen : | 2 x 1170 kW/1591 pk Mitsubishi | 2 x 1119 kw/1521 pk Caterpillar | 165 kW 225 pk DAF |
| boegschroef : | 395kW537pk Mitsubishi Verhaar | | |

| | | | |
|---|---|---|---|
| imo 9646778 MS | 023.34007 MV | 1930-28 MS | 1916-03 MS |
| **DUTCH BLUE** | **DUVENEE** | **EBELTJE II** | **EDAM** |
| | | COLUMBUS/ OLD FELLOW | |
| RoRo I BV | FN Holding BV | Klesser N.M. | Egdom J. |
| Beatrixhaven 13 | Proostwetering 74 | | |
| 4251 NK Werkendam | 3604 DB Maarssen | Grave | Baarn |
| 0183-503111 | | | |
| 2012 MLC 5287 | 1979 549 | 1930 | 1916 |
| MLC Tongbao Shipyard | Damen Shipyards BV | | t Hondsbosch |
| Nantong | Gorinchem | | Alkmaar |
| 52,80 x 13,20 x 4,50 | 12,84 x 3,44 x 1,40 | 8,30 x 2,30 x 0,50 | 13,75 x 3,10 x 1,20 |
| 2 x 1600 kW 2176 pk Wartsila | 101 kW 138 pk DAF | 27 kW 37 pk Volvo Penta | 128 kW 175 pk |

| | | | |
|---|---|---|---|
| imo 9547881 MS | 1935-15 OP | 027.17225 MS | 023.11209 MS |
| **DUTCH PEARL** | **DUWEZEL** | **EBUGHU** | **EDDY** |
| | | | FIJENOORD/ JATRIE/ RINY/ US MEM / CEVRENE/ ENERGIE |
| Hubregtse - Van den Berg | Mes P.J. | Hollandse Beton Groep NV | Smit E. |
| Caristraat 1 A | | Gen Spoorlaan 489 | |
| 4322 BA Scharendijke | Muiden | 2285 TA Rijswijk | Langedijk |
| 0111-672155 | | 070-3962700 | |
| 2010 190 | | 1981 1747 | 1910 |
| Gebr.Kooiman | | Damen Shipyards BV | |
| Zwijndrecht | | Gorinchem | |
| 31,10 x 9,50 x 2,60 | 5,05 x 1,75 x 0,80 | 14,15 x 4,28 x 1,85 | 14,60 x 3,10 x 0,92 |
| 2 x 1250 kW/1700 pk Mitsubishi | 7,3 kW 10 pk Deutz | 272 kW 370 pk Caterpillar | 58 kW 80 pk DAF |

| | | | |
|---|---|---|---|
| 027.19596 MS | 023.05065 MS | 023.08702 DS | imo 9714575 MS |
| **DUTCH PIONEER** | **DYNAMIEK** | **ECHO** | **EDDY I** |
| | CHARLES/ SPISO/ IPISO/ BLINQUARS / RIA/ HARDY/ DE NIJVERHEID/ NIJVERHEID | ENGELAND/ BREEZAND | |
| Wees Groep BV Van der | Zandstra Holding BV H. | Beheersmij Bergingsbedrijf L.Polderman BV | Eddy Tug The Netherlands |
| 's-Gravendeelsedijk 100 | Trijegea 49 | Tramperweg 4 | Rivierdijk 436 |
| 3316 AZ Dordrecht | 8517 JA Scharsterbrug | 4417 CZ Hansweert | 3372 BW Hardinxv.-Giessendam |
| 078-6482665 | 0513-413558 | | 0184-679606 |
| 2001 2001 | 1931 153 | 1953 475 | 2014 12-082 |
| De Plaete | J.J.Pattje | H.H.Bodewes | Holland Shipyards |
| Ooltgensplaat | Waterhuizen | Millingen | Hardinxveld-Giessendam |
| 25,80 x 7,60 x 2,55 | 11,05 x 3,15 x 1,40 | 25,30 x 6,30 x 2,19 | 30,30 x 13,43 x 4,75 |
| 2 x 655 kW/890 pk Deutz | 103 kW 140 pk DAF | 661 kW 900 pk Wartsila | 2 x 1250 kW/1700 pk Mitsubishi |

030.10803 DS
**EDITH**
Tollerort X/ Res Nova III/Katjan/
Tonny /Marlene III/Wenny/
Aurora/ Flevum/ Dieze
Edith Vof
Schelpenhoek 81
8321 BN Urk
0527-681624
1942
Th.J.Fikkers
Foxhol
21,00 x 5,15 x 1,80
404 kW 550 pk Volvo Penta

021.02092 recr
**EDWIL**
Pannerden BV Bagger Grindmij
Oranjesingel 65
6511 NR Nijmegen
024-3231110
1916
Lanser
Sliedrecht
13,82 x 3,77 x 1,43
161 kW 220 pk GM

027.14524 MS
**EDWIN D**
Van Oord Ballast HAM Dredging
Schaardijk 211
3063 NH Rotterdam
010-4478444
1976 1337
Damen Shipyards BV
Hardinxveld-Giessendam
12,65 x 3,43 x 1,68
177 kW 240 pk Caterpillar

025.09164 MS
**EEMS**
EEMS/ KM 15/ RS 28/
A 868/ MCTV 3 /
Y 8028/ GRANVILLE
Curiel E.R.
Braillestraat 3
1964 KE Heemskerk
1939 156
J.Vos & Zn
Groningen
20,00 x 5,10 x 1,58
147 kW 200 pk Bolnes

026.06695 MS
**EEMS**
RENSIENA/ JOMA
Posthumus J.B.
Reahel 15
9284 XG Augustinusga
06-51119164
1923
E.J.Smit
Westerbroek
20,06 x 4,96 x 2,30
147 kW 200 pk Brons

023.04703 MS
**EEMSHORN**
JAN BUZINK/ GB VIII/
CORNELIA II /
GERJA/ EEMSHORN B
Krul J.
Klieverweg 9
1774 NC Slootdorp
0224-211211
1929
De Hoop
Hardinxveld-Giessendam
17,65 x 4,90 x 2,15
168 kW 365 pk Caterpillar

023.07601 MS
**EEMSHORN**
KATHE /
UNTERWESER 14 /
EEMSHORN
Bouterse R.
Nieuw Vennep
1900
Seebeck
Geestmunde
16,48 x 4,02 x 1,90
143 kW 195 pk MAN

023.20610 DS
**EEMSTROOM**
ANNA MARIA
Wijngaarden Marine Service BV
Merwestraat 2
3361 HL Sliedrecht
0184-490244
1972
Damen Shipyards BV
Hardinxveld-Giessendam
12,67 x 3,42 x 1,07
177 kW 245 pk Detroit

023.35763 MS
**EENDRACHT**
WELL. RWS 25/ GRAVE
Eendracht Werkendam BV
Werkendam
1972 60
Schottel Nederland BV
Warmond
14,00 x 3,70 x 1,10
180 kW 245 pk GM

020.04652 MV
**EENDRACHT 9**
EENDRACHT IX
Eendracht 9 NV tot expl van
Amsterdam
1927
Th.v.d.Beldt
West Graftdijk
8,50 x 2,80 x 0,90
25 pk Samofa

021.04586 MS
**EENSGEZINDHEID I**
EENSGEZINDHEID II
Van Oord Handel&Transport BV
Merloseweg 145
5801 CC Venray
0478-542026
1971
Noordenne
Hardinxveld-Giessendam
12,14 x 3,50 x 0,81
128 kW 174 pk GM

1998-03 OP
**EERLAND 1/2**
Buitenhuis D.
's-Landswerf 245
3063 GG Rotterdam
1998
6,25 x 2,15 x 0,90
18 kW 25 pk

023.08960 DS
**EERLAND 23**
KATENDRECHT
Boskalis Offshore
Marine Service BV
Rosmolenweg 20
3356 LK Papendrecht
078-6969000
1954 478
H.H.Bodewes
Millingen
23,24 x 6,25 x 2,35
736 kW 1000 pk Mitsubishi

023.26363 DS
**EERLAND 28**
TONIJN/ DEURLOO
Boskalis Offshore
Marine Service BV
Rosmolenweg 20
3356 LK Papendrecht
078-6969000
1958 105
H.d.Haas
Maassluis
21,75 x 5,52 x 2,13
257 kW 350 pk Industrie

2012-39 OP
**EGBERT IV**
Busman D.B.
Boelenslaan
5,50 x 1,80 x 0,80
28 kW 38 pk Lister

020.01364 MS
**EGBERTHA**
EGBERTHA/ GAMMA/
CATHARINA /
MAVERICK
Timmermans&AE.Dekker J.G.A.
Oudeschild
1930 240
De Hoop
Hardinxveld-Giessendam
19,01 x 4,55 x 1,96
316 kW 430 pk Stork Ricardo

| | | | |
|---|---|---|---|
| **reg.nr. / type** : | 023.18142 DS | 020.14046 MS | 023.29855 MS |
| **naam** : | **ELBE** | **ELEVATOR** | **ELISABETH** |
| **ex naam** : | ELBE/ DIESEL/ | ELEVATOR/ HILLY / | ELISABETH/ MARIA/ |
| **ex naam** : | ERNST WERNER | MERWEDE | DINAR/ CHARON / |
| **ex naam** : | | | STELLA MARIS II |
| **eigenaar** : | Kamphuis L.H. | Degenaar B. | Bezuijen M.van |
| **adres** : | Hulstweg 1 | | |
| **woonplaats** : | 3849 NS Hierden | Amsterdam | Amsterdam |
| **telefoon** : | 0341-451928 | | |
| **bouwjaar / -nr.** : | 1888 | 1915 | 1925 |
| **bouwwerf** : | Brandenburg | t Hondsbosch | Gebr.Paans |
| **plaats** : | Warnsburg | Alkmaar | Roodevaart |
| **l x b x d** : | 15,80 x 3,78 x 1,65 | 14,41 x 3,32 x 1,40 | 15,08 x 3,85 x 1,50 |
| **vermogen** : | 177 kW 240 pk MAN | 72 kW 98 pk DAF | 121 kW 165 pk Detroit |
| **boegschroef** : | | | |

| | | | |
|---|---|---|---|
| 021.04476 DB | imo 5100427 MS | 065.04214 DB | 1990-14 MS |
| **ELAN** | **ELBE** | **ELIN F** | **ELISABETH** |
| ARBECO | ELBE/ MARYLAND/ | D 268/ MARIAN/ WILJACO F / | DE BEER |
| | GONDWANA / | BEREBOOT/ | |
| | GREENPEACE | ELMA | |
| Olde & Van Dijk | St. Maritieme Collectie Rijnmond | Fransbergen Holding BV | Stelwagen W. |
| Venkel 19 | Postbus 211911 | Havenstraat 10 | |
| 8252 CH Dronten | 3000 AD Rotterdam | 6051 CR Maasbracht | Bergum |
| 0321-317853 / 06-53273632 | | 0475-464848 | |
| 1971 378 | 1959 867 | 1940 | |
| Damen Shipyards BV | J.& K.Smit | Gute Hoffnungs Hutte | |
| Hardinxveld-Giessendam | Kinderdijk | Walsum | |
| 15,67 x 7,05 x 1,52 | 55,14 x 10,88 x 3,90 | 22,56 x 5,85 x 1,90 | 8,50 x 2,05 x - |
| 515 kW 700 pk Caterpillar | 2 x 736 kW 1000 pk MAN | 2 x 217 kW/295 pk Volvo | 36 kW 50 pk Bolinder |
| | Verhaar | | |

| | | | |
|---|---|---|---|
| 020.15507 MS | 023.09920 MS | 020.14652 MS | 2013-15 MS |
| **ELAO II** | **ELBO** | **ELISABETH** | **ELISABETH** |
| | DREADNOUGHT V | | |
| Halewijn G.L. | Vis A. | Moolenburg C.J. | Bekhoven Jac.v |
| | | Sweelinklaan 80 | |
| Amsterdam | Rotterdam | 3723 JH Bilthoven | Warmond |
| | | 030-2284947 | |
| 2003 | 1929 | 1998 1011 | 1930 |
| Jurgens & Havenman | | Damen Changde | |
| Vroomshoop | Amsterdam | Changde | |
| 8,50 x 3,05 x 0,90 | 15,07 x 3,61 x 1,35 | 6,30 x 2,20 x 0,60 | 17,00 x 3,75 x 1,50 |
| 26 kW 53 pk Mitsubishi | 188 kW 256 pk Scania | 16 kW 22 pk Nan Chang | 59 kW 80 pk Kromhout |

| | | | |
|---|---|---|---|
| 020.12514 MS | 023.05093 DS | 023.10883 MS | 1998-05 OP |
| **ELBE** | **ELCO** | **ELISABETH** | **ELISABETH M** |
| | LINQUENDA/ANICO/ | SWIFT/ FIX VII/ | |
| | COBI/MON DESIR | AQUAMARIJN / | |
| | | DB 64 | |
| Sijmons R. | Boer Baggeren BV De | Kraan Transp.& Overslagbedrijf | Baks L. |
| | Dr.Langeveldplein 11 | Kanaaldijk 15 | |
| Lelystad | 3361 HE Sliedrecht | 3542 AP Utrecht | Gorinchem |
| | 0184-411999 | 030-2404611 | |
| 1957 | 1931 | 1945 | 1998 |
| VEB Volkswerft Ernst Thalmann | A.Bakker | Lanser | Baks |
| Brandenburg | Rotterdam | Sliedrecht | Gorinchem |
| 21,20 x 6,15 x 2,15 | 18,00 x 4,85 x 2,12, | 14,92 x 3,25 x 0,92 | 7,80 x 2,30 x 0,80 |
| 220 kW 300 pk Buckau Wolf | 404 kW 550 pk Caterpillar | 112 kW 153 pk Scania | 7,3 kW 10 pk Samofa |

023.06510 MS
**ELISE**
ELISE/ MAURICE
Burggraaf G.A.
Looweg 10
3853 JV Ermelo
0341-552626
1940 402
G.Bijlsma & Zn
Wartena
17,28 x 4,54 x 1,67
261 kW 355 pk Mitsubishi

023.21623 MS
**ELISE I**
SNIP
Kampenhout F.R.v.
J.C.Bloemlaan 14
2343 DE Oegstgeest
1929
Concordia S.Seymonsbergen
Amsterdam
15,85 x 3,40 x 1,38
121 kW 165 pk Leyland

020.12241 MS
**ELISE 2**
DUWER
BST Dintelsas BV
Sasdijk 18
4671 RN Dinteloord
0167-523288
1940
10,25 x 3,05 x 1,45
88 kW 120 pk GM

1965-28 MV
**ELISE 6**
KP 2
B.S.T. Dintelsas BV
Sasdijk 18
4671 RN Dinteloord
0167-523288
ca60
J.Schlieker & Zn
Sliedrecht
9,43 x 2,92 x 1,25
58 kW 80 pk Ford

023.04327 DS
**ELISE 10**
MEREL/ JUDITH/ MARIA /
DE VRIENDSCHAP/
SAM
Wesseling S.E.
Koppelingpad
1933 NM Amsterdam
1929
Hubertina v/h W.H. Jacobs
Haarlem
16,64 x 4,07 x 1,66
177 kW 240 pk DAF

1910-17 MS
**ELIZA**
ZIERIKZEE
Boer S.J.de
Urk
?1910
14,45 x 3,93 x 1,50
88 kW 120 pk DAF

023.07288 DS
**ELIZABETH**
CORRIE/ ZWALUW
Waardt P. de
Burg Neetstraat 41
2935 BA Ouderkerk a/d IJssel
1948
H.d.Jong & Zn
Papendrecht
16,98 x 4,25 x 1,90
200 kW 272 pk DAF

023.20886 DS
**ELIZABETH**
Koek D.P.
Kerkeinde 30
4254 LD Sleeuwijk
0183-301321
1965
J.Schlieker & Zn
Sliedrecht
12,00 x 3,65 x 1,20
85 kW 116 pk Deutz

imo 9639737 MS
**ELIZABETH**
Visser Vof L.H. & Zn
Beatrixlaan 151
1791 GB Den Burg
2011 571656
Albwardy Marine/
Damen Shipyards
Dubai/Hardinxveld
26,02 x 9,32 x 2,65
2 x 820 kW/1115 pk Caterpillar
184 kW 250 pk

023.24643 MS
**ELKO**
ELKO/ WILMAR/
GUNTHER/ CATHY /
JANINE
Wijngaard L.v.d.
Dordrecht
1927 45
De Biesbosch
Dordrecht
20,18 x 4,88 x 1,80
207 kW 282 pk Stork

021.03654 MS
**ELLY**
Breejen Jac d.
Hardinxveld-Giessendam
1962
Jac.den Breejen
Hardinxveld-Giessendam
12,71 x 3,40 x 1,48
110 kW 150 pk Gay Marine

022.04585 MV
**ELLY**
HARRY/ INJO/ ELLY
Scholma
Veendam
1930
Damen Shipyards BV
Hardinxveld-Giessendam
9,50 x 2,75 x 1,50
58 kW 80 pk Deutz

023.25521 DB
**ELSA**
SPIDO 2/
GEOPOTES
Pluijm T.L.v.d.
Utrechtse Jaagpad 122 A
2314 AT Leiden
1958
Schottelwerft Jozef Becker
Oberspay
12,10 x 3,70 x 1,20
110 kW 150 pk Mecedes

023.23875 MS
**ELVO**
Nagelhout Vof Aann. Bedrijf
Vosselaan 39
8551 PZ Woudsend
0514-591255
1965 2450
De Vries Lentsch
Amsterdam
9,52 x 3,00 x 1,41
74 kW 101 pk Fiat

023.29004 OP
**EMMA**
Weijers G.F.
Utrecht
1930
5,50 x 1,60 x 0,60
14,7 kW 20 pk Deutz

022.06730 DS
**EMMANUEL II**
Nelly/Riad/Seolto/Juliana /
Vrijbuiter/Laura /Sidis/Aart B/
Veka 77/Morgenster/Hendrik II
Emmanuel Vof
Keyenburg 245
3085 KA Rotterdam
1935
Mulder & Broerken
Foxhol
14,65 x 3,98 x 1,57
249 kW 338 pk Scania Vabis

| | | | |
|---|---|---|---|
| **reg.nr. / type** : | 031.50236 MS | imo 9342102 MS | imo 9264386 MS |
| **naam** : | **EN AVANT** | **EN AVANT 1** | **EN AVANT 10** |
| **ex naam** : | | DMS WORLD | DHOCE/ TRYTON |
| **ex naam** : | | | |
| **ex naam** : | | | |
| **eigenaar** : | Blom A. | Tebra Beheer BV | Muller Beheer Mij BV |
| **adres** : | | Merwekade 82-83 | Merwekade 82-83 |
| **woonplaats** : | Rotterdam | 3311 TH Dordrecht | 3311 TH Dordrecht |
| **telefoon** : | | 078-6392000 | 078-6392000 |
| **bouwjaar / -nr.** : | | 2005 509808 | 2002 553 |
| **bouwwerf** : | | Damen Shipyards BV | Astilleros Armon SA |
| **plaats** : | | Hardinxveld-Giessendam | Vigo |
| **l x b x d** : | 15,19 x 3,36 x 1,50 | 26,09 x 7,94 x 3,90 | 30,00 x 9,85 x 4,00 |
| **vermogen** : | 58 kW 80 pk Kromhout | 2 x 1305 kW/1774 pk Caterpillar | 2 x 1471 kW/2000 pk Caterpillar |
| **boegschroef** : | | | |

| | | | |
|---|---|---|---|
| 030.51085 DS | 033.50430 MV | 023.11682 DS | 023.15710 DS |
| **EMMELOORD** | **EN AVANT** | **EN AVANT III** | **EN AVANT 12** |
| HAARLEMMERMEER I/ | DINI/EN AVANT 30/ | INDEPENDENT VI | |
| EMMELOORD / | NOORDSTER/ AWIA | | |
| EENHOORN | | | |
| Groen R.J.J. | Rooijen M.W.v. | Waaltransport BV | Muller Rederij T. |
| Twuijverweg 23 | | Baanhoek 387 | Merwekade 82-83 |
| 1834 AA St.Pancras | Loenen a/d Vecht | 3361 GG Sliedrecht | 3311 TH Dordrecht |
| 072-5641205 / 06-53833576 | | | 078-6392000 |
| 1901 198 | 1957 | 1963 298 | 1979 1391 |
| Pannevis | G.J.v.Berk | Jonker & Stans | Damen Shipyards BV |
| Krimpen a/d IJssel | Beneden Leeuwen | Hendrik Ido Ambacht | Gorinchem |
| 18,95 x 4,26 x 2,07 | 11,34 x 3,50 x 1,40 | 23,22 x 5,75 x 2,45 | 14,62 x 4,28 x 1,60 |
| 176 kW 240 pk Mercedes Bens | 110 kW 150 pk MWM | 265 kW 360 pk Bolnes | 268 kW 365 pk Caterpillar |
| | | | |

| | | | |
|---|---|---|---|
| 020.04234 MS | 1929-07 MS | 023.11302 DS | 021.01577 MS |
| **EMMIE** | **EN AVANT** | **EN AVANT 4** | **EN AVANT 13** |
| CENTRUM/ AVONTUUR II/ | TRIAR/ MAASSTAD/ | COMPANY/SMIT AFRIKA/ | EN AVANT XIII/ |
| CENTRUM/ H.LENA | ALPHA | AFRIKA TUG / | EN AVANT 13/ |
| | | SOPHIA | EN AVANT |
| | Brouwer J.A. | Tebra Beheer BV | Multi Go Vof |
| | De Ward 21 | Merwekade 82-83 | W.v.d.Veldenstraat 51 |
| Amsterdam | 8701 MB Bolsward | 3311 TH Dordrecht | 2451 BB Leimuiden |
| | | 078-6392000 | 0172-500525 |
| 1910 | 1929 | 1962 771 | 1929 |
| Vredenhof Wed.C.L.Ceuvel | Velthuizen | Wilton Fijenoord | Koning/Schram/Piet Hein |
| Amsterdam | Zaandam | Schiedam | Papendrecht |
| 15,20 x 3,02 x 1,14 | 14,03 x 3,81 x 1,00 | 25,55 x 6,85 x 3,20 | 20,70 x 4,88 x 1,80 |
| 121 kW 165 pk Leyland | 44 kW 60 pk Kromhout | 669 kW 950 pk MWM | 294 kW pk 400 pk MWM |
| | | | |

| | | | |
|---|---|---|---|
| 030.50595 MS | 027.17035 MS | 027.20007 MS | imo 9408645 MS |
| **EN AVANT** | **EN AVANT I** | **EN AVANT 7** | **EN AVANT 20** |
| HENMA | BREVO I/EN AVANT I/ | LAMNALCO PETREL/ | CLAUS |
| | EMANUEL 4 / | LAMNALCO 24 / | |
| | LE LAVANDOU II | BKS 286 | |
| Waaltransport BV | Berghout | Muller Rederij T. | Muller Beheer Mij BV |
| Baanhoek 387 | | Merwekade 82-83 | Merwekade 82-83 |
| 3316 GG Sliedrecht | Rotterdam | 3311 TH Dordrecht | 3311 TH Dordrecht |
| | | 078-6392000 | 078-6392000 |
| 1916 363 | 1927 | 1981 2703 | 2006 255 |
| Schouten/Bijlsma | | Staalin BV/Damen Shipyards | Lindenau |
| Muiden/Wartena | Overschie | s Gravenhage/Gorinchem | Kiel |
| 15,20 x 3,57 x 1,33 | 16,07 x 3,24 x 2,25 | 22,15 x 6,89 x 2,63 | 32,05 x 11,64 x 4,95 |
| 177 kW.240 pk Deutz | 110 kW 150 pk Kaeble | 2 x 588 kW 800 pk MAN | 2 x 1840 kW/2502 pk ABC |
| | | | |

021.04053 DS
**EN AVANT 21**
ANGLEUR 6
Muller Beheer Mij BV
Merwekade 82-83
3311 TH Dordrecht
078-6392000
1950
Chantier Naval de Kruibeke
Burcht
21,12 x 5,28 x 2,00
441 kW 600 pk Caterpillar

033.10511 DS
**EN AVANT 32**
Muller Beheer Mij BV
Merwekade 82-83
3311 TH Dordrecht
078-6392000
1965
G.J.v.Berk
Beneden Leeuwen
17,72 x 5,00 x 1,83
387 kW 527 pk Caterpillar

1950-54 MS
**ENERGIE**
Jongema, Kust & Oeverwerken
0527-681859
10,00 x 3,00 x -

020.04298 MS
**EPSILON**
Lent P.H.van
Indijk
1920 661
De Industrie D.& Joh.Boot
Alphen a/d Rijn
13,40 x 3,20 x 1,40
44 kW 60 pk Industrie

imo 5062314 DS
**EN AVANT 27**
CAPITAINE ALBERT RUAULT /
LA PREVOYANT
Muller Beheer Mij BV
Merwekade 82-83
3311 TH Dordrecht
078-6392000
1960 451
Gebr.Bodewes
Martenshoek
25,68 x 6,76 x 2,26
846 kW 1150 pk Caterpillar

023.14324 DB
**EN GO III**
STAD OOSTENDE/ THERMO 3/
ENGELINA /
ENGELINA I/ BAUKE
Eijer G.
Grenulaan 22
4531 AB Terneuzen
075-6355093 / 06-53458770
1926
Siems
Lubeck
23,57 x 9,40 x 2,34
783 kW 1065 pk Caterpillar

1950-24 MS
**ENNO**
Hoogerman E.R.
Galjoenweg 2
8862 XT Harlingen
0517-417400
?1950
12,50 x 3,05 x 1,10
103 kW 140 pk Deutz

022.07175 MS
**EQUINOX**
LORELEY
Zonneveld M.J.C.
Nieuwe Niedorp
1925
Schimag
Mannheim
17,48 x 3,50 x 1,10
70 kW 96 pk Mercedes

021.02370 DS
**EN AVANT 28**
HOLLANDIA/ TITAN
Muller Beheer Mij BV
Merwekade 82-83
3311 TH Dordrecht
078-6392000
1941 99
De Jong & Smit
IJsselmonde
20,33 x 5,04 x 1,80
423 kW 575 pk Caterpillar

022.04223 DS
**ENERGIE**
Navic/Rv 16/Sho 24/Droogdok 8/
Heuko X / Klockner Stp 10/
Gepke 2/ De Jonge Gerbrand 5
Jongema R.
Kommisjewei 16
9217 RN Nijega
0512-372148
1940 410
G.Bijlsma & Zn
Wartena
17,58 x 4,56 x 1,80
268 kW 365 pk Caterpillar

020.00164 MS
**EOS**
NOORDWIJKERHOUT I/
SPES/ELISABETH/VIOS /
SPES II/SPES
Albrechts R.M.
Vogelzangstraat 55-2
1058 SP Amsterdam
1914
Marckmann & Faassen
Kralingse Veer
14,93 x 3,88 x 1,92
88 kW 120 pk Blackstone

020.10386 MS
**ERIC**
Snel L.A.F.
Fentener v.Vlissingenkade 119
3521 AA Utrecht
030-2910086
1953
Sliedrecht
17,70 x 4,33 x 1,85
110 kW 150 pk Kromhout

imo 9529425 MS
**EN AVANT 31**
YN 503419
Muller Beheer Mij BV
Merwekade 82-83
3311 TH Dordrecht
078-6392000
2014 503419
Damen Shipyards
Gorinchem

023.34242 DB
**ENERGIE**
Vries & Van de Wiel BV De
Harmenkaag 9
1741 LA Schagen
0224-211211
1940
8,56 x 2,98 x -
114 kW 155 pk Mercedes

030.51720 MS
**EOS**
Baltned Towage
Veerplein 57
3331 LD Zwijndrecht
1967 /113
Hakvoort Gebr./Egmond &
v.d.Stee
Urk/IJmuiden
24,45 x 8,60 x 2,05
883 kW 1200 pk MAK

030.31382 MS
**ERICA 7**
Aannemersbedrijf De
Vries Werkendam BV
Hulsenboschstraat 25
4251 LR Werkendam
0183-508888
1930
Gebr.Paans
Roodevaart
12,00 x 3,42 x 1,30
88 kW 120 pk Volvo Penta

| reg.nr. / type : | 020.02687 MS | 031.40076 recr | 020.02149 MS |
|---|---|---|---|
| naam : | **ERTSKADE** | **ESPERANCE** | **ESTHER JACOBA** |
| ex naam : | ERTSKADE/ | | MARGARETHA/ |
| ex naam : | GOEREE/ | | PIETER / |
| ex naam : | ESSAI | | TULIPE |
| eigenaar : | Koning L. | Samantha Fox | Dekker J. |
| adres : | | | |
| woonplaats : | Kalenberg | Rotterdam | Noordscharwoude |
| telefoon : | | | |
| bouwjaar / -nr. : | 1915 | 1934 80 | 1886 |
| bouwwerf : | | De Jong & Smit | Snijder-Oosterdok |
| plaats : | Vlaardingen | IJsselmonde | Amsterdam |
| l x b x d : | 14,18 x 3,66 x 1,49 | 18,12 x 4,80 x 1,80 | 13,88 x 3,34 x 1,33 |
| vermogen : | 110 kW 150 pk Kromhout | 228 kW 310 pk Deutz | 88 kW 120 pk DAF |
| boegschroef : | | | |

| | | | |
|---|---|---|---|
| 1915-05 MS | 022.08968 MS | 023.06321 MS | 021.03236 DS |
| **ERIN I** | **ERTSKADE** | **ESTHER** | **ETNA** |
| ERIN I/ REIGER/ EVERT | Dirk/ Truus/ Reinod II/ Leny/ | EMMA/ CHARITAS/ JALI/ | MARIA |
| | Vrouwe Greta / Kontrol Besar/ | ARIEN/ ANTJE II / | |
| | Georgeus | MARGJE | |
| Kegel D. & T. | Koning & C.A.v.Dijk L | Raadsveld & A.Welling W.R.E. | Boer Baggeren BV De |
| | | | Dr.Langeveldplein 11 |
| Heijningen | Kalenberg | Franeker | 3361 HE Sliedrecht |
| | 056-1477233 | | 0184-411999 |
| 1915 | 1915 | 1939 | 1922 |
| De Industrie D.& Joh.Boot | | Bodewes & Dutmer | Wed C.Boele & Zn |
| Alphen a/d Rijn | s Gravenhage | Groningen | Slikkerveer |
| 12,64 x 3,11 x 1,30 | 14,50 x 3,74 x 1,52 | 16,96 x 4,15 x 1,80 | 19,85 x 4,53 x 1,96 |
| 39 kW 54 pk Industie | 73 kW 100 pk Kromhout | 110 kW 150 pk Deutz | 294 kW 400 pk GM |

| | | | |
|---|---|---|---|
| 023.09454 MS | 022.03490 MS | 023.11007 MV | 023.16181 MV |
| **ERNST** | **ESCAPE II** | **ESTHER** | **EUROPOORT** |
| ERNST/ BETSY | THEMA/ JITSKE/ JULIA/ | WALLY VAN HALL/ | LINQUENDA |
| | CONTENT / | WATERWEG I | |
| | TEUJO/ GER/ HERA II | | |
| Grint Maatschappij BV | Schijndel A.F.van | Ambacht Scheepswerf 't | Hakkers BV |
| Nieuw Plein 5 | | Nieuwe Bosweg 4 | Oudsas 11 |
| 6811 KN Arnhem | Vinkel | 3341 LH H.I.Ambacht | 4251 AW Werkendam |
| 026-4422341 | | 078-6814177 | 0183-501122 |
| 1954 212 | 1930 | 1961 39 | 1981 |
| Damen Shipyards BV | Bodewes | A.v.Bennekum | Van Santen/T. Brandt |
| Hardinxveld-Giessendam | Hoogezand | Sliedrecht | Sliedrecht/Dordrecht |
| 12,06 x 3,14 x 1,25 | 14,04 x 3,55 x 1,60 | 15,02 x 3,45 x 0,85 | 14,50 x 4,12 x 1,28 |
| 92 kw 125 pk Deutz | 121 kW 165 pk Deutz | 142 kW 193 pk Caterpillar | 300 kW 408 pk Caterpillar |

| | | | |
|---|---|---|---|
| 040.27560 MV | 020.05866 DS | 023.17396 MS | 023.10261 MV |
| **ERNST WERNER** | **ESPERANCE** | **ESTHER** | **EVA** |
| SWORDFISH/ | PAUL LINKE/ | DV 1732 | BARRY/ KIL/ |
| PASSANT/ | JOHANNES | | JAAP/ |
| WERA | | | E.S.T. 2 |
| Verduin H.B. | Valkenburg H. | Kaliwaal Bijland BV | Riemersma L.C. |
| Danzigerkade 9 | Aetsveldsestraat 6 | Waage Naak 15 | |
| 1013 AP Amsterdam | 1393 NT Nigtevecht | 6019 AA Wessem | Nieuwerbrug |
| 020-6165815 | 0294-254173 | | |
| 1958 254 | 1923 | 1950? | 1958 247 |
| Damen Shipyards | Louis Heyden | J.Schlieker & Zn | Damen Shipyards BV |
| Hardinxveld-Giessendam | Hamburg | Sliedrecht | Hardinxveld-Giessendam |
| 11,76 x 3,15 x 0,62 | 18,80 x 5,25 x 2,20 | 12,38 x 3,28 x 1,03 | 13,50 x 3,55 x 1,45 |
| 147 kW 200 pk GM | 463 kW 630 pk Modag | 128 kW 175 pk Detroit Diesel | 137 kW 187 pk GM |

1920-13 MS
**EVA**
GIPSY
Geemen D.J.van
Monnickendam
1920
12,50 x 3,50 x 1,50
73 kW 100 pk Moes

032.50259 MS
**EVELINE**
Bruin H.d.
v.Deelenstraat 39
5256 JA Heusden
1924
T.v.Maastricht
Hedel
15,40 x 3,64 x 1,60
33 kW 45 pk Kromhout

022.00574 MS
**EVENAAR**
Zonneveld J.
Clavecimbellaan 49
2287 VW Rijswijk
1922
W.Mulder
Stadskanaal
16,30 x 3,10 x 1,10
110 kW 150 pk Kromhout

030.51204 MS
**EVERDINA**
JANNIE/ ANJA
Veen Jachtbemiddeling Van der
Terherne
1953
Eltink
Beneden Leeuwen
9,00 x 3,00 x 1,44
85 kW 116 pk Deutz

imo 9035008 MS
**EVERGEM**
THOMAS LETZER
Smit Harbour Towage North
West Europe Antwerpen
1993
Scheepswerf van Rupelmonde
Rupelmonde
31,99 x 9,04 x 4,65
2000 pk ABC

1909-10 MS
**EVERT**
Aalderen H.
1909 563
t Kromhout Wed.J.L.Ceuvel
Amsterdam
12,40 x 3,30 x 1,20
29 kW 40 pk Kromhout

020.00001 MS
**EXTASE**
EIBERT/ ANNIE/
NELLIE/ DE HORN /
EXTASE
Oever R v.d.
Rotterdam
1924
IVan Dongen
Leidschendam
13,87 x 3,65 x 1,50
DAF

022.08525 MS
**EZON**
FRANS SMIT/FRANS JAN /
CORRIE /
FLUKS
Ezon Stichting
Ezonbuorren 3
9133 DM Anjum
0519-518415 / 06-13447872
1926
Meerman
Yerseke
16,35 x 3,74 x 1,12
213 kW 290 pk MAN

1976-11 MC
**F 22**
Koninklijke
Boskalis Westminster N.V.
Rosmolenweg 20
3356 LK Papendrecht
078-6969000
1976 1056
Damen Shipyards BV
Gorinchem
16,56 x 8,04 x 1,85
2 x 177 kW/240 pk GM

1976-08 MC
**F 41**
Koninklijke
Boskalis Westminster N.V.
Rosmolenweg 20
3356 LK Papendrecht
078-6969000
1976 149
Damen Shipyards BV
Hardinxveld-Giessendam
16,56 x 8,04 x 1,81
2 x 177 kW/240 pk GM

027.17119 MV
**F 50**
Koek D.P.
Kerkeinde 30
4254 LD Sleeuwijk
0183-301321
1977 1727
Stapel/Damen Shipyards
Spaarndam/Hardinxveld
15,00 x 4,50 x 1,50
2 x 139 kW/190 pk GM

imo 9344784 MS
**FAIRMOUNT ALPINE**
Fairmount Marine BV
Hofplein 20
3032 AC Rotterdam
010-2402500
2006 009
Niigata Shipbuilding & Repair
Niigata
75,05 x 18,00 x 8,00
4 x 3000 kW/4080 pk Wartsila

imo 9358943 MS
**FAIRMOUNT EXPEDITION**
Fairmount Marine BV
Hofplein 20
3032 AC Rotterdam
010-2402500
2007 006
Niigata Shipbuilding & Repair
Niigata
75,05 x 18,00 x 6,60
4 x 3000 kW/4080 pk Wartsila

imo 9344769 MS
**FAIRMOUNT GLACIER**
Fairmount Marine BV
Hofplein 20
3032 AC Rotterdam
010-2402500
2009 012
Niigata Shipbuilding & Repair
Niigata
75,05 x 18,00 x 8,00
4 x 3000 kW/4080 pk Wartsila

imo 9315563 MS
**FAIRMOUNT SHERPA**
FAIRMOUNT RANGER
Fairmount Marine BV
Hofplein 20
3032 AC Rotterdam
010-2402500
2004 003
Niigata Shipbuilding & Repair
Niigata
75,05 x 18,00 x 8,00
4 x 3000 kW/4080 pk Wartsila

imo 9315575 MS
**FAIRMOUNT SUMMIT**
Fairmount Marine BV
Hofplein 20
3032 AC Rotterdam
010-2402500
2005 004
Niigata Shipbuilding & Repair
Niigata
66,60 x 18,00 x 6,60
4 x 3000 kW/4080 pk Wartsila

| reg.nr. / type : | imo 9416563 MS | 025.08363 MC | 023.18025 CP |
|---|---|---|---|
| **naam :** | **FAIRPLAY 30** | **FALCON** | **FATIMA** |
| **ex naam :** | | FALCON/ MULTISHIP I | PETRONELLA |
| **ex naam :** | | | |
| **ex naam :** | | Boskalis Offshore Susea | |
| **eigenaar :** | Fairplay Towage BV | Service BV | E.N.B.O. BV |
| **adres :** | Terwenakker 42-44 | Rosmolenweg 20 | Hondsdijk 3 |
| **woonplaats :** | 3011 XS Rotterdam | 3356 LK Papendrecht | 2396 HG Koudekerk a/d Rijn |
| **telefoon :** | 010-4112999 | 078-6969000 | |
| **bouwjaar / -nr. :** | 2008 668 | 1981 170 | 1929 |
| **bouwwerf :** | Astilleros Armon SA | De Liesbosch | De Hoop |
| **plaats :** | Navia | Nieuwegein | Hardinxveld-Giessendam |
| **l x b x d :** | 38,72 x 12,76 x 4,20 | 20,45 x 6,06x 1,82 | 32,84 x 6,22 x 2,56 |
| **vermogen :** | 2 x 2652 kW/3606 ABC | 2 x 175 kW/238 pk Caterpillar | 2 x 122 kW/165 pk Cummins |
| **boegschroef :** | | | |

| | | | |
|---|---|---|---|
| imo 9153616 MS | imo 9365116 MS | 031.70133 DS | 023.04958 MS |
| **FAIRPLAY 24** | **FAIRPLAY III** | **FARLEY** | **FE JA** |
| | | Rival/ Sabina Dora/ Noldina II / | ARNOLD |
| | | Willem Allegonda/ | |
| | | Rinkje R | |
| Fairplay Towage BV | Fairplay Towage BV | Voets Holding BV | Neijmeijer B. |
| Terwenakker 42-44 | Terwenakker 42-44 | Havenstraat 22 | |
| 3011 XS Rotterdam | 3011 XS Rotterdam | 6051 CS Maasbracht | Elburg |
| 010-4112999 | 010-4112999 | | |
| 1998 | 2007 649 | 1923 | 1930 |
| Con Navales Santo Domingo | Astilleros Armon SA | Boot | Th.v.d.Beldt |
| Vigo | Navia | Leiderdorp | West Graftdijk |
| 35,55 x 10,80 x 4,60 | 28,67 x 11,20 x 4,00 | 19,10 x 4,55 x 1,78 | 17,04 x 4,32 x 1,80 |
| 2 x 1646 kW/2238 pk Deutz | 2 x 1850 kW/2515 pk ABC | 207 kW 282 pk Stork | 99 kW 135 pk Brons |

| | | | |
|---|---|---|---|
| imo 9210995 MS | imo 9107409 MS | 322.00670 DB | 022.08052 MS |
| **FAIRPLAY 25** | **FAIRPLAY XII** | **FARMSUMERDIEP** | **FEINT** |
| | MICHAEL | TR 23/ BTR ARAMIS/ TR 23 | NEELTJE JACOBA |
| | | | CASA NOVA |
| Fairplay Towage BV | Fairplay Towage BV | Heuvelman Ibis Materieel BV | Beetsma J. |
| Terwenakker 42-44 | Terwenakker 42-44 | Handelskade West 34 | Sanpaed 32 |
| 3011 XS Rotterdam | 3011 XS Rotterdam | 9934 AA Delfzijl | 9024 ED Weidum |
| 010-4112999 | 010-4112999 | 0596-619911 | 058-2519400 |
| 2001 482 | 1994 | 1986 | 1929 |
| Astilleros Zamakona SA | J.G.Hitzler | Ceske Lodenice | Goor & Spiekman |
| Bilbao | Lauenburg | Melnik | Zwartsluis |
| 34,75 x 10,90 x 5,20 | 29,86 x 9,50 x 3,50 | 27,19 x 8,70 x 1,20 | 11,85 x 3,25 x 1,30 |
| 2 x 2024 kW/2750 pk Deutz | 2 x 1235 kW/1685 pk Deutz | 2 x 330 kW/450 pk Volvo | 26 kW 35 pk Industrie |

| | | | |
|---|---|---|---|
| imo 9438951 MS | imo 9541708 MS | 020.06828 MS | imo 9675963 MC |
| **FAIRPLAY 29** | **FAIRPLAY XIV** | **FARU** | **FENNA B** |
| SPICA | | | |
| Fairplay Towage BV | Fairplay Towage BV | Ballast Nedam Groep BV | Neptune Equipment BV |
| Terwenakker 42-44 | Terwenakker 42-44 | Sluispolderweg 67 | |
| 3011 XS Rotterdam | 3011 XS Rotterdam | 1505 HJ Zaandam | Rotterdam |
| 010-4112999 | 010-4112999 | 030-2853333 | |
| 2008 641 | 2009 691 | 1970 403 | 2013 NP 423 |
| Astilleros Armon SA | Astilleros Armon SA | Damen Shipyards BV | Neptune Marine |
| Navia | Navia | Hardinxveld-Giessendam | Aalst |
| 35,00 x 11,20 x 4,50 | 25,00 x 11,20 x 3,80 | 12,96 x 3,41 x 1,09 | 26,48 x 11,00 x 3,20 |
| 2 x 2000 kW/2717 pk Caterpillar | 2 x 1850 kW/2516 pk ABC | 176 kW 240 pk Caterpillar | 2 x 1044 kW/1420 pk Cummins |

023.07982 DS
**FENNE**
DINA CORNELIA/
ELIZA /
THYS
Engelen F.J.v.
Echt
1916
Marckmann & Faassen
Kralingse Veer
13,49 x 3,35 x 1,05
132 kW 180 pk DAF

023.02904 MS
**FE-RIE**
ADRIAANTJE
Bracke J.A.M.
Sas van Gent
1908
Van Vlaardingen
Gouda
17,14 x 4,20 x 1,84
176 kW 240 pk MAN

022.03689 MS
**FERRY JO**
W.K.K. II/ HENDRIK KLAAS/
JOHANNA /
JOHANNA C
Mazereeuw M.
Urk
1921 Pahl
Finkenwerder
Hamburg
17,68 x 4,65 x 1,96
169 kW 230 pk Stork

021.02930 DS
**FIFTY FIFTY**
LINDERIEN/
HENWIL/
ARSIE
Roggeveld Stichting
Selfhelpweg 1 A
8607 AB Sneek
0515-424189 / 06-53492820
1948
Gebr.Bezemer
Dordrecht
13,04 x 3,86 x 1,60
191 kW 260 pk GM

023.26012 MS
**FIGORE**
FIGUES/MCTV 5/
FRA 13/HF 03/KM 4/RS 27 /
A 867/Y 8022
Rensen R.M.
Veerstraat 1 A
2377 AK Oude Wetering
1939
Barkmeijer
Vierverlaten
18,55 x 4,30 x 1,60
88 kW 120 pk Industrie

023.22825 DS
**FILIA MARIS**
KARL/ MASIUS
Bonte D.J.
Het Weeme 3
7948 AZ Nijeveen
0522-491635
1906
G.H.Thyen
Brake
19,31 x 4,68 x 2,00
250 kW 340 pk Deutz

020.02606 SS
**FINLAND**
FINLAND/ARABE/HERCULES /
FINLAND/ ARABE/
HERCULES/ DELFSHAVEN
Stoomsleepboot Finland Sticht.
Alberdink Thijmstraat 9
3027 KA Rotterdam
1921 313/79
P.Smit Jr/De Groot & v.Vliet
Rotterdam/Slikkerveer
22,48 x 5,27 x 2,50
220 ipk P.Smit Jr.

023.34209 MV
**FIX 20**
Fix Holding BV
Vogelkers 12
3171 PP Portugaal
010-4765353
1965 987
Bayerisch Schiffbouges
Mainz
16,85 x 3,85 x 0,95
110 kW 150 pk Mercedes

023.22085 MV
**FLEVO**
RIETGRAAF/
DON QUICHOT
Ghijssen & C.C.Verduin T.
Purmerend
1972 387
Damen Shipyards BV
Hardinxveld-Giessendam
13,00 x 3,42 x 1,20
88 kW 120 pk DAF

023.22427 DS
**FLEVO III**
SCHLEPPKO 30/ TWIN
Verduin J.
IJsbaanpad 84 E
1076 CW Amsterdam
020-6627895
1957
Sietas Werft
Hamburg Neuenfelde
15,45 x 4,60 x 2,30
268 kW 365 pk MWM

040.23150 DB
**FLEVO TRANS**
H 02/ D 297/ RUHR II
North Trans Scheepvaartbedrijf
Hoofdweg 130
9104 BJ Damwoude
06-51121368 / 06-12344095
1939
Teltowwerft
Berlijn
22,40 x 5,96 x 1,90
757 kW 1030 pk

027.18515 MS
**FLEVOLAND**
H.E.C.
Gen Spoorlaan 489
2285 TA Rijswijk
070-3152393
1994 5212
Damen Shipyards BV
Gorinchem
14,40 x 4,73 x 2,05
2 x 183 kW/249 pk Caterpillar

023.25397 MV
**FLIEREFLUITER**
JOOST
Klein A.
Sliedrecht
1928
Beneden Leeuwen
12,50 x 4,10 x -
44 kW 60 pk Gardner

1928-08 MS
**FLINT**
Giessen J.v.d.
Vlissingen
1928
Boom
16,25 x 4,30 x 1,60
103 kW 140 pk Dorman

020.12299 DS
**FLORIS**
HERMANN HAGENDORF
Hooft L. van
Pyranideweg 32
8321 CM Urk
1959
VEB Rosslauer Schiffswerft
Rosslau
15,10 x 4,12 x 1,35
140 kW 190 pk SKL

1930-29 MS
**FLORIS**
Huisman P.
Leeuwarden
1930
11,90 x 2,90 x 1,00
44 kW 60 pk Modag

| | | | |
|---|---|---|---|
| **reg.nr. / type** : | 023.15165 DS | 023.14926 DS | 022.12075 MS |
| **naam** : | **FLUPKE** | **FONDA** | **FRANKENWARTE** |
| **ex naam** : | ALPHOSINE | | |
| **ex naam** : | | | |
| **ex naam** : | | | |
| **eigenaar** : | Moorlag BV | Wilson D. | Kroon Beheer BV |
| **adres** : | Rijnkade 88 A | Scheldekade 56 | Herenbrinkseweg 1 |
| **woonplaats** : | 6811 HD Arnhem | 4531 EJ Terneuzen | 8144 RC Lierderholthuis |
| **telefoon** : | 026-4424550 | 06-53281697 | |
| **bouwjaar / -nr.** : | | 1981 117 | 1939 |
| **bouwwerf** : | | De Wiel | Bayerische Schiffswerft |
| **plaats** : | België | Asperen | Erlenbach am Main |
| **l x b x d** : | 15,18 x 4,02 x 1,40 | 23,60 x 6,10 x 2,10 | 23,87 x 6,33 x 1,60 |
| **vermogen** : | 206 kW 280 pk DAF | 2 x 466 kW/633 pk Caterpillar | 368 kW 500 pk Mitsubishi |
| **boegschroef** : | | | |

| | | | |
|---|---|---|---|
| 023.21998 DS | 023.09240 DS | 022.03320 MV | 023.34243 DB |
| **FLUMAR** | **FLYING DUTCHMAN** | **FONS** | **FRANS** |
| BLIERSHEIM/ STABIEL | BECO/ RI JA/ LENA | SNEL | |
| | | | |
| | | | |
| Hebbes Holding BV | Dijke Beheersmij J.C.van | Bijma BV | Vries & Van de Wiel BV De |
| Waalbandijk 179 | Heistraat 175-177 | W.A.Scholtenweg 84 | Harmenkaag 9 |
| 6651 KD Druten | 5161 GD Sprangcapelle | 9636 BT Zuidbroek | 1741 LA Schagen |
| | 0416-277388 / 06-53390009 | 0598-451778 | 0224-211211 |
| 1955 | 1955 | 1934 | 1970 |
| Meidericher Schiffswerft | Gebr.v.Vliet | Niestern | Kalkmar Verkstad A/B |
| Ruhrort | Hendrik Ido Ambacht | Appingendam | Kalmar |
| 23,37 x 6,00 x 1,80 | 11,37 x 3,10 x 0,95 | 9,14 x 2,58 x 1,19 | 6,85 x 2,30 x - |
| 500 kW 680 pk Deutz | 162 kW 220 pk Iveco | 71 kW 104 pk BMC | 77 kW 105 pk Deutz |

| | | | |
|---|---|---|---|
| 023.13322 MS | 021.03062 DS | 020.01960 MS | 020.09731 DS |
| **FLUMAR III** | **FN DIVING III** | **FOX** | **FREDERIK** |
| ARIE/ SANDER SR/ | JOHANNA/ ANDRIES * | S.R/ NIEUWE ZORG/ | HERRING BAY/ CARLA |
| SIL JETSKE B | | ANJA / | |
| | | BASTAARD II | |
| F.B.T.Sleep & Bergingsbedrijf | FN Holding BV | Mudde A. | Swets Dols & Heuff BV |
| Waalbandijk 179 | Proostwetering 74 | IJzerwerkerkade 41 | St Canisiussingel 18 |
| 6651 KD Druten | 3604 DB Maarssen | 3077 MC Rotterdam | 6511 TH Nijmegen |
| | | 010-4834888 | 024-3228217 |
| 1971 128 | 1955 229 | 1933 | 1976 |
| Van de Sande | Damen Shipyards BV | Mulder & Suurmeijer | Damen Shipyards BV |
| Breskens | Hardinxveld-Giessendam | Foxhol | Hardinxveld-Giessendam |
| 24,30 x 7,22 x 1,92 | 13,25 x 3,50 x 1,38 | 9,02 x 2,91 x 1,30 | 12,90 x 3,41 x 1,90 |
| 552 kW 750 pk Deutz | 176 kW 240 pk Detroit | 15 kW 21 pk Lister | 180 kW 245 pk GM |

| | | | |
|---|---|---|---|
| 020.05955 MV | 023.35705 MV | 023.16109 MS | 1959-06 MV |
| **FLUMAR V** | **FN STORMER** | **FOXTROT** | **FREONSKIP** |
| JACOBA 3/ CORA | | SP 4/ | WATERSNIP/ ZOUTVLIET/ |
| | | SCHELDEPOORT 4 | RHD 81-ZOUTSLOOT / |
| | | | ZEEPAARDJE |
| Hebbes Holding BV | FN Holding BV | Polderman I. | Visser J.A. |
| Waalbandijk 179 | Proostwetering 74 | Tramperweg 4 | |
| 6651 KD Druten | 3604 DB Maarssen | 4417 CZ Hansweert | Amsterdam |
| | | | |
| 1963 36 | 2013 | 1980 2307 | 1959 53 |
| Visscher & Zn | | Damen Shipyards BV | De Lek |
| Zwartsluis | | Gorinchem | Krimpen a/d Lek |
| 12,96 x 3,97 x 1,45 | 8,51 x 2,95 x 0,81 | 13,23 x 4,08 x 1,70 | 9,70 x 2,90 x 0,90 |
| 176 kW 240 pk Mercedes Benz | 125 kW 170 pk Vetus | 337 kW 450 pk Caterpillar | 45 kW 62 pk Perkins |

023.11481 DS
**FRIENDSHIP**
KAPITAN ZS STEENBOCK/
RHEINHAUSEN II /
WILLEMSKADE
Berg Sleep & Duwvaart BV
Roggebot 14
8321 RA Urk
1942 249
Jonker & Stans
Hendrik Ido Ambacht
25,26 x 7,15 x 2,26
662 kW 900 pk Cummins

060.02897 DB
**FRISIAN**
KEES/ ATLANTA/
ZEBULON /
MIKIDA *
Grova BV
De Buorkerij 21
9001 FR Grou
0566-621020
1996 018
Stocznia Tczew/De Schroef
Tczewska/Sluiskil
18,92 x 9,50 x 2,36
2 x 783 kW/1065 pk Caterpillar

023.07553 MS
**FRIWI**
KNEBRA 2/ RHIDOS/
JOHANNA/ MORGENSTER /
WITTE RAAF
Kroon W.
Breukelen
1930
Zaanlandse Scheepsbouw Mij
Zaandam
16,33 x 3,80 x 1,48
85 kW 115 pk MAN

023.23901 MS
**FURIE**
AGATHA/ELLY/KM 8/
RS 12/A 852/Y 8010 /
ELLY
Meuzelaar Vissers
Rotterdam
1930
Telgenhof
Coevorden
16,04 x 4,22 x 1,55
105 kW 105 pk Deutz

023.31307 MS
**FRIENDSHIP**
ZWERVER/ WERKSPOOR III/
NEPTUNUS /
ANCO/ PEERKE/ ZWERVER *
Graaf & E.L,Lentz H.J.de
Santpoort Noord
1923
Rijkee
Rotterdam
15,21 x 3,25 x 1,03
58 kW 80 pk Mercedes Benz

023.07886 MS
**FRISO**
TIMMERMAN 5
Stolk W.
Vollenhoveweg 38
8316 PZ Marknesse
1952
Van de Brink
Rotterdam
16,50 x 3,77 x 1,80
94 kW 128 pk MAK

022.05991 MV
**FURIE**
Velde Sleep & Peilwerk BV
Binnenhaven 1
7547 BG Enschede
053-4307251
1976
P.v.d.Werf /v.d.Velde
Lemmer/Enschede
12,13 x 3,90 x 1,30
132 kW 186 pk Iveco Fiat

027.15590 SS
**FURIE**
BODEWES VI/HOLMEN III /
HOLMVIK/
JAN VAN GENT
Stichting Hollands Glorie
Lijsterlaan 160
3145 VN Maassluis
010-5915774
1916 644
H.H.Bodewes
Millingen
30,28 x 6,10 x 3,10
450 ipk Fulton.

imo 8113657 MS
**FRIESLAND**
FRIESLAND GK 34
Svitzer Amsterdam BV
Capriweg 28
1044 AL Amsterdam
020-5060400
1982 231
Tille
Kootstertille
28,70 x 9,05 x 3,20
2 x 883 kW/1200 pk Bolnes

023.09783 MV
**FRISO**
JOZEF/ THERA
Mos J.
Enkhuizem
1956
Damen Shipyards BV
Hardinxveld-Giessendam
13,20 x 3,50 x 1,45
169 kW 230 pk MWM

023.05468 DS
**FURIE**
SONJA
Langhout G.C.
Hoorn 298
2404 HL Alphen a/d Rijn
1922
De Hoop Gebr.Boot
Leiderdorp
19,90 x 4,53 x 1,85
121 kW 165 pk Volvo Penta

030.50803 MS
**FURIE**
GRIET/ HARJO/ PIDI/
GERGE/ MARGA /
SKIPPY/ HANNY
Zuiderveld S.
De Wilgen
1926
Mittendorf
Dedemsvaart
13,08 x 3,30 x 1,30
169 kW 230 pk Scania

023.21476 MS
**FRISIA**
BALTRUM
Knobbe Folkertsma Vof
Slotermeerstraat 24
8531 RJ Lemmer
0514-565612 / 06-53155839
1960 63
C.Cassens
Emden
13,26 x 3,60 x 1,63
117 kW 160 pk GM

023.18398 DB
**FRISO**
CITERNA 84/ CLAUDIA I/
ORIENT
Redzwa Holding BV
De Buorkerij 21
9001 DR Grou
0566-621020 / 06-53857070
1965
Chantier de la Haute Seine
Villeneuve le Roi
23,90 x 7,60 x 1,85
2 x 515 kW/700 pk Mitsubishi

023.13939 MS
**FURIE**
CORRY
Deugd BV
Sluis St.Andries 12
5328 JJ Rossum
1929
Nic.Witsen
Alkmaar
16,25 x 4,15 x 1,55
239 kW 325 pk DAF

1921-02 MS
**FURIE**
Caluwe R.
1921
13,75 x 3,40 x 1,60
73 kW 100 pk Deutz

| | | | |
|---|---|---|---|
| **reg.nr. / type** : | 020.01835 MS | 1903-06 SS | 023.23295 DS |
| **naam** : | **FURORE** | **GABRIELLE** | **GANZEBOOT** |
| **ex naam** : | AS IV/ PAX/ RIJO/ REMA V | WILLY/ RACHAEL/ | WATER/ TEMPO/ |
| **ex naam** : | | ODETTE/ AMELIE | DIRK PIETER / |
| **ex naam** : | | | SHARON /RON/ HERA |
| **eigenaar** : | Cappellen W.v. | Leeuwen P.v. | Boeren Beheer BV |
| **adres** : | | v.Roosendaalstraat 87 | Parallelweg 9 |
| **woonplaats** : | Krimpen a/d IJssel | 1606 XD Venhuizen | 5321 JA Hedel |
| **telefoon** : | | 0228-542025 | |
| **bouwjaar / -nr.** : | 1920 | 1903 33 | 1957 |
| **bouwwerf** : | Concordia S.Seymonsbergen | Gebr.Wiemann | G.J.v.Berk |
| **plaats** : | Amsterdam | Brandenburg | Beneden Leeuwen |
| **l x b x d** : | 12,66 x 3,15 x 1,17 | 19,50 x 4,20 x 1,60 | 17,10 x 4,87 x 1,82 |
| **vermogen** : | 120 pk DAF | 125 ipk Wiemann | 300 kW 408 pk Caterpillar |
| **boegschroef** : | | | |
| 1930-10 MS | 023.34809 MV | 021.04086 MV | 060.04094 DB |
| **FURIE** | **G.S.N.12** | **GALGENPLAAT** | **GANZESTAD** |
| JAN MARINUS/ ORCA | | | NAIROBI |
| Elten H.P.E. van | Bouwservice Management Nederland BV | Polderman & J.P.R.Albrechts L. | Ganzestad Vof |
| | Rooseveltlaan 8 | | Ereprijs 24 |
| Katwijk | 4536 GZ Terneuzen | Hansweert | 4251 JW Werkendam |
| | | | 06-51200120 |
| 1930 | | 1963 | 2004 |
| J.Hendriks | | Jac.den Breejen | Fong Gang Zha/Kouwenberg |
| Dodewaard | | Hardinxveld-Giessendam | Gang Suwan/Moerdijk |
| 13,50 x 3,20 x 1,10 | 10,54 x 3,35 x 1,00 | 14,25 x 4,08 x 1,10 | 18,92 x 11,18 x 2,27 |
| 88 kW 120 pk DAF | 2 x 82 kW/110 pk Mitubishi | 265 kW 360 pk GM | 2 x 701 kW/953 pk Mitsubishi |
| 1951-11 OP | 023.31176 MV | 023.16551 MV | 025.08946 MS |
| **FURIE** | **GABBER** | **GANNET** | **GAR** |
| NJORD | | | PIKOR/ ELTA/ |
| | | | DOLFIJN |
| Moerland C. | Doorn G.P.v. | Van Oord Ballast HAM Dredging | Uitzetter D. |
| | | Schaardijk 211 | Hensbroekerstraat 10 |
| Amsterdam | Vinkeveen | 3063 NH Rotterdam | 1023 AN Amsterdam |
| | | 010-4478444 | 020-6325068 / 06-53327001 |
| 1951 | 1901 | 1981 1745 | 1921 |
| | | Damen Shipyards BV | Rijnstroom (P.v.Eelden) |
| | | Gorinchem | Leiden |
| 5,90 x 1,90 x 1,00 | 8,50 x 2,60 x 1,10 | 14,45 x 4,28 x 1,85 | 16,17 x 3,50 x 1,80 |
| 11,7 kW 16 pk Deutz | 40 kW 55 pk Perkins | 268 kW 365 pk Caterpillar | 110 kW 150 pk Werkspoor |
| 023.17397 MS | 1920-23 MV | 1966-17 MV | 022.03384 MV |
| **FURIE 3** | **GABBER** | **GANTEL** | **GEA** |
| | | | RIEK |
| B.S.T. Dintelsas BV | Kortenaar F. | Bonn & Mees BV | Hoogendoorn J.C. |
| Sasdijk 18 | | Sluisjesdijk 123 | |
| 4671 RN Dinteloord | Haarlem | 3087 AE Rotterdam | Hardinxveld-Giessendam |
| 0167-523288 | | 010-4290544 | |
| 1985 163 | | 1966 | 1947 |
| Stapel/Theunisse | | Schottelwerft Jozef Becker | Gebr.Bodewes & Dutmer |
| Spaarndam/Dintelmond | | Oberspay | Groningen |
| 22,40 x 7,10 x 1,80 | 12,00 x 2,80 x 1,40 | 8,82 x 2,40 x 0,62 | 7,03 x 2,28 x 1,00 |
| 4 x 333 kW/453 pk DAF | 62 kW 85 pk John Deere | 257 kW 350 pk Deutz | 29 kW 40 pk Brons |

023.09761 SS
**GEBROEDERS BEVER**
DOCKYARD III
Beltman Gebr.
Dordrecht
078-6140455
1946 228
R.D.M.
Rotterdam
25,06 x 6,31 x 2,31
500 ipk RDM Lentz

---

1915-06 OP
**GEDEELDE ZORG**
HISTORY
Schoenmaker H.
Leiden
1915
5,20 x 1,75 x 0,65
12 kW 16 pk Deutz

---

023.12672 MV
**GEERT**
KORTENOORD 1
Oosterhof Holman BV
Koningsweg 3
8861 KN Harlingen
0517-414615
1967
J.Schlieker & Zn
Sliedrecht
10,14 x 3,05 x 1,51
74 kW 101 pk Henschel

---

023.09919 MS
**GEERTJE**
DREADNOUGHT IV/
MAAS 20
Sterk J
Moleneind NZ 148
9203 ZT Drachten
1927 706
Nic.Witsen
Alkmaar
15,72 x 3,44 x 1,30
196 kW 267 pk DAF

---

030.51242 MS
**GEERTJE**
CORJAN/SANCTA MARIA /
PIETRIJN
Haan R.de
Wirdum
1953
Th.d.Groot & Zn Vrijenban
Landsmeer
11,55 x 3,45 x 1,70
58 kW 80 pk MWM

---

1928-20 OP
**GEERTJE**
Mooren J.
Wergea
1928
5,20 x 1,80 x 0,70
4,4 kW 6 pk Lister

---

023.33915 DS
**GEERTJE II**
Boogaard
Aannemersbedr. D.C.v.d.
Willem Dreespark 322
2531 SX 's-Gravenhage
070-3800700
2007 1010
J.Schlieker & Zn
Sliedrecht
10,80 x 3,20 x 1,40
103 kW 140 pk Deutz

---

023.09935 MS
**GEERTRUIDA**
MEDEA/ JAN/NECO/SIPORRA/
HET VERTROUWEN/ GEEP/
DOMMEL /VERANDERING
Smit B.
Kortenhoef
1934
Krimpen a/d IJssel
16,44 x 3,45 x 1,30
88 kW 120 pk DAF

---

027.17566 MC
**GEERTRUIDA M**
Stemat Marine Service BV
Quarantaineweg 10
3089 KP Rotterdam
010-2996555
1986
Spaarndam
14,00 x 6,00 x 1,20
88 kW 120 pk Detroit

---

023.15599 DS
**GEERTRUIDA VAN**
DER WEES
Van der
Wees Watertransporten BV
's Gravendeelsedijk 100
3316 AZ Dordrecht
078-6482665 / 06-53154381
1979 544
Delta Shipyard
Sliedrecht
21,46 x 6,97 x 2,20
316/346kW 429/470pk Cat./Mits

---

031.40014 MS
**GEEZINA**
GRIET ELISABETH/
GEZIENA/ FIAT /
ROSALINA M
Mos J.Th.
Johanna de Vriesstraat 6
1601 CK Enkhuizen
0228-313366
1924
A.Apol
Wirdum
18,25 x 4,62 x 1,53
126 kW 172 pk Caterpillar

---

033.20084 MS
**GEJA**
VILBRI
Rijet & Wehe Vof Van der
Hoorn
1951
G.J.v.d.Berk
Beneden Leeuwen
9,10 x 3,12 x 1,50
44 kW 60 pk Skoda

---

2013-01 DV
**GEKA**
RVE 39
Geka Bouw BV
Kilkade 2-4
3316 BC Dordrecht
1982
J.Schlieker
Sliedrecht
10,00 x 3,15 x 0,90
58 kW 80 pk DAF

---

021.02543 MS
**GELUKKIG BOERTJE**
RP 2/ BLANCA/
MARIE 4/ SIJA /
TRANSPONTON I
Boer
1928
Alkmaar
15,76 x 3,45 x 1,03
44 kW 60 pk Industrie

---

023.19514 DB
**GEMINI**
JACOB HUGO/DEUTSCHLAND/
JUSTITIA VII /
BACCHUS/ ELAN
Jong BV Rederij De
Montrealweg 153
3197 KH Rotterdam
010-2311555
1907 42
A.S.M.
Arnhem
27,50 x 5,38 x 1,65
636 kW 865 pk Caterpillar

---

023.25998 DS
**GEMMA**
M272/Burg Thurant/Marlou /
Mevo/ Engel Pieter/ Matria B /
Nooit Volmaakt/Linquenda/Jana
Arends Scheepvaartbedr. Vof
Dorlandsweer 23
3363 JD Sliedrecht
1940
Gute Hoffnungs Hutte
Walsum
22,40 x 5,75 x 1,90
691 kW 940 pk Mitsubishi

| | | | |
|---|---|---|---|
| **reg.nr. / type** : | 023.26726 DS | 021.02872 MS | 023.17615 DS |
| **naam** : | **GEPKE III** | **GERDA** | **GERIZIM** |
| **ex naam** : | LEONORA CORNELIA/ | ERASMUS | D 418/ D 218/ WESTEREMS/ |
| **ex naam** : | CAMPERDUIN | | ESCORT / BUFFEL/ |
| **ex naam** : | | | BO ALEXANDER/ WILLEM JR |
| **eigenaar** : | Verschoor Vof Sleepdienst S. | Horstman R. | Waalboer D.J. |
| **adres** : | Steur 56 | Brielselaan 165 B | Rembrandtlaan 189 |
| **woonplaats** : | 3344 JJ H.I.Ambacht | 3081 AC Rotterdam | 3362 AG Sliedrecht |
| **telefoon** : | 06-53624626 | 06-53896278 | |
| **bouwjaar / -nr.** : | 1957 562 | 1910 | 1939 |
| **bouwwerf** : | Van Goor | Gebr.v.d.Windt | Schimag |
| **plaats** : | Monnickendam | Vlaardingen | Mannheim |
| **l x b x d** : | 20,00 x 5,40 x 1,65 | 20,00 x 4,58 x 1,87 | 23,88 x 6,05 x 2,10 |
| **vermogen** : | 675 kW 918 pk Caterpillar | 294 kW 400 pk Industrie | 294 kW 400 pk Deutz |
| **boegschroef** : | | | |

| | | | |
|---|---|---|---|
| 1954-10 MS | 030.31245 MS | 031.10404 MS | 022.09466 MV |
| **GENIEMUSEUM** | **GER ANT** | **GERDA** | **GERMA** |
| RV 29 | GRACE DE DIEU | TOSCA | DAMEN MINICAT |
| | | | |
| | | | |
| | Verhoef J.W.M. | Treffers & Zn BV G.J | Hakvoort Vlettenverhuur BV |
| | | H.Figeeweg 35 | Pinksterbloemstraat 9 |
| Hedel | Culemborg | 2031 BJ Haarlem | 8321 XD Urk |
| | 06-10883599 | 023-5325211 | 0527-682216 |
| 1954 | 1934 | 1928 | 1975 |
| Van Eijk & Zn | De Hoop Gebr.Thijssen | | Damen Shipyards BV |
| Sliedrecht | Leiden | | Hardinxveld-Giessendam |
| 25,00 x 5,75 x 1,40 | 10,50 x 2,97 x 1,45 | 12,42 x 3,40 x 1,32 | 8,40 x 3,10 x 0,77 |
| 110 kW 150 pk GM | 81 kW 110 pk Industrie | 92 kW 125 pk Thomassen | 88 kW 120 pk DAF |
| | | | |

| | | | |
|---|---|---|---|
| 027.21226 MS | 030.51646 MV | 056.02780 recr | 031.60111 MS |
| **GENT** | **GERARD** | **GERDA** | **GERMA** |
| | | SCH 2318 | MARIE/MARTINI / |
| | | | GERMA |
| | | | |
| Zeeuwse Maritieme Holding BV | Boltje & Zn R. | | Linden P. v.d.. |
| Oostelijk Bolwerk 11 | | | |
| 4531 GP Terneuzen | Zwolle | Dinteloord | Delft |
| 0115-683200 | | | |
| 1985 | | 1965 3044 | 1930 |
| Chantier Navel de Rupelmonde | | VEB Rosslauer Schiffswerft | Telgenhof |
| Rupelmonde | | Rosslau | Coevorden |
| 33,13 x 9,69 x 3,20 | | 14,06 x 8,16 x 1,20 | 15,45 x 4,25 x 1,60 |
| 2 x 1203 kW/1635 pk Deutz | 24 pk Ford | | 73 kW 100 pk Brons |
| | | | |

| | | | |
|---|---|---|---|
| 023.09670 DS | 023.18097 MS | 1938-08 MV | 031.10464 MV |
| **GEPKE** | **GERARDA** | **GERDA** | **GERMA II** |
| JACOBA | FLAMINGO | | |
| | | | |
| | Bergings- Sleep en | | |
| Verschoor Vof Sleepdienst S. | Transportbedr Tiel BV | Brandjes F.E.M. | Reurs G. |
| Steur 56 | Burg v. Geusauweg 36 | | J. Sluiterstraat 21 |
| 3344 JJ H.I.Ambacht | 4191 KW Geldermalsen | Uitgeest | 1132 XV Volendam |
| 06-53624626 | 0345-580501 / 06-54924649 | | 0299-366341 |
| 1956 346 | 1961 54 | 1938 | 1960 264 |
| Wortelboer | De Hoop | | Van der Molen |
| Gouderak | Schiedam | | Zaandam |
| 17,05 x 4,60 x 1,74 | 30,60 x 6,83 x 1,90 | 10,00 x 2,40 x 0,70 | 10,88 x 3,44 x 1,42 |
| 331 kW 450 pk Caterpillar | 138 kW 188 pk Stork | 29 kW 40 pk Brons | 95 kW 130 pk Mercedes Benz |
| | | | |

023.26343 MS
**GERMA III**
AJAX / HARMONIE
Onderstijn A.
Groningen
1924
H.J.Koopman
Dordrecht
26,30 x 5,50 x 2,02

032.50208 MS
**GERRIT DINA**
ARTHUR
Gijsen A.
v. Beuningenstraat 177 II
1051 XN Amsterdam
020-6815229
1908 61
A.S.M.
Arnhem
19,16 x 4,46 x 1,78
110 kW 150 pk Modag

imo 9411109 MS
**GIESSENSTROOM**
Wijngaarden Marine Service BV
Merwestraat 2
3361 HL Sliedrecht
0184-490244
2007 1571
Damen Shipyards BV
Hardinxveld-Giessendam
30,08 x 9,35 x 3,20
2 x 1672 kW/2320 pk Caterpillar
176 kW 240 pk Caterp. Kalkman

1965-25 MV
**GILEPPE**
Nelly Vof
Landmanstraat 9 A
3082 WK Rotterdam
06-51433163
1965
Jac.den Breejen
Hardinxveld-Giessendam
14,18 x 4,15 x 1,47
184 kW 250 pk DAF

020.15716 MV
**GERO B**
ST PIETER/
HENDRIK B/
ZEEHOND
Bonte L.
Steenwijk
1975 576
Damen Shipyards BV
Hardinxveld-Giessendam
10,55 x 3,05 x 1,55
71 kW 96 pk DAF

020.01964 MS
**GERSOM**
Maarten Tromp/Sleepdienst IV/
Anberthe /Berthe/Louise/Simca/
Grady Ii/ Elise /Joli Coeur *
Snoei G.
Gorinchem
1909
Hubertina v/h W.H. Jacobs
Haarlem
16,30 x 4,06 x 1,60
100 kW 135 pk Deutz

1998-01 MV
**GIGANTIA**
Buijtenhek J.A.
Krommedijk 121-119
3312 LC Dordrecht
078-6131089
1998
Koolmees
Ermelo
7,80 x 2,70 x 0,80
63 kW 85 pk Peugeot

imo 9507063 MS
**GINGER**
Iskes Towing & Salvage BV
Monnickendamkade 19 D/E
1976 EC IJmuiden
0255-522860 / 06-53901609
2010 /181
Eregli Shipyard SA/
Gebr.Kooiman
Eregli/Zwijndrecht
33,10 x 12,00 x 5,36
2 x 2650 kW/3604 pk ABC

020.07427 DS
**GEROME**
D 042/D 293/Johnny/Passim/
Albert Goedkoop / Revenu/
Mistral/Gremko/Dibo
Halfrond Maritiem BV
Mauritsweg 43
4931 CC Geertruidenberg
1943
Braun
Speyer
22,80 x 5,95 x 2,20
2 x 373 kW/507 pk Cummins
393 kW 535 pk DAF

023.11241 MV
**GHANA**
Internautic B.V.
Vest 63
2801 VE Gouda
0182-514770
1961
Eltink
Beneden Leeuwen
12,72 x 3,70 x 1,48
73 kW 100 pk Deutz

1920-12 MS
**GIJS**
JAN
Mulder J.P.
Naarden
?1920
14,50 x 3,85 x 1,40
125 kW 170 pk

1900-05 MS
**GIOIA ELIZE**
Mudde H.
Vroomshoop
1900
12,53 x 3,03 x 1,50
59 kW 80 pk MWM

023.22383 MS
**GERRIGJE MARIA**
JEANNETTE D/
VH 44
Dukongo B.V.
Veerstalblok 2
2831 BS Gouderak
0182-582633
1968 352
Damen Shipyards BV
Hardinxveld-Giessendam
12,61 x 3,48 x 1,20
133 kW 182 pk Mercedes Benz

1993-04 OP
**GIANT**
Janssen T.
Heijen
1993
Janssen
Heijen
4,50 x 1,85 x 0,50
5,8 kW 8 pk Samofa

1950-48 OP
**GIJSBERTHUS**
Kromkamp R.H.G.
Reijersdijk 5
8262 CM Kampen
038-3318183 / 06-53272725
?1950
6,30 x 1,78 x 0,75
11,7 kW 16 pk Lister Blackstone

1920-19 OP
**GLOEIKOP**
DENZO
Vries Rederij R.J. de
't Noard 12
8721 GC Warns
06-51451321
1920
Delfzijl
5,80 x 1,96 x 0,94
8,8 kW 12 pk Industrie

| | | | |
|---|---|---|---|
| **reg.nr. / type :** | 020.11380 MV | 023.34157 MV | 020.04570 MS |
| **naam :** | **GOTLAND** | **GRACE** | **GREETJE** |
| **ex naam :** | RVE 34/ VB 4/ ASSISTENT II / | | ANNA MARTHA |
| **ex naam :** | TONNIE/ | | |
| **ex naam :** | KAREL ROORDA | Damsteegt Beheer & | |
| **eigenaar :** | Gulien - Den Breejen Vof | Exploitatie BV | Seinen S.W.J. |
| **adres :** | Hogendijk 37 | Noordzijde 49 | Appelhof 19 |
| **woonplaats :** | 4538 BB Terneuzen | 2969 AR Oud Alblas | 8525 GJ Langweer |
| **telefoon :** | 0514-581525 | | 0513-499218 |
| **bouwjaar / -nr. :** | 1969 | 2011 01 | 1937 |
| **bouwwerf :** | J.Schlieker & Zn/Vink | Damsteegt BV | t Hondsbosch |
| **plaats :** | Sliedrecht | Oud Alblas | Alkmaar |
| **l x b x d :** | 14,02 x 4,20 x 1,05 | 7,20 x 2,40 x 0,70 | 15,85 x 3,75 x 1,35 |
| **vermogen :** | 2 x 132 kW 180 pk DAF | 60 kW 82 pk J.Deere | 58 kW 80 pk Kromhout |
| **boegschroef :** | | | |

| | | | |
|---|---|---|---|
| imo 9289996 MC | 027.19064 DS | 023.02897 MS | 020.03657 MS |
| **GOKSU** | **GOUWESTROOM** | **GRADA** | **GRETA** |
| NP 258/ NEPTUNUS 258/ | | BRABANTIA/ ANTONIE / | GRETA/ H 7 MO |
| SABRINA / | | IDOLIN V | |
| COASTAL PROTECTOR | | | |
| Imbat Shipping BV | Wijngaarden Marine Service BV | Santema J.E. | Bieze F.C.P. |
| Evert v.d.Beekstraat 310 | Merwestraat 2 | G.Schuilstraat 39 | |
| 1118 CX Schiphol | 3361 HL Sliedrecht | 8861 VJ Harlingen | Uithoorn |
| | 0184-490244 | 0517-850878 | |
| 1997 NP 258 | 1998 3210 | 1927 | 1936 |
| Kotlas/Neptune Marine | Jac.den Breejen | Marckmann & Faassen | t Hondsbosch |
| Limeda/Aalst | Hardinxveld-Giessendam | Kralingse Veer | Alkmaar |
| 18,50 x 8,00 x 1,80 | 20,70 x 6,50 x 2,58 | 19,19 x 4,97 x 1,72 | 16,00 x 3,40 x 1,35 |
| 2 x 441 kW/600 pk Volvo | 2 x 529 kW/720 pk Detroit Diesel | 370 kW 504 pk Stork Rcardo | 117 kW 160 pk Gennifer |

| | | | |
|---|---|---|---|
| 027.20510 MS | 1912-11 MS | 025.08806 MS | 033.50411 MS |
| **GOLLWITZ** | **GOUWZEE** | **GRAND SLAM** | **GRETA** |
| GOLLWITZ D-25 | DELFZIJL | CORONITA I / EAGLE | |
| Vrij A.d. | Hammer H. | Multraship Towage & Salvage | Ad Stolk Schepen BV |
| | | Scheldekade 48 | Veersedijk 161 A |
| Puttershoek | Zwartsluis | 4531 EH Terneuzen | 3341 LL H.I.Ambacht |
| | | 0115-645000 | 078-6128000 / 06-53117582 |
| 1968 152 | 1912 | 1974 | 1956 |
| VEB Peenewerft | | | G.J.v.Berk |
| Wolgast | | Singapore | Beneden Leeuwen |
| 29,50 x 6,20 x 1,86 | 18,34 x 4,20 x 1,41 | | 11,28 x 3,45 x 1,05 |
| 425 kW 578 pk SKL | 176 kW 240 pk Scania Vabis | 2 x 88 kW/120 pk John Deere | 121 kW 165 pk DAF |

| | | | |
|---|---|---|---|
| 023.29115 MV | 032.60135 MS | 024.02014 MV | 023.05418 MS |
| **GORS** | **GOUWZEE II** | **GRAVELINES** | **GRETHA** |
| Hotze J. | Koeman J. | Zanen Verstoep NV | Went D. |
| Kromme Haven 5 | | Rosmolenweg 20 | |
| 3421 BK Oudewater | De Wouden | 3356 LK Papendrecht | Amsterdam |
| | 1904/1958 | 1972 504 | 1917 |
| | Van Goor | Damen Shipyards BV | |
| | Monnickendam | Hardinxveld-Giessendam | Groningen |
| 5,00 x 1,80 x 1,60 | 12,66 x 3,43 x 1,40 | 15,14 x 4,30 x 2,00 | 16,00 x 3,75 x 1,00 |
| 25 kW 35 pk Ford | 73 kW 100 pk Stork | 176 kW 240 pk Caterpillar | 73 kW 100 pk Kromhout |

1960-19 MS
**GRETHA**
LIBERTY
Broertjes E.
Vinkeveen
10,30 x 2,90 x 1,20
88 kW 120 pk DAF

022.07327 DS
**GRETINA**
M 3/ 1.MAJ/ PR 3
Gretina Duw & Sleepvaart.
Havelaar 21
8321 ZA Urk
1956 904
VEB Yachtwerft Neptun
Rostock
20,45 x 6,10 x 2,30
280 kW 381 pk Skoda

023.11077 MS
**GRIEND**
VERTROUWEN 2
Muijlwijk
Enkhuizen
1959
Eltink
Beneden Leeuwen
16,41 x 3,70 x 1,00
88 kW 120 pk Volvo Penta

023.23516 DS
**GRIENDUIL 7**
Kraaijeveld Beheer BV
Londen 9
2993 LA Barendrecht
0180-613522
1998 60613
T.Vink & Zn
Sliedrecht
11,00 x 4,10 x 1,40
181 kW 247 pk Detroit Diesel

023.24480 MV
**GRIENDUIL 23**
Kraaijeveld Beheer BV
Londen 9
2993 LA Barendrecht
0180-613522
1986
Kraayeveld
Barendrecht
12,44 x 3,80 x 1,40
242 kW 330 pk MTU

023.24002 DS
**GRIENDUIL 32**
Kraaijeveld Beheer BV
Londen 9
2993 LA Barendrecht
0180-613522
1978
Janson Trading B.V.
Aalst
12,45 x 3,80 x 1,30
121 kW 165 pk Detroit Diesel

021.00287 MS
**GRIETJE**
EVERDINA/ HENRI 13/
LUCTOR 66/ THERESIA /
WILLEM/ MARIE 7
Reym J.A.
Rotterdam
1902 90
Botje Ensing & Co
Groningen
19,60 x 4,30 x 1,45
177 kW 240 pk Bolnes

027.15324 MS
**GRIETJE**
DRAKENSTEIJN/
DENNIS B/
COASTAL SPEED
Vellinga Scheepvaartbedr. W.
Kleasterwei 20 A
9172 GM Ferwert
1978 91
Van Mill
Hardinxveld-Giessendam
14,15 x 3,81 x 1,65
2 x 257 kW/350 pk GM

023.10124 DS
**GROENLAND**
Oost BV
Kardijke 4
4617 NT Bergen op Zoom
0164-261011
1957 546
H.H.Bodewes/Weerter
Scheepsbouw
Millingen/Weert
22,94 x 5,70 x 1,90
515 kW 700 pk GM

026.05554 DS
**GRUNO II**
DELPHIN
Bijma BV
W.A.Scholtenweg 84
9636 BT Zuidbroek
0598-451778 / 06-22991135
1974 1425
Damen Shipyards BV
Hardinxveld-Giessendam
16,17 x 4,82 x 1,60
2 x 228 kW/310 pk Caterpillar

023.10498 DS
**GRUNO III**
VOLHARDING 6
Bijma BV
W.A.Scholtenweg 84
9636 BT Zuidbroek
0598-451778 / 06-51425294
1959 284
Jonker & Stans
Hendrik Ido Ambacht
19,40 x 5,35 x 2,40
566 kW 770 pk Caterpillar

026.07303 MS
**GRUNO IV**
Bijma BV
W.A.Scholtenweg 84
9636 BT Zuidbroek
0598-451778
2005 23
Roukema & Mulder
Westerbroek
22,80 x 7,30 x 2,40
2 x 716 kW/973 pk Caterpillar
298 kW 406 pk Caterp.Kalkman

imo 6907171 MS
**GRUNO V**
ADRETT / MICHAEL / CLARA
Bijma BV
W.A.Scholtenweg 84
9636 BT Zuidbroek
0598-451778
1968 178
Mutzelfeldtwerft GmbH
Cuxhaven
29,38 x 7,92 x 3,00
883 kW 1200 pk Deutz

033.10387 MV
**GRUTSK**
JOMA/ BIJLAND V/ KRISTEL/
TREKVOGEL 2 / BIJLAND 5/
ANNELIEN/ BIJLAND V
Looy L.H.
Oude Leye
1953
G.J.v.Berk
Beneden Leeuwen
9,22 x 3,31 x 1,25
77 kW 105 pk Kromhout

1992-03 MV
**GUAYAS**
Koninklijke
Boskalis Westminster N.V.
Rosmolenweg 20
3356 LK Papendrecht
078-6969000
1992 5918
Damen Shipyards BV
Hardinxveld-Giessendam
16,89 x 5,29 x 2,52
2 x 405 kW/550 pk Caterpillar

1950-35 MS
**GUUST**
KANAALDIENST 2
Sickens De Wal M.A.
Voorburg
12,80 x 3,24 x 1,00
42 kW 57 pk Perkins

| **reg.nr. / type** : | 023.18028 DS | 1981-09 MV | 027.18882 MS |
|---|---|---|---|
| **naam** : | **HAAI** | **HAM 457** | **HAM 1406** |
| **ex naam** : | HAI | | |
| **ex naam** : | | | |
| **ex naam** : | | | |
| **eigenaar** : | Hazewindus C.P. | Van Oord Ballast HAM Dredging | Van Oord Ballast HAM Dredging |
| **adres** : | Drinkwaterweg 403 | Schaardijk 211 | Schaardijk 211 |
| **woonplaats** : | 3063 VD Rotterdam | 3063 NH Rotterdam | 3063 NH Rotterdam |
| **telefoon** : | 010-4520483 / 06-53270011 | 010-4478444 | 010-4478444 |
| **bouwjaar / -nr.** : | 1967 | 1981 | 1996 |
| **bouwwerf** : | Joh.Oelkers | Damen Shipyards BV | Estaluiros Sao Jacinto SA |
| **plaats** : | Hamburg | Gorinchem | Sao Jacinto |
| **l x b x d** : | 20,98 x 5,38 x 2,36 | 12,65 x 3,36 x 1,50 | 23,99 x 10,80 x 3,11 |
| **vermogen** : | 415 kW 565 pk MWM | 176 kW 240 pk GM | 2 x 447 kW/607 pk Cummins |
| **boegschroef** : | | | |

| | | | |
|---|---|---|---|
| 027.14857 DS | 023.26061 MS | 027.18935 MV | 027.19263 MV |
| **GYAS** | **HAI** | **HAM 459** | **HAM 1509** |
| EERLAND 25/ | | | SCHOLLEVAER |
| JOOST DE MOOR | | | |
| | | | |
| Wagenborg Sleepdienst BV | Man M.de | Mijnster Zand & Grinthandel | Van Oord Ballast HAM Dredging |
| Marktstraat 10 | | Schaardijk 211 | Schaardijk 211 |
| 9934 CK Delfzijl | Maassluis | 3063 NH Rotterdam | 3063 NH Rotterdam |
| 0596-636911 | | | 010-4478444 |
| 1977 /808 | 1952 539 | 1981 | 1974 523 |
| Schouten/Padmos | J.G.Hitzler | Damen Shipyards BV | Damen Shipyards BV |
| Muiden/Bruinisse | Lauenburg | Gorinchem | Hardinxveld-Giessendam |
| 15,89 x 4,11 x 2,11 | 28,00 x 6,60 x 1,98 | 12,65 x 3,36 x 1,50 | 14,88 x 4,18 x 1,22 |
| 356 kW 485 pk GM | 250 pk 340 pk MAN | 176 kW 240 pk Caterpillar | 184 kW 250 pk GM |

| | | | |
|---|---|---|---|
| 033.10530 MS | 023.25020 MS | 027.18182 MV | 023.07611 MS |
| **GYAS** | **HAIDOR 2** | **HAM 460** | **HAMER** |
| LENA/ | | | DORDRECHT/ |
| MAGDALENA MARIA | | | SCHOONHOVEN/ COR / |
| | | | ARIEL/ORCA |
| Hanzestad B.V. | Knol Materieel Verhuur BV Jac. | Van Oord Ballast HAM Dredging | Pijnappel J. |
| Sluiskade 25 | It Patroan 5 | Schaardijk 211 | |
| 9601 LA Hoogezand | 8491 PK Akkrum | 3063 NH Rotterdam | IJmuiden |
| | 0566-654321 | 010-4478444 | |
| 1965 263 | | 1981 | 1918 290 |
| Eltink | | Damen Shipyards BV | P.Smit Jr |
| Beneden Leeuwen | | Gorinchem | Rotterdam |
| 13,24 x 4,35 x 1,69 | 8,84 x 2,40 x 0,96 | 12,65 x 3,36 x 1,50 | 17,28 x 4,34 x 2,15 |
| 103 kW 140 pk Volvo | 184 kW 250 pk Deutz | 176 kW 240 pk GM | 169 kW 230 pk GM |

| | | | |
|---|---|---|---|
| 023.35334 MS | 023.24568 MS | 027.18094 MS | 023.16124 DS |
| **H.V.MAURITZKADE** | **HALLE** | **HAM 814** | **HANNE** |
| RHD 64/ V 64 | SIMSON/ KURA/ | KDC 10 | KATJAN II |
| | HALLE / | | |
| | WITTENBURG | | |
| Verduin H.B. | Klokman B.C. | Van Oord Ballast HAM Dredging | Herik Holding BV |
| Danzigerkade 9 | | | Industrieweg 24 |
| 1013 AP Amsterdam | Amersfoort | 3063 NH Rotterdam | 3361 HJ Sliedrecht |
| 020-6165815 | | 010-4478444 | 0184-412881 |
| 1978 | 1927 | 1977 3004 | 1941 211 |
| Gebr.Akerboom | Gebr.Wiemann | Damen Shipyards BV | De Haan & Oerlemans |
| Oegstgeest | Brandenburg | Hardinxveld-Giessendam | Heusden |
| 17,05 x 4,25 x 1,65 | 27,82 x 5,65 x 1,55 | 18,06 x 10,06 x 1,70 | 20,02 x 4,82 x 1,82 |
| 271 kW 368 pk Volvo | 220 kW 300 pk | 2x 176 kW/240 pk Caterpillar | 287 kW 390 pk Deutz |

025.09762 MS
**HANNES**
KOLLICKER ORT D116/
Y 1653 KOLLICKER ORT
Kos B.
Rotterdam
1968 220
VEB Peenewerft
Wolgast
29,50 x 6,20 x 1,86
425 kW 578 pk SKL

031.50151 MS
**HANNIE**
VITESSE/ MARIA/
HARDY /
DEO VOLENTE
Berg M.v.d.
Voorstraat 168
2941 EX Lekkerkerk
1905 21
A.S.M.
Arnhem
22,36 x 4,80 x 1,52
276 kW 375 pk Kromhout

020.05081 MS
**HANNY**
ZWAANTJE/
CATHARINA H /
VOLHARDING
Seinen A.P.F.
Goor
1956
Th.A.d.Groot
Landsmeer
16,45 x 4,38 x 1,55
126 kW 172 pk Caterpillar

021.03067 MS
**HANS**
Onstweder C.
Zaandam
1955
11,25 x 3,50 x 1,00
73 kW 100 pk Caterpillar

053.01610 MS
**HANS**
Leemburg Waterbouw BV
Stripe 19
8493 LB Terhorne
0566-689203
1889
16,45 x 3,70 x 1,76

1930-57 MS
**HANSEAT**
Egmond J.v.
Zwanenburg
1930
E.Menzer
Bergedorf
16,20 x 4,68 x 2,10
294 kW 400 pk Deutz

033.10263 MS
**HAPPINESS**
HAPPINESS/
LAST HAPPINESS /
OLD HAPPINESS/MAJO V
Ruiter H.de
Oude Wetering 1
2959 GA Streefkerk
1931
C.Amels & Zn
Makkum
15,40 x 4,20 x 1,35
104 kW 142 pk Caterpillar

020.13487 DS
**HARBURG**
WETTERN & PLUSCHAU 4
Krul J.
Klieverweg 9
1774 NK Slootdorp
0224-211211
1922 562
Stulcken & Söhne
Hamburg
18,61 x 5,37 x 2,62
280 kW 380 pk Deutz

020.03983 MS
**HARLEY D**
COR/ ONDERNEMING IV/
NELLY /
VERANDERING
Fontijne & Valster
Acaciadreef 10
3137 BB Vlaardingen
010-4744640
1912
Figee
Vlaardingen
15,20 x 3,52 x 1,85
103 kW 140 pk Kromhout

030.10809 MS
**HARM**
BREDERO/
ADRIANA/
AALTJE
Weerden G.J.v.
Oostendeweg 43
9723 HJ Groningen
050.5890527
1943
Bijlholt
Foxhol
17,20 x 4,64 x 2,00
268 kW 365 pk Caterpillar

032.70554 MS
**HARM JAN**
ZWAANTJE/
CATHARINA /
VOLHARDING
Jong R. de
Zwartsluis
1933
A.Apol
Echtenerbrug
10,20 x 2,80 x 1,20
80 kW 110 pk Mercedes

023.09494 MS
**HARMEN**
MABI 6/ HF 11/ HF 13/ MABI 6/
ONDERNEMING II /
ONDERNEMING 2/
KARIN/ JOHN SALS
Haanstra H.A.
Sneek
1921
Gebr.v.d.Windt
Vlaardingen
16,15 x 3,82 x 1,40
176 kW 240 pk Modag

022.03392 MS
**HARMINA**
JACOMIJNTJE JOHANNA/
WIGGERT/ALTIED DROK
Turen H.v.
Haarlem
1931
A.v.Bennekum
Sliedrecht
13,32 x 2,86 x 0,73
40 pk Mercedes

030.51208 DS
**HARMKE**
LELYSTAD
Driemast BV
Bernhardstraat 9
3433 EL Nieuwegein
030-6062305 / 06-23609666
1953
J.H.Bodewes
Groningen
15,75 x 4,30 x 1,85
282 kW 383 pk Scania Vabis

023.28748 DS
**HARMONIE**
EMANUEL/HARMONIE III/
FRISO/SUZANNA /MAASKADE/
LOUISE/MAASKADE
Driemast BV
Bernhardstraat 9
3433 EL Nieuwegein
030-6062305 / 06-23609666
1922
Marckmann & Faassen
Kralingse Veer
22,27 x 5,18 x 2,04
368 kW 500 pk Stork Ricardo

1950-25 OP
**HARMONIE**
Zaal M.van
06-53283283
6,00 x 2,00 x 0,70
18 kW 22 pk Lister

| reg.nr. / type | 027.14772 MS | 1974-10 MS | 023.02876 MS |
|---|---|---|---|
| naam | **HASSAN** | **HAVENDIENST 3** | **HE AN** |
| ex naam | | HEUMEN/ MEPPEL / | ITA / RHODOS/ ITA |
| ex naam | | CORMORAN | |
| ex naam | | | |
| eigenaar | Koninklijke Boskalis Westminster N.V. | Gemeente Havendienst | Bommel H.T.van |
| adres | Rosmolenweg 20 | Het Nieuwe Diep 37 A | Spijksedijk 4 A |
| woonplaats | 3356 LK Papendrecht | 1781 AE Den Helder | 6917 AB Spijk |
| telefoon | 078-6969000 | 0223-613955 | 0316-541935 |
| bouwjaar / -nr. | 1977 1475 | 1974 519 | 1924 |
| bouwwerf | Damen Shipyards BV | Damen Shipyards BV | Bonn & Mees |
| plaats | Gorinchem | Hardinxveld-Giessendam | Rotterdam |
| l x b x d | 16,19 x 4,82 x 2,08 | 10,50 x 3,05 x 1,05 | 17,35 x 4,20 x 1,24 |
| vermogen | 2 x 268 kW/364 pk Caterpillar | 70 kW 96 pk DAF | 195 kW 265 pk Mitsubishi |
| boegschroef | | | |

| reg.nr. / type | 021.01439 MS | 020.05755 MS | 1941-02 MS | 033.20143 MV |
|---|---|---|---|---|
| naam | **HARMONIE III** | **HAUKJE** | **HAVENDIENST 20** | **HEAIDOR** |
| ex naam | Jeanne D' Arc II/Corjanda/David/ | ELAEIS/ DINA/ | HAVENDIENST II | VD 17/ MON IDEE/ |
| ex naam | Gerja M/ Dark Rose/ Angelique/ | AVONTUUR | | ANTJE 6 |
| ex naam | Drammer /Jeanne D' Arc II | | | |
| eigenaar | Meegen G.A.T.van | Kimsma & J.H.d.Boer H. | Havenmuseum | Knol Materieel Verhuur BV Jac. |
| adres | Postbus 390 | | Leuvehaven 67 | Postbus 63 |
| woonplaats | 6500 AJ Nijmegen | Leeuwarden | 3011 EA Rotterdam | 8490 AB Akkrum |
| telefoon | 06-53667751 | 050-5419851 | 010-4048072 | 0566-654321 |
| bouwjaar / -nr. | 1929 233 | 1946 | 1941 | 1956 |
| bouwwerf | A.S.M. | De Vries Lentsch | Gebr.Paans | Van Goor |
| plaats | Arnhem | Alphen a/d Rijn | Roodevaart | Monnickendam |
| l x b x d | 23,67 x 5,34 x 1,90 | 14,72 x 3,52 x 1,43 | 18,33 x 4,47 x 2,00 | 12,14 x 3,56 x 1,40 |
| vermogen | 294 kW 400 pk Bolnes | 58 kW 80 pk Stork | 177 kW 241 pk Caterpillar | 206 kW 280 pk Mercedes |
| boegschroef | 30 kW electro | | | |

| reg.nr. / type | 030.31144 recr | 023.35451 PS | 023.15912 MV | 022.09013 OP |
|---|---|---|---|---|
| naam | **HARMONIE SR** | **HAVENBEHEER** | **HB 8** | **HEAVY** |
| ex naam | JORNA/ | | | DE HUSK / HUSKY |
| ex naam | EBEN HAEZER | | | |
| ex naam | | | | |
| eigenaar | Zaal P.van | Port of Amsterdam Authority | Hoebee BV Scheepswerf | Woudstra J. |
| adres | | De Ruyterkade 7 | Merwedestraat 56 | |
| woonplaats | Alpen a/d Rijn | 1013 AA Amsterdam | 3313 CS Dordrecht | Leeuwarden |
| telefoon | | 020-5238600 | 078-6130088 | |
| bouwjaar / -nr. | 1939 | 1994 243 | 1947 | 1929 |
| bouwwerf | G.den Heeten & Co | Molenaar | Hoebee | |
| plaats | Leidschendam | Zaandam | Dordrecht | |
| l x b x d | 11,30 x 3,25 x 1,50 | 16,75 x 3,98 x 1,45 | 8,64 x 2,48 x 0,63 | 6,95 x 2,40 x 0,90 |
| vermogen | 73 kW 100 pk Volvo Penta | 129 kW 175 pk J.Deere | 59 kW 80 pk DAF | 15 kW 21 pk Ruston Lister |
| boegschroef | | | | |

| reg.nr. / type | imo 9524516 MS | 023.26317 PS | 023.15866 MV | 023.26911 MV |
|---|---|---|---|---|
| naam | **HARRIER** | **HAVENDIENST 2** | **HB 9** | **HEBO CAT 1** |
| ex naam | DMS HARRIER | HAVENDIENST 2/ RPA 25 | | JUNIOR |
| eigenaar | Van Oord Acz Overige Materieel BV | Stichting Buitenmuseum Leuvehaven | Hoebee BV Scheepswerf | Hebo Maritiem Service BV |
| adres | Schaardijk 211 | Leuvehaven 67 | Merwedestraat 56 | Stouweweg 17-19 |
| woonplaats | 3063 NH Rotterdam | 3011 EA Rotterdam | 3313 CS Dordrecht | 8064 PD Zwartsluis |
| telefoon | 010-4478444 | 010-4048072 | 078-6130088 | 038-3868180 |
| bouwjaar / -nr. | 2009 1600 | 1954 502 | 1947 | 2005 291 |
| bouwwerf | Stocznia Kozle Serwis/ Damen Shipyards | J.Hendriks | Hoebee | N.Dijkstra Jachtservice BV |
| plaats | Kozle/Hardinxveld | Dodewaard | Dordrecht | Harlingen |
| l x b x d | 35,25 x 11,60 x 3,70 | 22,07 x 5,29 x 2,03 | 7,85 x 2,73 x 0,73 | 12,20 x 4,75 x 1,20 |
| vermogen | 2 x 1825 kW/2481 pk Caterpillar | 206 kW 280 pk Bolnes | 55 kW 75 pk GM | 2 x 125 kW/170 pk Deutz |
| boegschroef | | | | |

Ze werd gebouwd als patrouillevaartuig voor de Rijkspolitie, de ADA ( 030.50788). Foto: T. v.d. Zee.

De ADELAAR (020.125190) werd gebouwd als SEINE van de 'Fransman'. Foto: J.W.F. Smallegange.

De ADMA (023.06832) voer ruim 40 jaar voor Kooren. Foto: T .v.d. Zee.

Mooi zijn ze niet die Multicats, maar het zijn wel echte werkpaarden; de ALBERT B (023.14955). Foto: P. Inpijn.

Van de ALK (021.04178) ex EUREKA, wordt weer een duwboot gemaakt. Foto: W. van Heck.

De AMIGO (023.15410) is de laatste jaren nauwelijks veranderd. Foto: T .v.d. Zee.

Van een sleepboot kan je ook een werkschip maken, de ANTONIA (023.11747). Foto: B. Beltman.

De AREND (023.16425) kapseisde tweemaal, daarna werd ze verbreed. Foto: A. Poots.

De ARGO (032.20046) komt uit Tsjechië. Foto: W. van Heck.

De ASSISTENT (023.00069) werd in 1955 in sluis Maasbracht gekraakt door haar sleep en dat is nóg zichtbaar. Foto: P. Inpijn.

De ATLANTIS (020.07085) werd verkocht en omgedoopt in MIRA. Foto: C. de Bijl.

De Mercedes van de ATLAS (023.03883) doet al ruim 50 jaar dienst. Foto: D. Henken.

Eigenlijk zou ze worden omgedoopt naar CHRISTINA MULLER, maar het bleef BARRACUDA (imo 7052911). Foto: J.W.F. Smallegange.

In 1995 werd ze verkocht voor de sloop, maar ze ontliep de 'knipper', de BERTUS JR (02.22529). Foto: B. Beltman.

De BIZON (023.34320), nieuwbouw uit 2004. Foto: A. Träger.

De BO DEN MAR (021.02404), 100 jaar oud en 'still going strong'. Foto: P. Inpijn.

De BOBO (033.10401) op de Westerschelde. Foto: J.W.F. Smallegange.

De SAVANNA IV werd omgedoopt in BONANZA (023.20354). Foto: P. Inpijn.

De BROEDERTROUW XV (023.00671) op de Oude Maas bij Zwijndrecht. Foto: A. Poots.

De 'Amsterdammer' BURLY (023.07173) op het IJsselmeer. Foto: coll A.M. van Zanten.

De CORRIE II, 125 jaar oud, is niet meer actief in de beroepsvaart. Foto: T .v.d. Zee.

De werfboot De GELIEN II (021.03662), van de gelijknamige scheepswerf. Foto: D. Henken.

Het dienstvaartuig DE NEGEN (023.12383), hier verhuurd aan Rijkswaterstaat. Foto: R.J.M. Weteling.

De sleepboot DE RIKUS (023.20948) voer 35 jaar onder stoom. Foto: T .v.d. Zee.

De DICKENS (020.04700) toont zich gráág aan het publiek en terecht. Foto: P. Inpijn.

De DOLFIJN (020.1632) voer jaren als patrouilleboot voor de Oost-Duitse waterstaat. Foto: P. Inpijn.

De DOMMERHOLT (022.08077) doet dienst als veerboot. Foto: L. Schuitemaker.

Het dienstvaartuig DR.IR.DE BLOCK VAN KUFFELER (025.09565) van Rijkswaterstaat, hier afgemeerd in de Kuipershaven in Dordrecht. Foto: A. Poots.

De DRIEBOND II (032.30225), bijna 60 jaar oud. Foto: A. Träger.

De DUTCH POWER (imo 9547879). Foto: J.W.F. Smallegange.

Nieuwbouw uit 2014, de EDDY I (imo 9714575). Foto: A. Poots.

De ELAN (021.04476). Foto: R.J.M. Weteling.

De EN AVANT 4 (023.11302) werd gebouwd bij en voor Wilton. Foto: R. v.d. Veer-v. Heck.

Nog wel herkenbaar als voormalige Independent-boot, de EN AVANT III (023.11682). Foto: P. Inpijn.

De ERIC (020.10386) voer nog een tijdje als ploegboot in Antwerpen. Foto: P. Inpijn.

De FE-JA (023.04958). Foto: T .v.d. Zee.

Een ware Schlieker-vlet, de GEERTJE II (023.33915). Foto: P. Inpijn.

De Amsterdammer GRETA (020.03657), voer in de oorlog in Le Havre. Foto: P. Inpijn.

Met de GYAS (027.14857) gaan ze ongetwijfeld iets moois doen. Foto: J. Schirsching.

De HARMKE (030.51208) in de thuishaven Nieuwegein. Foto: P. Inpijn.

De HENDRIK KLAAS (023.09795) voer 28 jaar voor Smit. Foto: R.J.M. Weteling.

De HENDRIKA JACOBA (023.34004) in Elburg; ze is te huur. Foto: B. Beltman.

Goed dat dit soort schepen blijven behouden; de HOLLAND (imo 5153462). Foto: R.H. Mulder.

Mooie boot, strak in de verf, de HOOP (023.06504). Foto: P. Inpijn.

De IJSLAND (023.09470), een voormalige Blauw-bander van Leen Smit. Foto: P. Inpijn.

Sinds 2004 wordt ze gezien als een 'recreational vessel', De JACOBA II (030.20990). Foto: P. Inpijn.

De 'Amsterdammer' JAN (030.11289) wil weten waar ze vandaan komt. Foto: P. Inpijn.

Een echte werkvlet, de JAN SR (022.09986). Foto: R.J.M. Weteling.

De JANNIE (030.51608) lag in 2010 al te koop; nu is ze verkocht aan een onbekende koper. Foto: R.H. Mulder.

De JASON (020.10388) werd gebouwd voor de 'Flusspioniere'. Foto: F. de Vries.

Ooit voer ze als de derde TOLLENS van Roelofs, de JEANNE (032.50214). Foto: D. Henken.

De JENNY (020.05898) gebouwd voor Goedkoop. Foto: R.H. Mulder.

De duwvlet JOCO IV (023.29420). Foto: P. Inpijn.

Ze vaart alweer 45 jaar als JOHANNA VAN DER WEES (023.09469). Foto: A. Poots.

De JOLI COEUR (020.01964) uit 1909 voer nog een tijdje voor de Koninklijke Marine. Nu is ze verkocht en omgedoopt in GERSOM. Foto: P. Inpijn.

Duidelijk Oost-Europese trekjes, de JOOP I (023.23256). Foto: F. de Vries.

De nieuwe KEES JR (imo 9701384). Ploegen kan ze, maar ze kan ook slepen. Foto: J.W.F. Smallegange.

De vlet KOERIER (020.06023). Foto: R.J.M. Weteling.

De schipper van de KRAAK (020.09040) gebruikt zijn sleeptros als waslijn. Foto: Jan Weij.

Rechter pagina: De eeuweling LODEWICUS (033.20093). Foto: D. Reijne.

De KRACHTWIJK (020.03412) krijgt een opknapbeurt. Foto: L. Schuitemaker.

De LUCY (030.20604) werd verkocht naar Duitsland. Foto: P. Inpijn.

Mooi omgebouwd met nog steeds Rotterdamse trekjes, de MAASSTROOM 8 (023.08614). Foto: R.H. Mulder.

De UNITÉ kwam uit Luxemburg en vaart nu als MAIN XXI (080.23139). Foto: P. Inpijn.

Ze werd gebouwd als stoomsleepboot, de MARGRIET (023.04990). Foto: P. Inpijn.

De MARY I (026.10541) is een echt werkpaard. Foto: T .v.d. Zee.

Niet echt een sleepboot meer, de MATHIEU (030.31906). Foto: C. de Bijl.

De MEANDER (imo 9394026) op de Noordzee. Foto: J.W.F. Smallegange.

Afgezien van een 'dikke neus' is ze nog zeer origineel, de METJE (022.01515). Foto: T .v.d. Zee.

Ze heeft wél een mooie naam, de MONIQUE (020.03694). Foto: R.J.M. Weteling.

De Multicat MULTRASALVOR 3 (imo 9635975) op de Westerschelde. Foto: J.W.F. Smallegange.

Gebouwd in Turkije voor een Noorse eigenaar. Verleden jaar werd ze Zeeuwse, de MULTRA-TUG 20 (imo 9572006). Foto: R.H. Mulder.

Eén van de twee zusterschepen uit 2013, de MULTRATUG 26 (imo 9667863). Foto: J.W.F. Smallegange.

De werfsleepboot NEREUS (023.10009) is de voormalige 3de PERNIS. Foto: J. Schirsching.

De NOORDPOOL (023.09787), hier in ruste in thuishaven Tiel, werd verkocht naar Litouwen.
Foto: R.H. Mulder.

De NOORMAN (023.01674) op het Amsterdam-Rijnkanaal. Foto: P. Inpijn.

De PERNILLA (023.11715) of heet ze PERNILLA BORGER? Foto: J. Schirsching.

Ze had nog 8 andere namen, de PIONIER (023.07483). Foto: P. Inpijn.

De EN AVANT 5, nadat ze zonk op de Oude Maas, gelicht, opgeknapt en omgedoopt in PM 1 (imo 9192313). Foto: A. Poots.

De patrouilleboot PORT OF AMSTERDAM 3 - TRITON (023.35452), op het Noordzeekanaal. Foto: F. de Vries.

De eerste eigenaar van de REBOCADOR 12 (023.16335) had niet veel plezier van haar. Drie maaanden na de oplevering werd ze gevorderd. Foto: P. Inpijn.

De REINOD 5 (023.23702) op de Nieuwe Maas. Foto: L. Schuitemaker.

Ze werd gebouwd als melkscheepje in de Haarlemmermeer, daarvan hebben ze toch iets moois gemaakt; de RESIDENTIE (030.50797). Foto: L. Schuitemaker.

Het nieuwbouwcasco van de RODI 2 (023.35714) wacht nog steeds om te worden afgebouwd. Foto: J. Meppelink.

Onvoorstelbaar hoeveel Monopol-boten nog steeds actief zijn, zoals de RONALD (021.04250). Foto: P. Inpijn.

Schijn bedriegt, ze lijkt veel ouder dan ze werkelijk is; de ROSA BELLA werd in 2005 gebouwd. Foto: A. Wolst- Hertog.

Doodzonde dat de 141 jaar oude ROSALIE (023.02901), niet voor Nederland kon worden behouden; ze werd verkocht naar Turkije. Foto: A. de Jongh.

De nieuwe generatie patrouilleboot van Rotterdam, RPA 12 (023.25535). Foto: A. Poots.

De RPA 24 (023.32210), een voorbeeld van de oudere generatie Rotterdamse patrouille-vaartuigen, is inmiddels 'gedegradeerd' tot reservevaartuig. Foto: T .v.d. Zee.

Ook dit is een ex Monopol maar mooi omgebouwd; de SALUTÉ (030.31867). Foto: C. de Bijl.

De SANA (023.05930) begon haar werkzame leven bij de Visserinspectie op het IJsselmeer en de Waddenzee. Foto: D. Henken.

De SCALDIS (023.18173). Foto: C. de Bijl.

Het Amsterdammertje SHIPDOCK VI (020.01963) op de Lek. Foto: P. Inpijn.

De SIRIUS (020.01662) werd verkocht en verhuisde van Katwijk naar Dordrecht. Foto: T .v.d. Zee.

Ze zonk in 2012 op de Nieuwe Maas bij het assisteren van een coaster (gelukkig geen slachtoffers) en werd opgebouwd als 'nichtje' SOBRINA (060.04114). Foto: P. Inpijn.

De vlet SPRINGER (021.04374) een telg uit de Breevaer-familie. Foto: D. Henken.

De STERN (023.07517) hier op het Noordhollands Kanaal, vaart inmiddels al 3 jaar als ODETTE. Foto: R.H. Mulder.

De STERNA (030.30949) vaart vast met het sleepschip SUZETTE. Foto: L. Schuitemaker.

De STORMVOGEL (023.00130) voer ruim 40 jaar in de 'berging'. Foto: P. Inpijn.

De SUMUS UMBRA (033.20236) voer 25 jaar als vorspannboot uit Trechtinghausen. Foto: A. Poots.

De SVEZIA (imo 8521141) werd verkocht en is omgedoopt in SVITZER SVEZIA. Foto: F. de Vries.

Nog altijd een stoere boot; de SYNERGY (060.03353) op de Oude Maas bij Dordrecht. Foto: D. Henken.

De TELSTAR (imo 8521127) werd verkocht naar Tallinn en omgedoopt in SIRIUS. Foto: P. Inpijn.

De THETIS (imo 9252527), de derde boot met die naam van Iskes. Foto: F. de Vries.

De THIJS (022.03478) op de Lek. Foto: C. de Bijl.

De TITANIC (023.01567) werd gebouwd als vissersschip. Foto: H. Platje.

Wat zal de toekomst brengen voor de TWEE GEBROEDERS (023.52276), hier nog degelijk afgemeerd in thuishaven Groningen. Foto: J. Schirsching.

De duwboot TYPHOON (020.08381). Foto: P. Inpijn.

De VEERHAVEN VII - WALRUS (023.19631) uit 1990 is een van de 'oudere' duwboten. Foto: C. de Bijl.

De VICTORY (023.27124) vaart alweer 6 jaar als KWATTA. Foto: R.H. Mulder.

De VLUG (022.03318) in Farmsum. Foto: P. Inpijn.

De WALRUS II (023.19010), heeft nog enkele jaren in Engeland gewerkt. Foto: A. Poots.

De nieuwe duwboot WALVIS (023.25680) op de Oude Maas bij Dordrecht. Foto: D. Henken.

Nieuwbouw uit 2012, de WARBER (023.34960). Foto: R.J.M. Weteling.

Een mooi gelijnde boot, de WATERMAN (023.14928). Foto: R.J.M. Weteling.

Van de WATERPOORT (022.3865), al ruim 50 jaar van Wagenborg, werd het vermogen verdubbeld. Foto: Jan Weij.

Ook werkboten kunnen er goed uitzien zoals de WATERWEG (023.15572). Foto: D. Henken.

De vlet WILLEM (021.03100). Foto: A. Poots.

De WILLM B SR (imo 8433681) werd met broertjes en zusjes ondergebracht bij een nieuw bedrijf. Foto: G. Schuth.

Toch handig bij die Amsterdammers, je hoeft je stuurhut niet uit om los te gooien; de WILLEM III (020.10090). Foto: R.J.M. Weteling.

De WILLEM LOURENS (023.22650) is een van de kleinere Biesbosch-duwboten. Foto: F. de Vries.

De WOUW (023.08884) is een zusje van de MAASSLUIS (060.03459). Foto: T .v.d. Zee.

En weer een nieuw Damen casco, de Shoalbuster YN 571698 (027.23724). Foto: A. Poots.

De ZEELEEUW (023.22995) werd gebouwd voor de Kriegsmarine en in 1974 in Zwitserland omgebouwd tot duwboot. Foto: P. Inpijn.

De ZEEMEEUW (020.01826) voer nog enkele jaren als patrouilleboot voor de Rijkspolitie. Foto: R.H. Mulder.

De ZELDENRUST (023.17311) vaart al sinds 1974 als duwboot. Foto: R.J.M. Weteling.

De blusboot ZUID HOLLAND wordt vervangen door een nieuwe blusboot. Foto: C. de Bijl.

| | | | |
|---|---|---|---|
| **reg.nr. / type** : | 021.04162 DS | 023.22270 MS | 023.00709 MS |
| **naam** : | **HEIN JR** | **HEKTOR** | **HELENE** |
| **ex naam** : | M 469/M 263/ BEVELAND/ | NOORD/ RHD 11/ MARTHA/ | JOHANNA/ MARS IV |
| **ex naam** : | FONDA / MONA/ MONDA/ | PIET HEIN / | |
| **ex naam** : | STATUM/ BERTUS JR | NOORD/ PIET HEIN | |
| **eigenaar** : | Bakker & M.d.Boer L. | Vreeken J.W. | Smit |
| **adres** : | Duinriet 14 | | Noordijs 23 A |
| **woonplaats** : | 8322 CC Urk | Velserbroek | 8861 AH Harlingen |
| **telefoon** : | | | 0517-430141 |
| **bouwjaar / -nr.** : | 1940 | 1938 | 1913 32 |
| **bouwwerf** : | Weserwerft | A.S.M. | De Groot & v. Vliet |
| **plaats** : | Minden | Arnhem | Slikkerveer |
| **l x b x d** : | 22,30 x 5,80 x 1,75 | 17,57 x 3,76 x 1,42 | 17,12 x 4,01 x 1,70 |
| **vermogen** : | 2 x 358 kW/487 pk Caterpillar | | 126 kW 172 pk Cummins |
| **boegschroef** : | | | |

| | | | |
|---|---|---|---|
| 023.34658 MS | 1966-19 MV | 027.16627 DS | 023.04778 DS |
| **HEBO CAT 10** | **HEINZ** | **HEKTREK** | **HENDRIK** |
| | | GATTA | VD 227 - ARIE/ |
| | | | THEREJE |
| | | | |
| Hebo Maritiem Service BV | Amstel & IJ | Hek BV Gebr. Van 't | Valkenburg R.P.J. |
| Stouweweg 17-19 | Dijkgracht 9 | Nekkenweg 63 | |
| 8064 PD Zwartsluis | 1019 BT Amsterdam | 1461 LD Zuidoost Beemster | Nijmegen |
| 038-3868180 | 020-4188013 / 06-55195020 | 0299-423865 | |
| 1984 82 | 1966 | 1981 239 | 1930 |
| Grave | Schottelwerft Jozef Becker | Delta Shipyard | Velthuizen |
| Grave | Oberspay | Sliedrecht | Zaandam |
| 13,40 x 4,01 x 1,00 | 9,20 x 2,50 x 0,96 | 12,65 x 3,45 x 1,60 | 15,56 x 4,28 x 2,00 |
| 97 kW 132 pk DAF | 184 kW 250 pk DAF | 220 kW 300 pk DAF | 176 kW 240 pk Modag |

| | | | |
|---|---|---|---|
| 030.50722 MS | 020.01561 MS | 020.04284 MS | 023.08229 MS |
| **HECTOR** | **HEKGOLF** | **HELENA** | **HENDRIK** |
| HOOP OP ZEGEN/ | H.& J.S./ TINA/ | CENTRUM | MILLINGERWAARD/ |
| ZWALUW/ GEA / | TREKVOGEL/ THETA | | ADVENDO II / |
| L'AVENIR | | | DANDY/ADVENDO |
| Keizer A.de | Hek BV Gebr. Van 't | Hoesel R. van | Halster P.H.G. |
| | Nekkenweg 63 | Reinaldstraat 47 | |
| 's-Gravenhage | 1461 LD Zuidoost Beemster | 5333 XA Kerkdriel | Vinkeveen |
| | 0299-423865 | 0418-631941 | |
| 1924 | 1920 | 1910 | 1905 24 |
| A.Apol | Schouten | Vredenhof Wed.C.L.Ceuvel | A.S.M. |
| Wirdum | Muiden | Amsterdam | Arnhem |
| 14,15 x 3,60 x 1,30 | 13,25 x 3,76 x 0,98 | 15,20 x 3,02 x 1,14 | 17,12 x 3,75 x 1,40 |
| 44 kW 60 pk Industrie | 79 kW 108 pk Samofa | 121 kW 165 pk Leyland | 121 kW 165 pk GM |

| | | | |
|---|---|---|---|
| 1930-54 OP | 022.05009 MV | 023.06345 MS | 023.10966 MS |
| **HECTOR** | **HEKHULP** | **HELENA** | **HENDRIK** |
| | JOLANDA/ | FEJO/ MEVO/ ANJO II/ | |
| | JACOB JUNIOR/ | WILCO/ MEVO/ | |
| | ZAAN | ENERGIE | |
| Klijnstra H.J. | Hek BV Gebr. Van 't | Ligthart W.& H. | Troost Materieel B.V. |
| | Nekkenweg 63 | Rozenbloemstraat 9 | |
| Gorredijk | 1461 LD Zuidoost Beemster | 4921 KD Made | Spijkenisse |
| | 0299-423865 | | |
| 1930 | 1965 | 1939 | 1937 |
| | Van Rossem | Bodewes & Dutmer | |
| | Dreumel | Groningen | |
| 6,15 x 2,05 x 0,90 | 13,37 x 3,42 x 0,85 | 15,97 x 4,12 x 1,50 | 9,15 x 2,55 x 1,25 |
| 59 kW 80 pk Hanomag | 88 kW 120 pk DAF | 126 kW 172 pk Caterpillar | 66 kW 90 pk |

| | | | | |
|---|---|---|---|---|
| **reg.nr. / type** | : | 022.03372 MS | 023.22332 MS | 1931-09 MV |
| **naam** | : | **HENDRIK JAN** | **HENDRIKA** | **HENDRIKJE** |
| **ex naam** | : | RIEK | SPES/MARIE 3/EERLAND 3/ | |
| **ex naam** | : | | REGGE / | |
| **ex naam** | : | | STERNA/SPES | |
| **eigenaar** | : | Rijet Vof v.d. | Kromkamp R.H.G. | Kroon G.de |
| **adres** | : | | Reijersdijk 5 | |
| **woonplaats** | : | Werkendam | 8262 CM Kampen | Zwolle |
| **telefoon** | : | | 038-3318183 / 06-53272725 | |
| **bouwjaar / -nr.** | : | 1935 | 1930 203 | 1931 |
| **bouwwerf** | : | Gebr.Bodewes & Dutmer | Rijkee | |
| **plaats** | : | Groningen | Rotterdam | Groningen |
| **l x b x d** | : | 8,15 x 2,30 x 1,20 | 16,24 x 4,16 x 2,03 | 12,25 x 3,15 x 1,20 |
| **vermogen** | : | 88 kW 120 pk DAF | 110 kW 150 pk Industrie | 85 kW 116 pk Deutz |
| **boegschroef** | : | | | |

| | | | |
|---|---|---|---|
| 023.32538 MS | 023.09795 MS | 023.34004 MC | 023.29116 MV |
| **HENDRIK** | **HENDRIK KLAAS** | **HENDRIKA JACOBA** | **HENDRIKUS** |
| Leuvehaven/ Ivonne/ Gertrude/ | ZUIDPOOL/ JUPITER/ | | |
| Corsaire II /Anita/ Spoetnik/ | ZUIDPOOL | | |
| Sogetra/ Jules | | ESB Holding BV | |
| Vos H. | Midena Shipping BV | Havenkade 29 | Hotze J. |
| | In 't Vizier 2 A | 8081 GR Elburg | Kromme Haven 5 |
| Leystad | 8309 AS Tollebeek | | 3421 BK Oudewater |
| | 0527-688000 | 2010 1 | |
| 1926 394 | 1956 520 | Mansvelder Techniek/ | |
| P.Smit Jr | H.H.Bodewes | ESB Shipbuilding | |
| Rotterdam | Millingen | Brakel/Elburg | |
| 12,02 x 3,016 x 1,75 | 22,94 x 5,70 x 2,48 | 16,50 x 5,00 x 1,35 | 6,50 x 2,20 x 0,70 |
| 121 kW 165 pk GM | 846 kW 1150 pk Deutz | | 45 kW 62 pk Ford |

| | | | |
|---|---|---|---|
| 020.09859 DS | 031.20009 MS | 030.11989 MV | 1994-01 OP |
| **HENDRIK 3** | **HENDRIK SR** | **HENDRIKJE** | **HENGIST** |
| NEELTJE IJM 240/ | EXCELSIOR/ DEKLA/ | | |
| NEELTJE SL 16/ AART GO 51 / | LOTOS/ JAPICO / | | |
| SAVANNA/ JAN PALFIJN | GERMA/ JAKO/ OFFSHORE 1 * | Koninklijke | |
| Aerde Sleepdienst | Stolk A. | Boskalis Westminster N.V. | Wit H.de |
| Zandstraat 20 | | Rosmolenweg 20 | |
| 4551 LH Sas van Gent | Werkendam | 3356 LK Papendrecht | Akkrum |
| 0115-451877 | | 078-6969000 | |
| 1946 | 1930 | 1970 377 | 1994 159 |
| E.J.Smit | Telgenhof | Damen Shipyards BV | W.d.Wit |
| Hoogezand | Daarlervee | Hardinxveld-Giessendam | Akkrum |
| 19,40 x 5,30 x 1,62 | 17,10 x 4,29 x 1,39 | 10,63 x 3,09 x 1,28 | 6,00 x 1,80 x 0,70 |
| 625 kW 850 pk Cummins | 88 kW 120 pk Brons | 88 kW 120 pk Caterpillar | 5,8 kW 8 pk Saab |

| | | | |
|---|---|---|---|
| 023.23331 DS | 1930-59 MS | 1924-06 MV | 023.09435 DS |
| **HENDRIK 7** | **HENDRIK SR** | **HENDRIKJE** | **HENJA** |
| FIJENOORD/EERLAND 2/ | | JAN VERHOEF/ | ST.ANTOINE/ GERDA |
| ARGUS / | | VOLHARDING II / | |
| EERLAND 2/ BALCKYARD | | ANTJE | |
| Aerde Sleepdienst | Stolk A. | Sande A.A. v.d. | Fernhout H.J. |
| Zandstraat 20 | | | Werkenmondestraat 21 |
| 4551 LH Sas van Gent | Werkendam | Geertruidenberg | 3312 JV Dordrecht |
| 0115-451877 | | | 078-6132323 / 06-53244555 |
| 1974 26 | 1930 | 1924 | 1955 380 |
| Delta Shipyard | Telgenhof | Boer | Th.v.d.Beldt |
| Sliedrecht | Daalerveen | Lemmer | West Graftdijk |
| 19,18 x 5,62 x 2,50 | 17,10 x 4,29 x 1,85 | 7,05 x 2,30 x 1,20 | 16,60 x 4,80 x 1,92 |
| 353 kW 480 pk Detroit Diesel | 143 kW 195 pk Brons | 22 kW 30 pk MWM | 298 kW 405 pk Cummins |

022.09985 DS
**HENK**
Vries & v.d.Wiel BV De
Harmenkaag 9
1741 LA Schagen
0224-211211
1965
Fritz Staack & Co
Lubeck
9,38 x 2,52 x 1,19
184 kW 250 pk Deutz

030.51551 MV
**HENKIE**
Boltje & Zn R.
Zwolle
1952
De Liesbosch
Jutphaas
9,00 x 3,13 x 0,86
65 pk GM

023.27457 DS
**HENMAR**
TEXEL/
SCHEVENINGEN
Henmar BV
Postbus 13
9665 ZG Oude Pekela
1924 25
Roorda
Sliedrecht
18,65 x 4,52 x 1,90
264 kW 360 pk Caterpillar

023.26463 MS
**HENNIE B**
BOTLEKWERKEN
Meer K.v.d.
Urk
1957 225
Damen Shipyards BV
Hardinxveld-Giessendam
14,75 x 4,18 x 1,85
97 kW 132 pk DAF

1944-01 MS
**HENNY**
WALTRAUT
Hesselman R.C.G.M.
Creil
1944
Hamburg
15,05 x 3,25 x 0,95
95 kW 130 pk MWM

023.12372 DS
**HENRI**
HELMUTH/
FRANZ HANIEL VIII/
WORMER 8 /AMICE III/ AMICE
Jomar BV
Scheepmakerij 146
3331 MA Zwijndrecht
078-6250791 / 06-13406527
1930
Lindenau Memel
Stettin
26,98 x 5,91 x 1,65
596 kW 810 pk Caterpillar

1928-01 MS
**HENRI S**
HYGIEA I/
MURENA/
RISICO
Verheijke L.
Gorinchem
?1928
Nic.Witsen
Alkmaar
14,15 x 3,06 x 1,00
70 kW 96 pk DAF

1930-31 MS
**HENRIETTE**
SIL/ HENRIETTE
Vries de
?1930
7,00 x 2,18 x 1,10
85 kW 116 pk Deutz

020.01301 MS
**HERA**
HOUTTRANSPORT /
REMA B
Hamburger H.
Amsterdam
1930
Wed.K.Brouwer
Zaandam
13,95 x 3,50 x 1,40
58 kW 80 pk Kromhout

021.01558 MS
**HERA**
ANNIE/ HM 46/ ANNIE/
JANNY /
HERA II
Deuren E. van
Zaandijk
1929
Van Limborgh
Nieuw Lekkerland
15,09 x 4,19 x 1,30
74 kW 101 pk Brons

020.07991 SS
**HERCULES**
GEBROEDERS BODEWES III/
FREMAD/ FREMAD II /
DITTE HASTRUP
Stichting Calorische werktuigen
Lelistraat 14
3114 NK Schiedam
1915 597
Gebr.Bodewes
Martenshoek
21,70 x 5,56 x 2,65
225 ipk Fulton

020.13745 BV
**HERCULES**
ALK/ TK 10/ ALCA /
CORBINA
Weij J.
Lelystad
1953 1218
Yacht & Bootswerft
Travemunde
26,30 x 7,30 x 1,80
368 kW 500 pk MWM

021.02097 MS
**HERCULES**
Tres Fratres/ Arnold Frater/
Cornelia /Piejo/Zeester/Sterna II/
Cornelis F /Pieter Coby/ Janna
Warmendam R.W.
Dinteloord
1900
H.J.Koopman
Dordrecht
19,23 x 4,45 x 1,54
169 kW 230 pk Deutz

023.21018 MS
**HERCULES**
SCHEUR / HERCULES 2
Zevenmorgen Bagger &
Overslag BV
Rivierdijk 31
3372 BE Hardinxv.-Giessendam
0184-615820
1966
Damen Shipyards BV
Hardinxveld-Giessendam
11,21 x 3,34 x 1,34
46 kW 63 pk Kromhout

060.03724 DB
**HERCULES**
Delft/ Lehnkering 12/Vredeburg/
Boekenier/ Spartacus/Savanna/
Palastel/ Salween
BST Dintelsas BV
Sasdijk 18
4671 RN Dinteloord
0167-523288
1966
Gute Hoffnungs Hutte
Walsum
19,97 x 11,36 x 1,70
3 x 482 kW 656 pk Caterpillar

2010-09 MV
**HERCULES**
Zevenmorgen Bagger &
Overslag BV
Rivierdijk 31
3372 BE Hardinxv.-Giessendam
0184-615820
11,00 x 3,57 x 1,00
110 kW 150 pk

| **reg.nr. / type** : | 031.40122 DS | 023.25327 MV | 023.18388 MS |
|---|---|---|---|
| **naam** : | **HERMAN GRE** | **HERMES** | **HESARI** |
| **ex naam** : | VIGORE | | JEANNE/ KPT 3/ RP 3/ |
| **ex naam** : | | | SSDP 3/ RV 3 / |
| **ex naam** : | | | DE DRIE ZUILEN/ KALKMAN |
| **eigenaar** : | Amerika J.H. | Mijnster Zand & Grinthandel BV | Boer L.d. |
| **adres** : | Snelliusstraat 56 | Jan Blankenweg 2 | |
| **woonplaats** : | 9727 JP Groningen | 4207 HN Gorinchem | Rotterdam |
| **telefoon** : | 050-5272221 / 171-6045198 | 088-8265400 | |
| **bouwjaar / -nr.** : | 1940 | 2001 | 1930 86 |
| **bouwwerf** : | Barkmeijer | S.D.M.S. | De Biesbosch |
| **plaats** : | Vierverlaten | Hellevoetsluis | Dordrecht |
| **l x b x d** : | 18,50 x 4,70 x 2,10 | 9,09 x 2,92 x 1,30 | 21,15 x 4,93 x 1,95 |
| **vermogen** : | 331 kW 450 pk Deutz | 98 kW 133 pk John Deere | 279 kW 380 pk Deutz |
| **boegschroef** : | | | |

| | | | |
|---|---|---|---|
| imo 7612620 MS | 023.16099 DS | 030.10799 MS | 1994-04 OP |
| **HERCULES** | **HERMAN JR** | **HERMES** | **HET KROMHOUTJE** |
| HERKULES / TS HERKULES / | ZAL 4/ EN AVANT 9 | RISICO/ LEO III | |
| GLADSTONE / | | | |
| SMIT GLADSTONE | | | |
| Iskes Towing & Salvage BV | Beer H. | Vreke W.H.A. | Cornelis H. |
| Monnickendamkade 19 D/E | | Jasmijnlaan 20 | |
| 1976 EC IJmuiden | | 4542 CL Hoek | Groningen |
| 0255-522860 / 06-53901609 | | | |
| 1977 138 | 1979 | 1940 329 | 1994 |
| Jadewerft | Damen Shipyards BV | Th.v.d.Beldt | W.d.Wit |
| Wilhelmshaven | Gorinchem | West Graftdijk | Akkrum |
| 30,76 x 8,84 x 3,08 | 15,12 x 4,68 x 1,68 | 18,30 x 4,75 x 1,94 | 4,30 x 1,60 x 1,00 |
| 2 x 1765 kW/2400 pk MAK | 404 kW 550 pk Caterpillar | 464 kW 630 pk ABC | 44 kW 60 pk Hanomag |

| | | | |
|---|---|---|---|
| 023.20197 MS | 023.17242 DB | 023.27436 MS | 031.70028 MS |
| **HERCULES II** | **HERMANNA** | **HERO** | **HEWI** |
| HERCULES II/ | STORMVOGEL/ YAK/ | Arben/ Rema VI/ Looveer VI/ | PRIMO/JUDITH WILHELMINA/ |
| HERCULES | ESPOIR 2/ BARCA II/ | Looveer VII /Wijtenkamp 8/ | NEPTUNUS II / |
| | DELTA II/ SCHILTHORN | Pe Ge/ Hero/ Celie/ Silani | NEVER THOUGHT XVI |
| Geenen J.A.van | Hoekstra&MFA.J.v.Boxtel A.C. | Blankers W.L.& C. | Rijk BV |
| | Hovenierstraat 9 | | Noordeinde 21 |
| Waalwijk | 3331 GK Zwijndrecht | Terneuzen | 2451 AE Leimuiden |
| | 078-6194697 / 06-53684866 | | |
| 1957 | 1962 1003 | 1930 61 | 1908 |
| Scheel | Boele | Barkmeijer | Gebr.Paans |
| Portugaal | Bolnes | Stroobos | Roodevaart |
| 18,00 x 4,00 x 0,91 | 25,05 x 9,47 x 2,02 | 15,06 x 3,72 x 1,69 | 17,17 x 3,81 x 1,80 |
| 184 kW 250 pk DAF | 2x588 kW/800 pk Stork Werksp. | 87 kW 120 pk Bohn & Kahler | 264 kW 360 pk Cummins |

| | | | |
|---|---|---|---|
| 021.04138 MV | 023.08954 MS | 023.13546 MV | 1915-03 OP |
| **HERMAN** | **HERMES** | **HERON** | **HISTORY** |
| SEOLTO | SPES/ INCOPORE | HATTO/ RIJNVAART VI/ | |
| | | EWT 3 | |
| | | | |
| Kocx A.H. | Rijk P.& L.van | Groenen Sleepdienst | Aerden G.P.W.M. |
| Arendsweg 112 | | Postbus 438 | |
| 1944 JH Beverwijk | Amsterdam | 2300 AK Leiden | Leiden |
| 0251-220658 | | 071-5123140 / 06-53294887 | |
| 1963 305 | 1937 | 1935 | 1915 |
| J.Schlieker & Zn | Huis de Rivier | P.Smit Jr | |
| Sliedrecht | Overschie | Rotterdam | |
| 7,72 x 2,83 x 0,80 | 9,70 x 2,82 x - | 15,92 x 3,25 x 1,50 | 5,20 x 1,75 x 0,65 |
| 63 kW 86 pk DAF | 37 kW 50 pk Bolinder | 177 kW 240 pk Mercedes Benz | 12 kW 16 pk Deutz |

| | | | |
|---|---|---|---|
| 1922-06 OP<br>**HISTORY**<br><br><br><br>Bos K.R.<br><br>Foxhol<br><br>1922<br>Holland<br>Groningen<br>5,25 x 1,87 x 0,87<br>6,6 kW 9 pk Brons | 026.02675 MS<br>**HOLLAND**<br><br><br><br>Zeesleepboot Holland Stichting<br>Valkkogerweg 7<br>1744 GA St.Maarten<br>0224-297482 / 06-51279170<br>1952 111<br>F.Smit<br>Foxhol<br>53,95 x 9,54 x 4,50<br>1545 kW 2100 pk Werkspoor | 023.07905 MS<br>**HOLLAND 10**<br>VOLHARDING/ONDERNEMING/<br>WILLEM / LUCTOR/<br>HOLLAND 10/ LUCTOR<br>Ruiter A.<br><br>Kortgene<br><br>1921 691<br>De Industrie D.& Joh.Boot<br>Alphen a/d Rijn<br>14,40 x 3,43 x 0,94<br>132 kW 180 pk DAF | 023.18789 MS<br>**HOLLANDS DIEP**<br>HOLLANDS DIEP/ RWS 71/<br>IMPALA<br><br>Rutgers K.<br><br>Groningen<br><br>1940<br>t Hondsbosch<br>Alkmaar<br>16,50 x 3,90 x 1,55<br>84 kW 110 pk Gardner |
| 023.21485 DB<br>**HOLCIM I**<br>TR 404/ NAVIN<br><br><br>Veldman Maritiem<br>De Phoenix 1<br>8862 TW Harlingen<br>0517-412486<br>1980<br>Baan Hofman<br>Gorinchem<br>13,39 x 8,50 x 1,70<br>2 x 331 kW/450 pk Volvo | 031.20010 MS<br>**HOLLAND**<br>ANTONY KLAZES<br><br><br>Leemburg F.<br>Stripe 19<br>8493 LB Terhorne<br>0566-689571<br>1930<br>Telgenhof<br>Daarlerveen<br>17,25 x 4,30 x 1,75<br>121 kW 165 pk Deutz | 023.34122 MV<br>**HOLLAND DIVING 3**<br><br><br><br>Holland Diving International BV<br>Haringbuisweg 37<br>3133 KP Vlaardingen<br><br>1957<br>C.Siebert<br>Berlin<br>15,37 x 3,59 x 0,91<br>110 kW 150 pk Mercedes | 020.02223 MS<br>**HONDSBOSCH**<br>HONDSBOSCH/<br>CHRISMA /<br>THOMAS<br>Krist B.<br>Kort Ambachtlaan 205<br>3333 EM Zwijndrecht<br>078-6197780<br>1947 438<br>Bodewes & Dutmer<br>Groningen<br>16,96 x 4,62 x 1,65<br>110 kW 150 pk MAN |
| 020.02608 MS<br>**HOLLAND**<br><br><br><br>Krijgsman A.<br><br>Scheveningen<br><br>1927<br>t Kromhout Wed.J.L.Ceuvel<br>Amsterdam<br>16,44 x 3,30 x 1,35<br>110 kW 150 pk Volvo Penta | 020.04042 MS<br>**HOLLAND II**<br><br><br><br>Kras & L.v.Gelder P.J.<br><br>Amsterdam<br><br>1922<br>Rijnstroom<br>Leiden<br>14,48 x 3,32 x 1,35<br>55 kW 75 pk Kromhout | 020.03160 MS<br>**HOLLANDIA**<br>HOLLANDIA/ FIX XII<br><br><br>Verhaar M.<br>Rhynhofweg 10 A<br>2342 BB Oegstgeest<br><br>1952 265<br>Cammenga<br>Zaandam<br>16,50 x 4,00 x 0,86<br>110 kW 150 pk Scania | 023.06504 MS<br>**HOOP**<br>HOOP/ EN AVANT IV/<br>EN AVANT 4/ MARTIN<br><br>Bijlsma W.<br><br>Woudsend<br><br>1941<br>Th.v.d.Beldt<br>West Graftdijk<br>16,14 x 4,21 x 1,41<br>110 kW 150 pk MWM |
| 020.04043 MS<br>**HOLLAND**<br>HOLLAND III /<br>WILLEM K<br><br>Bal J.W.<br>Deestraat 19<br>4311 BE Bruinisse<br>0111-483266<br>1921<br>Concordia S.Seymonsbergen<br>Amsterdam<br>13,92 x 3,47 x 1,83<br>77 kW 105 pk Stork Werkspoor | 020.04045 MS<br>**HOLLAND V**<br><br><br><br>.Zwart & S.E.Rienks E.J.Th<br><br>Amsterdam<br><br>1930<br>Concordia S.Seymonsbergen<br>Amsterdam<br>12,72 x 3,14 x 1,14<br>66 kW 90 pk Kromhout | 023.16655 MV<br>**HOLLANDIA III**<br><br><br><br>Markx & Zn Vof A.J.<br>Witte Klaver 10<br>2481 CD Woubrugge<br>0172-518297<br>1972<br>Hollandia<br>Woubrugge<br>10,05 x 3,29 x 1,30<br>73 kW 100 pk Mercedes Benz | 025.06575 DS<br>**HOUTMANKADE**<br>ALBATROS/JOKE<br><br><br>Verduin H.B.<br>Danzigerkade 9<br>1013 AP Amsterdam<br>020-6165815<br>1968 109<br>De Liesbosch<br>Jutphaas<br>19,22 x 5,27 x 2,60<br>368 kW 500 pk Caterpillar |

| | | | |
|---|---|---|---|
| **reg.nr. / type** | 030.21498 MV | 1974-07 MS | 033.20553 MS |
| **naam** | **HOUTVAART 7** | **HUBERT** | **HUDSON** |
| **ex naam** | | | |
| **ex naam** | | | |
| **ex naam** | | | |
| **eigenaar** | Thaumas BV | Interbeton B.V. | Hendriks J.H.M. |
| **adres** | Hanepad 61 A | Gen Spoorlaan 489 | |
| **woonplaats** | 1501 WC Zaandam | 2285 TA Rijswijk | Mook |
| **telefoon** | 075-6310440 | 070-3152393 | |
| **bouwjaar / -nr.** | 1964 | 1974 1421 | 1932 |
| **bouwwerf** | Bak | Damen Shipyards BV | |
| **plaats** | Broek op Lagedijk | Hardinxveld-Giessendam | Boom |
| **l x b x d** | 9,30 x 3,25 x 1,72 | 16,17 x 4,82 x 2,30 | 12,06 x 3,50 x 1,20 |
| **vermogen** | 61 kW 84 pk Gardner | 2x268 kW/365 pk Detroit Diesel | 103 kW 140 pk DAF |
| **boegschroef** | | | |

| | | | | |
|---|---|---|---|---|
| reg.nr. / type | 020.14339 MS | 023.29637 DB | 023.12977 MV | 020.10156 SS |
| naam | **HOUTRIB** | **HS 14** | **HUBRECHT** | **HUGO** |
| ex naam | RVE 27 | | | HUGO HEDRICH |
| eigenaar | Schreuder B.V. Aannemersbedrijf | Spruijt Handelsmij. | Van Oord Acz Overige Materieel BV | Leeuw A.de |
| adres | TT Vasumweg 99 | Rijksstraatweg 3 | Schaardijk 211 | |
| woonplaats | 1033 SG Amsterdam | 3631 AA Nieuwersluis | 3063 NH Rotterdam | Zaandam |
| telefoon | 020-6333676 | | 010-4478444 | |
| bouwjaar / -nr. | 1959 | 2007 10 | 1970 392 | 1929 189 |
| bouwwerf | J.Schlieker & Zn/Hakvoort | Van de Stap | Damen Shipyards BV | Botje Ensing & Co |
| plaats | Sliedrecht/Urk | Zwartsluis | Hardinxveld-Giessendam | Groningen |
| l x b x d | 9,08 x 2,75 x 0,66 | 5,95 x 2,20 x 0,80 | 13,10 x 3,42 x 1,60 | 18,50 x 5,20 x 2,40 |
| vermogen | 77 kW 105 pk DAF | 88 kW 120 pk DAF | 176 kW 240 pk Caterpillar | 150 ipk Botje & Ensingh |
| boegschroef | | | | |

| | | | | |
|---|---|---|---|---|
| reg.nr. / type | 030.20994 MS | 1990-13 MV | 023.17312 DB | 023.24439 DS |
| naam | **HOUTVAART I** | **HSN 1** | **HUCKINGEN** | **HUGO** |
| ex naam | HOUTVAART 1/ TANJA/ RIKUS | | RHEINHAUSEN / MANNESMANN | |
| eigenaar | Ravensbergen G. | Stok Marine Service BV | Imperial Shipping BV | Boer Baggeren BV De |
| adres | | v.Godewijckstraat 261 | Waalhaven OZ 77 | Dr.Langeveldplein 11 |
| woonplaats | Rijnsburg | 3341 VL H.I.Ambacht | 3087 BM Rotterdam | 3361 HE Sliedrecht |
| telefoon | | 078-6849434 / 06-23225273 | 010-2831425 | 0184-411999 |
| bouwjaar / -nr. | 1922 | | 1975 | 1999 |
| bouwwerf | Pehling | | Meidericher Schiffswerft | Damen Shipyards BV |
| plaats | Alkmaar | | Ruhrort | Hardinxveld-Giessendam |
| l x b x d | 13,40 x 3,80 x 1,20 | 7,50 x 2,50 x 0,80 | 21,02 x 9,91 x 1,80 | 13,21 x 3,42 x 1,50 |
| vermogen | 58 kW 80 pk Kromhout | 88 kW 120 pk DAF | 2 x 588 kW/800 pk MAK | 177 kW 241 pk Caterpillar |
| boegschroef | | | | |

| | | | | |
|---|---|---|---|---|
| reg.nr. / type | 030.21135 MV | 023.25822 MV | 027.06162 MS | 023.09218 MS |
| naam | **HOUTVAART 6** | **HSN 3** | **HUDSON** | **HUIBERTUS** |
| ex naam | | | HUDSON/ EBRO/ ELISABETH / DIRK JAN | ALBERT IV (?)/ HETTY II/ GERT JAN |
| eigenaar | Thaumas BV | Marine Trading & Brokerage BV | Stichting Museumschip Hudson | Graaff H.de |
| adres | Hanepad 61 A | Kotterstraat 2 | Scheldeplaats 47 | |
| woonplaats | 1501 WC Zaandam | 3133 KW Vlaardingen | 3134 NP Vlaardingen | Werkendam |
| telefoon | 075-6310440 | | 0167-502397 | |
| bouwjaar / -nr. | 1956 204 | 1983 | 1939 522 | 1938 |
| bouwwerf | Vooruit | VEB Yachtwerft | P.Smit Jr | |
| plaats | Zaandam | Berlin | Rotterdam | Hardinxveld-Giessendam |
| l x b x d | 8,55 x 2,60 x 1,22 | 7,50 x 2,50 x 0,80 | 35,26 x 7,45 x 3,94 | 10,88 x 3,35 x 1,20 |
| vermogen | 44 kW 60 pk Ford | 103 kW 140 pk DAF | 147 kW 200 pk Industrie | 77 kW 105 pk MWM |
| boegschroef | | | | |

023.17936 MV
**HULDER**
BREEVAER 15

Smals Bouwstoffen BV
Havenlaan 31
5433 NK Cuijk
0475-316054 / 06-53473753
1982
Jac.den Breejen
Hardinxveld-Giessendam
14,56 x 4,63 x 1,94
265 kW 360 pk Detroit Diesel

026.06021 MS
**HUNTER**
WILHELMINA/
HUNTER/ DELIA

Eersel J. van

Amsterdam

1958 531
Joh.Oelkers
Hamburg
28,91 x 7,65 x 3,36
920 kW 1250 pk Industrie

023.07016 MS
**HYDRA**
CONCURENT/PIET/
HIRZO/ GERFEN

Terstal R.

1911
C.Amels & Zn
Makkum
12,08 x 2,78 x 1,22
73 kW 100 pk Deutz

030.51318 DS
**IDA 1**
HEIN/ WEBO I/ REWI

Heida J.
Duinstraat 17
1973 CD IJmuiden
0255-516889
1955
Van de Velde
Zwolle
16,84 x 4,65 x 1,84
405 kW 550 pk Caterpillar

030.50897 MS
**HUMUS III**
MAARTJE/ FAMKE II/
JACOBA IV

Koning A.

Alkmaar

1930 988
De Industrie D.& Joh.Boot
Alphen a/d Rijn
13,50 x 3,30 x 1,50
103 kW 140 pk Kromhout

2007-07 MS
**HURRICANE**

Noordgat BV Rederij
Burg.Swaanstraat 5
8881 AG West Terschelling
0562-443044 / 06-53105466
2007
N.Dijkstra Jachtservice BV
Harlingen
18,00 x 6,00 x 0,85
2 x 1105 kW/1500 pk MTU

020.08532 MS
**HYLKE**
Eensgezindheid/ Eensgezind-
heid I/ Actief /Marjo/ St Rita/
Pephi/ Lu Ma
Jansen F.J.C.

Utrecht

1901
Boon, Molema & de Cock
Hoogezand
15,95 x 3,95 x 1,60
121 kW 165 pk GM

030.51294 MS
**IDA 3**
IDEAAL/ HOOP

Heida J.
Duinstraat 17
1973 CD IJmuiden
0255-516889
1954
Van de Velde
Zwolle
16,95 x 4,65 x 1,98
501 kW 681 pk Caterpillar

021.04230 DS
**HUNTER**
D 214/ EMGEDI/ GER ANITA/
MAASSTROOM IV /
NINIKE G/ ANTARCTICA
Walsma W.
D.Schellincxstraat 28
3201 KA Spijkenisse
0181-620336
1942
Meidericher Schiffswerft
Ruhrort
23,60 x 6,22 x 2,25
459 kW 624 pk Caterpillar

023.20294 MS
**HUSKY**
BLIZZARD/
SCHLEPPKO 1 /
ALBATROSS
Bosch A.S.Th. v.d.
De Were 35
3332 KC Zwijndrecht
078-6123220 / 06-53206135
1965 70
C.Cassens
Emden
23,50 x 7,00 x 2,30
955 kW 1298 pk Caterpillar

032.30344 MS
**HZ 8**
MOUNIKENDAM

Duyvesteijn C.L.W.
Greft 10
9003 XZ Wartena
058-2552796
1929
Concordia S.Seymonsbergen
Amsterdam
12,98 x 3,42 x 1,35
44 kW 60 pk Kromhout

022.09728 MS
**IDEAAL**
DO/BEN JAN/
DANKBAARHEID /
DE BAAIERD
Mensonides S.
Wilhelminastraat 26
8561 AC Balk
0514-603550
1932
Th.v.d.Beldt
West Graftdijk
12,65 x 3,26 x 1,20
55 kW 75 pk MWM

025.08683 MV
**HUNTER**
REKERE

A.Kapitein & Zn
Duw & Sleepdienst
Wijk 1 nr 39
8321 EL Urk
0527-682216
1969 638
Van Goor
Monnickendam
15,30 x 4,35 x 1,82
271 kW 369 pk Caterpillar

020.06489 MV
**HV 5**
BOATMAN 6/
WESTERDOK

Verduin H.B.
Danzigerkade 9
1013 AP Amsterdam
020-6165815
1973
Molenaar
Zaandam
8,80 x 2,95 x 1,24
58 kW 80 pk Scania

027.17164 MS
**ICARUS**

Van Oord Ballast HAM Dredging
Schaardijk 211
3063 NH Rotterdam
010-4478444
1976
Damen Shipyards BV
Gorinchem
14,00 x 6,00 x 1,90
2 x 88 kW/120 pk Caterpillar

023.21713 MS
**IDEAAL**
LIDY

Ulden F.W.L. van
Utrechtse Jaagpad 62 A
2313 LB Leiden
071-5122902
1944
Van Eijk & Zn
Sliedrecht
18,02 x 3,74 x 1,60
104 kW 140 pk Stork Ricardo

| | | | | |
|---|---|---|---|---|
| **reg.nr. / type** | : | 023.10854 MS | 030.50832 MS | 027-61 MS |
| **naam** | : | **IJMOND** | **IJSSEL** | **IJSSELMEER** |
| **ex naam** | : | | WELVAART/ JAN/FERNE/ | |
| **ex naam** | : | | NOVA CURA | |
| **ex naam** | : | | | |
| **eigenaar** | : | Conetra BV | Keizer A. | Beussen R. |
| **adres** | : | Waage Naak 4 | Oude Kijk in 't Jatstraat 8 A | |
| **woonplaats** | : | 6019 AA Wessem | 9712 EG Groningen | Tynje |
| **telefoon** | : | 0475-563515 | | |
| **bouwjaar / -nr.** | : | 1960 | 1929 | 1961 68 |
| **bouwwerf** | : | Van Santen | Telgenhof | Rijkswerf Willemsoord |
| **plaats** | : | Sliedrecht | Coevorden | Den Helder |
| **l x b x d** | : | 10,16 x 3,18 x 0,98 | 13,90 x 3,40 x 1,10 | 28,80 x 5,87 x 1,80 |
| **vermogen** | : | 85 kW 116 pk Deutz | 66 kW 90 pk Brons | 200 pk Bolnes |
| **boegschroef** | : | | | |

| | | | |
|---|---|---|---|
| 021.02371 MS | 020.02101 MS | 030.51192 MS | 1964-19 DS |
| **IDO** | **IJSBEER** | **IJSSEL** | **IJSTROOM** |
| | PRIMUS/ TJIWI/ AMICITIA/ | LACO/ DIJO | RV 263 |
| | MASCOTTE / | | |
| | NELLY | | |
| ARBEZ. Beheer BV | Koek G.L. | | Amstel & IJ |
| Veersedijk 269 | | | Dijkgracht 9 |
| 3341 LM H.I.Ambacht | Leiden | | 1019 BT Amsterdam |
| 078-6127288 | | | 020-4188013 / 06-55195020 |
| 1946 | 1946 | 1953 | 1964 2040 |
| Gebr.Kooiman | Cammenga | Leenman | Mulder & Rijke |
| Zwijndrecht | Zaandam | Zwolle | IJmuiden |
| 13,98 x 3,58 x 1,65 | 12,88 x 3,49 x 1,50 | 13,37 x 3,76 x 1,18 | 7,80 x 2,80 x 0,92 |
| 121kW 165 pk DAF | 124 kW 168 pk DAF | 176 kW 240 pk Catetpillar | 84 kW 115 pk Deutz |
| | | | |

| | | | |
|---|---|---|---|
| imo 9637363 MS | 030.11614 MV | 031.50310 MS | 020.07417 DS |
| **IEVOLI AMARANTH** | **IJSBEER** | **IJSSEL** | **IJSVOGEL** |
| | NEHIM I/YVONNE/ | | |
| | ZEEHOND | | |
| | | | |
| Marnavi Holland BV | Langeveld H. | Ceelen Combinatie | Guis Funderingstechniek B.V. |
| Jupiterstraat 33 | | | D. Duyvisweg 25 |
| 2132 HC Hoofddorp | Leimuiden | Sliedrecht | 3316 BL Dordrecht |
| 0255-562716 | | | 078-6184333 |
| 2013 65 | 1954 1731 | 1948 | 1973 137 |
| Selah Shipyard | Eltink | | De Liesbosch |
| Tuzla | Beneden Leeuwen | | Jutphaas |
| 66,00 x 15,00 x - | 11,15 x 3,30 x 1,60 | 9,04 x 2,65 x 1,04 | 12,23 x 4,14 x 1,07 |
| 2 x 4000 kW/5440 pk MAK | 77 kW 105 pk DAF | 73 kW 100 pk DAF | 171 kW 233 pk Caterpillar |
| 2 x 600 kW/816 pk | | | |

| | | | |
|---|---|---|---|
| 1999-01 MS | 023.09470 DS | 031.50381 MS | 1926-07 OP |
| **IGUAZU** | **IJSLAND** | **IJSSEL** | **IJSVOGEL** |
| | PLUTO/ EERLAND 16 | RIJN * | FROU ANTJE/ |
| | | | GOLIATH/ |
| | | | DAMPERTJE |
| Van Oord Ballast HAM Dredging | Rigter A. | Oosterwijk J.v. | Mei J.v.d. |
| Schaardijk 211 | Waalbandijk 45 | | |
| 3063 NH Rotterdam | 6541 AJ Nijmegen | Zevenbergen | Utrecht |
| 010-4478444 | | | |
| 1999 210 | 1955 499 | 1936 | 1926 |
| Harlingen | H.H.Bodewes | | J.Boomsma |
| Harlingen | Millingen | | Sneek |
| 43,60 x 10,00 x 2,90 | 21,00 x 6,00 x 2,60 | 14,40 x 3,38 x 1,00 | 6,00 x 2,00 x 0,90 |
| 2 x 746 kW/1014 pk Cummins | 496 kW 675 pk Detroit Diesel | 73 kW 100 pk DAF | 8 kW 11 pk Deutz |
| 272 kW 369 pk | | | |

023.09252 MV
**IKA**
RIECO/ AFYAK/
JOCO /
APOLLO
Zuiddam H.

Vianen

1940

Hamburg
14,93 x 3,50 x 1,45
177 kW 240 pk DAF

025.08757 DB
**ILHA DO TEIXEIRA**
F 26 / MARTEN

Wijsmuller Bulklease BV
Sluisplein 34
1975 AG IJmuiden

1976 104
Stapel
Spaarndam
25,00 x 9,00 x 3,00
2 x 607 kW/825 pk Caterpillar

023.21771 MS
**ILMEN**

B.S.T. Perfico BV
Sasdijk 18
4671 RN Dinteloord
0167-523288
1939
Schiffswerft Müllrose
Fürstenberg
19,35 x 4,80 x 1,25
165 kW 225 pk SKL

1965-27 MV
**IMAGO**

Donk R.v.d.

Herpen
06-10951062
1965
Tukker
Papendrecht
7,20 x 2,10 x 0,90
35 kW 48 pk Peugeot Indenor

030.50824 MS
**IN RESI DUO**
FORTA/ PIOJA/ MARIETJE/
NATHALIE /
IN RESI DUO/ MARMOT
Jong W.A.de

Heerenveen

1926

14,10 x 3,18 x 1,20
58 kW 80 pk Industrie

030.50944 MS
**INA**
JOHANN/ AGADIR/ GERDA/
KAPEL KOEAT /
AGADIR
Bruin F.D. de
Langedreef 20
2941 SM Lekkerkerk
0180-662518
1951
Beckmann
Cuxhaven
17,62 x 4,63 x 1,80
110 kW 150 pk Bohn & Kahler

023.24513 DB
**INCA**

Inca 2000 BV
Plaet 2
3351 NE Papendrecht
06-53144771/ 172-594-0982
2000 02000,00
Severnaya /Boer
St Petersburg/Sliedrecht
19,00 x 11,00 x 2,00
2 x 746 kW/1014 pk Caterpillar

030.51141 MS
**INEKE**
WICI

Busman J.

Workum

1951 A 14937
C.Amels & Zn
Makkum
12,08 x 3,51 x 1,25
88 kW 120 pk DAF

imo 9564217 MC
**INGE J**
NEPTUN 8

Kok Beheer BV De
Rivierdijk 452 B
3372 BW Hardinxv.-Giessendam

2009 NP 344
Dodewaard Shipyard/
Neptune Marine
Dodewaard/Aalst
21,60 x 9,04 x 2,00
2 x 559 kW/760 pk Cummins

imo 9712412 MS
**INGE W**

Stemat Marine Service BV
Quarantaineweg 10
3089 KP Rotterdam
010-2996555
2014 NP 433
Neptun Shipyards
Aalst
28,10 x 10,00 x 3,00
2 x 1351 kW/1836 pk Caterpillar

023.23641 DB
**INGMAR**
JOHN/ KOEN

Ingam Vof Duw & Sleepvaart
Vossenburcht 3
8309 AG Tollebeek

1939

Berlijn
17,50 x 5,44 x 2,16
2 x 270 kW/367 pk Volvo Penta

023.06481 MS
**INGONA**

Interlloyd Averij BV
Postbus 438
3000 AK Rotterdam

1941 418
G.Bijlsma & Zn
Wartena
18,22 x 4,79 x 1,45
272 kW 370 pk Mercedes Benz

023.22209 MC
**INGRID B**

Stemat Marine Service BV
Quarantaineweg 10
3089 KP Rotterdam
010-2996555
1995
Volker Stevin
Dordrecht
15,00 x 7,00 x 1,94
2x176 kW/240 pk Detroit Diesel

020.03020 MS
**INNOVATIE**
VOORUIT/
ANIMO/
TEMPO
Ruiter H. de

Hardinxveld-Giessendam

1914
t Kromhout Wed.J.L.Ceuvel
Amsterdam
15,18 x 3,30 x 1,33
77 kW 110 pk Gardner

020.04896 MS
**INSULINDE**
INSULINDE/ ANJA

Ridder C.H.de
Vreelandseweg 44
1394 BN Nederhorst d/Berg
0294-251432
1956
Th.d.Groot & Zn
Landsmeer
16,53 x 4,45 x 1,62
235 kW 320 pk Volvo Penta

021.02525 MS
**INTENTO**
RINY/ POWER/ DINY/ JAN/
BIG RIVER /
DE KEMPENAAR/ BRUTUS
Voetstra S.
Th.A Kempesstraat 132
8022 AC Zwolle

1950
Oude Maas
Zwijndrecht
15,70 x 4,13 x 1,67
121 kW 165 pk Deutz

| | | | |
|---|---|---|---|
| **reg.nr. / type** : | 023.26298 MS | 1935-18 recr | imo 9433767 MS |
| **naam** : | **IRBIS** | **ISABEL** | **ITC CYCLONE** |
| **ex naam** : | TR 50? | ANNA II | MARSOL HAULER |
| **ex naam** : | | | |
| **ex naam** : | | | |
| **eigenaar** : | Kamar BV | Vries J.d. | Tschudi Offshore & Towage BV |
| **adres** : | Kerklaan 6 | | Sluisplein 45 |
| **woonplaats** : | 2903 BE Capelle a/d IJssel | Aalsmeer | 1975 AG IJmuiden |
| **telefoon** : | | | 088-5485200 |
| **bouwjaar / -nr.** : | 1980 | 1935 | 2006 235/200601 |
| **bouwwerf** : | Ceske Lodenice | J.Leenman | Jiangsu Zhenjiang |
| **plaats** : | Melnik | Zwolle | Jiangsu |
| **l x b x d** : | 12,35 x 8,62 x - | 12,23 x 3,00 x 1,35 | 63,00 x 16,00 x 5,00 |
| **vermogen** : | 2 x 152 kW/206 pk Skoda | 29 kW 40 pk MWM | 2 x 4000 kW 5400 pk MAK |
| **boegschroef** : | | | |

| | | | |
|---|---|---|---|
| 020.06057 DS | 022.03959 DS | 023.26469 DB | imo 9453925 MS |
| **INTERLUDE** | **IRIS** | **ISIS** | **ITC MISTRAL** |
| Assistent/Neptunus/Germa II/ | FALKE/ ALBATROS/ | | DMS STARLING/ MISTRAL |
| Themi /Nassaukade/Duo/ | NEMO/ CHICO / | | |
| Lekstroom I | CHALLENGER | | |
| Speyer H. | Freedom Holding BV | Sep W.J. | Tschudi Offshore & Towage BV |
| | Westwal 11 | Burg.de Bruïnelaan 5 | Sluisplein 45 |
| Vlaardingen | 8321 WG Urk | 3311 AB Zwijndrecht | 1975 AG IJmuiden |
| | 06-10767262 | | 088-5485200 |
| 1901 | 1925 1145 | 2004 | 2008 |
| H.J.Koopman/Boele | Schichau | Rushan/Gebr.v.Vliet | De Hoop/Damen Shipyards |
| Dordrecht/Slikkerveer | Elbing | Shandong/H.I.Ambacht | Schiedam/Hardinxveld |
| 21,20 x 4,70 x 2,00 | 21,80 x 5,32 x 1,80 | 18,50 x 9,00 x 1,80 | 26,02 x 9,10 x 2,80 |
| 147 kW 200 pk Industrie | 552 kW 750 pk Deutz | 2 x 447 kW/608 pk Caterpillar | 2 x 746 kW/1014 pk Caterpillar |
| | | | 73 kW 100 pk |

| | | | |
|---|---|---|---|
| 021.03365 MV | imo 9394038 MS | 1943-03 MS | 1954-11 MS |
| **INTERVAL III** | **ISA** | **ISKRA** | **ITHAKA** |
| WILLY/ | | INDUSTRIE / | WOLFGANG/ JPB X/ |
| KRABBELAAR/ | | CORNELIA | WOLFGANG / |
| ZEETIJGER | | | JACOBUS/ ESTHER |
| Geerlings B.G.M. | Hubregtse F.J.M. | Elsinger W. | Bruin J.de |
| | Caristraat 1 A | | |
| Noordwijkerhout | 4322 BA Scharendijke | Utrecht | Spijkenisse |
| | 0111-672155 | | |
| 1959 | 2006 175 | 1943 | 1954 |
| Tukker | Gebr.Kooiman | | Hupp Schiffswerft |
| Papendrecht | Dordrecht | | Eibelstadt |
| 15,00 x 4,00 x 1,60 | 29,80 x 9,50 x 2,50 | 13,98 x 3,50 x 1,55 | 13,05 x 3,30 x 0,85 |
| 176 kW 240 pk Caterpillar | 2 x 1170 kW/1591 pk Mitsubishi | 169 kW 230 pk Deutz | 85 kW 116 pk Deutz |
| | | | |

| | | | |
|---|---|---|---|
| 031.70543 MV | 031.10291 MS | imo 9510228 MS | imo 8108377 MS |
| **IPSWICH** | **ISA MATHILDE** | **ITC CHINOOK** | **IVERO** |
| STELLA MARIS/ | | MARSOL HANDLER | AL MASHRAB/ |
| EN AVANT 29 | | | VIVERO |
| | | | |
| Bekkers M.C.T. | Schotanus H. | Tschudi Offshore & Towage BV | Tranship BV |
| Duinstraat 54 | Turfkade 21 | Sluisplein 45 | Het Nieuwe Werk 109 |
| 1931 GS Egmond a/Zee | 8701 JL Bolsward | 1975 AG IJmuiden | 1781 AK Den Helder |
| 06-12255500 | 06-55735463 | 088-5485200 | |
| 1956 | 1932 | 2006 235/200602 | 1982 583 |
| Damen Shipyards BV | Th.v.d.Beldt | Jiangsu Zhenjiang | Sink Koon Seng Pte Ltd |
| Hardinxveld-Giessendam | West Graftdijk | Jiangsu | Singapore |
| 12,15 x 3,16 x 1,30 | 14,33 x 3,97 x 1,24 | 63,00 x 16,00 x 5,00 | 34,40 x 9,00 x 3,20 |
| 77 kW 104 pk DAF | 132 kW 180 pk DAF | 2 x 4000 kW/5400 pk MAK | 2 x 787 kW/1070 pk Kelvin |
| | | | |

| | | | |
|---|---|---|---|
| 023.07492 MS<br>**IVO MARYN**<br>JAMA/REGGE/<br>CHARLOTTE<br><br>Groningen J.J. van<br>Herenweg 262<br>3648 CS Wilnis<br>0297-284348<br>1935<br>B.v.Brussel<br>Hasselt<br>14,24 x 3,90 x 1,66<br>257 kW 350 pk Fiat | 1984-18 OP<br>**JAAP**<br><br>Zon J.<br><br>Ouderkerk a/d Amstel<br><br>1984<br>P.& J.Berkelaar<br>Vinkeveen<br>5,20 x 2,13 x 0,85<br>9,5 kW 13 pk Claeys | 030.41199 MS<br>**JACOB S**<br><br>Sander Gebr.<br>Venjelaan 6<br>9936 BR Farmsum<br>0596-617979<br>1958<br>Sanders B.V.<br>Delfzijl<br>12,55 x 3,85 x 1,50<br>136 kW 185 pk Deutz | 033.50187 DS<br>**JACOBA**<br>VIER GEBROEDERS /<br>MARINUS<br><br>Werners T.<br><br>Middenbeemster<br><br>1927<br><br>Rotterdam<br>14,58 x 3,13 x 1,44<br>175 kW 238 pk Caterpillar |
| 1930-41 OP<br>**IVONNE**<br><br>Hol E.M.<br>Dorpsdijk 4<br>6915 AD Lobith<br><br>1948<br><br>6,20 x 2,21 x 1,00<br>7,3 kW 10 pk Kromhout | 1930-42 OP<br>**JAAPJE**<br>EGBERT/MARGJE<br><br>Fase J.<br><br>Nieuwegein<br><br>1930<br><br>6,00 x 2,00 x 0,80<br>11 kW 15 pk Samofa | 020.03667 MS<br>**JACOBA**<br>LEIDEN/ VOLHARDING 4/<br>HENNY / INDIAS/<br>TUGELA/ PHOENIX<br>Bekhoven & E.A.M.<br>d.Ridder J.J.J.v.<br>Lage Zwaluwe<br><br>1918 293<br>P.Smit Jr<br>Rotterdam<br>17,54 x 4,32 x 1,80<br>74 kW 101 pk Deutz | 030.21124 MV<br>**JACOBA 1**<br><br>Meeuwisse BV J.W.<br>Mercuriusweg 4<br>2516 AW 's Gravenhage<br>070-3838704<br>1956<br>N.Zuidam<br>Haarlem<br>11,80 x 3,20 x 1,37<br>51 kW 70 pk Volvo Penta |
| 022.07261 MS<br>**J.W.R.WONDER EN GEWELD**<br><br>Hotze J.M.P.G.<br>Kromme Haven 5<br>3421 BK Oudewater<br><br>1986<br><br>8,00 x 2,50 x 0,70<br>2 x 76 kW/103 pk GM | 023.12594 MV<br>**JACKY**<br><br>Teunessen BV<br><br>Gennep<br><br>1900<br><br>7,89 x 2,09 x 0,98<br>29 kW 40 pk | 023.00712 MS<br>**JACOBA**<br>JOHANNA/ VERITAS/ DIHEN/<br>DE HOOP /JABRE/<br>ZWOEGER/ BERENDJE<br>Schaft N.W.v.d.<br><br>Rotterdam<br><br>1908<br>Hubertina<br>Haarlem<br>18,30 x 4,30 x 1,70<br>110 kW 150 pk GM | 030.20990 DS<br>**JACOBA II**<br>JACOBA II/ PATRICIA/<br>CINDY/ ANKA<br><br>Zuidam Vof N.<br>Scheepmakersdijk 2<br>2011 AT Haarlem<br><br>1953<br>N.Zuidam<br>Haarlem<br>12,86 x 3,75 x 1,30<br>73 kW 100 pk Volvo Penta |
| 022.09841 DS<br>**JAAP**<br><br>Vries & v.d.Wiel BV De<br>Harmenkaag 9<br>1741 LA Schagen<br>0224-211211 / 06-53991848<br>1962<br>J.Schlieker & Zn<br>Sliedrecht<br>12,25 x 3,85 x 0,92<br>132 kW 179 pk GM | 023.35429 SS<br>**JACOB LANGEBERG**<br>VON BÖTTICHER<br><br>Stichting tot behoud v.h.<br>stoomschip<br>Vijfpootveld 22<br>1541 PT Koog a/d Zaan<br><br>1902 714<br>F.Schichau<br>Elbing<br>26,95 x 6,30 x 3,20<br>700 ipk Schichau | 023.12605 DS<br>**JACOBA**<br>RHENANIA 4/<br>ANTHONY/<br>BONAIRE<br>Duinen Vof Van<br>Gaardermeesterweg 32<br>3077 GT Rotterdam<br><br>1957 317<br>Gustavsburg<br>Mz Gustavsburg<br>27,29 x 6,60 x 1,53<br>540 kW 735 pk Detroit Diesel | 1973-08 MV<br>**JACOBA 9**<br>PETRA<br><br>Swets ODV BV<br>Scheepmakerij 250<br>3331 MB Zwijndrecht<br>078-6191237<br>1973<br>T.Vink & Zn<br>Sliedrecht<br>8,50 x 2,50 x 0,65<br>51 kW 70 pk Samofa |

| | | | |
|---|---|---|---|
| **reg.nr. / type** : | 023.20976 MV | imo 9059298 MS | 020.14022 MV |
| **naam** : | **JAGUAR** | **JAMUNA I** | **JAN** |
| **ex naam** : | | NICOLINE | |
| **ex naam** : | | | |
| **ex naam** : | | | |
| **eigenaar** : | Spijksma & v.Kreuningen | Oord Acz Overige Materieel BV | Luteijn J. Sleepdienst |
| **adres** : | | Jan Blankenweg 2 | Kralingergracht 13 |
| **woonplaats** : | Amsterdam | 4207 HN Gorinchem | 1483 AH De Rijp |
| **telefoon** : | | 0183-642200 | |
| **bouwjaar / -nr.** : | 1971 | 1993 5922 | 1999 94022 |
| **bouwwerf** : | Jac.den Breejen | Damen Shipyards BV | Koolmees |
| **plaats** : | Hardinxveld-Giessendam | Gorinchem | Ermelo |
| **l x b x d** : | 14,00 x 4,50 x 0,78 | 16,89 x 5,29 x 2,10 | 10,00 x 3,50 x 1,15 |
| **vermogen** : | 117 kW 160 pk DAF | 2 x 349 kW/475 pk Caterpillar | 110 kW 150 pk Ford |
| **boegschroef** : | | | |

| | | | |
|---|---|---|---|
| 023.09737 DS | 1920-29 OP | 020.02436 MV | 021.02977 MV |
| **JACOBA SABIENA** | **JAKELE** | **JAN** | **JAN** |
| ALK | | EVERT TIMMER | JO VIVAT/ THEWIL/ |
| | | | JAN/ ELLIE/ |
| Vogelaar M.A.P. | | | JAN |
| Voorde 6 | Sinnema G.J. | Koek D.P. | Verhoeven F.X. |
| 3209 BG Hekelingen | | Kerkeinde 30 | Laarstraat 37 |
| 0181-639739 | Oude Leije | 4254 LD Sleeuwijk | 5334 NS Velddriel |
| 1956 | | 0183-301321 | 0418-631639 / 06-53154607 |
| Grevenstein Jacht & | 1920 | 1949 | 1954 |
| Scheepswerf | | Nic.Witsen | |
| Krimpen a/d Lek | | Alkmaar | |
| 13,00 x 3,66 x 1,76 | 4,90 x 1,60 x 0,60 | 8,00 x 3,00 x 1,00 | 12,00 x 2,80 x 1,50 |
| 73 kW 100 pk Merccedes Benz | 14,7 kW 20 pk Güldner | 124 kW 168 pk DAF | 97 kW 132 pk DAF |

| | | | |
|---|---|---|---|
| 023.24299 DB | 020.02333 MS | 020.05376 MS | 021.04208 MV |
| **JACOLIEN** | **JAKO** | **JAN** | **JAN** |
| M 4I/ PIETER H/ | HANSA | LIJSTER | |
| ANTIGOON/ ANDAMI / | | | |
| ALANY | | | |
| Bakker M. | Tinner P. | Ojasses Beheer BV | Straaten Beheer BV Van der |
| Wierpen 29 | | Andrej Sacharovstraat 46 | Werfdijk 6 |
| 8322 BB Urk | Harlingen | 2332 AD Leiden | 4417 AN Hansweert |
| | | | 0113-382510 |
| 1939 | 1929 | 1957 | 1963 |
| Gebr.Wiemann | Goor & Spiekman | t Kromhout Wed.J.L.Ceuvel | J.Schlieker & Zn |
| Brandenburg | Zwolle | Amsterdam | Sliedrecht |
| 21,81 x 5,69 x 1,84 | 14,00 x 3,33 x 1,70 | 16,80 x 4,25 x 1,37 | 12,26 x 3,48 x 0,94 |
| 2 x 220 kW/300 pk Cummins | 92 kW 125 pk Volvo | 202 kW 275 pk Caterpillar | 123 kW 168 pk DAF |

| | | | |
|---|---|---|---|
| 032.50252 MS | 020.06792 DS | 020.08672 MS | 023.09724 MS |
| **JAELMA** | **JAMAICA** | **JAN** | **JAN** |
| KALINOS/ MARTIN/ GEROE/ | POOLVOS/ | PASJA | NOACH/ |
| MINA/ RODEUR / | MORGENSTER / | | CARPENTIER/ |
| HARMINA/ HARRY | ANTARCTICA II | | GERIZIM |
| Hoek J | Zanten R.N.van | Zwarts P. | Wetering BV D.v.d. |
| Haarlemmerdijk 42 C | Peter Veldmanlaan 24 | | Bunschotenweg 134 |
| 1013 JD Amsterdam | 5324 BE Ammerzoden | Zoeterwoude | 3089 KC Rotterdam |
| 020-6391121 | 073-5996312 / 06-53681273 | | 010-4296255 |
| 1922 | 1969 224 | 1920 | 1927 |
| t Hondsbosch | Suurmeijer | Concordia S.Seymonsbergen | Wed.A.v.Duivendijk |
| Alkmaar | Foxhol | Amsterdam | Papendrecht |
| 15,48 x 3,30 x 1,40 | 29,92 x 7,36 x 2,36 | 15,30 x 3,45 x 1,20 | 15,49 x 3,25 x 1,45 |
| 121 kW 165 pk GM | 515 kW 700 pk Kromhout | 114 kW 155 pk Deutz | 88 kW 120 pk Volvo |

| | | | |
|---|---|---|---|
| 023.18516 MS<br>**JAN**<br>SUMATRAKADE/<br>WSP 30/ RV 8/<br>JAN I<br>Doornenburg Pannerden BV<br>Sterreschans 13 A<br>6686 MS Doornenburg<br>0481-424249<br>1939<br>N.A.Bernhard Jr<br>Nieuwendam<br>16,25 x 4,31 x 1,67<br>121 kW 165 pk GM | 023.00623 recr<br>**JAN ABELS**<br>NO 291/ VIER GEBROEDERS/<br>VENUS/ GERI /<br>JAN<br>Verbakel M.E.<br><br>Best<br><br>1920 291<br>Goudriaan<br>Delft<br>19,43 x 4,54 x 1,53<br>221 kW 300 pk Mercedes | 023.14789 DS<br>**JAN LEENHEER**<br>JANUS/ EERLAND 26<br><br>Bonn & Mees BV<br>Sluisjesdijk 123<br>3087 AE Rotterdam<br>010-4290544<br>1967 501.293<br>Kieler Howaldswerke A.G./<br>Tellerort<br>Kiel/Hamburg<br>33,98 x 8,46 x 3,40<br>2 x 634 kW/862 pk Mitsubishi | 023.32708 OP<br>**JAN VAN HOUTEN**<br><br><br><br>Houten S.S.G.& C.van<br><br>Groet<br><br>2009 21<br>No Limit Ships BV<br>Groningen<br>10,40 x 3,25 x 0,80<br>44 kW 60 pk Lombardini |
| 023.25134 DS<br>**JAN**<br><br><br><br>Furgo Ingenieursbureau B.V.<br>Veurse Achterweg 10<br>2264 SG Leidschendam<br>070-3111444<br><br><br><br>9,58 x 2,75 x 0,75<br>132 kW 180 pk GM | 020.08141 DS<br>**JAN B**<br>D 206/ R 62 S/ D 206/<br>WORMER 6/ GUDRUN /<br>INA/ DUCO 1/ MARCO<br>Breko Nieuwbouw BV<br>Scheepvaartweg 3 B<br>3356 LL Papendrecht<br>078-6416868<br>1927<br>Meijer & Barth<br>Papenburg<br>21,20 x 5,75 x 1,82<br>268 kW 365 pk Deutz | 021.02308 MS<br>**JAN LIEVEN II**<br>TOCOPITO/ JAN LIEVEN II/<br>HENCA II /<br>PIE AD/ JANJO<br>C.T.W. Electronic<br>Schaperstraat 2<br>1613 JK Grootebroek<br>0228-512435<br>1943<br>Noorlander<br>Krimpen a/d IJssel<br>14,92 x 3,48 x 1,26<br>103 kW 140 pk Kromhout | 033.20083 MS<br>**JAN WILLEM**<br>LUCTOR/ JAN/<br>SAINTE SARA/ COR<br><br>BST Tiel BV<br>Burg v. Geusauweg 36<br>4191 KW Geldermalsen<br>0345-580501 / 06-54924649<br>1912<br>C.W.v.d.Straaten & v.d.Brink<br>Den Haag<br>14,17 x 3,65 x 1,03<br>184 kW 250 pk DAF |
| 030.11289 MS<br>**JAN**<br>JAN/ OSCAR<br><br><br>Meijlink W.<br><br>Amsterdam<br><br>1929<br>S.Seijmonsbergen<br>Amsterdam<br>13,14 x 3,42 x 1,10<br>48 kW 66 pk Mac Laren | 023.35122 SS<br>**JAN DE STERKE**<br>SNEL/MARIETTE/<br>HENDRINA II<br><br>Stoomboot Stichting<br>Postbus 513<br>4200 AM Gorinchem<br><br>1913<br>Van der Straaten & Brink<br>s Gravenhage<br>14,37 x 3,90 x 1,65<br>65 ipk Kreber | 022.09986 MS<br>**JAN SR**<br><br><br><br>Vries & v.d.Wiel BV De<br>Harmenkaag 9<br>1741 LA Schagen<br>0224-211211<br>1991<br>Hattuma<br>Westerland<br>8,69 x 2,89 x 1,00<br>88 kW 120 pk DAF | 023.18385 DS<br>**JANE**<br>LEEN/ LEONARA/ LEON/<br>ATTACK 5 /<br>ROBIN<br>Snijders E.H.W.<br>Walcherselaan 14<br>8316 NJ Marknesse<br><br>1956<br>G.J.v.Berk<br>Beneden Leeuwen<br>13,08 x 3,71 x 1,50<br>125 kW 170 pk GM |
| 033.40122 DS<br>**JAN**<br>PIETER WILLEM<br><br><br>Gommers R.K.C.<br><br>Rotterdam<br><br>1913<br>De Groot & v. Vliet<br>Slikkerveer<br>18,96 x 4,66 x 2,03<br>294 kW 400 pk Brons | 023.17126 MS<br>**JAN LAURENZ**<br>HOLLANDER/ ANNA III/ ANNA/<br>TOBER/ ADJA /JOHANNA/<br>CREDO/ ZEELAND/ HOOGLIJ<br>Schellenberg F.<br><br>Anna Paulowna<br><br>1927<br><br><br>15,45 x 4,20 x 1,90<br>63 kW 85 pk Stork | 020.03581 DS<br>**JAN VAN HASSELT SR**<br>JAN VAN HASSELT SR/<br>STORMVOGEL<br><br>Nerva Vof<br>Tuinfluiter 30<br>8321 CK Urk<br>06-51785827<br>1953<br>De Amstel G.J. Baas<br>Ouderkerk a/d Amstel<br>21,28 x 5,28 x 2,34<br>640 kW 870 pk Deutz | 027.21388 MS<br>**JANNEKE**<br><br><br><br>Boer Baggeren BV De<br>Dr.Langeveldplein 11<br>3361 HE Sliedrecht<br>0184-411999<br>1975<br>Damen Shipyards BV<br>Hardinxveld-Giessendam<br>14,59 x 4,80 x 1,37<br>2 x 220 kW 300 pk Doosan |

| | | | |
|---|---|---|---|
| **reg.nr. / type** : | 030.51608 MV | 030.10391 MS | 1930-26 MS |
| **naam** : | **JANNIE** | **JANNY** | **JANTJE** |
| **ex naam** : | JANNIE/ ALCO | LES TROIS SOEURS/ | JOHAN/ STELLA DUCE/ |
| **ex naam** : | | HARRY/ WILSKRACHT II / | JOSE/ STELLA MARIA |
| **ex naam** : | | ANNA | |
| **eigenaar** : | Boer A.J.W.d. | Hachmang F. | Bunnik P.A. |
| **adres** : | Spoorstraat 76 | | |
| **woonplaats** : | 1723 NE Noordscharwoude | Dordrecht | Zevenhoven |
| **telefoon** : | 0226-318783 | | |
| **bouwjaar / -nr.** : | 1962 1074 | 1930 | 1930 |
| **bouwwerf** : | Volharding | G.den Heeten & Co | De Hoop Gebr.Thijssen |
| **plaats** : | Stavoren | Leidschendam | Leiden |
| **l x b x d** : | 12,54 x 3,64 x 1,40 | 9,02 x 2,00 x 0,90 | 15,47 x 4,22 x 1,80 |
| **vermogen** : | 122 kW 166 pk Deutz | 25 pk Deutz | 66 kW 90 pk |
| **boegschroef** : | | | |

| | | | |
|---|---|---|---|
| 1920-25 OP | 027.16747 DS | 030.51396 MV | 1990-10 MV |
| **JANNEKE II** | **JANNIE B** | **JANNY** | **JANTJE** |
| | MABI 3/ SCHELDE 9/ | MERWEDE/ THOLEN/ | |
| | ORCA/ CYCLONE | DIRKJE 2 | |
| | | | |
| Admiraal W. | B.M.S. River Towage BV | Schuitemaker J. | Hoogerwaard Scheepswerf |
| | Grevelingenweg 10 A | | Ophemertstraat 43 |
| Hasselt | 4301 XX Zierikzee | Kampen | 3089 JD Rotterdam |
| | 06-53126185 | | 010-4290888 |
| 1920 | 1955 93 | | |
| | H.d.Haas | | |
| | Maassluis | | |
| 4,50 x 1,60 x 0,70 | 21,60 x 5,46 x 2,66 | 10,20 x 3,00 x 1,00 | 8,00 x 2,50 x 1,00 |
| 9,5 kW 13 pk Lister | 736 kW 1000 pk Cummins | 35 kW 48 pk Lister Blackstone | 103 kW 140 pk Ford |
| | 161 kW 220 pk Mitsubishi | | |

| | | | |
|---|---|---|---|
| 1912-16 MS | 020.06806 DS | 022.02008 MS | 021.02455 MS |
| **JANNES** | **JANNO** | **JANTJE** | **JANUS** |
| ONRUST/ EDELWEISS/ | ZEPHYR II | | BEJO/ GERMI/ ROSA/ |
| AF EN TOE | | | PEJO / |
| | Veka Scheepvaart & | | STAD VIANEN |
| Bruin K.d. | Handelsonderneming BV | Steenbergen&A.A.v.Herp H.van | Schroot A.J.A. |
| | Biesboschhaven Zuid 10-11 | Peperstraat 3 | |
| | 4251 NM Werkendam | 5311 CS Gameren | IJsselstein |
| | 0183-505230 | | |
| 1912 | 1970 | 1941 103 | 1948 156 |
| De Ridder | Van Goor | Bodewes | Damen Shipyards BV |
| Rotterdam | Monnickendam | Foxhol | Hardinxveld-Giessendam |
| 13,00 x 3,20 x 1,50 | 15,80 x 4,48 x 2,20 | 15,52 x 4,01 x 1,80 | 13,20 x 3,78 x 1,50 |
| 114 kW 155 pk GM | 338 kW 460 pk Caterpillar | 88 kW 120 pk Brons | 57 kW 77 pk Caterpillar |

| | | | |
|---|---|---|---|
| 023.33843 DB | 020.04740 MS | 1924-14 OP | 2001-01 MS |
| **JANNICK** | **JANNY** | **JANTJE** | **JASCON 3** |
| | BEWAKINGSDIENST I/ | | |
| | HANSA/ ESTER/ | | |
| | GERDA * | | |
| Booij Duw & Sleepvaart BV | Verhoef M.M. | Son R.A.van | Consolidated Projects Ltd |
| Monsterweg 66 | | | De Hoogjens 42 |
| 4454 AC Borssele | Zaandam | Leiden | 4254 XW Sleeuwijk |
| | | | 0183-301735 |
| 2011 1074 | 1925 | 1924 | 2001 /99134 |
| P.H.Tinnemans | Concordia S.Seymonsbergen | Bijlholt | Shangnan/Damen Shipyards |
| Maasbracht | Amsterdam | Foxhol | Shanghai |
| 18,85 x 9,97 x 2,52 | 14,35 x 3,48 x 1,50 | 6,50 x 1,95 x 0,90 | 32,80 x 10,00 x 4,15 |
| 2 x 783 kW/1065 pk Caterpillar | 58 kW 80 pk Kromhout | 8.8 kW 12 pk Lister | 2 x Caterpillar |

| | | | |
|---|---|---|---|
| 020.10388 DS<br>**JASON**<br>T 61/ KOMP 88/<br>PIONIER T 80002<br>Kramer Vof Fa Gebr.<br>Falster 8<br>1506 BN Zaandam<br>075-6310092<br>1960 150<br>Rheinwerft<br>Mainz Mombach<br>27,96 x 6,22 x 1,75<br>2 x 257 kW/486 pk Caterpillar | 023.12572 DS<br>**JE GE III**<br>WAAL<br>Nelis & Zn J.G.<br>Haarlem<br>1966<br>12,00 x 3,40 x 1,07<br>147 kW 200 pk Caterpillar | 023.11925 DS<br>**JELLE AUKE**<br>ERNST/ HENDRIK/<br>POSEIDON<br>Kapitein & Zn Duw &<br>Sleepdienst A.<br>Wijk 1 nr 39<br>8321 EL Urk<br>0527-681864<br>1918<br>Hamburg<br>18,33 x 5,44 x 2,20<br>552 kW 710 pk Detroit Diesel | 023.09538 MS<br>**JENNY**<br>RECTA II/<br>ARENDI I/<br>JENNY<br>Baardemans A.C.<br>Roodevaart 44<br>4782 RC Moerdijk<br>0168-412974<br>1912<br>H.J.Koopman<br>Dordrecht<br>17,20 x 4,32 x 1,60<br>110 kW 150 pk Deutz |
| 023.20349 MV<br>**JASON**<br>Groenen P. Sleepdienst<br>Nieuwe Rijn 105<br>2312 JN Leiden<br>071-5123140 / 06-53294887<br>1992 116<br>Kloos Dirk v/h Tijssen<br>Leiden<br>8,50 x 3,40 x 1,20<br>2 x 125 kW/170 pk DAF | 032.50214 DS<br>**JEANNE**<br>TOLLENS/ BETSIE G<br>Lagerbrug & M.T.Pander M.R.L.<br>Koudum<br>1946 244<br>De Haan & Oerlemans<br>Heusden<br>20,06 x 5,30 x 1,80<br>507 kW 690 pk Caterpillar | 023.09492 MS<br>**JELTON**<br>MABI 4/ ERASMUS/<br>TEUNA<br>Rooder H. de<br>Kesteren<br>1921<br>Gebr.v.d.Windt<br>Vlaardingen<br>16,15 x 3,84 x 1,51<br>121 kW 165 pk GM | 023.10629 MS<br>**JENNY**<br>PASSE PARTOUT 3/<br>LEKSTROOM 8<br>Venema B.V. Transport mij<br>Tsjaerddijk 7<br>8771 KE Nijland<br>0515-569462<br>1908<br>Huiskens & Van Dijk<br>Dordrecht<br>17,45 x 4,80 x 1,60<br>176 kW 240 pk Paxman Ricardo |
| 1987-19 OP<br>**JASON**<br>DELTA JEWEL<br>Tijssen M.<br>Utrecht<br>1987<br>P.& J.Berkelaar<br>Vinkeveen<br>5,10 x 2,07 x 0,90<br>19,8 kW 27 pk Triumph | 022.01106 MS<br>**JEKER**<br>Noordster II/ Noordster/ Anvo II/<br>Greta /Ad Usum/ Giema/ Henri/<br>Parvenu/ Deus Regit<br>Bekkum Bergings & Duikbedrijf<br>Marktstraat 2<br>6019 AZ Wessem<br>1901 55<br>Boon, Molema & de Cock<br>Hoogezand<br>16,00 x 3,60 x 1,80<br>117 kW 160 pk Brons | 023.09036 DS<br>**JENNIE**<br>KRALINGEN/ EVERINGEN/<br>ARKONA /<br>PASCAL I / HINTE<br>Weba Sleep & Duwvaart<br>Middelbuurt 102<br>8321 ZE Urk<br>1954 479<br>H.H.Bodewes<br>Millingen<br>23,20 x 6,25 x 2,35<br>423 kW 575 pk GM | 023.25583 MV<br>**JEROM**<br>WAREN/ LATOYA 11/<br>JEROMMEKE<br>Anker Maritiem Shipping<br>Rivierkade 5<br>4931 AA Geertruidenberg<br>0162-514890<br>1961 2202-10<br>VEB Yachtwerft<br>Berlin<br>14,20 x 3,47 x 1,27<br>88 kW 120 pk Volvo |
| 023.14902 MC<br>**JASON T**<br>Stemat Marine Service BV<br>Quarantaineweg 10<br>3089 KP Rotterdam<br>010-2996555<br>1977 510<br>Jonkerpaans<br>Dordrecht<br>14,40 x 3,82 x 1,53<br>177 kW 240 pk GM | 1903-05 MS<br>**JELLE**<br>DE ROEK<br>Nijman J.<br>Statenlaan 156<br>2582 GX 's Gravenhage<br>070-3548854<br>1903<br>14,87 x 3,20 x 1,70<br>121 kW 165 pk GM | 020.05898 DS<br>**JENNY**<br>JOHANNES GOEDKOOP/<br>NARWAL/ MEERVAL<br>Tuinman & Zn Sleepvaartbedrijf<br>Vof A.<br>Nieuwe Vissershaven 11<br>8861 NX Harlingen<br>0517-412854 / 06-51083633<br>1962 43<br>A.v.Bennekum<br>Sliedrecht<br>19,97 x 5,40 x 1,86<br>515 kW 700 pk Cummins | 1920-17 OP<br>**JETJE**<br>Hek H.de<br>Oudekerk<br>1920<br>Bijlholt<br>Foxhol<br>6,20 x 1,95 x 0,75<br>7,3 kW 10 pk Petter |

| | | | |
|---|---|---|---|
| **reg.nr. / type** : | 2008-06 OP | 023.15203 MV | 023.25086 DB |
| **naam** : | **JILLIA** | **JOCO III** | **JOERY H** |
| **ex naam** : | | JACOBA 11/ | RV 04-02 / 04-02 |
| **ex naam** : | | AEGIR | |
| **ex naam** : | | | |
| **eigenaar** : | Dee P.van | Leeuwen W.L.van | Stemat Marine Service BV |
| **adres** : | | Haven 24 | Quarantaineweg 10 |
| **woonplaats** : | Maurik | 4001 LZ Tiel | 3089 KP Rotterdam |
| **telefoon** : | | 0344-621025 / 06-51064391 | 010-2996555 |
| **bouwjaar / -nr.** : | 2008 | 1976 | 1992 |
| **bouwwerf** : | Dekker | Jac.den Breejen | Damen Shipyards BV |
| **plaats** : | IJzendoorn | Hardinxveld-Giessendam | Gorinchem |
| **l x b x d** : | 6,60 x 2,20 x 0,60 | 13,95 x 4,15 x 1,28 | 7,03 x 3,02 x 0,91 |
| **vermogen** : | 8.8 kW 12 pk Lister | 177 kW 240 pk GM | 210 kW 286 pk Deutz |
| **boegschroef** : | | | |

| | | | |
|---|---|---|---|
| 022.05436 MS | 1928-16 MS | 020.09267 DV | 023.06590 MS |
| **JETSTREAM** | **JILLIS** | **JOCO IV** | **JOHAN** |
| P 4123/ Y 828/ Y 8215/ | WIERINGERMEER/ | | PIETER/LEONORA/ |
| P 4123/ STERN/ | HEEN EN WEER V / | | TEUNIS HENDRIK/CEELEN / |
| FENNA | DROOGDOK 16 | | ANNE MARIE/COMBINATIE |
| Poepjes F.J. | Marijt J. | Leeuwen W.L.van | Lanser L. |
| Expansie 54-56 | | Haven 24 | |
| 8316 GA Marknesse | Leiderdorp | 4001 LZ Tiel | Dordrecht |
| 0527-203652 | | 0344-621025 / 06-51063930 | |
| 1953 | 1928 | 1985 475 | 1914 147 |
| Coastguard Yard | Concordia S.Seymonsbergen | Th.v.d.Beldt | Botje Ensing & Co |
| Curtis Bay (Maryland) | Amsterdam | West Graftdijk | Groningen |
| 12,50 x 3,50 x 0,90 | | 13,80 x 4,28 x 1,60 | 12,65 x 3,32 x 1,40 |
| 2 x 121 kW/165 pk GM | | 188 kW 256 pk Scania Vabis | 85 kW 116 pk Deutz |

| | | | |
|---|---|---|---|
| imo 9648180 MC | 033.40121 MV | 027.21871 MS | 023.06934 MS |
| **JIF BREIZH** | **JIM** | **JOCO V** | **JOHAN** |
| LEANNE P | ANNA 2 | RV 166/ FJORDSTONE 166 | R.S.M.1/ ELISABETH/ |
| | | | JOHAN EVERTZEN / |
| | | | BERTHA/ WILJO |
| Neptune Equipment BV | Santen Hon Scheepvaartbedr.A. | Leeuwen W.L.van | Elfrik H. |
| Rivierdijk 458 | Mounestrjitte 56 | Haven 24 | Uiterweg 329 |
| 3372 BW Hardinxv.-Giessendam | 9288 AT Kootstertille | 4001 LZ Tiel | 1431 RA Aalsmeer |
| | 0512-332085 / 06-22996447 | 0344-621025 | 0297-328328 |
| 2013 NP 409 | 1952 | 1984 535303 | 1921 |
| Neptune Marine BV | | Damen Shipyards BV | A.Bakker |
| Aalst | | Gorinchem | Rotterdam |
| 24,00 x 9,00 x 2,90 | 8,15 x 2,45 x 1,10 | 17,30 x 4,90 x 2,20 | 17,40 x 3,83 x 1,60 |
| 2 x 634 kW/862 pk Mitsubishi | 95 kW 130 pk DAF | 2 x 150 kW/204 pk DAF | 110 kW 150 pk Caterpillar |

| | | | |
|---|---|---|---|
| 023.12555 DS | 2013-14 MV | 023.29420 MV | 1900-07 MS |
| **JILL F** | **JOCO II** | **JOCO VI** | **JOHAN** |
| D 307/ D 230/ | | CORNELIS SR/ | |
| IJSVOGEL/ | | RODIE 4 | |
| MYSTERY | | | |
| Fransbergen BV | Leeuwen W.L.van | Leeuwen W.L.van | Paes BV H.W. |
| Havenstraat 10 | Haven 24 | Haven 24 | Roumenweg 9 |
| 6051 CR Maasbracht | 4001 LZ Tiel | 4001 LZ Tiel | 6107 AC Stevensweert |
| 0475-465090 | 0344-621025 | | |
| 1930 387 | | 1979 | 1900 |
| Meijer & Barth | | Visscher & Zn | |
| Papenburg | | Zwartsluis | |
| 23,12 x 6,00 x 2,26 | 6,20 x 2,45 x 0,70 | 17,20 x 4,69 x 1,70 | 12,53 x 3,96 x 1,50 |
| 441 kW 600 pk Caterpillar | 36 kW 60 pk Mitsubishi | 331 kW 450 pk Caterpillar | 88 kW 120 pk |

1927-08 MS
**JOHAN DE WITT**
JOHAN DE WITT/ JACO
Jager T. de
Almere
1927
Concordia S.Seymonsbergen
Amsterdam
15,00 x 3,49 x 1,20
95 kW 130 pk Deutz

023.16589 MS
**JOHANNA**
LOAD I/ DINA/ CORRY/
ATHOR/ LIES
Pfeiffer F.A.
Karel Doormanstraat 5
7461 EN Rijssen
0548-521221
1938 65
G.den Heeten & Co
Leidschendam
12,13 x 3,48 x 1,75
110 kW 150 pk Volvo Penta

033.20072 MS
**JOHANNA JACOBA**
RONALD
1949 22
G.J.v.d.Berk
Beneden Leeuwen
8,14 x 2,72 x 1,31
55 kW 75 pk DAF

022.05819 DS
**JOHANNES J**
BUGSIER
Midena Shipping BV
In 't Vizier 2 A
8309 AS Tollebeek
0527-688000 / 06-53208193
1943 352
A.Bonne
Wilhelmsburg-Hamburg
20,63 x 5,50 x 2,70
736 kW 1000 pk Deutz

020.06503 MS
**JOHANNA**
JOHANNA/ ELLY/ GIPSY
Veenstra F. & S.
Ureterp
1930
12,46 x 3,38 x 1,08
58 pk 80 pk La Meuse

030.50604 MS
**JOHANNA**
JENJA/ JAN/
GERRIE/ LAURA
Vieter P.F.W. de la
Haringvliet 68
3011 TG Rotterdam
1936
Mittendorf
Dedemsvaart
17,06 x 4,54 x 2,04
161 kW 220 pk Industrie

023.09469 DS
**JOHANNA VAN DER WEES**
VOLHARDING 8
Van der Wees
Watertransporten BV
's Gravendeelsedijk 100
3316 AZ Dordrecht
078-6482665 / 06-53154383
1956 274
Jonker & Stans
Hendrik Ido Ambacht
19,80 x 5,35 x 1,80
353 kW 480 pk Guascor

020.07726 DS
**JOHN D**
JORDAENS/ AVONTUUR/
RHEIN /EN AVANT II/ PUMA II/
AEGIR/ NJORD
Droog W.J.
Tulpstraat 4
1739 CC Waarland
1930
Gebr.v.d.Windt
Vlaardingen
23,05 x 5,31 x 1,90
298 kW 405 pk Mercedes

020.16130 MS
**JOHANNA**
WEISSENFELS/ HERTHA/
KREUZHORST /
TB LAW
Kuppers. A.
Duivendrecht
1925
Heinrich Ohle
Kassel
19,63 x 3,88 x 1,10
147 kW 200 pk SKL

033.10537 MV
**JOHANNA**
ARIE/ ROBERT
Bosma Beheer BV S.J.J.
Sasdijk 2 D
4671 RN Dinteloord
0167-521030
1900
8,54 x 3,10 x 1,60
38 kW 52 pk Kromhout

027.14956 MV
**JOHANNE**
Koninklijke
Boskalis Westminster N.V.
Rosmolenweg 20
3356 LK Papendrecht
078-6969000
1973 517
Damen Shipyards BV
Hardinxveld-Giessendam
14,40 x 4,35 x 1,85
220 pk 300 pk

1960-20 MS
**JOHN PAUL**
Pothof Th.
Oostwold
1960
Duitsland
14,50 x 3,50 x 1,00
117 kW 160 pk SKL

023.09805 MS
**JOHANNA**
JOHANNA/ PIE AD/
VERTROUWEN
Muys J.P.
Kortgene
1939
De Industrie D.& Joh.Boot
Alphen a/d Rijn
13,60 x 3,80 x 1,55
44 kW 60 pk Industrie

023.04680 recr
**JOHANNA II**
ONDERNEMING I/
ARJAGE II
Broerse R.
Bloemketerp 9
8801 BW Franeker
1930
J.Vos & Zn
Groningen
11,05 x 3,05 x 1,04
150 pk DAF

020.11534 SS
**JOHANNES**
SCHILL
Leeuwen & N.Vendrig P.van
v.Roosendaalstraat 87
1606 XD Venhuizen
0228-542025
1908 238
C. Wollheim
Cosel Breslau
15,54 x 4,45 x 1,55
95 ipk Wollheim

022.09911 MV
**JOKE**
Heeres G.
Abbegeasterkelt 14
8617 LB Abbega
0515-569367
1959
G.J.v.Wezel
Dreumel
12,20 x 3,45 x 1,55
176 kW 240 pk GM

| | | | |
|---|---|---|---|
| **reg.nr. / type** : | 025.10243 MS | 021.04281 MV | 1922-04 OP |
| **naam** : | **JOLLY** | **JONAT** | **JOPKE** |
| **ex naam** : | | BREEVAER V/ DE PEILER | |
| **ex naam** : | | | |
| **ex naam** : | | | |
| **eigenaar** : | Retting R.W. | Hoekstra Grond &<br>Waterwerken BV | Gulikers |
| **adres** : | | Munedijk 5 | |
| **woonplaats** : | Amsterdam | 9101 BR Dokkum | Heel |
| **telefoon** : | | | |
| **bouwjaar / -nr.** : | 1956 | 1969 803 | 1922 |
| **bouwwerf** : | Magdeburg | Jac.den Breejen | Bijlholt |
| **plaats** : | | Hardinxveld-Giessendam | Foxhol |
| **l x b x d** : | 28,67 x 6,53 x 3,30 | 12,28 x 3,28 x 1,60 | 5,50 x 1,90 x 0,65 |
| **vermogen** : | 294 kW 400 pk BKW | 77 kW 105 pk MWM | 22 kW 30 pk Armstrong |
| **boegschroef** : | | | |

| | | | |
|---|---|---|---|
| 027.18496 MV | 023.07584 MS | 027.19918 MC | 032.80202 MS |
| **JOKE** | **JOMA** | **JOOP** | **JORINDA** |
| INO / ANDRE | EMMA ?/ COR/ | | ZANNEKIN / HELENE/ |
| | POSEIDON/ JANTINA / | | DERNIER / |
| | RIKA | | JOLINDA |
| Blom Holding BV K.H. | Smit Waalhaven Holding BV | Oord Acz Overige Materieel BV | Geissler R.M. |
| Pier Afrika 10 | | Jan Blankenweg 2 | Danielstraat 12 A |
| 1013 BK Amsterdam | Rotterdam | 4207 HN Gorinchem | 4424 AZ Wemeldinge |
| 020-6866007 | | 0183-642200 | |
| 1979 1367 | 1909 720 | 2001 4007 | 1945 |
| Jac.den Breejen | J.& K.Smit | Damen Shipyards BV | Jacobs P/Winter |
| Hardinxveld-Giessendam | Kinderdijk | Gorinchem | Boom |
| 14,20 x 4,25 x 1,80 | 20,20 x 4,32 x 1,70 | 25,97 x 10,06 x 2,80 | 12,02 x 3,33 x 1,25 |
| 537 kW 730 pk Caterpillar | 320 kW 180 pk Lister Blackstone | 2 x 566 kW/770 pk Caterpillar | 94 kW 128 pk Mercedes Benz |
| | | | |

| | | | |
|---|---|---|---|
| 033.20129 MS | 023.08165 MS | 1918-03 MS | 1934-04 OP |
| **JOKOR** | **JOMA 4** | **JOOP** | **JORIS** |
| NORWAY/ | MARK EN DINTEL VII/ | JUMA | |
| JEAN PIERRE | WESTDEUTSCHER LLOYD V / | | |
| | BELI/ EWT 7 | | |
| Bosma H. | | Woude O.F.v.d | Jong J.de |
| | | Uilenburg 33 | |
| Hempens | Amsterdam | 8651 EL IJlst | Appingedam |
| | | 0515-531707 | |
| 1930 | 1908 | 1918 | 1934 |
| Gebr.Akerboom | | t Hondsbosch | Bijlholt |
| Oegstgeest | Sliedrecht | Alkmaar | Foxhol |
| 15,00 x 3,60 x 1,40 | 27,33 x 5,48 x 2,25 | 15,27 x 3,55 x 1,50 | 6,50 x 2,15 x 0,90 |
| 121 kW 165 pk GM | 220 kW 300 pk Bolnes | 84 kW 115 pk Deutz | 6,6 kW 9 pk Brons |
| | | | |

| | | | |
|---|---|---|---|
| imo 9618381 MS | 023.11140 MV | 023.23256 DB | 2008-07 OP |
| **JOLI L** | **JOMAR** | **JOOP I** | **JORIS** |
| MAASSTROOM * | NEPTUNUS I/ MARTIN | TR 408 | |
| | | | |
| | | | |
| Landfall Transport & Towage BV | Boer Baggeren BV De | Schriek W.A. | Weide H.v.d. |
| Prinsenweer 25 | Dr.Langeveldplein 11 | Damasstraat 52 | |
| 3363 JK Sliedrecht | 3361 HE Sliedrecht | 2522 TW 's Gravenhage | Elburg |
| 0184-423440 | 0184-411999 | 070-3950322 / 06-53175833 | |
| 2012 NP 401 | 1930 689 | 1981 | |
| Dieselbedrijf Hardinxveld/<br>Neptune Marine | t Hondsbosch | Ceske Lodenice | |
| Hardinxveld/Aalst | Alkmaar | Melnik | |
| 23,00 x 8,00 x 2,65 | 12,10 x 3,18 x 1,40 | 12,02 x 8,62 x 1,63 | 5,50 x 1,80 x 0,60 |
| 2 x 357 kW/485 pk Caterpillar | 110 kW 150 pk Scania Vabis | 2 x 147 kW/200 pk Skoda | 11,7kW16pk Armstromg Siddely |
| 92 kW 125 pk | | | |

022.05980 MS
**JORK**

Overbeek W.J.
Adorp
1965
Blom
Hindeloopen
9,18 x 3,38 x 0,64
29 kW 40 pk Mercedes Benz

---

033.20085 MS
**JORN**
JACOBA/
GERARD/
SUZAN
Feringa J.H.K.
Woudsend
1930
't Hondsbosch
Alkmaar
14,56 x 3,39 x 1,20
53 kW 72 pk Berkel

---

022.05369 MV
**JOS**
J S VI
Tebezo BV
Lisdodde 38
8281 KE Genemuiden
038-3855225
1982
J.d.Jong Jachtwerf
Sneek
7,35 x 2,87 x 1,10
73 kW 100 pk DAF

---

020.05795 MS
**JOSEPHINE**
ROB/
HARRY
Brouwer Verhuur Wed K.
Zomerdijk 22
1505 HW Zaandam
075-6164672
1961
Th.d.Groot
Landsmeer
13,35 x 3,98 x 1,37
93 kW 127 pk Caterpillar

---

1930-09 OP
**JOSEPHUS B**
JIN
Bol P.
Purmerend
1930
6,00 x 1,65 x 0,60
7 kW 9 pk Spindel

---

021.02285 DS
**JOSH**
REINHARD/
WILJA/
LIBRA
B.S.T. Perfico BV
Sasdijk 18
4671 RN Dinteloord
0167-523288
1907
Gebr.v.d.Windt
Vlaardingen
20,40 x 4,58 x 1,95
268 kW 365 pk Caterpillar

---

022.06692 DB
**JOSON**
CHRISTINA/
SPERBER
Joson BV
Tichelkoelstraat 4
6951 ED Maasbracht
06-53522601 / 171-6097610
1973
Bodewes
Hasselt
19,04 x 8,54 x 1,60
2 x 423 kW/575 pk Caterpillar

---

020.01973 MS
**JOY TUG**
SUMATRAKADE/
BROEDERTROUW XI
Hoogendoorn J.C.
Hardinxveld-Giessendam
1945 425
Boot
Delft
16,83 x 4,48 x 1,85
123 kW 168 pk DAF

---

023.04833 MS
**JULIA**
ADJA/ GRACA/ ASTRID
Otterloo R.van
Tienhoven
1930
Bouman & Zn
Coevorden
17,13 x 4,46 x 1,57
88 kW 120 pk DAF

---

023.05832 DS
**JULIA**
COR/ PIET HEIN/
IRMA II/
PIET HEIN *
Ravensbergen G.
Siegenlaan 93
2231 PC Rijnsburg
1910
Boele
Bolnes
16,15 x 3,87 x 1,90
125 kW 170 pk Caterpillar

---

1886-01 MS
**JULIUS**
JULIUS/ EMDEN 34/
THOMAS /
AVANTI
Janné E.M.
Hellevoetsluis
1886
Hamburg
14,94 x 3,82 x 1,30
110 kW 150 pk Deutz

---

020.04684 OP
**JUMBO**
Ge
Eijer G.
Amsterdam
1938
Hoogkerk
7,15 x 2,35 x 0,80
118 kW 160 pk GM

---

1939-08 OP
**JUMBO 2**
Mannaert H. & T.
Amsterdam
1939
Bijlholt
Foxhol
5,63 x 1,85 x 0,80
22 kW 30pk Kromhout

---

1924-15 OP
**JUNIOR**
Seinen S.A.P.
Langweer
1924
5,20 x 1,70 x 0,80
8,8 kW 12 pk Deutz

---

1935-07 OP
**JUNIOR**
Ydo A.
Numansdorp
1935
5,50 x 1,20 x 0,70
12 kW 15 pk Deutz

---

023.26616 MS
**JUPITER**
RISICO II/ ADRIANA/
ALFRA/ BOUNTY II /
MAYDAY/ ABRI
Schlebach & B.Schenk R.
Liestad
1912 31
De Groot & v. Vliet
Slikkerveer
17,03 x 4,02 x 1,60
165 kW 225 pk Caterpillar

| | | | |
|---|---|---|---|
| **reg.nr. / type** : | 020.01756 DS | 020.01297 MS | 023.34936 DB |
| **naam** : | **JUTTER** | **KAAP FASTNET** | **KAREL** |
| **ex naam** : | HUUB/ ACTIEF/ | PIWI/ NEUROS | |
| **ex naam** : | DRAKAR/ REVENIR | | |
| **ex naam** : | | | |
| **eigenaar** : | Acta Marine BV | Kroon G.T. | Blom Holding BV K.H. |
| **adres** : | Het Nieuwe Diep 39 D | | Pier Afrika 10 |
| **woonplaats** : | 1781 AE Den Helder | Anjum | 1013 BK Amsterdam |
| **telefoon** : | 0223-615666 | | 020-6866007 |
| **bouwjaar / -nr.** : | 1939 | 1930 | 2012 332 |
| **bouwwerf** : | De Hoop Gebr.Thijssen | | C.C.v.d.Stap |
| **plaats** : | Leiden | Zaandam | Burgum |
| **l x b x d** : | 13,28 x 3,88 x 1,60 | 15,52 x 4,30 x 1,70 | |
| **vermogen** : | 294 kW 400 pk Volvo Penta | 92 kW 125 pk Bohn & Kaeler | 110 kW 150 pk |
| **boegschroef** : | | | |

| | | | |
|---|---|---|---|
| 046.01790 MS | 022.11058 MS | 022.09205 MS | 022.10829 MV |
| **JUPITER** | **JUTTER** | **KAATJE** | **KARIN** |
| | STEUBENHOFT | | INGA |
| | | | |
| | | | |
| Ouwerling A.W.H.M. | Poel & A.Schouten C. | Weerden G.J.v. | Haarsma BV Kraanbedrijf |
| | | Oostendeweg 43 | Waltaweg 6 |
| Breda | Harderwijk | 9723 HJ Groningen | 8765 LP Tjerkwerd |
| | | 050.5890527 | 0515-579100 |
| 1924 135 | 1955 521 | 1982 | 1950 |
| P.Boele Pzn | Joh.Oelkers | | |
| Slikkerveer | Hamburg | Enkhuizen | |
| 24,00 x 5,74 x 2,20 | 26,27 x 5,53 x 2,00 | 8,39 x 2,90 x 0,90 | 9,32 x 2,54 x 0,87 |
| 385 kW 525 pk MWM | 441 kW 600 pk MAN | 37 kW 50 pk Perkins | 88 kW 110 pk DAF |

| | | | |
|---|---|---|---|
| 022.10309 recr | 022.04355 MV | 020.07416 MS | 023.22371 DS |
| **JURJEN** | **K 5** | **KALIWAAL 14** | **KARIN** |
| EGBERT 3/ EBERT | | | SCHELDE IV/ VEKA 70 |
| | | | |
| | | | |
| Haitsma P.J. | Kraaijeveld BV P.K. | Witte Raaf BV | Meijer BV Expeditiebedr. L.de |
| M. Poppiusstraat 19 | Molendijk 34 | Scheendijk 17-7 | Westkade 1 |
| 8536 TX Oosterzee | 3361 HG Sliedrecht | 3621 VC Breukelen | 4551 BV Sas van Gent |
| 0514-542061 | | 0346-261154 | 0115-451210 |
| 1920 | 1980 | 1928 | 1964 424 |
| | Damen Shipyards | Concordia S.Seymonsbergen | Fulton Marine Engeneering |
| | Hardinxveld-Giessendam | Amsterdam | Ruisbroek |
| 10,15 x 2,80 x 1,00 | 11,37 x 3,11 x 0,98 | 16,25 x 3,70 x 1,60 | 27,67 x 6,86 x 2,90 |
| 77 kW 105 pk DAF | 37 kW 50 pk Deutz | 93 kW 126 pk Henschel | 552 kW 750 pk Deutz |

| | | | |
|---|---|---|---|
| 030.31811 CP | 023.25455 MS | 020.01932 MS | 023.22714 DS |
| **JUSTICE** | **K.P.12** | **KAREL** | **KARL LOTTE** |
| | VLB 9 | KRIEL/ TRIO/ | DERBEN/ VEKA/ |
| | | VOLHARDING II/ BETTY / | SARAJA/ ANNA 2 * |
| | | JELTJE/ PAULA | |
| E.N.B.O. BV | De Koperen Ploeg | Hooft J.G.v.d. | Weegh J.J.v.d. |
| Hondsdijk 3 | Capriweg 8 | | Hasselterweg 38 B |
| 2396 HG Koudekerk a/d Rijn | 1045 AW Amsterdam | Tiel | 8043 PE Zwolle |
| | 020-4487090 | | 0572-363869 |
| 1929 239 | 1990 | 1899 150 | 1964 |
| A.S.M. | J.Schlieker & Zn | P.Smit Jr | Mukrena werft |
| Arnhem | Sliedrecht | Rotterdam | Berlijn |
| 24,10 x 5,00 x 1,80 | 12,45 x 4,06 x 2,00 | 12,30 x 2,72 x 1,30 | 13,08 x 3,22 x 0,92 |
| 150 Kromhout | 265 kW 360 pk DAF | 44 kW 60 pk Skoda | 88 kW 120 pk SKL |

023.20555 recr
**KASUARIS**
FRANKFURT

Laro A.J.M.
Ulvenhout
0167-523288
1958 503-6
VEB Volkswerft Ernst Thalmann
Brandenburg
30,06 x 7,38 x 1,60
426 kW 580 pk SKL

---

imo 9552084 MS
**KASYMBORG**
SHOALWORKER /
MCS MARLENE

Wagenborg Offshore BV
Marktstraat 10
9934 CK Delfzijl
0596-636911
2001 1541
Damen Shipyards BV
Gorinchem
25,80 x 8,50 x -
2 x 715 kW/972 pk Caterpillar

---

030.50714 DS
**KATHY**
STAD OMMELANDEN/
ACTIEF/ ANNIE/ INGONA /
ANNIE/ MAAIKE

Strootman P&W Slepvaartbedrijf
Havenweg 19
4671 BS Dinteloord
0167-522445
1921
Sissing/Leenman
Winsum/Zwolle
16,49 x 4,04 x 1,20
257 kW 350 pk Caterpillar

---

1938-07 MS
**KATTENMEER**
MAASSLUIS

Rogge H.J.T.
's Gravenhage
1938
De Vries Lentsch
Amsterdam
16,00 x 4,00 x 1,35
126 kW 172 pk GM

---

022.09846 DS
**KBO 006**

BAM Utiliteitsbouw
Joop Geesingweg 901
1096 AZ Amsterdam
1999 37
J.d.Jong Jachtwerf
Sneek
7,57 x 2,62 x 1,30
88 kW 120 pk DAF

---

030.31546 MS
**KEES**
RWS

Groot A. de
Leiden
1930 246
Th.v.d.Beldt
West Graftdijk
14,20 x 3,80 x 1,60
176 kW 240 pk Volvo Penta

---

033.10407 MV
**KEES**

Swets Dols & Heuff BV
St Canisiussingel 18
6511 TH Nijmegen
024-3228217
1956
Delta Shipyard
Sliedrecht
12,15 x 3,44 x 1,54
146 kW 198 pk Caterpillar

---

033.40407 MS
**KEES**

Zijda K.
Pretoriusstraat 75
8031 KP Zwolle
038-4226823
1940
Van de Velde
Zwolle
8,50 x 3,00 x 090
58 kW 80 pk DAF

---

imo 9701384 DS
**KEES JR**

Boer Baggeren BV De
Dr.Langeveldplein 11
3361 HE Sliedrecht
0184-411999
2014 150
Bodewes/Hoekman
Harlingen/Urk
22,30 x 7,00 x 2,10
2 x 441 kW/600 pk Doosan

---

027.18440 MV
**KEG**
ELIZABETH/
KEMPHAAN/
KEG

Waterman Shipping BV
Havenkade 4
3341 LB H.I.Ambacht
1974
Damen Shipyards BV
Hardinxveld-Giessendam
12,75 x 3,40 x 1,03
176 kW 240 pk Caterpillar

---

023.23671 DS
**KENGE**
ELTZ/ CONCORDIA 2

Geldof C.van
v. Meerkerenstraat 340
3034 GE Rotterdam
010-4135833
1962
Fr.Schweers Schiffs&Bootswerft
Bardenfleth
23,65 x 7,45 x 1,98
441 kW 600 pk Mercedes Benz

---

027.16479 MV
**KERMIT**

Zeekadetten
Maassluis
1981 2215
Damen Shipyards BV
Gorinchem
11,23 x 3,58 x 1,22
88 kW 120 pk Caterpillar

---

1923-04 MS
**KETELDIEP**
PAMPUS

Buhrmann A.& W.
Bussum
1923
Th.v.d.Beldt
West Graftdijk
8,00 x 2,10 x 0,90
7 kW 10 pk Kromhout

---

1935-17 OP
**KEVER**

Man R.de
Rotterdam
1935
5,40 x 1,75 x 0,80
7,4 kW 10 pk Lister

---

023.32139 MS
**KEVER I**

Merode BV
Amsterdam
1940
10,94 x 3,24 x 1,54
121 kW 165 pk Scania

---

020.05669 MS
**KEVER II**
ARJA

Oldenhage L.
Lisserdijk 360
2165 AC Lisserbroek
0252-413538
1960 273
Van der Molen
Zaandam
11,64 x 3,42 x 1,32
147 kW 200 pk Volvo Penta

**reg.nr. / type** :
**naam** :
**ex naam** :
**ex naam** :
**ex naam** :
**eigenaar** :
**adres** :
**woonplaats** :
**telefoon** :
**bouwjaar / -nr.** :
**bouwwerf** :
**plaats** :
**l x b x d** :
**vermogen** :
**boegschroef** :

023.30488 MC
**KEVIN C**
Cohold BV
Lindelaan 1
4695 RT St.Maartensdijk
2008 8
L.J.Boer
Sliedrecht
18,30 x 5,00 x 0,80
162 kW 220 pk J.Deere

1973-07 MV
**KIM**
GRIET/ ELISABETH/
GESINA/ FIAT
Roos J.
Vlieland
1973
J.Schlieker & Zn
Sliedrecht
9,40 x 2,70 x 0,90
66 kW 91 pk Perkens

027.19117 MV
**KLANG IV**
Kamp D.v.d.
Hellevoetsluis
1977
Delta Shipyard
Sliedrecht
12,07 x 3,68 x 1,45
88 kW 120 pk GM

---

023.06444 MS
**KEVER III**
NEPTUNUS IV/ADRIE/
LAURA/ HYGIEA
Heemskerk B.V. J.J.M.
Gieterij 53
2211 WC Noordwijkerhout
0252-372212
1940
Concordia S.Seymonsbergen
Amsterdam
10,94 x 3,24 x 1,54
150 kW 205 pk Scania Vabis

imo 9190121 MS
**KHAZARBORG**
Wagenborg Kazachstan BV
Marktstraat 10
9934 CK Delfzijl
0596-636911
1998 9319
Damen Shipyards BV
Bergum
24,80 x 9,20 x 1,70
2 x 500 kW/680 pk Caterpillar

imo 9470181 MC
**KIM K**
PPA Servicios Martimos
Sleeuwijk
2007 NP 315
Dodewaard Shipyard/
Neptune Marine
Dodewaard/Aalst
21,50 x 9,05 x 2,70
2 x 497 kW/608 pk Cummins

023.09611 MS
**KLAUS**
WIM/ RHEINKIES 2/
ISALA 2
Zeeverkenners
Dieren
1956
Van Goor
Monnickendam
12,30 x 3,60 x 1,50
128 kW 174 pk

---

038.00004 MV
**KEVIN**
RV ?
Houthaven Sleepdienst &
Dekschuiten
Danzigerkade 2
1013 AP Amsterdam
020-6828440
6,30 x 2,24 x 0,80
73 kW 100 pk DAF

020.05914 DS
**KIEVIT**
Houthaven Sleepdienst De
Danzigerkade 2
1013 AP Amsterdam
020-6828440
1962 194
Hakvoort
Monnickendam
16,50 x 4,27 x 1,74
353 kW 480 pk Daewoo

1947-08 MS
**KINDERDIJK 4**
NR 4
Catsburg M.
Amsterdam
1947
J.& K.Smit
Kinderdijk
10,40 x 2,80 x 1,40
77 kW 105 pk Kromhout

020.04559 MS
**KLAZIENA**
LOMBOK
Thijsen J.D.
Den Oever
1948
De Vries Lentsch
Amsterdam
20,25 x 4,25 x 2,00
58 kW 80 pk Kromhout

---

065.03801 DS
**KEVIN**
FRISIA/JOSEPHINA SELINA/
MIRANDA/SANDRA /CRIED/
BANDA/ARMAND/REBEL
Voets Holding BV
Havenstraat 22
6051 CS Maasbracht
0475-461100 / 06-53170141
1947
Bijlholt
Foxhol
21,36 x 5,40 x 1,89
494 kW 672 pk Caterpillar

1968-09 MV
**KILSTROOM**
RVE 12
Wijngaarden Marine Service BV
Merwestraat 2
3361 HL Sliedrecht
0184-490244
1968
J.Schlieker & Zn
Sliedrecht
9,08 x 2,73 x 1,20
73 kW 100 pk DAF

imo 9548885 MS
**KINGFISHER**
DMS KINGFISHER
Oord Acz Overige
Materieel BV Van
Schaardijk 211
3063 NH Rotterdam
010-4478444
2009 571614
/Damen Shipyards BV
/Hardinxveld
35,08 x 11,60 x 5,00
2 x 1830 kW/2489 pk Caterpillar
147 kW 200 pk Caterp.Kalkman

021.04264 MS
**KLEINE BEER**
VD 2/ DB 18/ RV 18/
RINUS/ DIEZE /
DIEZE JR
Jongsma P.
Jac.Catslaan 25
1985 AD Driehuis
1936
Hamburg
10,00 x 3,04 x 1,50
44 kW 60 pk Industrie

023.29566 MS
**KLIEVER**
Wal S.v.d.
Den Helder
1935
12,20 x 2,70 x 1,00
88 kW 120 pk DAF

1925-13 OP
**KLORUS**
Bruin J.F. de
Zuideinde 128
2421 AN Nieuwkoop
0172-571138
1925
5,80 x 1,70 x 1,00
12 kW 15 pk Brons

1920-07 MV
**KMK**
Zeeverkennersgroep Mees
Toxopeus
Zeestraat 281
1941 A Beverwijk
06-54260956
?1920
Smederij
Ouderkerk a/d Amstel
8,00 x 2,50 x 0,90
29 kW 40 pk Indenor

038.00009 DS
**KNAR**
Vroom L.de
J.Muyskenweg 2 M
1096 CJ Amsterdam

022.11091 recr
**KNEBRA 1**
KNEBRA 1/ C 224 S/
OUDE WAAL 4 /
ATTACK 5
Wacht J
Konz/Nieuwegein
1927 694
Nic.Witsen
Alkmaar
15,78 x 3,46 x 1,10
112 kW 153 pk Scania

1913-09 MS
**KNILLIS**
GEORGES ALBERT/
PRINCE DE LIEGE /
EMIEL/ HANNES
Vries H.d.
Makkum
1913
Dordrecht
12,05 x 3,15 x 1,40
26 kW 36 pk Deutz

030.51505 DS
**KOBUS**
FEDDE DAALDER/
JURJAN/ COBUS
Bouius S.C.
Zomerdijk 52
9251 MH Burgum
0511-463014
1960
Visscher & Zn
Zwartsluis
12,25 x 3,70 x 0,90
144 kW 200 pk J.Deere

1955-06 MS
**KOCO**
KOKO/ SCALDIS
Eekma M.C.
Workum
1955
G.J.v.Berk
Beneden Leeuwen
11,68 x 3,44 x 1,20
66 kW 90 pk Kromhout

020.05762 MS
**KOERIER**
IGMA I/ KOERIER II
Ruijsbroek J.
Schipluiden
1961 947
Nic.Witsen
Alkmaar
15,70 x 3,50 x 1,10
66 kW 90 pk Bohn & Kahler

020.06023 MV
**KOERIER**
Post N.E.
Loggerstraat 103
1503 KC Zaandam
1962 279
Damen Shipyards
Hardinxveld-Giessendam
8,00 x 2,72 x 0,62
37 kW 50 pk Ford

imo 9646326 MS
**KOLGA**
Heerema Shipping 23 BV
Vondellaan 52
2332 AA Leiden
071-5799000
2013 V 086
Astilleros Armon Navia
Vigo
72,00 x 18,00 x 7,38
4 x 3000 kW/4080 pk MAK

020.08121 MS
**KOLLMAR**
ADLER
Bosch K.v.d.
Stavoren
1928
Union Giesserei
Koningsberg (D)
21,50 x 5,66 x 2,20
191 kW 260 pk Caterpillar

1913-08 MS
**KOLONIEN**
KOLONIEN/
RECHTERDIEP/
LIBRA
Loos M.
Haarlem
1913 496
Nic.Witsen
Alkmaar
12,20 x 2,75 x 1,40
29 kW 40 pk Brons

023.29112 MV
**KOMER**
Hotze J.
Kromme Haven 5
3421 BK Oudewater
7,00 x 2,04 x 0,90
76 kW 104 pk Mitsubishi

1992-06 MS
**KOMPAAN**
Wielart K.
Huizen
1992
Wielart
Hilversum
10,00 x 3,00 x 1,20
88 kW 120 pk DAF

020.13466 MS
**KONING DAVID**
KONING DAVID/ CATO/
DINI/ GERMA IV /
MARJO/ LUZON
Bleeker D.J.
Winschoten
1912
Wed A.Hindeloopen
Amsterdam
15,95 x 3,64 x 1,28
44 kW 60 pk Kromhout

| | | | |
|---|---|---|---|
| **reg.nr. / type** : | 1987-10 MS | 020.09040 MV | 020.03412 DS |
| **naam** : | **KOUNGA** | **KRAAK** | **KRACHTWIJK** |
| **ex naam** : | | WILMA/ | KRACHTWIJK/ NANCY/ |
| **ex naam** : | | JACOBA LUCRETIA | JAN WIJGH |
| **ex naam** : | | | |
| **eigenaar** : | Mariventure BV | Verhoef N.A. | Weerd & E.A.v.Rijn B.v.d. |
| **adres** : | | | |
| **woonplaats** : | Zwijndrecht | Zaandam | Amsterdam |
| **telefoon** : | | | |
| **bouwjaar / -nr.** : | 1987 5902 | 1960 | 1950 |
| **bouwwerf** : | Damen Shipyards BV | | De Vries Lentsch |
| **plaats** : | Gorinchem | Groningen | Nieuwendam |
| **l x b x d** : | 16,40 x 5,84 x 2,30 | 11,80 x 3,24 x 1,10 | 16,25 x 4,02 x 1,43 |
| **vermogen** : | 2 x 295 kW/402 pk | 73 kW 100 pk DAF | 124 kW 168 pk DAF |
| **boegschroef** : | | | |

| | | | |
|---|---|---|---|
| 1930-08 OP | 020.01928 MS | 023.17863 MS | 020.03738 MS |
| **KOPPELGAST** | **KP 2** | **KRAAK** | **KRACHTWIJK** |
| | STAD AMSTERDAM No 9/ | SUPERVISIE | FERRY/ KRACHTWIJK/ |
| | STINNES 52 / | | NANCY |
| | WIM/ JOHAN GERARD | | |
| Stichting OLV-A | De Koperen Ploeg | Broekmeulen C.N.H. | Blom Holding BV K.H. |
| Kleine Koppel 9-11 | Capriweg 8 | Zuider IJdijk t/o 33 | Pier Afrika 10 |
| 3812 PG Amersfoort | 1045 AW Amsterdam | 1095 KN Amsterdam | 1013 BK Amsterdam |
| 033-7370131 | 020-4487090 | | 020-6866007 |
| 1930 | 1925 | 1921 599 | 1953 565 |
| | Concordia S.Seymonsbergen | t Hondsbosch | Concordia S.Seymonsbergen |
| | Amsterdam | Alkmaar | Amsterdam |
| | 19,31 x 4,80 x 1,08 | 15,38 x 3,12 x 1,18 | 14,52 x 4,31 x 2,06 |
| | 100 kW 136 pk DAF | 121 kW 165 pk GM | 202 kW 275 pk Caterpillar |
| | | | |

| | | | |
|---|---|---|---|
| 1920-20 OP | 020.11651 MS | 020.04690 MS | 020.05331 MS |
| **KOPSTUK** | **KP 7** | **KRAANDIENST** | **KRAMMER** |
| | WILLEM | | |
| | | | |
| | | | |
| Huitema S. | De Koperen Ploeg | Rijk & Zn & C.M.v.Rees P.ban | Maas C. |
| | Capriweg 8 | | Zuidendijk 252 |
| Sneek | 1045 AW Amsterdam | Amsterdam | 3317 NN Dordrecht |
| | 020-4487090 | | |
| 1920 | 1987 | 1950 | 1956 |
| Bijlholt | J.Schlieker & Zn | | |
| Foxhol | Sliedrecht | | |
| 5,50 x 1,70 x 0,70 | 12,36 x 3,30 x 0,87 | 11,15 x 2,42 x 1,10 | 12,50 x 3,06 x 1,10 |
| 14,7 kW 20 pk Kromhout | 97 kW 132 pk DAF | 27 pk Slavia | 44 kW 60 pk Industrie |
| | | | |

| | | | |
|---|---|---|---|
| 023.33395 MS | 020.15454 MV | 023.35463 DS | 1925-17 MS |
| **KORNELIS JR** | **KP 3 ROVER** | **KRAANERWEERD** | **KRAUSE** |
| PELSERT/ RHD 15/ | | | |
| RWS 15 | | | |
| | | | |
| Koehoorn & Zn J.K. | De Koperen Ploeg | H.Bonsink Waterwerken BV | Verdonkschot P. |
| Kiesterzijl 18 | Capriweg 8 | Groot Lageland 39 | |
| 8801 HN Franeker | 1045 AW Amsterdam | 8064 AM Zwartsluis | Swartbroek |
| 0517-396884 | 020-4487090 | | |
| 1973 183 | 1979 | 1984 84 | 1925 |
| H.J.Koopman | J.Schlieker & Zn | Grave Scheepswerf | |
| Dordrecht | Sliedrecht | Grave | Hamburg |
| 19,50 x 4,50 x 1,45 | 10,55 x 2,98 x 1,01 | 16,08 x 4,20 x 1,37 | 11,10 x 2,70 x 1,10 |
| 2 x 190 kW/258 pk DAF | 97 kW 132 pk DAF | 276 kW 375 pk J.Deere | 58 kW 80 pk Ford |
| | | | |

023.32223 MV
**KRAYENHOFF**

Waal BV H.v.d.
Ketelweg 8
3356 LE Papandrecht

1967
Van der Molen
Zaandam
17,15 x 4,52 x 1,24
122 kW 165 pk GM

020.02338 MS
**KRISTIN**
VIKING/ MABI 2/ ANJA 2

Navicula Vof
Wierselaan 99
3433 ZS Nieuwegein

1948 245
Hylkema
Martenshoek
16,37 x 4,27 x 1,50
250 kW 340 pk Scania

1996-05 OP
**KWART**

Monna R.

Heerenveen

1996
Van Waveren
Monster
4,93 x 1,68 x 0,70
7,4 kW 10 pk Sabb

023.15167 DS
**LADOGA 5**
LOCUS/ LODIJK III/
TRITON

Pascal J.

Maasbracht

1928
Th.Roose
Gent
19,84 x 4,54 x 1,98
317 kW 431 pk Caterpillar

1961-17 MS
**KREKEL**
KREKEL A 956

Anker Maritiem Service BV Het
Expansie 54
8316 GA Marknesse
0527-203652
1961
Chantier Navel de Rupelmonde
Rupelmonde
17,55 x 5,47 x 2,23
2 x 295 kW/400 pk MWM

1958-14 MV
**KRONOS II**

Bachrach E.

Amsterdam

1958

10,50 x 3,50 x 1,25
30 kW 41 pk MWM

023.27124 MS
**KWATTA**
OST/RELA II/SCHLEPPKO 26 /
KARL HEINZ/
GERDA III/ VICTORY
Kuyt K.J.

Westzaan

1948 18412
Pohl & Jozwiak
Hamburg
13,78 x 3,94 x 1,97
147 kW 200 pk Deutz

022.11789 MS
**LADY**
DÜSSELDORF II/
SARA MAATJE I *

Roggeveld A.
Selfhelpweg 1 A
8607 AB Sneek
0515-424189
1927
Gebr.Sachsenberg
Rosslau
15,49 x 3,62 x 1,00
2 x 128 kW/175 pk GM

1958-13 MV
**KRIJGSMAN**

Langereis P.E.

Kortenhoef

1958

8,20 x 2,40 x 1,00
18 kW 24 pk Lister

025.08829 MV
**KROONWIJK**
KROONWIJK/ ANNA

Vliet J.van
Kromme Waal 20 F
1011 BT Amsterdam
020-4223688
1955 483
t Kromhout Wed.J.L.Ceuvel
Amsterdam
17,00 x 4,18 x 1,50
268 kW 365 pk Caterpillar

023.19087 DB
**KYLE**
SUFFREN/ ZUIDERZEE/
ZWARTE ZEE /
KYLE/ ORIENT
Niky Scheepvaartbdedrijf

Lage Zwaluwe

1968
Comp.des Sablieres de La Seine
Parijs
23,03 x 5,73 x 1,89
330/441 kW 449/600 pk Detroit

020.11053 MS
**LADY M**

Genderen-Fortuyn E.G.v.

Vianen

1992
M.v.d.Werf
Doesburg

80 kW 110 pk Mercedes Benz

027.18728 MS
**KRIMPEN**
KRIMPEN/ TIM

Willemstein S.W.M.

Nieuwendijk

1954 477
H.H.Bodewes
Millingen
22,90 x 6,25 x 2,70
239 kW 325 pk Smit/MAN

020.03221 MS
**KWADIJK**

Desta BV
Gerrit Bolkade 7
1507 BR Zaandam
075-6171327
1916
t Hondsbosch
Alkmaar
15,37 x 3,30 x 1,25
93 kW 127 pk Gardner

023.09136 MS
**L`AVENIR**
DREADNOUGHT I /
ONRUST/ RIVER SEA

Daniel Vof
Oude Kerkstraat 20
4417 AV Hansweert
0113-383944 / 06-53290047
1950
Niehuis & v/d Berg
Rotterdam
22,40 x 5,27 x 1,63
220 kW 300 pk Brons

1935-13 OP
**LADY RAISSA**
LADY RAISSA/
YARRAY

Hoeksma G.H.

Veendam

?1935
H.Holtman
Stadskanaal
5,00 x 1,65 x 0,80
11,7 kW 16 pk Deutz

| | | | |
|---|---|---|---|
| **reg.nr. / type** : | 020.05223 recr | 023.18747 MS | 023.18948 DB |
| **naam** : | **LARA** | **LASTDRAGER** | **LAURA** |
| **ex naam** : | LARA/ EMMA | SPECHT * | |
| **ex naam** : | | | |
| **ex naam** : | | | Zwart Vof |
| **eigenaar** : | Muller F. | Palm F.L. | Scheepvaartonderneming |
| **adres** : | | | |
| **woonplaats** : | Amsterdam | Amsterdam | Nieuwegein |
| **telefoon** : | | | |
| **bouwjaar / -nr.** : | 1926 | 1946 | 1989 83/01 |
| **bouwwerf** : | t Kromhout Wed.J.L.Ceuvel | | Kleinstra |
| **plaats** : | Amsterdam | Schoten | Maasbracht |
| **l x b x d** : | 14,28 x 3,35 x 1,50 | | 18,00 x 8,30 x 1,50 |
| **vermogen** : | 92 kW 125 pk DAF | 199 kW 270 pk Mercedes | 2 x 447 kW/608 pk Detroit |
| **boegschroef** : | | | |

| | | | |
|---|---|---|---|
| 021.04553 DB | 020.07678 MS | 020.10108 DS | 1989-10 MV |
| **LAETITIA** | **LARA** | **LAURA** | **LAURA** |
| VD 28/ RV 20/ CORNELIA | SR 7 | ALCYON | |
| MARIA / ANNE INGE/ | | | |
| SANCTA MARIA/ KAINGA | | | |
| Harsevoort A.B.J. | Jong & J.K.Piekema O.M.d. | Graaf L. de | Van Oord Ballast HAM Dredging |
| M.A.d.Ruyterstraat 31 | Uniastrjitte 12 | Buurtje 2 | Schaardijk 211 |
| 7942 VK Meppel | 9034 HA Marssum | 1619 JR Andijk | 3063 NH Rotterdam |
| | 058-2542510 / 06-51288856 | 0228-591509 | 010-4478444 |
| 1938 | 1931 | 1953 167 | 1989 5906 |
| Leenman | t Kromhout/v.Rossum | C.Amels & Zn | Damen Shipyards BV |
| Zwolle | Amsterdam/Dreumel | Makkum | Gorinchem |
| 18,12 x 4,80 x 1,70 | 14,50 x 3,66 x 1,50 | 21,86 x 5,07 x 1,95 | 16,50 x 5,28 x 1,80 |
| 154 kW 210 pk Volvo | 110 kW 150 pk Kromhout | 405 kW 550 pk Deutz | 2 x 264 kW/360 pk Caterpillar |

| | | | |
|---|---|---|---|
| 070.01720 MS | 022.12877 OP | 023.01486 MS | 023.20333 MV |
| **LAMBERT** | **LARA** | **LAURA** | **LAURA B** |
| | JAN VAN HOUTEN | HILLIGJE/ DZ 25/ REINIER/ | |
| | | HILLIGJE/ HENDRIK / | |
| | | WAAL/ ADRIANUS/ BRISAN | |
| Munnik M.H.M.de | Kleijwegt & E. Poot C.A. | Stravers C.R.J.A. | Biemans W.J. |
| | | Postbus 1 | |
| Waalwijk | Hoek van Hholland | 7750 AA Dalen | Waalwijk |
| | | 06-54605104 | |
| 1930 | 2006 7 | 1912 | 1992 |
| Schipper & Van Dongen | No Limit Ships BV | Gebr.v.d.Windt | Flevo jachtwerf |
| Geertruidenberg | Groningen | Vlaardingen | Zeewolde |
| 28,01 x 5,70 x 1,97 | 8,80 x 2,80 x 0,50 | 17,54 x 4,25 x 1,80 | 6,30 x 2,20 x 0,80 |
| 353 kW 480 pk Bolnes | 29 kW 40 pk Lombardini | 273 kW 371 pk Caterpillar | 22 kW 30 pk Samofa |

| | | | |
|---|---|---|---|
| 020.11605 MS | 1962-09 MV | 023.12006 MV | 022.09754 MV |
| **LANGENORT** | **LASEIGNURE** | **LAURA** | **LAURA II** |
| FIETJE | SOUCDEN | LINA/ POTVIS/ LAURA/ | SLOE/ HUSKY |
| | | MARIEKE * | |
| Women on Waves Foudation | Verhoef M.M. | Branding Verhuur BV De | Rijk BV De |
| | | Amperestraat 23 | Noordeinde 21 |
| Amsterdam | Zaandam | 1976 BG IJmuiden | 2451 AE Leimuiden |
| | | 0255-510643 | |
| 1974 824 | 1962 | 1964 311 | 1961 |
| Rothensee E.André | Damen Shipyards BV | Gebr.v.Vliet | J.Schlieker & Zn |
| Magdeburg | Hardinxveld-Giessendam | H.I.Ambacht | Sliedrecht |
| 26,43 x 7,60 x 2,78 | 13,00 x 3,50 x 1,30 | 12,52 x 3,96 x 1,30 | 11,85 x 3,28 x 1,20 |
| 552 kW 750 pk SKL | 88 kW 120 pk GM | 142 kW 193 pk Caterpillar | 250 kW 340 pk DAF |

021.04485 MV
**LAURE**

Merwede BV Ballast Mij
Waage Naak 15
6019 AA Wessem
0475-562344
1965
G.J.v.Berk
Beneden Leeuwen
7,30 x 2,45 x 1,25
55 kW 75 pk Deutz

022.05467 MS
**LE TURCQ**
HENDRIKA/ ADMA/
FLOTY/ DANIEL II /
TOON/ FARGO
Meer J.H. v.d.

Vlissingen

1910

12,53 x 3,03 x 1,59
58 kW 80 pk MWM

030.50666 MS
**LEBA III**
LEBA III/ POSEIDON/
THOR

Hempenius W.
Willemskade 58
8911 BC Leeuwarden
06-22486820
1939 387
G.Bijlsma & Zn
Wartena
18,16 x 4,55 x 1,80
220 kW 300 pk MWM

031.50652 MS
**LEKKO**
JULIA/ RISICO/
HARRY

Sanders P.W.H.M.

Beegden

1924 791
De Industrie D.& Joh.Boot
Alphen a/d Rijn
11,11 x 2,67 x 0,92
59 kW 80 pk DAF

032.70496 MS
**LAURUS**
MARTJE II

Padmos Holding B.V.
Havenkade 12
4311 BA Bruinisse
0111-481551
1935
Welgelegen
Harlingen
12,23 x 3,99 x 1,59
165 kW 225 pk Cummins

022.02316 MS
**LEAL**
GERMA 2

Brijder H.
Veenmos 75
8265 HS Kampen

1942
Th.J.Fikkers
Foxhol
19,45 x 5,08 x 2,12
177 kW 241 pk MAK

023.06033 MS
**LEENTJE**
ALJO/ DIJK

Driessens R.C.M.

Millingen

1914 276
Wilton Fijenoord
Schiedam
19,56 x 4,05 x 1,78
176 kW 240 pk Bolnes

1907-07 MS
**LEKKO**

Hubens J.
Hooikade 10
3311 CD Dordrecht

1907

Dordrecht
13,00 x 3,25 x 1,00
62 kW 85 pk Perkins

020.02143 MS
**LAUWERSMEER**
JOHANNA/ GERRIE/
HENNY/ MALU /
WAJA/ MEREL/ AMAZONE
Overdijk A.C.

Leiden

1937
Nic.Witsen
Alkmaar
15,80 x 3,98 x 1,40
123 kW 168 pk DAF

022.08053 MS
**LEANDER**
HERINK

Valitia BV
Prinsenkade 12
4551 CN Sas van Gent

1961
De Lek
Krimpen a/d Lek
13,35 x 3,60 x 1,30
147 kW 200 pk GM

023.32164 MV
**LEEUW**
JAMA

Boskalis Oosterwijk BV
's-Gravenweg 399-405
3065 SB Rotterdam
010-2888777 / 06-51090322
1978 1389
Damen Shipyards BV
Hardinxveld-Giessendam
14,70 x 4,32 x 2,17
300 kW 408 pk Caterpillar

021.03395 DS
**LEKSTROOM**
NEELTJE/ BATAVIA/
WERKENDAM/ KEES /
LEKSTROOM XI/WERKENDAM
Mager J.W,
Berkte Rondweg 4
7784 DG Ane

1906
H.J.Koopman
Dordrecht
17,47 x 4,10 x 2,07
110 kW 150 pk GM

020.04736 MV
**LAUWERSZEE II**
FRITZ/ BALG/
LAUWERSZEE

Davids G.
Postbus 42
9974 ZG Zoutkamp
06-53947641
1946
N.A.Bernhard Jr
Nieuwendam
15,95 x 3,66 x 1,35
176 kW 240 pk Fiat

020.02004 DS
**LEANKE**
ALBERT/BEJAN / PETER

Leenman W.W.
Drijverschuit 20
3372 VA Hardinxv.-Giessendam
0184-614077 / 06-43838875
1946 116
Bodewes
Foxhol
16,75 x 4,52 x 1,94
397 kW 539 pk Caterpillar

021.03297 MV
**LEK**
LEK/ JE-GE 1/
MARJAN

Derks G.

Meppel

1957

H.I.Ambacht
9,35 x 2,85 x 1,20
88 kW 120 pk DAF

1930-35 MS
**LEKSTROOM**
ADAM

Kraayeveld BV
Postbus 180
3360 AD Sliedrecht
0184-412288
1930
Concordia S.Seymonsbergen
Amsterdam
10,30 x 2,70 x 0,90
55 kw 75 pk MAN

| | | | |
|---|---|---|---|
| **reg.nr. / type :**<br>**naam :**<br>**ex naam :**<br>**ex naam :**<br>**ex naam :**<br>**eigenaar :**<br>**adres :**<br>**woonplaats :**<br>**telefoon :**<br>**bouwjaar / -nr. :**<br>**bouwwerf :**<br>**plaats :**<br>**l x b x d :**<br>**vermogen :**<br>**boegschroef :** | 023.09786 MS<br>**LEKSTROOM V**<br>TEUNTJE/ BALDUR<br><br><br>Lentjes B.A.P.M.<br><br>Huissen<br><br>1912<br>Raamsdonksveer<br><br>16,00 x 4,50 x 1,80<br>176 kW 240 pk DAF | 023.19147 MS<br>**LEO JR**<br>Y 816-VOGELSAND/<br>VOGELSAND<br><br>Boer & Zonen J.<br>Industrieweg 18<br>3361 HJ Sliedrecht<br>0184-412303<br>1958<br>Fr.Schweers Schiffs&Bootswerft<br>Bardenfleth<br>15,53 x 4,60 x 2,35<br>2 x 120 kW/150 pk Deutz | 021.02385 DS<br>**LIBERTAS**<br>HOLLAND/ HARJO II/<br>EN AVANT/ GERARD /<br>GEMASO/WOELWATER/ VIOS<br>Beek M.van<br>Waterhoenstraat 3<br>2162 GE Lisse<br><br>1946 114<br>Bodewes<br>Foxhol<br>15,15 x 3,87 x 1,67<br>294 kW 400 pk Cummins |
| 023.09529 DS<br>**LEKSTROOM I**<br>POLARIS/ EERLAND 20<br><br><br>Lekstroom Transport BV<br>Opperduit 73 A<br>2941 AS Lekkerkerk<br>0180-661305<br>1957 500<br>H.H.Bodewes<br>Millingen<br>21,08 x 6,02 x 1,80<br>496 kW 675 pk Detroit Diesel | 021.04457 MS<br>**LENA**<br>AEROPLAN/ ANGLEUR 39/<br>TEI 381-ANGLEUR /<br>CONSTANCE/ RIAL B/ HENJO<br>Hettelder H.<br>Postbus 86<br>1394 ZH Nederhorst d/Berg<br><br>1911<br>Gebr.Kooiman<br>Zwijndrecht<br>19,54 x 4,62 x 1,80<br>118 kW 160 pk Deutz | 023.27412 MS<br>**LEONARDUS**<br>WIESE<br><br><br>Berkers L.H.<br><br>Nijmegen<br><br>1961<br>Yachtwerft Kriegermann<br>Berlijn<br>14,72 x 3,50 x 1,25<br>110 kW 150 pk MWM | 022.10825 MS<br>**LIBERTE**<br>ELSKE V<br><br><br>Bol L.W.<br><br>Soest<br><br>2000<br>Marvis Jachtbouw/<br>Venema & Veen<br>Groningen/Bedum<br>14,95 x 4,90 x 1,35<br>118 kW 160 pk Daewoo |
| 023.07866 DS<br>**LEKSTROOM IV**<br><br><br><br>Lekstroom Transport BV<br>Opperduit 73 A<br>2941 AS Lekkerkerk<br>0180-661305 / 06-53135292<br>1946 799<br>J.& K.Smit<br>Kinderdijk<br>17,90 x 4,70 x 1,61<br>228 kW 310 pk Cummins | 033.50379 MS<br>**LENY II**<br>SCHELPHOEK/H J STUY/<br>PIETER JR /<br>DILOS<br>Valewaard BV<br>Havikerwaard 8 A<br>6994 JD De Steeg<br><br>1954 1<br>Jac.v.Oord<br>Vianen<br>12,18 x 3,48 x 0,90<br>113 kW 153 pk Scania Vabis | 1961-20 recr<br>**LIBBEN**<br><br><br><br>Vliet S.v.<br><br>Alphen a/d Rijn<br><br>1961 502-13<br>VEB Peene werft/<br>Ernst Thalmann<br>Wolgast (D)<br>19,74 x 5,80 x 2,10<br>220 kW 300 pk SKL | 023.10075 DS<br>**LIBERTE**<br>PETRONELLA/<br>ZEEPAARD/<br>LIBERTY<br>Stegers H.A.T.<br>Nieuwekade 31<br>6827 AA Arnhem<br>026-4451708<br>1946<br>De Industrie D.& Joh.Boot<br>Alphen a/d Rijn<br>18,94 x 4,83 x 2,20<br>529 kW 720 pk Deutz |
| 020.05103 DS<br>**LEKSTROOM V**<br>IKA GOEDKOOP/<br>SOPHIA JACOBA II<br><br>Lekstroom Transport BV<br>Opperduit 73 A<br>2941 AS Lekkerkerk<br>0180-661305 / 06-53138369<br>1956 16<br>A.v.Bennekum<br>Sliedrecht<br>20,02 x 5,41 x 1,26<br>448 kW 609 pk Caterpillar | 032.80118 MS<br>**LEO 3**<br><br><br><br>Basal Toeslagstoffen BV<br>Kelvinbaan 44<br>3439 MT Nieuwegein<br>030-6078330<br>1936<br>Th.J.Fikkers<br>Foxhol<br>11,00 x 3,20 x 1,34<br>123 kW 168 pk DAF | 020.01998 MS<br>**LIBERTAS**<br>HEEN EN WEER/<br>WILLY<br><br>Dorst Th.van<br><br>Amsterdam<br><br>1926<br>De Vries Lentsch<br>Amsterdam<br>15,32 x 3,90 x 1,50<br>77 kW 105 pk DAF | 023.16777 MS<br>**LIBERTE**<br><br><br><br>Zwijnenburg M.<br><br>Sliedrecht<br><br>1946 115<br>Bodewes<br>Foxhol<br>15,80 x 3,85 x 1,30<br>59 kW 80 pk Brons |

023.22536 OP
**LIBERTE JR**
MARIA/ FRANCOIS/
NICOLAS/ DICKY

Huizing C.

Delfzijl

1930
De Industrie D.& Joh.Boot
Alphen a/d Rijn
5,90 x 2,05 x 0,75
25 kW 35 pk Lister Blackstone

023.07228 MS
**LIJNTJE JOHANNA**
LIJNTJE JOHANNA/
ADRIANUS

Schaap C.

Katwijk aan Zee

1906
Hubertina v/h W.H. Jacobs
Haarlem
15,17 x 3,91 x 1,60
110 kW 150 pk DAF

021.04385 MV
**LIS**

Korte A.C. de
Westvlietweg 93
2267 AJ Leidschendam

1948
Gebr.Akerboom
Lisse
10,12 x 3,02 x 0,73
88 kW 120 pk DAF

030.31421 MS
**LOEKI**
LOEKI/ ZEELAND/
ZWARTE RAAF

Fernhout J.J.

Leiden

1932
Ulden
Leiderdorp
16,16 x 3,30 x 1,98
80 kW 110 pk Gardner

023.32645 DB
**LIBRA**

Jong BV Rederij De
Montrealweg 153
3197 KH Rotterdam
010-2311555
2009 1067
P.H.Tinnemans & Zn
Maasbracht
32,00 x 11,00 x 2,10
2 x 1350 kW/1836 pk Caterpillar
375 kW 510 pk DAF

032.60108 MS
**LINDA**
NSI 11/ VH 89/
PAES 3 *

Zee D.v.d.

Amsterdam

1955 376
Th.v.d.Beldt
West Graftdijk
11,10 x 3,50 x 1,55
121 kW 165 pk DAF

imo 9646560 MS
**LIZ F**
YN 571666

Gareloch Marine Service BV
Haven 27
3143 BC Maassluis

2012 571666
Damen Kozle/ Damen
Kozle/Hardinxveld
32,27 x 9,10 x 3,30
2 x 1230kW/1762 pk Caterpillar

023.15869 MS
**LORELEY**
PRONTO/ MAAS

Pol G.J.v.d.

Maasbracht

1914 423
A.Vuijk & Zn
Capelle a/d IJssel
16,15 x 3,25 x 1,52
81 kW 110 pk GM

027.14435 MS
**LIDA**
DMS 1456

Kon.NV Boskalis Westminster,
Papendrecht

1976 1456
Damen
Hardinxveld-Giessendam
15,95 x 4,82 x 1,40,
2 x 400 pk GM

032.30201 recr
**LINGE**

Keijzer.C

Koog a/d Zaan

1929 946
De Industrie D.& Joh.Boot
Alphen a/d Rijn
14,20 x 3,80 x 1,50
44 kw 60 pk Industrie

033.20093 MS
**LODEWICUS**
LODEWICUS/ LODEWIKUS/
OTTO/
DEO VOLENTE II
Spek P.H.J.D.v.d.
Harlingertrekweg 64
8913 HR Leeuwarden

1914
Huiskens & Van Dijk
Dordrecht
17,60 x 4,16 x 1,80
110 kW 150 pk Industrie

1950-45 MV
**LOT**
ANLO

Hougee A.

Tiel

9,02 x 2,46 x 1,00
22 kW 30 pk Samofa

027.19819 MS
**LIDA**

Acta Marine BV
Het Nieuwe Diep 29 D
1781 AE Den Helder

2001 1537
Damen
Hardinxveld-Giessendam
17,20 x 6,20 x 1,25
2 x 610 pk Caterpillar

027.17082 MS
**LINGESTROOM**

Wijngaarden Marine Service BV
Merwestraat 2
3361 HL Sliedrecht
0184-490244
1984 132
Van Mill
Hardinxveld-Giessendam
18,00 x 5,80 x 2,44
2 x 331 kW/450 pk Caterpillar

023.15587 MV
**LOEK**

Oord Acz Overige Materieel BV
Jan Blankenweg 2
4207 HN Gorinchem
0183-642200
1974 465
Damen Shipyards
Hardinxveld-Giessendam
12,96 x 3,42 x 1,60
132 kW 180 pk Caterpillar

023.06256 DS
**LOTUS**
VOLHARDING 3/
BASTIAAN/ GEPKE

Landsmeer & Tio Vof
F v Vlissingenkade 137
3521 AA Utrecht
030-2910086 / 06-51855675
1928
Gebr.Kooiman
Zwijndrecht
19,20 x 4,20 x 1,80
177 kW 240 pk Bolnes

| reg.nr. / type : | 023.22715 DB | 023.09378 MS | imo 9582764 MC |
|---|---|---|---|
| **naam** : | **LUCIA** | **LUGANO** | **LYDIA D** |
| **ex naam** : | D 036/ D 290/ | LUGANO/ JADI/ | |
| **ex naam** : | MAR MAR/ TRIO / | HEPADOSI | |
| **ex naam** : | JOLLY | | |
| **eigenaar** : | Concordia Shipyard BV | Poot & Struik | Neptune Marine Service BV |
| **adres** : | Postbus 50 | | Veerdam 1 |
| **woonplaats** : | 4259 DB Werkendam | Amsterdam | 5308 JH Aalst |
| **telefoon** : | | | |
| **bouwjaar / -nr.** : | 1943 | 1910 430 | 2011 |
| **bouwwerf** : | Schimag | Nic.Witsen | Neptune Marine |
| **plaats** : | Mannheim | Alkmaar | Aalst |
| **l x b x d** : | 22,37 x 5,48 x 2,10 | 12,75 x 2,76x 0,90 | 29,86 x 10,00 x 2,50 |
| **vermogen** : | 2 x 335 kW/456 pk Caterpillar | 75 kW 102 pk Kromhout | 2 x 883 kW/1200 pk Caterpillar |
| **boegschroef** : | | | |

| | | | |
|---|---|---|---|
| 023.22554 MV | 020.02490 DS | 023.04721 DS | 023.22565 DB |
| **LOTUS** | **LUCIA I** | **LUMMIE** | **LYKO** |
| | LUCIA / FRIESLAND | Morgenster/ Rian/ Line Jan B / | SCH 2316/ JAN B |
| | | Michel J/ Reina/ Maja/ Vera/ | |
| | | Isala /Meander/ Alpha | |
| Hoondert & Zn B.V. | Stuurman W. | Woord Gebr. | Wit P.C.H. de |
| Heinkenszandweg 19 | Kl. Muiden 22 | Noorderpalen 98 | Sasdijk 2 K |
| 4453 VE 's Heerenhoek | 1393 RL Nigtevecht | 8321 CP Urk | 4671 RN Dinteloord |
| 0113-352510 | 06-53773219 | | |
| 1981 159 | 1950 | 1930 222 | 1965 |
| Delta Shipyard | t Kromhout Wed.J.L.Ceuvel | Jonker & Stans | VEB Rosslauer Schiffswerft |
| Sliedrecht | Amsterdam | Hendrik Ido Ambacht | Rosslau |
| 14,20 x 4,20 x 1,80 | 13,84 x 3,67 x 1,29 | 22,20 x 5,10 x 2,53 | 14,01 x 8,16 x 1,17 |
| 268 kW 365 pk Caterpillar | 147 kW 200 pk Fiat | 596 kW 811 pk Cummins | 2 x 75 kW/101 pk Schonebeck |

| | | | |
|---|---|---|---|
| 020.06875 MS | 023.18718 MS | 1957-08 MS | 038.00047 MS |
| **LOUISE VAN DER WEES** | **LUCTOR** | **LUNE** | **LYTSFEINT** |
| KATHARINA W / | | | |
| NOORMAN / | | | |
| LOUISE | | | |
| Wees Groep BV Van der | Rotmann A.H.G. | Langedijk H. | Boldert BV De |
| 's-Gravendeelsedijk 100 | Poelenburg 9 | | Osingahuizen 31 |
| 3316 AZ Dordrecht | 1504 NA Zaandam | Rotterdam | 8621 XC Heeg |
| 078-6482665 | 075-6355448 | | 0515-442290 / 06-20390618 |
| 1971 438 | 1924 | 1957 | 2009 |
| Th.v.d.Beldt | Gebr.Paans | Fr.Schweers Schiffs & Bootswerft | |
| West Graftdijk | Roodevaart | Bardenfleth | |
| 24,75 x 6,50 x 2,17 | 15,16 x 3,84 x 1,06 | 12,65 x 3,10 x 1,30 | |
| 1491 kW 2028 pk Caterpillar | 77 kW 105 pk Kromhout | 87 kW 106 pk Deutz | |

| | | | |
|---|---|---|---|
| 1950-37 OP | 033.30184 MS | 023.19104 MS | 023.35874 DB |
| **LOUTJE** | **LUCTOR** | **LUUS** | **M & M** |
| | MÖWE | CORNELIA/ LUUS/ | |
| | | SALVOR XIV/ | |
| | | STERN | |
| Hammingh H. | Panier K. | Steenbergen A.van | JVS Shipping NB |
| | | | |
| Hasselt | Apeldoorn | Aalst | Urk |
| | | | |
| 1950 | 1916 | 1928 | 2014 1 |
| Bijlholt | | Gebr.v.d.Windt | Van Slooten |
| Foxhol | Konigsberg | Vlaardingen | Urk |
| 5,40 x 1,85 x 1,00 | 14,05 x 3,25 x 1,45 | 15,40 x 3,90 x 1,45 | 13,66 x 4,80 x 1,85 |
| 12 kW 15 pk Samofa | 90 pk Deutz | 110 kW 150 pk Kromhout | 331 kW 450 pk Baudoin |

026.05852 MS
**M.N.O. ANNA**
WATERMAN/ THEDA/
WILLIANNE

M.N.O. Vervat BV
Pontweg 1
2153 PK Nieuw Vennep
0252-628628
1962 259
C.Amels & Zn
Makkum
20,63 x 6,43 x 2,12
920 kW 1250 pk Cummins

026.03437 MS
**M.N.O. EVA**
WATERGEUS/
LUMMIE

M.N.O. Vervat BV
Pontweg 1
2153 PK Nieuw Vennep
0252-628628
1956 198
C.Amels & Zn
Makkum
20,07 x 6,45 x 2,20
746 kW 1014 pk Caterpillar

imo 9586409 MC
**M.P.R.1**

Marine Projects Rotterdam BV
Kreekweg 14
3133 AZ Vlaardingen
010-7600270
2010
Mac/Neptune Marine
Rotterdam/Aalst
26,48 x 11,00 x 2,70
2 x 970 kW/1319 pk Caterpillar
292 kW 380 pk Caterp.Ballegooy

imo 9593256 MC
**M.P.R.2**

Marine Projects Rotterdam BV
Kreekweg 14
3133 AZ Vlaardingen
010-7600270
2010 NP 374
Mac/Neptune Marine
Rotterdam/Aalst
40,00 x 11,00 x 2,65
2 x 970 kW/1319 pk Caterpillar
292 kW 380pk Caterp.Ballegooy

imo 9611539 MC
**M.P.R.3**

Marine Projects Rotterdam BV
Kreekweg 14
3133 AZ Vlaardingen
010-7600270
2011 NP 393
Mac/Neptune Marine
Rotterdam/Aalst
31,90 x 11,00 x 2,39
2 x 970 kW/1319 pk Caterpillar
292 kW 380pk Caterp.Ballegooy

imo 9616577 MC
**M.P.R.4**

Marine Projects Rotterdam BV
Kreekweg 14
3133 AZ Vlaardingen
010-7600270
2011 NP 397
Mac/Neptune Marine
Rotterdam/Aalst
21,60 x 9,04 x 2,04
2 x 556 kW/760 pk Cummins
292 kW 380pk Caterp.Ballegooy

1932-04 MS
**M.S.1**
POLITIE No 1/
RP 71/ RP 16

Kouwen H.

IJsselmuiden

1932
De Vries Lentsch
Amsterdam

88 kW 120 pk Kromhout

020.08533 MS
**MAAIKE**
Rheinische Schiffahrts Ges II /
Mark En Dintel V/ Passe Partout
IV / Lydior/ Turc / Pampus/ Reny
Wesseling H.J.
Penningsveer 8
2065 AM Haarlemmerliede
023-5310839
1904 12
A.S.M.
Arnhem
19,30 x 4,71 x 2,23
150 kW 204 pk GM

1932-06 OP
**MAAIKE**

Meeuwis De Wit M.

Rotterdam

1932

6,00 x 1,85 x 0,90
14,4 kW 20 pk Samofa

023.25369 MS
**MAANPLAAT**
SPERWER/ UTRECHT/
MAANPLAAT/ OLGA /
STERN
Bos J.& R.

Foxhol

1896 124
P.Smit Jr
Rotterdam
14,44 x 4,27 x 1,82
44 kW 60 pk Brons

021.03956 SS
**MAARTEN**
COR ADRI/ HOLLAND/
LUISSE/ IDO III

Maarten Stichting Stoomboot
Pieter Sipmawei 41
8915 DZ Leeuwarden
058-2126137 / 06-22668479
1926 158
Gebr.v.d.Werf
Deest
19,46 x 4,68 x 1,87
150 ipk Kreber

030.50956 MS
**MAARTEN TROMP**
HENDRIKA II

Hudepohl H.S.

Assendelft

1941
Nic.Witsen
Alkmaar
16,25 x 4,35 x 1,70
88 kW 120 pk Industrie

023.16943 recr
**MAARTJE ANNA**
MAARTJE ANNA/
ATALANTA/ MARY ANN /
LADY ANN MARIE
Kraaij H.
Dr.Oosteromstraat 25
4281 LD Andel

1923
Gebr.Paans
Roodevaart
14,99 x 3,81 x 1,39
176 kW 240 pk DAF

023.08300 MS
**MAAS**
NASM 9

Busman D.B. & A.I. Visser
Ritmasterswijk 8
9233 LX Boelenslaan
0512-342979
1915
t Hondsbosch
Alkmaar
15,40 x 3,30 x 1,50
66 kW 90 pk Kromhout

024.02026 MV
**MAAS**

Berg J.v.d.
Oosterkaai 7
8281 BJ Genemuiden
038-3855050 / 06-21468941
1963
Eltink
Mook
10,20 x 3,60 x 1,25
88 kW 110 pk Deutz

023.11909 MV
**MAAS 2**

Goudriaan BV C.
De Horst 11
3362 EA Sliedrecht

1964

7,15 x 2,53 x 1,13
55 kW 75 pk Deutz

| | | | |
|---|---|---|---|
| **reg.nr. / type :** | 023.02109 MS | 1959-04 MS | 023.08423 DB |
| **naam :** | **MAASHAVEN** | **MAASSLUIS** | **MAASSTROOM 7** |
| **ex naam :** | VIGILIA/ KÄTHE/ | MAASSLUIS/ | BRAZILIE/ FRANKRIJK |
| **ex naam :** | DENZO/ RENNES / | HELLEVOETSLUIS II | |
| **ex naam :** | ARGO | | |
| **eigenaar :** | Kerkhove Holland BV | Bruin D.de | Vos Gebr. |
| **adres :** | | | Toepadweg 12 |
| **woonplaats :** | Zwijndrecht | Oostvoorne | 5301 KA Zaltbommel |
| **telefoon :** | | | 0418-575830 / 06-53407616 |
| **bouwjaar / -nr. :** | 1925 | 1959 | 1952 470 |
| **bouwwerf :** | Marckmann & Faassen | A.d.Jong | H.H.Bodewes |
| **plaats :** | Kralingse Veer | Vlaardingen | Millingen |
| **l x b x d :** | 22,18 x 4,96 x 1,66 | 18,20 x 4,20 x 1,80 | 26,27 x 6,30 x 2,49 |
| **vermogen :** | 279 kW 375 pk MAN | 162 kW 220 pk GM | 662 kW 900 pk Cum. Wartsila |
| **boegschroef :** | | | |

| | | | |
|---|---|---|---|
| 023.10062 MS | 023.08422 MS | 023.18013 MS | 023.08614 DS |
| **MAAS I** | **MAASHAVEN** | **MAASSTROOM** | **MAASSTROOM 8** |
| VOLKERAK | MAASHAVEN/ | | CHIL/ NOORWEGEN |
| | MAGDA/SPES | | |
| | | | |
| Brink BV K.A. van | Havenmuseum | Maasveren Stichting De | Vos Gebr. |
| Postbus 22 | Leuvehaven 67 | Het Wargaren 12 | Toepadweg 12 |
| 3100 AA Rotterdam | 3011 EA Rotterdam | 5397 GN Lith | 5301 KA Zaltbommel |
| | 010-4048072 | 0412-481568 | 0418-575830 / 06-53407616 |
| 1957 549/224 | 1914 262 | 1957 | 1953 473 |
| H.H.Bodewes/Akerboom | P.Smit Jr | J.& K.Smit | H.H.Bodewes |
| Millingen/Oegstgeest | Rotterdam | Kinderdijk | Millingen |
| 16,88 x 4,35 x 1,95 | 12,05 x 3,51 x 1,80 | 15,00 x 3,75 x 1,65 | 26,30 x 6,30 x 2,67 |
| 243 kW 330 pk Caterpillar | 88 kW 120 pk Scania Vabis | 71 kW 96 pk DAF | 662 kW 900 pk Cum. Wartsila |

| | | | |
|---|---|---|---|
| 023.08735 MS | 020.08199 DS | 023.23471 MS | 023.09894 DS |
| **MAAS IV** | **MAASJE** | **MAASSTROOM** | **MAASSTROOM 9** |
| A.G.WALLEN | JOPIE/ WOUTER | TAM/ JAKRI/ ROERDOMP | AUSTRALIE/ |
| | | | MAASSTROOM 10 |
| | | | |
| Buytelaar J. | Kuyk Yachting Vof M.v. | Samplonius T. | Vos Gebr. |
| | | | Toepadweg 12 |
| 's Gravenhage | Wessem | Schoten | 5301 KA Zaltbommel |
| 070-3662500 | | | 0418-575830 / 06-53407616 |
| 1927 852 | 1980 | 1943 | 1957 513 |
| De Industrie D.& Joh.Boot | G.J.v.Wezel | | H.H.Bodewes |
| Alphen a/d Rijn | Dreumel | Boskoop | Millingen |
| 13,13 x 3,48 x 1,35 | 10,54 x 3,57 x 1,52 | 12,22 x 3,28 x 1,33 | 25,60 x 6,30 x 2,22 |
| 85 kW 116 pk Deutz | 125 kW 170 pk DAF | 147 kW 200 pk GM | 662 kW 900 pk Cum. Wartsila |

| | | | |
|---|---|---|---|
| 023.20801 DS | 060.03459 MS | 033.20125 MS | 023.12443 DB |
| **MAAS WAAL** | **MAASSLUIS** | **MAASSTROOM** | **MAASSTROOM 11** |
| | MAASSLUIS/ LIBRA/ | EMENENTIA/ BISCARA/ | D 298/ JACKY J/ |
| | VH 76/ D 16 | MARNET/ HENRIETTE / | DICK/ BRUTUS / |
| | | PHILOMENIA | RIAD |
| Hakkers BV | Vroombout L.B. | Stippent & M.B.A.v.Swaay P.F.v. | Vos Gebr. |
| Oudsas 11 | | Kerkstraat 38 | Toepadweg 12 |
| 4251 AW Werkendam | Maassluis | 6585 AW Mook | 5301 KA Zaltbommel |
| 0183-501122 | | 024-6961802 | 0418-575830 / 06-53407616 |
| 1979 | 1949 86 | 1923 | 1953 |
| | H.d.Haas | Karl Fiebig | Schimag |
| Hardinxveld-Giessendam | Maassluis | Berlin | Mannheim |
| 10,53 x 3,58 x 1,40 | 15,04 x 4,00 x 1,56 | 15,16 x 3,75 x 1,28 | 22,35 x 5,71 x 1,90 |
| 131 kW 180 pk GM | 221 kW 300 pk Scania | 99 kW 135 pk DAF | 2 x 294 kW/400 pk Volvo Penta |

027.10610 MS
### MAASVLAKTE
MAASVALKTE/
EUROTRIP/ OCEAN II /
ANTJE 6
Roose A.

Domburg

1912 92
Baanhoek (Nederlof)
Sliedrecht
15,47 x 3,85 x 1,00
247 kW 336 pk Kromhout

023.24172 DS
### MAASWERKEN

Aannemersbedrijf
De Vries Werkendam BV
Hulsenboschstraat 25
4251 LR Werkendam
0183-508888
1967 235
Gebr.Paans
Roodevaart
14,35 x 4,00 x 1,12
249 kW 339 pk Scania Vabis

1930-15 OP
### MAATJE

Groot R.de

Hoogmade

1930

4,86 x 1,64 x 0,70
5 kW 7 pk Yanmar

030.11780 MV
### MAC DONALD
CORRY I

Scouting De Kaag

Kaag

1950
Bocxe
Ter Aar
8,00 x 2,50 x 1,40
59 kW 80 pk DAF

023.09686 MS
### MADERI
Spes II/ Frans/ Abeo/
Haritama/ Christina /Syri/ Toom/
Syri/Bonafide/Henri du Mez
Stegenga B.
Jachtlustweg 47
8563 AC Wijckel

1917
Concordia S.Seymonsbergen
Amsterdam
13,76 x 3,10 x 1,19
44 kW 60 pk Industrie

023.03930 MS
### MADI I
ARIE/
MARIANNE/
TRIJA
Zouwen Van der

Gorinchem

1915
Marckmann & Faassen
Kralingse Veer
16,10 x 3,88 x 1,31
173 kW 235 pk Caterpillar

020.06177 MS
### MADI II
NELLY DIESON

Koek J.H.
Kerkeinde 30
4254 LD Sleeuwijk
0183-301321
1916

Zwijndrecht
19,30 x 4,15 x 1,60
368 kW 500 pk Buckeye

023.10612 MS
### MAGDA
IJSSELHAVEN/
VOLHARDING 7/ DERKSEN II /
SPES/ BORIS
Horst E.v.d.

Nijkerk

1915 264
P.Smit Jr
Rotterdam
12,05 x 3,31 x 1,45
29 kW 40 pk Gardner

1900-09 MS
### MAGDA
ANNA/ BORIS

Horst E.v.d.

Nijkerk

1900

12,75 x 3,10 x 1,45
50 kW 90 pk Gardner

023.09932 DS
### MAGELHAEN

Asto BV
Kiezersveer 3 C
4941 TA Raamsdonksveer

1957
Visscher & Zn
Zwartsluis
12,95 x 3,78 x 1,63
220 kW 300 pk Caterpillar

023.13713 MS
### MAGNA 1
QUO VADIS

Smit Octo Marine
Waalhaven OZ 85
3087 BM Rotterdam
010-4549911
1972
Delta Shipyard/Jac.den Breejen
Sliedrecht/Hardinxveld
15,32 x 4,20 x 2,02
265 kW 360 pk GM

1973-06 MS
### MAHIRA

Damen Trading & Chartering
Avelingen West 20
4202 MS Gorinchem
0183-639911
1973

Frankrijk
28,50 x 7,30 x 3,80
993 kW 1350 pk SACM

080.23139 DB
### MAIN XXI
SPES/ POOLSTER/
UNITE/ POOLSTER /
UNITÉ
Main BV
Petroleumhavenweg 48
1041 AC Amsterdam
020-6130225
1928
Schipper & v.Dongen
Geertruidenberg
27,90 x 5,70 x 1,85
940 kW 1278 pk Mitsibishi

023.05915 MS
### MAJO
Padang II/ Heen En Weer VII /
Lotus/ Erna /Jenny/ Pe Jo/
Parabolus/ Conquest
Bosma J.

Alem

1899
Bonn & Mees
Rotterdam
24,66 x 5,26 x 1,90
345 kW 470 pk Lister Blackstone

023.16660 MS
### MALTAR
MARGARETHA/
ZEEHOND

Haakman J.B.C.
Buurtje 18
1619 JR Andijk
0228-592913
1906

Dordrecht
14,59 x 3,40 x 1,67
92 kW 125 pk AEC

2012-40 MV
### MAMMOET

Gulick R.van

Dombusch

16,50 x 4,50 x 1,50

**reg.nr. / type :**
**naam :**
**ex naam :**
**ex naam :**
**ex naam :**
**eigenaar :**
**adres :**
**woonplaats :**
**telefoon :**
**bouwjaar / -nr. :**
**bouwwerf :**
**plaats :**
**l x b x d :**
**vermogen :**
**boegschroef :**

023.27541 MS
**MANTA**
Schouten C.
Valkenswaard
13,20 x 3,50 x -
92 kW 125 pk Mercedes

060.02595 DB
**MANTRA**
EL BOID/ ARC EN CIEL/
AMBIORIX /
AD FUNDUM
Mantra Vof
Brachterveld 11
6051 HW Maasbracht
0475-465404
1963
Franco-Belge
Villeneuve le Garenne
23,00 x 8,48 x 2,60
2 x 441 kW/608 pk Caterpillar

020.04549 MS
**MARGARETHA**
HENDRIKA/
JOHANNA CHRISTINA
Munster J. van
Vroesenlaan 17 C
3039 DT Rotterdam
010-4652150 / 06-30193971
1954
G.J.v.Berk
Beneden Leeuwen
15,95 x 4,95 x 1,75
268 kW 365 pk Deutz

023.12001 MS
**MANAKAZ**
DESPACH/
TITANIC/
PASMIRAK
Heerbaart M.G.M.
Leiden
1919
Nic.Witsen
Alkmaar
15,67 x - x 1,75
52 kW 72 pk Bohn & Kahler

023.35659 MV
**MANTA**
Mariserve BV
Urk
1987 708
Delta Shipyard
Sliedrecht
12,36 x 4,00 x 1,34
164 kW 233 pk Caterpillar

027.17932 MV
**MARCO I**
Van Oord Acz Overige
Materieel BV
Jan Blankenweg 2
4207 HN Gorinchem
0183-642200
1976
Damen Shipyards BV
Hardinxveld-Giessendam
12,75 x 4,23 x 1,86
286 kW 365 pk Caterpillar

023.08837 MS
**MARGARETHA**
MARGARETHA/ SANDRA/
WERKLUST/ GRETHA /
MARGARETHA/ FORTUNA
Visser A.
Molenlaan 13
8461 LJ Rottum
0513-551128
1949 743
t Hondsbosch
Alkmaar
14,80 x 3,36 x 1,40
73 kW 100 pk Industrie

023.33239 DB
**MANDY**
Elburger Scheepsbemiddeling
Holding BV
Havenkade 29
8081 GR Elburg
2009 13
Mansvelder Techniek/
ESB Shipbuilding
Brakel/Elburg
8,00 x 2,95 x 1,20
170 kW 231 pk Deutz

027.17433 DB
**MANTA**
BON SECOURS I/ SPIRIT
Wevers I.D.
Wissekerke
1964 477
Gebr.Bodewes
Martenshoek
23,35 x 6,42 x 2,62
699 kW 950 pk Deutz

020.12834 MS
**MARCONI**
ADELAAR/ ELISE 5
Schuttevaer G.
Oostelijke
Handelskade 29 (achter)
1019 BL Amsterdam
020-4189119 / 06-51544931
1946 685
A.Vuijk & Zn
Capelle a/d IJssel
16,15 x 3,25 x 1,52
88 kW 120 pk Stork Ricardo

022.05743 MS
**MARGERIE**
Koninklijke
Boskalis Westminster N.V.
Rosmolenweg 20
3356 LK Papendrecht
078-6969000
1963
Gebr.Akerboom
Oegstgeest
13,55 x 3,61 x 1,25
84 kW 114 pk GM

2006-01 DB
**MANNA 2**
Bouius G.S.
Woudweg 13
9257 RM Noordbergum
0511-471624 / 06-50261185
2006
Stroobos BV
Stroobos
8,00 x 3,00 x 0,65
2 x 62 kW/85 pk John Deere

033.20049 MS
**MANTA**
Alfra/ Bart/ Peter/ Algrie/ Adri /
Alfra/ Gitana/ Laura Lianne/
Alfra /Waterman *
Keimpema R.
Lisseerbroek
1906
11,47 x 3,02 x 1,36
121 kW 165 pk Scania

023.08003 MS
**MARGA**
EDUARD FRANKLIN/
KIM/ KOR/ KIM /
WILMA M
Cardol H.M.
Lisserdijk 413
2165 AE Lisserbroek
0252-414417
1952 367
Th.v.d.Beldt
West Graftdijk
16,16 x 4,55 x 1,80
265 kW 360 pk GM

022.02026 MS
**MARGJE**
Eemstroom II/ Gerrie/ Mascotte/
Piet /Griendduil 2/ Wico II/
Lekstroom/ Husky
Kunst J.W.
Tholen
1934
Wolthuis
Veendam
10,08 x 3,16 x 1,20
99 kW 135 pk Leyland

027.16925 MV
**MARGO**

Koninklijke
Boskalis Westminster N.V.
Rosmolenweg 20
3356 LK Papendrecht
078-6969000
1983 127
Van Mill
Hardinxveld-Giessendam
15,29 x 4,08 x 1,98
2 x 257 kW/350 pk GM

---

030.50741 MS
**MARGREET**
MARIE/
SCOUT

Kok H.

Drachten

Leenman
Zwolle
14,04 x 3,38 x 0,94
119 kW 162 pk Scania

---

023.04990 DS
**MARGRIET**
BONA SPES II/
JODI/ THOM

Margriet Vof
Zate 20
8322 BP Urk

1930
W.Mulder
Stadskanaal
20,59 x 5,16 x 2,04
312 kW 424 pk Caterpiller

---

023.31929 MS
**MARGRIET**

Werf M.M.v.d.
Kooiweg 2 A
4205 NJ Gorinchem
06-53175844 /0032-476-250034
2009 302
Bocxe/De Groot
Delft/Dordrecht
17,70 x 5,05 x 2,05
559 kW 760 pk Cummins

---

020.02014 MS
**MARIA**
MARIA/ NADINE II

Ploeg R.v.d.

Warga
023-5325211
1922 607
t Hondsbosch
Alkmaar
15,36 x 3,30 x 1,20
88 kW 120 pk DAF

---

020.03665 MS
**MARIA**

Halmingh H.
J.Kammingakade 28
9648 KP Wildervank
06-54650176
1941
Leenman
Zwolle
12,50 x 3,25 x 1,40
44 kW 60 pk Kromhout

---

020.11709 MV
**MARIA**
BORA / DICA

Raadsveld & L.Smits W.R.E.
Ceresbaan 6
8802 BF Franeker
0517-394722
1958
Van der Molen
Zaandam
10,61 x 3,41 x 1,09
132 kW 180 pk Mercedes Benz

---

022.00059 DS
**MARIA**
WILHELMINE/ WILHELMINA/
TURELUUR/ WILCO /
ANJO/ GRADA/ TRIO F/ THEA
Egmond M.J. van
Zaanhof 36
1013 XW Amsterdam
020-6866083 / 06-53170848
1923
Gebr.Bodewes
Martenshoek
15,16 x 3,80 x 1,70
279 kW 380 pk Volvo Penta

---

023.06396 MS
**MARIA**
IDEAAL/ ST.GERARD/ RIA/
ALGE/ BETA/ RIA /
JANNY/ BINKIE
Hane J.B.d'
Cruquiusdijk 205
2141 EX Vijfhuizen
023-5581254
1940
Hylkema
Martenshoek
12,89 x 3,57 x 1,00
165 kW 225 pk DAF

---

023.06786 DS
**MARIA**
ROMA I

Wijngaarden Jr A. van
Houweningeweer 18
3371 PP Hardinxv.-Giessendam
0184-615321 / 06-53318976
1927
De Liesbosch
Jutphaas
15,63 x 4,05 x 2,04
294 kW 400 pk GM

---

023.13312 MV
**MARIA**

Pruissen & Zn C.G
Buitendijk 6
4255 GV Nieuwendijk
0183-401611
1960
Eltink
Beneden Leeuwen
13,22 x 3,57 x 1,05
75 kW 102 pk Gardner

---

023.26008 MV
**MARIA**
BRIO

Padmos BV
Deltahaven 18
3215 LC Stellendam
0187-498020
1955
J.Schlieker & Zn
Sliedrecht
8,68 x 2,54 x 0,82
71 kW 97 pk DAF

---

027.20306 MS
**MARIA CATHARINA**
SLEEPVAART/ JULIENNE/
PEGEMA/ JAN EDWIN /
EBEN HAEZER
Verhage J.C.

Stavenisse

1938
Eltink
Beneden Leeuwen
12,60 x 3,60 x 1,50
56 kW 77 pk Deutz

---

imo 9480875 BS
**MARIA G**

Groen BV Rederij
Dr.Lelykade 10
2583 CL Scheveningen
070-3553588
2009
Sealink Shipyards

53,80 x 13,80 x 3,80
2 x 1195 kW/1622 pk Cummins

---

032.50226 MS
**MARIA GRATIAS**
HOLLANDIA/ HETTY/
VIOS/ ORION /
JEANNE
Reijer. P.A.J.de

Schiedam

1882
Holz
Overgonne
16,66 x 3,38 x 1,45
Industrie

---

031.10402 MS
**MARIA LOUISE**
JANTINA/ VIOS

Karmer Jr W.

Amsterdam

1953 372
Th.v.d.Beldt
West Graftdijk
10,65 x 3,27 x 0,81
150 pk Ford

| | | | |
|---|---|---|---|
| **reg.nr. / type** : | imo 9520144 BV | 1929-21 MS | 026.05355 MV |
| **naam** : | **MARIANNA G** | **MARIE LOUIS III** | **MARIJKE** |
| **ex naam** : | YAN LAO TUO 9 / | MARIE LOUIS III/ | HAVENSCHAP III |
| **ex naam** : | BRAVO EMERALD | RIK/ HERKUUL | |
| **ex naam** : | | | |
| **eigenaar** : | Groen Rederij | Bent M.v.d. | Damen Marine Services BV |
| **adres** : | | | Rivierdijk 561 |
| **woonplaats** : | Scheveningen | Katwijk | 3371 EC Hardinxv.-Giessendam |
| **telefoon** : | | | 0184-626000 |
| **bouwjaar / -nr.** : | 2008 | 1929 51 | 1976 535 |
| **bouwwerf** : | | Gebr.Bodewes | Damen Shipyards BV |
| **plaats** : | | Foxhol | Hardinxveld-Giessendam |
| **l x b x d** : | | 10,50 x 3,55 x 1,20 | 11,08 x 3,30 x 1,20 |
| **vermogen** : | 1471 kW 1999 pk Yanmar | 147 kW 200 pk DAF | 71 kW 97 pk DAF |
| **boegschroef** : | | | |

| | | | |
|---|---|---|---|
| 026.05169 DS | 023.20638 PS | 023.28087 DS | 021.04115 MV |
| **MARIAN** | **MARIANNE** | **MARIEKE** | **MARINUS** |
| DIRK/ INGRID/ | RES NOVA | | WIJDOR/ ADRIANUS |
| SARA MAATJE II | | | |
| | | | |
| Koehoorn & Zn J.K. | Versluis & Zn A. | De Branding BV Aannemings Mij | Straaten Beheer BV Van der |
| Kiesterzijl 18 | Akkerwinde 15 | | Werfdijk 6 |
| 8801 HN Franeker | 4251 JK Werkendam | IJmuiden | 4417 AN Hansweert |
| 0517-396884 / 06-53413663 | 0183-501116 | | 0113-382510 |
| 1949 | 1964 | 1976 556 | 1966 |
| Chr.Ruthof | Chantier Navel de Rupelmonde | Damen Shipyards | J.Schlieker & Zn |
| Mz Kastel | Rupelmonde | Hardinxveld-Giessendam | Sliedrecht |
| 18,43 x 5,10 x 1,35 | 22,18 x 4,45 x 1,50 | 11,00 x 3,60 x 1,64 | 12,18 x 3,45 x 1,08 |
| 265 kW 360 pk Mitsubishi | 2 x 228 kW/310 pk Merc. Benz | 85 kW 115 pk Detroit | 147 kW 200 pk GM |

| | | | |
|---|---|---|---|
| imo 8412821 MS | 020.03648 recr | 027.14957 MV | 022.02546 MS |
| **MARIAN V** | **MARIANNE 3** | **MARIEKE** | **MARINUS** |
| AMARANTE/ SALUS/ | JACOMA/ FERRUM/ | | SAN ANTONIO/ WEBO/ |
| ADA D | CORRIE/ TRANSIKA / | | ELISABETH / |
| | MARSDIEP/ VARKA | Koninklijke | PESANTE |
| Eermat BV | Smits P. | Boskalis Westminster N.V. | Wolters T.F. |
| Waalhaven OZ 85 | | Rosmolenweg 20 | Hoveniersweg 41 |
| 3087 BM Rotterdam | Roosendaal | 3356 LK Papendrecht | 4001 HR Tiel |
| 010-4549911 | | 078-6969000 | 0344-621579 |
| 1984 303 | 1912 | 1973 515 | 1950 |
| I.M.C.Tonnay-Charente | | Damen Shipyards BV | Bodewes |
| Rochefort (F) | | Hardinxveld-Giessendam | Groningen |
| 29,11 x 8,72 x 3,61 | 13,05 x 3,02 x 1,46 | 12,64 x 3,37 x 1,41 | 11,35 x 3,55 x 1,50 |
| 2 x 746 kW/1014 pk Caterpillar | 88 kW 120 pk DAF | 88 kw 120 pk Caterpillar | 59 kW 80 pk Industrie |

| | | | |
|---|---|---|---|
| 020.02084 MS | 1950-36 MS | 021.03961 MV | 1924-11 OP |
| **MARIANNA** | **MARIE III** | **MARIJKE** | **MARINUS** |
| Hendu/ Constancia/ Wilca/ | | | DE ATLAS |
| Fodi/ Yvonne /Corjo/ Gejo/ | | | |
| L E Colimacon/ Sjoerd/ Hiljo | | | |
| Buwalda F.T. | Verhaar L. | Bootsman & Zn BV G. | Heemskerk A. |
| Polderdijk a/d 1018 | | | Dubbelebuurt 33 |
| 8441 PI Heereveen | Oegstgeest | Amsterdam | 2331 GK Rijnsburg |
| 0513-621623 | | | 071-4021829 |
| 1910 | | 1965 | 1924 |
| | | Jac.den Breejen | Bijlholt |
| Duitsland | | Hardinxveld-Giessendam | Foxhol |
| 16,15 x 3,83 x 1,49 | 14,90 x 3,60 x 1,25 | 12,71 x 3,40 x 0,86 | 6,00 x 1,75 x 0,80 |
| 66 kW 90 pk Caterpillar | 44 kW 60 pk Kromhout | 147 kW 200 pk Fiat | 11,7 kW 16 pk Lister |

027.19880 MC
**MARISKA 2**

Neptune Marine Service BV
Veerdam 1
5308 JH Aalst
0418-673103
2001
Kotlas/Neptune Marine
Limeda/Aalst
20,20 x 8,04 x 1,80
2 x 441 kW/600 pk Cummins

027.15882 MV
**MARJAN**

Van Oord Ballast HAM Dredging
Schaardijk 211
3063 NH Rotterdam
010-4478444
1974 1408
Damen Shipyards BV
Hardinxveld-Giessendam
15,70 x 4,90 x 1,90
2 x 257 kW/350 pk GM

030.31260 MS
**MAR-JOH**
QUO VADIS

Brouwers K.M.
s-Hertogenbosch
1947
G.den Heeten & Co
Leidschendam
19,37 x 4,00 x 1,90
240 pk MWM-Benz

020.06377 MS
**MARSDIEP**
PIE AD II /
MARSDIEP

Kauffeld BV
Mijnheerkensweg 27
6041 TA Roermond
0475-317676
1930
Van Vlaardingen
Gouderak
20,90 x 4,84 x 2,01
268 kW 365 pk Caterpillar

033.50474 MS
**MARIUS**
MARIUS JAN

Van Oord Acz Overige
Materieel BV
Jan Blankenweg 2
4207 HN Gorinchem
0183-642200
1961
Hardinxveld-Giessendam
12,71 x 3,40 x 0,88,
205 pk.

020.01789 MS
**MARJO**
DIGO 2/PIETER

Baracuda Maritieme
Dienstverlening
Disselweg 13
1276 XS Huizen
06-48032494
1940
Czaar Peter
Zaandam
10,26 x 3,10 x 1,26
78 kW 105 pk Kromhout

023.35200 MV
**MARJOLEIN**
TRIO IX

Holster R.T.
Irenelaan 3
3284 KH Zuid Beijerland
1973
Elasco
Krimpen a/d IJssel
14,11 x 4,16 x 0,96
191 kW 260 pk Detroit

023.31730 MS
**MARSHAL**
THEJOS

Commando Holding BV
Daltonstraat 23
3335 LR Zwijndrecht
2009 1065
P.H.Tinnemans & Zn
Maasbracht
19,00 x 10,00 x 2,30
2 x 783 kW/1065 pk Caterpillar
404 kW 550 pk Volvo Batomics

023.09509 MV
**MARJAN**
KOLIBRIE

Huigen Transport H.
Gruttomeen 126
3844 ZH Harderwijk
0341-420744
1956
Visscher & Zn
Zwartsluis
12,53 x 3,80 x 1,50
138 kW 187 pk MWM

030.11876 MS
**MARJO**
COR

Duijvenstijn P.C.A.M.
Voorschoten
1931
Boot
Woubrugge
8,50 x 2,50 x 1,20
22 kW 30 pk Samofa

023.24320 MS
**MARK EN DINTEL**
Mark En Dintel III/ Adri/ Evert/
Gerda /Sterre Der Zee/
Grijze Beer/ Mark
Eveleens P.
Aalsmeer
1906 46
Van Vliet
Hardinxveld-Giessendam
13,82 x 3,86 x 1,32
105 kW 144 pk Lister Blackstone

023.23029 MV
**MARSYL III**
MARSYL

Spruit J.A.
Vrouwenpolder
1992 421
Nood B.V./Coers
Middelburg
10,00 x 3,48 x 1,15
41 kW 57 pk Deutz

023.09867 DS
**MARJAN**

Prins v.Wijngaarden J.
Hasselt
1957
12,57 x 3,50 x 0,94
122 kW 167 pk

020.03452 MS
**MARJOH**
BERNARD I/ KARSPEL/
NELLY/ MARJOH/ JEANNE /
JACOB SR
Oever E.v.d.
Dordrecht
1917
N.A.Bernhard Jr
Nieuwendam
14,50 x 3,45 x 1,20
88 kW 120 pk DAF

023.02943 MS
**MARLENE**
ERNST II/ FRANS/
VOORUIT/ MAAS I

Driezum K.van
Groningen
1901 128
Wilton Fijenoord
Schiedam
18,22 x 4,22 x 1,40
92 kW 125 pk Worthington

022.09274 MS
**MARTEN**
GRADA/ HARI/ GERMA/
WILLEM/ ANTONIE /DICKY/
PRINSES/ ANNA II /HIDDE
Brandt R.L.
Fabrieksstraat 25
4661 ER Halsteren
0164-683998
1934
Leenman
Zwolle
12,34 x 3,10 x 1,50
36 kW 50 pk MWM

| | | | |
|---|---|---|---|
| **reg.nr. / type** : | 1961-18 MV | 030.50676 MS | 022.09227 MV |
| **naam** : | **MARTINUS JAN** | **MASADA** | **MATHEA** |
| **ex naam** : | | NICOLAAS WITSEN III/ | BOVEN MERWEDE/ |
| **ex naam** : | | GEERTRINE/ MARGRI / | RIETBAAN |
| **ex naam** : | | HARDY/ FREAN | |
| **eigenaar** : | Oord Acz Overige Materieel BV | Bij T.& T.v.d. | Lee Gebr. van der |
| **adres** : | Jan Blankenweg 2 | | Lekdijk 28 |
| **woonplaats** : | 4207 HN Gorinchem | Aldeboarn | 4124 KC Hagestein |
| **telefoon** : | 0183-642200 | | 0347-351824 |
| **bouwjaar / -nr.** : | 1961 | 1931 | 1965 319 |
| **bouwwerf** : | Jac.den Breejen | Nic.Witsen | Damen Shipyards BV |
| **plaats** : | Hardinxveld-Giessendam | Alkmaar | Hardinxveld-Giessendam |
| **l x b x d** : | 12,46 x 3,40 x 1,45 | 15,60 x 3,40 x 1,40 | 12,20 x 3,29 x 1,50 |
| **vermogen** : | 150 kW 205 pk Scania Vabis | 104 kW 142 pk Caterpillar | 77 kW 105 pk DAF |
| **boegschroef** : | | | |

| | | | |
|---|---|---|---|
| 021.02244 MS | 032.70495 MV | 023.08999 MS | 1975-10 MV |
| **MARTHA** | **MARTJE I** | **MASCOTTE** | **MATHEA** |
| Martha/ Never Thought/ Geertje / | | MASCOTTE/ | HAVENDIENST 6 |
| Content/ Amstelbrouwerij XVI/ | | METROWERKEN | |
| Jami /Johanna/ Akmanie | | | |
| Visser S. | Jorna T.H. | Westerveld J. | Hakvoort K.A. |
| | | | Pinksterbloemstraat 9 |
| Wirdum | Harlingen | Rotterdam | 8321 XD Urk |
| | | | 0527-682216 |
| 1915 | 1933 | 1954 373 | 1975 |
| De Ridder | De Industrie D.& Joh.Boot | Th.v.d.Beldt | Schottel Nederland BV |
| Delfshaven | Alphen a/d Rijn | West Graftdijk | Warmond |
| 13,64 x 3,30 x 1,40 | 9,00 x 2,56 x 1,30 | 17,10 x 4,82 x 1,79 | 15,60 x 3,80 x 1,30 |
| 88 kW 120 pk Kromhout | 88 kW 120 pk DAF | 110 kW 150 pk Bolnes | 197 kW 268 pk Mercedes |

| | | | |
|---|---|---|---|
| 023.33522 DS | 026.10514 MC | 023.12361 MS | 030.31906 CP |
| **MARTIJN EVA** | **MARY I** | **MASTER PIECE** | **MATHIEU** |
| W 35 | | Gross Deutschland/ R 71 S/ | EUGENE |
| | | Friedrich /Franz Haniel XI/ | |
| | | Vita Nova/ Waddenzee III | |
| Marine Trading & Brokerage BV | Ooms Materieel BV | Boomsma R. | E.N.B.O. BV |
| Kotterstraat 2 | Scharwoude 9 | | Hondsdijk 3 |
| 3133 KW Vlaardingen | 1634 EA Scharwoude | Delfzijl | 2396 HG Koudekerk a/d Rijn |
| | 0229-547700 | | |
| 1982 | 2004 | 1939 | 1928 225 |
| G.J.v.Wezel | Polen/De Hoop | Ebert & Sohne | A.S.M. |
| Dreumel | Polen/Schiedam | Neckarsteinach | Arnhem |
| 12,27 x 3,77 x 1,65 | 19,28 x 6,00 x 2,00 | 19,22 x 4,50 x 1,98 | 24,90 x 5,00 x 1,80 |
| 257 kW 350 pk Caterpillar | 2 x 223 kW/304 pk Scania | 184 kW 250 pk MWM | 248 Kromhout |

| | | | |
|---|---|---|---|
| 1961-12 MV | 021.01661 DS | 023.24491 DB | 020.14888 MS |
| **MARTIN** | **MARYSIA** | **MATADOR** | **MATHILDE** |
| | ST.GERANT/ | TR 551/ MON DESIR | MATHILDA/VARIA |
| | ST.GERANT I/ | | |
| | RIE AN/ SECUNDA | | |
| Egmond M.J. v. | Stravers C.R.J.A. | Langtrans BV | Vries G.J.de |
| Vlietstraat 58 | Postbus 1 | Sybrandakker 40 | Munnikplaat 5 |
| 3371 SX Hardinxv.-Giessendam | 7750 AA Dalen | 1541 VX Koog a/d Zaan | 1141 DW Monickendam |
| 06-53170848 | 06-54605104 | 06-53649575 | 0299-653138 |
| 1961 32 | 1930 101 | 1980 | 1914 154 |
| H.Garbers | Gebr.Kooiman | Ceske Lodenice | A.S.M. |
| Hamburg | Zwijndrecht | Melnik | Arnhem |
| 14,25 x 4,25 x 1,30 | 17,57 x 4,26 x 1,64 | 12,02 x 8,62 x 1,63 | 22,00 x 4,50 x 2,20 |
| 110 kW 150 pk Mercedes | 272 kW 370 pk Caterpillar | 2 x 331 kW/450 pk Volvo Penta | 147 kW 200 pk MWM |

060.03817 DB
**MATRICARIA**
HARPEN I RHEIN/
GALAXY/ BRYAN

Drovadeno Vof
Hoge Oever 16
6911 CH Pannerden
0316-371939 / 06-51284215
1971
Rheinwerft
Mainz Mombach
18,49 x 11,22 x 1,90
2 x 930 kW/1265 pk Caterpillar

022.01494 MV
**MAURICE**

Merwede BV Ballast Mij
Waage Naak 15
6019 AA Wessem
0475-562344
1931 711
Barkmeijer
Stroobos
9,95 x 3,02 x 0,64
55 kW 75 pk Deutz

022.12380 MV
**MAX**

Faber W.& M.

Woudsend

2003
't Turfschip
Echtenerbrug
13,00 x 4,00 x 1,20
93 kW 127 pk John Deere

023.22613 DS
**MAZZEL**
M 255/ PALLAS/
BARENDTSZZEE/
PIETER
Graaf C.J.de
Wagepad 12
8321 RL Urk

1943 14
Weserwerft
Minden
23,00 x 6,00 x 1,60
2 x 160 kW/258 pk DAF

031.50357 MS
**MATTHEUS**

Kuijk Yachting Vof M.v.
Waage Naak 9
6019 AA Wessem

1957
J.Schlieker & Zn
Sliedrecht
12,30 x 3,45 x 1,14
110 kW 150 pk Volvo

023.17182 DS
**MAURICE**
ASSISTENT IV/
ASSISTENT I

Dijk H.J.v.

Amsterdam

1946
De Jong
Bolnes
17,70 x 6,30 x 1,60
152 kW 207 pk Volvo Penta

023.35264 DS
**MAX**

J.Scholman Materieel BV
Structuurbaan 30
3439 MB Nieuwegein
030-6044282
2002
Hemos Machinefabriek
Meppel
4,50 x 1,80 x 0,50
34 kW 46 pk Lister

020.07688 MS
**MEA VOTA**
GELRIA II/
MEA VOTA/
LEA
Vries-v.Doesburgh T.S.de
Surinamestraat 8
2585 GJ 's Gravenhage

1923 189
A.S.M.
Arnhem
21,40 x 5,10 x 1,95
253 kW 340 pk MWM

023.25762 MV
**MATTHIJS**
PETERSON

Koning & Zn
Scheepvaartweg 1
3356 LL Papendrecht
078-6442644
1968
J.Schlieker & Zn
Sliedrecht
9,08 x 2,75 x 0,80
88 kW 120 pk DAF

020.15867 DS
**MAURITS**

Hek BV Gebr. Van 't
Nekkenweg 63
1461 LD Zuidoost Beemster
0299-423865
1921
Van de Stoel
Alkmaar
12,62 x 3,05 x 1,47
195 kW 266 pk DAF

027.20222 MS
**MAX**
F II /
LOEVESTEIN

Boer Baggeren BV De
Dr.Langeveldplein 11
3361 HE Sliedrecht
0184-411999
1975 1446
Damen Shipyards BV
Hardinxveld-Giessendam
15,70 x 4,90 x 2,30
2 x 198 kW 270 pk GM

023.27499 MS
**MEA VOTA**

Ruit S.v.d.
Hogendijk 73
1506 AD Zaandam
06-29603526
1957 238
Damen Shipyards BV
Hardinxveld-Giessendam
12,70 x 3,55 x 1,60
132 kW 180 pk GM

032.40079 MV
**MATTHY**

Meeter E.
It Stalt 1
8491 DV Akkrum
0566-650068 / 06-22996798
1954 492
G.Bijlsma & Zn
Wartena
14,16 x 3,52 x 1,24
195 kW 265 pk Scania Vabis

022.04428 MV
**MAX**
AUKE'S BEER/ J.W.R.

Vries & A.M.G.Gerssen A.d.

Urk

1971
Kuipers
Terhorne
12,00 x 3,25 x 1,20
2 x 77 kW/105 pk DAF

023.34640 DS
**MAXIM**

G.M.Damsteegt BV
Westeinde 46
2969 BM Oud Alblas
0184-692767
2011 02
Damsteegt BV
Oud Alblas
7,20 x 2,40 x 0,70
62 kW 85 pk John Deere

imo 9394026 MS
**MEANDER**

Driemast BV (Mastenbroek)
Bernhardstraat 9
3433 EL Nieuwegein
030-6062305 / 06-20008439
2006 174
Gebr.Kooiman
Zwijndrecht
29,80 x 9,50 x 2,50
2 x 940 kW/1278 pk Mitsubishi

| | | | |
|---|---|---|---|
| **reg.nr. / type** : | 020.10276 MS | 020.05335 MS | 023.32891 MV |
| **naam** : | **MEEUW** | **MEEUW 10** | **MEREFELT** |
| **ex naam** : | RV 15/ JOHANNA | | |
| **ex naam** : | | | |
| **ex naam** : | | | |
| **eigenaar** : | Krielaart J. | Bent J.v.d. | Elburger Scheepsbemiddeling |
| **adres** : | Kerkstraat 3 | | |
| **woonplaats** : | 5308 KH Aalst | Katwijk a/Zee | Elburg |
| **telefoon** : | | | |
| **bouwjaar / -nr.** : | 1950 128 | 1952 | 1972 243 |
| **bouwwerf** : | De Jong & Smit | Verschure | Damen Shipyards BV |
| **plaats** : | IJsselmonde | Amsterdam | Hardinxveld-Giessendam |
| **l x b x d** : | 19,96 x 5,10 x 1,95 | 16,37 x 4,19 x 1,17 | 12,83 x 3,50 x 1,40 |
| **vermogen** : | 276 kW 375 pk Deutz | 77 kW 105 pk Kromhout | 71 kW 97 pk DAF |
| **boegschroef** : | | | |

| | | | |
|---|---|---|---|
| 020.10109 DS | 022.11509 MS | 020.06836 MV | 027.18472 MV |
| **MEDUSA** | **MEEUW** | **MEHARI** | **MERIJN** |
| | | MEHARI/ LIES/ | LEDA |
| | | MULTRATUG 2/ LIES | |
| | | | |
| Verduin H.B. | Bergsma T. | Wesselius H.J. | Acta Marine BV |
| Danzigerkade 9 | | Het Hoge Licht 73 | Het Nieuwe Diep 39 D |
| 1013 AP Amsterdam | Zaandam | 3144 DN Maassluis | 1781 AE Den Helder |
| 020-6165815 | | 010-5917006 / 06-53898757 | 0223-615666 |
| 1928 | 1953 | 1969 141 | 1989 |
| De Hoop | B.v.Brussel | H.d.Haas | Simoneau Mairne |
| Hardinxveld-Giessendam | Hasselt | Maassluis | Fontenay le Compte |
| 21,80 x 4,30 x 1,60 | 10,60 x 3,84 x 1,07 | 16,19 x 4,55 x 1,80 | 14,50 x 6,15 x 1,05 |
| 334 kW 455 pk GM | 88 kW 120 pk DAF | 346 kW 470 pk Caterpillar | 2 x 264 kW/360 pk Volvo Penta |
| | | | |

| | | | |
|---|---|---|---|
| 022.10789 MS | 023.35804 MS | imo 9636125 MC | 020.14088 MV |
| **MEDUSA** | **MEEUW** | **MENA C OF RHU** | **MERTEWO** |
| RHEIN | | | DERBEN/ RED BULL |
| | | | |
| | | | |
| Veen J.S.v.d. | Bragt T.A.A.M.v.d. | GSS Marine Service BV | |
| | | Haven 27 | |
| Leeuwarden | Amsterdam | 3143 BC Maassluis | Vianen |
| | | | |
| 1929 | | 2011 NP 402 | 1965 |
| Ernst Menzer | | Neptune Marine | VEB Schiffswerft |
| Geesthacht | | Aalst | Mukrena |
| 16,87 x 4,38 x 1,45 | 12,70 x 2,88 x 0,85 | 26,48 x 11,00 x 3,20 | 12,72 x 3,24 x 1,00 |
| 110 kW 150 pk MAN | 51 kW 70 pk Gardner | 2 x 970 kW/1319 pk Caterpillar | 66 kW 90 pk SKL |
| | | | |

| | | | |
|---|---|---|---|
| 2013-07 MV | 030.50601 MS | imo 9695523 MS | 023.08243 MS |
| **MEERMIN** | **MEEUW** | **MERCURIUS** | **MERWEDE** |
| | WAAL II/ MEEUW/ | | |
| | SALLAND II/ SALLAND / | | |
| | ANCOR/ DIRKJE LOUISE | | |
| Gemeente Dordrecht | Kamminga J. | Iskes Towing & Salvage BV | Vlies J.v.d. |
| Spuiboulevard 300 | Snilen 17 | Monnickendamkade 19 | |
| Dordrecht | 8467 SZ Vegelinsoord | 1976 EC IJmuiden | Sliedrecht |
| 078-7704630 | 0513-671353 | 0255-522860 | |
| | 1914 150 | 2014 512533 | 1930 |
| | Botje Ensing & Co | Damen Song Cam/ Maaskant | |
| | Groningen | /Stellendam | |
| 11,00 x - x - | 17,17 x 3,70 x 1,69 | | 9,00 x 2,30 x 0,90 |
| Ford | 103 kW 140 pk Kromhout | | 14 kW 20 pk |
| | | | |

| | | | |
|---|---|---|---|
| 023.29930 MV<br>**MERWEDE**<br><br>Sliedrecht | 021.03508 MS<br>**MERWEDE 16**<br><br>Dekker v.d.Kamp BV<br>Postbus 6073<br>4000 HB Tiel<br><br>1952<br><br>12,15 x 3,46 x 1,42<br>150 kW 240 pk | 065.03878 MV<br>**MERWEKRACHT**<br>TRIO/ LE CRI *<br><br>Labor Holding BV<br>Vijcie 12<br>4254 LA Sleeuwijk<br><br>1978<br>Van Santen/Damen Shipyards<br>Sliedrecht/Gorinchem<br>14,40 x 4,02 x 1,10<br>331 kW 450 pk Volvo | 020.01800 MS<br>**METJE**<br>LIS/TRIO/NOBJ S7/<br>NOORD WESTHOEK II<br><br>Veen E.& J.v.d.<br><br>Haskerdijken<br><br>1941<br>Concordia S.Seymonsbergen<br>Amsterdam<br>9,15 x 2,83 x 1,25<br>40 kW 55 pk Deutz |
| 021.03282 DS<br>**MERWEDE 5**<br>HENK/ KIL/<br>KILSTROOM<br><br>Merwede BV Scheepswerf De<br>Rivierdijk 596<br>3371 ED Hardinxv.-Giessendam<br>0184-614000<br>1957<br>Damen Shipyards BV<br>Hardinxveld-Giessendam<br>12,94 x 3,55 x 1,45<br>126 kW 172 pk GM | 023.09253 MS<br>**MERWEDE 16**<br>MARCELLA<br><br>Merwede BV Ballast Mij<br>Waage Naak 15<br>6019 AA Wessem<br>0475-562344<br>1932<br>t Kromhout Wed.J.L.Ceuvel<br>Amsterdam<br>10,42 x 2,52 x 1,48<br>66 kW 90 pk GM | 023.33206 DS<br>**MERWESTROOM**<br>ANJA/ OLGA/<br>ROERDOMP<br>Wijngaarden Materieel<br>Exploitatie<br>Merwestraat 2<br>3361 HL Sliedrecht<br>0184-490244<br>1969 94<br>De Ruiter & de Jong<br>Hardinxveld-Giessendam<br>14,80 x 4,20 x 1,80<br>268 kW 365 pk GM | 022.01515 DS<br>**METJE**<br>BRONS/ TJOBA<br><br>Zijda K.<br>Boerhaavelaan 1<br>8024 BE Zwolle<br>038-4226823<br>1931<br>Wortelboer<br>Oude Pekela<br>15,30 x 3,80 x 1,60<br>254 kW 345 pk Scania Vabis |
| 021.03498 MS<br>**MERWEDE 5**<br><br>Merwede BV Ballast Mij<br>Waage Naak 15<br>6019 AA Wessem<br>0475-562344<br>1952<br><br>10,05 x 3,01 x 1,36<br>122 kW 167 pk | 023.06146 MV<br>**MERWEDE 26**<br>BONA SPES/ TONNY<br><br>Bloem Beheer BV<br><br>Panheel<br><br>1938<br>Bijlholt<br>Foxhol<br>12,41 x 3,50 x 1,44<br>176 kW 240 pk Detroit | 021.03088 DS<br>**MERWEVLET**<br>EN AVANT 23/<br>LEKSTROOM *<br><br>Labor Holding BV<br>Vijcie 12<br>4254 LA Sleeuwijk<br><br>1955<br>J.Schlieker & Zn<br>Sliedrecht<br>12,13 x 3,57 x 1,45<br>184 kW 250 pk Cummins | 020.14902 MS<br>**MEVO**<br>LEENDERT HUIG/<br>ANNE MARIE III /<br>DOORMAN<br>Empel A.van<br><br>Veldhoven<br><br>1910<br><br>Lekkerkerk<br>12,90 x 3,35 x 1,45<br>112 kW 153 pk Cummins |
| 033.20040 DS<br>**MERWEDE 6**<br>ADRIANA/<br>MERWEDE IV<br><br>Merwede BV Ballast Mij<br>Waage Naak 15<br>6019 AA Wessem<br>0475-562344<br>1922<br>Van de Kuy & Van Ree<br>Overschie<br>14,94 x 3,84 x 1,91<br>265 kW 365 pk GM | 033.20192 DS<br>**MERWEDE 36**<br>YVONNE/ JO GER<br><br>Merwede BV Ballast Mij<br>Waage Naak 15<br>6019 AA Wessem<br>0475-562344<br>1936<br><br>Sliedrecht<br>12,30 x 3,44 x 1,06<br>132 kW 165 pk GM | 023.18323 MS<br>**MERWEVOGEL**<br>DUIKER<br><br>Kauffeld BV<br>Mijnheerkensweg 27<br>6041 TA Roermond<br>0475-317676<br>1957<br>Botje Ensing & Co<br>Groningen<br>14,69 x 3,50 x 1,01<br>2 x 59 kW/80 pk Kromhout | 023.04688 DS<br>**MEVO**<br>BroedertrouwIV/Dieze Sr/Healy/<br>Gerda/ Pico/ Jager/ Aquateam /<br>Zeester/ Marinus/ Mevo II *<br>Boer A.J.W.d.<br><br>Noordscharwoude<br><br>1930 71<br>J.Vos & Zn<br>Groningen<br>17,08 x 4,50 x 1,80<br>221 kW 300 pk Bolnes |

| | | | |
|---|---|---|---|
| **reg.nr. / type** : | 1929-10 MS | 030.11091 MS | 020.04273 DS |
| **naam** : | **MIEP** | **MILENA** | **MISTRAL** |
| **ex naam** : | | NR 144/ DANZIG/ | ERNA/ JOHANNA/ |
| **ex naam** : | | PAX/ TJOBA | MAURITS |
| **ex naam** : | | | |
| **eigenaar** : | Moolenburgh C.J. | Schoenmaker H. | Jannetje Vof De |
| **adres** : | Sweelinklaan 80 | | Almerelaan 20 |
| **woonplaats** : | 3723 JH Bilthoven | Almere | 8321 JB Urk |
| **telefoon** : | 030-2284947 | | |
| **bouwjaar / -nr.** : | 1929 | 1943 144 | 1923 |
| **bouwwerf** : | C.Amels & Zn | Hylkema | Goedhart |
| **plaats** : | Makkum | Martenshoek | Lubeck |
| **l x b x d** : | 8,45 x 2,70 x 1,10 | 14,95 x 5,21 x 1,75 | 17,71 x 5,38 x 1,82 |
| **vermogen** : | 16 kW 22 pk Kromhout | 126 kW 172 pk Caterpillar | 502 kW 682 pk Caterpillar |
| **boegschroef** : | | | |

| | | | |
|---|---|---|---|
| 023.35175 DB | 1930-36 OP | 023.20821 DS | 023.25767 MS |
| **MICHA** | **MIJNTJE** | **MILLIE 4** | **MISTRAL** |
| SCH 2312/ | | | ALK |
| DUWEXPRESS 3/ | | | |
| ELJO 2 | | | |
| Limburgse Mij Expl. | Knecht R.de | Mill Internationaal BV Van | Dinter & Zn J.v. |
| Windmolenven 27 | | Waldhoornstraat 12 | Onder de Boompjes 94 |
| 6081 PJ Haelen | Giessenburg | 4241 CV Arkel | 2802 AX Gouda |
| | | 0183-561678 | |
| 1965 3007 | 1930 | 1991 | 1942 |
| VEB Rosslauer Schiffswerft | Het Noorden | De Merwede | t Hondsbosch |
| Rosslau | Groningen | Hardinxveld-Giessendam | Alkmaar |
| 14,06 x 8,16 x 1,20 | 6,10 x 2,05 x 0,80 | 12,18 x 4,04 x 1,01 | 17,83 x 4,34 x 1,95 |
| 2 x 69 kW 94 pk SKL | 6,6 kW 9 pk Brons | 132 kW 180 pk DAF | 147 pk GM |

| | | | |
|---|---|---|---|
| 1978-09 MV | 023.25089 DB | 020.07085 DB | imo 9265706 MC |
| **MICHEL** | **MIKE H** | **MIRA** | **MMS KINETIC** |
| | RV 04-05 / 04-05 | L'AVENIR/ ATLANTIS * | ASL KINETIC |
| Van Oord Ballast HAM Dredging | Stemat Marine Service BV | Red Bull BV | Mammoet Salvage BV |
| Schaardijk 211 | Quarantaineweg 10 | Boelewerf 52 | Karel Doormanweg 47 |
| 3063 NH Rotterdam | 3089 KP Rotterdam | 2987 VE Ridderkerk | 3115 JD Schiedam |
| 010-4478444 | 010-2996555 | 0180-410222 | 010-2042483 |
| 1978 2504 | 1992 | 1972 811 | 2001 211/01 |
| Damen Shipyards BV | Damen Shipyards BV | Van Rossem | ASL Shipyard |
| Gorinchem | Gorinchem | Dreumel | Singapore |
| 12,65 x 3,43 x 1,68 | 7,03 x 3,02 x 0,91 | 15,49 x 7,21 x 2,24 | 26,00 x 11,00 x 2,38 |
| 147 kW 200 pk | 210 kW 286 pk Deutz | 632 kW 860 pk Caterpillar | 2 x 485 kW/659 pk Caterpillar |

| | | | |
|---|---|---|---|
| 033.20126 MV | 023.24573 MS | 023.18477 MV | imo 9094547 MS |
| **MICHIEL** | **MIKKIE** | **MIRA** | **MMS OMEGA** |
| | EMANUEL | WILHELMINA | ASL OMEGA |
| Smals Bouwstoffen BV | Roy & Koppijn Vof. Le | Boer J.H. de | Mammoet Salvage BV |
| Havenlaan 31 | Entrepotdok t/o 86 | Fr.Lebretlaan 51 | Karel Doormanweg 47 |
| 5433 NK Cuijk | 1018 AD Amsterdam | 3314 EC Dordrecht | 3115 JD Schiedam |
| 0475-316054 | | 078-6138908 / 06-55763129 | 010-2042483 |
| 1956 | 1938 | 1977 | 2004 319 |
| J.Schlieker & Zn | De Industrie D.& Joh.Boot | Jooren | ASL Shipyard |
| Sliedrecht | Alphen a/d Rijn | Werkendam | Singapore |
| 12,25 x 3,45 x 1,12 | 7,75 x 2,48 x 1,00 | 11,92 x 3,62 x 1,20 | 26,00 x 11,00 x 2,38 |
| 184 kW 250 pk DAF | 109 kW 148 pk Steyer | 110 kW 150 pk Leyland | 2 x 535 kW/727 pk Caterpillar |

023.27638 MS
**MOBI DIK**
ROSALIE/ HOBBY/ TUSKY
Slob S.B.
Maassluis
1941
Schimag
Mannheim
16,16 x 4,85 x 1,52
132 kW 180 pk DAF

1991-07 DS
**MON REVE**
Nijhuis G.
Jeroen Boschstraat 40
4532 HN Terneuzen
0115-694768
1991
Tukker
Gorinchem
13,40 x 4,08 x 1,60
191 kW 260 pk GM

023.25857 MV
**MONTIS 4**
Montis Beheer BV
Basaltpromonade 111
4533 CD Terneuzen
1968
J.Schlieker & Zn
Sliedrecht
10,00 x 3,00 x 1,10
59 kW 80 pk DAF

imo 9546849 MC
**MORAQ M**
Neptun Marine Towage III BV
Rivierdijk 458
3372 BW Hardinxv.-Giessendam
0184-621423
2008
Neptune Marine
Aalst
22,00 x 9,00 x 2,80
2 x 447 kW/608 pk Caterpillar

023.29736 MS
**MOKUM**
AMICE/ DAMIEN
Hillebrand A.
Amsterdam
1936
Volharding
Foxhol
10,32 x 2,96 x 0,98
122 kW 160 pk DAF

023.23012 MS
**MONIKA**
AGATHA/ WYETOW/
DTS DOLPHIN /
WINNIE B
Ad Stolk Schepen BV
Veersedijk 161 A
3341 LL H.I.Ambacht
078-6815122 / 06-53117582
1963 134
Appledore Shipyard
Appledore (GB)
19,05 x 5,75 x 2,55
395 kW 538 pk Lister Blackstone

022.05509 DS
**MOONSHINE**
RONALD
Hollander M.G.den
Dorpsstraat 102
8899 AL Vlieland
0562-451907
1931
A.d.Bakker
Rotterdam/Waspik
11,20 x 2,55 x 0,97
88 kW 120 pk DAF

020.13635 MS
**MORGENSTER**
Albert III / Zwaantje II/ Marcus /
Marjan/ Antoinette/
Cornelia W/ Pineut
Slob C.
Hoogblokland
1942
Concordia S.Seymonsbergen
Amsterdam
12,70 x 3,45 x 1,50
92 kW 125 pk Gardner

021.02909 MV
**MON DESIR**
JOMA/ TOM/
FURIE
Geerlings B.C.G.
Noordwijkerhout
1953
9,90 x 2,85 x 1,10
66 kW 90 pk Gardner

020.03694 MS
**MONIQUE**
NIEUWEDOK
Pieterse Co BV
Lijnbaan 8
1141 ZP Monnickendam
0299-651126
1928
Th.v.d.Beldt
West Graftdijk
13,65 x 3,57 x 1,48
124 kW 168 pk DAF

022.02178 DS
**MOOS**
BERNANDA/ ARNOLD
Jong BV Rederij De
Montrealweg 153
3197 KH Rotterdam
010-2311555 / 06-53138457
1946 66
Th.J.Fikkers
Martenshoek
18,57 x 5,04 x 1,97
279 kW 380 pk Cummins

1978-08 MC
**MORIAMO**
Koninklijke
Boskalis Westminster N.V.
Rosmolenweg 20
3356 LK Papendrecht
078-6969000
1978 1024
Damen Shipyards BV
Hardinxveld-Giessendam
16,51 x 8,02 x 1,80
2 x 132 kW/179 pk GM

022.05284 MS
**MON DESIR**
RV II/GB II
Heidekamp B.
Egboet 3
1671 LH Medemblik
0227-541232
1936
Bodewes & Dutmer
Groningen
16,00 x 4,16 x 1,70
88 kW 120 pk Industrie

023.00841 MS
**MONKEY MIA**
Keeris A.C.F.T.
Plataanbeek 4
5501 GC Veldhoven
040-2544819
1909
Boot
Gouwsluis
37 kW 50 pk AWA

1998-07 OP
**MOPPIE DIK**
Knist P.
Wijk bij Duurstede
1998
De Wit
Groningen
5,80 x 1,80 x 0,75
22 kW 30 pk Kromhout Gardner

022.05923 DS
**MORRA**
KAZIMIERZ/
WILLIANNE/
REVER II
Vries Rederij R.J. de
't Noard 12
8721 GC Warns
0514-681998 / 06-51451321
1972
Tczewska Stocznia Rzecnia
Tczew
18,97 x 6,55 x 1,70
478 kW 650 pk Volvo

| | | | |
|---|---|---|---|
| **reg.nr. / type** : | 023.28956 DB | imo 9585261 MS | 1975-08 MC |
| **naam** : | **MOVER 4** | **MTS VANTAGE** | **MULTICAT** |
| **ex naam** : | WillemMathijs / | | |
| **ex naam** : | Regiena Anneliese/ Xanthos/ | | |
| **ex naam** : | Samila/ Nicolette/ Rubana /Birjo | MTS Group Ltd | Koninklijke |
| **eigenaar** : | Mover BV | | Boskalis Westminster N.V. |
| **adres** : | Boelewerf 52 | Terneuzen | Rosmolenweg 20 |
| **woonplaats** : | 2987 VE Ridderkerk | | 3356 LK Papendrecht |
| **telefoon** : | 0180-410222 | 2011 571627 | 078-6969000 |
| **bouwjaar / -nr.** : | 1957 561 | Damen Shipyard Gdynia/ | 1975 |
| **bouwwerf** : | Van Goor | Damen Shipyards | Damen Shipyards BV |
| **plaats** : | Monnickendam | Gdynia/Gorinchem | Hardinxveld-Giessendam |
| **l x b x d** : | 20,16 x 6,55 x 1,80 | 27,19 x 9,10 x 3,50 | 16,51 x 8,02 x 1,80 |
| **vermogen** : | 702 kW 955 pk Detroit | 2 x 1118 kW/1520 pk Caterpillar | 2 x 132 kW/179 pk GM |
| **boegschroef** : | | | |

| | | | |
|---|---|---|---|
| 023.19820 DS | 023.34842 MS | imo 7610012 MS | 027.18339 MV |
| **MOVER 1** | **MOZES** | **MTS VISCOUNT** | **MULTRAJET** |
| GELLEN/ ASSISTENT/ | H 16 | LADY MOIRA/ | JACKY |
| COBRA / | | MULTRATUG 7 | |
| EMI | | | |
| Mover BV | Alomaf Beheer BV | MTS Group Ltd | Multratug BV |
| Boelewerf 52 | Keteldiep 21 | | |
| 2987 VE Ridderkerk | 8321 MH Urk | Terneuzen | Terneuzen |
| 0180-410222 | | | |
| 1961 502-14 | 1961 H 16 | 1977 101 | 1993 |
| VEB Volkswerft Ernst Thalmann | Stocznia Gdansk | Cochrane & Sons | Damen Shipyards |
| Brandenburg | Gdansk | Selby | Gorinchem |
| 21,64 x 6,40 x 2,27 | 21,00 x 5,80 x 2,80 | 34,50 x 10,52 x 4,30 | |
| 459 kW 624 pk Caterpillar | 220 kW 300 pk SKL | 2 x 1913 kW/2600 pk Ruston | 2 x 353 pk Volvo |

| | | | |
|---|---|---|---|
| 023.23672 DB | imo 8433899 MS | 2008-08 OP | imo 9635975 MC |
| **MOVER 2** | **MPR SOUNDER** | **MUITER** | **MULTRASALVOR 3** |
| SCH 2400/ SCH 2401 | WATERPEIL | | YN 571628 |
| | | | |
| | | | |
| Mover BV | Marine Projects Rotterdam BV | Tak P.J.G. | Damen Marine Services BV |
| Boelewerf 52 | Kreekweg 14 | | Rivierdijk 561 |
| 2987 VE Ridderkerk | 3133 AZ Vlaardingen | Dintelsas | 3371 EC Hardinxv.-Giessendam |
| 0180-410222 | 010-7600270 | | 0184-626000 |
| 1983 | 1982 49 | 19.. | 2012 571628 |
| VEB Yachtwerft | Bloemsma | | Polen/Damen Shipyards |
| Berlin | Makkum | | Polen/Hardinxveld |
| 16,41 x 8,15 x 1,60 | 19,48 x 5,50 x 0,80 | 5,00 x 2,00 x 1,00 | 23,33 x 9,00 x 2,00 |
| 375 kW 510 pk Caterpillar | 2 x 161 kW/220 pk Scania Vabis | 29 kW 40 pk Volkswagen | 2 x 634 kW/862 pk Caterpillar |

| | | | |
|---|---|---|---|
| 023.23673 DB | 023.29030 DS | 023.18000 MC | 027.17350 DS |
| **MOVER 3** | **MS LEMMER** | **MULTI SHIP I** | **MULTRATUG 4** |
| SCH 2402 | LEMMER | | MIDLUM |
| | | | |
| | | | |
| Mover BV | Waterschap Scheldestromen | Mouthaan Merweduw BV | Stichting Jonas |
| Boelewerf 52 | Kanaalweg 1 | | Arkelse Onderweg 116 |
| 2987 VE Ridderkerk | 4337 PA Middelburg | Papendrecht | 4206 AH Gorinchem |
| 0180-410222 | | | |
| 1983 | 1975 533 | 1988 | 1959 317 |
| VEB Yachtwerft | Damen | Van Mill | Elsflether werft |
| Berlin | Hardinxveld-Giessendam | Hardinxveld-Giessendam | Elsfleth |
| 16,41 x 8,15 x 1,60 | 12,65 x 3,40 x 1,10 | 14,00 x 6,00 x 1,00 | 24,70 x 6,24 x 3,20 |
| 471 kW 600 pk Cummins | 2 x 70 kW/96 pk DAF | 2 x 235 pk Caterpillar. | 551 kW 750 pk Deutz |

imo 9360582 MS
**MULTRATUG 4**
TURM/ LESUM/WULF 7/
FAIRPLAY 28

Multraship Towage & Salvage
Scheldekade 48
4531 EH Terneuzen

2006 626
Astilleros Armon SA
Navia
34,50 x 11,60 x 4,10
2 x 2640 kW/3587 pk Caterpillar

imo 9350161 MS
**MULTRATUG 5**
FUJI MARU / KINDEACE

Multraship Towage & Salvage
Scheldekade 48
4531 EH Terneuzen
0115-645000
2005 536
Kanagawa
Kobe
32,50 x 11,40 x 4,40
2 x 1618 kW/2200 pk Niigata

027.18927 MS
**MULTRATUG 6**
CATCOMBE

Multraship Towage & Salvage
Scheldekade 48
4531 EH Terneuzen
0115-645000
1970 5874
Richard Dunston Ltd
Hessle (GB)
32,54 x 9,35 x 4,88
3312 kW 4500 Lister Blackstone

imo 7328114 MS
**MULTRATUG 9**
BUGSIER 3

Multraship Towage & Salvage
Scheldekade 48
4531 EH Terneuzen
0115-645000
1973 163
Volox GmbH
Hamburg
26,07 x 8,87 x 4,80
2 x 640 kW/870 pk Deutz

imo 7232638 MS
**MULTRATUG 10**
SATURN

Multraship Towage & Salvage
Scheldekade 48
4531 EH Terneuzen
0115-645000
1973 131
Jadewerft
Wilhelmshafen
30,00 x 9,00 x 3,10
2 x 1030 kW/1400 pk Deutz

imo 7232626 MS
**MULTRATUG 11**
MERKUR/
MULTRATUG 11/
SERWAL 2
Multraship Towage & Salvage
Scheldekade 48
4531 EH Terneuzen
0115-645000
1972 130
Jadewerft
Wilhelmshafen
29,93 x 8,82 x 3,59
2 x 737 kW/1000 pk Deutz

020.05785 DS
**MULTRATUG 12**
HENRIETTE S M GOEDKOOP/
BEVELAND /
HENRIETTE S M GOEDKOOP
Multraship Towage & Salvage
Scheldekade 48
4531 EH Terneuzen
0115-645000
1961 401
A.S.M.
Arnhem
29,07 x 6,96 x 4,15
2x450+470pk Bolnes +Cummins

020.05889 MS
**MULTRATUG 15**
HENDRIK P GOEDKOOP/
MULA

Multraship Towage & Salvage
Scheldekade 48
4531 EH Terneuzen
0115-645000
1962 407
A.S.M.
Arnhem
28,50 x 6,60 x 2,35
2x450+470pk Bolnes+Cummins

imo 8414154 MS
**MULTRATUG 16**
HAMTUM

Multraship Towage & Salvage
Scheldekade 48
4531 EH Terneuzen
0115-645000
1985
Mc Tay Marine Ltd
Bromborough
29,37 x 9,12 x 3,70
2x2001kW/2720pk StorkWerksp.

imo 9481752 MS
**MULTRATUG 17**
ISRAILOGULLARI VEGA

Multraship Towage & Salvage
Scheldekade 48
4531 EH Terneuzen
0115-645000
2008 12
Israilogullari Tersanesi
Bandirma
35,70 x 11,50 x 4,00
2 x 1893 kW/ 2575 pk Caterpillar

imo 9492880 MS
**MULTRATUG 18**
ISAOGULLARI VEGA

Multratug 18 BV
Scheldekade 48
4531 EH Terneuzen
0115-645000
2009 13
Vega Denizcilik Sanay Ve Tic
Bandirma
35,70 x 11,50 x 4,35
2 x 1800 kW/ 2448 pk ABC
150 kW 205 pk

imo 9630250 MS
**MULTRATUG 19**

Mutraship Towage & Salvage BV
Scheldekade 48
4531 EH Terneuzen
0115-645000
2012 512509
Damen Shipyards Galati
Galati
32,70 x 12,82 x 5,00
20 x 2525 kW/3434 pk Caterpillar

imo 9572006 MS
**MULTRATUG 20**
BOGAZICI 7/ WATERCHIEF/
BB HUNTER
Mutraship Towage &Salvage BV
Scheldekade 48
4531 EH Terneuzen
0115-645000
2010 06-12
Dentas Gemi Insa ve
Onarim Sanayi AS
Istanbul
32,50 x 11,70 x 4,30
2 x 3100 kW/2853 pk Caterpillar

2001-05 MS
**MULTRATUG 22**
ATLAS Z

Mutraship Towage &Salvage BV
Scheldekade 48
4531 EH Terneuzen
0115-645000
2001

20,00 x 6,35 x 2,50
2 x 7450 kW/1013 pk MTU

imo 9667863 MS
**MULTRATUG 26**

Mutraship Towage &Salvage BV
Scheldekade 48
4531 EH Terneuzen
0115-645000
2013 512321
Damen Galati
Galati
28,67 x 10,43 x 4,60
2 x 3728 kW/5068 pk Caterpillar

imo 9667875 MS
**MULTRATUG 27**

Mutraship Towage & Salvage BV
Scheldekade 48
4531 EH Terneuzen
0115-645000
2013 512322
Damen Galati
Galati
28,67 x 10,43 x 4,60
2 x 3728 kW/5068 pk Caterpillar

| reg.nr. / type : | 032.60109 MS | 1974-08 MC | 027.18708 MC |
|---|---|---|---|
| naam : | **N S I 12** | **NANCY** | **NAOMI E** |
| ex naam : | | BK 24 | |
| ex naam : | | | |
| ex naam : | | Koninklijke | |
| eigenaar : | Ballast Mij De Merwede BV | Boskalis Westminster N.V. | Stemat Marine Service BV |
| adres : | Polderweg 1 | Rosmolenweg 20 | Quarantaineweg 10 |
| woonplaats : | 6019 RG Wessem | 3356 LK Papendrecht | 3089 KP Rotterdam |
| telefoon : | 0475-561427 / 06-53228243 | 078-6969000 | 010-2996555 |
| bouwjaar / -nr. : | 1955 377 | 1974 137 | 1996 |
| bouwwerf : | Th.v.d.Beldt | Damen Shipyards BV | Valstybina/Neptune Marine |
| plaats : | West Graftdijk | Hardinxveld-Giessendam | Kleipeda/Aalst |
| l x b x d : | 10,08 x 3,07 x 1,50 | 14,52 x 6,04 x 1,80 | 23,00 x 9,50 x 2,85 |
| vermogen : | 137 kW 187 pk DAF | 2 x 88 kW/120 pk GM | 2 x 441 kW/600 pk Cummins |
| boegschroef : | | | |

| | | | |
|---|---|---|---|
| 1904-01 OP | 030.20434 DS | 020.06176 MS | 020.08571 DS |
| **MURENE** | **N S I 32** | **NANNY** | **NARVIK** |
| | COR/ JONEL/ ANDO/ | | SENNE |
| | YVONNE / | | |
| | EROS | | |
| Dijk X.S. van | NSI Holland BV | Jansen H.D. | Padova C. |
| | Polderweg 1 | Prins Hendrikkade 156 | |
| Vinkeveen | 6019 RG Wessem | 1011 AW Amsterdam | Wijk bij Duurstede |
| | 0475-561427 / 06-53228243 | | |
| 1904 | 1938 | 1958 | 1949 1349 |
| | N.Zuidam | | Cochrane & Sons |
| | Haarlem | | Selby |
| 5,00 x 1,70 x 0,80 | 14,89 x 3,70 x 1,09 | 12,02 x 3,15 x 1,30 | 24,90 x 6,18 x 2,41 |
| 16 kW 22 pk Ruston | 221 kW 300 pk Scania Vabis | 4121 kW 165 pk | 395 kW 537 pk MWM |

| | | | |
|---|---|---|---|
| 020.05977 MS | 1930-38 OP | 022.06603 MS | 040.25340 MS |
| **MY FAIR LADY** | **NAMPIE** | **NANNY** | **NASSAUKADE** |
| NORMANDIE/ RP 74/ RP 22/ | | BAUMRONNE | KARLSRUHE/ |
| RP 9/ VERONICA / | | | HEINRICH/ |
| MY FAIR LADY/ GLEN | | | ORION |
| Kuijper H.J.G.de | Nammansma R.S. | Kruithof H.M.J. | Verduin H.B. |
| | | | Danzigerkade 9 |
| Arnhem | Franeker | Rohel | 1013 AP Amsterdam |
| | | | 020-6165815 |
| 1942 | 1930 | 1951 | 1970 |
| G.Bijlsma & Zn | | Klahn werft | Van Mill |
| Wartena | | Berlijn | Hardinxveld-Giessendam |
| 18,05 x 4,56 x 1,95 | 5,20 x 2,00 x 0,90 | 16,88 x 4,04 x 1,25 | 15,33 x 4,66 x 1,75 |
| 147 kW 200 pk Industrie | 11,7 kW 16 pk Deutz | 121 kW 150 pk MAN | 268 kW 365 pk Caterpillar |

| | | | |
|---|---|---|---|
| 032.60095 MV | 023.27465 MS | 021.03192 DS | 023.29799 DS |
| **N S I 8** | **NAN** | **NAOMI** | **NATASJA** |
| | ELLEN | BROEDERTROUW VII | |
| NSI Holland BV | Verboon Aannemersbedr. | Basal Toeslagstoffen BV | Water BV Van de |
| Polderweg 1 | Molenweg 12 | Kelvinbaan 44 | Handelsstraat 21 |
| 6019 RG Wessem | 3155 AV Maasland | 3439 MT Nieuwegein | 7772 TS Hardenberg |
| 0475-561427 / 06-53228243 | 010-5922022 | 030-6078330 | |
| 1953 | 1982 | 1956 | 1974 |
| G.J.v.Berk | Van Waveren | R.Huisman Jr | |
| Beneden Leeuwen | Monster | Rohel | Baicronre (F) |
| 8,15 x 2,50 x 1,50 | 9,00 x 2,69 x 0,85 | 17,01 x 4,55 x 1,96 | 8,30 x 2,49 x 0,71 |
| 60 kW 82 pk Mercedes Benz | 63 kW 85 pk DAF | 283 kW 385 pk Caterpillar | 179 kW 230 pk Deutz |

023.18126 MS
**NAUTIC**
SPECULANT II/
ED/
CORNELIS

Harderwijk

1914
Gebr.v.d.Windt
Vlaardingen
15,25 x 3,58 x 1,70
125 kW 170 pk Kaeble

---

023.07885 MS
**NAUTICA**
NAUTICA/ TIMMERMAN 4/
LUK BEALCH /
TOEVLUCHT/ WATERMAN
Dijkema & G.de Dood W.

Zaandam

1921 623
Nic.Witsen
Alkmaar
14,20 x 3,10 x 1,15
175 kW 238 pk Scania

---

1977-05 MV
**NAVIN**

Damen Marine Services BV
Rivierdijk 561
3371 EC Hardinxv.-Giessendam
0184-626000
1977 1469
Damen Shipyards BV
Hardinxveld-Giessendam
15,70 x 4,80 x 1,50
2 x 257 kW/350 pk GM

---

1930-04 MS
**NEELTJE W**
MEEUW /
AVONTUUR

Woltheus L.
Zalkerdijk 2 A
8276 AC Zalk

1930

14,52 x 3,62 x 1,70
97 kW 133 pk MWM

---

1938-10 OP
**NEET**

Dijk O.v.

Nigtevecht

1938

6,00 x 2,00 x 1,20
51 kW 70 pk Hanomag

---

1955-05 MV
**NELIS**
NAAN

Wesseling S.

Assendelft

1955 721
J.Schlieker & Zn
Sliedrecht
9,00 x 3,00 x 1,20
71 kW 98 pk DAF

---

030.30067 MS
**NELLEKE**
DOOR VERTROUWEN/
ZES GEZUSTERS /
BARCA 1
Ballegooij S.D.v.
Elburgkade 9
1324 HH Almere

1926
De Industrie D.& Joh.Boot
Alphen a/d Rijn
12,42 x 3,23 x 1,30
88 kW 120 pk DAF

---

023.08378 DS
**NELLIE**
EUGENIE/ WIM/
ROKOCENT III /
ANJO
Parijs J.A.C. van
Middelrode 12
3085 CR Rotterdam
010-4807552
1929
Akerboom & Van Lent
Kaag
15,63 x 3,62 x 1,45
169 kW 230 pk Scania Vabis

---

032.40078 DS
**NELLIE**
NELLIE/ JUMBO 2

Remery IJ.B.
Ereprijs 28
8935 JH Leeuwarden
058-2151814
1948 445
G.Bijlsma & Zn
Wartena
14,23 x 5,15 x 2,07
265 kW 360 pk Volvo Penta
122 kW 167 pk Scania Vabis

---

023.07446 MS
**NELLY**
CULEMBORG/ RUBENS

Mannekus & Co B.V.
Nieuwe Waterwegstraat 45
3115 HE Schiedam
010-4091500
1918 291
P.Smit Jr
Rotterdam
17,25 x 4,33 x 2,14
132 kW 180 pk GM

---

023.09195 MV
**NELLY**
SANCTA MARIA

Verbrugge J.C.
Ossendrechtseweg 29
4631 BA Hoogerheide

1933
Lanser
Sliedrecht
14,50 x 3,22 x 1,50
176 kW 240 pk MWM

---

032.30260 MS
**NELLY**

Volker Beton Beheer BV
Baanhoek 196
3361 GN Sliedrecht
0184-411259
1954

82 kW 112 pk Scania Vabis

---

1920-21 OP
**NELUS**

Drunen K.J.M.van

Nijbeets

1920
Bijlholt
Foxhol
6,00 x 1,90 x 0,80
14,7 kW 20 pk Deutz

---

2007-05 MV
**NEPOMUK**

B.S.T. Dintelsas BV
Sasdijk 18
4671 RN Dinteloord
0167-523288

---

1958-12 DB
**NEPTUN**

Galle P.
Conradstraat 38 D
3013 AP Rotterdam

1958

15,98 x 4,90 x 2,17
110 kW 150 pk

---

027.20321 MC
**NEPTUN 7**

Kok Beheer BV De
Rivierdijk 452 B
3372 BW Hardinxv.-Giessendam

2004
Kotlas/Neptune Marine
Limeda/Aalst
20,20 x 8,04 x 1,80
2 x 441 kW/600 pk Cummins

| | | | |
|---|---|---|---|
| **reg.nr. / type** : | 023.10009 MS | 021.01839 DS | 027.18511 MV |
| **naam** : | **NEREUS** | **NESCIO** | **NICOLINE** |
| **ex naam** : | PERNIS | JO/ VIOS / RODI I/ | |
| **ex naam** : | | RODI | |
| **ex naam** : | | | |
| **eigenaar** : | Hunfeld Machinefabriek BV | Bramson P.L. | Acta Marine BV |
| **adres** : | Eemskanaal ZZ 26 | Knollendammerstraat 72 | Het Nieuwe Diep 29 D |
| **woonplaats** : | 9936 AN Farmsum | 1531 BG Wormer | 1781 AE Den Helder |
| **telefoon** : | 0596-613446 / 06-53138060 | 0168-412577 / 06-51106566 | 0223-615666 |
| **bouwjaar / -nr.** : | 1957 99 | 1931 | 1994 5934 |
| **bouwwerf** : | H.d.Haas | De Hoop | Damen |
| **plaats** : | Maassluis | Hardinxveld-Giessendam | Hardinxveld-Giessendam |
| **l x b x d** : | 21,32 x 6,02 x 2,15 | 15,58 x 4,25 x 1,95 | 16,89 x 5,29 x 2,10 |
| **vermogen** : | 213 kW 290 pk Deutz | 294 kW 400 pk Caterpillar | 2 x 470 pk Caterpillar |
| **boegschroef** : | | | |

| | | | |
|---|---|---|---|
| 2012-30 MS | imo 9641481 MC | 020.01378 MS | 033.20460 DB |
| **NEPTUN 12** | **NERO** | **NESTOR** | **NIELS** |
| | | SHAMROCK/ CORWI | LIEGE/ GODELIEVE/ |
| | | | VOT / |
| Dutch International | | | SIDIS |
| Towage Company | ST Marine Support | Hempenius G. | Niels Vof |
| Riverdijk 458 | Lanen 22 | Paradyske 26 | Molenweg 42 |
| 3372 BW Hardinxv.-Giessendam | 8861 CD Harlingen | 8807 PT Herbaijum | 6051 HJ Maasbracht |
| 0184-621423 | | 0517-397146 | 0475-461672 / 06-53839877 |
| 2012 | 2013 571678 | 1917 255 | 1930 |
| | Damen Shipyards BV | t Kromhout Wed.J.L.Ceuvel | H.J.Koopman |
| | Hardinxveld-Giessendam | Amsterdam | Dordrecht |
| 44,00 x 13,80 x | 30,30 x 12,50 x 3,00 | 15,20 x 3,40 x 1,20 | 21,68 x 5,15 x 1,71 |
| 2 x 2200 kW/2992 pk Caterpillar | 2 x 920 kW/ 1250 pk Caterpillar | 100 kW 136 pk Scania | 353 kW 480 pk GM |

| | | | |
|---|---|---|---|
| 033.40098 MS | 1952-08 MS | 1935-02 MS | 022.07284 MS |
| **NEPTUNUS** | **NEROS** | **NESTOR** | **NIENKE** |
| | SHIPDOCK IX | | JACOB/ TREKKER I |
| | | | |
| | | | |
| Ponsen H.C. | Bueren R.v. | Hoogerwerf A.M.E. | Hulshof W. |
| | | | Prinsengracht t/o 110 |
| Nieuw Lekkerland | Amsterdam | Bodegraven | 1015 EA Amsterdam |
| | | | |
| 1934 | 1952 | 1935 ? | 1945 |
| De Waal (Meijer) | Van der Molen | | Van de Werff & Zn |
| Zaltbommel | Zaandam | | Gorredijk |
| 11,12 x 2,80 x 0,65 | 18,82 x 4,15 x 1,21 | 8,20 x 2,65 x 1,15 | 12,05 x 3,50 x 1,50 |
| 88 kW 120 pk DAF | 70 kW 97 pk Kromhout | 73 kW 100 pk BMC | 169 kW 230 pk Scania Vabis |

| | | | |
|---|---|---|---|
| 1998-04 OP | 030.50612 MS | 2003-05 OP | 023.29230 MV |
| **NEPTUNUS** | **NES** | **NEWTON** | **NIEUWE MERWEDE** |
| BEANTJE | ENS | | |
| | | | |
| | | | |
| Faber C. | Huitema T. & G. | Wijkstra H. | MMS Marine Service BV |
| Eeltje Halbertsmastraat 27 | Slenk 2 | | Tinstraat 35 |
| 8602 AG Sneek | 8632 WN Tirns | Zwartsluis | 2984 AN Ridderkerk |
| 0515-411948 | 0515-569752 | | |
| 1998 1 | 1937 370 | 2003 | 1966 327 |
| Thermopilae | G.Bijlsma & Zn | Wijkstra | Damen Shipyards BV |
| Koudum | Wartena | Zwartsluis | Hardinxveld-Giessendam |
| 6,03 x 1,93 x 0,46 | 16,55 x 4,30 x 1,70 | 6,60 x 2,40 x 0,80 | 12,10 x 3,15 x 1,00 |
| 7,3 kW 10 pk Nanni | 73 kW 100 pk Deutz Werke | 29 kW 40 pk Kromhout | 58 kW 80 pk DAF |

021.04880 MS
**NIGER**
BEJO

Zinkcon International B.V.
Rosmolenweg 20
3356 LK Papendrecht
078-6969000
1974
De Combinatie
Dordrecht
14,11 x 4,20 x 0,96
265 kW 360 pk GM

---

033.50184 MS
**NJORD**
BENNY

Jorens J.

Rotterdam

1935
W.Mulder
Stadskanaal
20,27 x 5,12 x 1,90
220 kW 300 pk Lister Blackstone

---

023.26839 MS
**NOLDINA**
NOLDINA/ NOLDINA I/
MARC

Buijtenhek J.A.
Krommedijk 121-119
3312 LC Dordrecht
078-6131089
1929 97
Gebr.Kooiman
Zwijndrecht
22,12 x 5,02 x 1,83
371 kW 504 pk Stork Ricardo

---

023.35797 MS
**NOOR**

Visser F.

Kampen

2013
F.Visser
Kampen
8,90 x 3,15 x 0,88
44 kW 60 pk Yanmar

---

021.04004 DS
**NINA**
Bolnes XII/ D 567/ D 239/ Lian/
Aline /Aline P/ Pesiwimi/
Line Jan B/ Productief II / Duo
Kleinstra & Zonen Vof
Veerweg 7
6051 AH Maasbracht
0475-461648 / 06-53150675
1922
Boele
Bolnes
19,10 x 4,38 x 1,87
423 kW 575 pk Detroit

---

023.23539 DS
**NJORD 2**

Voets Holding BV
Havenstraat 22
6051 CS Maasbracht
0475-461100 / 06-53170141
1905
Weerter Scheepsbouw Mij
Weert

88 kW 120 pk Mercedes Benz

---

1933-08 OP
**NOOIT VOLMAAKT**
PIET

Bergen F.H.van

Nigtevecht

1933
v.d.Beldt
Westgraftdijk
5,25 x 1,80 x 0,90
7,6 kW 10 pk Kromhout

---

023.08318 DS
**NOORD**
SCHELDE/ GRAB/
NEPTUNUS 3 /
NOORD/ ANDROMEDA
Amstel & IJ
Dijkgracht 9
1019 BT Amsterdam
020-4188013 / 06-55195020
1949
t Hondsbosch
Alkmaar
17,70 x 4,20 x 1,80
279 kW 380 pk DAF

---

061-52 PS
**NIVEAU**
Y 8502/ Y 883

Rijkswaterstaat dir
Meetkundige Dienst

's Gravenhage

1952
Sleephelling Scheveningen
Scheveningen
26,30 x 5,00 x 1,59
240 pk Mercedes

---

023.28760 DS
**NOARDERMAR**
LANGENESS/ STERN *

Vries Vof R.J.d.
't Noard 12
8721 GC Warns
0514-681998 / 06-51451321
1960
Husumerschiffswerft
Husum
19,95 x 4,73 x 1,35
439 kW 597 pk MWM

---

1935-03 MS
**NOOIT VOLMAAKT**

Busman J.

Workum

13,50 x 3,10 x 1,50
88 kW 120 pk DAF

---

021.04343 DS
**NOORDERKLIP**
BREEVAER VI/ MARIA/
ELISABETH /
NOORDERKLIP
Hoog M.d.
Larikslaan 9
4245 BD Sleeuwijk

1969
Jac.den Breejen
Hardinxveld-Giessendam
13,18 x 3,40 x 1,80
121 kW 150 pk GM

---

023.17902 DB
**NJORD**
SAMBRE / HAUTIL

Arnoudse J.W.J.
Achterhakkers 38
3311 JA Dordrecht
078-6311387 / 06-51344410
1962 418
De Biesbosch
Dordrecht
15,00 x 9,50 x 1,44
310/441kW 415/600pkGM/Cum.

---

025.09123 MS
**NOBILING**

Rijks A.
Ploegseweg 10
6862 EP Oosterbeek

1951 6008
Jadewerft
Wilhelmshaven
29,40 x 7,00 x 1,95
2 x 184 kW/250 pk Deutz

---

023.29920 MS
**NOOITGEDACHT**
DIRK VAN DE WETERING 3

Samulski G.

Oudewoude

1910
t Kromhout D.Goedkoop Jr
Amsterdam
14,30 x 3,30 x 1,40
76 kW 104 pk Volvo Penta

---

022.02286 MS
**NOORDERLICHT**
HUWA/DORUM/
HUGER /
JOHANNA
Hogenboom J.W.M.

Waalwijk

1941
Boot
Leiden
16,20 x 4,20 x 1,65
88 kW 120 pk Deutz

| reg.nr. / type : | 025.09202 SS | 023.08482 MS | imo 7302237 BS |
|---|---|---|---|
| naam : | **NOORDZEE** | **NORMAN II** | **NORTHWIND** |
| ex naam : | B & W XII/ | EENDRACHT 8/ MINA/ | Aracati/Seaboard Swallow / |
| ex naam : | TAUCHER SIEVERS IV / | LUCTOR/ HARM / | Hornbeck Swallow/ |
| ex naam : | NORDSEE | THEA/ EMANUEL 2 | Swallow |
| eigenaar : | Stichting sslb Noordzee | Brouwer J.A. | Seaworx B.V. |
| adres : | Oude Haven 129 | | Nijverheidskade 2 |
| woonplaats : | 1671 AX Medemblik | Bolsward | 1785 AB Den Helder |
| telefoon : | | | 0223-668400 |
| bouwjaar / -nr. : | 1922 609 | 1914 | 1973 212 |
| bouwwerf : | Janssen & Schmilinsky | W.Mulder | Shimoda Dockyard Co Ltd |
| plaats : | Hamburg | Stadskanaal | Shimoda |
| l x b x d : | 22,55 x 5,80 x 2,80 | 11,92 x 2,96 x 1,20 | 50,35 x 11,59 x 3,62 |
| vermogen : | 320 ipk Bohm & Voss | 73 kW 100 pk DAF | 2 x 1655 kW/2250 pk Caterpillar |
| boegschroef : | | | |

| | | | |
|---|---|---|---|
| 023.22285 MS | 027.23301 PS | imo 9612806 MS | imo 9577472 MS |
| **NOORDERZON** | **NOORD-ZUIDLIJN 2** | **NORNE** | **NORTHWIND** |
| BONN / | RV 169 INTER SCALDIS/ | | |
| LICENTIA | ZEEVALK | | |
| | | Koerts International Towing | |
| Stoker J.H.J. | | Service BV | Avra Towage BV |
| | | Postbus 29 | Scheepmakershaven 32 B |
| Dinteloord | | 9900 AA Appingedam | 3011 VB Rotterdam |
| | | 0596-617884 | 010-2810886 |
| 1937 | 1975 1428 | 2011 191 | 2010 VT 7 |
| Schimag | Damen Shipyards | Gebr.Kooiman | Vitawani Shipbuilding |
| Mannheim | Gorinchem | Zwijndrecht | Miri Sarawak |
| 22,19 x 4,35 x 1,20 | 14,59 x 4,08 x 1,37 | 34,10 x 11,27 x 4,25 | 31,09 x 9,48 x 3,70 |
| 370 kW 503 pk Wizemann | 2 x 250 pk DAF | 2 x 2244 kW/3050 pk Mitsubishi | 2 x 1177 kW/1600 pk Cummins |
| | | 552 KW 750 pk Verhaar | |

| | | | |
|---|---|---|---|
| 1963-31 MV | 023.06174 MS | imo 9380647 MS | 020.10483 MS |
| **NOORDGEUL** | **NOORMAN** | **NORTH** | **NORWAY** |
| | AALMA/ EMMA/ WILJA/ | DANGA NORTH 9 | Keulschevaart 6/ Hati/ Dinie / |
| | RINY/ VOLHARDING 4 / | | Marsdiep/ Marie 2/ Eerland 2/ |
| | FENNA/ GREETJE | | Attack 12 /Remcon 3/ Gerda |
| Rhijn J.v. | Poog R. | North Management BV | Hooft Holdong BV Van |
| | Jasmijnstraat 5 | Merwekade 82-83 | |
| Katwijk | 1777 XH Hippolytushoef | 3311 TH Dordrecht | Hoevelaken |
| | 06-14344956 | 078-6392000 | |
| 1963 1156 | 1939 6 | 2007 108 | 1948 |
| Mulder & Rijke | Bodewes & Dutmer | Kian Juan Dockyard | Bijlholt |
| IJmuiden | Groningen | Miri Sarawak | Foxhol |
| | 15,96 x 4,15 x 1,70 | 30,00 x 8,60 x 3,50 | 17,88 x 4,50 x 2,20 |
| 51 kW 70 pk Kromhout | 265 kW 360 pk GM | 2 x 747 kW/1015 pk Caterpillar | 202 kW 275 pk Industrie |

| | | | |
|---|---|---|---|
| 023.24422 MS | 038.00003 MS | 021.04524 DB | 022.06231 recr |
| **NOORDSTER** | **NORA** | **NORTH TRANS** | **NOSTALGIE** |
| BASKEN/SORSSLEPII / | | ISABELLA/ | RIVAL/ |
| BASKLEN/ ZEEHOND | | MUTATIE/ DIENI / | LEBA/ |
| | Houthaven Sleepdienst & | VERDEBURG/ EEMS | MAARTEN VAN ROSSUM |
| Noordenbos J.S. | Dekschuiten | North Trans Scheepvaartbedrijf | Kooi & W.F.Lindeboom G. |
| | Danzigerkade 2 | De Noord 48 | |
| Nieuwerkerk a/d IJssel | 1013 AP Amsterdam | 8321 BC Urk | Oudega |
| | 020-6828440 | 06-10979407 | |
| 1929 | 1989 | 1971 | 1927 |
| Atlas Werke | Koning Willem | Delta Shipyard | Mittendorf |
| Bremen | Amsterdam | Sliedrecht | Dedemsvaart |
| 16,80 x 4,78 x 2,00 | 9,42 x 3,35 x 0,90 | 16,70 x 8,15 x 1,70 | 16,59 x 4,23 x 1,76 |
| 312 kW 425 pk Caterpillar | 136 kW 184 pk Scania | 2 x 349 kW/475 pk Detroit | 123 kW 168 pk DAF |

030.50931 MS
**NOSTALGIE**
HAARLEMMERMEER V/
NEELTJE/ CHRISMA /
ALBATROS
Vuuren J.E.

Rozenburg

1904 255
Van der Giessen
Krimpen a/d IJssel
18,00 x 4,20 x 1,70
80 kW 110 pk Industrie

---

021.04898 MS
**NOUT**
MICHIEL

Vahali B.V. Scheepswerf
Waaldijk 3
6691 MB Gendt
0481-421546
1968
J.Schlieker & Zn
Sliedrecht
11,82 x 3,30 x 1,50
132 kW 180 pk GM

---

027.22603 DS
**NP 351**

Neptune Marine Service BV
Veerdam 1
5308 JH Aalst
0418-673103
2009 NP 351
Neptune Marine
Aalst
30,00 x 10,00 x 2,45
2 x 783 kW/1065 pk Caterpillar

---

023.34648 WV
**OBAMTELE 2**

Laar Ship Service BV Van
Gedempte Zalmhaven 763
2011 BT Rotterdam

2011 103
Tongerloo Metaal techniek
Brakel
10,00 x 5,00 x 1,80
2 x 133 kW/180 pk Caterpillar

---

031.40047 MS
**NOSTALGIE**
RIVAL/
HIRZO/
RIEK
Langelaar A.

Waverveen

1930 200
Botje Ensing & Co
Groningen
10,86 x 3,08 x 1,40
26 kW 35 pk Brons

---

022.02282 MS
**NOVA CURA**
ORKDALSFJORD/DORWIL/
SIEROE/IJSSEL /
CONAN/IJSSEL
Beijert G.
Jan van Galenstraat 45
9934 HB Delfzijl
06-51250448
1941
Th.J.Fikkers
Martenshoek
18,20 x 4,30 x 1,90
147 kW 200 pk GM

---

027.22604 DS
**NP 352**

Neptune Marine Service BV
Veerdam 1
5308 JH Aalst
0418-673103
2009 NP 352
Neptune Marine
Aalst
30,00 x 10,00 x 2,45
2 x 783 kW/1065 pk Caterpillar

---

023.35844 MS
**OBELIX**
SPEED

Sicking C.M.

Wormerveer

1912

16,00 x 3,50 x 1,60
82 kW 110 pk Kromhout

---

023.26635 MS
**NOTHERN BASE**
RHD 3 / V 23 /
HAVENDIENST 7/
RPA 27
Kuiper Vof S.& E.

Vlieland

1972
Schouten
Muiden
24,65 x 5,52 x 2,27
309 kW 420 pk Bolnes

---

023.06755 MS
**NOVA CURA**
NOVA CURA/ HOUTSNIP/
JOMA/ PLOENS /
TRAMP
Balvert J.F.

Nieuwkoop

1937
Mulder & Suurmeijer
Foxhol
11,07 x 3,26 x 1,20
29 kW 40 pk Brons

---

027.23789 MC
**NP 435**

Neptune Equipment BV
Rivierdijk 458
3372 BW Hardinxv.-Giessendam

2014 NP 435
Neptune Shipyards
Aalst
26,48 x 11,00 x 3,00
2 x 1052 kW 1420 pk Cummins

---

030.11341 MS
**OBSESSIE**
SMIENT/ RINI/
OBSESSIE II
Heuvel P.v.d.

Hoek van Holland

1925

13,50 x 3,10 x 1,40
66 kW 90 pk Kromhout

---

023.24849 MS
**NOTRE DAME**

Juffermans A.J.M. van

Oegstgeest

1933
Weerter Scheepsbouw Mij
Weert
9,10 x 2,80 x 1,00
31 kW 43 pk Deutz

---

027.20546 MC
**NOVA K**

Stemat Marine Service BV
Quarantaineweg 10
3089 KP Rotterdam
010-2996555
2005
Kotlas/Neptune Marine
Limeda/Aalst
29,52 x 11,00 x 3,38
2 x 955 kW/1298 pk Cummins

---

020.15073 MV
**NR 21**
RVE 21

Tebezo BV
Sasdijk 15
8281 BM Genemuiden
038-3855225
1971
J.Schlieker & Zn
Sliedrecht
9,08 x 2,75 x 1,30
88 kW 120 pk DAF

---

imo 8873805 MS
**OCEAAN**

Scheveninger Sleepdienst B.V.
Statenlaan 156
2582 GX 's Gravenhage
070-3548854
1982 960
Haak Scheepsbouw
Zaandam
18,00 x 5,90 x 2,50
496 kW 675 pk Mitsubishi

| | | | |
|---|---|---|---|
| **reg.nr. / type** : | 1927-14 MS | imo 9572824 MC | 1910-14 MS |
| **naam** : | **OCHTUM** | **ODIN** | **OLLE TEUS** |
| **ex naam** : | | NERO | PWS GRONINGEN/ |
| **ex naam** : | | | OLLE TEUS / |
| **ex naam** : | | | VENTITA/ VENTURA |
| **eigenaar** : | Kiers C.W. | ST Marine Support BV | Noordelijk Scheepvaart Museum |
| **adres** : | | | Brugstraat 24=26 |
| **woonplaats** : | Echternerbrug | Harlingen | 9711 HZ Groningen |
| **telefoon** : | | | 050-3122202 |
| **bouwjaar / -nr.** : | 1927 | 2010 /571630 | 1910 |
| **bouwwerf** : | Elsflether werft | Safe Shipyard/Damen Shipyards | Gideon |
| **plaats** : | Elsfleth | Gdynia/Gorinchem | Groningen |
| **l x b x d** : | 14,80 x 3,40 x 1,80 | 29,90 x 12,50 x 2,60 | 15,80 x 3,30 x 1,10 |
| **vermogen** : | 73 kW 100 pk Mercedes Benz | 3 x 600 kW/816 pk Caterpillar | 52 kW 71 pk Gardner |
| **boegschroef** : | | | |

| | | | |
|---|---|---|---|
| imo 9110406 MS | 020.11152 MS | 1933-05 MS | 1938-09 OP |
| **OCEAAN II** | **ODE** | **OFFENBURG** | **OME GIJS** |
| | GERRIT/ | | MAAIKE/ CATHARINA ANNA/ |
| | ODER/ | | ANITRA MARINIA / |
| | GERRIT | | DAMPCO |
| Scheveninger Sleepdienst B.V. | Whale Weirdo Stichting | Koeman J. | Langelaar A. |
| Statenlaan 156 | Bosstraat 80 | Sasdijk 2 D | |
| 2582 GX 's Gravenhage | 3766 AH Soest | 4671 RN Dinteloord | Waverveen |
| 070-3548854 | | 0167-5213108 / 06-53697491 | |
| 1994 998 | 1957 | 1933 | 1938 |
| Haak Scheepsbouw | Gebr.Wiemann | Chr.Ruthof | |
| Zaandam | Brandenburg | Mainz Kastel | |
| 18,60 x 5,80 x 2,50 | 20,18 x 6,20 x 2,20 | 26,00 x 5,38 x 1,95 | 5,10 x 1,70 x 0,80 |
| 515 kW 700 pk Mitsubishi | 221 kW 300 pk SKL | 2x114kW/155pk Mercedes Benz | 11 kW 16 pk Deutz |

| | | | |
|---|---|---|---|
| 1920-14 MV | 023.07517 DS | 020.04907 MS | 1930-66 OP |
| **OCEAN II** | **ODETTE** | **OLD TIMER** | **OME TINUS** |
| ALIDA/ ARNHEM | EUGENE/ | OLD TIMER/ | BEREND BOOTJE |
| | DONGE/ | TONI/ ANJO 3/ | |
| | STERN | TONI | |
| Post & Zn J. | Anker Maritiem Shipping | Davis Ph. & R. | Langelaar A. |
| | Rivierkade 5 | | |
| Amersfoort | 4931 AA Geertruidenberg | Rotterdam | Vinkeveen |
| | 0162-514890 | | |
| 1920 | 1949 | 1908 | |
| De Lek | Leenman | | |
| Krimpen a/d Lek | Zwolle | Hoogezand | |
| 11,00 x 2,90 x 0,80 | 14,14 x 3,66 x 1,45 | 15,40 x 3,85 x 1,35 | 4,50 x 1,60 x 0,60 |
| 92 kW 125 pk | 169 kW 230 pk Scania | 88 kW 120 pk Ford | 6 kW 8 pk Peter |

| | | | |
|---|---|---|---|
| imo 9639969 MC | 020.12143 MS | 1961-19 MS | 1938-12 MS |
| **OCEANUS** | **ODIN** | **OLIEBRON** | **OMNIA** |
| | SR 4/ ODIN | MARIA/ JOHANNA | JAN |
| | | | |
| Van Oord Acz Overige | | | |
| Materieel BV | Mulder N. | Egmond H.van | Mol I. |
| Schaardijk 211 | Boeier 59 | | |
| 3063 NH Rotterdam | 1625 CK Hoorn | Leiden | AlmereHaven |
| 010-4478444 | 0229-232272 | 0596-630256 | |
| 2011 571654 | 1940 | 1961 | 1938 |
| Damen Shipyards BV | N.A.Bernhard Jr | | C.Amels & Zn |
| Hardinxveld-Giessendam | Oostzaan | | Makkum |
| 29,32 x 12,50 x 3,20 | 16,33 x 4,25 x 1,80 | 14,60 x 4,00 x 1,50 | 11,00 x 3,50 x 1,50 |
| 2 x 820 kW/1115 pk Caterpillar | 103 kW 140 pk Kromhout | 161 kW 220 pk Mercedes Benz | 57 kW 78 pk Deutz |

020.12663 recr
**OMNIA XI**
SIA
Velden H.v.d.
Maassluis
015-2625148
1942
t Hondsbosch
Alkmaar
14,40 x 3,40 x 1,65
93 kW 127 pk Gardner

023.33920 MS
**ONBEKEND**
Struis D.
Nijkerk
2010 22
No Limit Ships BV
Groningen
10,40 x 3,20 x 0,80
44 kW 60 pk Lombordini

1930-39 MS
**ONDERHOUD BRUGGEN**
Gemeente Amsterdam
Dijkgracht 6
1019 BS Amsterdam
1930
Concordia S.Seymonsbergen
Amsterdam
11,40 x 2,60 x 1,26
135 pk ford

1933-06 MS
**ONDERHOUD BRUGGEN 2**
KETJIL/ SR 18
Gemeente Amsterdam
Dijkgracht 6
1019 BS Amsterdam
1933
N.A.Bernhard Jr
Nieuwendam
9,70 x 2,82 x 0,90
38 kW 52 pk Mitsubischi

023.09918 MS
**ONRUST**
DREADNOUGHT III/
METAALHANDEL 12 /
MA BEAN/ BACCHUS
Gomes R.
Mijdrecht
1951
Niehuis & v/d Berg
Rotterdam
18,20 x 4,00 x 1,85
257 kW 350 pk Cummins

020.13822 MS
**OORLAM**
NEPTUNUS 2/ SPES/
NEPTUNUS II
Beket E.B.
Amsterdam
1939 698
t Hondsbosch
Alkmaar
12,17 x 3,23 x 1,20
99 kW 135 pk Ford

020.03693 MS
**OOSTERDOK**
OOSTERDOK/
ZOEF
Palthe J.S.
Pr Bernhardstraat 6
6576 BB Ooij
024-6633397
1883
t Kromhout D.Goedkoop Jr
Amsterdam
15,15 x 3,06 x 1,00
110 kW 150 pk Volvo

023.11981 DS
**OOSTERDOK**
OOSTERSCHELDE
Verduin H.B.
Danzigerkade 9
1013 AP Amsterdam
020-6165815
1965 631
H.H.Bodewes
Millingen
18,94 x 5,18 x 1,73
302 kW 410 pk Caterpillar

030.20995 MS
**OOSTERPOORT II**
HOUTVAART 2/
MARTHA BOUWINA
Boelkens W.
Amsterdam
1925
Concordia S.Seymonsbergen
Amsterdam
12,63 x 3,20 x 1,30
29 kW 40 pk Industrie

021.03981 MS
**OOSTERSCHELDE**
Lodewikus BV P.J.M.
Raamsdonksveer
1965
Jac.den Breejen
Hardinxveld-Giessendam
12,71 x 3,40 x 1,48
110 kW 150 pk Gray Marine

1930-61 OP
**OPDONDERTJE**
Hurk S.v.d.
Maasbracht
1930
4,70 x 1,50 x 0,50
4.4 kW 6 pk Lister

020.14338 MS
**OPDUWER**
Schreuder B.V.Aannemersbedrijf
TT Vasumweg 99
1033 SG Amsterdam
020-6333676
1925
199 kW 136 pk Mercedes Benz

1940-11 OP
**OPMAATJE**
Baas J.
Hasselt
1940
Eltink
Beneden Leeuwen
4,50 x 1,50 x 0,70
8,8 kW 12 pk Deutz

020.16206 OP
**OPSTEKER**
FLIEREFLUITER/
JUMBO
Kint & G.H.Herrenberg B.
Vinkeveen
1910
4,50 x 1,53 x 0,70
4,7 kW 6,5 pk Kromhout

imo 9641479 MC
**OPUA**
YN 571664
Damen Marine Services BV
Rivierdijk 561
3371 EC Hardinxv.-Giessendam
0184-626000
2013 571664
Damen Kozle/ Damen Shipyards
Kozle/Hardinxveld
3 x 634 kW/ 862 pk Caterpillar

1927-10 MS
**ORA ET LABORA**
WATERTAXI/
DENISE/ ANZO /
MERKEL
Rietkerk J.P.
Alpen a/d Rijn
1927
Nic.Witsen
Alkmaar
10,95 x 2,94 x 1,15
66 kW 90 pk Gardner

| | | | |
|---|---|---|---|
| **reg.nr. / type** : | 023.25789 MV | 1920-16 MV | 022.03998 MS |
| **naam** : | **ORCA** | **ORCA** | **ORCA II** |
| **ex naam** : | DONGE | | ENKE/ JOZINA II/ |
| **ex naam** : | | | HENJA/ ANTJE III |
| **ex naam** : | | | |
| **eigenaar** : | Fijen E.F.H. | Schut H. | Boersma J.W. |
| **adres** : | Osseweid 48 | | Oude Kerkstraat 20 |
| **woonplaats** : | 1606 NE Venhuizen | Garsthuizen | 8822 VR Arum |
| **telefoon** : | 0228-543685 / 06-51090349 | | 0517-641791 |
| **bouwjaar / -nr.** : | | ?1920 | 1901 |
| **bouwwerf** : | De Hoop | | |
| **plaats** : | Schiedam | | Hamburg |
| **l x b x d** : | 8,62 x 3,20 x 0,67 | 6,60 x 2,20 x 0,90 | 17,44 x 4,72 x 1,65 |
| **vermogen** : | 80 kW 108 pk Caterpillar | 26 kW 38 pk MWM | 2 x 113 kW/154 pk Scania |
| **boegschroef** : | | | |

| | | | |
|---|---|---|---|
| 020.05071 DS | 031.50350 DS | 2000-01 MS | 1963-27 MS |
| **ORANJE** | **ORCA** | **ORCA** | **ORESUND** |
| THETIS/ ORCA III/ | FLEVO/ HAAI/ LEO JR/ | | PAUL PETERS/ |
| REMON/ | DONGE / | | EGESUND / |
| ORCA | TJERK SR/ JULIA | | GRAVANDEN/ |
| Raaij J.C. van | Hek BV Gebr. Van 't | Berends M.J. | Fens J. |
| | Nekkenweg 63 | | |
| Vreeswijk | 1461 LD Zuidoostbeemster | 's Gravenhage | Spijkenisse |
| | | | |
| 1956 599 | 1954 | 2000 | 1963 |
| Concordia S.Seymonsbergen | Eltink | Hensens | A.Bonné |
| Amsterdam | Beneden Leeuwen | Hilversum | Husum |
| 16,14 x 4,31 x 1,58 | 15,50 x 4,37 x 1,70 | | 15,60 x 4,00 x 1,45 |
| 294 kW 400 pk Baudouin | 331 kW 450 pk Caterpillar | 24 kW 33 pk Mitsubishi | 199 kW 270 pk Scania |

| | | | |
|---|---|---|---|
| 020.14128 MS | 032.30165 MS | 2012-38 MV | 020.06204 DS |
| **ORCA** | **ORCA** | **ORCA** | **ORIENT** |
| | MONOPOL/ EDWARD | | Albert Goedkoop/ Dieuwertje |
| | | | Goedkoop /Dieuwertje/ Erik/ |
| | | | Aqua Twin/ Sierick |
| Bodegraven J. van | Limburgse Mij BV | Cnossen H.J. | Orient Duwvaart BV |
| | Mijnheerkensweg 27 | | Stieltjesstraat 12 A |
| Amstelveen | 6041 TA Roermond | Heeg | 3071 JW Rotterdam |
| | 0475-317676 | | 010-2940555 |
| 1926 | 1924 | | 1970 52/51 |
| t Var | Deutsche werft | | Bennekum/Volharding |
| Heeg | Hamburg | Foxhol | Sliedrecht/Amsterdam |
| 8,00 x 2,25 x 0,95 | 20,38 x 5,44 x 1,90 | 9,00 x 3,10 x 1,30 | 17,10 x 9,48 x 2,04 |
| 84 kW 115 pk Bedford | 331 kW 450 pk GM | 117 kW 160 pk DAF | 2x441 kW/600 pk Detroit Diesel |

| | | | |
|---|---|---|---|
| 023.07014 MS | 033.10402 MS | 2014-09 MS | 023.35594 MV |
| **ORCA** | **ORCA** | **ORCA** | **ORINOCO** |
| ST.ANTOINE/ CORNELIA/ | DUO/ ALBERT LEO/ | | |
| LEENDERT /JEANNE/ | VROUWE HELENA / | | |
| JAN/ JAN I/ ORCA/ EGBERTUS | TROS II/ TROS | | |
| Kamp S.T.v.d. | Ridder C.H.de | Noordgat BV Rederij | Yan Sen Sun J. |
| | Vreelandseweg 44 | Burg Swaanstraat 5 | |
| St.Nicolaasga | 1394 BN Nederhorst d/Berg | 8881 AG West Terschelling | Haarlem |
| | 0294-251432 | 0562-443044 | |
| 1948 144 | 1955 173 | 2002 | 2013 BS 24 |
| Hylkema | Eltink | Dijkstra Shipyard | No Limit Ships BV |
| Martenshoek | Beneden Leeuwen | Harlingen | Groningen |
| 15,47 x 4,10 x 1,36 | 11,92 x 3,45 x 1,30 | 13,25 x 4,60 x 0,80 | 8,80 x 2,80 x 0,65 |
| 66 kW 90 pk Industrie | 88 kW 120 pk DAF | 2 x 338 kW/450 pk Scania | 29 kW 40 pk Lombardini |

020.05339 MV
**ORION**
Havendienst 2/ 'S Gravenhekje I/
Sil/ Orion /De Gerlien/ De Mulder
Gerlien v. Tiem B.V.
Scheepsreparatiebedr.
Waalbandijk 129
6651 KB Druten
0487-515544 / 06-51179936
1912
t Kromhout Wed.J.L.Ceuvel
Amsterdam
13,28 x 2,98 x 1,10
104 kW 140 pk DAF

022.05770 MS
**ORION**
IDEAAL/ BETA/ JACO/
LOUISE/ MIGRO
Krens R.
Giesbeek
1936
Bodewes & Dutmer
Groningen
10,22 x 3,30 x 1,40
77 kW 105 pk DAF

023.09290 DS
**ORION**
GERDA/ MARTA B/
WESTERSCHELDE /
ZORBA
Lagerburg Duw & Sleepdienst
Primulastraat 10
1441 HB Purmerend
0299-431880
1955 1
R.Huisman Jr
Rohel
17,36 x 4,46 x 1,56
522 kW 730 pk GM

023.19759 MV
**ORION**
ALCO
Velde Marine BV W.v.d.
Binnenhaven 1
7547 BG Enschede
053-4307251
1977
Metz
Urk
14,80 x 3,96 x 1,30
272 kW 370 pk Volvo Penta

023.23311 DB
**ORION**
SARRE/ SEMOIS
Tebra Beheer BV
Merwekade 82-83
3311 TH Dordrecht
078-6392000 / 06-53622363
1961 397
De Biesbosch
Dordrecht
15,13 x 9,46 x 1,70
2 x 353 kW/480 pk Caterpillar

023.25151 MS
**ORION**
D 221
Marienborgh BV Rederij
Grevelingen 141
9654 PP Annerveensche Kanaal
1936
Meidericher Schiffswerft
Ruhrort
23,80 x 6,19 x 2,10
184 kW 250 pk Deutz

027.14981 MS
**ORION**
SPIDA II
Christensen S.
Elkerzeeseweg 5
4322 AH Scharendijke
0111-672155
1976 22
A.J.Sepers & Zn
Heerewaarden
17,48 x 4,90 x 1,89
459 kW 624 pk Caterpillar

030.31047 MS
**ORION**
GRAEA/ GERMA/
PIE AD 3/ GERMA
Bax Handelsonderneming BV
Maarsen
1934
G.den Heeten & Co
Vcur
10,68 x 3,06 x 1,12
78 kW 107 pk Mitsubishi

032.70528 MS
**ORION**
ORION/ TIAN/
ANNE/ WILMA
Spies R.
Maurik
1900
De Ridder
Delfshaven
16,29 x 3,85 x 1,80
191 kW 260 pk DAF

032.70605 MS
**ORION**
Krikke CV Baggerbedrijf
Leeuwarderstraatweg 3
8441 PG Heerenveen
06-53333674
1957
Visscher & Zn
Zwartsluis
11,43 x 3,55 x 1,40
134 kW 182 pk Scania Vabis

050.03720 MS
**ORION**
SCHLEPPKO 4
Meijer K.
De Phoenix 1
8862 TW Harlingen
0517-434141
1924
21,40 x 5,46 x 2,47
386 kW 500 pk Deutz

050.27030 DB
**ORION**
Veltman Maritiem BV
De Phoenix 1
8862 TW Harlingen
1959
Berlijn
12,17 x 3,29 x 1,52

056.09480 DB
**ORION II**
SCH 2614
1969
VEB Yachtwerft
Berlin
25,22 x 8,19 x 1,56
2 x 220 kW/300 pk SKL

023.00516 DS
**ORKA**
BOLNES II/ IDEAAL/ KAZOO/
SPES/ GERRIT /MARIE 1/
JOAN/ MARIAN/ RODIE 2
Vries R. de
Oude Thornerweg 14
6097 NB Heel
0475-573057
1922
Boele
Bolnes
15,42 x 3,93 x 1,79
177 kW 240 pk MAN

023.25592 MS
**ORLIK**
Veka Scheepvaart &
Handelsonderneming BV
Biesboschhaven Zuid 10-11
4251 NM Werkendam
0183-505230
1951
Melnik
Praag
57,40 x 9,18 x 0,90
368 kW 500 pk Skoda

020.07160 DB
**OSCAR**
Fredjo B.V. (J. v. Vliet)
Krommenierpad 42
1521 HB Wormerveer
075-6284558
1973 54
Grave
Grave
16,17 x 5,53 x 2,52
2 x 177 kW/240 pk Caterpillar

| | | | |
|---|---|---|---|
| **reg.nr. / type** : | 031.40116 DS | 023.24025 MS | 1935-06 OP |
| **naam** : | **OTTER** | **OUDE WAAL 3** | **OUWE JAAP** |
| **ex naam** : | GERMA I/ BECO I/ | OUDEWAAL 3/ | |
| **ex naam** : | MARATHON/ AMINA / | MAMMOET GOEDKOOP | |
| **ex naam** : | TERINA B | | |
| **eigenaar** : | Verboom P.J. | Bilterijst E. | Berkelaar G. |
| **adres** : | Postbus 9051 | | |
| **woonplaats** : | 3007 AB Rotterdam | 's Hertogenbosch | Wilnis |
| **telefoon** : | 06-50500287 | | |
| **bouwjaar / -nr.** : | 1940 504 | 1942 | 1935? |
| **bouwwerf** : | Bijlholt | Th.v.d.Beldt | |
| **plaats** : | Foxhol | West Graftdijk | |
| **l x b x d** : | 19,71 x 5,00 x 2,08 | 15,25 x 4,20 x 1,90 | 6,50 x 2,40 x 1,10 |
| **vermogen** : | 419 kW 570 pk Mitsubishi | 88 kW 120 pk Kromhout | 11 kW 15 pk Brons |
| **boegschroef** : | | | |

| | | | |
|---|---|---|---|
| 1995-07 MS | 022.02860 MS | 020.05666 MS | 023.14460 MS |
| **OSTERA** | **OUDE CORNELIS** | **OUDE WAAL 8** | **OUWE PIET** |
| | Heinrich/Unterweser VI/Cornelia/ | STADSWATERKANTOOR | GIJSBERT STOUT/ |
| | CorneliaElisabeth/PieterCornelis/ | | JOHAN/ FOKKO/ COBY / |
| | Cornelis /Mascotte/ In-Jo/ | | MARINA/ OUDE PIET |
| Jong Y.de | Trijnko III/ Line B/ Vlotas | Hagen E. | Meijden J.v.d. |
| | Couperus E.W. | | |
| Akkrum | Amsterdam | Wormerveer | Barendrecht |
| | | | |
| 1995 | 1891 45 | 1931 16872 | 1911 |
| W.d.Wit | Seebeck | Gemeentewerf | Huiskens & Van Dijk |
| Akkrum | Geestemunde | Amsterdam | Dordrecht |
| 11,60 x 3,68 x 1,05 | 18,69 x 4,16 x 2,00 | 11,20 x 3,00 x 0,84 | 16,80 x 4,10 x 1,40 |
| 88 kW 120 pk Iveco | 110 kW 150 pk Brons | 64 kW 87 pk Ford | 110 kW 150 pk Bolnes |

| | | | |
|---|---|---|---|
| 022.11217 MS | 020.03695 MS | 056.09040 DB | 1955-08 MV |
| **OTTAWA** | **OUDE DOK** | **OURTHE** | **OUWE SEUN** |
| H.Z 8/ OTTAWA/ SMURF/ | PILOT/ | SCH 2226/ | APOLLO |
| FLORIS/ LINGE / | OUDE DOK/ | SCHUB 1 | |
| ZWARTE BEER/ KETELHAVEN | DE MODDERIGE BOL | | |
| Hagen F.R. | Leemberg A. | | Frik A. |
| | Stripe 19 | | |
| Epe | 8493 LB Terhorne | Rotterdam | Appingedam |
| | 0566-689203 | | |
| 1935 | 1926 | 1983 1369-36 | 1955 215 |
| De Hoop | | VEB Yachtwerft | Welgelegen |
| Hardinxveld-Giessendam | Amsterdam | Berlin | Harlingen |
| 13,35 x 3,21 x 1,35 | 10,60 x 2,65 x 1,00 | 10,71 x 5,10 x 1,08 | 9,85 x 3,25 x 0,75 |
| 132 kW 180 pk DAF | 32 kW 44 pk Bolinder | 2 x 150 pk Iveco | 55 kW 75 pk Ford |

| | | | |
|---|---|---|---|
| 2011-06 OP | 020.02300 MS | 1930-40 OP | 1929-30 OP |
| **OTTAWATJE** | **OUDE WAAL 1** | **OUWE BRAM** | **OUWE VOS** |
| | | | KAPOENKA/ GERRIT/ |
| | | | TOEMBAK |
| | | | |
| Hagen F.R. | Dekkers W.J. | Bruin P.M.de | Zwarts Van Deijk B. |
| | | | |
| Biddinghuizen | Weesp | Nieuwkoop | Vinkeveen |
| | | | |
| 2011 | 1924 | 1930 | 1929 |
| Hagen | Concordia S.Seymonsbergen | Het Noorden | |
| Biddinghuizen | Amsterdam | Groningen | |
| 4,85 x 1,75 x 0,70 | 12,57 x 3,16 x 1,34 | 6,00 x 1,80 x 1,00 | 5,95 x 2,10 x 1,10 |
| 7,6 kW 10 pk Farryman | 74 pk 100 pk Industrie | 8,8 kW 12 pk Industrie | 11 kW 15 pk kromhout |

023.27066 MV
**OVERWAARDE**

Kocx A.A.
Heemskerk
2005
Zaandam
9,90 x 3,40 x 0,80
70 kW 96 pk Mitsubishi

1924-08 MV
**PA KO**
PAKO

Jansen
Amsterdam
1924
België
7,20 x 2,08 x 0,90
29 kW 40 pk Mercedes

1978-06 MV
**PAMPUS**
DONGEKANT

K.W.Supply BV
Rotterdam
1978
Damen Shipyards BV
Gorinchem
10,90 x 3,60 x 1,10
71 kW 96 pk DAF

050.29310 MV
**PARCHIM**
SWB 31

Klein J.J.
Roelofarendsveen
1964 32
VEB Yachtwerft
Berlin
12,50 x 3,36 x 0,95
77 kW 105 pk IFA

1935-08 MS
**OXI**

Roest H.J.
Kamerik
1935
13,00 x 3,20 x 1,30
99 kW 135 pk DAF

021.01479 MS
**PACIFIC**
Themaco/ Gercor/
Crace De Dieu/ Wiljo / Pejo/
Joke/ Wytenkamp 9/ Patricia
Boeren Beheer BV
Parallelweg 9
5321 JA Hedel
1929
De Koning
Papendrecht
15,45 x 4,26 x 1,52
221 kW 300 pk DAF

023.32109 MV
**PANDION**

Staatsbosbeheer, Regio Zuid
Spoorlaan 444
5038 CH Tilburg
013-7074800
2009 9004
De Bock & Meijer
Leimuiden
8,12 x 2,88 x 0,70
32 kW 43 pk Beta

023.28007 DB
**PARDOES**
TR 508/ CURSOR/
STATUM
Maja Valkyrie BV
Pier Azië 10
1013 BT Amsterdam
1976
Ceske Lodenice
Melnik
11,82 x 8,50 x 2,19
2 x 339 kW/461 pk Volvo

022.07387 MV
**P 9-1**
RP 12/P 91

Oldenbeuving G.
Sneek
1970 51
Schottel Nederland BV
Warmond
14,40 x 3,75 x 1,25
176 kW 240 pk GM

033.20112 MV
**PAES 6**
MAASJE I

Verduin H.B.
Danzigerkade 9
1013 AP Amsterdam
020-6165815
1953
J.Schlieker & Zn
Sliedrecht
10,00 x 3,04 x 1,30
81 kW 111 pk Scania Vabis

imo 8433564 MV
**PANTER**

Acta Marine BV
Het Nieuwe Diep 39 D
1781 AE Den Helder
0223-615666
1973
Van Mill
Hardinxveld-Giessendam
15,45 x 4,20 x 2,00
338 kW 460 pk GM

021.03930 DS
**PASAR 2**
M 112/ Willem H/ Zandjutter 4/
Mirella 3 /Selmatis 2/ Tineke/
Desperado
Bruinsma W.
De Grintfisker 36
8567 LP Oudemirdum
1938
Gebr.Wiemann
Brandenburg
22,39 x 5,60 x 1,84
2 x 259 kW/353 pk Cummins

023.17843 MV
**P.S.**
SPUI/
BEUKER
Godefrooi J.
Amsterdam
1901
9,10 x 3,28 x 1,30
103 kW 140 pk DAF

020.02719 MS
**PAMPUS**
PAMPUS/ WILSKRACHT 3/
MARIA / WILSKRACHT 1/
EERSTE ZORG/ BOXER
Velu A.
Haarlem
1926
Schouten
Muiden
10,95 x 3,20 x 1,50
77kW 105pk HanomagHenschel

020.02482 MS
**PARAAT**
JOHAN/
PAUL KRUGER
Holwerda P.R.
De Reling 5
8447 EE Heerenveen
0513-636380
1950
Hylkema
Martenshoek
16,37 x 4,29 x 1,60
132 kW 180 pk MAK

022.04962 MS
**PASSE AVANT**
JO JA/
WELGELEGEN I/
PASSE AVANT
Wierda S.
Zoeterwoude
1930
Duitsland
15,16 x 3,43 x 1,30
117 kW 160 pk Cay Marine

| | | | |
|---|---|---|---|
| **reg.nr. / type** : | 1907-09 OP | 021.02377 MS | 023.23510 DB |
| **naam** : | **PEEPSLEEP** | **PELIKAAN** | **PERFECT IV** |
| **ex naam** : | BOLLE JAN | PELIKAAN I/ | SCH 2368 |
| **ex naam** : | | WILLEMSTAD/ GONNY | |
| **ex naam** : | | Kalkzandsteenfabriek | |
| **eigenaar** : | Peeperkom H. | Rijsbergen BV | Perfect Maintenance BV |
| **adres** : | | | Woudrichemstraat 3 |
| **woonplaats** : | Bloemendaal | Huizen | 3087 BR Rotterdam |
| **telefoon** : | | | 010-4952930 / 06-53370554 |
| **bouwjaar / -nr.** : | 1907 | 1946 | 1966 |
| **bouwwerf** : | | | VEB Rosslauer Schiffswerft |
| **plaats** : | | | Rosslau |
| **l x b x d** : | 5,50 x 1,80 x 0,95 | | 14,01 x 8,16 x 1,17 |
| **vermogen** : | 8,8 kW 12 pk Lister Blackstone | DAF | 2 x 75 kW/102 pk Schonebeck |
| **boegschroef** : | | | |

| | | | |
|---|---|---|---|
| 020.07440 MS | 1910-30 MS | 023.19383 MS | 023.24540 DS |
| **PATRIOT** | **PEERKE** | **PELIKAAN** | **PERFECT 6** |
| MAAS/ LIESBOSCH | | MÖWE | SJENG |
| | | | |
| | | | |
| Daanen Shipping & Logistics BV | Berg J.v.d. | Kok & B Wagemaker M. | Heijstek Beheermaatschappij BV |
| Oostkanaaldijk 308 | | | Woudrichemstraat 2 |
| 6541 CD Nijmegen | Leiden | Haarlem | 3087 BR Rotterdam |
| 024-3775830 | | | |
| 1966 | 1910 ? | 1898 | 2000 WEH 161 |
| Gebr.Savelkoul | | | G.J.v.Wezel |
| Bocholt | | Duitsland | Heijen |
| 8,84 x 3,85 x 1,60 | 11,00 x 3,00 x 1,20 | 18,00 x 4,00 x 2,00 | 18,62 x 6,56 x 1,45 |
| 98 kW 134 pk Scania Vabis | 117 kW 160 pk DAF | 88 kW 120 pk Mercedes | 2 x 147 kW/200 pk DAF |

| | | | |
|---|---|---|---|
| 021.00271 MS | 1999-03 MV | 020.09481 MS | 023.15499 DB |
| **PAUL WATSON** | **PEIJE** | **PENTA** | **PERFECT 7** |
| Henri X/ Luctor 59/ Adrianus/ | | | TITAN |
| Frans /Express/ | | | |
| Broedertrouw IX/ Anna Martha II | | | |
| Gemeren R.v. | Waldswalkers Scouting | Amstel Holding B.V. | Heijstek Beheermaatschappij BV |
| | | Amsteleiland 3 | Woudrichemstraat 2 |
| Wormer | Drachten | 1184 VZ Amstelveen | 3087 BR Rotterdam |
| | | 020-4965200 | |
| 1915 | 1999 | 1961 | 1979 172 |
| Huiskens & v. Dijk | VSH/VSK/MSO | Van der Molen | H.d.Haas |
| Dordrecht | Friesland | Zaandam | Maassluis |
| 17,62 x 4,21 x 1,76 | | 13,15 x 3,61 x 1,26 | 18,51 x 8,04 x 1,86 |
| 110 kW 150 pk Worthington | | 88 kW 120 pk Deutz | 2 x 353 kW/480 pk GM |

| | | | |
|---|---|---|---|
| 022.02156 DS | 023.18069 recr | 023.23509 DB | 020.03670 MS |
| **PAULA** | **PELICAN** | **PERFECT III** | **PERGO** |
| Res Nova /Res Nova/ | PRUDENTIA/ | SCH 2313 | HOLLANDIA/ EENDRACHT/ |
| Wilhelmina/ Boris/Meerval / | BRANDARIS | | ANDRE/ COR / |
| Manta/ Carla/ Kelly/ Leeuw | | | CHANEL/ EENDRACHT |
| Treffers & Zn BV G.J | Lavieren H.J. van | Perfect Maintenance BV | Ruiten R.van |
| H.Figeeweg 35 | | Woudrichemstraat 3 | |
| 2031 BJ Haarlem | Amsterdam | 3087 BR Rotterdam | Oude Wetering |
| 023-5325211 / 06-22392597 | | 010-4952930 / 06-53370554 | |
| 1946 106 | 1960 | 1965 3008 | 1921 |
| Bodewes | Joh.v.Duijvendijk | VEB Rosslauer Schiffswerft | Schouten |
| Foxhol | Krimpen a/d IJssel | Rosslau | Muiden |
| 20,06 x 5,04 x 2,10 | 10,46 x 3,00 x 1,08 | 14,06 x 8,16 x 1,17 | 15,58 x 3,74 x 1,60 |
| 416 kW 566 pk Caterpillar | 88 kW 120 pk Scania Vabis | 2 x 75 kW/102 pk SKL | 123 kW 168 pk DAF |

| | | | |
|---|---|---|---|
| 021.01095 DS<br>**PERGO**<br>NOORDZEE/<br>CORNELIS HENDRIK/NELFRA/<br>KRIST/ JAN/ PIANTO/ STERN<br>Bekkum & M.A.Bongers Van<br>Markstraat 2<br>6019 AZ Wessem<br>0475-561876<br>1928<br>De Hoop<br>Hardinxveld-Giessendam<br>20,58 x 4,80 x 1,82<br>277 kW 376 pk Stork Ricardo | 022.09225 MV<br>**PETER**<br>Vries & v.d.Wiel BV De<br>Harmenkaag 9<br>1741 LA Schagen<br>0224-211211<br>1965<br>Fritz Staack & Co<br>Lubeck<br>9,38 x 2,50 x 0,90<br>184 kW 250 pk Deutz | 030.20758 MS<br>**PI AD**<br>HANJAS/HANJA/<br>PIETER/ARIE /<br>PI ED<br>Imhoff C.H.<br>Zutphen<br>1951<br>19,65 x 4,25 x 1,40<br>207 kW 282 pk Stork | 023.07244 MS<br>**PIET**<br>Blokland Gebr.<br>Roermond<br>1948 3..<br>Th.v.d.Beldt<br>West Graftdijk<br>10,82 x 3,20 x 1,13<br>55 pk Kromhout |
| 023.11715 DB<br>**PERNILLA**<br>WILLY/ CARPE DIEM/<br>EBEN HAEZER /<br>MANUS<br>Waterwerken BV<br>Barnsteen 22<br>9531 PL Borger<br>0599-234411<br>1964 91<br>De Hoop<br>Schiedam<br>18,38 x 6,68 x 1,06<br>2 x 180 kW/245 pk GM | 032.10010 MS<br>**PETRA**<br>JOHNNIE/ GRE STIEN<br>Valkenburg R.v.<br>Ark Iris<br>6522 KR Nijmegen<br>06-15034317<br>1939<br>G.J.v.Berk<br>Beneden Leeuwen<br>17,36 x 4,95 x 1,54<br>110 kW 150 pk Deutz | 032.80187 MS<br>**PICO**<br>MARIA<br>Vecht Metaal Amsterdam B.V.<br>Cruquiusweg 78 A<br>1019 AJ Amsterdam<br>020-6923129<br>1942<br>Sliedrecht<br>9,15 x 2,65 x 1,44<br>55 kW 75 pk GM | 023.21491 MS<br>**PIET HEINKADE**<br>SR 11/SB 11/ATTACK /<br>NIEUWE GRACHT<br>Verduin H.B.<br>Danzigerkade 9<br>1013 AP Amsterdam<br>020-6165815<br>1960 243<br>Vooruit<br>Zaandam<br>14,63 x 3,66 x 1,06<br>180 kW 245 pk Scania |
| 020.14241 MS<br>**PERVERO**<br>TRITON<br>Andel & H.E.Kooiman A.v.<br>Hardinxveld-Giessendam<br>1938 89<br>J.G.Hitzler<br>Regensburg<br>19,37 x 4,03 x 1,62<br>147 kW 200 pk Deutz | 021.04310 MS<br>**PHOENIX**<br>Kromhout VIII/ Voorwaarts /<br>Y 8114 - Voorwaarts/ Y 8114/<br>Moby Dick<br>Klapwijk W.P..<br>Krimpen a/d Lek<br>1913<br>t Hondsbosch<br>Alkmaar<br>21,05 x 5,16 x 2,85<br>110 kW 150 pk Bolnes | 1920-22 OP<br>**PIER**<br>Vin C.& L de<br>Aldeboarn<br>1920<br>5,10 x 1,70 x 0,65<br>6,5 kW 8 pk Bolinder | 020.03277 MS<br>**PIETER**<br>Nr 16/ ANTJE<br>Duis BV W.<br>Zaandijk<br>1921<br>De Vooruit Stapel<br>Enkhuizen<br>19,28 x 4,62 x 1,08<br>108 pk DAF |
| 022.05789 MS<br>**PETER**<br>CALYPSO/ BLUE PEARL<br>Groenendaal &<br>H.J.P.Homborg H.<br>Amsterdam<br>?1930<br>16,50 x 4,35 x 1,70<br>110 kW 150 pk MWM | 023.15403 DB<br>**PHOENIX**<br>INTERLUDE/<br>KATLA<br>Phoenix BV<br>Boelewerf 52<br>2987 VE Ridderkerk<br>0180-410222<br>1974<br>A.J.Sepers & Zn<br>Hoerewaarden<br>20,26 x 8,03 x 1,85<br>2 x 493 kW/670 pk Mitsubishi | 1924-12 OP<br>**PIERELIER**<br>Piersma S.<br>Amsterdam<br>1924<br>4,92 x 1,60 x 0,75<br>17,6 kW 24 pk Lister | 020.14260 MS<br>**PIETER**<br>THERESIA<br>Burger & C.A.J.Beks B.<br>Diemen<br>1937<br>G.den Heeten & Co<br>Leiden<br>10,15 x 2,82 x 1,53<br>71 kW 96 pk DAF |

| | | | | |
|---|---|---|---|---|
| **reg.nr. / type** : | 022.04759 MS | 1970-11 MV | 020.11121 MS |
| **naam** : | **PIETER JAN** | **PIJLMAN** | **PLANCTON** |
| **ex naam** : | STEVEN | | ELECTRIEK/ |
| **ex naam** : | | | PHIL CLAUD/ |
| **ex naam** : | | | FILETTE |
| **eigenaar** : | Bos R. | Canal Compagny | Redlich C.W. |
| **adres** : | Koningsweg 3 | | |
| **woonplaats** : | 9731 AM Groningen | Amsterdam | Harderwijk |
| **telefoon** : | 050-5410069 | | |
| **bouwjaar / -nr.** : | 1972 | 1970 | 1886 |
| **bouwwerf** : | M.H.v.Dellen | | |
| **plaats** : | Vierverlaten | | Papendrecht |
| **l x b x d** : | 12,24 x 3,37 x 0,96 | 10,50 x 2,50 x 0,60 | 14,15 x 3,38 x 1,27 |
| **vermogen** : | 107 kW 145 pk DAF | 59 kW 80 pk Ford | 66 kW 90 pk Deutz |
| **boegschroef** : | | | |

| | | | |
|---|---|---|---|
| 022.12558 DB | 023.11885 DS | 022.12430 MS | imo 9192313 DS |
| **PIETER** | **PIETER L** | **PIONIER** | **PM 1** |
| | | | QS MERCURY/ |
| | | | EN AVANT 5 * |
| | | | Neptune Repair |
| Klein & Zn BV P. | Bonn & Mees BV | Boer & De Groot BV | |
| Kleitelweg 12 | Sluisjesdijk 123 | Industrieweg 16 | Hardinxveld-Giessendam |
| 1777 NM Hippolytushoef | 3087 AE Rotterdam | 8861 VH Harlingen | 078-6392000 |
| 0227-512042 | 010-4290544 | 0517-430542 / 06-13815062 | 1998 1096 |
| 2005 327 | 1964 123 | 1963 155 | Pacific Ocean Eng & |
| N.Dijkstra Jachtservice BV | H.d.Haas | Barkmeijer | Trading Pte Ltd |
| Harlingen | Maassluis | Stroobos | Singapore |
| 18,70 x 5,48 x 1,40 | 21,43 x 5,75 x 2,73 | 15,20 x 4,60 x 1,54 | 21,00 x 7,00 x 2,40 |
| 2 x 103 kW/140 pk Deutz | 496 kW 675 pk GM | 2 x 88 kW/120 pk DAF | 2 x 375 kW/510 pk Cummins |

| | | | |
|---|---|---|---|
| 030.51268 MV | 023.05029 MS | 023.07483 MS | 022.11909 MS |
| **PIETER** | **PIETERNELLA II** | **PIONIER** | **POLARIS** |
| | VITESSE/ CATHARINA/ | Wuta/ Pierre/ Jan Lieven III / | NICO/ CORRIE/ ARRO/ANDRE/ |
| | JACO | Anna /Arjo/ Lekstroom XII/ | EXPRESS /CHEERIO/ |
| | | Jan Compaen/ Spartan | EXPRES/ POLARIS/ NELLIE |
| Dekker Grondstoffen BV | Govers J.J.F. | Rijksen J.A. | Wiersum J.E. |
| Waalbandijk 1 | W.Burtiusstrat 1 | Rembrandtlaan 213 | |
| 4053 JB Yzendoorn | 1816 HC Alkmaar | 3362 AG Sliedrecht | Wehe Den Hoorn |
| 0344-641900 | | 0184-423088 | 0596-623014 |
| 1943 | 1930 | 1914 | 1936 |
| | Bouter & Zn | Marckmann & Faassen | Gebr.v.Vliet |
| | Delft | Kralingse Veer | Hendrik Ido Ambacht |
| 7,06 x 2,65 x 1,10 | 16,70 x 3,85 x 1,65 | 13,20 x 3,37 x 1,81 | 11,95 x 3,52 x 1,50 |
| 45 pk | 110 kW 150 pk Industrie | 85 kW 116 pk Deutz | 44 kW 60 pk MWM Benz |

| | | | |
|---|---|---|---|
| 023.02244 SS | 1930-33 MS | 023.06519 MS | 030.20832 MS |
| **PIETER BOELE** | **PIETJE BEL** | **PIPO** | **POLARIS** |
| WACHT AM RHEIN VIII/ | SIMSON/ WILLEMIEN/ | DREADNOUGHT/VOLHARDING/ | KALIWAAL 19/ |
| DIRECTOR JOH.KNIPSCHEER/ | FREDERIKUS / | ONRUST/ AREND / | ANDROMEDA |
| MATHILDE/ SPECULANT | FLORIS II/ KAATJE | ADRIA/ ELLY | |
| Havenmuseum | Boer J.J.de | Doorduin Gebr.J.& W. | Codee |
| Leuvehaven 67 | Oer de Barten 12 | | Libelleveen 126 |
| 3011 EA Rotterdam | 9003 MZ Wartena | Vlaardingen | 3205 SE Spijkenisse |
| 010-4048072 | 058-2553352 | | |
| 1893 349 | 1930 | 1906 | 1939 |
| P.Boele Pzn | | Friese Scheepswerf NV | Vahali |
| Slikkerveer | Rotterdam | IJlst | Gendt |
| 30,95 x 6,05 x 2,01 | 9,00 x 2,55 x 1,10 | 12,56 x 2,95 x - | 16,30 x 4,20 x 1,85 |
| 300 ipk Koopman | 59 kW 80 pk Dorman | 100 pk Thomassen | 132 kW 180 kW DAF |

| | | | |
|---|---|---|---|
| imo 8521701 MS<br>**POLEN**<br>SMIT POLEN<br>Hakvoort Sea Transport BV<br>Urk<br>1986 251<br>Tille<br>Kootstertille<br>28,60 x 9,32 x 3,30<br>2x900kW/1224pk Stork Werksp. | imo 9378034 MS<br>**POOL EXPRESS**<br>Vroon Ofshore Service BV<br>Het Nieuwe Werk 88<br>1781 AK Den Helder<br>0233-673800<br>2007 334<br>Damen Galati<br>Galati<br>64,88 x 16,00 x 6,00<br>2 x 1438 kW/1955 pk | 027.21976 MS<br>**POOLSTER**<br>Hooff Beheer BV J.v.<br>Tiel<br>2009 43-08/<br>Heijsman/Vink<br>Stavoren/Slidrecht<br>21,60 x 5,60 x 1,75<br>331 kW 450 pk MAN<br>22 kW 30 pk J.Deere Kalkman | 023.35439 MS<br>**PORT OF AMSTERDAM 1 -**<br>CASTOR<br>Port of Amsterdam Authority<br>De Ruyterkade 7<br>1013 AA Amsterdam<br>020.5238600<br>2013 503452<br>Damen Shipyards<br>19,64 x 7,94 x 3,39<br>2 x 448 kW/608 pk Caterpillar<br>55 kW 75 pk |
| imo 5422112 MS<br>**POLLUX**<br>Iskes Towing & Salvage BV<br>Monnickendamkade 19 D/E<br>1976 EC IJmuiden<br>0255-522860 / 06-53901609<br>1963 1722<br>Schichau<br>Bremen<br>28,40 x 8,40 x 2,26<br>2 x 496 kW 675 pk Deutz | 023.00573 MS<br>**POOLSTER**<br>CLEOPATRA/ CORNEL/<br>GERMA/ LIES /<br>CITO<br>Pastors H.C.B.<br>Mook<br>1924<br>Visser & Braat<br>Leiden<br>18,36 x 4,57 x 1,90<br>110 kW 150 pk Industrie | 030.50919 MS<br>**POOLSTER**<br>ZWERVER/ VELUWE/<br>TROUW<br>Plemper J.<br>Intang 23<br>8532 BR Lemmer<br>0514-533041<br>1899<br>t Kromhout Wed.J.L.Ceuvel<br>Amsterdam<br>17,35 x 4,40 x 1,50<br>169 kW 230 pk Scania Vabis | 023.35899 PS<br>**PORT OF AMSTERDAM 2**<br>V 63/ HAVENDIENST 2<br>Port of Amsterdam Authority<br>De Ruyterkade 7<br>1013 AA Amsterdam<br>020.5238600<br>1981 534<br>Gebr.Akerboom<br>Leiden<br>16,65 x 5,02 x 2,54<br>250 kW 340 pk Mercedes |
| 1945-07 MS<br>**POLY TUG**<br>Bruin A.de<br>Amsterdam<br>1945<br>9,40 x 3,00 x 1,20<br>88 kW 120 pk Daimler Benz | 025.18246 MS<br>**POOLSTER**<br>Efferen P.van<br>Geldersekade 4<br>1012 BH Amsterdam<br>020-6261981 / 06-53624815<br>1960<br>De Hoop<br>Hardinxveld-Giessendam<br>177 kW 241 pk Scania | 1988-11 MS<br>**POOLSTER**<br>HERCULES<br>Honders K.<br>Amstelhoek<br>1988<br>Oskam<br>IJsselstein<br>10,50 x 3,20 x 1,40<br>88 kW 120 pk DAF | 023.35452 PS<br>**PORT OF AMSTERDAM 3 -**<br>TRITON<br>Port of Amsterdam Authority<br>De Ruyterkade 7<br>1013 AA Amsterdam<br>020.5238600<br>2006 637<br>De Hoop<br>Hardinxveld-Giessendam<br>19,80 x 5,45 x 1,50<br>2 x 651 kW/885 pk Caterpillar |
| 022.12523 OP<br>**PONY**<br>Tranship Management BV<br>Rotterdam<br>2002<br>Damen Shipyards BV<br>Yiang<br>6,30 x 2,20 x 0,85<br>16 kW 22 pk Nanchang | 026.05576 MS<br>**POOLSTER**<br>DREG III/ GROCOR/<br>LLOYDS I /<br>DREG III/<br>Alk Diving B.V.<br>Sud 67<br>8711 CS Workum<br>0515-543095<br>1950 271<br>De Groot & v. Vliet<br>Slikkerveer<br>20,12 x 4,50 x 1,37<br>2 x 103 kW/140 pk Cummins | 1975-09 MC<br>**POPKE**<br>BK 53<br>Koninklijke<br>Boskalis Westminster N.V.<br>Rosmolenweg 20<br>3356 LK Papendrecht<br>078-6969000<br>1975 148<br>Damen Shipyards BV<br>Hardinxveld-Giessendam<br>10,50 x 5,04 x 1,80<br>132 kW 178 pk GM | 023.33682 PS<br>**PORT OF AMSTERDAM 4 -**<br>ATHENA<br>Port of Amsterdam Authority<br>De Ruyterkade 7<br>1013 AA Amsterdam<br>020-5238600<br>2010 503422<br>Damen Shipyards BV<br>Gorinchem<br>19,64 x 7,94 x 3,00<br>2 x 541 kW/738 pk Caterpillar |

| | | | |
|---|---|---|---|
| **reg.nr. / type** : | 020.09308 MS | 1970-13 MS | 021.02972 MS |
| **naam** : | **PORT OF MARAIRA** | **POTVIS** | **PRINSES** |
| **ex naam** : | FRITZEN I | POTVIS | |
| **ex naam** : | | | |
| **ex naam** : | | | |
| **eigenaar** : | Gribnau F.F.K. | Hanja J.C. van | Stolk's Handelsonderneming BV |
| **adres** : | | | Veersedijk 269 |
| **woonplaats** : | Maastricht | Amsterdam | 3341 LM H.I.Ambacht |
| **telefoon** : | | | 078-6128423 |
| **bouwjaar / -nr.** : | 1955 1667 | 1970 | 1909 |
| **bouwwerf** : | F.Schichau | Loose | |
| **plaats** : | Bremerhaven | Made | |
| **l x b x d** : | 26,70 x 6,27 x 2,31 | 10,00 x 3,65 x 1,20 | 13,28 x 2,98 x 1,48 |
| **vermogen** : | 624 kW 848 pk Deutz. | 58 kW 90 pk John Deere | 29 kW 40 pk Kromhout |
| **boegschroef** : | | | |

| | | | |
|---|---|---|---|
| 023.35438 PS | 1977-03 MC | 020.00163 MS | 1914-07 OP |
| **PORT OF AMSTERDAM 5 -** | **PORT QASIM** | **POWER** | **PRINSES** |
| POLLUX | | CORNELIA/ DIJO/ | |
| | | HENDRIKA | |
| | Koninklijke | | |
| Port of Amsterdam Authority | Boskalis Westminster N.V. | Donk H.D.v.d. | Dijkstra M.F |
| De Ruyterkade 7 | Rosmolenweg 20 | | |
| 1013 AA Amsterdam | 3356 LK Papendrecht | Rotterdam | Bruinisse |
| 020-5238600 | 078-6969000 | | |
| 2013 | 1977 3002 | 1913 | 1914 |
| Damen Shipyards | Damen Shipyards BV | Marckmann & Faassen | |
| Gorinchem | Hardinxveld-Giessendam | Kralingse Veer | Gent |
| 19,64 x 7,94 x 3,39 | 18,54 x 8,06 x 1,90 | 14,96 x 3,84 x 1,94 | 5,10 x 2,00 x 0,50 |
| 2 x 448 kW/608 pk Caterpillar | 2 x 176 kW/239 pk Caterpillar | 210 pk Caterpillar | 11 kW 15 pk Lister |
| 55 kW 75 pk | | | |

| | | | |
|---|---|---|---|
| 023.25399 PS | 020.04798 MS | 030.50664 MS | 023.09487 MS |
| **PORT OF AMSTERDAM 7 -** | **POSEIDON** | **PRESTO** | **PRIOK** |
| POSEIDON | ONRUST/ | PRESTO/ | PRIOK/ FIX VIII/ |
| HAVENDIENST 7 - POSEIDON | HENCOR | SCHEEPMAKER/ | VERTOEK/ TITAN IV |
| | | DELTA | |
| Port of Amsterdam Authority | Versteeg P.D. | Holman N. | Bachrach E.F. |
| De Ruyterkade 7 | Havenstraat 146 | A.v/h Destreelaan 80 | |
| 1013 AA Amsterdam | 1506 PP Zaandam | 1834 EG St.Pancras | Amsterdam |
| 020-5238600 | 075-6704513 | | |
| 2001 999 | 1904 60 | 1938 | 1925 |
| Delta Shipyard | Boon, Molema & de Cock | C.Amels & Zn/Leenman | |
| Sliedrecht | Hoogezand | Makkum/Zwolle | Alkmaar |
| 27,60 x 8,00 x 2,80 | 16,13 x 3,96 x 1,60 | 14,90 x 3,75 x 1,08 | 14,14 x 3,10 x 1,20 |
| 1650 kW 2243 pk Wartsila | 98 kW 133 pk Volvo Penta | 121 kW 165 pk GM | 93 kW 127 pk Scania Vabis |

| | | | |
|---|---|---|---|
| 023.25398 PS | 1949-26 MS | 022.04098 MS | 020.15463 MS |
| **PORT OF AMSTERDAM 8 -** | **POTHOOFD** | **PRINCESS H** | **PRONTO** |
| HEPHAISTOS | WAAL 2 | SYLVIA B/ ALBERT SR/ | PRONTO/ PRONTO I/ |
| HAVENDIENST 8 - | | BOXER | JACOBA/ NORWAY |
| HEPHAISTOS | | | |
| Port of Amsterdam Authority | Heijsman J. | Foekema H.J.P. Vof | Wernars A. |
| De Ruyterkade 7 | | Wijk 2 nr 31 | |
| 1013 AA Amsterdam | 's Hertogenbosch | 8321 ER Urk | Midden Beemster |
| 020-5238600 | | 06-53210556 | |
| 2001 1000 | 1949 | 1966 | 1913 |
| Delta Shipyard | De Vries Lentsch | Visscher & Zn | Akerboom |
| Sliedrecht | Amsterdam | Zwartsluis | Boskoop |
| 27,60 x 8,00 x 2,80 | 14,65 x 3,20 x 1,20 | 14,80 x 4,21 x 1,03 | 15,17 x 3,20 x 1,60 |
| 1650 kW 2243 pk Wartsila | 80 kW 110 pk GM | 191 kW 260 pk GM | 92 kW 125 pk Scania |
| | | | 11 kW 15 pk |

023.20434 DS
**PROTECTOR**
HELFRA/ P 2/ JASON/
HARMONIE/ BANCO
B.S.T. Dintelsas BV
Sasdijk 18
4671 RN Dinteloord
0167-523288
1927
H.J.Koopman
Dordrecht
19,75 x 4,88 x 2,25
265 kW 360 pk Lister Blackstone

1961-13 PS
**PROVINCIE ZUID HOLLAND**
Provincie Zuid Holland
's-Gravenhage
1961 604
Van Lent
Kaag
16,47 x 4,00 x 1,45
106 kW 144 pk Volvo

1924-09 OP
**PUF PUF**
Galestin M.C.
Warfhuizen
1924
Alkema
Hoogezand
4,65 x 1,65 x 0,60
7,3 kW 10 Lister Blackstone

027.16891 MS
**PULAU BAAI**
Oord Acz Overige Materieel BV
Jan Blankenweg 2
4207 HN Gorinchem
0183-642200
1983 2522
Damen Shipyards BV
Gorinchem
15,26 x 4,66 x 2,45
2 x 217 kW/296 pk Caterpillar

031.60098 MS
**PURA VIDA**
Aurora/Bertha/Fiorella/Wilma II/
De Anne /Bertha/Wilhelmina II/
Eemstroom/ Buffel
Jellesma T.
St.Nicolaasga
1929
Goor & Spiekman
Zwartsluis
14,04 x 3,33 x 0,93
73 kW 100 pk Kromhout

1950-41 MV
**PW 2**
Provincie Friesland
Tweebaksmarkt 52
8911 KZ Leeuwarden
058-2925888
?1950

1991-08 MV
**PW 206**
Provincie Friesland
Tweebaksmarkt 52
8911 KZ Leeuwarden
058-2925888
1991 143
W.d.Wit
Akkrum
8,70 x 2,90 x 0,80
44 kW 60 pk Nanni

1950-31 MV
**PW 305**
Provincie Friesland
Tweebaksmarkt 52
8911 KZ Leeuwarden
058-2925888
?1950

020.12907 DS
**PWL**
PWL
Schneider T.
Noordeinde 94
2451 AH Leimuiden
0172-508651
1963
Neerlandia
Hillegom
10,70 x 3,40 x 1,27
88 kW 120 pk Volvo Penta

1949-27 MS
**QUATRO**
RADIO HOLLAND
Wesselius H.J.
Het Hoge Licht 73
3155 DN Maassluis
1949
Sleephelling Scheveningen
Scheveningen
14,85 x 3,44 x 1,02
88 kW 120 pk Scania Vabis

2007-09 DB
**QUATRO**
Lachnit Duwbotenverhuur
Korte Gelgewater 56
2313 BR Leiden
2007
ACT De Helling
Enschede
6,75 x 2,60 x 1,00
62 kW 85 pk John Deere

1965-30 MV
**QUINT**
Vermeulen H.
Blondeelstraat 236
3067 VC Rotterdam
06-44742279
1965
Duitsland
15,00 x 3,00 x 1,00
88 kw 120 pk MWM

030.31198 MS
**QUINTO**
WICO/ JOHANNES/
QUINTO
Akker J.v.d.
Hillegom
1942
De Industrie D.& Joh.Boot
Alphen a/d Rijn
13,61 x 3,78 x 1,50
44 kW 60 pk Industrie

021.02281 MS
**QUO VADIS**
Roma II/ N.O.B.I. S2/ Johanna/
Geesje /Lis/ Guja/Marthe/Newa/
Anja/ Dolphin /Irene *
Kleine W.
Diependaalsedijk 1 B
3601 GH Maarssen
1934
G.den Heeten & Co
Leiden
15,74 x 3,50 x 1,10
164 kW 223 pk Caterpillar

021.02867 DS
**QUO VADIS**
GRE/SEEGARTEN/
GRE/
CHARLES
Hoogendijk M.J.
Turfsingel 8A
2802 BB Gouda
0182-514005
1940 96
De Jong & Smit
IJsselmonde
20,94 x 5,03 x 2,19
294 kW 400 pk Brons

020.02984 MS
**RAAF**
RAAF/
HAAI/
TRITON
Kuipers H.P.
Rotterdam
1920
Concordia S.Seymonsbergen
Amsterdam
12,10 x 3,24 x 1,41
25 kW 35 pk Kromhout

| | | | |
|---|---|---|---|
| **reg.nr. / type** : | 023.02798 MS | 023.19089 MS | 023.25088 MV |
| **naam** : | **RAM** | **RAPPORTEUR** | **REBEL** |
| **ex naam** : | VOORUIT/MARIA CATHARINA/ | RAPPORTEUR/ BERDINA/ | RV 04-04 / |
| **ex naam** : | MARIA HELENA/ | GRADA/ELLEN/JAKO/LEMAR / | 38081 |
| **ex naam** : | CREDO RUGNO / NELLIE | VOLHARDING 4/ JOHANNA | |
| **eigenaar** : | Rek N. de | Mourits H,J, | Brand D.J.G.& R.F.D. |
| **adres** : | IJsseldijk West 31 | | Oude Kerkstraat 20 |
| **woonplaats** : | 2935 AP Ouderkerk a/d IJssel | Noordwijk | 4417 AV Hansweert |
| **telefoon** : | 0180-682471 | | 0113-383944 / 06-51808090 |
| **bouwjaar / -nr.** : | 1909 | 1915 | 1992 6005 |
| **bouwwerf** : | Th.d.Groot & Zn Vrijenban | Van de Stoel | Damen Shipyards BV |
| **plaats** : | Delft | Alkmaar | Gorinchem |
| **l x b x d** : | 18,44 x 4,50 x 1,90 | 14,35 x 3,30 x 1,40 | 7,03 x 3,02 x 0,91 |
| **vermogen** : | 110 kW 150 pk Deutz | 96 kW 130 pk Scania | 210 kW 286 pk Deutz |
| **boegschroef** : | | | |

| | | | |
|---|---|---|---|
| 1985-20 MS | 023.06477 DS | 1934-03 DS | 1990-18 OP |
| **RABI** | **RAM** | **RATHENOW** | **REBEL** |
| | ALBATROS II/ PINGUIN/ | | |
| | SPEER XVII/ PINGUIN / | | |
| | MADOERA II/ SCHWYZ | Kikker Duw & | |
| Mariventure BV | Drenth J. | Sleepdienst (W. Morcus) | Reichwein P. |
| | Molenlaan 15 | | Kerkbuurt 116 |
| Zwijndrecht | 6114 GM Susteren | 's Gravenhage | 3354 XM Papendrecht |
| | 046-4495759 / 06-53355982 | | |
| 1985 5406 | 1941 | 1934 | 1990 |
| Damen Shipyards BV | De Industrie D.& Joh.Boot | Engelbrecht | |
| Hardinxveld-Giessendam | Alphen a/d Rijn | Berlijn | |
| 15,70 x 4,90 x 1,40 | 18,50 x 5,12 x 1,60 | 11,97 x 2,40 x 0,90 | 8,00 x 2,30 x 0,50 |
| | 338 kW 460 pk GM | 73 kW 100 pk Mercedes Benz | 15 kW 20 pk Kromhout |

| | | | |
|---|---|---|---|
| 023.28863 MS | 023.18589 DB | 022.07042 MS | 023.25101 DB |
| **RADETSKY** | **RAM** | **RAVEL** | **REBEL 05** |
| Meelfabrieken/ Schuttevaer/ | Monopol/ | KATJAN/ ERNA/ HANS | RV 04-18/ 04-18 |
| Cornelia /Albatros/ De Albatros/ | GUIDO/ | | |
| Lobke/ Janet S | RAM | | |
| Schotanus S. | Ranatrans BV | Veer A.J.v.d. | Brand D.J.G.& R.F.D. |
| | Keersluisweg 5 | | Oude Kerkstraat 20 |
| Kollumerpomp | 5433 NM Katwijk (NB) | Heerenveen | 4417 AV Hansweert |
| | 0485-322840 | | 0113-383944 / 06-51808090 |
| 1913 135 | 1943 | 1922 552 | 1992 6018 |
| A.S.M. | Schimag | Janssen & Schmilinsky | Damen Shipyards BV |
| Arnhem | Mannheim | Hamburg | Gorinchem |
| 15,83 x 3,82 x 1,60 | 22,32 x 5,74 x 2,00 | 17,80 x 5,12 x 2,05 | 7,03 x 3,02 x 0,91 |
| 92 kW 125 pk MWM | 176 kW 240 pk DAF Dorman | 264 kW 360 pk MAN | 210 kW 286 pk Deutz |

| | | | |
|---|---|---|---|
| 1940-12 OP | 1969-05 MV | imo 8954398 MC | 023.25092 DB |
| **RAKKER** | **RAMBO** | **REBECCA S** | **REBEL 06** |
| | RVE 49 / ELISE 3 | NEPTUN 6 | RV 04-08 / 04-08 |
| | | | |
| | | | |
| Sieperda J. & F. | Spruyt Arkenbouw BV | Stemat Marine Service BV | Reimerswaal Vof |
| | Windas 6 | Quarantaineweg 10 | Oude Kerkstraat 20 |
| Wommels | 8441 RC Heerenveen | 3089 KP Rotterdam | 4417 AV Hansweert |
| | 0513-671436 | 010-2996555 | 0113-383944 / 06-51808090 |
| 1940 | 1969 | 1999 NP 225 | 1992 |
| | J.Schlieker & Zn | Kotlas/Neptune Marine | Damen Shipyards BV |
| | Sliedrecht | Limeda/Aalst | Gorinchem |
| 5,20 x 1,85 x 0,85 | 9,08 x 2,75 x 0,66 | 25,50 x 9,55 x 2,40 | 7,03 x 3,02 x 0,91 |
| 11,7 kW 16 pk Lister | 72 kW 98 pk DAF | 2 x 588 kW/800 pk Cummins | 210 kW 286 pk Deutz |

023.25095 DB
**REBEL 08**
RV 04-12 / 04-12

Reimerswaal Vof
Oude Kerkstraat 20
4417 AV Hansweert
0113-383944 / 06-51808090
1992
Damen Shipyards BV
Gorinchem
7,03 x 3,02 x 0,91
210 kW 286 pk Deutz

020.05854 MS
**REDDER**
WADDENZEE

Soetekouw P.

Bergharen

1917
Conrad
Haarlem
28,04 x 5,94 x 1,80
128 kW 175 pk MWM

1910-19 MS
**REGINA**
TIME IS MONEY/
RENSIENNA /
REGINA
Mos J.Th.
Johanna de Vriesstraat 6
1601 CK Enkhuizen
0228-313366
1910 195
Boon, Molema & de Cock
Hoogezand
17,00 x 4,40 x 1,60
184 kW 250 pk MAK

023.23701 DS
**REINOD 1**

Van Gansewinkel Shipping
Loswalweg 50
3199 LG Rotterdam
010-4726200
1962 603
De Hoop
Hardinxveld-Giessendam
15,32 x 4,18 x 1,50
242 kW 330 pk Scania Vabis

023.25097 DB
**REBEL 10**
RV 04-14 / 04-14

Reimerswaal Vof
Oude Kerkstraat 20
4417 AV Hansweert
0113-383944 / 06-51808090
1992
Damen Shipyards BV
Gorinchem
7,03 x 3,02 x 0,91
210 kW 286 pk Deutz

1981-10 MS
**REDSUM**
ZEEPAARD

Wilstra Rederij
Eikensingel 17
9203 NW Drachten
0512-546541 / 06-51202126
1981
Pedro Scheepswerf
Zuidbroek
9,00 x 2,60 x 0,90
62 kW 85 pk Peugeot

030.30168 MS
**REIDERLAND**
RIVAL/ HENJA/ HENRIETTE/
MARLA / SJANY PALJAS/
GESIENA
Ommen K.

Groningen

1923
De Industrie D.& Joh.Boot
Alphen a/d Rijn
14,42 x 3,45 x 1,15
99 kW 135 pk DAF

023.23702 DS
**REINOD 5**

Van Gansewinkel Shipping
Loswalweg 50
3199 LG Rotterdam
010-4726200
1962 591
De Hoop
Hardinxveld-Giessendam
15,48 x 4,18 x 1,97
242 kW 330 pk Scania Vabis

023.25099 DB
**REBEL 11**
RV 04-16 / 0-4-16

Reimerswaal Vof
Oude Kerkstraat 20
4417 AV Hansweert
0113-383944 / 06-51808090
1992
Damen Shipyards BV
Gorinchem
7,03 x 3,02 x 0,91
210 kW 286 pk deutz

023.24505 MS
**REGENSBURG**

Rietveld A.P.R.

Nieuwerkerk a/d IJssel

1953
Linz
Linz
19,27 x 3,86 x 2,10
189 kW 258 pk Deutz

050.18620 MS
**REIHER**

Holland Yachting BV
Kelvinstraat 20
3846 BV Harderwijk

1935
Schimag
Mannheim
30,60 x 5,85 x 1,59
2 x 213 kW.290 pk Deutz

023.23703 DS
**REINOD 6**

Van Gansewinkel Shipping
Loswalweg 50
3199 LG Rotterdam
010-4726200
1962 592
De Hoop
Hardinxveld-Giessendam
15,32 x 4,18 x 1,50
242 kW 330 pk Scania Vabis

023.16335 MS
**REBOCADOR 12**
ALBATROS/ RV 13/ ERNY/
PHOENIX/ WARATAH /
REX/ AVANTI
Laan E.J.

Lelystad

1942
De Hoop D.& Joh.Boot
Leiderdorp
18,40 x 4,75 x 1,90
110 kW 150 pk Industrie

023.08325 DS
**REGGE**
REGGE/
FINLAND/
EROS
Hartman J.
Damlaan 14
8321 XC Urk
06-12996339
1928 431
P.Smit Jr
Rotterdam
20,42 x 4,77 x 2,10
221 kW 300 pk Stork Ricardo

023.19345 DS
**REIMERSWAAL 3**
PIET/ MERWEDE/
NANCY

Reimerswaal BV Scheepswerf
Kaai 1
4417 ES Hansweert
0113-383021 / 06-53120374
1957 1218
Jac.den Breejen
Hardinxveld-Giessendam
12,68 x 3,38 x 1,38
114 kW 155 pk Dcutz

020.08503 DS
**REINOD 9**
JOOP/BEAN II /
ANCOR

Van Gansewinkel Shipping
Loswalweg 50
3199 LG Rotterdam
010-4726200
1982
Engelaer Scheepsbouw BV
Beneden Leeuwen
12,56 x 6,56 x 1,50
2 x 267 kW/350 pk Caterpillar

| reg.nr. / type : | 020.10843 MS | 023.21795 DB | 020.01755 DS |
|---|---|---|---|
| naam : | **REITDIEP** | **RENATE** | **RES NOVA** |
| ex naam : | FIAT/ METROWERKEN/ | SCH 2360 | Onderneming II/ Lucia II/ Diana/ |
| ex naam : | MASCOTTE | | Johnny R / Marie/ Hendrika/ |
| ex naam : | | | Peter/ Willem/ Flevo IV |
| eigenaar : | Heuvelman Ibis Materieel BV | Bogaart C.H.den | Sals J.W.F. |
| adres : | Handelskade West 34 | Duivendrechtstraat 30 F | |
| woonplaats : | 9934 AA Delfzijl | 3089 TD Rotterdam | Groesbeek |
| telefoon : | 0596-619911 | | |
| bouwjaar / -nr. : | 1949 | 1966 3113 | 1939 325 |
| bouwwerf : | Rouwe | VEB Rosslauer Schiffswerft | Th.v.d.Beldt |
| plaats : | Landsmeer | Rosslau | West Graftdijk |
| l x b x d : | 13,97 x 3,78 x 1,32 | 14,06 x 8,16 x 1,20 | 14,15 x 3,88 x 1,42 |
| vermogen : | 184 kW 250 pk Caterpillar | 2 x 75 kW/102 pk SKL | 132 kW 180 pk DAF |
| boegschroef : | | | |

| | | | |
|---|---|---|---|
| 023.23715 DB | 023.09488 MS | 023.27668 recr | 1931-07 OP |
| **REINOD 10** | **REMCON I** | **RENE SIEGFRIED** | **RES NOVA** |
| | TJERK HIDDES/ FIX 9 | | |
| | | | |
| | | | |
| Van Gansewinkel Shipping | Remcon BV | Binnenvaart Stichting De | Kamminga S. |
| Loswalweg 50 | Nobeldreef 169 | Hooikade 10 | |
| 3199 LG Rotterdam | 3146 AK Maassluis | 3311 CD Dordrecht | Vegelinsoord |
| 010-4726200 | 010-4159505 | | |
| 1976 138 | 1941 | 1963 414 | 1931 |
| De Hoop | Lanser | De Biesbosch | Van de Berg |
| Schiedam | Sliedrecht | Dordrecht | Hasselt |
| 6,20 x 3,27 x 0,63 | 14,92 x 3,25 x 0,92 | 31,98 x 11,30 x 1,85 | 5,20 x 1,95 x 1,00 |
| 51 kW 70 pk DAF | 93 kW 127 pk Gardner | | 19 kW 26 pk Lister Blackstone |

| | | | |
|---|---|---|---|
| 023.23714 DS | 1920-23 OP | 022.05947 MV | 020.03322 recr |
| **REINOD 11** | **REMOS** | **RENO** | **RESCATOR** |
| | | HEGEJO/MARIA G / | BETA/ |
| | | JANTJE | TINI/ |
| | | | EENDRACHT |
| Van Gansewinkel Shipping | Kortenhorst R.W.F. | Vries Rederij R.J. de | Mul N. |
| Loswalweg 50 | | 't Noard 12 | |
| 3199 LG Rotterdam | Joure | 8721 GC Warns | Zaandam |
| 010-4726200 | | 0514-681998 / 06-51451321 | |
| 1983 | 1920 | 1949 180 | 1915 |
| De Hoop | Niestern | Damen Shipyards BV | Concordia S.Seymonsbergen |
| Hardinxveld-Giessendam | Delfzijl | Hardinxveld-Giessendam | Amsterdam |
| 8,76 x 3,54 x 0,92 | 7,00 x 2,00 x 0,60 | 10,07 x 3,05 x 0,90 | 12,12 x 3,15 x 1,47 |
| 133 kW 182 pk Scania Vabis | 6,6 kW 9 pk Petter | 88 kW 120 pk DAF | 29 kW 40 pk Kromhout |

| | | | |
|---|---|---|---|
| 023.13270 DS | 023.24547 DB | 023.33241 WV | 023.27003 MS |
| **REINOD 14** | **REMOVER** | **RENS** | **RESI** |
| ADRIANA/ R 9 S/ C 151 S/ | TR 13 | | |
| ADRIANA / | | | |
| CALYPSO | | E.S.B.Shipbuilding BV | Aannemersbedr. |
| Van Gansewinkel Shipping | Mover BV | Havenkade 29 | Jong & Zn Beheer BV |
| Loswalweg 50 | Boelewerf 52 | 8081 GR Elburg | Katijdeweg 20 |
| 3199 LG Rotterdam | 2987 VE Ridderkerk | | 4153 RG Beesd |
| 010-4726200 | 0180-410222 | 2009 | 0345-681298 |
| 1929 585 | 1976 | Mansvelder Techniek/ | 1973 |
| A.Vuijk & Zn | Ceske Lodenice | ESB Shipbuilding | Schlesswerft |
| Capelle a/d IJssel | Melnik | Brakel/Elburg | Wesel |
| 27,81 x 6,56 x 2,10 | 25,00 x 9,00 x 1,10 | 8,00 x 3,00 x 0,50 | |
| 883 kW 1200 pk Deutz | 2 x 294 kW/400 pk Caterpillar | 136 kW 185 pk Perkins | 240 pk Mercedes |

030.50797 MS
**RESIDENTIE**
RESIDENTIE/
GERBELLE/ DEDDO /
CORRIE
Burg R.v.d.

Tiel

1906
/Leenman
Overschie/Zwolle
14,95 x 3,50 x 1,50
88 kW 120 pk Scania Vabis

---

023.23412 MS
**REVENU**

Hoogendoorn D.W.
Westhavenstraat 50
4475 AD Wilhelminadorp

1961
Timmer
Delft
15,06 x 4,44 x 1,49
250 kW 340 pk Caterpillar

---

023.17718 MS
**RHD 10**
KIL/ RHD 10-KIL/
BRAKESTEIN II *

Schotanus T.

Muiden

1931
Scheepswerf Vliet Quality
Muiden
19,76 x 4,16 x 1,73
143 kW 195 pk DAF

---

023.18346 DB
**RHEINE**
E 104

Volker E.P.J.
Watertorenweg 105
3063 HA Rotterdam
010-4520772 / 06-53666580
1954
Teltowwerft
Berlijn
18,65 x 5,60 x 1,88
2 x 368 kW/500 pk Cummins

---

038.00008 MV
**RIAN**

Aannemersbedr. De
Boer & De Groot
Industrieweg 16
8861 VH Harlingen
0517-430542

7,76 x 2,45 x 0,70
44 kW 60 pk Ford

---

031.40128 MS
**RIBUT**
Hendrika Catharina/ Catharina /
Onderneming/ Everdina II/Vigila/
Chris /Mana/ Vitesse
Bolhuis B.S.
Pipeluurseweg 12 B
7225 ND Oldebugen
0575-452690
1906
De Ridder
Delfshaven
19,20 x 4,26 x 2,15
165 kW 225 pk Industrie

---

033.10417 MS
**RICHARD**
SANCTA MARIA

Schuitema K.
Emmasingel 1004
9726 AT Groningen
050-3132665
1957
Van Rossem
Dreumel
20,30 x 5,30 x 1,76
276 kW 376 pk Stork

---

020.01250 MS
**RIEKUS**
LINQUENDA/ MARIE/ MINA/
THEMAR /GERMA/ BEMI II/
ST.GERARDUS/ TYPHONN
Piet H.

Lutjewinkel

1930
Barkmeijer
Stroobos
15,00 x 3,80 x 1,50
160 pk DAF

---

027.23495 DB
**RIGA**

Delta Shipping & Chartering

Rotterdam

2013
ATS/Dolderman
Vlissingen/Dordrecht
19,00 x 9,00 x -
2 x 533 kW/725 pk Caterpillar

---

020.08393 MS
**RIJN**
WIM

Geluk BV Aannemingsbedr.
Hanzestraat 10
7006 RH Doetinchem

1980
G.J.v.Wezel
Dreumel
12,03 x 3,76 x 1,10
154 kW 210 pk Mercedes Benz

---

023.08241 MS
**RIJN**

Biggelaar Materieel Van den
Oude Weistraat 17
5334 LK Velddriel

1946
A.Baars & Zn
Sliedrecht
15,70 x 4,13 x 1,64
268 kW 365 pk Caterpillar

---

023.20162 DS
**RIJN**
NEPTUNUS 11

Boskalis Offshore Marine
Service BV
Rosmolenweg 20
3356 LK Papendrecht

1977 169
H.d.Haas
Maassluis
17,11 x 6,35 x 2,20
2 x 264 kW/360 pk GM

---

020.14038 MS
**RIJN EN SCHELDE**
RIJN EN SCHELDE/
LIBERTE/ ALFRED

Leentvaar A.

Numansdorp

1928 189
De Hoop
Hardinxveld-Giessendam
22,92 x 5,04 x 1,88
264 kW 360 pk Kromhout

---

027.18619 MS
**RIJNSTROOM**

Wijngaarden Marine Service BV
Merwestraat 2
3361 HL Sliedrecht
0184-490244
1995
Jac.den Breejen
Hardinxveld-Giessendam
19,70 x 6,50 x 2,60
2 x 337 kW/450 pk Caterpillar

---

023.24171 MS
**RIJNWERKEN**

Aannemersbedrijf De
Vries Werkendam BV
Hulsenboschstraat 25
4251 LR Werkendam
0183-508888
1967 236
Gebr.Paans
Roodevaart
14,35 x 4,00 x 1,12
249 kW 339 pk Scania Vabis

---

032.80095 MS
**RIJSBERGEN 1**

Rijsbergen BV
Blaricummerstraat 119
1272 JG Huizen
035-5258858
1949

Beneden Leeuwen
10,10 x 3,10 x 0,77
103 kW 140 pk GM

| | | | |
|---|---|---|---|
| **reg.nr. / type** : | 023.10209 MS | 023.08576 MS | 021.04830 MC |
| **naam** : | **RINY** | **RISICO** | **ROB** |
| **ex naam** : | FEIJENOORD/ | JOHANNA MARIA/ APOLONIA/ | B.K.18 |
| **ex naam** : | JATRIE/ RINY | RISICO /D 12/ VOLUNTAS DEI/ | |
| **ex naam** : | | TOMBELLE | |
| **eigenaar** : | Wit A.de | Hol J.J.C. | Straaten Beheer BV Van der |
| **adres** : | | | Werfdijk 6 |
| **woonplaats** : | Amsterdam | Schiedam | 4417 AN Hansweert |
| **telefoon** : | | | 0113-382510 |
| **bouwjaar / -nr.** : | 1920 | 1910 | 1974 1018 |
| **bouwwerf** : | | A.J.v.Dam | Damen Shipyards |
| **plaats** : | | Overschie | Hardinxveld-Giessendam |
| **l x b x d** : | 14,60 x 2,80 x 0,92 | 11,98 x 3,12 x 1,70 | 14,31 x 6,05 x 1,80 |
| **vermogen** : | | 33 kW 45 pk Lister | 2 x 88 kW/120 pk Caterpillar |
| **boegschroef** : | | | |
| 023.10257 MV | 023.08566 DB | 022.04952 MS | 023.21245 DB |
| **RIMAR I** | **RIO III** | **RIVAL** | **ROBINE** |
| ADRIJ/ AUDREY/ | PW 52/ TENDER 7/ | | Avontuur/ M 568/ Hans |
| REGINA / | LEKSTROOM VII / | | Gertges III /Rheinfels/ |
| FEMKE | VOMADUW 1 | | Den Mar I/Shakira /Bo Suzanne |
| Rigter A. | Man W.L. de | Meulen Gebr.T.& Y.v. | Waterwerken BV |
| Waalbandijk 1 | Oosterkade 57 | Dr.Bongastraat 12 | Barnsteen 22 |
| 6541 AJ Nijmegen | 3011 TV Rotterdam | 8551 RG Woudsend | 9531 PL Borger |
| | 010-4610258 | | 0599-234466 |
| 1958 243 | 1909 | 1936 | 1925 |
| Damen Shipyards BV | | Mulder & Broerken | Avontuur |
| Hardinxveld-Giessendam | Amsterdam | Foxhol | Dordrecht |
| 12,70 x 3,55 x 1,50 | 18,20 x 4,78 x 1,28 | 9,00 x 2,83 x 1,30 | 24,82 x 5,42 x 1,82 |
| 147 kW 200 pk Caterpillar | 261 kW 355 pk Cummins Deutz | 113 kW 153 pk Scania Vabis | 588 kW 800 pk Doosan |
| imo 9652090 MS | 022.10587 MV | 032.30238 MS | 1910-20 MS |
| **RIMFAXE R** | **RISICO** | **RIVAL** | **ROCHEN VI** |
| BALOE 2 | RISICO/ FRISO/ | ROB | L'AVENIR/ |
| | GERDA | | ROCHEN VI |
| RN Shipping A/S | Friso L. | Seinen S.A.P. | Helden Van der |
| Burgh-Haamstede | Lemmer | Langweer | Maastricht |
| 2012 5711676 | 1937 | 1955 | 1910 |
| Damen Shipyards | Bodewes & Dutmer | Van der Giessen | |
| Stettin/Hardinxveld | Groningen | Hardinxveld-Giessendam | Hamburg |
| 23,35 x 8,00 x 2,90 | 9,01 x 2,55 x 1,27 | 13,46 x 4,06 x 1,30 | 15,72 x 4,42 x 1,70 |
| 2 x 634 kW/862 pk Caterpillar | 110 kW 150 pk Deutz | 169 kW 230 pk Scania Vabis | 126 kW 172 pk Caterpillar |
| 92 kW 125 pk Kalkman | | | |
| 1930-30 MV | 023.07416 MS | 030.30918 MS | 023.03708 DS |
| **RINGVAART 7** | **RISICO** | **RIXT** | **RODEUR** |
| | RISICO/SAN ANTONIO/ | JOHAN/ CINDY A/ | READY/ |
| | AL GRI / | CHRISTIN/ CHRISTINA | HELEMA |
| | JEANNE | | |
| Verweij & Wesselius | Kats E.R. | Vellinga & J.d.Vries P. | Hoorn & A.Zondervan R.v. |
| Jan Semeinhof 4 | Bollemanssteeg 21 | | Niesenootburgwal 24 |
| 1944 PG Beverwijk | 8911 DW Leeuwarden | Eck en Wiel | 1141 VN Monnickendam |
| 06-54260956 | 058-2121651 | | 0299-653181 |
| ?1930 | 1915 | 1930 | 1912 550 |
| | t Huys derMerwede H.teVeldhuis | G.den Heeten & Co | P.Boele Pzn |
| | Papendrecht | Leidschendam | Slikkerveer |
| 8,00 x 2,60 x 1,00 | 13,70 x 3,38 x 1,70 | 15,70 x 4,23 x 1,66 | 17,30 x 4,25 x 1,90 |
| 88 kW 120 pk DAF | 147 kW 200 pk Scania | 257 kW 350 pk Scania | 294 kW 400 pk Volvo Penta |

030.31300 DS
**RODIE**
ORANJE/ ABEO II/
NOORDEWIND II /
ROMATRA/ HERO
Rodie Watertransport BV
Hanepad 88
1501 WE Zaandam
075-6166576 / 06-53412364
1948
G.den Heeten & Co
Leidschendam
16,58 x 4,58 x 1,90
300 kW 408 pk Cummins

023.18771 MV
**ROEK**
TREKVOGEL
Waal BV Van der
Ketelweg 8
3356 LE Papendrecht
1956
12,25 x 3,14 x 1,50
126 kW 172 pk DAF

020.09279 MS
**ROLAND**
Bosma H.
Kuilpad 12
3844 SL Harderwijk
0341-425321
1952
De Vries Lentsch
Amsterdam
11,25 x 3,19 x 0,99
52 kW 72 pk Kromhout

023.06233 MS
**ROMKJE**
WINTERZORG/ WILLY/
COR II /
QUATONGE
Leemburg J.
Kommerzij
1923
Mohldorf
Begedorf
16,08 x 4,00 x 1,20
77 kW 105 pk Samofa

023.35714 DS
**RODIE 2**
Rodie Watertransport BV
Hanepad 88
1501 WE Zaandam
075-6166576
2014 12-408
Made
Made
16,50 x 5,20 x 2,00
2 x 375 kW/485 pk Caterpillar

020.08309 DS
**ROELOF F**
ARJOS
Fransbergen BV
Havenstraat 10
6051 CR Maasbracht
0475-465090
1981 721
Engelaer Scheepsbouw BV
Beneden Leeuwen
16,46 x 7,52 x 2,09
2 x 447 kW/608 pk Caterpillar

1929-25 MS
**ROLF**
Kuppers
Amsterdam
1929
20,50 x 5,36 x 1,98
401 kW 545 pk MWM

021.04250 DS
**RONALD**
M 242/ H 436/ H 448/
IRENE
Kley J. ten
Wilhelminalaan 13 E
6051 BH Maasbracht
0475-463978
1941
Ubigau
Dresden
23,11 x 5,85 x 1,94
2 x 250 kW/340 pk DAF

023.35714 MS
**RODIE 2**
Rodie Watertransport BV
Hanepad 88
1501 WE Zaandam
075-6166576
2013 12-408
Made
Made
16,50 x 5,20 x 2,00
2 x 375 kW/485 pk Caterpillar

027.16983 MV
**ROERDOMP**
PEPE YEODO
Van Oord Ballast HAM Dredging
Schaardijk 211
3063 NH Rotterdam
010-4478444
1980 4303
Damen Shipyards BV
Gorinchem
12,65 x 3,65 x 1,08
71 kW 96 pk GM

030.50588 MS
**ROMAR**
JAMA/ GEERTJE D/
TARZAN/ ROJA/ ZUIDERZEE /
RIA G/ THOR H *
Bos R.
Groningen
1935 363
G.Bijlsma & Zn
Wartena
15,00 x 3,93 x 1,54
176 kW 240 pk Fiat

023.12933 DB
**RONALD**
NEPTUNUS 5/
EERLAND 1
Brusse & Zn A.
Heemraadhof 30
2922 CK Krimpen a/d IJssel
0180-515737
1970 145
H.d.Haas
Maassluis
16,49 x 5,45 x 2,63
2 x 354 kW/481 pk Detroit

021.01735 SS
**ROEK**
JACOMIEN
Kanon D.A.A.
Ermelo
1930
Gebr.v.d.Windt
Vlaardingen
20,10 x 5,10 x 2,20
160 ipk Kreber

023.15034 MS
**ROGGENPLAAT**
ANDRE
Provincie Zeeland
Middelburg
1977 1242
Jac.den Breejen
Hardinxveld-Giessendam
14,20 x 4,25 x 1,80
176 kW 240 pk GM

023.24544 DB
**ROMIRA**
LEHNKERING 10
Brusse & Zn. A.
Heemraadhof 30
2922 CK Krimpen a/d IJssel
0180-515737
1965
Hilgers
Rheinbrohl
9,97 x 9,37 x 1,80
2 x 184 kW/250 pk MWM

031.10063 MS
**RONS II**
ALIDA/ TIM/ NORDISK/
NOORD/ PIE AD /
POOLSTER/ TROUW
Dekker J.
J.Schamhartstraat 79
8121 CN Olst
0570-564019
1927
Nic.Witsen
Alkmaar
15,78 x 3,49 x 0,97
88 kw 120 pk DAF

| reg.nr. / type : | 023.16932 MS | 023.32315 DB | 020.13630 MS |
|---|---|---|---|
| naam : | **ROOSJE K** | **ROTTERDAM 30** | **RP XVI ALBERT** |
| ex naam : | ROGER | | RP XVI/ RP 39/ KAPPIE |
| ex naam : | | | |
| ex naam : | | | |
| eigenaar : | Daalen de Jel J.D. van | Dekker Grondstoffen BV | Bulthuis B.P. |
| adres : | | Waalbandijk 1 | Sluis St.Andries |
| woonplaats : | Doetichem | 4053 JB IJzendoorn | 5328 JJ Rossum |
| telefoon : | | 0344-641900 | 0418-662094 |
| bouwjaar / -nr. : | 1904 | 2009 | 1926 547 |
| bouwwerf : | Schimag | Neptune Marine | De Vries Lentsch |
| plaats : | Mannheim | Aalst/Hardinxveld | Amsterdam |
| l x b x d : | 21,00 x 4,80 x - | 13,55 x 7,03 x 2,00 | 9,15 x 2,65 x 0,90 |
| vermogen : | 246 kW 335 pk Lister Blackstone | | 36 kW 50 pk Peugeot |
| boegschroef : | | | |

| | | | |
|---|---|---|---|
| 023.05990 MS | 021.02021 MS | 032.30288 MS | 2002-03 PS |
| **ROOIE NEL** | **ROSA** | **ROTTERDAM 59** | **RPA 1** |
| MARJAN/ MAPI/ | GERRIT/ SLOE/ | VOLHARDING 20/ HZ 12 | |
| NEDAM / | MIDDELBURG/ CORNELIA / | | |
| VIOS/ NEDAM | MAJA | | |
| Goes J. | Rosa Maritiem BV | Dekker Grondstoffen BV | Rotterdam Port Authorities |
| | Havenkade 10 | Waalbandijk 1 | GHR Wilhelminakade 999 |
| Amsterdam | 6658 KX Beneden Leeuwen | 4053 JB IJzendoorn | 3072 AP Rotterdam |
| | | 0344-641900 | 010-2521010 |
| 1938 389 | 1912 14 | 1956 23 | 2002 |
| G.Bijlsma & Zn | De Haan & Oerlemans | A.v.Bennekum | Engelaer Scheepsbouw BV |
| Wartena | Heusden | Sliedrecht | Nijmegen |
| 14,24 x 3,70 x 1,65 | 18,60 x 4,27 x 1,60 | 16,45 x 3,98 x 1,85 | 21,35 x 5,60 x 1,10 |
| 66 kW 90 pk DAF | 176 kW 240 pk Industrie | 250 kW 340 pk Detroit Diesel | 2 x 634 kW/862 pk Caterpillar |

| | | | |
|---|---|---|---|
| 1978-07 WV | 2005-03 recr | 1930-43 OP | 2002-12 PS |
| **ROOMKLOPPER** | **ROSA BELLA** | **ROY** | **RPA 2** |
| | | ARAK/ IRIS | |
| | | | |
| Koninklijke | | | |
| Boskalis Westminster N.V. | Wijngaarden K.van | Valkenburg R.v. | Rotterdam Port Authorities |
| Rosmolenweg 20 | Zandweg 68 | Ark Iris | GHR Wilhelminakade 909 |
| 3356 LK Papendrecht | 3454 JW De Meern | 6522 KR Nijmegen | 3072 AP Rotterdam |
| 078-6969000 | | | 010-2521010 |
| 1978 671 | 2005 | 1930 | 2002 798 |
| Lanser | K.v.Wijngaarden | | Engelaer Scheepsbouw BV |
| Sliedrecht | de Meern | | Nijmegen |
| 24,18 x 11,04 x 2,62 | 11,50 x 3,60 x 0,90 | 6,00 x 2,05 x 1,00 | 21,35 x 5,60 x 1,10 |
| 2 x 205 kW/278 pk Caterpillar | 66 kW 90 pk Mitsubishi | 16 kW 22 pk Kromhout | 2 x 634 kW/862 pk Caterpillar |

| | | | |
|---|---|---|---|
| 027.20000 MS | imo 5300261 MS | 1930-58 MS | imo 9239563 PS |
| **ROOMPOT** | **ROSOMAK** | **ROZEMARIJNTJE** | **RPA 10** |
| ERICH EILERS/ | OSO MAK | | |
| MIDGARD II | | | |
| Polderman E.& H.C. | | | |
| Zandweg 1 | Rig Riwald BV | Maerten J. | Rotterdam Port Authorities |
| 4423 AA Schore | | | GHR Wilhelminakade 909 |
| | Almelo | Oude Meer | 3072 AP Rotterdam |
| 1961 | | | 010-2521010 |
| Weerter | 1957 6043 | 1930 | 2002 509202 |
| Scheepsbouw MI/Bodewes | VEB E.Andre | | Stocznia Tczew/Damen Shipy. |
| Weert/Millingen | Magdeburg | | Tczewska/Gorinchem |
| 25,28 x 6,60 x 2,80 | 29,04 x 6,53 x 2,68 | 15,40 x 3,60 x 1,20 | 28,72 x 8,22 x 3,50 |
| 772 kW 1050 Deutz | 294 kW 400 pk SKL | 44 kW 60 pk Bohn & Kahler | 2 x 485 kW/659 pk caterpillar |
| | | | 200 kW 272 pk |

2002-02 PS
**RPA 11**

Rotterdam Port Authorities
GHR Wilhelminakade 909
3072 AP Rotterdam
010-2521010
2002 509204
Stocznia Tczew/Damen Shipy.
Tczewska/Gorinchem
28,70 x 8,22 x 2,55
2 x 485 kW 695 pk Caterpillar

imo 8224339 PS
**RPA 15**
HAVENDIENST 18

Rotterdam Port Authorities
GHR Wilhelminakade 909
3072 AP Rotterdam
010-2521010
1985 3159
De Gorter/Damen Shipyards BV
HoogezandGorinchem
30,20 x 8,03 x 2,90
2 x 468 kW/636 pk Caterpillar

imo 9489948 MS
**RT EDUARD**

Kotug BV
Wilhelminakade 318
3072 AR Rotterdam
010-2170217
2009 37
Niigata Shipbuilding & Repair
Niigata
31,63 x 12,33 x 3,20
3 x 1765 kW/2400 pk Caterpillar

imo 9474917 MS
**RT PETER**

Kotug BV
Wilhelminakade 318
3072 AR Rotterdam
010-2170217
2009 35
Niigata Shipbuilding & Repair
Niigata
31,63 x 12,33 x 3,20
3 x 1765 kW/2400 pk Caterpillar

023.25535 PS
**RPA 12**

Rotterdam Port Authorities
GHR Wilhelminakade 909
3072 AP Rotterdam
010-2521010
2002 509201
Stocznia Tczew/Damen Shipy.
Tczewska/Gorinchem
28,85 x 8,22 x 2,50
2 x 485 kW/659 pk Caterpillar
200 kW 272 pk

2002-01 PS
**RPA 16**

Rotterdam Port Authorities
GHR Wilhelminakade 909
3072 AP Rotterdam
010-2521010
2002
Stocznia Tczew/Damen Shipy.
Tczewska/Gorinchem
28,72 x 8,22 x 3,50
2 x 485 kW/658 pk Caterpillar
200 kW 272 pk

imo 9190054 MS
**RT INNOVATION**

Kotug BV
Wilhelminakade 318
3072 AR Rotterdam
010-2170217
1999 385
Astilleros Balanciaga SA
Zumaia
31,63 x 12,00 x 4,40
3 x 1545 kW/2100 pk Caterpillar

imo 9190614 MS
**RT PIONEER**

K.& K. International BV
Wilhelminakade 318
3072 AR Rotterdam
010-2170217
1999 381
Astilleros Balenciaga SA
Zumaia
31,63 x 12,00 x 4,40
3 x 1545 kW/2100 pk Caterpillar

023.25603 PS
**RPA 13**

Rotterdam Port Authorities
GHR Wilhelminakade 909
3072 AP Rotterdam
010-2521010
2002 509203
Stocznia Tczew/Damen Shipy.
Tczewska/Gorinchem
28,72 x 8,22 x 3,50
2 x 485 kW/658 pk Caterpillar
200 kW 272 pk

023.32207 PS
**RPA 20**
HAVENDIENST 15

Rotterdam Port Authorities
GHR Wilhelminakade 909
3072 AP Rotterdam
010-2521010
1963 548
J.Hendriks
Dodewaard
23,63 x 6,22 x 2,40
331 kW 450 pk Bolnes

imo 9190066 MS
**RT MAGIC**

Kotug BV (K & K Internationaal)
Wilhelminakade 318
3072 AR Rotterdam
010-2170217
1999
Con Navales Santo
Domingo/Padmos
Vigo/Stellendam
31,63 x 12,00 x 4,40
3 x 1545 kW/2100 pk Caterpillar

imo 9190829 MS
**RT SPIRIT**

Kotug BV
Wilhelminakade 318
3072 AR Rotterdam
010-2170217
1999
Con Navales Santo Domingo
Vigo
31,63 x 12,00 x 4,40
3 x 1545 kW/2100 pk Caterpillar

imo 8306412 PS
**RPA 14**
HAVENDIENST 19

Rotterdam Port Authorities
GHR Wilhelminakade 909
3072 AP Rotterdam
010-2521010
1985 3160
Damen Shipyards BV
Gorinchem
30,20 x 7,82 x 2,90
2 x 468 kW/636 pk Caterpillar

023.32210 PS
**RPA 24**
HAVENDIENST 13

Rotterdam Port Authorities
GHR Wilhelminakade 909
3072 AP Rotterdam
010-2521010
1961
J.Hendriks
Dodewaard
23,63 x 6,22 x 2,50
331 kW 450 pk Bolnes

imo 9376220 MS
**RT MARGO**

Kotug Europe BV
Wilhelminakade 318
3072 AR Rotterdam
010-2170217
2008 820
ASL Shipyard Pte Ltd
Singapore
31,63 x 12,00 x 5,00
3 x 1600 kW/2175 pk Wartsila

imo 9333888 MS
**RT ZOE**

Kotug BV
Wilhelminakade 318
3072 AR Rotterdam
010-2170217
2006 502
ASL Shipyard Pte Ltd
Singapore
28,30 x 11,70 x 5,24
3 x 1350 kW/1835 pk Wartsila

| | | | |
|---|---|---|---|
| **reg.nr. / type** : | 1972-06 MV | 023.10541 MS | 053-82 PS |
| **naam** : | **RUIGOORD** | **RUWI 4** | **RWS 57** |
| **ex naam** : | | WALLY VAN HALL | RHD 5/ V 25/ RWS 19 |
| **ex naam** : | | | |
| **ex naam** : | Koninklijke | | |
| **eigenaar** : | Boskalis Westminster N.V. | Verduin W. | Rijkswaterstaat dir Utrecht |
| **adres** : | Rosmolenweg 20 | | |
| **woonplaats** : | 3356 LK Papendrecht | Akersloot | Utrecht |
| **telefoon** : | 078-6969000 | | |
| **bouwjaar / -nr.** : | 1972 | 1959 27 | 1982 |
| **bouwwerf** : | G.v.d.Molen | A.v.Bennekum | Van Mill |
| **plaats** : | Zaandam | Sliedrecht | Hardinxveld-Giessendam |
| **l x b x d** : | 13,00 x 3,60 x 1,70 | 14,64 x 3,90 x 1,35 | 14,95 x 4,08 x 1,36 |
| **vermogen** : | 71 kW 98 pk DAF | 172 kW 232 pk MWM | 2 x 341 pk Mercedes |
| **boegschroef** : | | | |

| | | | |
|---|---|---|---|
| 023.24502 DB | 020.11689 MV | 023.34227 MV | 039.00026 PS |
| **RUBEN** | **RUNNER** | **RVE 17** | **RWS 59 -** |
| RIAD | HONDSLOO | | IR JOSEPHUS JITTA |
| | | | RWS 59 |
| | | Kon.Roeiers Vereniging | |
| Theo Pouw Groep | Haas S.R. de | Eendracht RDam | Rijksrederij |
| Isotopenweg 29 | Oostzijde 420 | Heijplaatweg 7 | |
| 3542 AS Utrecht | 1508 EX Zaandam | 3089 JC Rotterdam | Rijswijk |
| 030-2425283 | | | |
| 2000 /532 | 1969 | 1981/ | 1999 |
| Santierul Navel/Hoogendij | De Lek | J.Schlieker & Zn | Noordeloos |
| Orsova/Sliedrecht | Krimpen a/d Lek | Sliedrecht | Sliedrecht |
| 19,00 x 11,20 x 2,20 | 13,47 x 3,62 x 1,49 | 18,43 x 4,04 x 0,87 | 19,45 x 5,36 x 1,40 |
| 2 x 746 kW/1014 pk Caterpillar | 122 kW 166 pk GM | 2 x 340 pk DAF | 2 x 257kW/350 pk Caterpillar |

| | | | |
|---|---|---|---|
| 033.20115 MS | 027.13394 MS | 1947-11 MV | imo 9479175 PS |
| **RUBENS** | **RUNNER** | **RVE 21 - TITAANTJE** | **RWS 70** |
| MARJO/ LOUISE/ | W D SEACHICK/ | | |
| DINA | SEA CHICK | | |
| Bruns R.J.J. | Wesselius W.J. | Trooster W. | Vlootbeheer Rijkswaterstaat |
| | Het Hoge Licht 73 | | Lange Kleiweg 34 |
| Aalsmeer | 3144 DN Maassluis | Gouda | 2288 GK Rijswijk |
| | 010-5917006 / 06-53898757 | | |
| 1932 | 1972 87 | 1947 | 2008 /183 |
| | Delta Shipyard | | J.Schlieker & Zn/H.d.Haas |
| Brouwershaven | Sliedrecht | | Maassluis |
| 10,50 x 3,10 x 1,10 | 13,82 x 4,20 x 1,36 | 10,27 x 3,00 x 1,00 | 23,95 x 5,83 x 1,34 |
| 44 kW 60 pk Berkel | 272 kW 370 pk Caterpillar | 35 kW 48 pk Lister | 2 x 651 kW/885 pk Caterpillar |

| | | | |
|---|---|---|---|
| 023.24145 MS | 027.18919 MV | 051-82 PS | imo 9479113 PS |
| **RUDOLF** | **RUURTJE** | **RWS 18** | **RWS 71** |
| RV | | RHD 2/ V 22 | |
| Erlan B.V.Handel & Scheepvaart | Koek D.P. | Rijkswaterstaat Dir Zuid Holland | Vlootbeheer Rijkswaterstaat |
| IJzerwerkerkade 41 | Kerkeinde 30 | | Lange Kleiweg 34 |
| 3077 MC Rotterdam | 4254 LD Sleeuwijk | Rotterdam | 2288 GK Rijswijk |
| 010-4834888 | 0183-301321 | | |
| 1960 | 1975 | 1982 | 2008 /184 |
| Mulder & Rijke | Damen Shipyards BV | Van Mill | J.Schlieker & Zn/H.d.Haas |
| IJmuiden | Hardinxveld-Giessendam | Hardinxveld-Giessendam | Maassluis |
| 7,97 x 2,73 x 1,26 | 12,65 x 3,43 x 1,08 | 14,95 x 4,08 x 1,36 | 23,95 x 5,83 x 1,34 |
| 63 kW 86 pk Deutz | 176 kW 240 pk Caterpillar | 2 x 500 pk Mercedes | 2 x 651 kW/885 pk Caterpillar |

imo 9479187 PS
**RWS 72**

Vlootbeheer Rijkswaterstaat
Lange Kleiweg 34
2288 GK Rijswijk

2009 /185
J.Schlieker & Zn/H.d.Haas
Maassluis
23,95 x 5,83 x 1,34
2 x 651 kW/885 pk Caterpillar

imo 9479278 PS
**RWS 76**

Vlootbeheer Rijkswaterstaat
Lange Kleiweg 34
2288 GK Rijswijk

2010 /189
J.Schlieker & Zn/H.d.Haas
Maassluis
23,95 x 5,83 x 1,34
2 x 651 kW/885 pk Caterpillar

050-82 PS
**RWS 83**
RHD 1/ V 21

Rijkswaterstaat dir Zeeland

Middelburg

1980
Van Mill
Hardinxveld-Giessendam
14,95 x 4,08 x 1,36
2 x 340 pk Mercedes

023.18570 MS
**SABRE**
NETHE

Klop A.G.
Kruisbaken 5 D
1505 NS Zaandam

1949 1348
Cochrane & Sons
Selby
24,90 x 6,18 x 2,42
359 kW 488 pk MWM

imo 9479199 PS
**RWS 73**

Vlootbeheer Rijkswaterstaat
Lange Kleiweg 34
2288 GK Rijswijk

2009 /186
J.Schlieker & Zn/H.d.Haas
Maassluis
23,95 x 5,83 x 1,34
2 x 651 kW/885 pk Caterpillar

imo 9479280 PS
**RWS 77**

Vlootbeheer Rijkswaterstaat
Lange Kleiweg 34
2288 GK Rijswijk

2010 /190
J.Schlieker & Zn/H.d.Haas
Maassluis
23,95 x 5,83 x 1,34
2 x 651 kW/885 pk Caterpillar

054.02370 MS
**RYSUM**
RYSUM/ ISADORA

Ottesen P.
Lutinelaan 2 B
8899 BE Vlieland
0562-451877
1971 94
C.Cassens
Emden
15,19 x 3,85 x 1,70
147 kW 200 pk MWM

1930-24 OP
**SAENSTROOM IV**

Bakker T.

Zaandam

6,00 x 2,10 x 0,80
19 kW 27 pk Samofa

imo 9479266 PS
**RWS 74**

Vlootbeheer Rijkswaterstaat
Lange Kleiweg 34
2288 GK Rijswijk

2010 /187
J.Schlieker & Zn/H.d.Haas
Maassluis
23,95 x 5,83 x 1,34
2 x 651 kW/885 pk Caterpillar

imo 9479137 PS
**RWS 78**

Vlootbeheer Rijkswaterstaat
Lange Kleiweg 34
2288 GK Rijswijk

2011 /191
J.Schlieker & Zn/H.d.Haas
Maassluis
23,95 x 5,83 x 1,34
2 x 651 kW/885 pk Caterpillar

020.03605 MS
**SAARTJE**
CLAZINA/ INEKE/ PETTEN /
HILDA/
AMSTERDAMSE COMPAGNIE
Peek K.J.

Middenbeemster

1921
Nic.Witsen
Alkmaar
15,38 x 3,31 x 0,93
33 kW 45 pk Kromhout

020.04044 MS
**SAENSTROOM SR**
HOLLAND IV/
WIJTSKE/ JANNY /
SAENSTROOM III
Bakker J.

Zaandam

1919
Concordia S.Seymonsbergen
Amsterdam
12,45 x 3,25 x 1,40
88 kW 120 pk DAF

imo 9479125 PS
**RWS 75**

Vlootbeheer Rijkswaterstaat
Lange Kleiweg 34
2288 GK Rijswijk

2010 /188
J.Schlieker & Zn/H.d.Haas
Maassluis
23,95 x 5,83 x 1,34
2 x 651 kW/885 pk Caterpillar

imo 9479292 PS
**RWS 79**

Vlootbeheer Rijkswaterstaat
Lange Kleiweg 34
2288 GK Rijswijk

2011 /192
J.Schlieker & Zn/H.d.Haas
Maassluis
23,95 x 5,83 x 1,34
2 x 651 kW/885 pk Caterpillar

065.03955 DS
**SABA**
STER III/ CLAMA/ TORRO/
ANTARCTICA / MARIELLE/
TERVANT 130/ DUCK
Voets Holding BV
Havenstraat 22
6051 CS Maasbracht
0475-461100
1921
Roorda
Sliedrecht
19,21 x 4,72 x 2,12
294 kW 400 pk GM

022.10213 MV
**SAGITTA**
MAR 6/ HM 36/
RP 6/ RP 69

Weinreich J.

Appelscha

1940
De Vries Lentsch
Amsterdam
16,00 x 3,25 x 1,40
98 kW 122 pk Volvo

| reg.nr. / type : | 023.31850 MS | 020.07490 MS | 1913-04 MS |
|---|---|---|---|
| **naam** : | **SAMSON** | **SANDMAN** | **SANKT PAULI** |
| **ex naam** : | | | |
| **ex naam** : | | | |
| **ex naam** : | | | |
| **eigenaar** : | Vink & J.Schriemer P.J. | Bakker & Co Aann. Mij BV E.J. | Ravensberg J.J. |
| **adres** : | | Zuider IJdijk 48 | |
| **woonplaats** : | Kiel - Windeweer | 1095 KN Amsterdam | Boskoop |
| **telefoon** : | | 020-6946270 | |
| **bouwjaar / -nr.** : | 1940 | 1975 4489 | 1913 |
| **bouwwerf** : | | Baan Hofman | |
| **plaats** : | | Gorinchem | Hamburg |
| **l x b x d** : | 12,00 x 3,10 x 1,20 | 12,91 x 3,83 x 1,65 | 11,40 x 3,00 x 0,80 |
| **vermogen** : | 62 kW 84 pk DAF | 221 kW 300 pk GM | 73 kW 100 pk DAF |
| **boegschroef** : | | | |

| | | | |
|---|---|---|---|
| 030.50831 MS | 1893-05 MS | 023.08974 MS | 022.04951 MV |
| **SALLAND** | **SAN REMO** | **SANDRA** | **SANNY** |
| DAM/ SALLAND/ | RIESEBY | JAN B/ AS II | |
| SALLAND I/ ADRIE | | | |
| | | | |
| Fukkink G. | Weegeman F.J. | Brouwer Verhuur BV | Krikke CV Baggerbedrijf |
| | Schutterweg 77 | Zomerdijk 22 | Leeuwarderstraatweg 3 |
| Zutphen | 1033 XW Amsterdam | 1505 HW Zaandam | 8441 PG Heerenveen |
| | | 075-6164672 | 06-53333674 |
| 1914 272 | 1893 | 1954 | 1978 |
| Bonn & Mees | | G.J.v.Berk | |
| Rotterdam | | Beneden Leeuwen | |
| 19,79 x 4,20 x 1,95 | 18,80 x 4,05 x 1,60 | 16,13 x 5,00 x 1,20 | 8,25 x 2,45 x 1,10 |
| 132 kW 180 pk Wortington | 110 kW 150 pk MWM | 241 kW 328 pk Volvo Penta | 81 kW 110 pk Valmet |
| | | | |

| | | | |
|---|---|---|---|
| 030.31867 DS | 023.05930 MS | 023.23527 DS | 026.05967 WV |
| **SALUTÉ** | **SANA** | **SANDRA F** | **SARA MAATJE VIII** |
| M 301/BEP/FORNAX/SERENA/ | HEDWIG III/ HARWIL/ | IJSSEL/Y 8040/ | TR 525 |
| TIMORZEE /JAN/ | MARIE 12/ EERLAND 12 / | ERNY/ | |
| WESTFRISIA/ BOUKE/ LOTUS | MIEKE | PROGRES | |
| Huizing H.C. | Snoek A. | Fransbergen BV | Acta Marine Van Stee |
| Zijlvest 14 | Notenlaan 40 | Havenstraat 10 | Het Nieuwe Diep 39 D |
| 9936 GZ Farmsum | 4254 CD Sleeuwijk | 6051 CR Maasbracht | 1781 AE Den Helder |
| | 0183-302201 | 0475-465090 | 0233-615666 / 06-51798017 |
| 1928 | 1927 582 | 1957 510 | 1978 |
| Gebr.Sachsenberg | J.Smit & Zn | H.H.Bodewes | Ceske Lodenice |
| Keulen | Hoogezand | Millingen | Melnik |
| 21,69 x 5,52 x 1,89 | 17,32 x 3,72 x 1,54 | 25,65 x 6,26 x 2,64 | 33,67 x 8,67 x 1,40 |
| 706 kW 960 pk Deutz | 147 kW 200 pk Volvo Penta | 717 kW 975 pk Caterpillar | 2 x 294 kW/400 pk Mitsubishi |
| | | | |

| | | | |
|---|---|---|---|
| 020.15461 MV | imo 9621522 BS | 1979-07 MC | imo 7647443 BS |
| **SALVOR I** | **SANABORG** | **SANDY** | **SARA MAATJE X** |
| RUWI 27/ SALVOR 16 / | | DMS 3012 | DE NACHTWACHT |
| ZEELEEUW | | | |
| | | Koninklijke | |
| Hoetjes | Wagenborg Kazakhstan BV | Boskalis Westminster N.V. | Acta Marine Van Stee |
| Oostzijde 420 | Markstraat 10 | Rosmolenweg 20 | Het Nieuwe Diep 39 D |
| 1508 EX Zaandam | 9934 CK Delfzijl | 3356 LK Papendrecht | 1781 AE Den Helder |
| | 0596-636911 | 078-6969000 | 0233-615666 |
| 1976 20 | 2012 844 | 1979 | 1977 |
| A.J.Sepers & Zn | Kon,Niestern Sander | Damen Shipyards BV | Metz |
| Heerewaarden | Delfzijl | Hardinxveld-Giessendam | Urk |
| 16,98 x 4,56 x 1,63 | 68,00 x 14,00 x 2,60 | 18,54 x 8,06 x 1,90 | 32,60 x 8,50 x 1,50 |
| 353 kW 480 pk GM | 2 x 2000 kW/2720 pk Caterpillar | 2 x 176 kW/239 pk Caterpillar | 2 x 220 kW/300 pk |
| | | | |

| | | | |
|---|---|---|---|
| 023.34548 MV<br>**SASKIA**<br><br>Hol & S.v.d.Weijer W.J.M.<br>Strangkade 2<br>6658 KD Beneden Leeuwen<br>0487-594124<br>2011 202-10<br>Van Wezel<br>Heijen<br>12,35 x 4,18 x 1,20<br>112 kW 152 pk Iveco | 1968-11 MS<br>**SB 2**<br>SR 2<br><br>Stedelijk Beheer<br>Gen Vetterstraat 27<br>1059 BT Amsterdam<br>020-5705680<br>1968 33<br>Grave<br>Grave<br>16,15 x 4,00 x 1,65<br>117 kW 160 pk DAF | 1970-16 MS<br>**SB 15**<br>SR 15<br><br>Stedelijk Beheer<br>Gen Vetterstraat 27<br>1059 BT Amsterdam<br>020-5705680<br>1970 42<br>Grave<br>Grave<br>14,00 x 4,00 x 1,70<br>117 kW 160 pk DAF | 1969-04 MS<br>**SB 24**<br><br>Waternet Sector Waterbeheer<br>Papaverweg 54<br>1032 KJ Amsterdam<br><br>1969<br>Vooruit<br>Zaandam<br>17,25 x 4,27 x 1,40 |
| 1920-05 OP<br>**SATILIK**<br>ANTJE<br><br>Wentink<br><br>Muiden<br><br>1920<br><br>4,90 x 1,80 x 0,90<br>4,4 kW 6 pk Deutz | 1974-09 MS<br>**SB 3**<br><br>Stedelijk Beheer<br>Gen Vetterstraat 27<br>1059 BT Amsterdam<br>020-5705680<br>1974 58<br>Grave<br>Grave<br>14,00 x 4,00 x 1,70<br>155 kW 211 pk DAF | 1973-09 MS<br>**SB 16**<br>SR 16<br><br>Stedelijk Beheer<br>Gen Vetterstraat 27<br>1059 BT Amsterdam<br>020-5705680<br>1973<br>Molenaar<br>Zaandam<br>8,87 x 2,93 x 1,31<br>63 kW 86 pk DAF | 1969-04 MS<br>**SB 24**<br>SR 24<br><br>Waternet Sector Waterbeheer,<br>Amsterdam<br><br>Amsterdam<br><br>1969/<br>Vooruit<br>Zaandam<br>17,25 x 4,27 x 1,40<br>105 pk Kromhout |
| imo 7719052 MS<br>**SATURNUS**<br>BUGSIER 8<br><br>Iskes Towing & Salvage BV<br>Monnickendamkade 19 D/E<br>1976 EC IJmuiden<br>0255-522860 / 06-53901609<br>1978 180<br>M.Sieghold<br>Bremerhaven<br>27,10 x 8,80 x 4,70<br>2 x 880 kW/1200 pk Deutz | 1975-11 MS<br>**SB 8**<br>SR 8<br><br>Stedelijk Beheer<br>Gen Vetterstraat 27<br>1059 BT Amsterdam<br>020-5705680<br>1975 61<br>Grave<br>Grave<br>14,14 x 4,06 x 1,86<br>117 kW 160 pk DAF | 1969-06 MS<br>**SB 17**<br>HAVENDIENST 4 /<br>SR 17<br><br>Stedelijk Beheer<br>Gen Vetterstraat 27<br>1059 BT Amsterdam<br>020-5705680<br>1969<br>Dekker<br>Amsterdam<br>8,40 x 2,80 x 0,90<br>88 kW 120 pk Ford | 023.18173 DS<br>**SCALDIS**<br>CHRISMAR<br><br>Danjatrans Vof<br>Voorstraat 15<br>4675 CA St.Philipsland<br><br>1982 8613<br>H.A.v.Gelder/Alblas<br>Gorinchem/H.I.Ambacht<br>16,86 x 4,90 x 1,80<br>2 x 257 kW/399 pk Cummins |
| 023.20353 DB<br>**SAVANNA II**<br>NOSOROZEC S 02/<br>IHORKS 20001<br>Sabutrans BV<br>Waterfront 234 A<br>4531 HZ Terneuzen<br>0115-620707 / 06-55195113<br>1974 4<br>Stocznia Kozle/Instalho<br>Kozle/Werkendam<br>22,20 x 11,00 x 2,00<br>736-970 kW / 1000-1319 pk<br>Deutz-Cat<br>331 kW 450 pk | 1966-18 MS<br>**SB 13**<br>SR 13/SR 23<br><br>Stedelijk Beheer<br>Gen Vetterstraat 27<br>1059 BT Amsterdam<br>020-5705680<br>1966<br>N.A.Bernhard Jr<br>Nieuwendam<br>14,05 x 3,68 x 1,45<br>117 kW 160 pk DAF | 1956-11 DS<br>**SB 21**<br><br>Waternet Sector Waterbeheer<br>Papaverweg 54<br>1032 KJ Amsterdam<br><br>1956<br><br>17,32 x 4,30 x 1,30 | 032.30275 MS<br>**SCARLET**<br><br>Niba Grind Mij BV<br>Nieuw Plein 5<br>6811 KN Arnhem<br>026-4423041<br>1957<br>B.v.Brussel<br>Hasselt<br>13,15 x 3,83 x 1,75<br>221 kW 300 pk GM |

| | | | |
|---|---|---|---|
| **reg.nr. / type** : | 020.04714 MS | 023.19522 MS | 021.04116 DS |
| **naam** : | **SCHEEPMAKER 1** | **SCHIE** | **SCORPIO** |
| **ex naam** : | | SCHIEWERKEN | H 032/ M 299/ Martijn/ Christa/ |
| **ex naam** : | | | Dirk Sr /Ragnar/ Stier/ |
| **ex naam** : | | | Tasmanzee Ii/ Witte Zee /Obelix |
| **eigenaar** : | Haas BV H.de | Bek & Verburg B.V. | Jong BV Rederij De |
| **adres** : | | Postbus 53065 | Montrealweg 153 |
| **woonplaats** : | Maassluis | 3008 HB Rotterdam | 3197 KH Rotterdam |
| **telefoon** : | | | 010-2311555 / 06-53138457 |
| **bouwjaar / -nr.** : | 1947 | 1963 | 1943 365 |
| **bouwwerf** : | | De Hoop | A.S.M. |
| **plaats** : | | Hardinxveld-Giessendam | Arnhem |
| **l x b x d** : | 9,10 x 2,55 x 1,24 | 15,32 x 4,18 x 2,00 | 23,06 x 5,94 x 2,15 |
| **vermogen** : | 85 pk | 248 kW 338 pk Scania Vabis | 2 x 390 kW/530 pk Cummins |
| **boegschroef** : | | | |

| | | | |
|---|---|---|---|
| 056.04470 DB | 1964-18 MS | 023.05847 MS | imo 9174567 MS |
| **SCH 2331** | **SCHELDE III** | **SCHIEDAM** | **SD JACOBA** |
| | | HAARLEMMERMEER 12/ | ATLANTIC FIR |
| | | WOUTER GERDINA II | |
| | | | |
| | Polderman E.& H.C. | Bok H. | Kotug BV |
| | Zandweg 1 | Willemskade 66 | Wilhelminakade 318 |
| | 4423 AA Schore | 8911 BC Leeuwarden | 3072 AR Rotterdam |
| | | 058-2160025 | 010-2170217 |
| 1965 3057 | 1964 425 | 1914 448 | 1998 66 |
| VEB Rosslauer Schiffswerft | A.S.M. | Van der Giessen | East Isle Shipyard Ltd |
| Rosslau | Arnhem | Krimpen a/d IJssel | Georgetown (Ca) |
| 14,06 x 8,16 x 1,20 | 27,67 x 6,86 x 2,90 | 21,08 x 4,71 x 0,90 | 30,80 x 11,14 x 4,78 |
| 2 x 102 pk SKL | 824 kW 1125 pk Deutz | 124 kW 168 pk DAF | 2 x 1473 kW/2002 pk Caterpillar |

| | | | |
|---|---|---|---|
| 020.09296 SS | 027.16913 MS | 020.11755 MS | 027.21736 MS |
| **SCHEELENKUHLEN** | **SCHELDESTROOM** | **SCHOKLAND** | **SEA ALFA** |
| | VMT 900 | SR 10/ MIRIAM/ | |
| | | FOXTROT | |
| Stichting to behoud van | | | |
| stoomschip`` | Wijngaarden Marine Service BV | Averink J.G. | Seacontractors BV |
| Vijfpootveld 22 | Merwestraat 2 | | Bellamypark 50-52 |
| 1541 PT Koog a/d Zaan | 3361 HL Sliedrecht | Apeldoorn | 4381 CK Vlissingen |
| 075-6176749 | 0184-490244 | | 0118-410206 |
| 1927 459 | 1983 126 | 1932 | 2008 1581 |
| Joh.Oelkers | Van Mill | Concordia S.Seymonsbergen | Damen Shipyards BV |
| Hamburg | Hardinxveld-Giessendam | Amsterdam | Hardinxveld-Giessendam |
| 21,40 x 5,18 x 1,80 | 17,65 x 6,00 x 2,44 | 14,05 x 3,66 x 1,75 | 30,08 x 9,10 x 3,20 |
| 220 ipk Christiansen & Meyer | 2 x 278/365 pk GM | 77 kW 105 pk Kromhout | 2 x 1230 kW 1672 pk Caterpillar |
| | | | 357 kW 485 pk Caterpillar |

| | | | |
|---|---|---|---|
| 023.19139 MS | 1955-02 OP | 023.27589 MS | imo 9487029 MS |
| **SCHEEPMAKER** | **SCHELPENDAM** | **SCHORPIOEN** | **SEA BRAVO** |
| | | ZIJPE/ PFEIL | |
| | | | |
| | | | |
| Evertse -van Noorloos J.H. | Biezen W. v.d. | Triet B.van | Seacontractors BV |
| | | | Bellamypark 50-52 |
| Rijswijk | Leiden | Numansdorp | 4381 CK Vlissingen |
| | | | 0118-410206 |
| 1924 | 1955 | 1957 550/223 | 2009 571595 |
| 't Hondsbosch | L.J.Boer | Gebr.Akerboom/ H.H.Bodewes | Damen Shipyards BV |
| Alkmaar | Sliedrecht | Oegstgeest/Millingen | Hardinxveld-Giessendam |
| 15,35 x 3,30 x 1,60 | 8,20 x 2,70 x 0,80 | 16,88 x 4,35 x 1,95 | 32,00 x 9,10 x 3,20 |
| 88 kW 120 pk DAF | 14,7 kW 20 pk MWM | 254 kW 345 pk Deutz | 2 x 1230 kW/1600 pk Caterpillar |
| | | | 257 kW 350 pk Kalkman |

027.23646 MS
**SEA DELTA**

Global Ship Leasing 15 BV
Avelingen West 20
4202 MS Gorinchem

2013 571693
Damen Alwardy
Sharjah
27,00 x 9,10 x 3,50
2 x 1119 kW/1521 pk Caterpillar

027.16488 MS
**SEA EAGLE**
SEA HAWK

Meulen A.v.d.
Visserstraat 14
8861 SC Harlingen
0517-413837
1981 240
Delta Shipyard
Sliedrecht
14,49 x 4,20 x 1,70
257 kW 350 pk Volvo Penta

imo 9444663 MS
**SEA ECHO**
ODIN

Seacontractors BV
Bellamypark 50-52
4381 CK Vlissingen
0118-410206
2007 1582
Stocznia Kozle Serwis/
Damen Shipyards
Kozle/Hardinxveld
23,35 x 8,00 x 2,10
2 x 1264 kW/1686 pk Caterpillar
88 kW 120 pk

imo 9605449 MS
**SEA FOXTROT**
YN 57165

Global Ship Leasing 12 BV
Avelingen West 20
4202 MS Gorinchem

2011 571651
Damen Shipyards BV
Polen/Gorinchem
32,27 x 9,00 x 3,30
2 x 1230 kW/1672 pk Caterpillar
257 kW 350 pk Kalkman

imo 9405382 MS
**SEA GOLF**
BEVER

Seacontractors BV
Bellamypark 50-52
4381 CK Vlissingen
0118-410206
2006 1573
Stocznia Kozle Serwis/
Damen Shipyards
Kozle/Hardinxveld
27,19 x 9,10 x 2,70
2 x 1119 kW/1521 pk Caterpillar
147 kW 200 pk

027.16560 DB
**SEA HORSE**

Ballast Nedam Baggeren BV
Schaardijk 211
3063 NH Rotterdam
0118-410206
1981 560
Deltawerf
Sliedrecht
14,46 x 6,06 x 1,00
2 x 158 kW/215 pk Caterpillar

imo 9695779 MS
**SEA HOTEL**

Seacontractors BV
Bellamypark 50-52
4381 CK Vlissingen

2013 571694
Damen Alwardy
Sharjah
27,02 x 9,10 x 3,10
2 x 1119 kW/1521 pk Caterpillar

1930-25 MS
**SEAHORSE**
VROUWE JACOBA

Dorland W.

Utrecht

1930
Schouten
Muiden
11,35 x 2,75 x 1,04
77 kW 105 pk DAF

imo 6724672 MS
**SEALIFT 22**
SEALIFT 22 /
JOHANN PETERSON

C & I Holland

Rotterdam

1967 555
Joh.Oelkers
Hamburg
30,66 x 8,57 x 4,15
2 x 809 kW/1100 pk Deutz

020.11466 DS
**SEAN**
SR 1/ SB 1

Blom Holding BV K.H.
Pier Afrika 10
1013 BK Amsterdam
020-6866007
1969 247
Vooruit
Zaandam
14,15 x 3,66 x 1,45
117 kW 160 pk DAF

020.08680 MS
**SEBASTIAAN**
AMSTERDAM/ C.228 /
DE POEL

Hoek A.I.

Amsterdam

1930
Velthuizen
Zaandam
14,02 x 3,82 x 1,19
38 kW 52 pk Kromhout

023.10474 MV
**SEBASTIAAN**
SMIENT/ M 14

Schemmekes G.
Waddendijk 62
1025 PT Amsterdam
020-6654192
1950
G.v.d.Molen
Zaandam
7,56 x 2,70 x 0,81
220 kW 300 pk DAF

023.10017 DS
**SEBIENA**
HEBA/ MARICO

Beukema E.
Optimiststraat 27
3077 ZC Rotterdam
06-23609758
1957 382
Th.v.d.Beldt
West Graftdijk
18,40 x 4,98 x 2,08
272 kW 370 pk Caterpillar

023.02775 DS
**SEMPRE**
Harmonie/ Willem Marinus/
Elwi/ Hannie / Polaris/ Rose/
Nino/ For Ever II
Concordia Shipyards
Biesboschhaven Noord 16
4251 NL Werkendam
0183-600391
1925
Huiskens & Van Dijk
Dordrecht
29,80 x 5,58 x 1,90
596 kW 811 pk Cummins

021.00301 MS
**SENANG**
Cornelia IV/ Never Thought XI/
Johanna II /Ideaal/ Reinier/
Libra/ Willy/ Geertje
Vlijt Scheepswerf De
Stephensonweg 20
7741 KW Coevorden

1913
H.J.Koopman
Dordrecht
16,85 x 4,16 x 1,70
176 kW 240 pk GM

050.45500 DS
**SENDEN**

Ommen W.A.v.

Leimuiden

1931
Meidericher Schiffswerft
Duisburg
16,18 x 3,88 x 1,50
69 kW 94 pk MAN

| | | | |
|---|---|---|---|
| **reg.nr. / type :** | 033.20096 MS | 032.70456 DS | 020.06283 MS |
| **naam :** | **SEVILLE** | **SHANTYMAN** | **SHIPDOCK II** |
| **ex naam :** | Seville/ Campina V/ Finatex R.I./ | ARSIEMI | Scheepsbouw II/ Shipdock II/ |
| **ex naam :** | Albatam /Adriana/ Renate/ | | Onderneming III / |
| **ex naam :** | Volharding 4 | | Dieze Jr/ Aegir |
| **eigenaar :** | Kersten F. | Bijlsma Shipyard BV | Groenendijk A.A. |
| **adres :** | | Biesboschhaven Zuid 10-11 | |
| **woonplaats :** | Amersfoort | 4251 NM Werkendam | Alphen a/d Rijn |
| **telefoon :** | | 0183-505230 | |
| **bouwjaar / -nr. :** | 1930 | 1955 506 | 1916 723 |
| **bouwwerf :** | Haezer & Zn | G.Bijlsma & Zn | t Kromhout Wed.J.L.Ceuvel |
| **plaats :** | Hardinxveld-Giessendam | Wartena | Amsterdam |
| **l x b x d :** | 16,12 x 4,06 x 1,82 | 14,37 x 4,00 x 1,39 | 15,94 x 3,65 x 1,18 |
| **vermogen :** | 110 kW 150 pk Modag | 235 kW 320 pk GM | 154 kW 210 pk Modag |
| **boegschroef :** | | | |

| | | | |
|---|---|---|---|
| 023.06839 MS | 2009-08 PS | 1931-03 OP | 020.07921 MS |
| **SEPIA** | **SEYA** | **SHARON** | **SHIPDOCK III** |
| ADFRA / THEO/ | | HELENA/ VIOS I/ | SCHEEPSBOUW III/ |
| GERLIEN II* | | MARIE | SHIPDOCK III / |
| | | | OOSTOEVER/ PHOENIX |
| Kamar BV | Staatsbosbeheer | Aalders | Vroman R. |
| Kerklaan 6 | Postbus 1300 | | Nieuwe Haven 3 |
| 29,3 BE Cepelle a/d IJssel | 3970 BH Driebergen | Hasselt | 1778 LA Westerland |
| 010-2847848 | 030-6926111 | | 06-28633568 |
| 1946 | 2009 | 1931 | 1926 |
| E.J.Hylkema | Lasbedrijf Leeuwarden | G.den Heeten & Co | Haarlemse Scheepsbouw Mij |
| Martenshoek | Leeuwarden | Leidschendam | Haarlem |
| 15,40 x 4,20 x 1,25 | 10,00 x - x - | 7,00 x 2,20 x 1,35 | 22,37 x 4,97 x 1,85 |
| 191 kW 260 pk GM | | 36 kW 50 pk Deutz | 121 kW 165 pk Kromhout |

| | | | |
|---|---|---|---|
| imo 9621534 BS | 020.08430 DB | 1920-24 OP | 1926-09 MS |
| **SERKEBORG** | **SHADOW** | **SHERIFF** | **SHIPDOCK IV** |
| | ALFONS W SR/ | | SHIPDOCK IV / |
| | SMIT SCHELDE/ SCHELDE / | | REPAIRS IV |
| | NOVALITÉ | | |
| Wagenborg Kazakhstan BV | Braamkolk R. | Simons L. | Kamperman & E.Moerman S. |
| Marktstraat 10 | Bakemaveld 12 | | Grote Bickerstraat 253 |
| 9934 CK Delfzijl | 2992 HL Barendrecht | Utrecht | 1013 KP Amsterdam |
| 0596-636911 | 06-53250344 | | 020-6256319 |
| 2012 845 | 1981 677 | 1920 | 1926 |
| Kon.Niestern Sander | Van Goor | | N.D.M. |
| Delfzijl | Monnickendam | | Amsterdam |
| | 20,05 x 9,55 x 1,90 | 6,00 x 1,80 x 0,80 | 15,62 x 3,66 x 1,13 |
| 2 x 1750 kW/2378 pk Indar | 552/701kW 750/953 pk Cat/Mits. | 18,4 kW 25 pk Yanmar | 44 kW 60 pk Kromhout |

| | | | |
|---|---|---|---|
| 1935-04 MS | 020.07101 MS | 020.15735 MS | 1950-28 MS |
| **SERVIO** | **SHANICE** | **SHIPDOCK I** | **SHIPDOCK V** |
| ME 2 | WODAN | HERCULES / | |
| | | SCHEEPSBOUW I | |
| Eccelston B | Heesen H. | Stokvis A.E. | Berg M.v.d |
| Amsterdam | s-Hertogenbosch | Amsterdam | Amsterdam |
| 1935? | 1939 | 1910 603 | 1950 |
| | t Hondsbosch | t Kromhout Wed.J.L.Ceuvel | Van der Molen |
| | Alkmaar | Amsterdam | Zaandam |
| 7,15 x 1,85 x 0,80 | 16,10 x 4,15 x 1,28 | 14,23 x 3,23 x 1,25 | 18,82 x 4,15 x 1,21 |
| 58 kW 80 pk Volvo Penta | 147 kW 200 pk DAF | 44 kW 60 pk Kromhout | 70 kW 96 pk Kromhout |

020.01963 MS
**SHIPDOCK VI**
SR 12/
NARROW ESCAPE

Kappee M.

Leiden

1941
Overtoom (Bernhard)
Oostzaan
16,18 x 4,28 x 1,08
121 kW 165 pk Kromhout

---

020.06210 MS
**SHIPDOCK XX**

Noordwijk Jachthaven

Noordwijk

1964
G.v.d.Molen
Zaandam
19,00 x 4,30 x 1,85
70 kW 96 pk Kromhout

---

1927-11 MS
**SHIPREPAIR**
ELECTRA/
INSPECTOR

Middelkoop H.v.

Elst

1927
A.v.d.Eijk & Zn
Overschie
14,08 x 3,20 x 1,25
61 kW 84 pk DAF

---

027.20644 MC
**SIDI C**

Stemat Marine Service BV
Quarantaineweg 10
3089 KP Rotterdam
010-2996555
2006 /NP 295
Wout Liezen/Neptune Marine
Meppel/Aalst

2 x 970 kW/1319 pk Cummins
358 kW 486 pk Cummins HRP

---

809-93 PS
**SIEGE**

Rijkswaterstaat

's-Gravenhage

1993

15,61 x 4,60 x 1,00
125 kW 170 pk DAF

---

030.50695 MS
**SIEKLAJAMA**
SIEKLAJAMA III

Schouwstra H.L.

Wijk bij Duurstede

1940
Hylkema
Martenshoek
12,95 x 3,71 x 1,45
123 kW 168 pk DAF

---

020.00525 MS
**SIEN**
HOUTTRANSPORT III

Felix R.

De Hoef

1927 27
De Jong & Smit
IJsselmonde
13,88 x 3,40 x 1,28
44 kW 60 pk Industrie

---

023.24873 DB
**SIENTJE**
SIENTJE/ JOSIEN

Herik Holding BV
Industrieweg 24
3361 HJ Sliedrecht
0184-412881
1989
Ravenstein
Deest
17,50 x 7,00 x 1,81
2 x 257 kW/350 pk Cummins

---

023.13159 MV
**SIJTJE**
EWT 5/ SJENG/ INA/
ANJO II

Ridder J.J.de
Robbenhoek 4
8321 PK Urk
06-10951190
1967
De Hoop
Schiedam
9,85 x 3,35 x 1,39
177 kW 240 pk Mercedes Benz

---

020.15865 DS
**SIKKE**

Spruit H.
Rijksstraatweg 11
3631 AA Nieuwersluis

1954

9,35 x 3,10 x 1,05
90 kW 122 pk Valmet

---

023.09812 MS
**SILKY**
LEKSTROOM VI

Diest H.J.

Hoogvliet

12,15 x 3,00 x 0,64
71 kW 98 pk Perkins

---

023.33055 DB
**SIMON**

Klein Wieringen BV
Kleitelweg 12
1777 NM Hippolytushoef
0227-512042 / 06-29555499
2009 352
N.Dijkstra Jachtservice BV
Harlingen
12,35 x 5,13 x 1,50
221 kW 300 pk Scania

---

022.07957 MV
**SIMSON**
ZEUS *

Kapitein & Zn A.
Wijk 1 nr 39
8321 EL Urk
0527-681864
1992
Stoel
Usguert
9,80 x 3,65 x 0,83
147 kW 200 pk Cummins

---

033.50367 MS
**SIMSON**
ELGA

Heuvel W.A.P. v.d.
Beneluxlaan 36
3527 HT Utrecht
030-2516302
1952
Joh.v.Duijvendijk
Krimpen a/d IJssel
8,00 x 2,40 x 1,00
46 kW 63 pk Ford

---

1930-07 OP
**SIMSON**

Weerd A. de
Snoekstraat 3
1121 PS Landsmeer

1930

Groningen
5,00 x 1,75 x 0,75
12 kW 17 pk MWM

---

1964-24 MV
**SIMSON**
KREEK

Zee R.v.d.

Dinteloord

1964
Damen Shipyards BV
Hardinxveld-Giessendam
12,22 x 3,50 x 1,50
103 kW 140 pk Kromhout

| | | | |
|---|---|---|---|
| **reg.nr. / type** : | 020.01662 recr | 031.10622 DS | 027.15604 DS |
| **naam** : | **SIRIUS** | **SIRIUS** | **SJORS** |
| **ex naam** : | PADOX/ BERDINA/ | ALFONS W SR/ | ZUIDERZEE/ |
| **ex naam** : | VITA/ | RES NOVA | MOULAY ALI/DICK/ DIKKY / |
| **ex naam** : | CORNELIS M | | SHANNA/ ERNY/ ORCA |
| **eigenaar** : | De Pee | Tebra Beheer BV | Bonte J.R. |
| **adres** : | | Merwekade 82-83 | |
| **woonplaats** : | Dordrecht | 3311 TH Dordrecht | Zwartsluis |
| **telefoon** : | | 078-6392000 | |
| **bouwjaar / -nr.** : | 1924 | 1966 422 | 1930 14 |
| **bouwwerf** : | | Th.v.d.Beldt | Schipper & v.Dongen |
| **plaats** : | Geesthacht | West Graftdijk | Geertruidenberg |
| **l x b x d** : | 13,20 x 3,42 x 1,30 | 22,42 x 6,43 x 1,64 | 20,20 x 5,00 x 1,98 |
| **vermogen** : | 124 kW 168 pk DAF | 788 kW 1070 pk Caterpillar | 456 kW 620 pk Deutz |
| **boegschroef** : | | | |

| | | | |
|---|---|---|---|
| imo 9054365 MS | 023.04298 DS | imo 7700180 MS | 030.51698 MV |
| **SIMSON** | **SIRIUS** | **SIRIUS** | **SJUTTEL** |
| | GOUDVINK/ | BUGSIER 12 | HANS/ DOLFIJN/ RODIE III / |
| | JAVAZEE/ SIRIUS H / | | FIAT VOLUNTAS XXI/ |
| | ATTACK 10 | | IGNIT F/ JILL F |
| Svitzer Amsterdam BV | H4A Materiaal | Iskes Towing & Salvage BV | R.O.C. Veghel BV |
| Capriweg 28 | Wervenweg 10 | Monnickendamkade 19 D/E | Marconiweg 3-5 |
| 1044 AL Amsterdam | 4551 MC Sas van Gent | 1976 EC IJmuiden | 5466 AS Veghel |
| 020-5060400 | | 0255-522860 / 06-53901609 | |
| 1993 701 | 1929 | 1977 178 | 1965 |
| Con Navales Santo Domingo | Hubertina v/h W.H. Jacobs | M.Sieghold | Visscher & Zn |
| Vigo | Haarlem | Bremerhaven | Zwartsluis |
| 30,00 x 9,50 x 3,95 | 16,76 x 4,03 x 1,33 | 26,07 x 8,87 x 3,50 | 14,35 x 4,10 x 1,75 |
| 2 x 1593 kW/2165 pk ABC | 206 kW 280 pk Caterpillar | 2 x 1029 kW/1400 pk Mitsubishi | 294 kW 400 pk MTU |

| | | | |
|---|---|---|---|
| 021.03737 MV | 023.13826 MS | 022.12230 MV | imo 9563213 MS |
| **SIMSON 2** | **SIRIUS** | **SITA** | **SKINFAXE R** |
| ROELAND/ OBA/ ELISE 4 | | | TARKA 3 |
| Oiltanking BV | Bekkum J.van | Vegter R.J. | RN Shipping A/S |
| | | Ommelanderwijk 150 | |
| Amsterdam | Maasbracht | 9644 TP Veendam | Burg-Haamstede |
| 1963 288 | 1898 | 2004 | 2010 /571620 |
| Damen Shipyards BV | B.Wilton | Leeuwkerke BV | Zarazad Portu/ Damen Shipyards BV |
| Hardinxveld-Giessendam | Rotterdam | Westerbroek | Szczecin/Gorinchem |
| 12,56 x 3,50 x 1,45 | 19,22 x 4,10 x 1,70 | 7,00 x 2,98 x 0,96 | 27,02 x 9,38 x 2,70 |
| 156 kW 212 pk Scania Vabis | 180 kW 245 pk Ruston Hornby | 129 kW 175 pk John Deere | 2 x 1119 kW/1521 pk Caterpillar |

| | | | |
|---|---|---|---|
| imo 8872057 MS | 023.35575 MV | 022.09984 DS | 1920-15 recr |
| **SIRE** | **SIRIUS** | **SJOERD** | **SKUA** |
| RHD 7/ V 27/ | | | |
| HAVENDIENST 17 / | | | |
| RPA 30/ BEECH | | | |
| Callant F.L.J. | Plas & A.A.d.Deugd T.C.v.d. | Vries & v.d.Wiel BV De | Scouting Adm.de Ruyter |
| | | Harmenkaag 9 | Oosterstraat 8 |
| Vlissingen | Katwijk a/Zee | 1741 LA Schagen | 2931 AT Krimpen a/d Lek |
| | | 0224-211211 | |
| 1964 550 | 1980 | 1985 | 1920 |
| Gebr.v.d.Werf | Gebr.Akerboom | Schottelwerft Jozef Becker | |
| Deest | Leiden | Oberspay | |
| 33,26 x 7,08 x 1,56 | 7,37 x 2,64 x 0,85 | 9,22 x 2,52 x 1,19 | 8,00 x 2,50 x 0,80 |
| 2 x 313 kW/425 pk Bolnes | 63 kW 85 pk Mitsubishi | 184 kW 250 pk Deutz | 44 kW 60 pk Mercedes |

1937-02 OP
**SKYLLA**
DUWER I/ ANTOON/
DIEZE /
ZEUS
Oosterhof H.F.

Amsterdam

1937
Bijlholt
Foxhol
5,99 x 1,97 x 0,89
31 kW 42 pk Kromhout

---

023.22024 MS
**SLAGAARD**

Herik Holding BV
Industrieweg 24
3361 HJ Sliedrecht
0184-412881
1973 513
Damen Shipyards
Gorinchem
12,65 x 3,36 x 1,10
96 pk DAF

---

022.03383 MS
**SLATTER**
MENJE/ GRETHA/
ELAN/ JETIJA /
ALBERTJE/ GEKE/ JEROEN
Veen Vof Van der
Abbegeasterketting 10
8617 LB Abbega

1941
Hylkema
Martenshoek
13,00 x 3,44 x 1,51
184 kW 250 pk Volvo

---

021.02608 MS
**SMID 1**
RIA

Sepers beheer B.V.
Steeg 2
6624 BJ Heerewaarden
0487-571251
1952
G.J.v.Berk
Beneden Leeuwen
9,12 x 3,21 x 0,98
73 kW 100 pk GM

---

imo 9396232 MS
**SMIT AFRICA**
BOGAZICI 2

Smit Harbour Towage
Rotterdam BV
Waalhaven OZ 85
3087 BM Rotterdam
010-4549911
2007 Ge-ta 007
Geta
Tuzla
32,50 x 11,70 x 4,30
2 x 1920 kW/2611 pk Caterpillar

---

imo 9532305 MS
**SMIT AL KOUT**

Smit Vessel Management
Services BV
Rosmolenweg 20
3356 LK Papendrecht
078-6969000
2009

30,10 x 9,90 x 2,20
2 x 883 kW/1200 pk Caterpillar

---

imo 9366706 MS
**SMIT ARUBA**

Smit Harbour Towage
Rotterdam BV
Waalhaven OZ 85
3087 BM Rotterdam
010-4549911
2006 511523
Damen Galati
Galati
28,67 x 10,43 x 4,60
2 x 1849 kW/2465 pk Caterpillar

---

imo 9443247 MS
**SMIT BONAIRE**

Smit International NV
Rosmolenweg 20
3356 LK Papendrecht
078-6969000
2006 511513
Damen Shipyards BV
Gorinchem
28,75 x 9,80 x 3,91
2 x 1849 kW/2465 pk Caterpillar

---

imo 9528304 MS
**SMIT BUFFALO**

Smit Transport Europe BV
Rosmolenweg 20
3356 LK Papendrecht
078-6969000
2009 571612
Damen Shipyards BV
Gorinchem/Hardinxveld
25,00 x 10,00 x 2,70
2 x 821 kW/1116 pk Caterpillar
176 kW 240 pk Caterpillar

---

imo 9528299 MS
**SMIT BULLDOG**

Smit Transport Europe BV
Rosmolenweg 20
3356 LK Papendrecht
078-6969000
2008 571611
Damen Shipyards BV
Gorinchem/Hardinxveld
25,80 x 10,00 x 2,70
2 x 821 kW/1116 pk Caterpillar
176 kW 240 pk Caterpillar

---

imo 9516284 MS
**SMIT CAYMAN**

Smit Vessel Management
Service BV
Rosmolenweg 20
3356 LK Papendrecht
078-6969000
2009 511551
Damen Shipyards Song Cam
Haiphong
28,67 x 10,59 x 4,91
2 x 1839 kW/2465 pk Caterpillar

---

imo 9190391 MS
**SMIT CLYDE**

Smit Harbour Towage
Rotterdam BV
Waalhaven OZ 85
3087 BM Rotterdam
010-4549911
2000 7937
Stocznia Gdansk/Damen Shipy.
Gdansk/Gorinchem
31,00 x 10,00 x 3,90
2 x 1840 kW/2500 pk Wartsila

---

imo 7917991 MS
**SMIT COLLINGWOOD**
COLLINGWOOD

Smit Harbour Towage
Rotterdam BV
Waalhaven OZ 85
3087 BM Rotterdam
010-4549911
1980 928
Richard Dunston Ltd
Hessle
30,21 x 9,45 x 4,40
2 x 971 kW/1320 pk Ruston

---

imo 9309813 MS
**SMIT CURACAO**

Smit Harbour Towage
Rotterdam BV
Waalhaven OZ 85
3087 BM Rotterdam
010-4549911
2005 511511
Damen Shipyards BV
Hardinxveld-Giessendam
28,75 x 10,59 x 4,91
2 x 1725 kW/2346 pk Caterpillar

---

imo 9396426 MS
**SMIT DANE**
SMIT TRINIDAD

Smit International Overseas BV
Rosmolenweg 20
3356 LK Papendrecht
078-6969000
2008 511532
Damen Galati
Galati
28,67 x 10,43 x 4,00
2 x 1813 kW 2465 pk Caterpillar

---

imo 9355329 MS
**SMIT DONAU**

Smit Harbour Towage
Rotterdam BV
Waalhaven OZ 85
3087 BM Rotterdam
010-4549911
2007 511526
Damen Shipyards BV
Hardinxveld-Giessendam
28,75 x 9,80 x 4,60
2 x 1372 kW 1865 pk Caterpillar
150 kW 204 pk

| | | | |
|---|---|---|---|
| **reg.nr. / type** : | imo 9434826 MS | imo 9516272 MS | imo 9179012 MS |
| **naam** : | **SMIT JAGUAR** | **SMIT MONTSERRAT** | **SMIT RIMA** |
| **ex naam** : | | | |
| **ex naam** : | | | |
| **ex naam** : | Smit Harbour Towage | Smit Vessel Management | Smit Havensleepdiensten Nigeria |
| **eigenaar** : | Rotterdam BV | Service BV | Waalhaven OZ 85 |
| **adres** : | Waalhaven OZ 85 | Rosmolenweg 20 | 3087 BM Rotterdam |
| **woonplaats** : | 3087 BM Rotterdam | 3356 LK Papendrecht | 010-4549911 |
| **telefoon** : | 010-4549911 | 078-6969000 | 1999 7927 |
| **bouwjaar / -nr.** : | 2009 513002 | 2009 /511550 | Stocznia Gdansk/ |
| **bouwwerf** : | Damen Shipyards Song Cam | Song Cam Damen | Damen Shipyards |
| **plaats** : | Haiphong | Haiphong | Gdansk/Gorinchem |
| **l x b x d** : | 32,14 x 13,27 x 4,00 | 28,67 x 11,43 x 4,76 | 30,82 x 10,24 x 3,90 |
| **vermogen** : | 2 x 2579 kW/3505 pk Caterpillar | 2 x 1836 kW/2496 pk Caterpillar | 2 x 1545 kW/2100 pk Caterpillar |
| **boegschroef** : | | | |
| imo 9476393 MS | 1999-04 MV | imo 9322592 MS | imo 9476394 MS |
| **SMIT EBRO** | **SMIT JOS** | **SMIT NICOBAR** | **SMIT SEINE** |
| Smit Harbour Towage | Smit Harbour Towage | Smit Transport & Heavylift | Smit Harbour Towage |
| Rotterdam BV | Rotterdam BV | Division BV | Rotterdam BV |
| Waalhaven OZ 85 | Waalhaven OZ 85 | Waalhaven OZ 85 | Waalhaven OZ 85 |
| 3087 BM Rotterdam | 3087 BM Rotterdam | 3087 BM Rotterdam | 3087 BM Rotterdam |
| 010-4549911 | 010-4549911 | 010-4549911 | 010-4549911 |
| 2009 511546 | 1999 /5745 | 2006 | 2009 511545 |
| Damen Galati | Santierul Navel/Damen Shipy. | Keppel Singmarine Pte | Damen Galati |
| Galati | Giurgiu/Gorinchem | Singapore | Galati |
| 28,67 x 10,43 x 4,00 | 12,00 x 3,84 x 2,00 | 70,90 x 16,00 x 5,60 | 28,00 x 10,00 x 4,25 |
| 2 x 1840 kW/2500 pk Caterpillar | 2 x 248 kW/337 pk Caterpillar | 2 x 3300 pk | 2 x 1813 kW/2465 pk Caterpillar |
| imo 9389485 MS | imo 9190494 MS | imo 9187253 MS | imo 8844531 DS |
| **SMIT ELBE** | **SMIT LOIRE** | **SMIT NIDA** | **SMIT TAHITI** |
| | | SMIT MERSEY | KUROBE MARU |
| Smit Harbour Towage | Smit Harbour Towage | | Smit Harbour Towage |
| Rotterdam BV | Rotterdam BV | Smit International Overseas BV | Rotterdam BV |
| Waalhaven OZ 85 | Waalhaven OZ 85 | Rosmolenweg 20 | Waalhaven OZ 85 |
| 3087 BM Rotterdam | 3087 BM Rotterdam | 3356 LK Papendrecht | 3087 BM Rotterdam |
| 010-4549911 | 010-4549911 | 078-6969000 | 010-4549911 |
| 2007 511525 | 2000 /7948 | 1999 7934 | 1990 |
| Damen Shipyards BV | Northern/Damen Shipyard | Damen Polnocna/Damen Shipy. | Keihin Dock Compagne |
| Gdynia/Hardinxveld-Giessendam | Gdansk/Gorinchem | Gdansk/Gorinchem | Yokohama |
| 28,67 x 10,32 x 4,60 | 31,00 x 10,00 x 3,90 | 30,60 x 10,60 x 4,80 | 30,80 x 8,80 x 3,30 |
| 2 x 1372 kW 1865 pk Caterpillar | 2 x 1840 kW/2500 pk Wartsila | 2 x 1830 kW/2488 pk Wartsila | 2 x 1104 kW/1500 pk Niiagata |
| 150 kW 204 pk | | | |
| imo 9396220 MS | imo 9397925 MS | imo 9190509 MS | imo 9174593 MS |
| **SMIT EUROPE** | **SMIT MADAGASCAR** | **SMIT RHONE** | **SMIT TRAFALGAR** |
| BOGAZICI 1 | | | TRAFALGAR |
| Smit Harbour Towage | Smit Harbour Towage | Smit Harbour Towage | Smit Harbour Towage |
| Rotterdam BV | Rotterdam BV | Rotterdam BV | Rotterdam BV |
| Waalhaven OZ 85 | Waalhaven OZ 85 | Waalhaven OZ 85 | Waalhaven OZ 85 |
| 3087 BM Rotterdam | 3087 BM Rotterdam | 3087 BM Rotterdam | 3087 BM Rotterdam |
| 010-4549911 | 010-4549911 | 010-4549911 | 010-4549911 |
| 2007 Ge-ta 006 | 2009 809 | 2000 /7949 | 1998 119 |
| Geta | ASL Shipyard | Northern/Damen Shipyard | Mc Tay Marine Ltd |
| Tuzla | Batam (Ind) | Gdansk/Gorinchem | Bromborough |
| 32,50 x 11,70 x 4,30 | 28,00 x 9,80 x 4,00 | 31,00 x 10,00 x 3,90 | |
| 2 x 1920 kW/2611 pk Caterpillar | 2 x 1290 kW/1754 pk Niigata | 2 x 1840 kW/2500 pk Wartsila | 2 x Ruston |

| | | | |
|---|---|---|---|
| imo 9402457 MS<br>**SMIT VENTA**<br>SMIT DOMINICA<br><br>Smit International Overseas BV<br>Rosmolenweg 20<br>3356 LK Papendrecht<br>078-6969000<br>2008 511538<br>Damen Galati Shipyard<br>Galati<br>28,67 x 10,43 x 4,20<br>2 x 1812 kW/2465 pk Caterpillar | 1930-19 OP<br>**SMOKEY**<br><br>Klocht J.v.d.<br><br>Zwartsluis<br><br>1930<br><br><br>5,00 x 1,90 x 1,10<br>13,9 kW 19 pk Gardner | 023.35459 MV<br>**SNOEK**<br><br>Fiducia Holding BV<br>Ophemertstraat 43<br>3089 JD Rotterdam<br><br>1976<br>J.Schlieker & Zn<br>Sliedrecht<br>18,50 x 4,65 x 1,10<br>2 x 93 kW/127 pk J.Deere | 1992-04 OP<br>**SOLO**<br><br>Sluis J.v/d<br><br>Berlijn<br><br>1992<br>Van de Sluis<br>Drachten<br>5,60 x 1,80 x 0,80<br>7,3 kW 10 pk Lister |
| 021.03445 MS<br>**SMIT WAALHAVEN 2**<br>VEERDIENST 4/<br>SALVOR<br><br>Smit Waalhaven Holding BV<br>Waalhaven OZ 151<br>3097 BM Rotterdam<br>010-4291233<br>1926<br>W.& C.Stam<br>Nieuw Lekkerland<br>10,20 x 3,25 x 0,89<br>103 kW 140 pk DAF | 021.03244 MS<br>**SNEL**<br><br>Kooyman Dordrecht BV<br><br>Dordrecht<br><br><br><br><br>8,50 x 2,21 x 0,60<br>24 kW 33 pk Bolinder | 060.04114 DS<br>**SOBRINA**<br>INDEPENDENT IV/ DIENI/<br>MAAIKE/ LIEKE /MON DESIR/<br>ANJA/ COMMANDO<br>Cunado BV<br>Koog 30<br>3344 HG H.I.Ambacht<br>06-51856721<br>1955 275<br>Jonker & Stans<br>H.I.Ambacht<br>20,40 x 5,31 x 2,20<br>447 kW 608 pk GM | 2006-02 DB<br>**SOLO**<br><br>Lachnit Duwbotenverhuur<br>Korte Gelgewater 56<br>2313 BR Leiden<br><br>2006<br>ACT De Helling<br>Enschede<br>6,75 x 2,60 x 1,00<br>95 kW 130 pk John Deere |
| 027.16629 MC<br>**SMIT WAALHAVEN 3**<br>GHORRAB<br><br>Smit Waalhaven Holding BV<br>Waalhaven OZ 151<br>3097 BM Rotterdam<br>010-4291233<br>1982 246<br>De Liesbosch<br>Jutphaas<br>20,03 x 6,06 x 1,00<br>2 x 215 pk Caterpillar | 1920-01 OP<br>**SNIKKEL**<br><br>Bruin J.F. de<br>Zuideinde 128<br>2421 AN Nieuwkoop<br>0172-571138<br>1920<br><br>Hoogezand<br>4,92 x 1,76 x 0,65<br>7,3 kW 10 pk Kromhout | 020.07811 MV<br>**SOBRINO**<br>Droogdok 2/Duijnhouwer I/<br>Droogdok 2 /Herik 58/<br>Evert/ Audax<br>Cunado BV<br>Koog 30<br>3344 HG H.I.Ambacht<br>06-51856721<br>1951<br>A.D.M.<br>Amsterdam<br>16,80 x 4,12 x 1,33<br>279 kW 380 pk Deutz | 046.05770 DB<br>**SONDERNHEIM**<br>WESSEL<br><br>Gerrits Recyling BV<br>Helmondsingel 221<br>5709 AG Helmond<br>0492-513748<br>1929<br>De Vooruitgang<br>Alphen a/d Rijn<br>23,10 x 7,85 x 2,00<br>368 kW 500 pk MWM |
| imo 9173941 MV<br>**SMIT YENOGOA**<br><br>Smit Harbour Towage<br>Rotterdam BV<br>Waalhaven OZ 85<br>3087 BM Rotterdam<br>010-4549911<br>2000 /5744<br>Santierul Navel/Damen Shipy.<br>Giurgiu/Gorinchem<br>12,00 x 3,84 x 2,00<br>2 x 248 kW/337 pk Caterpillar | 027.16984 MV<br>**SNIPE**<br>SNIPE/ ASA/ MV 128<br><br>Oord Van<br>Rivium Quadrant 2<br>2909 LC Capelle a/d IJssel<br>010-4478444<br>1981 1742<br>Damen Shipyards BV<br>Gorinchem<br>14,80 x 4,24 x 1,89<br>264 kW 360 pk GM | 022.10714 DS<br>**SOLDIER**<br>JOHAN/ WILLEM JR/<br>AALTJE /<br>RINSKE<br>Major Ship BV<br>Daltonstraat 23<br>3335 LR Zwijndrecht<br><br>1950 462<br>G.Bijlsma & Zn<br>Wartena<br>22,23 x 5,49 x 1,81<br>552 kW 750 pk Cummins | 020.08776 MS<br>**SOPHIA**<br>ELGA<br><br>Polman<br><br>Monnickendam<br><br>1948<br>De Vries Lentsch<br>Alphen a/d Rijn<br>14,60 x 3,31 x 0,86<br>69 kW 94 pk Kromhout |

| | | | |
|---|---|---|---|
| **reg.nr. / type** :<br>**naam** :<br>**ex naam** :<br>**ex naam** :<br>**ex naam** :<br>**eigenaar** :<br>**adres** :<br>**woonplaats** :<br>**telefoon** :<br>**bouwjaar / -nr.** :<br>**bouwwerf** :<br>**plaats** :<br>**l x b x d** :<br>**vermogen** :<br>**boegschroef** : | 023.07505 MS<br>**SOUVENIR**<br>ST.GERARDUS/<br>MADELEINE/ JENNY<br>Hoekstra W.T.<br>Langweer<br>1940<br>Bodewes & Dutmer<br>Groningen<br>10,43 x 3,15 x 1,40<br>64 kW 87 pk Doosan | 030.20993 MS<br>**SPARTAN**<br>HOUTVAART 4<br>Leeuw R.de<br>Nieuwe Haven 72<br>1135 VM Edam<br>1949 174<br>Vooruit<br>Zaandam<br>13,31 x 3,48 x 1,36<br>59 kW 80 pk Industie | 020.04724 MS<br>**SPERWER**<br>INTERNOS/<br>AUKE'S GROTE BEER<br>Hubers<br>St.Andries<br>1955<br>De Onderneming (Th.A.d.Groot)<br>Landsmeer<br>16,45 x 4,37 x 1,34<br>353 kW 480 pk GM |
| 038.00011 MS<br>**SOPHIA**<br>BREEWIJK<br>Haas De<br>Zaandam<br>1963 280<br>Damen Shipyards BV<br>Hardinxveld-Giessendam<br>9,85 x 2,85 x 0,90<br>59 kW 80 pk Mitsubishi | 030.20992 MS<br>**SPAARNE**<br>JACOBA/ JACOBA V/<br>SPAARNE /<br>JACOBA V<br>1929 876<br>De Industrie D.& Joh.Boot<br>Alphen a/d Rijn<br>12,50 x 3,75 x 1,25<br>66 kW 90 pk Modag | 020.03074 MS<br>**SPECHT**<br>Henket M.<br>Amsterdam<br>1926 639<br>t Hondsbosch<br>Alkmaar<br>14,40 x 3,40 x 1,30<br>22 kW 30 pk Kromhout | 023.16873 MS<br>**SPERWER**<br>SPERWER I/<br>WIJKERMEER/ RHD 63 /<br>AQUARIUS<br>Pot, C.J.M.Elsenburg &<br>J.M.Pot M.M.<br>Berkel Rodenrijs<br>1933<br>Niesten/Rijkswerf<br>Hellevoetsluis<br>18,30 x 4,20 x 1,70<br>74 kW 101 pk Bolnes<br>7,5 kW Lister electrische |
| 023.16285 MV<br>**SOPHIE**<br>PETRA/ RVE 17/ DIANA<br>Bonkelaar BV De<br>Groesbeekseweg 210<br>6523 PP Nijmegen<br>1967<br>J.Schlieker & Zn<br>Sliedrecht<br>14,30 x 3,86 x 0,84<br>180 kW 245 pk Scania Vabis | 1955-03 MV<br>**SPARTA**<br>DRENTE<br>Oosterom H.J.van<br>Pansenweg 8<br>9974 SL Zoutkamp<br>0595-401409 / 06-27312020<br>1955 V 37<br>De Lek<br>Krimpen a/d Lek<br>11,00 x 3,13 x 1,00<br>44 kW 60 pk Kromhout | 023.35313 MS<br>**SPERANZA**<br>Versluis & N.Y.Zuidgeest J.H.<br>Hardinxveld-Giessendam<br>1956 325<br>Rupelmonde<br>Rupelmonde<br>19,82 x 5,09 x 2,00<br>165 kW 225 pk Lister | 020.01965 MS<br>**SPES**<br>Linde K.F. v.d.<br>Markstraat 26<br>1431 BE Aalsmeer<br>0297-327034<br>1926<br>Blom & Voss<br>Hamburg<br>13,69 x 3,52 x 1,67<br>202 kW 275 pk Bussing |
| imo 9577484 MS<br>**SOUTHWIND**<br>Avra Towage BV<br>Scheepmakershaven 32 B<br>3011 VB Rotterdam<br>010-2810886<br>2010 VT 8<br>Vitawani Shipbuilding<br>Miri Sarawak<br>31,09 x 9,48 x 3,70<br>2 x 1177 kW/1600 pk Cummins | 022.11978 MS<br>**SPARTAAN**<br>SPARTAN/<br>DRIE GEBROEDERS/<br>C' EST LA VIE<br>Leeuwen P.v.<br>Assendelft<br>1905 177<br>Wilton<br>Rotterdam<br>12,31 x 2,45 x 1,10<br>132 kW 180 pk Henschel | 1898-04 MS<br>**SPERBER**<br>SPERBER/ OTTO II/<br>SCHLEPPKO 19 /<br>JOSINA/ TITAN *<br>Oegstgeest<br>0592-656149 / 06-55728292<br>1898 367<br>Janssen & Schmilinsky<br>Hamburg<br>17,80 x 4,87 x 2,00<br>191 kW 260 pk MAK | 022.02516 MS<br>**SPES**<br>Merwede BV Ballast Mij<br>Waage Naak 15<br>6019 AA Wessem<br>0475-562344<br>1949 509<br>H.H.Bodewes<br>Millingen<br>11,63 x 3,53 x 1,56<br>132 kW 180 pk Mercedes Benz |

023.06799 DS
**SPES**
MARIA/ ADEA/
JEANNE
Waardt Duw & Sleepvaart de
Schuwacht 1
2941 EE Lekkerkerk
06-53887963
1946
Suurmeijer
Foxhol
17,33 x 4,72 x 1,86
358 kW 487 pk Caterpillar

023.20563 MV
**SPES**
LOMME
Amstel & IJ
Dijkgracht 9
1019 BT Amsterdam
020-4188013 / 06-55195020
1966
Jac.den Breejen
Hardinxveld-Giessendam
15,66 x 4,26 x 1,77
184 kW 250 pk DAF
19 kW 26 pk Deutz

030.31188 MS
**SPES**
JAMA/ ANDA/ BOUNTY
Schouwstra L.
Wijk bij Duurstede
1941
Gebr.Boot
Gouwsluis
16,04 x 4,26 x 1,72
58 kW 80 pk Industrie

023.05134 DS
**SPES II**
CORNELIS HENDRIK/
MABI 9/ NELLIE /
INO
Snoo & Pijpers Beheer BV De
Julianalaan 53
4941 JB Raamsdonksveer
0162-518359
1930
De Korte
Moerdijk
21,73 x 5,12 x 1,80
404 kW 550 pk Caterpillar

1968-10 MV
**SPICA**
Oosterom H.J.van
Pansenweg 8
9974 SL Zoutkamp
0595-401409 / 06-23162670
1968 353
Damen Shipyards BV
Hardinxveld-Giessendam
12,65 x 3,45 x 1,10
88 kW 120 pk DAF

022.05038 MS
**SPICA 1**
Hunfeld Machinefabriek BV
Eemskanaal ZZ 26
9936 AN Farmsum
0596-613446 / 06-53138060
1973
Thoma
Nieuweschans
12,25 x 4,10 x 1,00
121 kW 165 pk DAF

020.10057 DS
**SPIERING**
FREDERIK
Waal C.d.
Spieringsluis 7
4251 MR Werkendam
1968 464
Akerboom
Leiden
12,97 x 3,87 x 1,75
172 kW 235 pk GM

020.15319 MS
**SPITSBERGEN**
SPITSBERGEN III
Huis & D.E.v.Kuijk F.
Rhijnlandsoord 17
1433 NB Kudelstaart
0297-327218 / 06-53147673
1929
Concordia S.Seymonsbergen
Amsterdam
12,94 x 3,42 x 1,20
80 kW 110 pk Industrie

023.06460 MS
**SPLES I**
WILHELMINA/
AMSTELBROUWERIJ XVII/
HENCOR /SPES/ WILHELMINA
U.E.B.O. Vof
Herten
1914
Marckmann & Faassen
Kralingse Veer
13,20 x 3,39 x 1,80
121 kW 165 pk Caterpillar

021.04374 MS
**SPRINGER**
BREEVAER VIII
Paans Van Oord BV
Schaardijk 211
3063 NH Rotterdam
1970 860-2
Jac.den Breejen
Hardinxveld-Giessendam
13,88 x 3,66 x 1,80
169 kW 230 pk Scania Vabis

023.20236 MV
**SPRINGER**
Krul & Zn BV
Katijdeweg 20
4153 RG Beesd
0345-681298
1960
A.d.Jong
Vlaardingen
18,17 x 4,49 x 2,11
177 kW 240 pk GM

023.04861 MS
**ST JOHN**
ST.JOHN/R 66 S/ D 116 /
NETZTENDER 33 POLLUX
Smokers T.A.
Amersfoort
1930
A.d.Jong
Vlaardingen
20,15 x 5,05 x 1,85
353 kW 480 pk Henschel

020.14942 MS
**ST RITA II**
THE VALUE OF FRIENDSHIP
Geijtenbeek G.B.
Zoelen
1922
15,99 x 3,65 x 1,60
121 kW 165 pk GM

1931-06 MS
**STAD GENT**
STAD GENT/
BACO III
Meijers M.
Dordrecht
1931
Nic.Witsen
Alkmaar
15,75 x 3,50 x 1,08
65 kW 88 pk Kromhout

1930-20 OP
**STAD UTRECHT**
RIANT
Dijk E.v.
Utrecht
030-2897618
1930?
6,00 x 2,10 x 1,10
8,8 kW 12 pk Lister

033.50364 MS
**STAD UTRECHT 1**
Koopmans I.
Oostzaan
1928
Th.v.d.Beldt
West Graftdijk
12,62 x 3,24 x 1,50
44 kW 60 pk Caterpillar

| | | | |
|---|---|---|---|
| **reg.nr. / type** : | 2002-04 DB | 060.02231 DB | 021.01083 MS |
| **naam** : | **STADHOUDER** | **STATUM** | **STEFANIE** |
| **ex naam** : | | T'SERCLAES/ SIDIS / | THOMA/ BETSIE/ ADVENDO/ |
| **ex naam** : | | DAV/ GODELIEVE | ADVENDO I / |
| **ex naam** : | | | ELIZA/ LENY/ FENNY/ KRAAK |
| **eigenaar** : | Blue Boat Company | Redzwa Holding BV | Ooms A.C.I. |
| **adres** : | Stadhouderskade 30 | De Buorkerij 21 | |
| **woonplaats** : | 1071 ZD Amsterdam | 9001 DR Grou | Maarssen |
| **telefoon** : | | 0566-621020 / 06-53857070 | |
| **bouwjaar / -nr.** : | 2002 | 1964 | 1910 |
| **bouwwerf** : | | Chantier Naval | L.Smit & Zn |
| **plaats** : | | Hemiksem | Kinderdijk |
| **l x b x d** : | 6,75 x 2,40 x - | 15,73 x 9,20 x 1,80 | 11,99 x 3,13 x 1,35 |
| **vermogen** : | | 2 x 379 kW/516 pk Caterpillar | 38 kW 52 pk Kromhout |
| **boegschroef** : | | | |

| | | | |
|---|---|---|---|
| 033.50366 MS | 023.09493 MS | 023.32208 PS | 1963-26 MV |
| **STAD UTRECHT 3** | **STADSWATERKANTOOR** | **STC ALBATROS** | **STELLE** |
| | | HAVENDIENST 12/ RPA 22 | |
| | | | |
| | | Scheepvaart & Transport | |
| Jansen J. | Waternet Sector Waterbeheer | College | Schaberg P.J. |
| | Papaverweg 54 | Lloydkade 300 | Jupiterweg 1 |
| Nieuwegein | 1032 KJ Amsterdam | 3024 EA Rotterdam | 4105 JJ Culemborg |
| | | 010-4486000 | 0345-520730 |
| 1930 | 1962 281 | 1960 536 | 1963 436 |
| Th.v.d.Beldt | Vooruit | J.Hendriks | Gebr.Akerboom |
| West Graftdijk | Zaandam | Dodewaard | Oegstgeest |
| 14,11 x 3,80 x 1,50 | 12,00 x 3,56 x 1,20 | 24,60 x 6,25 x 2,46 | 13,50 x 3,50 x 1,20 |
| 85 kW 115 pk Caterpillar | 92 kW 125 pk DAF | 331 kW 450 pk Bolnes | 88 kW 120 pk Detroit |

| | | | |
|---|---|---|---|
| 023.08750 MS | 020.15758 MS | 023.07862 MS | 021.04684 MS |
| **STAD UTRECHT 4** | **STAPPER** | **STEF** | **STENTOR** |
| BINI | MARIJKE/ CELIA/ | SUJA/ LUAN/ WIKA/ | TINA |
| | RENICA/ D'OPTIE | STEF-TH 27 | |
| | | | |
| Looze R.de | Bruins-Slot G. | Boden A.C.J. | Hengst A.van |
| H.Graaflandstraat 55 | | | Boeroestraat 41 |
| 3525 VN Utrecht | Den Helder | Wouw | 3312 HA Dordrecht |
| | | | |
| 1939 | 1950 | 1949 | 1964 |
| Overtoom | | Bodewes | Damen Shipyards BV |
| Zaandam | | Groningen | Hardinxveld-Giessendam |
| 17,50 x 4,26 x 1,65 | 12,40 x 3,45 x 1,20 | 11,25 x 3,53 x 1,01 | 12,10 x 3,12 x 1,81 |
| 162 kW 220 pk Volvo Penta | 55 kW 75 pk DAF | 66 kW 90 pk Mercedes Benz | 92 kW 125 pk DAF |

| | | | |
|---|---|---|---|
| 1978-13 MS | 032.80124 MV | 022.07031 DS | 022.05990 MV |
| **STAD ZWOLLE** | **STATUM** | **STEFAN** | **STENTOR** |
| HAVENDIENST 2 | EDMOND/ D 14 | GERDA/ HEINO P | |
| | | | |
| | | | |
| Havendienst | Bouius S.C. | Roos D. | Velde Marine BV W.v.d. |
| Lubeckplein 2 | Zomerweg 52 | | Binnenhaven 1 |
| 8017 JZ Zwolle | 9251 MH Bergum | Koog a/d Zaan | 7547 BG Enschede |
| 038-4226813 | 0511-463014 | | 053-4307251 |
| 1978 | 1953 | 1898 | 1987 |
| Jonker Paans | Zaanlandse Scheepsbouw Mij | Harburg werft | P.v.d.Werf /v.d.Velde |
| Dordrecht | Zaandam | Berlijn | Lemmer/Enschede |
| 11,10 x 3,20 x 1,00 | 10,18 x 3,15 x 1,23 | 16,00 x 3,55 x 1,65 | 14,30 x 4,50 x 1,45 |
| 184 kW 240 pk MAN | 103 kW 140 pk DAF | 147 kW 200 pk SKL | 330 kW 450 pk Volvo Penta |

| | | | |
|---|---|---|---|
| 020.09531 recr<br>**STERN**<br>Monopol/ LEVERKUSSEN I<br><br>Eigenhuis G.J.<br>Elzenlaan 4<br>1423 NC Uithoorn<br>0297-562673<br>1941<br>Koningswinter Schiffsbau<br>Koningswinter<br>17,50 x 4,08 x 1,55<br>169 kW 230 pk Deutz | 023.30605 MS<br>**STERN**<br><br>Tebezo BV<br>Sasdijk 15<br>8281 BM Genemuiden<br>038-3855225 | 1930-32 MS<br>**STERN**<br><br>Dijken J.v.<br>Veerweg 1<br>4031 KP Ingen<br>0344-602960<br>?1930<br>Niederheinisch Ruhrort<br>Duisburg<br>12,52 x 2,52 x 0,70<br>88 kW 120 pk DAF | 030.50950 MS<br>**STERNA**<br>TJOBA/ WILHELM/<br>MARLENE II<br><br>Wouda A.A.<br>Paterswoldeseweg 284<br>9727 BT Groningen<br>050-5262493<br>1939 396<br>Bijlsma/de Ridder<br>Wartena/Rotterdam<br>16,75 x 4,32 x 1,36<br>110 kW 150 pk Deutz |
| 022.05449 MS<br>**STERN**<br>ZEEHOND<br><br>NIOZ Stichting<br>Postbus 59<br>1790 AB Den Burg<br>06-51284153<br>1975<br>Rinkel kunststoffen Industrie<br>Oss<br>15,70 x 4,13 x 0,70<br>2 x 198 kW/270 pk Volvo Penta | 023.35442 MV<br>**STERN**<br>SCELT/ P.W.17<br><br>Koehoorn J.K.<br><br>Franeker<br><br>1962<br>De Lek<br>Krimpen a/d Lek<br>13,00 x 3,65 x 1,25<br>69 kW 94 pk GM | 022.02292 MS<br>**STERNA**<br>ZULLCHOW/<br>MERWEDE 5/<br>DANKBAARHEID<br>Huisman&T.G.C.M.Laguwitz RJ.<br>Krangstraat 1<br>5314 AA Bruchem<br><br>1942<br>Th.J.Fikkers<br>Martenshoek<br>17,16 x 4,39 x 1,78<br>220 kW 300 pk Rolls Royce | 030.50670 MS<br>**STERRE DER ZEE**<br>WAAL III<br><br>Woltheus L.<br>Zalkerdijk 2 A<br>8276 AC Zalk<br>038-3636292 / 06-53898379<br>1915 151<br>Botje Ensing & Co<br>Groningen<br>17,07 x 3,54 x 1,55<br>80 kW 110 pk MWM Benz |
| 022.08897 MV<br>**STERN**<br>HARDER<br><br>Stienstra J.<br><br>IJlst<br><br>1977 143<br>De Hoop<br>Schiedam<br>13,00 x 3,60 x 1,65<br>71 kW 96 pk DAF | 027.15414 MS<br>**STERN**<br>ROERDOMP<br><br>Van Oord Ballast HAM Dredging<br>Schaardijk 211<br>3063 NH Rotterdam<br>010-4478444<br>1974 521<br>Damen Shipyards BV<br>Hardinxveld-Giessendam<br>12,65 x 3,65 x 1,08<br>88 kW 120 pk GM | 023.06131 MS<br>**STERNA**<br>HUBERDINA/<br>THE-JA<br><br>Muiser U.<br>Esdoornstraat 18<br>2282 RZ Rijswijk<br>0418-642563<br>1939<br>Bodewes & Dutmer<br>Groningen<br>10,43 x 3,15 x 1,40<br>77 kW 105 pk DAF | 023.15985 MS<br>**STEVENSWEERT**<br><br>Ad Stolk Schepen BV<br>Veersedijk 161 A<br>3341 LL H.I.Ambacht<br>06-53117582<br>1980<br>G.J.v.Wezel<br>Dreumel<br>12,04 x 3,85 x 1,55<br>177 kW 240 pk Mercedes Benz |
| 023.13368 recr<br>**STERN**<br>SEAM/ EWT 6<br><br>Gijsbers J.R.<br>Zonnebloemstraat 8<br>3333 SW Zwijndrecht<br><br>1961 269<br>Damen Shipyards BV<br>Hardinxveld-Giessendam<br>12,87 x 3,55 x 1,48<br>169 kW 230 pk Scania Vabis | 027.18918 MV<br>**STERN**<br><br>Koek D.P.<br>Kerkeinde 30<br>4254 LD Sleeuwijk<br>0183-301321<br>1974 521<br>Damen Shipyards BV<br>Hardinxveld-Giessendam<br>12,65 x 3,43 x 1,08<br>176 kW 240 pk Caterpillar | 030.30949 DS<br>**STERNA**<br>ALI<br><br>Pascal F.<br>Torenmeesterstraat 42<br>8043 CE Zwolle<br>06-53902423 / 06-20595293<br>1931<br>Boot<br>Leiden<br>15,64 x 4,12 x 1,54<br>257 kW 350 pk Cummins | 065.03741 DS<br>**STIER**<br>REMBRANDT/ NEPTUNUS 3/<br>NEPTUNUS 7 /<br>EERLAND 27/ SALVOR 15<br>Puister Maritiem BV<br>Padweg 45<br>4388 EL Oost Souburg<br><br>1946 243<br>De Haan & Oerlemans<br>Heusden<br>18,63 x 5,00 x 1,92<br>260 pk kW/354 pk MAN |

| | | | |
|---|---|---|---|
| **reg.nr. / type** : | 1982-14 MS | 023.23646 MS | 033.20232 WV |
| **naam** : | **STORM** | **STORMVOGEL** | **STYN** |
| **ex naam** : | SHB 2 / BOB | | |
| **ex naam** : | | | |
| **ex naam** : | | | |
| **eigenaar** : | Bres H.J.F.de | Gielen Beheer B.V. W.B. | Ballegooij L.W. van |
| **adres** : | | v Leeuwenhoekweg 21 | Molenberg 88 |
| **woonplaats** : | Hazerswoude Rijndijk | 3316 AV Dordrecht | 4708 NL Roosendaal |
| **telefoon** : | | 078-6130635 | 0165-557425 |
| **bouwjaar / -nr.** : | 1982 | 1939 | 1965 |
| **bouwwerf** : | Geubel | Boulogne sur mer | Van Dijk |
| **plaats** : | Amsterdam | Frankrijk | Bergen |
| **l x b x d** : | 9,30 x 3,40 x 1,30 | 20,71 x 5,60 x 2,49 | 18,64 x 6,08 x 1,00 |
| **vermogen** : | 58 kW 80 pk Ford | 195 kW 265 pk Crepelle | 99 kW 135 pk Deutz |
| **boegschroef** : | | | |

| | | | |
|---|---|---|---|
| 022.10577 MS | 030.50628 MS | 027.18920 MV | 021.00023 SS |
| **STINTFANG** | **STORMER** | **STORMVOGEL** | **SUCCES** |
| | VIOS III/ VERO/ | | |
| | GERJAN | | |
| | | | |
| Veen K.H.v.d. | Unen W.J.v. | Koek D.P. | Key Kl. |
| Hoofdweg 106 | | Kerkeinde 30 | |
| 9615 AH Kolham | Culemborg | 4254 LD Sleeuwijk | Rotterdam |
| 0598-393504 | | 0183-301321 | |
| 1937 | 1912 | 1980 | 1909 |
| Norderwerft Köser & Meyer | | J.Schlieker & Zn | Huiskens & v.Dijk |
| Hamburg | | Sliedrecht | Dordrecht |
| 17,00 x 4,25 x 1,95 | 12,04 x 3,25 x 1,30 | 12,38 x 3,57 x 1,45 | 21,93 x 4,83 x 2,15 |
| 130 kW 177 pk Jastram | 88 kW 120 pk Donfeng | 172 kW 235 pk Caterpillar | 180 ipk Huiskens & v.Dijk |
| | | | |

| | | | |
|---|---|---|---|
| 020.01997 MS | 023.00130 MS | 1929-08 OP | 023.09582 MS |
| **STOFFEL** | **STORMVOGEL** | **STROBBE** | **SUDERSEE** |
| Nr 4/TRAMBOOT 4 / | STORMVOGEL/ VAYAK II/ | | MEVO/ HENJA/ |
| MARJO/ CONNY / | GERDA III / | | REGATTA |
| SACRAMENTO/ VIOS/ OLGA | ADELGONDA | | |
| Hanenburg A. | Blaauw & J.J.Mulder E.J. | Jong H.de | Mud J. |
| | | | Backermarke 29 |
| Hindelopen | Haulerwijk | Delfstrahuizen | 8016 LG Zwolle |
| | | | 038-4602400 |
| 1895 318 | 1925 | 1929 | 1910 |
| t Kromhout Wed.J.L.Ceuvel | Gebr.v.d.Wetering | | J.& K.Smit |
| Amsterdam | Rotterdam | | Slikkerveer |
| 18,15 x 4,05 x 1,35 | 18,32 x 4,82 x 1,70 | 6,00 x 2,00 x 0,70 | 14,44 x 3,36 x 1,60 |
| 169 kW 230 pk Cummins | 177 kW 240 pk ABC | 5,8 kW 8 pk Samofa | 77 kW 105 pk Deutz |
| | | | |

| | | | |
|---|---|---|---|
| 023.10501 MV | 023.11586 MV | 022.07435 PS | 033.20236 DS |
| **STOOMER** | **STORMVOGEL** | **STUVESANT** | **SUMUS UMBRA** |
| JOKE | DESTA 11 | STUVESANT/ | JOAN II/ ALLOD/ |
| | | RHD 85/ V 85 | RHEINLAND/ ELISABETH / |
| | | | WILLY/ ELISABETH |
| Bul A. | Riemersma G. | Coppens S.J. | Hoefnagel & H.M.Loosman H.J. |
| | Nijkerksterweg 4 | | Kon Julianalaan 1 |
| Amsterdam | 9143 DN Nes Dongeradeel | Almere | 8321 HW Urk |
| | 0519-589563 | | 0527-687802 / 06-53533783 |
| 1926 | 1963 25 | 1970 | 1925 142 |
| | Eltink | Gebr.Paans | Boele |
| | Mook | Roodevaart | Bolnes |
| 9,75 x 2,65 x 1,00 | 12,10 x 3,53 x 1,86 | 24,53 x 6,00 x 2,55 | 22,10 x 5,03 x 1,90 |
| 37 kW 50 pk Kromhout | 51 kW 70 pk Gardner | 419 kW 570 pk Caterpillar | 716 kW 973 pk Caterpillar |
| | | | |

2012-45 MS
**SUND**
Jos. Möbius Bau Ges.
GmbH & Co
Hamburg
2012 503152
damen Changde
Changde
2 x 896 kW 1218 pk Caterpillar

023.29469 MS
**SUNDANCE**
Kok K.
Amsterdam
2007 10
No Limit Ships BV
Groningen
8,80 x 2,80 x 0,65
29 kW 40 pk Lombardini

023.21622 DB
**SURVIVOR**
SCH 2347/
SLOOFIE
Dool C. v.d.
Ammerstol
1966 3100
VEB Rosslauer Schiffswerft
Rosslau
14,06 x 8,16 x 1,20
2 x 110 kW/150 pk Mercedes

021.00012 recr
**SUZANNA**
BLACK PRINCESS/
SUZANNA/ NOVA
Bartali F.
Rotterdam
1916
Kooijman
Sliedrecht
18,34 x 4,48 x 1,75
114 kW 155 pk MAN

030.51426 MS
**SUZANNA**
MAJOR/ DINA/ GEERTRUIDA/
ALBERT II/ WODAN /
FLEVO MARINA
Decker G. & M Vooges
Wolsum
1906
Molema, Landeweer & Stremmer
Leeuwarden
14,41 x 3,51 x 1,30
121 kW 165 pk Leyland

032.80082 MS
**SUZANNE**
WILMAR/
WELVAART/
PORKY
Nijhuis W.
Zaandam
1947
Schut
Hoogezand
9,52 x 2,66 x 0,95
59 kW 72 pk MWM

023.13187 WV
**SUZANNE D**
DE WAAL
Ad Stolk Schepen BV
Veersedijk 161 A
3341 LL H.I.Ambacht
078-6128000 / 06-53117582
1953
Schimag
Mannheim
20,45 x 7,50 x 1,00
2 x 184 kW/250 pk GM

027.19187 MC
**SUZANNE D**
Stemat Marine Service BV
Quarantaineweg 10
3089 KP Rotterdam
010-2996555
1998 NP 224
Kotlas/Neptune Marine
Limeda/Aalst
25,90 x 9,55 x 2,85
2 x 588 kW/800 pk Cummins
265 kW 360 pk

1946-07 MS
**SVEN**
BRONSWERK/
THOMAS
Aarts Marine BV S.O.
Amsterdam
1947
De Vries Lentsch
Nieuwendam
14,30 x 3,30 x 1,20
36 kW 50 pkKromhout

imo 9317901 MS
**SVITZER MALLAIG**
Svitzer Euromed BV
Capriweg 28
1044 AL Amsterdam
020-5060400
2005 711
Baltija Shipbuilding Yard
Klaipeda
30,30 x 11,00 x 4,10
2 x 2100 kW/2856 pk Caterpillar

imo 9292890 MS
**SVITZER MARKEN**
Svitzer Amsterdam BV
Capriweg 28
1044 AL Amsterdam
020-5060400
2005 706
Baltija Shipyard Ltd
Kleipeda
27,30 x 11,30 x 5,75
2 x 2100 kW/2856 pk Caterpillar

imo 9292852 MS
**SVITZER MARS**
Svitzer Amsterdam BV
Capriweg 28
1044 AL Amsterdam
020-5060400
2005
Baltija Shipyard Ltd
Kleipeda
2 x 1800 kW/2448 pk MAK

imo 9292888 MS
**SVITZER MUIDEN**
Svitzer Amsterdam BV
Capriweg 28
1044 AL Amsterdam
020-5060400
2004 707
Baltija Shipyard Ltd
Klaipeda
30,30 x 11,50 x 5,70
2 x 1800 kW/2448 pk MAK

imo 8521141 MS
**SVITZER SVEZIA**
SVEZIA/
ZP SVEZIA/
SVEZIA
Svitzer Amsterdam
Capriweg 28
1044 AL Amsterdam
020.5060400
1988 56
Cantieri Navali Ferrari
La Spezia
26,85 x 9,11 x 3,70
2 x 1170 kW/1590 pk Deutz

1900-10 OP
**SWETSER**
Samplonius H.
Sloten
1900
Leggelo
Waterhuizen
4,98 x 1,50 x 0,80
4,4 kW 6 pk Deutz

1920-08 MS
**SWETTE**
MARIA/
ROBBIE/
FURIE
Vries J.G.de
Weidum
1920
Maassluis
13,90 x 3,62 x 1,70
80 kW 110 pk Deutz

| | | | | |
|---|---|---|---|---|
| **reg.nr. / type** | 1919-01 MS | 023.29468 MS | 1961-15 MV | |
| **naam** | **T IS NIE ANDERS** | **TAILOR MATE** | **TARRA** | |
| **ex naam** | | | VEERE | |
| **ex naam** | | | | |
| **ex naam** | | | | |
| **eigenaar** | Vos M. | Kleermaker P.W. | Bekhoven J.J.M.v. | |
| **adres** | | | | |
| **woonplaats** | Werkendam | Amstelveen | Lage Zwaluwe | |
| **telefoon** | 0172-571138 | | | |
| **bouwjaar / -nr.** | 1919 | 2007 11 | 1961 | |
| **bouwwerf** | | No Limit Ships BV | Damen Shipyards BV | |
| **plaats** | | Groningen | Hardinxveld-Giessendam | |
| **l x b x d** | 8,50 x 2,80 x 0,90 | 8,80 x 2,80 x 0,65 | 11,00 x 3,30 x 0,95 | |
| **vermogen** | 85 kW 116 pk Bernhard | 29 kW 40 pk Lombardini | 53 kW 72 pk Kromhout | |
| **boegschroef** | | | | |

| | | | | |
|---|---|---|---|---|
| reg.nr. / type | 023.04105 DS | 023.21933 MS | imo 9605347 MS | 022.04232 OP |
| naam | **SWIFT** | **T.B.2** | **TARKA** | **TARZAN** |
| ex naam | | STRALAU/ | DMS ALBATROSS | |
| ex naam | | CORRIE S | | |
| ex naam | | | | |
| eigenaar | Verduin H.B. | Hoefnagel | Herman Sr BV | Koehoorn & Zn J.K. |
| adres | Danzigerkade 9 | | Anjerstraat 73 | Kiesterzijl 18 |
| woonplaats | 1013 AP Amsterdam | Tollebeek | 3333 GC Zwijndrecht | 8801 HN Franeker |
| telefoon | 020-6165815 | | 078-6192507 | 0517-396884 / 06-53413663 |
| bouwjaar / -nr. | 1928 | 1965 2504-17 | 2011 571650 | 1920 |
| bouwwerf | A.d.Jong | VEB Yachtwerft | Damen Shipyards BV | K.Westerdijk |
| plaats | Vlaardingen | Berlin | Hardinxveld-Giessendam | Terhorne |
| l x b x d | 18,92 x 4,51 x 2,15 | 12,00 x 3,10 x 0,82 | 32,27 x 9,10 x 3,30 | 6,60 x 2,09 x 0,64 |
| vermogen | 257 kW 350 pk Caterpillar | 128 kW 165 pk DAF | 2 x 1248 kW/1697 pk Caterpillar | 38 kW 52 pk Kromhout |
| boegschroef | | | 257 kW 350 pk Kalkman | |

| | | | | |
|---|---|---|---|---|
| reg.nr. / type | 060.03353 DB | 022.08978 MS | 023.20859 OP | 023.26799 DB |
| naam | **SYNERGY** | **TAALKE B** | **TARKA 2** | **TAURUS** |
| ex naam | JOHANNA/ TEXAS/ | 24 | | CONFIANCE/ RUBENS |
| ex naam | SPERA/ KARPER / | | | |
| ex naam | TEMPLIER/ REAT/ BO BJORN | | | |
| eigenaar | Synergy Shipping BV | Larsen C.O. & M. Schyberg | Dupré K.M. | Jong BV Rederij De |
| adres | | | | Montrealweg 153 |
| woonplaats | Zwijndrecht | Kopenhagen/ Enkhuizen | Dordrecht | 3197 KH Rotterdam |
| telefoon | | | | 010-2311555 / 06-53138457 |
| bouwjaar / -nr. | 1926 205 | 1958 5060/2 | 1993 22 | 1974 628 |
| bouwwerf | A.S.M. | Chantier Navel SA | GM Yachting BV | De Biesbosch |
| plaats | Arnhem | Liege Monsin | Stellendam | Dordrecht |
| l x b x d | 29,05 x 5,63 x 2,14 | 15,40 x 4,80 x 1,25 | 7,00 x 2,10 x 0,85 | 16,00 x 8,00 x 2,50 |
| vermogen | 552 kW 750 pk MWM | 176 kW 240 pk Caterpillar | | 2 x 527 kW/730 pk Cummins |
| boegschroef | | | | |

| | | | | |
|---|---|---|---|---|
| reg.nr. / type | 020.05146 recr | 023.34652 OP | 020.01281 MS | 020.15130 MS |
| naam | **SYTSKE** | **TAATJE** | **TARPAN** | **TE GOUDE** |
| ex naam | SYTSKE/ | | KEES/ | KASPAR/ NICO/ |
| ex naam | MISSING LINK | | Nooit gedacht en toch gekregen/ | SPES/ HOENDIEP |
| ex naam | | | HIGIEA | |
| eigenaar | Boeckhout G.C.P. | Slokker C.N. | Goyer G.B. de | Ricken E.W. |
| adres | | | Veerschipper 65 | |
| woonplaats | Veere | Huizen | 3401 PK IJsselstein | Gouda |
| telefoon | | | 030-6884278 | |
| bouwjaar / -nr. | 1906 | 2011 | 1929 | 1892 |
| bouwwerf | | Huizer Marina BV | t Hondsbosch | |
| plaats | Amsterdam | Huizen | Alkmaar | Kinderdijk |
| l x b x d | 12,00 x 3,20 x 1,40 | 6,10 x 2,10 x 0,85 | 14,40 x 3,32 x 1,32 | 16,24 x 3,91 x 1,65 |
| vermogen | 88 kW 120 pk DAF | 59 kW 60 pk Timray | 66 kW 90 pk Henschel | 122 kW 167 pk Scania |
| boegschroef | | | | |

020.07791 MV
**TEAM**
HONTE/ DIEZE/
VRIENDENTROUW /
ARINA
Kleef Van

Amsterdam

1933
De Vries Lentsch
Amsterdam
11,40 x 3,45 x 1,20
74 kW 100 pk DAF

023.34711 MS
**TEMPTATION**

Goosens Watersport Vof M.

Rijkevoort

1986 832
Schottelwerft Jozef Becker
Oberspay
16,85 x 3,88 x 0,65
2 x 218 kW/297 pk MAN

023.12540 MS
**TENDER**
WATERGEUS/
MANTA

Fens P.C.
Maasboulevard 191
3207 RM Spijkenisse
0181-641511
1968
De Ruiter & de Jong
Hardinxveld-Giessendam
16,65 x 4,21 x 1,20
191 kW 260 pk Mercedes

1990-21 MV
**TENDER**

Steenstra A.

Zwartsluis

1990

10,35 x 3,45 x 1,15
29 kW 40 pk Brons

023.29497 DB
**TERINA B**
TR 524

Zuiderzee Vof
Middelbuurt 42
8321 ZD Urk
06-51429894
1977
Ceske Lodenice
Melnik
12,36 x 8,83 x 0,90
2 x 375 kW/510 pk DAF

020.02718 MS
**TERRAQ 6**
WILSKRACHT/
EENDRACHT/GERRY /
MAAS 6/ HA 6
Janssen Materieel BV
Ubroekweg 41
5928 NM Venlo

1952 366
Th.v.d.Beldt
West Graftdijk
15,30 x 4,25 x 1,49
177 pk 240 pk Mercedes Benz

1976-06 MS
**TERSCHELLING**

Interbeton B.V.
Gen Spoorlaan 489
2285 TA Rijswijk
070-3152393
1976 1472
Damen Shipyards BV
Gorinchem
15,70 x 4,90 x 2,00
2 x kW pk Caterpillar

027.23851 MS
**TESSA F**

Neptune Equipment BV
Rivierdijk 458
3372 BW Hardinxv.-Giessendam

2014 NP 436
Neptune Shipyard BV
Aalst
27,53 x 10,00 x 3,45
2 x 1425 kW/1938 pk Caterpillar

imo 9503794 MC
**TESSA W**

Neptune Marine Service BV
Veerdam 1
5308 JH Aalst
0418-673103
2008 NP 307
Neptune Marine
Aalst
24,50 x 9,90 x 2,00
2 x 1000 kW/1360 pk

023.07917 MS
**TETJE ANNA**
WILJA/ WILJO/ ALUR/
FREDERIKE /
PIET/ ROLAND
Mengelder P.

Duiven

1944

Geertruidenberg
12,06 x 3,46 x 1,55
55 kW 75 pk Modag

023.06308 MS
**TEUNIS**
ST.JOSEPH II/ ST.JOSEPH/
MARIA/ MARIANNE /
MACA
Verras A.A.C.
Binnenhaven 6
4424 BN Wemeldinge
0113-621196
1939 1062
Eltink
Beneden Leeuwen
10,55 x 3,32 x 1,49
121 kW 165 pk DAF

023.27598 DB
**TEUNIS**
VOTUS

Booij Duw & Sleepvaart BV
Monsterweg 66
4454 AC Borssele

2002
Nantong Gangzha/De Schroef
Nantong/Sluiskil
18,95 x 11,20 x 1,80
2 x 753 kW/1024 pk Caterpillar

023.09539 DS
**TEUNTJE**
RECTA III/ANJO II/
SONTHE

Doedens A.A.
Postbus 18
3243 ZG Stad a/h Haringvliet

1913
H.J.Koopman
Dordrecht
16,85 x 4,40 x 1,75
110 kW 150 pk Deutz

1984-15 MS
**TEUS**

Heukelom H.J.v.

Hardinxveld-Giessendam

1984
De Schroef
Asperen
10,65 x 3,25 x 1,25
125 kW 170 pk DAF

imo 9060699 MS
**TEXELBANK**

Smit Harbour Towage
Rotterdam BV
Waalhaven OZ 85
3087 BM Rotterdam
010-4549911
1992 615
Con Navales Breheretle Rouxe
Lotz
30,60 x 9,95 x 5,50
2 x 1229 kW/1670 pk Caterpillar

021.02295 MS
**THALASSA**
ANCOR/ ADDI/ ANJA/
JOMA/ OUWERKERK /
CHRISTINE
Vervoort B.

Venlo

1930

Lent
11,92 x 3,20 x 1,50
88 kW 120 pk DAF

| | | | |
|---|---|---|---|
| **reg.nr. / type** : | 023.09278 MS | 023.10179 DS | 020.06820 MS |
| **naam** : | **THE AD** | **THEO** | **THEODORA** |
| **ex naam** : | DINA | VOORNE/ EERLAND 17 | HOUTHANDEL V/ |
| **ex naam** : | | | DOLFIJN |
| **ex naam** : | | Tuinman & Zn | |
| **eigenaar** : | Goudriaan C. | Sleepvaartbedrijf Vof A. | Bos J. |
| **adres** : | | Nieuwe Vissershaven 11 | |
| **woonplaats** : | Sliedrecht | 8861 NX Harlingen | Zaandam |
| **telefoon** : | | 0517-412854 / 06-50973109 | |
| **bouwjaar / -nr.** : | 1949 | 1957 101 | 1947 286 |
| **bouwwerf** : | Van Rossem | H.d.Haas | De Vries Lentsch |
| **plaats** : | Dreumel | Maassluis | Alphen a/d Rijn |
| **l x b x d** : | 9,07 x 2,98 x 1,45 | 19,25 x 5,25 x 2,10 | 14,30 x 3,50 x 1,25 |
| **vermogen** : | 55 kW 75 pk MWM | 427 kW 580 pk Caterpillar | 36 kW 50 pk Kromhout |
| **boegschroef** : | | | |
| 030.31586 MS | 023.21975 DB | 1929-31 OP | 023.04384 CP |
| **THALASSA** | **THE AN XII** | **THEO** | **THEODORA** |
| Risico/ Risico IV/ Ali/ Elja/ | AKEN | | R 31 S/ H 4 S |
| Thomas/ Queen /Spes/ | | | |
| Brakenstein/ Thalassa | | | |
| Hermelink H. | Bosma J. | Buwalda F.T | E.N.B.O. BV |
| De Stuw 12 | Jan Klingerweg 3 | | Hondsdijk 3 |
| 7921 VJ Zuidwolde (Dr) | 5335 JK Alem | Heerenveen | 2396 HG Koudekerk a/d Rijn |
| 0528-371433 / 06-12266289 | | | |
| 1919 | 1986 | 1929 | 1929 188 |
| | Rothensee Schiffswerft | | Boele |
| Dordrecht | Magdeburg | | Bolnes |
| 17,62 x 4,44 x 1,80 | 11,20 x 5,10 x 1,20 | 5,00 x 2,00 x 1,00 | 27,33 x 5,36 x 1,80 |
| 147 kW 200 pk Lister Blackstone | 103 kW 140 pk Schonebeck | 23 kW 32 pk Lister | 182 kW 248 pk Kromhout |
| 023.08632 MS | 023.21137 MV | 1921-03 MS | 023.33291 DB |
| **THALETAS** | **THE NANNIE** | **THEODOOR** | **THERA** |
| JACOBA/ JANNIGJE/ | MARIE/ NOORDKAAP | CADANS | |
| MARIE 11 / | | | |
| EERLAND 11 | Zeeverkenners Nannie | | Chemgas Shipping BV |
| Hart J. 't | v.d.Wiele | Esch J.v. | v.Vollenhovenstraat 3 |
| | | | 3016 BE Rotterdam |
| Valkenburg | IJmuiden | Gorinchem | 010-2412222 |
| | | | 2010 835 |
| 1913 | 1949 180 | 1921 | Shipyard Construction |
| Marckmann & Faassen | Damen Shipyards BV | 't Kromhout Wed J.L.Ceuvel | Hoogezand BV |
| Kralingse Veer | Hardinxveld-Giessendam | Amsterdam | Hoogezand |
| 13,17 x 3,44 x 1,45 | 10,07 x 3,05 x 1,80 | 10,50 x 2,90 x 1,20 | 28,57 x 11,20 x 1,40 |
| 117 kW 160 pk Volvo Penta | 60 kW 82 pk Caterpillar | 62 kW 85 pk DAF | 2 x 634 kW/862 pk Mitsubishi |
| | | | 294 kW 400 pk Doosan Kalkman |
| imo 9060704 MS | 1934-02 OP | 020.01588 MS | 1907-08 MS |
| **THAMESBANK** | **THEMIS** | **THEODORA** | **THERESE** |
| | | WESTER/JO/ | WIETZE/ LESUM/ |
| | | THEODORA/ | AMEISE / |
| Smit Harbour Towage | | JOOP/ LINGE | HUGO STINNES |
| Rotterdam BV | Nispen B.van | Heerschop G.J.B. | Dienaar B. |
| Waalhaven OZ 85 | | | |
| 3087 BM Rotterdam | Amsterdam | Kampen | Schiedam |
| 010-4549911 | | | |
| 1992 616 | 1934 | 1924 | 1907 |
| Con Navales Breheretle Rouxe | | De Amstel G.J. Baas | Joh.Bergh & Hulshof |
| Lotz | | Ouderkerk a/d Amstel | Farmsum |
| 30,60 x 9,95 x 5,50 | 6,00 x 2,00 x 0,80 | 15,15 x 4,00 x 1,40 | 17,46 x 5,30 x 2,18 |
| 2 x 1229 kW/1670 pk Caterpillar | 5,8 kW 8 pk Deutz | 93 kW 127 pk Scania Vabis | 276 kW 375 pk Deutz |

023.20242 DB
**THERESIA**
BIZON B 044 /
BIZON

Poltrans BV
Abr.Kuyperlaan 118
3038 PR Rotterdam

1971
Plocka Stocznia
Plock
20,84 x 8,06 x 1,30
2 x 136 kW/185 pk Caterpillar

022.03478 MS
**THIJS**
RISICO

Reijmers T.W.M.
Het Havenhoofd 1
3351 RZ Papendrecht

1956
R.Huisman Jr
Rohel
16,96 x 4,56 x 1,81
331 kW 450 pk Caterpillar

1927-15 OP
**THOR**
JOHANNA ALBERDINA

Jonge M. de

Alphen a/d Rijn

1927
De Hoop Gebr.Thijssen
Leiden
6,80 x 1,95 x 0,65
Kromhout

1940-08 OP
**TIETJE**

Tol Th.

Amsterdam

1940

9,00 x 2,50 x 0,85
14,7 kW 20 pk samofa

imo 9252527 MS
**THETIS**

Iskes Towing & Salvage BV
Monnickendamkade 19 D/E
1976 EC IJmuiden
0255-522860 / 06-53901609
2002 989
Apaptin/Delta Shipyard
Apatin/Sliedrecht
28,80 x 11,00 x 4,60
2 x 1691 kW 2298 pk Wartsila
150 kW 204 pk Dyna

1930-62 OP
**THIJS**

Zijda T.

Hasselt

1930
Bodewes & Dutmer
Groningen
6,00 x 2,00 x 1,00
24 kW 33 pk Lister

023.13611 DB
**THYRA**
NEPTUNUS 8/
EERLAND 3

Walsma Rederij
D.Schellincxstraat 28
3201 KA Spijkenisse
0181-620336
1972 160
H.d.Haas
Maassluis
13,22 x 6,55 x 1,67
2 x 331 kW/450 pk Mitsubishi

1936-02 OP
**TIGRIS**

Juffermans D.v.

Oegstgeest

1936

5,05 x 1,70 x 0,70
5 kW 7 pk Triumph

2000-02 OP
**THETIS JUNIOR**

IJmuiden Zee & Havenmuseum
Havenkade 55
1973 AK IJmuiden
0255-538007
2000
Sjaak Speet
IJmuiden
5,00 x 1,40 x -
5,8 kW 8 pk Yanmar

023.24991 MS
**THILANT**
STUTTGART - M 43

Scheepvaartbedrijf R.
Giessen B.V.
Ringdijk 434
3331 LK Zwijndrecht
078-6125785 / 06-53167487
1963
H.Garbers
Hamburg
17,47 x 4,06 x 1,27
132 kW 179 pk GM

1926-10 MS
**TIA**

Josephy M.

Weesp

1926 692
Nic.Witsen
Alkmaar
15,35 x 3,66 x 1,40
80 kW 80 pk Kromhout

022.04164 MV
**TIJGERHAAI**

Boltje & Zn R.

Zwolle

1967 108
Gebr.Bodewes
Hasselt
21,27 x 7,20 x 0,70
2 x 331 kW/450 pk Caterpilar

022.04254 MV
**THIJN**
JACOBA V/ JACOBA 5/
DE VIJF

Ingensche Waarden De
Droststraat 20
3958 BK Amerongen

1968
Visscher & Zn
Zwartsluis
14,05 x 4,42 x 1,30
221 kW 300 pk Mercedes Benz

023.07206 MS
**THOR**
G-4/ MASCOTTE/
TALING/ LEKSTROOM VI /
KEES
Gottlieb A.C.

Amsterdam

1946
P.Gouwens & Zn
Krimpen a/d Lek
11,18 x 3,25 x 1,20
85 kW 116 pk Deutz

1915-02 MS
**TIEDE**
Binnenhaven/ Campania VIII/
Germaine /Leal/ Gulze/
Jenny/ Animo/ Geiz
Idzenga I.J

Bergum

1915 259
P.Smit Jr
Rotterdam
12,12 x 3,16 x 1,45
110 kW 150 pk MWM

022.05411 MS
**TIJGERHAAI**
US NAVY/ Y 8219

Mammoet Maritime BV
Karel Doormanweg 47
3115 JD Schiedam
010-2042483
1956
Coast Guard Wharf
Curtis Bay Maryland (USA)
12,56 x 3,54 x 0,70
2 x 1349 kW/190 pk GM

| reg.nr. / type : | 023.07129 MS | 021.00161 MS | 022.02323 MS |
|---|---|---|---|
| naam : | **TIMMERMAN 3** | **TINKA** | **TITAN** |
| ex naam : | | MARTHA/ HENCOR/ | WATERTOURIST/ PHRIX I/ |
| ex naam : | | WILLY / | WATERTOURIST / |
| ex naam : | | HEUKO II/ EN AVANT 33 | GERTRUIDA II/ SNIP/ MAGDA |
| eigenaar : | Brink BV K.A. van | Masuhr J. | Schemmekes Handelsondern. |
| adres : | Postbus 22 | | Jan Vroegopsingel 2 F |
| woonplaats : | 3100 AA Schiedam | Hillegom | 1096 CN Amsterdam |
| telefoon : | | | |
| bouwjaar / -nr. : | 1944 | 1922 | 1928 |
| bouwwerf : | Van de Brink | Van der Kuy & Van Ree | Concordia S.Seymonsbergen |
| plaats : | Rotterdam | Overschie | Amsterdam |
| l x b x d : | 16,67 x 3,77 x 1,64 | 14,27 x 3,80 x 1,90 | 15,30 x 3,51 x 1,35 |
| vermogen : | 162 kW 220 pk Caterpillar | 88 kW 120 pk Modag | 99 kW 135 pk Volvo |
| boegschroef : | | | |

| | | | |
|---|---|---|---|
| 023.14240 DS | 065.03773 DB | 1933-04 OP | 1925-14 OP |
| **TIJGERHAAI** | **TIMMY** | **TINKER** | **TITAN** |
| FREDERICA VI/ | BIZON B-0-35/ BIZON/ | | |
| PONTONNIERSDIENST / | TIMMY 2/ SAMANTHA / | | |
| TD IV/ KPT4/ RV 4 | PALESTEL 26 | | |
| Tijgerhaai Vof | Lee Gebr. van der | Post U. | Guntelaar K. |
| Maaskade 87 B | Lekdijk 28 | | |
| 3071 NE Rotterdam | 4124 KC Hagestein | Wanneperveen | Amsterdam |
| 010-4128473 | 0347-351824 | | |
| 1916 | 1970 | 1933 | 1925 |
| I.A.Kreber | Plocka Stocznia | | |
| Vlaardingen | Plock | | |
| 18,55 x 4,76 x 2,00 | 20,88 x 8,08 x 1,30 | 6,00 x 1,80 x 0,75 | 6,00 x 1,90 x 0,90 |
| 235 kW 320 pk Mercedes Benz | 2x206kW/280pkDaewoo/Caterp. | 14,7 kW 20 pk Bolinder | 18 kW 25 pk Deutz |
| | | | |

| | | | |
|---|---|---|---|
| 020.01961 MS | 023.08321 DS | 023.21972 MS | 1929-11 OP |
| **TIJMA** | **TINEKE** | **TINY** | **TITAN** |
| Tijma/ Johanna/ | LINGE / LUXEMBURG / | MAJO/JOTHE/DORINE / | |
| Onderneming VIII /Catharina/ | LEKSTROOM XIV | HENCOR / | |
| Lady Co/ Tijma/ Thor | | RIQ/MAJO/WES | |
| Verschoor J. | Poirot | Bos D.J. | Boon J. |
| Villa Novalaan 6 | | Ranonkelkade 54 I | |
| 8531 HS Lemmer | Nieuw Lekkerland | 1031 XV Amsterdam | Kwintsheul |
| | | | |
| 1934 79 | 1935 496 | 1940 | 1929 |
| De Jong & Smit | P.Smit Jr | Eltink | Kloos |
| IJsselmonde | Rotterdam | Beneden Leeuwen | Haarlem |
| 17,03 x 4,35 x 1,60 | 16,20 x 3,85 x 1,56 | 9,05 x 3,09 x 1,40 | 5,50 x 2,50 x 0,90 |
| 80 kW 120 pk Brons | 264 kW 360 pk GM | 100 kW 138 pk DAF | 13 kW 18 pk Arona |
| | | | |

| | | | |
|---|---|---|---|
| 023.10332 DS | 023.16217 MS | 023.17309 MS | 020.03587 MS |
| **TIMMERMAN 1** | **TINEKE** | **TISMIJN** | **TITAN III** |
| | | PIET /PUFFIN BILLY /PIET / | MARINUS/ HENCA/ |
| | | BREESAAPS /DIEU DONNE/ | KOLIBRI / |
| | | BOBBIE/ LEMA/ STRUZER | ASTRID/ BEPPIE |
| Damen Vastgoed Pernis BV | Hussen Aannemingsmij. | Kok H.W.J. | Klompmaker A.C. |
| Pastoriestraat 1 | | | |
| 3195 HR Rotterdam | Culemborg | Nieuwegein | Lelystad |
| | | | |
| 1958 | 1969 | 1939 43 | 1937 |
| Van de Brink | Damen Shipyards BV | Hylkema | R.D.M. |
| Rotterdam | Hardinxveld-Giessendam | Martenshoek | Rotterdam |
| 16,50 x 3,77 x 1,77 | 9,25 x 2,80 x 0,87 | 12,00 x 3,70 x 1,40 | 12,95 x 3,10 x 1,40 |
| 162 kW 220 pk Caterpillar | 50 kW 68 pk Mercedes Benz | 80 kW 110 pk GM | 82 kW 112 pk Scania |
| | | | |

023.01567 MS
**TITANIC**
HEIN/ HENDRIKUS/ PIEMA/
LIMBURGIA /ADWIL II/
CRESCENDO/ADWIL/MACUSE
Hendriksma G.
3e Rijksbinnenhaven 1
1951 JL Velsen Noord
0251-224279
1906
t Huys derMerwede H.teVeldhuis
Papendrecht
15,96 x 3,77 x 1,04
121 kW 168 pk Leyland

023.12627 MS
**TJERK**
Ypema
Groenedijk 36
2904 LB Capelle a/d IJssel
1968 59
Heermans
Hedel
6,52 x 2,56 x 0,72
29 kW 40 pk MWM

020.04755 MS
**TOBIAS**
ZWALKER/ IDA/
WILMAR I /
AL DAKHIRA
Ravenstein J.
Dodewaard
1928
G.Bijlsma & Zn
Wartena
12,32 x 3,87 x 1,53
82 kW 116 pk Deutz

022.02261 MS
**TOMMY**
ANDOE/ STEVEN/
ORION/ THETIS /
DIANA/ AURORA
Bos D.J.
't Hoenstraat 28
1551 GB Westzaan
1947
Hylkema
Martenshoek
15,36 x 4,15 x 1,40
173 kW 235 pk Stork Ricardo

---

1950-38 MV
**TITANIC**
Barkema P.
Amsterdam
?1950
9,00 x 2,00 x 0,80
58 kW 80 pk Volvo Penta

022.07834 DS
**TJERK HIDDE**
M 1/ V 15/ VITENZY UNOR/
PR I/ RIEKELT
Foekema Transport
Meeuwenlaan 16
8321 XB Urk
0527-684429 / 06-30231259
1956 871
VEB Yachtwerft Neptun
Rostock
20,35 x 6,16 x 2,30
463 kW 629 pk Caterpillar

021.04782 MV
**TOM**
HUIGINA / EWT 14
1973 1327
Damen Shipyards BV
Hardinxveld-Giessendam
12,95 x 3,46 x 1,50
176 kW 240 pk Caterpillar

023.32865 MS
**TOMMY**
GEAD/
SAENSTROOM JR
Ploegstra & V.D.den Boeft A.
Amsterdam
1949
Van de Berk
Beneden Leeuwen
9,00 x 3,10 x 1,30
65 kW 90 pk Kromhout

---

020.13928 MS
**TITON**
Gezina/Patria II/Betty/Elizabeth/
Geesje/Fina /Jeyija/Spes/Animo/
Lady Day/Hidde/Gejo/Noach
Rijk A.J. de
H.I.Ambacht
1930
C.Amels & Zn
Makkum
13,08 x 3,57 x 1,06
147 kW 200 pk MAN

033.20223 MS
**T'MAKKEN**
Smals Bouwstoffen BV
Havenlaan 31
5433 NK Cuijk
0475-316054 / 06-53473753
1964
J.Schlieker & Zn
Sliedrecht
12,35 x 3,40 x 1,06
184 kW 250 pk DAF

055.02450 DS
**TOM**
Browema International BV
H.J.IJpenberg 45
5424 SN Elsendorp
1984
Ravenstein
Deest
13,98 x 7,00 x 1,81
2 x 184 kW/250 pk Deutz

020.06333 MS
**TOMMY VAN LOON**
IW 1389/VD 8/ KM 26/ A 866/
Y 8021/ KATRIENA /TOMMY/
HERMA/TOMMY VAN LOON
Oever F.R.v.d.
Dordrecht
1940
14,15 x 3,75 x 1,60
80 kW 80 pk Kromhout

---

1922-03 MS
**TJEDDE**
GERLIND II
Marinus W.
Mastenmakerstraat 31
8064 DX Zwartsluis
06-20489028
1922
Bijlholt
Foxhol
5,10 x 1,75 x 0,85
19 kW 27 pk Lister

023.33754 DB
**TOBA**
Chemgas Shipping BV
v.Vollenhovenstraat 3
3016 BE Rotterdam
010-2412222
2010 836
Shipyard Construction
Hoogezand BV
Foxhol
29,50 x 11,26 x 1,70
2 x 634 kW/862 pk Mitsubishi
294 kW 400 pk Doosan Kalkman

1968-07 MV
**TOM**
RVE 16 /
ANNEMIEKE
Heeres G.
Abbegeasterkelt 14
8617 LB Abbega
0515-569367
1968
J.Schlieker & Zn
Sliedrecht
7,00 x 2,33 x 1,10
88 kW 120 pk DAF

023.11357 MS
**TOR**
Damen Marine Services BV
Rivierdijk 561
3371 EC Hardinxv.-Giessendam
0184-626000
1962 430
Akerboom
Leiden
14,27 x 4,72 x 1,19
191 kW 260 pk Deutz

| | | | |
|---|---|---|---|
| **reg.nr. / type** : | 023.12254 DS | 020.11601 MS | 2007-08 DB |
| **naam** : | **TREKVOGEL** | **TRIO** | **TRIO** |
| **ex naam** : | M 013/ D 225/ | | |
| **ex naam** : | TREKVOGEL/ MADI 3 | | |
| **ex naam** : | | | |
| **eigenaar** : | Koek D.P. | Ghijsen T. | Lachnit Duwbotenverhuur |
| **adres** : | Kerkeinde 30 | Kimonostraat 11 | Korte Gelgewater 56 |
| **woonplaats** : | 4254 LD Sleeuwijk | 1448 DR Purmerend | 2313 BR Leiden |
| **telefoon** : | 0183-301321 | | |
| **bouwjaar / -nr.** : | 1921 204 | 1936 | 2007 |
| **bouwwerf** : | Gebr.Wiemann | 't Hondsbosch | ACT De Helling |
| **plaats** : | Brandenburg | Alkmaar | Enschede |
| **l x b x d** : | 22,68 x 6,08 x 1,65 | 14,80 x 3,40 x 1,20 | 6,75 x 2,60 x 1,00 |
| **vermogen** : | 404 kW 550 pk Yanmar | 121 kW 165 pk GM | 96 kW 130 pk John Deere |
| **boegschroef** : | | | |

| | | | |
|---|---|---|---|
| 1960-23 OP | 020.03539 MS | 021.02616 MS | 021.03962 MS |
| **TOR** | **TREKWIJK** | **TRIO** | **TRIO 2** |
| | DE OVERTOOM/ TREKWIJK/ | | |
| | HYGIEA V /ALTIED DROK/ | | |
| | MON DESIR/ GRETA | | |
| Leeuw A.d. | Burger R. | Maasstad BV De | Kaliwaal Bijland BV |
| | | | Waage Naak 15 |
| Zaandam | Langweer | Rotterdam | 6019 AA Wessem |
| | | | |
| 1960 | 1926 | 1913 | 1965 |
| | N.A.Bernhard Jr | Huiskens & Van Dijk | J.Schlieker & Zn |
| | Nieuwendam | Dordrecht | Sliedrecht |
| 5,10 x 1,80 x 1,10 | 14,00 x 3,48 x 1,50 | 18,70 x 4,52 x 2,00 | 11,95 x 3,40 x 1,38 |
| 74 kW 100 pk Nannini | 85 kW 115 pk Caterpillar | 184 kW 250 pk Bolnes | 147 kW 200 pk GM |
| | | | |

| | | | |
|---|---|---|---|
| 023.33732 MV | 1925-19 OP | 023.05296 MS | 021.04114 MS |
| **TORIAN** | **TRIJN** | **TRIO** | **TRIO 3** |
| | | NEELTJE | |
| | | | |
| | | | |
| Baartmans J.W.C. | Achterbos | Boon C. | Kaliwaal Bijland BV |
| | | | Waage Naak 15 |
| Mijdrecht | Vinkeveen | Hardinxveld-Giessendam | 6019 AA Wessem |
| | | | |
| 1935 299 | ca25 | 1914 | 1967 |
| De Hoop | Achterbos | Gebr.v.d.Windt | J.Schlieker & Zn |
| Hardinxveld-Giessendam | | Vlaardingen | Sliedrecht |
| 15,00 x 3,30 x 1,30 | 5,65 x 1,84 x 0,70 | 14,65 x 3,70 x 1,60 | 11,95 x 3,40 x 0,82 |
| 68 kW 92 pk GM | 14,7 kW 20 pk Bolinder | 147 kW 200 pk MAN | 147 kW 200 pk GM |
| | | | |

| | | | |
|---|---|---|---|
| imo 9623142 MS | 020.04816 MS | 023.09358 MS | 022.11416 MS |
| **TORSTEN** | **TRIJNKO** | **TRIO** | **TRIP** |
| SANMAR DENIZCILIK MAKINA | FEKO/ FECO | | COR/ TONI/ HUBERDINA / |
| | | | MON DESIR/ TRIP / |
| | | | DELTA 3 |
| Stee BV J.W.van | Oosten H.van | Niba Grind Mij BV | Krimpen A.W.v. |
| Nieuwe Vissershaven 7 | | Nieuw Plein 5 | Sir W.Churchilllaan 212 |
| 8861 NX Harlingen | Zwolle | 6811 KN Arnhem | 2282 JJ Rijswijk |
| | | 026-4423041 | 070-3903735 |
| 2012 2 | 1939 | 1955 | 1939 |
| Sanmar Denizcilik Makina | Hylkema | J.Schlieker & Zn | Bijlholt |
| Istanbul | Martenshoek | Sliedrecht | Foxhol |
| 31,30 x 11,50 x 3,00 | 12,90 x 3,58 x 1,50 | 12,01 x 3,43 x 1,80 | 15,11 x 4,17 x 1,40 |
| 2 x 1425 kW/1938 pk Caterpillar | 112 kW 153 pk Scania | 175 kW 238 pk GM | 114 kW 155 pk Deutz |
| | | | |

020.04041 MS
**TRITON**
HOLLAND I/ AJAX
Groenen P.
Leiden
1916
Concordia S.Seymonsbergen
Amsterdam
12,20 x 3,20 x 1,50
77 kW 105 pk Kromhout

1930-12 MS
**TRITON**
Hoekstra S.
IJlst
1930
De Biesbosch
Dordrecht
9,20 x 3,00 x 1,25
121 kW 165 pk DAF

021.02394 MS
**TROMP**
HARMONIE I/ TEMPO
Hortensius P.
Winsum
1925
H.J.Koopman
Dordrecht
27,50 x 5,52 x 1,98
101 kW 138 pk DAF

1930-22 OP
**TURBOOTJE**
Vries G.J.de
Monnickendam
1930
5,50 x 1,70 x 0,80
47 kW 65 pk Mercedes Benz

023.10729 MV
**TRITON**
DOLFIJN/
WILLEM LODEWIJK/ PI-AR /
ORKA
Buijtenhek J.A.
Kievit 12 B 82
5111 HD Baarle Nassau
078-6131089 / 06-53254504
1958
G.J.v.Berk
Beneden Leeuwen
13,60 x 3,75 x 1,55
165 kW 225 pk Mercedes Benz

imo 9451537 MS
**TRITON**
PINARD
Iskes Towing & Salvage BV
Monnickendamkade 19 D/E
1976 EC IJmuiden
0255-522860 / 06-53901609
2008 2043
Dearsa
Istanbul
32,00 x 12,40 x 5,20
2 x 1987 kW/2700 pk ABC

023.01202 MS
**TROMP**
LEENDERT JOHANNES/
JEANNE/ HARMINA/ JANNA /
ANNIE JOHAN/ PIETERNELLA
Kroezen A.A.
Utrecht
1912
Boele & Pot
Bolnes
15,10 x 3,88 x -
85 kW 116 pk Deutz

1925-15 OP
**TWAALF TERMIJNEN**
DOTOS
Novarraz R.J.
Amsterdam
1925
5,00 x 1,80 x 0,80
18 kW 25 pk Hercules

030.20813 MS
**TRITON**
KALIWAAL/ KALIWAAL IV
Eltink R.
Gennep
1925
De Holland
Hardinxveld-Giessendam
18,50 x 4,50 x 1,90
73 kW 100 pk Industrie

1930-21 OP
**TRIXY**
ALJA/ ALJO
Koek E.
Sleeuwijk
1930?
7,00 x 3,05 x 1,00
51 kW 70 pk Ford

023.15773 MS
**TSM 6**
JEANNE LAMBOOY/
TSM 6/ GABBER /
SANNY *
Geemen D.v.
Monnickendam
1931
Kruispolder
14,52 x 3,92 x 0,89
72 kW 98 pk Mercedes

020.02015 MS
**TWEE GEBROEDERS**
SIMON/ HOLLAND VII/
TEMPORA M /
HOUTRIB
Jong C.& G.G.de
Alphen a/d Rijn
1943 732
t Hondsbosch
Alkmaar
16,45 x 3,77 x 1,77
88 kW 120 pk Industrie

031.50417 MS
**TRITON**
SECUNDO/
BROEDERTROUW III/
LE FLIC
Magermans F.J.H.
Waleweinlaan 87
5665 CG Geldrop
040-2860622
1908
Gebr.Paans
Roodevaart
15,12 x 3,74 x 1,80
88 kW 120 pk DAF

020.09224 MV
**TROCHSETTER**
RP/ KROMHOUT/
ATLANTIC EXPRESS /
ATLANTIC
Loen H.C.
Sneek
1950
J.Boomsma
Sneek
11,40 x 3,43 x 1,25
88 kW 120 pk DAF

023.12660 DS
**TUIMELAAR**
KEVER/ HENDRIK 4
Straaten Beheer BV Van der
Werfdijk 6
4417 AN Hansweert
0113-382510
1968 465
Akerboom
Leiden
16,67 x 5,75 x 2,26
257 kW 350 pk Deutz

023.05276 MS
**TWEE GEBROEDERS**
TWEE GEBROEDERS/
VADERLAND /
GREATE PIER
Visser R.
Groningen
1912
Gebr.v.d.Windt
Vlaardingen
17,44 x 4,32 x 1,45
227 kW 309 pk Deutz

| **reg.nr. / type** : | 020.08381 DB | 021.02952 MV | 038.00014 DS |
|---|---|---|---|
| **naam** : | **TYPHOON** | **TYR** | **URSUS** |
| **ex naam** : | HETO/ INCA | ADRI/ DONALD DUCK/ | |
| **ex naam** : | | MADONNA | |
| **ex naam** : | | | |
| **eigenaar** : | Dinter & Zn Vof J.van | Verhoef - De Wit | Zijsling & Zn BV |
| **adres** : | Vuurdoornlaan 26 | | Riperwei 3 |
| **woonplaats** : | 2803 BB Gouda | Aalsmeerderbrug | 8623 XR Jutrijp |
| **telefoon** : | 0182-526690 / 06-53895643 | | 0515-424603 |
| **bouwjaar / -nr.** : | 1981 8101 | | 1953 |
| **bouwwerf** : | Sondy | H.v.Duijvendijk (Prinses Juliana) | Schiedamse Scheepswerf |
| **plaats** : | Almere | Papendrecht | Groot Ammers |
| **l x b x d** : | 19,46 x 8,06 x 1,50 | 8,90 x 2,31 x 0,71 | |
| **vermogen** : | 2 x 706 kW/960 pk Mitsubishi | 88 kW 120 pk DAF | 88 kW 120 pk DAF |
| **boegschroef** : | | | |

| | | | |
|---|---|---|---|
| 032.80122 MS | 1926-06 OP | 022.11097 MV | 1920-06 OP |
| **TYBER** | **TYPHOON** | **UITERTON** | **UT E BLOKSLEAT** |
| TWEE GEBROEDERS/ | | VOLHARDING / | |
| LUJA/ GEMMA / | | DORUS | |
| SONJA/ JACKY/ GIPSY | | | |
| Emmerik M. van | Hooijmans L.J.M. | Ehlhardt & M.S.v.Weeelen A.J. | Zwaag L.v.d. |
| | | Schaarweg 1 | Bisschopsweg 24 |
| Krommenie | Oegstgeest | 6991 GC Rheden | 9213 RG De Wilgen |
| | | | 0512-510520 |
| 1930 | 1926 | 1935 | ?1920 |
| Gebr.Tijssen | | Goor & Spiekman | |
| Leiden | | Zwartsluis | |
| 9,83 x 2,93 x 1,40 | 6,00 x 1,80 x 1,00 | 7,70 x 2,45 x 0,85 | |
| 56 kW 77 pk Deutz | 14 kW 20 pk Skoda | 44 kW 60 pk Mercedes Benz | |

| | | | |
|---|---|---|---|
| 032.60140 DS | 1928-17 MS | 032.30360 DS | 021.04216 DS |
| **TYFOON** | **TYPHOON** | **URK** | **UTOPIA** |
| RINY | | | Monopol/ HILLECHIEN/ |
| | | | JOHNNY O / |
| | | | SILVIA |
| Ruiter K.G.de | Roorda M.T.M. | Klerk BV De | Cornelis & De Bruin Vof |
| Baanhoek 397 | | Sasdijk 10 | |
| 3361 GG Sliedrecht | Amsterdam | 4251 AA Werkendam | Terneuzen |
| 06-53163943 | | 0183-508666 | |
| 1959 386 | 1928 | 1938 | 1948 |
| Th.v.d.Beldt | | Bodewes & Dutmer | Machinenbau |
| West Graftdijk | | Groningen | Minden |
| 27,54 x 6,20 x 2,49 | 8,25 x 2,20 x 1,00 | 11,95 x 3,22 x 0,97 | 23,60 x 5,56 x 1,80 |
| 1324 kW 1800 pk ABC | 14 kW 20 pk Samofa | 123 kW 168 pk DAF | 2 x 353 kW/480 pk GM |

| | | | |
|---|---|---|---|
| 020.05639 DS | 1958-11 MS | 022.09375 MS | 083-71 PS |
| **TYGO** | **TYPHOON** | **URSEL** | **V 86** |
| HOHNECK/ L'AVENIR/ | KIENITZ / JANNY | OTTO | OTHENE/ RHD 86 |
| SIRIUS/ SCHORPIOEN / | | | |
| ADMA/ NATASCHA/ ALICIA | | | |
| Natascha Vof | Heugten N.van | Nagelhout C. | Rijkswaterstaat dir Zeeland |
| Wilhelminalaan 31 | Vestesingel 76 | | |
| 6051 BH Maasbracht | 6049 LC Herten | Woudsend | Middelburg |
| 0475-465409 / 06-53760658 | 0475-316891 / 06-27310805 | | |
| 1942 | 1958 2502-01 | 1943 | 1971 |
| Joh.Oelkers | VEB Yachtwerf | VEB Schiffswerft | Gebr.Akerboom |
| Hamburg | Berlin | Oderberg | Oegstgeest |
| 22,37 x 5,96 x 1,73 | 12,17 x 3,50 x 1,10 | 16,16 x 3,66 x 1,22 | 16,96 x 4,25 x 1,50 |
| 1324 kW 1800 pk ABC | 124 kW 168 pk DAF | 161 kW 220 pk DAF | 124 kW 168 pk DAF |

020.14440 MV
**V 87**
AVESANT/RHD 87/
NOLLE

Aarts Marine BV
Tasveld 48
8271 RW IJsselmuiden

1976 817
Schouten
Muiden
24,15 x 5,50 x 1,86
331 kW 450 pk Stork Werkspoor

---

023.28127 MS
**VAGEBOND**
BOLNES/ ANGELINE/
MARTINE

Vermeer P.

Scheveningen

1924
Van Capellen
Bolnes
15,07 x 3,96 x 1,60
113 kW 153 pk Scania

---

023.07011 MS
**VAN SPEYCK**
ARINA II/ FATIMA/
TRIO/ SHELL 55 /
TRIO
Augustijn M.P.

Halsteren

1917
P.d.Koning
Groningen
13,47 x 2,84 x 1,25
88 kW 120 pk DAF

---

023.16303 DB
**VEERHAVEN II - NARWAL**
EWT 107 - ABEL TASMAN

Thyssen Krupp Veerhaven BV
Nic Pieckstraat 12
3232 BP Brielle
0181-419911 / 06-22396222
1981 /729
Meidericher Schiffswerft/
Biesbosch
Ruhrort/Dordrecht
39,96 x 14,98 x 1,65
3 x 1324 pk/1800 pk MAK

---

033.20073 MV
**V H 52**
RAYMOND

Hasselt Baggermij B.V.
Markt 1
6019 AV Wessem
0465-467300
1949

7,18 x 2,38 x 1,07
55 kW 75 pk Deutz

---

020.00971 DB
**VALK**
WOUTRINA/ GERARD/
LERNA /
ELAN/ CLARA/ LEJA II
Valkenburg E.
Aetsveldsestraat 6
1393 NT Nigtevecht
0294-254173
1928
Gebr.Kooiman
Zwijndrecht
23,32 x 5,13 x 1,95
1099 kW 1494 pk Stork Wartsilla

---

031.10012 MS
**VARIATIE**
GRETHA CATHARINA/ LEMA/
HOORN I /MARWIL/
TEETSKE/ YAK/ TEETSKE
Bodde J.B.J.

Sliedrecht

1924 175
De Vooruitgang
Enkhuizen
14,70 x 4,05 x 1,30
107 kW 145 pk Scania

---

023.34855 DB
**VEERHAVEN III -**
WATERBUFFEL

Thyssen Krupp Veerhaven BV
Nic.Pieckstraat 12
3232 BP Brielle
0181-419911
2012
Gebr.Kooiman
Zwijndrecht
40,00 x 15,00 x 1,70
3 x 1361 kW/1850 pk MAK
2 x 404 kW/550 pk Scan.Verhaar

---

020.14335 MS
**V V II**
KALIWAAL

Vliet J.& S.van
Kromme Waal 20 F
1011 BT Amsterdam
020-4223688
1950

8,85 x 2,50 x 0,80
96 kW 130 pk Ford

---

1906-09 MS
**VALK**

Verwoert D.

Velp

1906
t Kromhout Wed.J.L.Ceuvel
Amsterdam
17,65 x 4,00 x 1,60
117 kW 160 pk DAF

---

023.28120 MV
**VB 11**

Verenigde Bootlieden BV
Zeevaartweg 21
4531 PB Terneuzen
0115-617925
1989
Schottel Nederland
Warmond
13,18 x 3,70 x 1,10
202 kW 275 pk DAF

---

023.35449 DB
**VEERHAVEN IV -**
NEUSHOORN

Thyssen Krupp Veerhaven BV
Nic Pieckstraat 12
3232 BP Brielle
0181-419911
2013 199
Kooiman
Zwijndrecht
40,00 x 15,00 x 1,74
3 x 1373 kW/1867 pk Wartsila
2 x 441 kW/600 pk Scan.Verhaar

---

020.01952 MS
**VAGEBOND**
WILLEMSTAD/ CON AMORE/
MAR MAR /
GLAIS/ RURO/ JAN
Voortman

Utrecht

1917
Rijkswerf Willemsoord
Den Helder
15,90 x 3,65 x 1,70
121 kW 165 pk GM

---

1970-15 MS
**VAN NOORTKADE**
SR 14

Verduin H.B.
Danzigerkade 9
1013 AP Amsterdam
020-6165815
1970
Barkmeijer
Stroobos
14,20 x 3,42 x 1,45
117 kW 160 pk DAF

---

023.14717 MV
**VECHTSTROOM**
VMT 82

Wijngaarden Marine Service BV
Merwestraat 2
3361 HL Sliedrecht
0184-490244
1979 82
Van Mill
Hardinxveld-Giessendam
14,80 x 4,20 x 1,75
180 kW 245 pk GM

---

023.23833 DB
**VEERHAVEN IX - DOLFIJN**

Thyssen Krupp Veerhaven BV
Nic Pieckstraat 12
3232 BP Brielle
0181-419911 / 06-22909202
1999 880
De Biesbosch
Dordrecht
40,00 x 15,00 x 1,70
3 x 1324 kW/1800 pk MAK
2 x 384 kW/523 pk

| | | | | |
|---|---|---|---|---|
| **reg.nr. / type** | : | 023.29273 DB | 025.09166 MS | 023.06105 DS |
| **naam** | : | **VEERHAVEN X - ORKA** | **VENTO VIVERE** | **VERITAS** |
| **ex naam** | : | | NORD/ SEAHAWK/ | ESMA /JOHANNA I/ |
| **ex naam** | : | | SEASTAR | CONDOR |
| **ex naam** | : | | | |
| **eigenaar** | : | Thyssen Krupp Veerhaven BV | Hunen W.J. | Spijksnijder H. |
| **adres** | : | Nic.Pieckstraat 12 | | Wilhelminahoeve 7 |
| **woonplaats** | : | 3232 BP Brielle | Dinteloord | 2924 BE Krimpen a/d IJssel |
| **telefoon** | : | 0181-419911 | | 0180-516818 |
| **bouwjaar / -nr.** | : | 2007 172 | 1955 852 | 1939 3/44 |
| **bouwwerf** | : | Gebr.Kooiman | Detlef Hegemann Rolandwerft | Bodewes & Dutmer |
| **plaats** | : | Zwijndrecht | Bremen | Groningen |
| **l x b x d** | : | 40,00 x 15,00 x 1,70 | 29,00 x 7,65 x 2,30 | 16,19 x 4,19 x 1,85 |
| **vermogen** | : | 3 x 1324 kW/1800 pk MAK | 773 kW 1051 pk Caterpillar | 327 kW 445 pk Detroit Diesel |
| **boegschroef** | : | 2 x 400 kW/544 pk Veth | | |

| | | | |
|---|---|---|---|
| 023.17080 DS | 023.33095 DB | 023.19634 MS | 023.08755 MS |
| **VEERHAVEN VI - BISON** | **VEERHAVEN XI - IJSBEER** | **VENTURA** | **VERONA** |
| | | NECKAR VII/ R 35 S/ | DREADNOUGHT 2/ |
| | | KARL | DE HOOP |
| | | | |
| Thyssen Krupp Veerhaven BV | Thyssen Krupp Veerhaven BV | Helden M.W.v. | Brevoord K. |
| Nic.Pieckstraat 12 | Nic.Pieckstraat 12 | Kerklaan 8 | Flevoweg 4 |
| 3232 BP Brielle | 3232 BP Brielle | 5317 KZ Nederhemert | 8081 PA Elburg |
| 0181-419911 / 06-51540414 | 0181-419911 | | 0525-684649 |
| 1983 784 | 2009 186 | 1936 | 1953 |
| De Hoop | Gebr.Kooiman | Schimag | De Industrie D.& Joh.Boot |
| Hardinxveld-Giessendam | Zwijndrecht | Mannheim | Alphen a/d Rijn |
| 23,75 x 10,15 x 1,96 | 40,00 x 15,00 x 1,70 | 22,35 x 5,35 x 1,68 | 15,00 x 3,50 x 1,40 |
| 2 x 746 kW/1014 pk Caterpillar | 3 x 1361 kW/1850 pk MAK | 220 kW 300 pk MWM | 147 kW 200 pk Alfa Romeo |
| | 2x421kW/571 pl Scania Verhaar | | |

| | | | |
|---|---|---|---|
| 023.19631 DB | 023.18925 MV | 023.23556 OP | 1906-12 MS |
| **VEERHAVEN VII - WALRUS** | **VEERHAVEN 12 - BIBER** | **VENUS** | **VERONA** |
| | JAMA III/ VOLKA/ | INVINCIBLE/ | HEIN |
| | HAEGER & SCHMIDT 12 | BEPPIE | |
| | | | |
| Thyssen Krupp Veerhaven BV | Thyssen Krupp Veerhaven BV | Venus Sloopbedrijf | Hoogerman M. |
| Nic.Pieckstraat 12 | Nic.Pieckstraat 12 | | Rijksstraatweg 1 |
| 3232 BP Brielle | 3232 BP Brielle | Dordrecht | 8813 JA Schalsum |
| 0181-419911 / 06-51408794 | 0181-419911 | | |
| 1990 841 | 1962 | 1960 | 1906 |
| De Biesbosch | Gebr.Matena | Vermeulen | |
| Dordrecht | Papendrecht | Woerden | |
| 40,00 x 15,00 x 2,75 | 12,80 x 3,75 x 1,00 | 5,20 x 1,60 x 0,50 | 13,00 x 3,00 x 1,55 |
| 3 x 1324 kW/1800 pk MAK | 119 kW 162 pk Scania | 7,3 kW 10 pk Ruggerini | 110 kW 150 pk Mercedes |
| 2 x 384 kW/523 pk Jastram | | | |

| | | | |
|---|---|---|---|
| 023.22865 DB | 023.11832 MV | 020.12894 MS | 020.14641 OP |
| **VEERHAVEN VIII - NIJLPAARD** | **VEERHAVEN 13 - OTTER** | **VERITAS** | **VERTROUWEN** |
| | DIANE II/ | | |
| | NEPTUNUS 4/ EWT 13 | | |
| | | | |
| Thyssen Krupp Veerhaven BV | Thyssen Krupp Veerhaven BV | Beek A.H.van | Degenaar E.R. |
| Nic.Pieckstraat 12 | Nic Pieckstraat 12 | | |
| 3232 BP Brielle | 3232 BP Brielle | Hilversum | Oud Zuilen |
| 0181-419911 / 06-53184419 | 0181-419911 | | |
| 1997 870 | 1964 295 | 1960 508-10 | 1924 |
| De Biesbosch | Damen Shipyards BV | VEB Volkswerft Ernst Thalmann | C.Amels & Zn |
| Dordrecht | Hardinxveld-Giessendam | Brandenburg | Makkum |
| 40,00 x 15,00 x 2,75 | 12,72 x 3,55 x 0,95 | 17,88 x 4,70 x 1,20 | 8,20 x 2,75 x 1,60 |
| 3 x 1324 kW/1800 pk MAK | 128 kW 175 pk MWM | 77 kW 107 pk MAN | 16 kW 22 pk Kromhout |
| 2 x 375 kW/510 pk | | | |

| | | | |
|---|---|---|---|
| 023.20541 MV<br>**VH 79**<br>IJSSEL<br>Geluk BV Aannemersbedrijf<br>Hanzestraat 10<br>7006 RH Doetinchem<br>0314-325553<br>1979<br>10,83 x 3,68 x 1,30<br>143 kW 195 pk Mercedes Benz | 023.07101 MS<br>**VIER GEBROEDERS**<br>MINA/ ANBRA/ TEMPO/<br>PIJOJA /<br>MATHILDA*<br>Waal A.G.d.<br>Havenstraat 1 A<br>6051 CR Maasbracht<br>0475-466086<br>1946<br>Oerlemans<br>Tholen<br>10,50 x 3,24 x 0,78<br>136 kW 185 pk DAF | 027.12747 MV<br>**VIKING**<br>Acta Marine BV<br>Het Nieuwe Diep 29 D<br>1781 AE Den Helder<br>19..<br>15,49 x 4,50 x 1,00<br>100 pk | 023.09959 MV<br>**VIOS**<br>Hollander Gebr.De<br>Pr Margrietstraat 1<br>2396 XD Koudekerk a/d Rijn<br>1957<br>Van Duijvendijk<br>Gouderak<br>12,00 x 3,60 x 1,24<br>169 kW 230 pk GM |
| 032.80137 MS<br>**VICKY**<br>VIOS/ GERLÉ<br>Lahou P.V.<br>Maastricht<br>1926<br>Amsterdam<br>17,18 x 3,38 x 1,17<br>114 kW 155 pk Kromhout | 2014-02 DS<br>**VIGILANT**<br>Veltman Sleep & Bergingsbedrif<br>Achterdijken 30 D<br>9163 JV Nes<br>2013<br>J.Dijkstra<br>Harlingen<br>13,65 x 4,90 x 0,60<br>2 x 382 kW/520 pk Iveco | imo 9431903 MS<br>**VIKING**<br>Koerts International Towing<br>Service BV<br>Postbus 29<br>9900 AA Appingedam<br>0596-617884<br>2008 177<br>Gebr.Kooiman<br>Zwijndrecht<br>30,80 x 11,00 x 3,60<br>2 x 2238 kW/3040 pk Mitusbishi<br>240 kW 340 pk Verhaar | 030.51463 MS<br>**VIOS**<br>M.V.D./M.O.D/ R.D.5/<br>A 955/Y 8656<br>Kleinstra J.<br>Emmalaan 9 A<br>6051 BA Maasbracht<br>0475-461648<br>1939<br>16,55 x 4,28 x 2,07<br>132 kW 180 pk MWM |
| 023.06518 MS<br>**VICTOR**<br>ADWIL/ JACOBA II/ ELAN/<br>GRETHA/ LEKSTER /<br>STEPHANIA<br>Busker C.W.M.<br>Havendijk 25<br>5301 HG Zaltbommel<br>1941 1158<br>De Industrie D.& Joh.Boot<br>Alphen a/d Rijn<br>18,10 x 4,55 x 1,90<br>110 kW 150 pk Industrie | 020.04786 MS<br>**VIKING**<br>Clercx R.<br>Boxtel<br>1916<br>Nic.Witsen<br>Alkmaar<br>14,50 x 3,85 x 1,20,<br>29 kW 40 pk Brons | 023.35811 MS<br>**VIKTORIA**<br>Kroon J.H.d.<br>Liederholthuis<br>15,25 x 3,80 x 0,95<br>108 kW 147 pk IFA | 1950-39 MV<br>**VIOS**<br>Schalk D.J.<br>Buitenkaag<br>?1950<br>9,90 x 2,85 x 1,10<br>44 kW 60 pk BMC |
| 030.11852 MS<br>**VICTORIE II**<br>MAGNESIA<br>Donker v.Heel A.<br>Benthuizen<br>1939<br>G.d.Vries Lentsch<br>Alphen a/d Rijn<br>14,65 x 3,25 x 0,96<br>70 pk Kromhout | 021.03526 DS<br>**VIKING**<br>Cofralll/Saturnus/Maasstroom 6/<br>Parelion/ Lourina Ingrid /<br>Viking/ Jannetje<br>Jannetje Vof<br>Almerelaan 20<br>8321 JB Urk<br>1929 128<br>H.J.Koopman<br>Dordrecht<br>26,48 x 5,56 x 1,98<br>494 kW 672 pk Caterpillar | 023.08748 MS<br>**VIOS**<br>Veenstra L.<br>Oude Sluis 10<br>6051 EA Maasbracht<br>1924<br>Niestern<br>Delfzijl<br>10,18 x 2,53 x 1,45<br>85 kW 116 pk Deutz | 021.04808 MV<br>**VIOS III**<br>Diepstraten A.A.H. van.<br>Biesboschweg 6<br>4924 BB Drimmelen<br>0162-682385<br>1971<br>Loose<br>Made<br>10,75 x 3,85 x 0,63<br>63 kW 86 pk Volvo Penta |

| reg.nr. / type : | 027.18639 MV | 023.24495 MS | 1950-40 MV |
|---|---|---|---|
| **naam** : | **VITESSE** | **VLB 7** | **VLIELAND** |
| **ex naam** : | | | |
| **ex naam** : | | | |
| **ex naam** : | | | |
| **eigenaar** : | Herik Holding BV | Vlissingse Bootliedenwacht BV | Wijk A.van |
| **adres** : | Industrieweg 24 | Dongestraat 50 | |
| **woonplaats** : | 3361 HJ Sliedrecht | 4388 VM Oost Souburg | Utrecht |
| **telefoon** : | 0184-412881 | | |
| **bouwjaar / -nr.** : | 1977 | 1999 | ?1950 |
| **bouwwerf** : | H.A.v.Gelder | J.Schlieker & Zn | |
| **plaats** : | Gorinchem | Sliedrecht | |
| **l x b x d** : | 18,45 x 4,06 x 1,40 | 12,52 x 3,96 x 1,55 | 8,20 x 2,80 x 1,06 |
| **vermogen** : | 2 x 334 kW/455 pk Mercedes | 279 kW 379 pk MAN | 22 kW 30 pk Samofa |
| **boegschroef** : | | | |

| | | | |
|---|---|---|---|
| 023.35341 DB | 023.26238 MV | 020.13369 MV | 1956-13 MS |
| **VIRGO** | **VLB 2** | **VLIEGER** | **VLIELAND** |
| | | | |
| | | | |
| | | | |
| Jong BV Rederij De | Vlissingse Bootliedenwacht BV | Boer M. de | Schut |
| Montrealweg 153 | Dongestraat 50 | | |
| 3011 EA Rotterdam | 4388 VM Oost Souburg | Wormer | Groningen |
| 010-2311555 / 06-10007221 | | | |
| 2013 11482 | 2003 995 | 1956 V 42 | 1956 |
| Boer | J.Schlieker & Zn | De Lek | J.Schlieker & Zn |
| Sliedrecht | Sliedrecht | Krimpen a/d Lek | Sliedrecht |
| 19,75 x 9,50 x 2,21 | 12,77 x 4,08 x 2,00 | 12,67 x 3,65 x 1,10 | 11,00 x 3,20 x 1,60 |
| 2 x 637 kW/866 pk Caterpillar | 279 kW 379 pk MAN | 52 kW 72 pk Kromhout | 111 kW 152 pk Scania Vabis |
| | | | |

| | | | |
|---|---|---|---|
| 023.08707 MS | 023.35638 MV | 022.05066 MV | imo 8954714 MS |
| **VITA** | **VLB 3** | **VLIELAND** | **VLIELAND** |
| VITA/ MINY | | | ARGUS 8/ SPOLUM |
| | | | |
| | | | |
| Kleinstra H. | Vlissingse Bootliedenwacht BV | Wijk A.van | Ottosen P. |
| De Polderstraat 86 | Dongestraat 50 | | Lutinelaan 2 B |
| 4794 AN Heijningen | 4388 VM Oost Souburg | Utrecht | 8899 BE Vlieland |
| | | 1943 | 0562-451877 / 06-53155659 |
| 1953 | 2013 | I.C.Koopman & Zn | 1970 1068 |
| Eltink | J.Schlieker & Zn | Harlingen | Gute Hoffnungs Hutte |
| Beneden Leeuwen | Sliedrecht | | Walsum |
| 13,45 x 3,52 x 1,35 | 14,50 x 5,30 x - | 8,20 x 2,80 x 1,06 | 22,50 x 6,70 x 2,30 |
| 110 kW 150 pk Kelvin | 279 kW 379 pk MAN | 22 kW 30 pk Samofa | 375 kW 1000 pk Deutz |
| | Kalkman | | |

| | | | |
|---|---|---|---|
| 023.23342 MV | 023.24549 DS | 027.16898 MS | 022.08792 MV |
| **VITA** | **VLB 6** | **VLIELAND** | **VLIESLOOT** |
| JHP 2 | | | |
| | | | |
| | | | |
| VT rederij BV | Vlissingen Bootliedenwacht BV | H.E.C. | Meer E.G.v.d. |
| Nijmegenstraat 1 | Dongestraat 50 | Gen Spoorlaan 489 | Kanaaldijk 2 |
| 3087 CD Rotterdam | 4388 VM Oost Souburg | 2285 TA Rijswijk | 4341 RD Arnemuiden |
| 010-4876200 | | 070-3152393 | |
| 1965 | 1998 | 1976 1458 | 1959 156 |
| Damen Shipyards BV | Damen Shipyards BV | Damen Shipyards BV | Barkmeijer |
| Hardinxveld-Giessendam | Hardinxveld-Giessendam | Gorinchem | Vierverlaten |
| 12,22 x 3,12 x 0,79 | | 15,70 x 4,90 x 1,40 | 11,00 x 2,85 x 1,40 |
| 61 kW 84 pk DAF | 2 x 221 kW/300 pk MAN | 2 x 227 kW/376 pk Caterpillar | 45 kW 62 pk Perkins |
| | | | |

023.33207 MS
**VLIESTROOM**
Wijngaarden Materieel
Exploitatie
Merwestraat 2
3361 HL Sliedrecht
0184-490244
1969
De Ruiter & de Jong
Hardinxveld-Giessendam
14,80 x 4,20 x 2,20
264 kW 360 pk GM

020.05896 MS
**VOLHARDING**
HENDRIK DIJK/ PAX III/
DE BARK III
Komen J.v.
Braakdijk 2 Rood
1509 BJ Zaandam
075-6157893 / 06-51019319
1962
Eltink
Beneden Leeuwen
14,40 x 4,22 x 1,40
88 kW 120 pk DAF

023.25478 DB
**VOLHARDING**
Hazel J.v.d.
Rijksstraatweg 70 B
4194 SL Meeteren
2001
Damen Shipyards BV
Hardinxveld-Giessendam
11,92 x 2,93 x 0,76
101 kW 138 pk DAF

1910-21 MS
**VOLHARDING**
FURY / PASCAK /
IDA MARIE
Lankhuizen C.P.
Willemstad
1910
Vredenhof Wed. J.L.Ceuvel
Amsterdam
15,25 x 3,44 x 1,50
110 kW 150 pk Scania Vabis

020.13574 MS
**VLIETER**
I.S.A./ SIR
Meeuwissen A.A.
Naarderstraat 236
1272 NR Huizen
1937 700
t Hondsbosch
Alkmaar
14,50 x 3,42 x 1,50
35 kW 48 pk Kromhout

020.14618 MS
**VOLHARDING**
Beran/ Benny /Jetty/ Immanuel/
Zephyrus/ Orion/ Trijnko II /
martin/ronald/Brizo/Ferna/Titania
Hexpoor R.B.C.
Moleneind 9
5335 LC Alem
1909 23
J.& A.v.Schuit
Papendrecht
19,43 x 4,80 x 2,10
172 kW 235 pk Stork

030.51172 MS
**VOLHARDING**
JANTJE/ VOLHARDING I/
JAN
Broersma P.
Woerden
1928
A.Apol
Wirdum
13,14 x 3,22 x 1,70
88 kW 120 pk Ford

1930-13 OP
**VOLHARDING**
BAMBI
Kamphuis R.
Wijk en Aalburg
1930
8,00 x 2,20 x 0,80
19 kW 26 pk Samofa

023.34313 MV
**VLIETER**
BOMELA/ LUTINA/
ZEEHOND /
ATTACK 42
Bootsma
De Munniksplaat 7
8754 HG Makkum
0515-231069
1976
Van Mill
Hardinxveld-Giessendam
11,35 x 3,10 x 1,05
147 kW 210 pk J.Deere

022.03301 DS
**VOLHARDING**
NOORDSTER/ ANSJE/
LEKSTROOM X /
VOLHARDING II
Bouma Y.A.
Appelstraat 3
3442 HH Woerden
0348-413559
1937
Sissing
Winsum
10,72 x 3,08 x 1,22
85 kW 116 pk Deutz

030.51295 MS
**VOLHARDING**
IJSSEL
Zijda T.
v. Dedemlaan 6
8061 CH Hasselt
038-4773333
1954
Van de Velde
Zwolle
16,55 x 4,65 x 1,77
169 kW 230 pk Scania Vabis

021.01615 SS
**VOLHARDING I**
HARMONIE VI
Stichting Maritien Buitenmuseum
Leuvehaven 67
3011 EA Rotterdam
010-4048072
1929
De Hoop
Hardinxveld-Giessendam
20,25 x 4,89 x 1,47
150 ipk Kreber

022.03318 MS
**VLUG**
Hunfeld Machinefabriek BV
Eemskanaal ZZ 26
9936 AN Farmsum
0596-613446 / 06-53138060
1934
Niestern
Delfzijl
13,91 x 3,78 x 1,50
132 kW 180 pk Scania Vabis

023.00152 MS
**VOLHARDING**
NIEUWE ZORG
Wiede P.v.d.
Terkapele
1926
30 pk Skandian

032.30059 MS
**VOLHARDING**
WILLY/ JEANINE/
LUMAFRA/ JOHANNA
Andringa A.
Grouw
1928
Heeser
Amsterdam
15,08 x 3,15 x 0,73
25 kW 35 pk Brons

030.51173 DS
**VOLHARDING 2**
Hollander W.
Narcisstraat 2
8255 BS Swifterbant
0321-322193
1951
Leenman
Zwolle
17,40 x 4,70 x 2,31
206 kW 281 pk Stork

| | | | |
|---|---|---|---|
| **reg.nr. / type** : | 020.02258 MS | 023.07390 MS | imo 9552197 MS |
| **naam** : | **VOLTA** | **VOORWAARTS** | **VOS ARES** |
| **ex naam** : | TEMI I/ IMMANUEL | Concordia/ Voorwaarts/ | |
| **ex naam** : | | Sempre Avanti /Noorderdok/ | |
| **ex naam** : | | Pead/ Maria/ Lutin | |
| **eigenaar** : | Veldkamp M. | Aarden G.P.W.M. | Vroon Offshore Support Vessel |
| **adres** : | | Kerkstraat 8 | Het Nieuwe Diep 88 |
| **woonplaats** : | Gorinchem | 4381 HM Vlissingen | 1781 AK Den Helder |
| **telefoon** : | | 0118-431030 | 0233-673800 |
| **bouwjaar / -nr.** : | 1948 | 1881 | 2011 59M/77 |
| **bouwwerf** : | De Jong | Huijgens v. Gelder | Fujian South East |
| **plaats** : | Landsmeer | Hoogezand | Fuzhou |
| **l x b x d** : | 19,80 x 4,86 x 1,96 | 14,62 x 3,76 x 1,85 | 59,25 x 14,95 x - |
| **vermogen** : | 239 kW 325 pk Brons | 88 kW 110 pk ABC | 2 x 1920 kW/2611 pk Caterpillar |
| **boegschroef** : | | | |

| | | | |
|---|---|---|---|
| 023.09274 MS | 020.13796 OP | 023.35963 OP | imo 9378046 BS |
| **VOLHARDING 7** | **VOORUITGANG** | **VOORWAARTS 1** | **VOS BASE** |
| VOLHARDING 7/ | | VOORWAARTS/ | BASE EXPRESS * |
| MARIANNE | | ALBATROS * | |
| | | | |
| Bos | Bongaerts F.E. | Cnossen, W.H. | Vroon Offshore Service BV |
| | | | Het Nieuwe Werk 88 |
| Amsterdam | Amsterdam | Burgum | 1781 AK Den Helder |
| | | | 0233-673800 |
| 1955 242 | 1925 | 1937 | 2008 335 |
| Holland | | Bodewes & Dutmer | Damen Galati |
| Hardinxveld-Giessendam | | Groningen | Galati |
| 12,24 x 3,34 x 1,45 | 5,90 x 1,90 x 0,90 | 6,48 x 2,04 x 1,10 | 66,10 x 16,00 x 7,50 |
| 176 kW 240 pk GM | 13,2 kW 18 pk Armstrong | 22 kW 30 pk Skoda | 2 x 1438 kW/1955 pk ABC |
| | | | 2 x 650 kW 884 pk |

| | | | |
|---|---|---|---|
| 022.05332 MS | 1983-13 MS | 020.03478 MS | imo 9273911 BS |
| **VOLHARDING 11** | **VOORVLIET** | **VOORZAAN** | **VOS POWER** |
| ZEEHOND | | VOORZAAN/JAN B II | POWER EXPRESS |
| | | | |
| | | | |
| Dijkstra M. | Haan B. de | Koenen T. | Vroon Ofshore Service BV |
| Emmakade 192 | | Herderskind 2 | Het Nieuwe Werk 88 |
| 8933 AX Leeuwarden | Spakenburg | 1544 BV Zaandijk | 1781 AK Den Helder |
| | | 075-6350109 | 0233-673800 |
| 1901 | 1983 | 1932 | 2006 V2J/689-1 |
| | | Wed.K.Brouwer | Jiangsu Zhenjiang |
| | | Zaandam | Jiangsu |
| 7,90 x 2,48 x 0,92 | 8,00 x 2,50 x 0,70 | 13,95 x 3,49 x 1,35 | 72,46 x 17,50 x 6,40 |
| 41 kW 56 pk Crossley | 14 kW 20 pk Kromhout | 44 kW 60 pk Kromhout | 2 x 2610 kW/3600 pk Wartsila |
| | | | |

| | | | |
|---|---|---|---|
| 023.14994 MV | 020.05679 MS | 020.04793 MS | imo 9444338 BS |
| **VOLSON 2** | **VOORWAARTS** | **VOORZAAN III** | **VOS PRECIOUS** |
| | | AS III/ IEN | |
| | | | |
| Oord Acz Overige | | | |
| Materieel BV Van | Hornstra Sr R. | Brouwer verhuur BV | DSV Express I BV |
| Schaardijk 211 | | Zomerdijk 22 | |
| 3063 NH Rotterdam | Amsterdam | 1505 HW Zaandam | Breskens |
| 010-4478444 | | 075-6164672 | |
| 1977 629 | 1931 | 1953 | 2010 BY 073 |
| Damen Shipyards BV | Th.v.d.Beldt | Concordia S.Seymonsbergen | Cochin Shipyard |
| Gorinchem | West Graftdijk | Amsterdam | Cochin |
| 10,73 x 3,06 x 1,55 | 13,96 x 3,52 x 1,59 | 14,57 x 4,30 x 2,00 | 73,60 x 16,00 x 5,83 |
| 92 kW 125 pk Caterpillar | 88 kW120 pk MAN | 202 kW 275 pk Caterpillar | 2x2000 kW/2720 pk Rolls Royce |

| | | | |
|---|---|---|---|
| imo 9273870 BS<br>**VOS PRODUCER**<br>RIG EXPRESS<br><br><br>Vroon Ofshore Service BV<br>Het Nieuwe Werk 88<br>1781 AK Den Helder<br>0233-673800<br>2006 V2J/689-2<br>Jiangsu Zhenjiang<br>Jiangsu<br>72,46 x 17,50 x 6,40<br>2 x 2610 kW/3600 pk Wartsila | imo 7302225 BS<br>**VOS SOUTHWIND**<br>ALEGRETA/SEABIRD/ SWIFT /<br>HORNBECK SWIFT/<br>SWIFT<br>Vroon Ofshore Service BV<br>Het Nieuwe Werk 88<br>1781 AK Den Helder<br>0233-673800<br>1973 211<br>Shimoda Dockyard Co Ltd<br>Shimoda<br>50,35 x 11,59 x 3,62<br>2 x 1655 kW/2250 pk Caterpillar | imo 9606091 MS<br>**VOS THALIA**<br><br><br><br>Offshore Support Vessels BV<br>Het Nieuwe Werk 88<br>1781 AK Den Helder<br>0233-673800<br>2012 DN 59 M 95<br>Fujian South East Shipyard<br>Fuzhou<br><br>2 x 1920 kW/2611 pk Caterpillar | 033.10256 MS<br>**VUTURE**<br>MIGNON/ SPES/<br>CONFIDO/ PEJA<br><br>Bender H.<br>Zandkreek 126<br>3079 AW Rotterdam<br><br>1909 560<br>t Kromhout Wed.J.L.Ceuvel<br>Amsterdam<br>15,20 x 3,22 x 1,30<br>55 kW 75 pk Kromhout-Gardner<br>7,5 kW 10 pk (electrisch) |
| imo 9334026 BS<br>**VOS PROMINENCE**<br>SUPPLY EXPRESS<br><br><br>Vroon Ofshore Services BV<br>Het Nieuwe Werk 88<br>1781 AK Den Helder<br>0233-673800<br>2006 V2J/689-3<br>Jiangsu Zhenjiang<br>Jiangsu<br>72,46 x 17,50 x 6,40<br>2 x 2610 kW/3600 pk Wartsila | imo 9601522 BS<br>**VOS SWEET**<br><br><br><br>DSV V Express BV<br><br>Breskens<br><br>2012 DN 59M-92<br>Fujian South East Shipyard Ltd<br>Fuzhou<br><br>2 x 1920 kW/2611 pk Caterpillar | 023.18448 DS<br>**VOTRANS**<br>M 026/D 285/ Christina/<br>Bacchus/ Mar Mar /Trio/<br>Monopool/ Jamaica/ Mantra<br>Vonk B.<br>Gorsdijk 26<br>3295 XG 's-Gravendeel<br><br>1943<br>Weserwerft<br>Minden<br>22,85 x 5,97 x 1,65<br>2 x 235 kW/320 pk Volvo Penta | 1972-07 MV<br>**W D PETREL**<br>TRUDY<br><br>Koninklijke<br>Boskalis Westminster N.V.<br>Rosmolenweg 20<br>3356 LK Papendrecht<br>078-6969000<br>1972 424<br>Damen Shipyards BV<br>Hardinxveld-Giessendam<br>12,65 x 3,36 x 1,62<br>177 kW 240 pk Caterpillar |
| imo 9352224 BS<br>**VOS SATISFACTION**<br><br><br><br>Vroon Ofshore Service BV<br>Het Nieuwe Werk 88<br>1781 AK Den Helder<br>0233-673800<br>2007 241<br>ABG Shipyard<br>Surat<br>54,00 x 15,80 x 4,80<br>2 x 1760 kW / 2420 pk Wartsila | imo 8107177 BS<br>**VOS SYMPATHY**<br>SEARANGER/<br>HIGHLAND FORTRESS /<br>NORTHERN FORTRESS<br>Vroon Ofshore Service BV<br>Het Nieuwe Werk 88<br>1781 AK Den Helder<br>0233-673800<br>1982<br>Ulstein Hatto AS<br>Keel-Laid<br>77,90 x 17,51 x 5,04<br>2 x 2501 kW/3060 pk Normo | 1929-15 MS<br>**VREDE**<br>ERNEST<br><br><br>Wout L. van t'<br>Krommesloot 5<br>8754 GD Makkum<br>0515-233143<br>1929<br>L.Lemaire & Zn<br>Hoboken<br>15,20 x 3,68 x 1,40<br>37 kW 50 pk Kromhout | 1972-09 MV<br>**W D PLOVER**<br><br><br>Koninklijke<br>Boskalis Westminster N.V.<br>Rosmolenweg 20<br>3356 LK Papendrecht<br>078-6969000<br>1972 411<br>Damen Shipyards BV<br>Hardinxveld-Giessendam<br>12,65 x 3,36 x 1,62<br>177 kW 240 pk Caterpillar |
| imo 9601510 MS<br>**VOS SHINE**<br><br><br><br>DSV IV Express BV<br>Het Nieuwe Werk 88<br>1781 AK Den Helder<br>0233-673800<br>2012 DN 59 M 91<br>Fujian South East Shipyard<br>Fuzhou<br><br>2 x 1920 kW/2611 pk Caterpillar | imo 9606106 MS<br>**VOS THALASSA**<br><br><br><br>Offshore Support Vessels BV<br>Het Nieuwe Werk 88<br>1781 AK Den Helder<br>0233-673800<br>2012 DN 59 M 96<br>Fujian South East Shipyard<br>Fuzhou<br><br>2 x 1920 kW/2611 pk Caterpillar | 1930-18 MS<br>**VRIJHEID**<br><br><br><br>Helm T.v.d.<br><br>Delft<br><br>ca30<br><br><br>10,00 x 2,75 x 0,85<br>66 kW 90 pk Perkins | 1972-08 MV<br>**W D SKUWA**<br><br><br>Koninklijke<br>Boskalis Westminster N.V.<br>Rosmolenweg 20<br>3356 LK Papendrecht<br>078-6969000<br>1972 410<br>Damen Shipyards BV<br>Hardinxveld-Giessendam<br>12,65 x 3,35 x 1,62<br>177 kW 240 pk Caterpillar |

| reg.nr. / type | 020.08603 MS | 022.11560 MV | 020.03579 MS |
|---|---|---|---|
| naam | **WAAL** | **WALRUS** | **WALVIS** |
| ex naam | WAAL I | KOBUS | |
| ex naam | | | |
| ex naam | | | |
| eigenaar | Geluk BV Aannemersbedrijf | Walrus Maritiem BV | Hendriksma G. |
| adres | Hanzestraat 10 | Ir.Blankenstraat 8 | 3e Rijksbinnenhaven 1 |
| woonplaats | 7006 RH Doetinchem | 4251 NR Werkendam | 1951 JL Velsen Noord |
| telefoon | 0314-325553 | 0183-505354 / 06-53126312 | 0251-224279 |
| bouwjaar / -nr. | 1981 | 2002 001 | 1949 1251 |
| bouwwerf | De Waal (Meijer) | Jongsma | Verschure |
| plaats | Zaltbommel | Heeg | Amsterdam |
| l x b x d | 10,73 x 3,07 x 2,26 | 12,00 x 4,20 x 1,30 | 30,00 x 7,65 x 3,85 |
| vermogen | 128 kW 174 pk GM | 175 kW 238 pk J.Deere | 3 x 213 kW/290 pk Thomasen |
| boegschroef | | | |

| | | | |
|---|---|---|---|
| 1976-09 MC | 022.05179 MV | 1930-52 OP | 023.35680 DB |
| **W.D.HALIBUT** | **WACHTER** | **WALRUS** | **WALVIS** |
| | WACHTER/ | | |
| | DEUKJE | | |
| Koninklijke | | | |
| Boskalis Westminster N.V. | Schellen G.W.van | Mensonides M. | Orient Duwvaart BV |
| Rosmolenweg 20 | | | Stieltjesstraat 12 A |
| 3356 LK Papendrecht | Wemeldinge | Balk | 3071 JW Rotterdam |
| 078-6969000 | | | 010-2940555 |
| 1976 160 | 1951 | ?1930 | 2013 076 |
| Damen Shipyards BV | De Lek | | Kaldova Shipyard/Trico BV |
| Hardinxveld-Giessendam | Krimpen a/d Lek | | Kladova/Rotterdam |
| 14,52 x 5,99 x 1,80 | 10,30 x 3,10 x 1,00 | 4,54 x 1,70 x 0,60 | 19,80 x 9,65 x 2,00 |
| 2 x 88 kW/120 pk GM | 66 kW 90 pk GM | 8,8 kW 12 pk Yanmar | 2 x 956 kW/1300 pk Caterpillar |

| | | | |
|---|---|---|---|
| 1976-13 MC | 020.03751 DS | 027.23298 MS | 1937-01 MS |
| **W.D.HERRING** | **WADDENZEE** | **WALRUS II** | **WAMANDAI** |
| | | ALBATROS/ | REMORQUER |
| | | ALBATROS 4/ | |
| Koninklijke | | WILFREEDOM | |
| Boskalis Westminster N.V. | Lagerburg M. | Blankhold BV | Rijksen P. |
| Rosmolenweg 20 | Smidsweg 11 | Ir Blankenstraat 8 | |
| 3356 LK Papendrecht | 8723 BD Koudum | 4251 NR Werkendam | Gouda |
| 078-6969000 | 0514-521542 / 06-53376779 | 0183-505354 / 06-53126312 | |
| 1976 1047 | 1940 199 | 1989 6103 | 1937 |
| Damen Shipyards BV | C.Amels & Zn | Damen Shipyards | Van Rossem |
| Gorinchem | Makkum | Gorinchem | Dreumel |
| 14,52 x 5,99 x 1,80 | 18,75 x 4,75 x 2,40 | 19,36 x 6,17 x 2,56 | 9,08 x 3,00 x 1,25 |
| 2 x 132 kW/179 pk GM | 404 kW 550 pk Yanmar | 2 x 326 kW/442 pk Caterpillar | 36 kW 50 pk Deutz |

| | | | |
|---|---|---|---|
| 2013-19 MS | 033.30241 DS | 023.35709 MS | 1927-02 OP |
| **W.N.21** | **WADDENZEE II** | **WALRUS III** | **WAMMES** |
| | | HAVENDIENST 6 - POLLUX / | |
| | | PORT OF AMSTERDAM - | |
| | | POLLUX/ HD POLLUX * | |
| Waternet | Attema A. | Walrus Maritiem BV | Groot P. |
| | Hendstehof 27 | Ir.Blankenstraat 8 | |
| Amsterdam | 8861 TS Harlingen | 4251 NR Werkendam | Woubrugge |
| | 0517-413627 | 0183-505354 / 06-53126312 | |
| 2012 193 | 1955 | 1976 | 1927 |
| De Haas | C.Amels & Zn | Van Goor | |
| Maassluis | Makkum | Monnickendam | |
| 18,00 x 4,15 x 1,30 | 18,60 x 4,86 x 2,10 | 17,23 x 4,42 x 2,30 | 6,50 x 1,90 x 0,50 |
| 240 kW 326 pk J.Deere | 386 kW 525 pk Brons | 279 kW 380 pk Stork Werkspoor | 18 kW 25 pk Sole |

1970-17 MS
**WANDELAAR**
ANTJE

Folkertsma J.

Molkwerum

?1970

Hamburg?
15,00 x 3,00 x 1,50
Henschel

---

022.02295 MS
**WARMOND**
NELLY

Ouwinga. R.P.C.
Prinsessenhof 8
4141 EG Leerdam
0345-613804 / 06-53401307
1940
Bodewes & Dutmer
Groningen
16,50 x 4,35 x 1,70
154 kW 210 pk DAF

---

023.20161 DS
**WATERLELIE**
NEPTUNUS 12/ LEK

Wagenborg Sleepdienst BV
Marktstraat 10
9934 CK Delfzijl
0596-636911
1978 170
H.d.Haas
Maassluis
17,10 x 6,40 x 2,20
2 x 265 kW/360 pk GM

---

023.14928 DS
**WATERMAN**
MARION/ THEO/
BERTUS JR

Midena Shipping BV
In 't Vizier 2 A
8309 AS Tollebeek
0527-688000
1976
De Ruiter & de Jong
Hardinxveld-Giessendam
15,12 x 4,30 x 1,70
269 kW 365 pk Caterpillar

---

021.04430 MV
**WANTY**
WANTY/FLEVO II

Messie K.

Deventer

1952
Eltink
Beneden Leeuwen
9,96 x 3,30 x 0,74
63 kW 86 pk DAF

---

023.14758 DS
**WATER LADY**
OTTER/ EGBERTUS

Midena Shipping BV
In 't Vizier 2 A
8309 AS Tollebeek
0527-688000 / 06-53481102
1977
Gebr.Akerboom
Oegstgeest
15,65 x 4,76 x 1,62
2x265 kW/360 pk Detroit Diesel

---

027.23337 MS
**WATERLINES**
WHALE OF THE WAVES

Wagenborg Sleepdienst BV
Markstraat 10
9934 CK Delfzijl
0596-636911
2013
Jongert BV
Wieringerwerf
19,40 x 7,00 x 2,00
2 x 720 kW/979 pk MTU

---

1988-10 DB
**WATERMAN**
MANNA

Smits

Garijp

1988

Polen
8,50 x 2,50 x 0,75
2 x 47 kW/65 pk Perkins

---

023.08818 MV
**WARBER**
BIESBOSCH/EN AVANT 33/
SOLO/JO/META /
BIESBOSCH
Hoekstra R.

Wartena

1930
Kuy & v/d Ree/Dam
Rotterdam Overschie
11,14 x 3,01 x -
147 kW 200 pk DAF

---

023.16578 DB
**WATERGEUS**
TASMAN

Hoftijzer Waterwerk Leon BV
Parallelweg 148
3371 GG Hardinxv.-Giessendam
0184-611694
1981
Kalle & Bakker
Roermond
11,72 x 5,02 x 1,46
2 x 106 kW/145 pk Mitsubishi

---

023.04573 MS
**WATERMAN**
ELIHEN/ ANCOR/
RI TI/
KOLIBRIE
Derksen G.Th.

Oosterbeek

1930
Goor & Spiekman
Zwartsluis
14,09 x 3,45 x 1,40
66 kW 90 pk Industrie

---

imo 8318166 MS
**WATERMAN**

Wagenborg Sleepdienst BV
Marktstraat 10
9934 CK Delfzijl
0596-636911 / 06-53270455
1987 773/8642
H.H.Bodewes/DamenShipyards
Millingen/Gorinchem
28,50 x 9,15 x 3,25
2 x 897 kW/1220 pk MWM

---

023.34960 DB
**WARBER**

Redzwa Holding BV
De Buorkerij 21
9001 DR Grou
0566-621020 / 06-53857070
2012 222
De Donge BV/Redzwa
Nieuwdorp/Grou
22,50 x 10,00 x 1,80
2 x 746 kW/1014 pk Caterpillar

---

imo 9110860 MS
**WATERGEUS**

Wagenborg Sleepdienst BV
Marktstraat 10
9934 CK Delfzijl
0596-636911
1995 /6518
Stocznia Tczew/Damen Shipy.
Tczewska/Gorinchem
22,50 x 7,20 x 2,90
2 x 665 kW/905 pk Wartsila

---

023.08916 MS
**WATERMAN**
GROENLAND/
ZWERVER/
MAAS BULL
Bohm B.A.M.

IJmuiden

1912
t Kromhout Wed.J.L.Ceuvel
Amsterdam
14,42 x 3,34 x 1,10
88 kW 120 pk DAF

---

022.03865 MS
**WATERPOORT**

Wagenborg Sleepdienst BV
Marktstraat 10
9934 CK Delfzijl
0596-636911
1962 258
C.Amels & Zn
Makkum
20,40 x 6,30 x 2,80
925 kW 1258 pk Stork Werkspoor

| | | | |
|---|---|---|---|
| **reg.nr. / type** : | 023.15572 DS | 021.03064 MS | imo 9434876 MS |
| **naam** : | **WATERWEG** | **WERKLUST** | **WEST** |
| **ex naam** : | | WERKLUST/ | DANGA WEST 9 |
| **ex naam** : | | NIETS BESTENDIG/ ADRI / | |
| **ex naam** : | | MARK/ PIET | |
| **eigenaar** : | Klerk BV De | Elsman D. | Avra Towage BV |
| **adres** : | Sasdijk 10 | Veerstraat 14 | Scheepmakershaven 32 B |
| **woonplaats** : | 4251 AA Werkendam | 6624 BG Heerewaarden | 3011 VB Rotterdam |
| **telefoon** : | 0183-508666 | 0487-573023 | 010-2810886 |
| **bouwjaar / -nr.** : | 1979 | 1935 | 2008 117 |
| **bouwwerf** : | Damen Shipyards BV | Roorda | Kian Juan Dockyard |
| **plaats** : | Hardinxveld-Giessendam | Sliedrecht | Miri Sarawak |
| **l x b x d** : | 13,79 x 4,42 x 1,75 | 12,41 x 3,43 x 1,48 | 27,73 x 8,60 x 3,20 |
| **vermogen** : | 379 kW 540 pk Caterpillar | 147 kW 200 pk Detroit | 2 x Cummins |
| **boegschroef** : | | | |

| | | | |
|---|---|---|---|
| imo 8985969 MS | 023.33559 OP | 023.05272 MS | 030.10826 MS |
| **WATERSTAD** | **WEE DRAM** | **WERKLUST** | **WESTERDOK** |
| ALEMBAR M/ | URSUS | PIETJE/ HENDRIKA/ | Westerdok/ W.S.P.27/ |
| WATERSTRAAT | | HENJA/ THEA / | Wasserschutzpolizei 27 / |
| | | LAGA/ | Rijkshavendienst 4/ RHD IV/ |
| Wagenborg Sleepdienst BV | Goutier L.R. | Hoeksma A. | Krim/ Dicky |
| Marktstraat 10 | | | Kamminga & A.Veldhuis S. |
| 9934 CK Delfzijl | Zwartsluis | Vegelinsoord | Vegelinsoord |
| 0596-636911 | | | |
| 2005 025 | 1928 | 1913 | 1941 465 |
| Yilaz Gemi Tersanesi Tas Metal | | | Concordia S.Seymonsbergen |
| Tursan | | Rijswijk | Amsterdam |
| 18,29 x 7,00 x 2,90 | 5,10 x 1,85 x 0,50 | 13,15 x 3,55 x 1,45 | 15,80 x 4,00 x 1,60 |
| 2 x 809 kW/1100 pk Caterpillar | 22 kW 30 pk Ursus | 104 kW 142 pk Stork | 88 kW 120 pk Kromhout |

| | | | |
|---|---|---|---|
| imo 9428059 MS | 023.09267 MS | 020.05127 MS | 023.35404 MV |
| **WATERSTRAAT** | **WELMOED** | **WERKSPOOR IV** | **WESTERDOK 1** |
| | SUMATRAKADE/ | RIJKEE | |
| | OTTO/ JARON / | | |
| | HAVENDIENST 11 | | |
| Wagenborg Sleepdienst BV | Helfrich P.T. | Meyler J. | Meelis & Zn P.J.H. |
| Marktstraat 10 | Fioringras 35 | | Bickerswerf 24 |
| 9934 CK Delfzijl | 8935 BP Leeuwarden | Amsterdam | 1013 KX Amsterdam |
| 0596-636911 | 058-2801154 / 06-51603660 | | 06-53925312 |
| 2008 511553 | 1927 | 1924 | 2006 |
| Damen Shipyards BV | Th.v.d.Beldt | Rijkee & Co | Klaasen/Van Meelis |
| Gdynia | West Graftdijk | Rotterdam | Uithoorn/Amsterdam |
| 28,67 x 10,43 x - | 14,75 x 3,96 x 1,30 | 15,22 x 3,26 x 1,25 | 7,20 x 2,40 x 0,60 |
| 2 x 1465 kW/1992 pk Caterpillar | 103 kW 140 pk Kromhout | 73 kW 100 pk Bolnes | 28 kW 38 pk Mitsubishi |

| | | | |
|---|---|---|---|
| imo 9428047 MS | 023.09675 MS | 022.10538 MV | 021.00221 MS |
| **WATERSTROOM** | **WELTEVREDEN V** | **WERRA** | **WESTERVAART** |
| | WELTEVREDEN V/ | | SOPHIE/ 'S GRAVENDEEL/ |
| | NEELTJE / | | PRINS HENDRIK I / |
| | HYDRA | | LEKSTROOM II/ LEKSTROOM |
| Wagenborg Sleepdienst BV | Oud K. | Wiers BV | Huige R.J. |
| Marktstraat 10 | | Wolvenjacht 1 | |
| 9934 CK Delfzijl | Bovenkarspel | 8064 PB Zwartsluis | Joure |
| 0596-636911 / 06-20820395 | | | |
| 2008 511552 | 1920 | 1954 | 1887 |
| Damen Shipyards BV | | Carl Siebelt | A.A.W.v.d.Reede & Zn |
| Gdynia | Krimpen a/d Lek | Berlijn | Papendrecht |
| 28,70 x 10,40 x - | 11,20 x 2,90 x 0,98 | 16,20 x 3,60 x 1,15 | 16,10 x 3,75 x 1,14 |
| 2 x 1813 kW/2465 pk Caterpillar | 99 kW 134 pk DAF | 2 x 73 kW/100 pk Mercedes | 99 kW 135 pk Skoda |

026.05628 MS
**WESTGAT**
DINTEL Y 8038 /
NOORDGAT
Noorman Kranen BV
Breedstraat 2
3633 AX Vreeland-Loenersloot
0294-233222
1956 508
H.H.Bodewes
Millingen
25,90 x 6,30 x 2,20
368 kW/500 pk Werkspoor

023.15877 MS
**WIEPKE 2**
JACOBA/ DORY/
VIER GEBROEDERS/ FE JA /
MARIA/ ZEELAND/ WILLEM III
Berg A.& L.v.d.
Urk
1912
Gebr.v.d.Windt
Vlaardingen
14,66 x 3,69 x 1,90
103 kW 140 pk Kromhout

030.20996 DS
**WILCO 2**
HOUTVAART 3
Sman C.
Loggerstraat 84
1503 KE Zaandam
075-6159203
1929
Velthuizen
Zaandam
12,64 x 3,12 x 1,10
195 kW 265 pk GM

023.19479 MS
**WILHELMINA**
ONDERONS/ JAN/ ARIE/
SANTA MARIA /
ANNEKE/ HARMA II
Hoorn H.W.van
Vlissingen
1931
Groningen
12,24 x 3,10 x 1,25
85 kW 116 pk Deutz

032.90144 MS
**WESTKAPELLE**
Faase W.
J.v/d Goeskade 41
4461 BH Goes
0113-220020
1947
De Schelde
Vlissingen
15,95 x 3,63 x 1,55
103 kW 140 pk Deutz

1938-06 MS
**WIERINGEN**
Pander H.
Breedstraat 164
8556 XM Sloten
0514-531329
1938
De Vries Lentsch
Amsterdam
15,45 x 3,60 x 1,35
70 kW 96 pk DAF

032.90279 DS
**WILCO B**
SCHELDEPOORT 1/
HENDRIK 5/
ANDRE B
B.M.S. River Towage BV
Grevelingenweg 10 A
4301 XX Zierikzee
1964 629
H.H.Bodewes
Millingen
23,65 x 6,30 x 2,70
441 kW 600 pk Bolnes

023.06019 MS
**WILHELMINA MARIA**
ELDA / ELLY
Gent P.L. van.
Zandpad 86
3621 NG Breukelen
0346-264167
1938
Bodewes & Dutmer
Groningen
15,94 x 4,19 x 1,83
129 kW 176 pk Stork Ricardo

023.06766 MS
**WEURTJE**
IDO/ WEURT
Steen F.J.van
Grave
1910
C.Buitendijk
Hendrik Ido Ambacht
15,14 x 3,80 x 1,70
110 kW 150 pk Deutz

020.03220 MS
**WIETA**
WIETA/ EDAM/ PETRA/
EDAM/ SEA HORSE /
JACOBUS
Pielema H.
Leeuwarden
1920
N.A.Bernhard Jr
Nieuwendam
13,70 x 3,14 x 1,30
77 kW 105 pk Kromhout

2008-09 OP
**WILFRED**
Bruin K.de
Vinkeveen
6,10 x 1,90 x 0,90
17,6 kW 24 pk Deutz

030.10860 DS
**WILJO**
AMSTERDAM/
MARINUS/ HILJA /
WILJA
Wilj Sleepdienst
Oude Molenweg 72
8101 EM Raalte
0572-363869 / 06-53648390
1940 486
Concordia S.Seymonsbergen
Amsterdam
17,18 x 4,56 x 1,35
220 kW 300 pk Fiat

1920-18 MS
**WIEBKE**
AURORA/ ALOIS/ WALCKA /
ZWERVER/
AURORA
Berg A.v.d.
Urk
1920
Antwerpen
12,00 x 2,75 x 1,40
58 kW 80 pk BMC Commodore

030.20572 MS
**WIJDO**
ELWIL
Pennock Ch.J.
Sneek
1947 115
De Vliet - Den Heeten
Veur
14,81 x 3,88 x 1,87
123 kW 168 pk DAF

023.07219 MS
**WILHELMINA**
Kooiman BV
Lindsedijk 84
3336 LE Zwijndrecht
078-6100039
1913
De Ridder
Delfshaven
13,58 x 3,25 x 1,58
111 kW 152 pk Gardner

031.70525 DS
**WILLEKE**
MATJO/ JARON/
POSEIDON
Ridder & A.Korf K.de
Urk
1954
Ruijtenberg
Raamsdonksveer
16,27 x 4,24 x 2,01
478 kW 650 pk Volvo

| | | | |
|---|---|---|---|
| **reg.nr. / type** : | 022.02960 MS | 1939-09 OP | 023.12444 DS |
| **naam** : | **WILLEM** | **WILLEM** | **WILLEM JR** |
| **ex naam** : | JAN/ SOPHIA JACOBA / | | M 262/ H 470/ H 458/ |
| **ex naam** : | JANNIE | | BONAIRE/ |
| **ex naam** : | | | PURSANG |
| **eigenaar** : | Klein J. | Postma J. | Fransbergen BV |
| **adres** : | | | Havenstraat 10 |
| **woonplaats** : | Arnhem | Kuikhorne | 6051 CR Maasbracht |
| **telefoon** : | | | 0475-465090 |
| **bouwjaar / -nr.** : | 1929 610 | 1939 | 1944 |
| **bouwwerf** : | E.J.Smit & Zn | | A.S.M. |
| **plaats** : | Westerbroek | | Arnhem |
| **l x b x d** : | 21,09 x 5,02 x 1,86 | 4,80 x 1,70 x 0,60 | 22,33 x 5,86 x 1,90 |
| **vermogen** : | 264 kW 360 pk Bolnes | 16,1 kW 22 pk Lister | 2 x 358 kW/487 pk Caterpillar |
| **boegschroef** : | | | |

| | | | |
|---|---|---|---|
| 020.01299 DS | 023.08803 MV | imo 8433681 MS | 023.22650 DB |
| **WILLEM** | **WILLEM** | **WILLEM B SR** | **WILLEM LOURENS** |
| WILLEM/ MARTINA/ KIL/ | | SPIDA 12 | MANON/WILMAR / FINESSE / |
| SANDOR / | | | PHOENIX 2/ PHOENIX |
| KIL | | | |
| Boer I.de | Vries & v.d.Wiel BV De | B.M.S. Sea Towage BV | Red Bull BV |
| | Harmenkaag 9 | Grevelingenweg 10 A | Boelewerf 52 |
| Eenrum | 1741 LA Schagen | 4301 XX Zierikzee | 2987 VE Ridderkerk |
| 023-5242266 | 0224-211211 / 06-53991848 | 06-53125323 | 0180-410222 / 06-53483420 |
| 1930 | 1945 | 1977 23 | 1987 808 |
| Velthuizen | | A.J.Sepers & Zn | De Biesbosch |
| Zaandam | Sliedrecht | Heerewaarden | Dordrecht |
| 18,00 x 4,68 x 1,63 | 10,10 x 2,70 x 0,91 | 17,68 x 5,03 x 2,10 | 18,50 x 11,20 x 1,70 |
| 235 kW 320 pk MWM | 51 kW 70 pk GM | 537 kW 730 pk Caterpillar | 2 x 783 kW/1065 pk Caterpillar |
| | | 66 kW 90 pk | |

| | | | |
|---|---|---|---|
| 021.03100 DS | 023.12919 DS | 020.10090 MS | 022.00097 MS |
| **WILLEM** | **WILLEM** | **WILLEM III** | **WILLEM MARIE** |
| EN AVANT 26 | Vijf Gebroeders/ Marie/ Succes/ | SR 12 | HENDERIKA/ IJM 490/ |
| | St Egidus /Pierre/ Adri/ Liliane II/ | | RO 65/ HENDERIKA / |
| | Liliane/ Patrick /John/ Willem III | | LOTUS |
| Koek J.H. | Fransbergen BV | Bos Sleepdienst W. | IJsseldijk W. van |
| Kerkeinde 30 | Havenstraat 10 | Buiksloterdijk 431 | Vorensaterstraat 12 |
| 4254 LD Sleeuwijk | 6051 CR Maasbracht | 1034 ZA Amsterdam | 3312 NX Dordrecht |
| 0183-301321 | 0475-465090 | 020-6329412 | 078-6144207 |
| 1955 | 1913 | 1962 640 | 1910 |
| H.J.Koopman/Schlieker | H.J.Bosman | Concordia S.Seymonsbergen | Gebr.Bodewes |
| Dordrecht/Sliedrecht | Alkmaar | Amsterdam | Martenshoek |
| 12,00 x 3,64 x 1,53 | 15,59 x 3,76 x 1,45 | 16,15 x 4,32 x 1,65 | 19,52 x 4,98 x 1,99 |
| 250 kW 350 pk DAF | 250 kW 340 pk DAF | 123 kW 168 pk DAF | 276 kW 375 pk Deutz |

| | | | |
|---|---|---|---|
| 021.04490 recr | 030.10820 DS | 2003-02 MS | 030.51481 MS |
| **WILLEM** | **WILLEM** | **WILLEM III** | **WILLEMIEN** |
| GRETA/ REPARD II | ALKMAAR/ TERTIA/ | | JAN/ WILLEMIEN/ |
| | AARTJE / | | MIGRO |
| | HENRIETTE | | |
| Geijsel P. | Kleinstra W. | Jumelet BV Rederij | Jonker S.C. |
| | Julianalaan 48 C | Egmondstraat 14-16 | |
| Beverwijk | 6051 AV Maasbracht | 1976 BR IJmuiden | Amsterdam |
| | 0475-462448 | | |
| 1969 | 1940 | 2003 | 1950 57 |
| Bocxe | Bosman | Jumelet | Van de Velde |
| Ter Aar | Alkmaar | IJmuiden | Zwolle |
| 13,92 x 4,13 x 1,35 | 17,12 x 4,00 x 1,85 | 9,00 x 3,00 x 0,80 | 10,15 x 3,12 x 1,50 |
| 221 kW 300 pk GM | 250 kW 340 pk DAF | 63 kW 85 pk John Deere | 99 kW 135 pk Leyland |

| | | | |
|---|---|---|---|
| 020.08801 MV<br>**WILLEMSTAD 2**<br>Gulien A.H.<br>Insulindeweg 639<br>1095 CZ Amsterdam<br>020-6680701<br>1965<br>Gebr.Akerboom<br>Oegstgeest<br>9,85 x 3,34 x 1,61<br>74 kW 101 pk GM | 023.07654 MS<br>**WILLY**<br>SIMON<br>A.J.M.de Groot &<br>W.M.P.Raaijmakers<br>Raamsdonksveer<br>1947<br>Voorwaarts Hylkema & Zn<br>Hoogezand<br>15,05 x 4,24 x 1,80<br>80 kW 110 pk Industrie | 023.19680 MV<br>**WILLY B**<br>LUTT BIBER<br>Bruinsma P.<br>Holysingel 462<br>3136 LJ Vlaardingen<br>010-4601304<br>1980<br>Van Gelder<br>Gorinchem<br>14,47 x 4,20 x 2,21<br>272 kW 370 pk Caterpillar | 020.09437 MS<br>**WILTON**<br>SUBITO/ MIDDELPLAAT/<br>JEAN MARIE /<br>DANIEL III<br>Beek & Zwaan<br>Laren<br>1916<br>t Hondsbosch<br>Alkmaar<br>14,58 x 3,06 x 1,25<br>103 kW 140 pk Scania Vabis |
| 023.09256 MS<br>**WILLIAM**<br>Cnossen W.H.<br>Burg van Panhuyslaan 54<br>9251 KW Bergum<br>0511-462643<br>1955<br>Nic.Witsen<br>Alkmaar<br>15,70 x 3,50 x 1,20<br>50 kW 68 pk GM | 023.09205 MS<br>**WILLY**<br>MERWEDE<br>Kentie M.A.<br>Gorinchem<br>1916<br>C.Gips & Zn<br>Dordrecht<br>16,64 x 4,24 x 1,80<br>110kW 150 pk Lister Blackstone | 033.50418 MV<br>**WILMA**<br>Koek D.P.<br>Kerkeinde 30<br>4254 LD Sleeuwijk<br>0183-301321<br>1929<br>Sliedrecht<br>7,90 x 2,49 x 1,35<br>147 kW 200 pk DAF | 023.29393 MS<br>**WISENT**<br>HAVENDIENST V/<br>BLUSBOOT II/<br>HAVENDIENST 10 /ARGO<br>Theunissen R.J.<br>Hoek van Holland<br>1929<br>De Schelde<br>Vlissingen<br>17,55 x 3,95 x 1,60<br>147 kW 200 pk Volvo |
| 022.03424 DS<br>**WILLY**<br>TINA/ ORION<br>Koehoorn & Zn J.K.<br>Kiesterzijl 18<br>8801 HN Franeker<br>0517-396884 / 06-53413663<br>1941<br>Th.J.Fikkers<br>Foxhol<br>18,25 x 5,05 x 2,13<br>291 kW 395 pk Industrie | 030.11903 MS<br>**WILLY**<br>Koninklijke<br>Boskalis Westminster N.V.<br>Rosmolenweg 20<br>3356 LK Papendrecht<br>078-6969000<br>1967 335<br>Damen Shipyards BV<br>Hardinxveld-Giessendam<br>12,20 x 3,05 x 1,40<br>125 kW 170 pk GM | 020.04249 MS<br>**WILSKRACHT**<br>WILSKRACHT/ JOSÉ/<br>MARIJKE<br>Joling H.<br>Balk<br>1924<br>N.A.Bernhard Jr<br>Nieuwendam<br>14,00 x 2,95 x 1,45<br>85 kW 116 pk Deutz | 1965-29 MS<br>**WISSELSTROOM**<br>Amstel & IJ<br>Dijkgracht 9<br>1019 BT Amsterdam<br>020-4188013 / 06-55195020<br>1965<br>Mulder & Rijke<br>IJmuiden<br>7,80 x 2,80 x 1,00<br>81 kW 110 pk Cummins |
| 023.01905 MS<br>**WILLY**<br>AMAZONE<br>Botcher's Expl.Mij BV<br>Lekemeer 14<br>1647 PB Berkhout<br>1926<br>Meerman<br>Yerseke<br>16,00 x 3,75 x 1,80<br>103 kW 141 pk Stork Ricardo | 1940-06 MS<br>**WILLY**<br>FRIEDL<br>Durinck W.<br>v.Duylstraat 47<br>3026 SE Rotterdam<br>1940<br>Usinger & Co<br>Harburg<br>12,00 x 3,40 x 1,20<br>88 kW 120 pk Mercedes | 022.10623 recr<br>**WILSKRACHT**<br>SPEER IX/ FROUKJE/<br>COR/ GER /<br>ARJAN<br>Poog J.<br>De Schar 13<br>8754 BK Makkum<br>0515-232987<br>1935<br>Bodewes & Dutmer<br>Groningen<br>12,00 x 3,40 x 1,10<br>123 kW 167 pk DAF | 023.23904 MS<br>**WITTE RAAF**<br>RP 8<br>Berg M.v.d.<br>Nieuwerbrug<br>1940 1597<br>De Vries Lentsch<br>Amsterdam<br>14,60 x 3,20 x 1,20<br>44 kw 60 pk Ruston |

| **reg.nr. / type** : | 1934-01 OP | 1970-18 MV | 021.04795 MV |
|---|---|---|---|
| **naam** : | **WODAN** | **WORTMAN** | **WUTA** |
| **ex naam** : | HARRY / COR | V 62 | |
| **ex naam** : | | | |
| **ex naam** : | | | |
| **eigenaar** : | Koopmans M. | Huisman J. | Venendaal G.E. |
| **adres** : | | | Eikenlaan 2 |
| **woonplaats** : | Oostzaan | Oudega | 6711 MB Ede |
| **telefoon** : | | | 0318-618153 |
| **bouwjaar / -nr.** : | 1934 | 1970 | 1972 |
| **bouwwerf** : | Van Rossem | Gebr.Akerboom | Loose |
| **plaats** : | Papendrecht | Oegstgeest | Made |
| **l x b x d** : | 7,50 x 2,60 x 1,20 | 16,96 x 4,25 x 1,50 | 12,67 x 3,80 x 1,10 |
| **vermogen** : | 75 kW 102 pk Gardner | 123 kW 168 pk DAF | 130 kW 177 pk Caterpillar |
| **boegschroef** : | | | |

| | | | |
|---|---|---|---|
| 023.00517 MS | 022.04913 MS | 023.08884 MS | 1950-26 OP |
| **WIWI** | **WOELWATER** | **WOUW** | **WUTA** |
| | | VLAARDINGEN/ | |
| | | SPERWER | |
| | | | |
| Hermanides R.J. | Feith R.J. | Fernhout R. | Kolk E. |
| | Koningsweg 12 | Graafseweg 370 | |
| Irnsum | 8861 KN Harlingen | 6603 CJ Wychen | Stavoren |
| | 06-51077031 | 024-6411437 | |
| 1924 | 1938 379 | 1948 85 | 1950 |
| H.A.v.Gelder | G.Bijlsma & Zn | H.d.Haas | Volharding |
| Deest | Wartena | Maassluis | Stavoren |
| 15,30 x 4,02 x 1,20 | 17,21 x 4,55 x 1,70 | 15,004x 4,00 x 1,56 | 5,00 x 1,85 x 0,60 |
| 110 kW 150 pk Deutz | 110 kW 150 pk Brons | 103 kW 140 pk Kromhout | 36 kW 50 pk Mercedes Benz |

| | | | |
|---|---|---|---|
| 023.22749 DB | 023.34739 DS | 023.35777 MV | 030.50616 MS |
| **WODAN** | **WOEST** | **WUPPER** | **XIEWEL** |
| ELB-BAAS/ | VIGILA/ ST.ANTONY/ | | WAAL I/ ISALA/ |
| LEHNKERING 18 - KÖLN | DINY/ WILJO / | | LEJO/ LOUIS |
| Schiffahrtgesellschaft | OUWERKERK/ CORRIE * | | |
| Wodan GmbH | Veen Vof Van der | Aquatrans BV | Koopman |
| | Skoalstrjitte 11 | | |
| Regensburg | 8617 LJ Abbega | Beuningen | Amsterdam |
| | | | |
| 1972 716 | 1938 | 1956 | 1914 142 |
| J.J.Sietas | Bijlholt | Carl Siebert | Botje Ensing & Co |
| Hamburg | Foxhol | Berlin Spandau | Groningen |
| 23,78 x 9,20 x 2,00 | 12,32 x 3,46 x 1,57 | 15,60 x 3,68 x 1,02 | 17,09 x 3,65 x 1,70 |
| 2 x 772 kW/1050 pk Caterpillar | 118 kW 160 pk DAF | 114 kW 155 pk MWN | 81 kW 110 pk MWM |

| | | | |
|---|---|---|---|
| 030.31182 MS | 023.02772 MS | 023.06479 MS | 020.12893 MS |
| **WODAN** | **WOLGA** | **WUST** | **Y 8016 BAMBI** |
| JEANNE/ DINA/ JOHANNA/ | WOLGA/ ST.GERARDUS/ | GERDINA/ HENDO/ JOMA/ | Y 8016 BAMBI/ |
| LIZETTE/ DIDI / | EFRADO / | ASSISTENTE/ ALLEMA R / | BAMBI |
| ZWERVER | ANIMO | WILJA B/ ARON | |
| Mank M.N.J. | Mutsaers K. | Heemskerk BV J..J.M. | Huijsers E. |
| | Kap Goossenstraat 13 | Gieterij 53 | |
| Amsterdam | 6101 CX Echt | 2211 WC Noordwijkerhout | Rotterdam |
| | 0475-483967 | | |
| 1915 | 1914 146 | 1941 | 1952 35 |
| | Botje Ensing & Co | Zaanlandse Scheepsbouw Mij | Rijkswerf Willemsoord |
| Boom | Groningen | Zaandam | Den Helder |
| 16,19 x 4,23 x 1,70 | 12,66 x 3,29 x 1,31 | 12,00 x 3,42 x 1,60 | 16,48 x 4,64 x 1,56 |
| 73 kW 100 pk Industrie | 77 kW 105 pk DAF | 200 kW 270 pk Volvo Penta | 177 kW 240 pk Bolnes |

1955-04 MS
**Y 8017 DOMBO**
Y 8122 Stichting
Willemsoord 73
1781 AS Den Helder
0223-624359
1955 50
Rijkswerf Willemsoord
Den Helder
16,58 x 4,63 x 1,80
147 kW 200 pk Bolnes

1987-14 MS
**Y 8056 WIERBALG**
Koninklijke Marine
Rijkszee Marinehaven 1
1781 ZZ Den Helder
0223-653000
1987 665
Delta Shipyard
Sliedrecht
10,50 x 3,50 x 0,95
88 kW 120 pk DAF

1936-04 SS
**Y 8122**
SLEEPDIENST II/
SLEEPDIENST 4/ RK 23/
RS 04 /A 837/ Y 8590/ Y 8122
Y 8122 Stichting
Willemsoord 73
1781 AS Den Helder
0223-624359
1936 16
Rijkswerf Willemsoord
Den Helder
19,29 x 4,97 x 2,35
125 ipk Hubertina

imo 9652399 MC
**YN 571670**
Damen Marine Services BV
Rivierdijk 561
3371 EC Hardinxv.-Giessendam
0184-626000
2012 571670
Damen Kozle/ Damen Shipyards
Kozle/Hardinxveld
23,33 x 9,00 x -
2 x Caterpillar

1989-11 MS
**Y 8018 BREEZAND**
Koninklijke Marine
Rijkszee Marinehaven 1
1781 ZZ Den Helder
0223-653000
1989 857
Delta Shipyard
Sliedrecht
16,00 x 5,00 x 1,80
2 x 280 kW/380 pk Volvo Penta

1987-15 MS
**Y 8057 MALZWIN**
Koninklijke Marine
Rijkszee Marinehaven 1
1781 ZZ Den Helder
0223-653000
1987 666
Delta Shipyard
Sliedrecht
10,50 x 3,50 x 0,95
88 kW 120 pk DAF

020.02001 DS
**YKADE**
YKADE/
DOORNENBURG/
FRARY I
H.D.Scheepvaartbedr.
Postbus 7303
1007 JH Amsterdam
06-22700414
1942 791
J.& K.Smit
Kinderdijk
19,50 x 4,77 x 2,60
268 kW 364 pk Caterpillar

027.23662 MS
**YN 571674**
Damen Marine Services BV
Rivierdijk 561
3371 EC Hardinxv.-Giessendam
0184-626000
2013 571674
Damen Kozle/Damen Shipyards
Kozle/Hardinxveld
26,00 x 11,50 x 3,50
2 x Caterpillar

1989-12 MS
**Y 8019 BALGZAND**
Koninklijke Marine
Rijkszee Marinehaven 1
1781 ZZ Den Helder
0223-653000
1989 858
Delta Shipyard
Sliedrecht
16,52 x 5,32 x 1,80
2 x 280 kW/380 pk Volvo Penta

1987-16 MS
**Y 8058 ZUIDWAL**
Koninklijke Marine
Rijkszee Marinehaven 1
1781 ZZ Den Helder
0223-653000
1987 667
Delta Shipyard
Sliedrecht
10,50 x 3,50 x 0,95
88 kW 120 pk DAF

imo 9679464 MS
**YN 509654**
Damen Shipyards BV
Avelingen West 20
4202 MS Gorinchem
0183-639911
2013 509654
Damen Shipyards
Gorinchem

027.23485 MC
**YN 571675**
Damen Marine Services BV
Rivierdijk 561
3371 EC Hardinxv.-Giessendam
0184-626000
2012 571675
Damen Kozle/Damen Shipyards
Kozle/Hardinxveld
23,97 x 9,00 x 3,19
2 x Caterpillar

1987-12 MS
**Y 8055 SCHELDE**
Koninklijke Marine
Rijkszee Marinehaven 1
1781 ZZ Den Helder
0223-653000
1987 664
Delta Shipyard
Sliedrecht
10,50 x 3,50 x 0,95
88 kW 120 pk DAF

1987-17 MS
**Y 8059 WESTWAL**
Koninklijke Marine
Rijkszee Marinehaven 1
1781 ZZ Den Helder
0223-653000
1987 668
Delta Shipyard
Sliedrecht
10,50 x 3,50 x 0,95
88 kW 120 pk DAF

027.23483 MS
**YN 571657**
Damen Marine Services BV
Rivierdijk 561
3371 EC Hardinxv.-Giessendam
0184-626000
2012 571657
Damen Kozle/ Damen Shipyards
Kozle/Hardinxveld
22,35 x 8,00 x -
2 x Caterpillar

imo 9696498 MS
**YN 571677**
Damen Marine Services BV
Rivierdijk 561
3371 EC Hardinxv.-Giessendam
0184-626000
2013 571677
Damen Kozle/Damen Shipyards
Kozle/Hardinxveld
23,35 x 8,00 x 2,90
2 x Caterpillar

| | | | |
|---|---|---|---|
| **reg.nr. / type** : | 027.23482 MC | 027.23724 MS | 2014-06 MS |
| **naam** : | **YN 571684** | **YN 571698** | **YN 571708** |
| **ex naam** : | | | |
| **ex naam** : | | | |
| **ex naam** : | | Scheepswerf Damen | |
| **eigenaar** : | Damen Marine Services BV | Hardinxveld BV | Damen Marine Services BV |
| **adres** : | Rivierdijk 561 | | Rivierdijk 561 |
| **woonplaats** : | 3371 EC Hardinxv.-Giessendam | Hardinxveld-Giessendam | 3371 EC Hardinxv.-Giessendam |
| **telefoon** : | 0184-626000 | | 0184-626000 |
| **bouwjaar / -nr.** : | 2012 571684 | 2013 571698 | 2014 571708 |
| **bouwwerf** : | Damen Kozle/Damen Shipyards | Damen/Maaskant | Damen |
| **plaats** : | Kozle/Hardinxveld | .Hardinxveld/Stellendam | Kozle/ Hardinxveld |
| **l x b x d** : | 29,90 x 12,50 x 3,50 | 33,73 x 12,00 x 4,00 | 27,00 x 9,00 x - |
| **vermogen** : | 2 x Caterpillar | 2 x Caterpillar | |
| **boegschroef** : | | | |

| | | | |
|---|---|---|---|
| imo 9660293 MS | imo 9688881 MS | imo 9700536 MS | imo 9688867 MS |
| **YN 571680** | **YN 571685** | **YN 571703** | **YN 571712** |
| | | | |
| | | | |
| | | | |
| Damen Marine Services BV | Damen Marine Services BV | Damen Marine Services BV | Damen Marine Services BV |
| Rivierdijk 561 | Rivierdijk 561 | Rivierdijk 561 | Rivierdijk 561 |
| 3371 EC Hardinxv.-Giessendam | 3371 EC Hardinxv.-Giessendam | 3371 EC Hardinxv.-Giessendam | 3371 EC Hardinxv.-Giessendam |
| 0184-626000 | 0184-626000 | 0184-626000 | 0184-626000 |
| 2013 571680 | 2013 571685 | 2014 571703 | 2014 571712 |
| Damen Kozle/Damen Shipyards | Damen Kozle/Damen Shipyards | Damen Kozle/Damen Shipyards | Damen |
| Kozle/Hardinxveld | Kozle/Hardinxveld | Kozle/Hardinxveld | Kozle/ Hardinxveld |
| 26,21 x 9,10 x 3,60 | 27,00 x 9,10 x 3,50 | 27,00 x 9,00 x - | 32,00 x 9,00 x - |
| 2 x 821 kW 1117 pk Caterpillar | 2 x 1119 kW 1521 pk Caterpillar | 2 x Caterpillar | |
| | | | |

| | | | |
|---|---|---|---|
| 027.23617 MS | imo 9684639 MC | imo 9700548 MS | 2014-07 MS |
| **YN 571682** | **YN 571688** | **YN 571705** | **YN 571713** |
| | | | |
| | | | |
| | | | |
| Damen Marine Services BV | Damen Marine Services BV | Damen Marine Services BV | Damen Marine Services BV |
| Rivierdijk 561 | Rivierdijk 561 | Rivierdijk 561 | Rivierdijk 561 |
| 3371 EC Hardinxv.-Giessendam | 3371 EC Hardinxv.-Giessendam | 3371 EC Hardinxv.-Giessendam | 3371 EC Hardinxv.-Giessendam |
| 0184-626000 | 0184-626000 | 0184-626000 | 0184-626000 |
| 2013 571682 | 2013 571688 | 2014 571705 | 2014 571713 |
| Damen Kozle/Damen Shipyards | Damen Kozle/Damen Shipyards | Damen Kozle/Damen Shipyards | Damen |
| Kozle/Hardinxveld | Kozle/Hardinxveld | Kozle/Hardinxveld | Kozle/ Hardinxveld |
| 27,00 x 9,10 x 3,50 | 26,00 x 11,50 x 3,00 | 26,00 x 9,00 x - | |
| 2 x Caterpillar | 3 x 634 kW/862 pk Caterpillar | 2 x Caterpillar | |
| | | | |

| | | | |
|---|---|---|---|
| 027.23616 MC | 027.23723 MC | imo 9688673 MS | imo 9479785 MC |
| **YN 571683** | **YN 571690** | **YN 571707** | **YOGI** |
| | | | DMS OSPREY |
| | | | |
| | Scheepswerf Damen | | Herman Sr BV |
| Damen Marine Services BV | Hardinxveld BV | Damen Marine Services BV | Scheepvaartbedrijf |
| Rivierdijk 561 | | Rivierdijk 561 | Anjerstraat 73 |
| 3371 EC Hardinxv.-Giessendam | Hardinxveld-Giessendam | 3371 EC Hardinxv.-Giessendam | 3333 GC Zwijndrecht |
| 0184-626000 | | 0184-626000 | 078-6192507 |
| 2013 571683 | 2013 571690 | 2013 571707 | 2008 1593 |
| Damen Kozle/Damen Shipyards | Damen | Damen Shipyards | Damen Shipyards BV |
| Kozle/Stellendam | Gdansk/Hardinxveld | Stettin/Hardinxveld | Gorinchem |
| 24,00 x 12,95 x 2,00 | 32,68 x 12,50 x 4,52 | 32,08 x 9,10 x 3,50 | 26,00 x 11,50 x 2,25 |
| | 2 x Caterpillar | | 3 x 632 kW/859 pk Caterpillar |
| | | | 225 kW 306 pk |

023.08320 DS
**YSKA**
WAALHAVEN/
VEERMANSPLAAT /
TARZAN
Amstel & IJ
Dijkgracht 9
1019 BT Amsterdam
020-4188013 / 06-55195020
1941
De Vries Lentsch
Alphen a/d Rijn
16,20 x 3,85 x 1,56
232 kW 315 pk DAF
14,7 kW 20 pk Lombardino

020.04299 MS
**YTJE**
DELTA
Kuipers G.
Trekweg 1
9114 AE Driesum
0511-421470
1919
Jonker du Croo
Amsterdam
12,60 x 3,15 x 1,54
147 kW 200 pk Scania Vabis

1930-14 OP
**YVONNE**
D'OUWE
Ingen R.van
Lobith
1930
6,20 x 2,20 x 1,00
7,3 kW 10 pk Kromhout

1962-10 MS
**YVONNE**
NIEGRIPP
Smits S.W.R.
Pastorijelannen 8
9262 NV Suameer
0511-464691
1962
Berlijn
14,20 x 3,45 x 1,22
95 kW 130 pk Mercedes

imo 9631498 MC
**YVONNE W**
Stemat Marine Service BV
Quarantaineweg 10
3089 KP Rotterdam
010-2996555
2011 NP 396
Neptune Marine BV
Aalst
26,50 x 11,00 x 3,20
2 x 970 kW/1319 pk Caterpillar
200 kW 272 pk

1930-34 OP
**Z SCHIPPER**
Burger R.
Langweer
1930
5,52 x 1,80 x 0,95
11 kW 15 pk Samofa

023.06840 DS
**ZAMBEZI**
CONSTANCIA/ LEAN II/
JOMA/ LUCIA I /
DENISE/ LE DI
Feber L.E.
Abbenes
1946 94
Suurmeijer
Foxhol
17,50 x 4,70 x 1,80
250 kW 340 pk Brons

1925-12 MS
**ZAR III**
NIXE/ EXACT/ PINNAU /
ZAR III/ ELBCLEARING 9
Eleveld C.
Hoogezand
1925 625
Janssen & Schmilinsky
Hamburg
18,25 x 5,25 x 2,10
221 kW 300 pk Deutz

023.21466 DB
**ZEBULON**
MAIPO/ MAI/ LISAN/
MIKIDA
IJsselmeer Scheepvaartbedr.
Kon.Julianastraat 1
8321 HW Urk
1968
Chantier Navel de Rupelmonde
Rupelmonde
15,00 x 8,20 x 1,63
2 x 426 kW 580 pk Caterpillar

027.16820 MV
**ZEEAREND**
Oord Acz Overige
Materieel BV Van
Schaardijk 211
3063 NH Rotterdam
010-4478444
1989
Damen Shipyards BV
Gorinchem
18,70 x 8,06 x 1,50
352 kW 478 pk Caterpillar

023.10585 DS
**ZEEBUFFEL**
DEMETER/ DANIEL
Zee A.S.v.d.
Westzaan
1959 257
Tans Metaal
Krimpen a/d IJssel
17,38 x 4,82 x 1,89
147 kW 200 pk Deutz

020.04328 MS
**ZEEBURG**
ALI I/ ANDANTE
Burg R.v.d.
Tiel
1914
12,40 x 2,94 x 0,86
52 kW 71 pk Volvo Penta

020.14230 MS
**ZEEHAVEN IJMUIDEN**
WERF 'T GROENLAND/
RENE /
DOUWERD/ MAX
Havenbedrijf IJmuiden BV
Halkade 4
1976 DC IJmuiden
0255-547025 / 06-53253241
1923
Concordia S.Seymonsbergen
Amsterdam
12,55 x 3,16 x 1,40
175 kW 238 pk Volvo Penta

020.01069 DS
**ZEEHOND**
JOHANNA/ SPES SALUTIS 2/
ZEEHOND /
ANTONIE III
Rossum G.van
Uiterwaardenstraat 77 II
1079 BS Amsterdam
020-6442824
1923
De Industrie D.& Joh.Boot
Alphen a/d Rijn
16,40 x 3,80 x 1,38
127 kW 172 pk Caterpillar

023.08867 DB
**ZEEHOND**
KINDERDIJK
Schalgemeijer S.C.A.
Haarlem
1952 830
J.& K.Smit
Kinderdijk
23,25 x 6,25 x 2,90
276 kW 365 pk MAN

023.09514 MV
**ZEEHOND**
ZEEHOND/ MARIO
Robouw Beheer BV
Tjotterspad 42
1081 KD Amsterdam
1900
9,65 x 2,70 x 1,20
85 kW 116 pk Deutz

| | | | |
|---|---|---|---|
| **reg.nr. / type** : | 023.17058 MS | imo 8117483 MS | 022.12805 MS |
| **naam** : | **ZEEHOND** | **ZEELAND [35]** | **ZEELEEUW** |
| **ex naam** : | BARON VAN BREDA/ | ZEELAND GK 35 | |
| **ex naam** : | IKPT I/ DB I/ RV 1 | | |
| **ex naam** : | | | |
| **eigenaar** : | Hergarden R.G.M.M. | Svitzer Inland Towage BV | Kamperman Vof Sleepdienst S. |
| **adres** : | H.Mandenweg 1 | Westerduinweg 3 | Grote Bickerstraat 253 |
| **woonplaats** : | 1947 HA Beverwijk | 1976 BV IJmuiden | 1013 KP Amsterdam |
| **telefoon** : | 0251-228758 | 0255-562666 | 020-6256319 |
| **bouwjaar / -nr.** : | 1939 1389 | 1982 228 | 1968 463 |
| **bouwwerf** : | Boot | Tille | Gebr.Akerboom |
| **plaats** : | Leiden | Kootstertille | Oegstgeest |
| **l x b x d** : | 16,75 x 4,50 x 1,60 | 28,70 x 9,05 x 3,20 | 10,57 x 3,14 x 1,05 |
| **vermogen** : | 265 kW 360 pk GM | 2 x 883 kW/1200 pk Bolnes | 88 kW 120 pk DAF |
| **boegschroef** : | | | |

| | | | |
|---|---|---|---|
| 023.12237 MS | 030.11924 recr | 023.33164 DB | 023.22995 DB |
| **ZEEHOND** | **ZEEHOND** | **ZEELANDIA** | **ZEELEEUW** |
| MARGARETHA/ EWT 12/ | | | Blauwal/ Cormoran/ Rigi III / |
| TONNY/ NARWAL / | | | Lehnkering 9-Wesel/ Orka/ |
| TONNIE | | | Renate /Zeeleeuw/ Stier |
| Anker Maritiem Shipping | Bakker H. | Lee Gebr. van der | Woude J.v.d. |
| Rivierkade 5 | | Lekdijk 28 | De Wieken 22 |
| 4931 AA Geertruidenberg | Huizen | 4124 KC Hagestein | 8801 RA Franeker |
| 0162-514890 | | 0347-351824 | 0518-402076 / 06-53147404 |
| 1966 | 1952 | 1974 | 1939 |
| J.& K.Smit | Gebr.Paans | | Ernst Menzer |
| Kinderdijk | Roodevaart | Hull | Geesthacht |
| 12,57 x 3,74 x 1,17 | 16,36 x 4,82 x 1,65 | 12,00 x 4,00 x 2,00 | 19,50 x 5,00 x 1,65 |
| 169 kW 230 pk Scania | 121 kW 165 pk DAF | 155 kW 211 pk DAF | 350 kW 476 pk Volvo |

| | | | |
|---|---|---|---|
| 023.12777 MS | imo 8433710 MS | 032.60052 MS | 023.28306 DS |
| **ZEEHOND** | **ZEEHOND** | **ZEELANDIA** | **ZEELEEUW** |
| QUATRIEME/ RS 9/ | BULGERSTEYN/ | ANTOINETTE | Bolnes II/ Bolnes XV Marianne/ |
| A 849/ Y 8031 / | MARLENE | | RWS 55 /Dieze/ Magdalena |
| MEEUW/ SPES MEA | | | Fenix/ IJsland/ Leeuw |
| Rijke R.de | Snoo Las & Duikservice BV De | Hoeve P.W. van | Meer Scheepvaart E.G. v.d. |
| Waalbandijk 64 | Julianalaan 53 | Rietbeek 24 | Kanaaldijk 2 |
| 6658 KA Beneden Leeuwen | 4941 JB Raamsdonksveer | 8064 JC Zwartsluis | 4341 RD Arnemuiden |
| | 0162-518359 | | |
| 1941 | 1956 557 | 1940 | 1946 467 |
| De Winter | Bijlholt | Bernhard | A.Baars & Zn |
| Boom | Foxhol | Oostzaan | Sliedrecht |
| 20,37 x 5,26 x 1,72 | 22,02 x 5,12 x 1,78 | 13,96 x 3,37 x 1,53 | 18,45 x 4,74 x 2,20 |
| 320 kW 435 pk Deutz | 421 kW 573 pk Caterpiller | 74 kW 101 pk Volvo Penta | 447 kW 608 pk Caterpillar |

| | | | |
|---|---|---|---|
| 023.14239 DS | 023.31913 MV | 020.10277 MS | 1993-02 MC |
| **ZEEHOND** | **ZEELAND** | **ZEELEEUW** | **ZEELEEUW** |
| RV 10/ ZEEHOND | BELLAERT/ HACIENDA | RV 14/ JOSINA/ MARGA/ | CANDY |
| | | GONDA | |
| | Martens & Van Oord | | Kapitein & Zn Duw & |
| Spithorst N. | Materieel BV | Brise Westzaan BV | Sleepdienst A. |
| Muidertrekvaart 17 | Rederijweg 6 | Provincialeweg 16 | Wijk 1 nr 39 |
| 1398 PP Muiden | 4906 CX Oosterhout | 1551 SB Westzaan | 8321 EL Urk |
| 0294-413362 | | 075-6354310 / 06-51138095 | 0527-681864 |
| 1940 | 1976 543 | 1949 127 | 1993 |
| | Damen Shipyards BV | De Jong & Smit | J.Hendriks |
| | Gorinchem | IJsselmonde | Dodewaard |
| 10,90 x 3,20 x 1,50 | 12,65 x 3,35 x 1,20 | 20,05 x 5,05 x 1,95 | 18,75 x 9,38 x 1,40 |
| 191 kW 260 pk Detroit Diesel | 92 kW 125 pk DAF | 415 kW 565 pk Caterpillar | 2 x 440 kW/599 pk Mitsubishi |

020.01826 DS
**ZEEMEEUW**
RP 88

Zandstra BV
Trijegea 49
8519 JA Scharsterbrug
0513-413558 / 06-51099488
1941 247
De Wachter
Boom
20,35 x 5,26 x 1,75
596 kW 811 pk Caterpillar

020.12212 DS
**ZEEMEEUW II**

Zandstra BV
Trijegea 49
8517 JA Scharsterbrug
0513-413558 / 06-51122567
1971 636
Van Goor
Monnickendam
15,22 x 4,48 x 2,20
331 kW 450 pk Caterpillar

020.02245 DS
**ZEETIJGER**
TIJMA II/ HENDRIK/
NASSAKADE/ ZEEHOND

Spithorst N.
Muidertrekvaart 17
1398 PP Muiden
0294-413362
1947 433
Bodewes & Dutmer
Groningen
20,95 x 5,10 x 1,72
387 kW 527 pk Caterpillar

334-78 MV
**ZEGGE**

Verduin H.B.
Danzigerkade 9
1013 AP Amsterdam

1978
Damen
Hardinxveld-Giessendam
13,70 x 3,70 x 1,10
108 kW 147 pk Cummins

021.02897 MS
**ZEEMEEUW**
TREESKE/ LENIE

Ebeltjes R.

Nieuwlande

1928
Mittendorf
Dedemsvaart
10,10 x 2,50 x 1,30
29 kW 40 pk Brons

027.21709 MC
**ZEEROB**
VICKEY

Kaiptein & Zn A.
Wijk 1 nr 39
8321 EL Urk
0527-681864
1975 1023
Damen Shipyards
Hardinxveld-Giessendam
14,05 x 6,00 x 1,85
2 x 118 kW/161 pk Daewoo

023.14247 MS
**ZEETIJGER**
GB III/ RV II/ ZEETIJGER/
ATLAS

Terwisga D.W.v.
Noorderhaven 29
8861 AJ Harlingen
0517-414187
1932
Bodewes & Dutmer
Groningen
11,30 x 3,43 x 1,48
58 kW 80 pk Industrie

023.17311 DB
**ZELDENRUST**
HANS ADOLF/ WOUTRINA I/
HEINRICH/ HARDY /ALBARI/
RHEIN/ DA CAPO II/ MISADO
Zeldenrust Vof
Kon Julianalaan 1
8321 HW Urk
0527-687802 / 06-51400977
1922
Marckmann & Faassen
Kralingse Veer
26,54 x 5,63 x 1,60
500 kW 680 pk Caterpillar

023.07604 MS
**ZEEMEEUW**
AEOLUS

Berchum B.van

Werkendam

1950
Hylkema
Martenshoek
16,35 x 4,19 x 1,63
227 kW 309 pk Kromhout

1930-23 OP
**ZEEROB II**

Bleskensgraaf

1930?

5,20 x 2,10 x -

021.04781 MC
**ZEEWOLF**

Kapitein & Zn A.
Wijk 1 nr 39
8321 EL Urk
0527-681864
1972
Damen Shipyards
Hardinxveld-Giessendam
10,00 x 5,00 x 1,85
177 kW 240 pk Detroit

1927-09 OP
**ZELDZAAMHEID**
HAVENDIENST NIJKERK /
MARTHA

Douma E.

Groningen

1927
C.Apello
Zwartsluis
7,00 x 2,33 x 1,14
18 kW 22 pk Kromhout

030.31624 MS
**ZEEMEEUW**
INJO

Heemskerk L.

Lisserbroek

1957
Gebr.Thijssen (de Hoop)
Leiden
12,00 x 3,88 x 1,50
120 pk DAF

022.04586 MS
**ZEESTERN**

Provincie Groningen

Groningen

1974
Pedro
Zuidbroek
9,85 x 3,30 x 1,53
120 pk Bedford

023.17594 MS
**ZEEZUIPER**
CARINE

Denissen J.W.W.
Rijksvluchthaven 13
6598 BM Heijen

1905
Huiskens & Van Dijk
Dordrecht
17,45 x 4,27 x 1,655
99 kW 135 pk Caterpillar

imo 9034999 MS
**ZELZATE**
NATHALIE LETZER

U.R.S. Nederland BV
Beneluxweg 4 A
4538 AL Terneuzen

1992 471
Scheepswerf van Rupelmonde
Rupelmonde
31,99 x 8,70 x 4,70
2000 pk ABC

| | | | |
|---|---|---|---|
| **reg.nr. / type** : | 023.04295 DS | 023.08405 MS | 020.13185 MS |
| **naam** : | **ZEUS** | **ZILVERSTER** | **ZUIDERZEE** |
| **ex naam** : | MINA/ DIA/ DIA/ IPHARRA/ | KEES VAN NUS | JAN |
| **ex naam** : | ANDRE/ BEVER /KLAARTJE M/ | | |
| **ex naam** : | GEERTJE/ HENNY | | Hoog , M.Mooij, A. Veenma. |
| **eigenaar** : | Leemburg A.H. | Vuur W.F.E. & M. | M.A.Schafer W.A.d. |
| **adres** : | Stripe 19 | | Pontonniersweg |
| **woonplaats** : | 8493 LB Terhorne | Utrecht | Papendrecht |
| **telefoon** : | 0566-689275 | | |
| **bouwjaar / -nr.** : | 1913 | | 1951 470 |
| **bouwwerf** : | Gebr.v.d.Windt | | Bijlsma/Seymonsbergen |
| **plaats** : | Vlaardingen | Hamburg | Wartena/Amsterdam |
| **l x b x d** : | 14,26 x 3,41 x 1,60 | | 15,11 x 3,98 x 1,38 |
| **vermogen** : | 151 kW 205 pk Scania | 254 kW 210 pk DAF | 114 kW 155 pk Deutz |
| **boegschroef** : | | | |

| | | | | |
|---|---|---|---|---|
| reg.nr. / type | 023.18519 MV | 023.35314 DV | imo 8103078 MS | 021.00134 DB |
| naam | **ZEPHYR** | **ZEUS** | **ZP CHALONE** | **ZUIDERZEE** |
| ex naam | | | | ST ANTONIUS/ MAR-GO/ |
| ex naam | | | | JOHANNA IV /HILANCO/ |
| ex naam | | | | EDWIN/ ALTENA/ GERJO |
| eigenaar | Doppegieter H.P.A. | Apollo Maritiem BV | Kotug 2 BV | Koopmans J. |
| adres | Achterdijk 125 | Oostkade 16 | Wilhelminakade 318 | Feandijk 6 |
| woonplaats | 4765 RD Zevenbergsenhoek | 3221 AJ Hellevoetsluis | 3072 AR Rotterdam | 8614 JG Oudega |
| telefoon | 0168-452999 | | 010-2170217 | 0515-469534 |
| bouwjaar / -nr. | 1988 | 1969 | 1982 113 | 1922 23 |
| bouwwerf | De Wiel | Damen | Valley Schipbuilding Inc | Roorda |
| plaats | Asperen | Hardinxveld-Giessendam | Brownsville | Sliedrecht |
| l x b x d | 9,10 x 3,40 x 1,67 | 12,90 x 3,59 x 2,00 | 28,85 x 10,36 x 5,40 | 19,40 x 4,34 x 1,60 |
| vermogen | 176 kW 240 pk DAF | 177 kW 240 pk Caterpillar | 2 x 1104 kW/1500 pk GM | 121 kW 165 pk GM |
| boegschroef | | | | |

| | | | | |
|---|---|---|---|---|
| reg.nr. / type | 023.22756 MV | 020.15073 MV | imo 8103066 MS | 023.06610 MS |
| naam | **ZEPHYR** | **ZEVENHONT II** | **ZP CONDON** | **ZUIDERZEE** |
| ex naam | ZEPHYR 3 | RVE 21/ Nr 21 | | TELEPHONESE/ BERNHARD/ |
| ex naam | | | | AU REVOIR / |
| ex naam | | | | ST.ANTONIUS/ ESSAI |
| eigenaar | Overmars N.A.J. | Tebezo BV | Kotug 1 BV | Berg M.P.v.d. |
| adres | Mr.Muhrenlaan 58 | Sasdijk 15 | Wilhelminakade 318 | |
| woonplaats | 1132 CH Volendam | 8281 BM Genemuiden | 3072 AR Rotterdam | Breukelen |
| telefoon | | 038-3855225 | 010-2170217 | |
| bouwjaar / -nr. | 1976 | 1971 | 1981 112 | 1912 |
| bouwwerf | Pawe | J.Schlieker & Zn | Valley Schipbuilding Inc | Wed.Joh,v,Duijvendijk |
| plaats | Werkendam | Sliedrecht | Brownsville | Krimpen a/d IJssel |
| l x b x d | 11,92 x 3,73 x 0,97 | 9,08 x 2,75 x 1,30 | 28,40 x 10,40 x 5,00 | 13,05 x 3,24 x 1,60 |
| vermogen | 132 kW 180 pk Caterpillar | 120 pk DAF | 2 x 1104 kW/1500 pk GM | 88 kW 120 pk Daimler Benz |
| boegschroef | | | | |

| | | | | |
|---|---|---|---|---|
| reg.nr. / type | 022.04408 DS | 023.35312 MV | 2012-28 MS | 023.20212 MV |
| naam | **ZEPHYRUS** | **ZIJPE** | **ZUID HOLLAND** | **ZUIDERZEE** |
| ex naam | HARMONIE/ VB III/ | ZIJPE/ TITAN/ | | NIEUWE MAAS/ |
| ex naam | SPEER III / | JAN HUYGEN | | HOLLANDSCHE IJSSEL |
| ex naam | GB III/ RV 19 | | Martens & Van Oord | |
| eigenaar | Berge J.M.W. v.d. | Stienstra & v.d.Wal | Materieel BV | Mijnster Zand & Grinthandel |
| adres | Molendijk 80 | Rogmolenwei 6 | Rederijweg 6 | |
| woonplaats | 4696 BM Stavenisse | 8651 EP IJlst | 4906 CX Gorinchem | Zwijndrecht |
| telefoon | 0166-692407 | | 0162-474747 | |
| bouwjaar / -nr. | 1930 | 1956 1027 | 2011 | 1962 1155 |
| bouwwerf | Wolthuis | De Vries Lentsch | Tukker Botenbouw | Mulder & De Rijke |
| plaats | Sappemeer | Nieuwendam | Gorinchem | Lemmer |
| l x b x d | 19,18 x 5,14 x 1,80 | 11,40 x 3,40 x 0,95 | 8,50 x 3,10 x 1,10 | 11,00 x 3,20 x 1,10 |
| vermogen | 441 kW 600 pk GM | 161 kW 220 pk DAF | 58 kW 80 pk John Deere | 70 kW 95 pk DAF |
| boegschroef | | | | |

023.25944 MS
**ZUIDERZEE**
JOJA/ LIEVE/ WELGELEGEN I /
PASSE AVANT/
ALBATROS
Zuiderzee Sleepboot
Stationsstraat 18
3143 AM Maassluis
06-53457556
1930

Duisburg
15,16 x 3,43 x 1,10
121 kW 165 pk Gray Marine

022.08990 MS
**ZWARTE RAAF**
ZANDPLAAT
Stoelinga E.
Emmakade 200
8933 AZ Leeuwarden
06-21461707
1941
t Hondsbosch
Alkmaar
16,05 x 3,68 x 1,08
77 kW 105 pk Kromhout

1928-14 MS
**ZWERVER**
RP 59/ RP 7/ TRAMP
Maurik G.v.

Lienden

1935
De Vries Lentsch
Amsterdam
14,85 x 3,45 x 1,28
68 kW 92 pk Kromhout Gardner

020.04088 DS
**ZWOEGER**
CSM VIII/
'S GRAVENHEKJE 3
Meeter S.
Kingmastate 40
8926 NB Leeuwarden

1934
Jonker & Stans
Hendrik Ido Ambacht
13,04 x 3,05 x 1,64
172 kW 235 pk Fiat

023.29297 MS
**ZUIDERZEE**
BELGICA I/ CAREL BENZ/
JOSEPHINE /
MARJAN
Bos L.

St.Nicolaasga

1911

Hamburg
15,11 x 3,88 x 1,30
228 kW 310 pk MAN

020.10282 MS
**ZWARTE WATER**
ZWARTE WATER/
JOHANNA B
Breman L.D.
Langestraat 18
8281 Al Genemuiden

1989
Kok/Coers
Vinkeveen/Loosdrecht
9,10 x 3,25 x 1,10
29 kW 40 pk Brons

imo 9423425 MC
**ZWERVER I**
HvS Dredging Support BV
Noorderhaven 96
8861 AR Harlingen
0517-413588
2007 173
Gebr.Kooiman
Zwijndrecht
28,00 x 12,50 x 2,30
3 x 470 kW/640 pk Cummins
257 kW 350 pk

023.06876 MS
**ZWOEGER**
JAN/ ALJO/ JAN/
ADRI/ TOPE I
Koopmans M.

Oostzaan

1947

10,32 x 2,86 x 1,35
70 pk Kromhout

030.51589 MV
**ZUIDERZEE II**
Boltje & Zn R.

Zwolle

110 pk GM

1950-32 MV
**ZWARTE ZEE II**
Frolich F.
Kanaalweg 36
8861 KE Harlingen
0517-419512
?1950

9,03 x 2,86 x 0,91
58 kW 80 pk

imo 9614878 MS
**ZWERVER III**
HvS Dredging Support BV
Noorderhaven 96
8861 AR Harlingen
0517-413588
2011 192
Barkmet Shipyard/Gebr.Kooiman
Lovocise/Zwijndrecht
35,10 x 15,00 x 2,70
3 x 940 kW/1278 pk Mitsubishi
2 x 605 kW/822 pk Mitsubishi

1930-16 OP
**ZWOEGER**
NICO
Zwiers J.

Nijverdal

1930
Nieuwenhuis
Hasselt
5,00 x 2,00 x 0,80
9,5 kW 13 pk Lister Blackstone

021.02912 MS
**ZWARTE GANS**
MARIA ADRIANA/
NADIR /
DEO VOLENTE
Halfrond Maritiem BV
Mauritsweg 43
4931 CC Geertruidenberg
0162-524890 / 06-28260393
1945
Boot
Gouwsluis
18,90 x 4,80 x 2,25
441 kW 600 pk MTU
33 kW 45 pk Lister

022.07120 MS
**ZWERVER**
Boer E.J.de

Vlieland

1960
Damen Shipyards BV
Hardinxveld-Giessendam
11,90 x 3,28 x 1,23
177 kW 240 pk DAF

023.18520 MV
**ZWET**
Gerkens Cacao Industrie B.V.
Veerdijk 82
1531 MA Wormer
075-6293293
1984
Van Rossem
Dreumel
14,35 x 4,08 x 1,40
279 kW 380 pk MAN

| regnr. | naam |
|---|---|
| 020.00001 | EXTASE |
| 020.00163 | POWER |
| 020.00164 | EOS |
| 020.00525 | SIEN |
| 020.00971 | VALK |
| 020.01069 | ZEEHOND |
| 020.01128 | AVIOR |
| 020.01250 | RIEKUS |
| 020.01257 | ANNEMARIE |
| 020.01281 | TARPAN |
| 020.01297 | KAAP FASTNET |
| 020.01299 | WILLEM |
| 020.01301 | HERA |
| 020.01331 | DE VRIENDSCHAP |
| 020.01364 | EGBERTHA |
| 020.01378 | NESTOR |
| 020.01523 | AKRUESDA |
| 020.01561 | HEKGOLF |
| 020.01580 | ALI B |
| 020.01588 | THEODORA |
| 020.01659 | BRUTUS 2 |
| 020.01662 | SIRIUS |
| 020.01755 | RES NOVA |
| 020.01756 | JUTTER |
| 020.01789 | MARJO |
| 020.01800 | METJE |
| 020.01826 | ZEEMEEUW |
| 020.01835 | FURORE |
| 020.01856 | AVONTUUR |
| 020.01857 | ANJABE |
| 020.01928 | KP 2 |
| 020.01932 | KAREL |
| 020.01934 | BUSCO |
| 020.01952 | VAGEBOND |
| 020.01960 | FOX |
| 020.01961 | TIJMA |
| 020.01963 | SHIPDOCK VI |
| 020.01964 | GERSOM |
| 020.01965 | SPES |
| 020.01973 | JOY TUG |
| 020.01997 | STOFFEL |
| 020.01998 | LIBERTAS |
| 020.02001 | YKADE |
| 020.02004 | LEANKE |
| 020.02014 | MARIA |
| 020.02015 | TWEE GEBROEDERS |
| 020.02026 | DE OUDE ANNA |
| 020.02039 | ACTIEF |
| 020.02084 | MARIANNA |
| 020.02101 | IJSBEER |
| 020.02143 | LAUWERSMEER |
| 020.02145 | DEUN |
| 020.02149 | ESTHER JACOBA |
| 020.02223 | HONDSBOSCH |
| 020.02241 | DAVID |
| 020.02245 | ZEETIJGER |
| 020.02258 | VOLTA |
| 020.02300 | OUDE WAAL 1 |
| 020.02333 | JAKO |
| 020.02338 | KRISTIN |
| 020.02436 | JAN |
| 020.02459 | DE VEREENIGING |
| 020.02482 | PARAAT |
| 020.02490 | LUCIA I |
| 020.02508 | BARRACUDA |
| 020.02606 | FINLAND |
| 020.02608 | HOLLAND |
| 020.02687 | ERTSKADE |
| 020.02718 | TERRAQ 6 |
| 020.02719 | PAMPUS |
| 020.02981 | AREND |
| 020.02984 | RAAF |
| 020.03015 | BETSY |
| 020.03020 | INNOVATIE |
| 020.03074 | SPECHT |
| 020.03139 | DE HOOP |
| 020.03160 | HOLLANDIA |
| 020.03220 | WIETA |
| 020.03221 | KWADIJK |
| 020.03277 | PIETER |
| 020.03322 | RESCATOR |
| 020.03325 | CECILIA |
| 020.03348 | ALTO |
| 020.03412 | KRACHTWIJK |
| 020.03449 | CALYPSO |
| 020.03452 | MARJOH |
| 020.03478 | VOORZAAN |
| 020.03538 | AS IX |
| 020.03539 | TREKWIJK |
| 020.03579 | WALVIS |
| 020.03581 | JAN VAN HASSELT SR |
| 020.03587 | TITAN III |
| 020.03605 | SAARTJE |
| 020.03648 | MARIANNE 3 |
| 020.03657 | GRETA |
| 020.03665 | MARIA |
| 020.03667 | JACOBA |
| 020.03670 | PERGO |
| 020.03693 | OOSTERDOK |
| 020.03694 | MONIQUE |
| 020.03695 | OUDE DOK |
| 020.03738 | KRACHTWIJK |
| 020.03751 | WADDENZEE |
| 020.03983 | HARLEY D |
| 020.03984 | CORTEZ |
| 020.04041 | TRITON |
| 020.04042 | HOLLAND II |
| 020.04043 | HOLLAND |
| 020.04044 | SAENSTROOM SR |
| 020.04045 | HOLLAND V |
| 020.04088 | ZWOEGER |
| 020.04089 | ANNA 4 |
| 020.04122 | CORNELIA |
| 020.04234 | AVONTUUR |
| 020.04234 | EMMIE |
| 020.04241 | BRISANT |
| 020.04249 | WILSKRACHT |
| 020.04273 | MISTRAL |
| 020.04284 | HELENA |
| 020.04297 | ALPHA |
| 020.04298 | EPSILON |
| 020.04299 | YTJE |
| 020.04321 | BRITANNIA |
| 020.04328 | ZEEBURG |
| 020.04528 | D'JOY |
| 020.04549 | MARGARETHA |
| 020.04558 | CELEBES |
| 020.04559 | KLAZIENA |
| 020.04560 | BORNEO |
| 020.04570 | GREETJE |
| 020.04652 | EENDRACHT 9 |
| 020.04684 | JUMBO |
| 020.04690 | KRAANDIENST |
| 020.04700 | DICKENS |
| 020.04714 | SCHEEPMAKER 1 |

| | |
|---|---|
| 020.04717 | AMSTELMEER |
| 020.04724 | SPERWER |
| 020.04736 | LAUWERSZEE II |
| 020.04739 | ALBERTA |
| 020.04740 | JANNY |
| 020.04755 | TOBIAS |
| 020.04786 | VIKING |
| 020.04787 | BRITTANNIA |
| 020.04789 | ACTIEF |
| 020.04793 | VOORZAAN III |
| 020.04797 | ANNE BAUKE II |
| 020.04798 | POSEIDON |
| 020.04816 | TRIJNKO |
| 020.04835 | BATTLE |
| 020.04896 | INSULINDE |
| 020.04907 | OLD TIMER |
| 020.04921 | BRUTUS |
| 020.04922 | ANNEKE |
| 020.04970 | CORRIE |
| 020.04988 | CARITAS |
| 020.05071 | ORANJE |
| 020.05081 | HANNY |
| 020.05103 | LEKSTROOM V |
| 020.05127 | WERKSPOOR IV |
| 020.05136 | ADRIANA |
| 020.05146 | SYTSKE |
| 020.05223 | LARA |
| 020.05303 | BESTEVAER |
| 020.05322 | ANNY |
| 020.05331 | KRAMMER |
| 020.05335 | MEEUW 10 |
| 020.05336 | DE OUWE CORNELIS |
| 020.05339 | ORION |
| 020.05376 | JAN |
| 020.05378 | CORMORAN |
| 020.05639 | TYGO |
| 020.05666 | OUDE WAAL 8 |
| 020.05669 | KEVER II |
| 020.05679 | VOORWAARTS |
| 020.05705 | BAS |
| 020.05708 | BEER |
| 020.05741 | BESTEVAER |
| 020.05755 | HAUKJE |
| 020.05762 | KOERIER |
| 020.05785 | MULTRATUG 12 |
| 020.05795 | JOSEPHINE |
| 020.05796 | A.S.I |
| 020.05854 | REDDER |
| 020.05866 | ESPERANCE |
| 020.05889 | MULTRATUG 15 |
| 020.05896 | VOLHARDING |
| 020.05898 | JENNY |
| 020.05914 | KIEVIT |
| 020.05955 | FLUMAR V |
| 020.05977 | MY FAIR LADY |
| 020.06023 | KOERIER |
| 020.06057 | INTERLUDE |
| 020.06116 | ATLANTIS |
| 020.06176 | NANNY |
| 020.06177 | MADI II |
| 020.06184 | ALBATROS |
| 020.06204 | ORIENT |
| 020.06210 | SHIPDOCK XX |
| 020.06270 | ANDERS J GOEDKOOP |
| 020.06283 | SHIPDOCK II |
| 020.06333 | TOMMY VAN LOON |
| 020.06377 | MARSDIEP |
| 020.06427 | BREKKENEXPRESS |
| 020.06489 | HV 5 |
| 020.06503 | JOHANNA |
| 020.06618 | BETSY G |
| 020.06647 | CHRISTIAAN BRUNINGS |
| 020.06667 | BREEHORN |
| 020.06669 | CHRISTINA |
| 020.06727 | DE ZES |
| 020.06762 | DE ATLAS |
| 020.06792 | JAMAICA |
| 020.06806 | JANNO |
| 020.06820 | THEODORA |
| 020.06828 | FARU |
| 020.06836 | MEHARI |
| 020.06875 | LOUISE VAN DER WEES |
| 020.06912 | BERTUS |
| 020.06913 | DE ZEVEN |
| 020.06955 | DE VIER |
| 020.06965 | DAAN |
| 020.07085 | MIRA |
| 020.07101 | SHANICE |
| 020.07160 | OSCAR |
| 020.07357 | DESTA 3 |
| 020.07408 | ANTJE I |
| 020.07416 | KALIWAAL 14 |
| 020.07417 | IJSVOGEL |
| 020.07427 | GEROME |
| 020.07432 | CEUVEL |
| 020.07440 | PATRIOT |
| 020.07490 | SANDMAN |
| 020.07678 | LARA |
| 020.07688 | MEA VOTA |
| 020.07726 | JOHN D |
| 020.07749 | CORSY |
| 020.07791 | TEAM |
| 020.07795 | AVANTI D |
| 020.07811 | SOBRINO |
| 020.07883 | DE VLIET |
| 020.07921 | SHIPDOCK III |
| 020.07952 | DOCKYARD IV |
| 020.07991 | HERCULES |
| 020.08121 | KOLLMAR |
| 020.08140 | BERTHA |
| 020.08141 | JAN B |
| 020.08199 | MAASJE |
| 020.08309 | ROELOF F |
| 020.08381 | TYPHOON |
| 020.08393 | RIJN |
| 020.08430 | SHADOW |
| 020.08442 | ALBERT V |
| 020.08503 | REINOD 9 |
| 020.08532 | HYLKE |
| 020.08533 | MAAIKE |
| 020.08571 | NARVIK |
| 020.08603 | WAAL |
| 020.08672 | JAN |
| 020.08680 | SEBASTIAAN |
| 020.08724 | DIESEL |
| 020.08738 | BE AR |
| 020.08756 | CERBERUS |
| 020.08776 | SOPHIA |
| 020.08801 | WILLEMSTAD 2 |
| 020.08844 | ANITA II |
| 020.08899 | CONDOR |
| 020.09029 | CORNELIA EMMA |
| 020.09040 | KRAAK |
| 020.09224 | TROCHSETTER |
| 020.09267 | JOCO IV |
| 020.09279 | ROLAND |
| 020.09296 | SCHEELENKUHLEN |
| 020.09308 | PORT OF MARAIRA |
| 020.09437 | WILTON |
| 020.09481 | PENTA |

| | |
|---|---|
| 020.09531 | STERN |
| 020.09617 | ALINA |
| 020.09707 | ALPHA |
| 020.09731 | FREDERIK |
| 020.09859 | HENDRIK 3 |
| 020.10057 | SPIERING |
| 020.10090 | WILLEM III |
| 020.10108 | LAURA |
| 020.10109 | MEDUSA |
| 020.10156 | HUGO |
| 020.10276 | MEEUW |
| 020.10277 | ZEELEEUW |
| 020.10282 | ZWARTE WATER |
| 020.10386 | ERIC |
| 020.10388 | JASON |
| 020.10483 | NORWAY |
| 020.10608 | A.B.S. 3 |
| 020.10779 | BOVENMAAS |
| 020.10843 | REITDIEP |
| 020.11010 | ALANY |
| 020.11053 | LADY M |
| 020.11121 | PLANCTON |
| 020.11152 | ODE |
| 020.11183 | CORNELIA |
| 020.11273 | BUFFEL |
| 020.11380 | GOTLAND |
| 020.11466 | SEAN |
| 020.11534 | JOHANNES |
| 020.11544 | DE COOGH |
| 020.11551 | DE TWAALF |
| 020.11587 | ANNIE III |
| 020.11601 | TRIO |
| 020.11605 | LANGENORT |
| 020.11651 | KP 7 |
| 020.11689 | RUNNER |
| 020.11709 | MARIA |
| 020.11755 | SCHOKLAND |
| 020.12143 | ODIN |
| 020.12212 | ZEEMEEUW II |
| 020.12241 | ELISE 2 |
| 020.12299 | FLORIS |
| 020.12514 | ELBE |
| 020.12519 | ADELAAR |
| 020.12530 | DELTA |
| 020.12663 | OMNIA XI |
| 020.12834 | MARCONI |
| 020.12893 | Y 8016 BAMBI |
| 020.12894 | VERITAS |
| 020.12907 | PWL |
| 020.12912 | DEBORA E |
| 020.13185 | ZUIDERZEE |
| 020.13215 | ANKLAM |
| 020.13288 | BULA |
| 020.13369 | VLIEGER |
| 020.13466 | KONING DAVID |
| 020.13487 | HARBURG |
| 020.13549 | CATHARINA |
| 020.13550 | BRUTUS |
| 020.13571 | CHARLES |
| 020.13574 | VLIETER |
| 020.13630 | RP XVI ALBERT |
| 020.13632 | DOLFIJN |
| 020.13635 | MORGENSTER |
| 020.13745 | HERCULES |
| 020.13796 | VOORUITGANG |
| 020.13809 | ASSISTENT |
| 020.13822 | OORLAM |
| 020.13928 | TITON |
| 020.14022 | JAN |
| 020.14038 | RIJN EN SCHELDE |
| 020.14046 | ELEVATOR |
| 020.14088 | MERTEWO |
| 020.14106 | CORAX |
| 020.14128 | ORCA |
| 020.14230 | ZEEHAVEN IJMUIDEN |
| 020.14241 | PERVERO |
| 020.14260 | PIETER |
| 020.14335 | V V II |
| 020.14338 | OPDUWER |
| 020.14339 | HOUTRIB |
| 020.14440 | V 87 |
| 020.14449 | ANCOR |
| 020.14489 | BIA |
| 020.14554 | ANNE FEM |
| 020.14586 | COR BAS |
| 020.14618 | VOLHARDING |
| 020.14641 | VERTROUWEN |
| 020.14652 | ELISABETH |
| 020.14888 | MATHILDE |
| 020.14902 | MEVO |
| 020.14942 | ST RITA II |
| 020.14956 | DIEZE |
| 020.15073 | NR 21 |
| 020.15073 | ZEVENHONT II |
| 020.15103 | ALBATROS II |
| 020.15130 | TE GOUDE |
| 020.15230 | ARGUS |
| 020.15271 | ADRIANA |
| 020.15319 | SPITSBERGEN |
| 020.15393 | BEREZINA |
| 020.15454 | KP 3 ROVER |
| 020.15461 | SALVOR I |
| 020.15463 | PRONTO |
| 020.15507 | ELAO II |
| 020.15634 | ANTJE 8 |
| 020.15716 | GERO B |
| 020.15717 | AUKE JR |
| 020.15725 | DESIREE |
| 020.15735 | SHIPDOCK I |
| 020.15758 | STAPPER |
| 020.15865 | SIKKE |
| 020.15867 | MAURITS |
| 020.15938 | BOOMERWAAL |
| 020.16073 | CHELSEA B |
| 020.16092 | CORNELIA |
| 020.16130 | JOHANNA |
| 020.16206 | OPSTEKER |
| 021.00012 | SUZANNA |
| 021.00023 | SUCCES |
| 021.00134 | ZUIDERZEE |
| 021.00161 | TINKA |
| 021.00221 | WESTERVAART |
| 021.00271 | PAUL WATSON |
| 021.00287 | GRIETJE |
| 021.00301 | SENANG |
| 021.01083 | STEFANIE |
| 021.01095 | PERGO |
| 021.01439 | HARMONIE III |
| 021.01479 | PACIFIC |
| 021.01558 | HERA |
| 021.01577 | EN AVANT 13 |
| 021.01579 | BELIER |
| 021.01615 | VOLHARDING I |
| 021.01661 | MARYSIA |
| 021.01735 | ROEK |
| 021.01839 | NESCIO |
| 021.01958 | CECILIA |
| 021.01971 | ALPHA |
| 021.01992 | CURA NOSTRA |
| 021.01994 | BROEDERTROUW II |
| 021.02021 | ROSA |
| 021.02092 | EDWIL |
| 021.02097 | HERCULES |

| | |
|---|---|
| 021.02165 | DOLLARD |
| 021.02244 | MARTHA |
| 021.02268 | ALPHA |
| 021.02281 | QUO VADIS |
| 021.02285 | JOSH |
| 021.02295 | THALASSA |
| 021.02308 | JAN LIEVEN II |
| 021.02370 | EN AVANT 28 |
| 021.02371 | IDO |
| 021.02377 | PELIKAAN |
| 021.02385 | LIBERTAS |
| 021.02394 | TROMP |
| 021.02404 | BO DEN MAR |
| 021.02455 | JANUS |
| 021.02525 | INTENTO |
| 021.02543 | GELUKKIG BOERTJE |
| 021.02608 | SMID 1 |
| 021.02616 | TRIO |
| 021.02791 | ALY |
| 021.02867 | QUO VADIS |
| 021.02872 | GERDA |
| 021.02890 | CORRIE |
| 021.02897 | ZEEMEEUW |
| 021.02909 | MON DESIR |
| 021.02912 | ZWARTE GANS |
| 021.02913 | BALATON |
| 021.02930 | FIFTY FIFTY |
| 021.02952 | TYR |
| 021.02972 | PRINSES |
| 021.02977 | JAN |
| 021.03062 | FN DIVING III |
| 021.03064 | WERKLUST |
| 021.03067 | HANS |
| 021.03074 | ALEXANDER |
| 021.03088 | MERWEVLET |
| 021.03100 | WILLEM |
| 021.03127 | ARIE JAN |
| 021.03192 | NAOMI |
| 021.03236 | ETNA |
| 021.03244 | SNEL |
| 021.03282 | MERWEDE 5 |
| 021.03297 | LEK |
| 021.03327 | ADONIS |
| 021.03365 | INTERVAL III |
| 021.03395 | LEKSTROOM |
| 021.03445 | SMIT WAALHAVEN 2 |
| 021.03498 | MERWEDE 5 |
| 021.03508 | MERWEDE 16 |
| 021.03526 | VIKING |
| 021.03654 | ELLY |
| 021.03662 | DE GERLIEN I |
| 021.03737 | SIMSON 2 |
| 021.03791 | BOREAS |
| 021.03885 | DOLLARD |
| 021.03930 | PASAR 2 |
| 021.03956 | MAARTEN |
| 021.03961 | MARIJKE |
| 021.03962 | TRIO 2 |
| 021.03981 | OOSTERSCHELDE |
| 021.04004 | NINA |
| 021.04011 | ARUBA |
| 021.04053 | EN AVANT 21 |
| 021.04086 | GALGENPLAAT |
| 021.04092 | DUNDALK |
| 021.04114 | TRIO 3 |
| 021.04115 | MARINUS |
| 021.04116 | SCORPIO |
| 021.04138 | HERMAN |
| 021.04150 | BENNIE |
| 021.04162 | HEIN JR |
| 021.04178 | ALK |
| 021.04208 | JAN |
| 021.04216 | UTOPIA |
| 021.04230 | HUNTER |
| 021.04247 | BREEVAER 3 |
| 021.04250 | RONALD |
| 021.04264 | KLEINE BEER |
| 021.04281 | JONAT |
| 021.04301 | DURME |
| 021.04310 | PHOENIX |
| 021.04343 | NOORDERKLIP |
| 021.04374 | SPRINGER |
| 021.04385 | LIS |
| 021.04430 | WANTY |
| 021.04457 | LENA |
| 021.04476 | ELAN |
| 021.04485 | LAURE |
| 021.04490 | WILLEM |
| 021.04524 | NORTH TRANS |
| 021.04553 | LAETITIA |
| 021.04586 | EENSGEZINDHEID I |
| 021.04671 | DEKAA I |
| 021.04684 | STENTOR |
| 021.04708 | DE SCHELDE |
| 021.04720 | ACHILLES |
| 021.04737 | DE KLEF |
| 021.04772 | BK 17 |
| 021.04781 | ZEEWOLF |
| 021.04782 | TOM |
| 021.04793 | AQUARIUS |
| 021.04795 | WUTA |
| 021.04808 | VIOS III |
| 021.04830 | ROB |
| 021.04880 | NIGER |
| 021.04898 | NOUT |
| 021.04910 | BREEVAER 12 |
| 021.04913 | AJAX |
| 021.04930 | COBY M |
| 022.00059 | MARIA |
| 022.00097 | WILLEM MARIE |
| 022.00133 | ARJAGE |
| 022.00574 | EVENAAR |
| 022.01100 | ANNA SOPHIA |
| 022.01106 | JEKER |
| 022.01309 | DE BREKEL |
| 022.01347 | ASSISTENT |
| 022.01494 | MAURICE |
| 022.01515 | METJE |
| 022.02002 | BONNY |
| 022.02008 | JANTJE |
| 022.02026 | MARGJE |
| 022.02156 | PAULA |
| 022.02178 | MOOS |
| 022.02261 | TOMMY |
| 022.02282 | NOVA CURA |
| 022.02283 | CONTENT |
| 022.02286 | NOORDERLICHT |
| 022.02292 | STERNA |
| 022.02295 | WARMOND |
| 022.02298 | ATINA III |
| 022.02316 | LEAL |
| 022.02323 | TITAN |
| 022.02330 | AAGJE B |
| 022.02516 | SPES |
| 022.02546 | MARINUS |
| 022.02579 | CONCORDE |
| 022.02712 | CETUS |
| 022.02860 | OUDE CORNELIS |
| 022.02960 | WILLEM |
| 022.03091 | DORA |
| 022.03256 | DIANNE |
| 022.03301 | VOLHARDING |
| 022.03318 | VLUG |

| | |
|---|---|
| 022.03320 | FONS |
| 022.03339 | ANTJE |
| 022.03372 | HENDRIK JAN |
| 022.03383 | SLATTER |
| 022.03384 | GEA |
| 022.03392 | HARMINA |
| 022.03424 | WILLY |
| 022.03478 | THIJS |
| 022.03490 | ESCAPE II |
| 022.03689 | FERRY JO |
| 022.03865 | WATERPOORT |
| 022.03959 | IRIS |
| 022.03998 | ORCA II |
| 022.04079 | BEP S |
| 022.04098 | PRINCESS H |
| 022.04116 | BOUNTY |
| 022.04164 | TIJGERHAAI |
| 022.04188 | BONHEUR II |
| 022.04223 | ENERGIE |
| 022.04232 | TARZAN |
| 022.04254 | THIJN |
| 022.04284 | BOUKJE |
| 022.04355 | K 5 |
| 022.04408 | ZEPHYRUS |
| 022.04413 | DRIEBOND IV |
| 022.04428 | MAX |
| 022.04585 | ELLY |
| 022.04586 | ZEESTERN |
| 022.04730 | DROOGDOK IX |
| 022.04759 | PIETER JAN |
| 022.04913 | WOELWATER |
| 022.04951 | SANNY |
| 022.04952 | RIVAL |
| 022.04962 | PASSE AVANT |
| 022.05009 | HEKHULP |
| 022.05038 | SPICA 1 |
| 022.05065 | ANTJE 2 |
| 022.05066 | VLIELAND |
| 022.05067 | ACTIEF |
| 022.05179 | WACHTER |
| 022.05241 | CORNEEL |
| 022.05284 | MON DESIR |
| 022.05299 | DENNIS F |
| 022.05332 | VOLHARDING 11 |
| 022.05369 | JOS |
| 022.05411 | TIJGERHAAI |
| 022.05436 | JETSTREAM |
| 022.05449 | STERN |
| 022.05454 | ATLEET |
| 022.05467 | LE TURCQ |
| 022.05509 | MOONSHINE |
| 022.05578 | BUIZERD |
| 022.05743 | MARGERIE |
| 022.05770 | ORION |
| 022.05789 | PETER |
| 022.05819 | JOHANNES J |
| 022.05923 | MORRA |
| 022.05947 | RENO |
| 022.05980 | JORK |
| 022.05990 | STENTOR |
| 022.05991 | FURIE |
| 022.05992 | BRUISER |
| 022.06231 | NOSTALGIE |
| 022.06410 | DE HORDE |
| 022.06584 | ANTJE 7 |
| 022.06603 | NANNY |
| 022.06692 | JOSON |
| 022.06730 | EMMANUEL II |
| 022.06944 | DE HENDRIK |
| 022.07031 | STEFAN |
| 022.07042 | RAVEL |
| 022.07120 | ZWERVER |
| 022.07175 | EQUINOX |
| 022.07261 | J.W.R.WONDER EN GEWELD |
| 022.07284 | NIENKE |
| 022.07327 | GRETINA |
| 022.07387 | P 9-1 |
| 022.07435 | STUVESANT |
| 022.07495 | DRIEBOND I |
| 022.07554 | BAUKJE |
| 022.07834 | TJERK HIDDE |
| 022.07957 | SIMSON |
| 022.08052 | FEINT |
| 022.08053 | LEANDER |
| 022.08077 | DOMMERHOLT |
| 022.08091 | ALBERDINA |
| 022.08525 | EZON |
| 022.08575 | DOLFIJN |
| 022.08647 | CAESAR |
| 022.08695 | AVONTUUR |
| 022.08766 | DE OUWE MANUS |
| 022.08792 | VLIESLOOT |
| 022.08897 | STERN |
| 022.08967 | DE ROEK |
| 022.08968 | ERTSKADE |
| 022.08978 | TAALKE B |
| 022.08990 | ZWARTE RAAF |
| 022.09013 | HEAVY |
| 022.09029 | AVONTUUR 2 |
| 022.09103 | BARRACUDA |
| 022.09205 | KAATJE |
| 022.09225 | PETER |
| 022.09227 | MATHEA |
| 022.09274 | MARTEN |
| 022.09375 | URSEL |
| 022.09466 | GERMA |
| 022.09728 | IDEAAL |
| 022.09754 | LAURA II |
| 022.09841 | JAAP |
| 022.09846 | KBO 006 |
| 022.09911 | JOKE |
| 022.09984 | SJOERD |
| 022.09985 | HENK |
| 022.09986 | JAN SR |
| 022.10213 | SAGITTA |
| 022.10309 | JURJEN |
| 022.10538 | WERRA |
| 022.10577 | STINTFANG |
| 022.10587 | RISICO |
| 022.10623 | WILSKRACHT |
| 022.10714 | SOLDIER |
| 022.10789 | MEDUSA |
| 022.10825 | LIBERTE |
| 022.10829 | KARIN |
| 022.10991 | ALBATROS |
| 022.11058 | JUTTER |
| 022.11091 | KNEBRA 1 |
| 022.11097 | UITERTON |
| 022.11215 | ATTACK 32 |
| 022.11217 | OTTAWA |
| 022.11330 | DESPERADO |
| 022.11384 | AUDAX |
| 022.11416 | TRIP |
| 022.11509 | MEEUW |
| 022.11523 | BRUTUS |
| 022.11560 | WALRUS |
| 022.11789 | LADY |
| 022.11813 | DE DERTIEN |
| 022.11909 | POLARIS |
| 022.11978 | SPARTAAN |
| 022.12075 | FRANKENWARTE |
| 022.12189 | DE GROTE WALVISCH |

| | |
|---|---|
| 022.12203 | DE STOUTE SCHOEN |
| 022.12230 | SITA |
| 022.12303 | COMPAEN |
| 022.12380 | MAX |
| 022.12430 | PIONIER |
| 022.12523 | PONY |
| 022.12558 | PIETER |
| 022.12681 | BERGHOUT 2 |
| 022.12782 | ALPHECCA |
| 022.12805 | ZEELEEUW |
| 022.12877 | LARA |
| 023.00069 | ASSISTENT |
| 023.00130 | STORMVOGEL |
| 023.00152 | VOLHARDING |
| 023.00185 | BRUTUS |
| 023.00341 | CORNELIS |
| 023.00433 | COLIN F |
| 023.00516 | ORKA |
| 023.00517 | WIWI |
| 023.00573 | POOLSTER |
| 023.00623 | JAN ABELS |
| 023.00709 | HELENE |
| 023.00712 | JACOBA |
| 023.00841 | MONKEY MIA |
| 023.01202 | TROMP |
| 023.01277 | ALBATROS |
| 023.01428 | ADELAAR |
| 023.01486 | LAURA |
| 023.01567 | TITANIC |
| 023.01873 | ADRIANA |
| 023.01905 | WILLY |
| 023.01979 | BOREAS |
| 023.02109 | MAASHAVEN |
| 023.02205 | ABRAHAM MARTIEN |
| 023.02244 | PIETER BOELE |
| 023.02584 | COR JOS |
| 023.02772 | WOLGA |
| 023.02775 | SEMPRE |
| 023.02798 | RAM |
| 023.02876 | HE AN |
| 023.02897 | GRADA |
| 023.02904 | FE-RIE |
| 023.02943 | MARLENE |
| 023.03708 | RODEUR |
| 023.03883 | ATLAS |
| 023.03930 | MADI I |
| 023.03986 | ANJORO |
| 023.04105 | SWIFT |
| 023.04295 | ZEUS |
| 023.04298 | SIRIUS |
| 023.04327 | ELISE 10 |
| 023.04382 | DOORTJE |
| 023.04384 | THEODORA |
| 023.04573 | WATERMAN |
| 023.04680 | JOHANNA II |
| 023.04688 | MEVO |
| 023.04703 | EEMSHORN |
| 023.04721 | LUMMIE |
| 023.04778 | HENDRIK |
| 023.04833 | JULIA |
| 023.04861 | ST JOHN |
| 023.04946 | CREDO |
| 023.04958 | FE JA |
| 023.04990 | MARGRIET |
| 023.05029 | PIETERNELLA II |
| 023.05056 | DINA |
| 023.05065 | DYNAMIEK |
| 023.05085 | DAGERAAD 1 |
| 023.05088 | DE JONGE GERBRAND 7 |
| 023.05089 | ASSISTENT |
| 023.05093 | ELCO |
| 023.05095 | DILLES |
| 023.05117 | BASTOGNE |
| 023.05134 | SPES II |
| 023.05200 | ADDIO |
| 023.05272 | WERKLUST |
| 023.05276 | TWEE GEBROEDERS |
| 023.05296 | TRIO |
| 023.05333 | CARMEN |
| 023.05418 | GRETHA |
| 023.05425 | BONA SPES II |
| 023.05468 | FURIE |
| 023.05804 | CORRIE |
| 023.05832 | JULIA |
| 023.05847 | SCHIEDAM |
| 023.05915 | MAJO |
| 023.05930 | SANA |
| 023.05957 | CITO |
| 023.05964 | ATTACK 8 |
| 023.05990 | ROOIE NEL |
| 023.05999 | ARA |
| 023.06014 | ANNA FRATER |
| 023.06019 | WILHELMINA MARIA |
| 023.06033 | LEENTJE |
| 023.06068 | BOLPLAAT |
| 023.06091 | ANOESKA |
| 023.06102 | DE SCHELDE |
| 023.06105 | VERITAS |
| 023.06131 | STERNA |
| 023.06146 | MERWEDE 26 |
| 023.06174 | NOORMAN |
| 023.06233 | ROMKJE |
| 023.06256 | LOTUS |
| 023.06304 | BON VIVANT |
| 023.06307 | ALBERTUS M |
| 023.06308 | TEUNIS |
| 023.06321 | ESTHER |
| 023.06345 | HELENA |
| 023.06371 | ANTJE |
| 023.06396 | MARIA |
| 023.06440 | ANJO |
| 023.06444 | KEVER III |
| 023.06447 | CAROLUS |
| 023.06460 | SPLES I |
| 023.06477 | RAM |
| 023.06479 | WUST |
| 023.06481 | INGONA |
| 023.06484 | ARGUS |
| 023.06496 | ANGELIQUE |
| 023.06504 | HOOP |
| 023.06510 | ELISE |
| 023.06518 | VICTOR |
| 023.06519 | PIPO |
| 023.06590 | JOHAN |
| 023.06610 | ZUIDERZEE |
| 023.06755 | NOVA CURA |
| 023.06766 | WEURTJE |
| 023.06783 | AEGIR |
| 023.06786 | MARIA |
| 023.06790 | ANTJE |
| 023.06799 | SPES |
| 023.06810 | DELTA |
| 023.06822 | DIRK |
| 023.06832 | ADMA |
| 023.06839 | SEPIA |
| 023.06840 | ZAMBEZI |
| 023.06876 | ZWOEGER |
| 023.06931 | CARBON |
| 023.06934 | JOHAN |
| 023.06999 | ADRIAANTJE |
| 023.07011 | VAN SPEYCK |

| | |
|---|---|
| 023.07014 | ORCA |
| 023.07016 | HYDRA |
| 023.07101 | VIER GEBROEDERS |
| 023.07129 | TIMMERMAN 3 |
| 023.07173 | BURLY |
| 023.07206 | THOR |
| 023.07217 | BETTY |
| 023.07219 | WILHELMINA |
| 023.07228 | LIJNTJE JOHANNA |
| 023.07244 | PIET |
| 023.07288 | ELIZABETH |
| 023.07390 | VOORWAARTS |
| 023.07416 | RISICO |
| 023.07446 | NELLY |
| 023.07483 | PIONIER |
| 023.07492 | IVO MARYN |
| 023.07505 | SOUVENIR |
| 023.07517 | ODETTE |
| 023.07553 | FRIWI |
| 023.07584 | JOMA |
| 023.07601 | EEMSHORN |
| 023.07604 | ZEEMEEUW |
| 023.07611 | HAMER |
| 023.07654 | WILLY |
| 023.07671 | DE RUYTERKADE |
| 023.07862 | STEF |
| 023.07866 | LEKSTROOM IV |
| 023.07885 | NAUTICA |
| 023.07886 | FRISO |
| 023.07890 | ARCTURUS |
| 023.07905 | HOLLAND 10 |
| 023.07917 | TETJE ANNA |
| 023.07949 | ANJO |
| 023.07982 | FENNE |
| 023.08003 | MARGA |
| 023.08165 | JOMA 4 |
| 023.08229 | HENDRIK |
| 023.08241 | RIJN |
| 023.08243 | MERWEDE |
| 023.08246 | ANNIE |
| 023.08294 | BERTHA |
| 023.08300 | MAAS |
| 023.08318 | NOORD |
| 023.08319 | AQUAMARIJN |
| 023.08320 | YSKA |
| 023.08321 | TINEKE |
| 023.08325 | REGGE |
| 023.08378 | NELLIE |
| 023.08405 | ZILVERSTER |
| 023.08422 | MAASHAVEN |
| 023.08423 | MAASSTROOM 7 |
| 023.08482 | NORMAN II |
| 023.08536 | AMELIE |
| 023.08537 | COR |
| 023.08544 | DE GEUS |
| 023.08566 | RIO III |
| 023.08576 | RISICO |
| 023.08614 | MAASSTROOM 8 |
| 023.08632 | THALETAS |
| 023.08636 | DE GEEST |
| 023.08702 | ECHO |
| 023.08707 | VITA |
| 023.08735 | MAAS IV |
| 023.08748 | VIOS |
| 023.08750 | STAD UTRECHT 4 |
| 023.08755 | VERONA |
| 023.08803 | WILLEM |
| 023.08818 | WARBER |
| 023.08836 | DE BARK II |
| 023.08837 | MARGARETHA |
| 023.08867 | ZEEHOND |
| 023.08884 | WOUW |
| 023.08916 | WATERMAN |
| 023.08954 | HERMES |
| 023.08960 | EERLAND 23 |
| 023.08974 | SANDRA |
| 023.08999 | MASCOTTE |
| 023.09001 | ANITA |
| 023.09008 | ANCO |
| 023.09036 | JENNIE |
| 023.09048 | BRAVO |
| 023.09136 | L`AVENIR |
| 023.09191 | ALPHA |
| 023.09193 | ARGO |
| 023.09195 | NELLY |
| 023.09205 | WILLY |
| 023.09218 | HUIBERTUS |
| 023.09240 | FLYING DUTCHMAN |
| 023.09252 | IKA |
| 023.09253 | MERWEDE 16 |
| 023.09256 | WILLIAM |
| 023.09267 | WELMOED |
| 023.09274 | VOLHARDING 7 |
| 023.09278 | THE AD |
| 023.09290 | ORION |
| 023.09358 | TRIO |
| 023.09378 | LUGANO |
| 023.09435 | HENJA |
| 023.09440 | CATHARINA |
| 023.09454 | ERNST |
| 023.09469 | JOHANNA VAN DER WEES |
| 023.09470 | IJSLAND |
| 023.09486 | ANNA 7 |
| 023.09487 | PRIOK |
| 023.09488 | REMCON I |
| 023.09492 | JELTON |
| 023.09493 | STADSWATER-KANTOOR |
| 023.09494 | HARMEN |
| 023.09509 | MARJAN |
| 023.09514 | ZEEHOND |
| 023.09528 | DOUWE |
| 023.09529 | LEKSTROOM I |
| 023.09538 | JENNY |
| 023.09539 | TEUNTJE |
| 023.09581 | DRIEBOND III |
| 023.09582 | SUDERSEE |
| 023.09611 | KLAUS |
| 023.09670 | GEPKE |
| 023.09671 | BROEDERTROUW XV |
| 023.09675 | WELTEVREDEN V |
| 023.09686 | MADERI |
| 023.09715 | AALTJE |
| 023.09724 | JAN |
| 023.09737 | JACOBA SABIENA |
| 023.09738 | BROEDERTROUW XIV |
| 023.09755 | ARCA |
| 023.09761 | GEBROEDERS BEVER |
| 023.09762 | DOCKYARD V |
| 023.09768 | DOCKYARD IX |
| 023.09783 | FRISO |
| 023.09786 | LEKSTROOM V |
| 023.09795 | HENDRIK KLAAS |
| 023.09805 | JOHANNA |
| 023.09812 | SILKY |
| 023.09829 | DELTA |
| 023.09852 | COMMERIJN |
| 023.09867 | MARJAN |
| 023.09873 | AQUILA |
| 023.09894 | MAASSTROOM 9 |

| | |
|---|---|
| 023.09918 | ONRUST |
| 023.09919 | GEERTJE |
| 023.09920 | ELBO |
| 023.09922 | DREADNOUGHT VII |
| 023.09932 | MAGELHAEN |
| 023.09935 | GEERTRUIDA |
| 023.09959 | VIOS |
| 023.09964 | ADRIAAN |
| 023.10009 | NEREUS |
| 023.10017 | SEBIENA |
| 023.10062 | MAAS I |
| 023.10075 | LIBERTE |
| 023.10124 | GROENLAND |
| 023.10164 | AUKE |
| 023.10179 | THEO |
| 023.10209 | RINY |
| 023.10239 | CATHARINA 7 |
| 023.10257 | RIMAR I |
| 023.10261 | EVA |
| 023.10288 | BOBBY |
| 023.10332 | TIMMERMAN 1 |
| 023.10474 | SEBASTIAAN |
| 023.10492 | DE REGGE |
| 023.10498 | GRUNO III |
| 023.10501 | STOOMER |
| 023.10541 | RUWI 4 |
| 023.10585 | ZEEBUFFEL |
| 023.10612 | MAGDA |
| 023.10629 | JENNY |
| 023.10729 | TRITON |
| 023.10854 | IJMOND |
| 023.10883 | ELISABETH |
| 023.10966 | HENDRIK |
| 023.10969 | AMER |
| 023.11007 | ESTHER |
| 023.11028 | DEEN |
| 023.11077 | GRIEND |
| 023.11140 | JOMAR |
| 023.11209 | EDDY |
| 023.11241 | GHANA |
| 023.11279 | COBY |
| 023.11302 | EN AVANT 4 |
| 023.11357 | TOR |
| 023.11481 | FRIENDSHIP |
| 023.11586 | STORMVOGEL |
| 023.11588 | ADRIAAN S |
| 023.11682 | EN AVANT III |
| 023.11715 | PERNILLA |

| | |
|---|---|
| 023.11747 | ANTONIA |
| 023.11832 | VEERHAVEN 13 - OTTER |
| 023.11885 | PIETER L |
| 023.11909 | MAAS 2 |
| 023.11925 | JELLE AUKE |
| 023.11981 | OOSTERDOK |
| 023.12001 | MANAKAZ |
| 023.12006 | LAURA |
| 023.12217 | DUCO I |
| 023.12237 | ZEEHOND |
| 023.12254 | TREKVOGEL |
| 023.12255 | ALIDA B |
| 023.12261 | DOLFIJN |
| 023.12361 | MASTER PIECE |
| 023.12372 | HENRI |
| 023.12383 | DE NEGEN |
| 023.12443 | MAASSTROOM 11 |
| 023.12444 | WILLEM JR |
| 023.12445 | DENZO |
| 023.12510 | BERKEL |
| 023.12540 | TENDER |
| 023.12555 | JILL F |
| 023.12572 | JE GE III |
| 023.12594 | JACKY |
| 023.12605 | JACOBA |
| 023.12627 | TJERK |
| 023.12647 | ALCYON |
| 023.12660 | TUIMELAAR |
| 023.12672 | GEERT |
| 023.12732 | ADRIANUS |
| 023.12737 | BONAIRE |
| 023.12777 | ZEEHOND |
| 023.12793 | BELLE ILE |
| 023.12919 | WILLEM |
| 023.12933 | RONALD |
| 023.12968 | ADRIANUS |
| 023.12977 | HUBRECHT |
| 023.13159 | SIJTJE |
| 023.13175 | CATHARINA 8 |
| 023.13187 | SUZANNE D |
| 023.13266 | DEBORA |
| 023.13270 | REINOD 14 |
| 023.13312 | MARIA |
| 023.13322 | FLUMAR III |
| 023.13368 | STERN |
| 023.13546 | HERON |
| 023.13611 | THYRA |

| | |
|---|---|
| 023.13713 | MAGNA 1 |
| 023.13823 | CATHARINA 9 |
| 023.13826 | SIRIUS |
| 023.13939 | FURIE |
| 023.14239 | ZEEHOND |
| 023.14240 | TIJGERHAAI |
| 023.14247 | ZEETIJGER |
| 023.14276 | DE TWEE |
| 023.14324 | EN GO III |
| 023.14460 | OUWE PIET |
| 023.14507 | ALICE |
| 023.14717 | VECHTSTROOM |
| 023.14747 | COASTAL TIGER |
| 023.14758 | WATER LADY |
| 023.14789 | JAN LEENHEER |
| 023.14902 | JASON T |
| 023.14926 | FONDA |
| 023.14928 | WATERMAN |
| 023.14955 | ALBERT B |
| 023.14994 | VOLSON 2 |
| 023.15034 | ROGGENPLAAT |
| 023.15165 | FLUPKE |
| 023.15167 | LADOGA 5 |
| 023.15203 | JOCO III |
| 023.15230 | CONDOR |
| 023.15403 | PHOENIX |
| 023.15410 | AMIGO |
| 023.15413 | CEMENTSTROOM 2 |
| 023.15499 | PERFECT 7 |
| 023.15572 | WATERWEG |
| 023.15587 | LOEK |
| 023.15599 | GEERTRUIDA VAN DER WEES |
| 023.15710 | EN AVANT 12 |
| 023.15773 | TSM 6 |
| 023.15819 | ECHO |
| 023.15866 | HB 9 |
| 023.15869 | LORELEY |
| 023.15877 | WIEPKE 2 |
| 023.15912 | HB 8 |
| 023.15917 | DE LOEDER |
| 023.15985 | STEVENSWEERT |
| 023.16099 | HERMAN JR |
| 023.16109 | FOXTROT |
| 023.16124 | HANNE |
| 023.16181 | EUROPOORT |
| 023.16217 | TINEKE |
| 023.16285 | SOPHIE |

| | |
|---|---|
| 023.16297 | CYCLOOP |
| 023.16303 | VEERHAVEN II - NARWAL |
| 023.16323 | BEREND N |
| 023.16335 | REBOCADOR 12 |
| 023.16425 | AREND |
| 023.16516 | CONQUEST |
| 023.16551 | GANNET |
| 023.16578 | WATERGEUS |
| 023.16589 | JOHANNA |
| 023.16655 | HOLLANDIA III |
| 023.16660 | MALTAR |
| 023.16777 | LIBERTE |
| 023.16862 | ALBATROS |
| 023.16873 | SPERWER |
| 023.16905 | BRUINVIS |
| 023.16932 | ROOSJE K |
| 023.16943 | MAARTJE ANNA |
| 023.17058 | ZEEHOND |
| 023.17080 | VEERHAVEN VI - BISON |
| 023.17087 | CONDOR |
| 023.17126 | JAN LAURENZ |
| 023.17182 | MAURICE |
| 023.17242 | HERMANNA |
| 023.17286 | DE RUYTERKADE |
| 023.17287 | BROEDERTROUW II |
| 023.17309 | TISMIJN |
| 023.17311 | ZELDENRUST |
| 023.17312 | HUCKINGEN |
| 023.17396 | ESTHER |
| 023.17397 | FURIE 3 |
| 023.17422 | BOBCAT |
| 023.17569 | ARIE JUNIOR |
| 023.17594 | ZEEZUIPER |
| 023.17608 | ALJA |
| 023.17615 | GERIZIM |
| 023.17643 | DE HOOP 1 |
| 023.17718 | RHD 10 |
| 023.17843 | P.S. |
| 023.17844 | DINKEL |
| 023.17863 | KRAAK |
| 023.17902 | NJORD |
| 023.17905 | ALBA |
| 023.17936 | HULDER |
| 023.18000 | MULTI SHIP I |
| 023.18013 | MAASSTROOM |
| 023.18025 | FATIMA |
| 023.18028 | HAAI |
| 023.18069 | PELICAN |
| 023.18097 | GERARDA |
| 023.18126 | NAUTIC |
| 023.18142 | ELBE |
| 023.18173 | SCALDIS |
| 023.18323 | MERWEVOGEL |
| 023.18346 | RHEINE |
| 023.18383 | ARD |
| 023.18385 | JANE |
| 023.18388 | HESARI |
| 023.18397 | CHRISTINE |
| 023.18398 | FRISO |
| 023.18407 | BO JO |
| 023.18448 | VOTRANS |
| 023.18477 | MIRA |
| 023.18516 | JAN |
| 023.18519 | ZEPHYR |
| 023.18520 | ZWET |
| 023.18569 | BINGER |
| 023.18570 | SABRE |
| 023.18589 | RAM |
| 023.18676 | AMELAND |
| 023.18718 | LUCTOR |
| 023.18747 | LASTDRAGER |
| 023.18771 | ROEK |
| 023.18789 | HOLLANDS DIEP |
| 023.18898 | AALTJE |
| 023.18905 | ANNA MARIE |
| 023.18920 | ARIES |
| 023.18925 | VEERHAVEN 12 - BIBER |
| 023.18936 | BRAAKMAN |
| 023.18948 | LAURA |
| 023.19087 | KYLE |
| 023.19089 | RAPPORTEUR |
| 023.19104 | LUUS |
| 023.19139 | SCHEEPMAKER |
| 023.19147 | LEO JR |
| 023.19255 | DIRK |
| 023.19345 | REIMERSWAAL 3 |
| 023.19383 | PELIKAAN |
| 023.19479 | WILHELMINA |
| 023.19514 | GEMINI |
| 023.19522 | SCHIE |
| 023.19631 | VEERHAVEN VII - WALRUS |
| 023.19634 | VENTURA |
| 023.19644 | ALCYON |
| 023.19645 | DIKKY |
| 023.19673 | CITIUS |
| 023.19680 | WILLY B |
| 023.19759 | ORION |
| 023.19820 | MOVER 1 |
| 023.20024 | APOLLO |
| 023.20025 | ATLAS |
| 023.20127 | BREEVAER 18 |
| 023.20161 | WATERLELIE |
| 023.20162 | RIJN |
| 023.20197 | HERCULES II |
| 023.20212 | ZUIDERZEE |
| 023.20213 | AMOR |
| 023.20236 | SPRINGER |
| 023.20242 | THERESIA |
| 023.20294 | HUSKY |
| 023.20333 | LAURA B |
| 023.20349 | JASON |
| 023.20353 | SAVANNA II |
| 023.20354 | BONANZA |
| 023.20434 | PROTECTOR |
| 023.20456 | BISON II |
| 023.20457 | BISON III |
| 023.20527 | DOLLY BIRD |
| 023.20541 | VH 79 |
| 023.20555 | KASUARIS |
| 023.20563 | SPES |
| 023.20610 | EEMSTROOM |
| 023.20638 | MARIANNE |
| 023.20660 | COR |
| 023.20801 | MAAS WAAL |
| 023.20821 | MILLIE 4 |
| 023.20859 | TARKA 2 |
| 023.20886 | ELIZABETH |
| 023.20948 | DE RIKUS |
| 023.20975 | DE ACHT |
| 023.20976 | JAGUAR |
| 023.20977 | DE EEN |
| 023.21018 | HERCULES |
| 023.21137 | THE NANNIE |
| 023.21208 | CHARLIE |
| 023.21245 | ROBINE |
| 023.21466 | ZEBULON |
| 023.21476 | FRISIA |
| 023.21485 | HOLCIM I |
| 023.21491 | PIET HEINKADE |
| 023.21558 | DIKKY |

| | |
|---|---|
| 023.21622 | SURVIVOR |
| 023.21623 | ELISE I |
| 023.21629 | ADRIANA |
| 023.21712 | ADRIAAN |
| 023.21713 | IDEAAL |
| 023.21749 | ABELFORTE |
| 023.21771 | ILMEN |
| 023.21773 | ANTIQUITEIT |
| 023.21795 | RENATE |
| 023.21933 | T.B.2 |
| 023.21972 | TINY |
| 023.21975 | THE AN XII |
| 023.21998 | FLUMAR |
| 023.22024 | SLAGAARD |
| 023.22085 | FLEVO |
| 023.22101 | ATTACK 49 |
| 023.22165 | DISCOVERY |
| 023.22209 | INGRID B |
| 023.22270 | HEKTOR |
| 023.22285 | NOORDERZON |
| 023.22332 | HENDRIKA |
| 023.22371 | KARIN |
| 023.22375 | ARGUS |
| 023.22383 | GERRIGJE MARIA |
| 023.22427 | FLEVO III |
| 023.22529 | BERTUS JR |
| 023.22536 | LIBERTE JR |
| 023.22554 | LOTUS |
| 023.22565 | LYKO |
| 023.22593 | AD |
| 023.22613 | MAZZEL |
| 023.22650 | WILLEM LOURENS |
| 023.22714 | KARL LOTTE |
| 023.22715 | LUCIA |
| 023.22749 | WODAN |
| 023.22756 | ZEPHYR |
| 023.22825 | FILIA MARIS |
| 023.22865 | VEERHAVEN VIII - NIJLPAARD |
| 023.22866 | BRABANT |
| 023.22887 | CATHARINA 4 |
| 023.22995 | ZEELEEUW |
| 023.23012 | MONIKA |
| 023.23029 | MARSYL III |
| 023.23035 | ANTJE 11 |
| 023.23062 | ADRIANUS |
| 023.23107 | DROMMEL |
| 023.23168 | DROOGDOK 3 |
| 023.23195 | COGRI |
| 023.23237 | CHEETA |
| 023.23256 | JOOP I |
| 023.23295 | GANZEBOOT |
| 023.23311 | ORION |
| 023.23317 | ANNIE IV |
| 023.23331 | HENDRIK 7 |
| 023.23342 | VITA |
| 023.23392 | CENTURION |
| 023.23412 | REVENU |
| 023.23467 | DRUM |
| 023.23471 | MAASSTROOM |
| 023.23498 | BIANCA |
| 023.23509 | PERFECT III |
| 023.23510 | PERFECT IV |
| 023.23516 | GRIENDUIL 7 |
| 023.23527 | SANDRA F |
| 023.23539 | NJORD 2 |
| 023.23556 | VENUS |
| 023.23641 | INGMAR |
| 023.23646 | STORMVOGEL |
| 023.23671 | KENGE |
| 023.23672 | MOVER 2 |
| 023.23673 | MOVER 3 |
| 023.23677 | DOCKYARD I |
| 023.23701 | REINOD 1 |
| 023.23702 | REINOD 5 |
| 023.23703 | REINOD 6 |
| 023.23704 | DOLFIJN |
| 023.23714 | REINOD 11 |
| 023.23715 | REINOD 10 |
| 023.23716 | DE ACHT |
| 023.23833 | VEERHAVEN IX - DOLFIJN |
| 023.23873 | ANNET |
| 023.23875 | ELVO |
| 023.23901 | FURIE |
| 023.23904 | WITTE RAAF |
| 023.23958 | ALBERT |
| 023.24002 | GRIENDUIL 32 |
| 023.24025 | OUDE WAAL 3 |
| 023.24125 | BUZZARD |
| 023.24145 | RUDOLF |
| 023.24171 | RIJNWERKEN |
| 023.24172 | MAASWERKEN |
| 023.24174 | ARGO II |
| 023.24299 | JACOLIEN |
| 023.24320 | MARK EN DINTEL |
| 023.24422 | NOORDSTER |
| 023.24436 | BORIS |
| 023.24439 | HUGO |
| 023.24480 | GRIENDUIL 23 |
| 023.24491 | MATADOR |
| 023.24495 | VLB 7 |
| 023.24502 | RUBEN |
| 023.24505 | REGENSBURG |
| 023.24513 | INCA |
| 023.24540 | PERFECT 6 |
| 023.24544 | ROMIRA |
| 023.24547 | REMOVER |
| 023.24549 | VLB 6 |
| 023.24556 | DE BARRI |
| 023.24568 | HALLE |
| 023.24573 | MIKKIE |
| 023.24643 | ELKO |
| 023.24849 | NOTRE DAME |
| 023.24873 | SIENTJE |
| 023.24959 | 994 |
| 023.24991 | THILANT |
| 023.25020 | HAIDOR 2 |
| 023.25085 | 04-01 |
| 023.25086 | JOERY H |
| 023.25087 | 04-03 |
| 023.25088 | REBEL |
| 023.25089 | MIKE H |
| 023.25092 | REBEL 06 |
| 023.25093 | 04-09 |
| 023.25095 | REBEL 08 |
| 023.25096 | BUNNIK II |
| 023.25097 | REBEL 10 |
| 023.25098 | 04-15 |
| 023.25099 | REBEL 11 |
| 023.25100 | 04-17 |
| 023.25101 | REBEL 05 |
| 023.25134 | JAN |
| 023.25151 | ORION |
| 023.25265 | BIGGELAAR 16 |
| 023.25327 | HERMES |
| 023.25369 | MAANPLAAT |
| 023.25397 | FLIEREFLUITER |
| 023.25398 | PORT OF AMSTERDAM 8 - HEPHAISTOS |
| 023.25399 | PORT OF AMSTERDAM 7 - POSEIDON |

| | |
|---|---|
| 023.25455 | K.P.12 |
| 023.25471 | BEVER |
| 023.25478 | VOLHARDING |
| 023.25521 | ELSA |
| 023.25535 | RPA 12 |
| 023.25583 | JEROM |
| 023.25592 | ORLIK |
| 023.25600 | CARPE DIEM |
| 023.25603 | RPA 13 |
| 023.25762 | MATTHIJS |
| 023.25767 | MISTRAL |
| 023.25789 | ORCA |
| 023.25822 | HSN 3 |
| 023.25857 | MONTIS 4 |
| 023.25883 | ARCTIC |
| 023.25910 | BO |
| 023.25944 | ZUIDERZEE |
| 023.25945 | AMAZONE |
| 023.25998 | GEMMA |
| 023.26008 | MARIA |
| 023.26012 | FIGORE |
| 023.26061 | HAI |
| 023.26238 | VLB 2 |
| 023.26298 | IRBIS |
| 023.26317 | HAVENDIENST 2 |
| 023.26343 | GERMA III |
| 023.26363 | EERLAND 28 |
| 023.26414 | CAROLIEN |
| 023.26443 | DE 3e STORM |
| 023.26463 | HENNIE B |
| 023.26469 | ISIS |
| 023.26549 | BOREAS |
| 023.26616 | JUPITER |
| 023.26635 | NOTHERN BASE |
| 023.26726 | GEPKE III |
| 023.26799 | TAURUS |
| 023.26824 | CONSTANT |
| 023.26839 | NOLDINA |
| 023.26911 | HEBO CAT 1 |
| 023.26917 | AMICITIA |
| 023.27003 | RESI |
| 023.27036 | DELTA |
| 023.27066 | OVERWAARDE |
| 023.27124 | KWATTA |
| 023.27232 | DIANNE |
| 023.27387 | BARKI |
| 023.27404 | DESTINY |
| 023.27412 | LEONARDUS |

| | |
|---|---|
| 023.27436 | HERO |
| 023.27457 | HENMAR |
| 023.27465 | NAN |
| 023.27499 | MEA VOTA |
| 023.27541 | MANTA |
| 023.27589 | SCHORPIOEN |
| 023.27598 | TEUNIS |
| 023.27638 | MOBI DIK |
| 023.27668 | RENE SIEGFRIED |
| 023.27701 | BO PETRA |
| 023.28007 | PARDOES |
| 023.28087 | MARIEKE |
| 023.28111 | ALEXANDER GOGEL |
| 023.28120 | VB 11 |
| 023.28127 | VAGEBOND |
| 023.28156 | BRUTUS |
| 023.28246 | CATHARINA 5 |
| 023.28306 | ZEELEEUW |
| 023.28407 | CHIEL |
| 023.28726 | CONTENDER |
| 023.28748 | HARMONIE |
| 023.28760 | NOARDERMAR |
| 023.28863 | RADETSKY |
| 023.28956 | MOVER 4 |
| 023.29004 | EMMA |
| 023.29030 | MS LEMMER |
| 023.29112 | KOMER |
| 023.29113 | DOUWE |
| 023.29115 | GORS |
| 023.29116 | HENDRIKUS |
| 023.29230 | NIEUWE MERWEDE |
| 023.29273 | VEERHAVEN X - ORKA |
| 023.29297 | ZUIDERZEE |
| 023.29345 | BIG JOE |
| 023.29363 | ALIE |
| 023.29393 | WISENT |
| 023.29420 | JOCO VI |
| 023.29468 | TAILOR MATE |
| 023.29469 | SUNDANCE |
| 023.29493 | DEVOTION |
| 023.29497 | TERINA B |
| 023.29566 | KLIEVER |
| 023.29637 | HS 14 |
| 023.29736 | MOKUM |
| 023.29799 | NATASJA |
| 023.29855 | ELISABETH |

| | |
|---|---|
| 023.29897 | ATTACK 33 |
| 023.29920 | NOOITGEDACHT |
| 023.29930 | MERWEDE |
| 023.30071 | BEKOR |
| 023.30192 | AMER |
| 023.30225 | AMORE |
| 023.30443 | DE TIEN |
| 023.30488 | KEVIN C |
| 023.30605 | STERN |
| 023.31176 | GABBER |
| 023.31307 | FRIENDSHIP |
| 023.31318 | APOLLO |
| 023.31721 | DOES |
| 023.31730 | MARSHAL |
| 023.31850 | SAMSON |
| 023.31913 | ZEELAND |
| 023.31929 | MARGRIET |
| 023.32109 | PANDION |
| 023.32139 | KEVER I |
| 023.32164 | LEEUW |
| 023.32207 | RPA 20 |
| 023.32208 | STC ALBATROS |
| 023.32209 | DIKKY |
| 023.32210 | RPA 24 |
| 023.32223 | KRAYENHOFF |
| 023.32315 | ROTTERDAM 30 |
| 023.32538 | HENDRIK |
| 023.32645 | LIBRA |
| 023.32708 | JAN VAN HOUTEN |
| 023.32865 | TOMMY |
| 023.32891 | MEREFELT |
| 023.33055 | SIMON |
| 023.33095 | VEERHAVEN XI - IJSBEER |
| 023.33164 | ZEELANDIA |
| 023.33206 | MERWESTROOM |
| 023.33207 | VLIESTROOM |
| 023.33239 | MANDY |
| 023.33241 | RENS |
| 023.33291 | THERA |
| 023.33372 | DELTA |
| 023.33395 | KORNELIS JR |
| 023.33522 | MARTIJN EVA |
| 023.33559 | WEE DRAM |
| 023.33682 | PORT OF AMSTERDAM 4 - ATHENA |
| 023.33732 | TORIAN |

| | |
|---|---|
| 023.33754 | TOBA |
| 023.33843 | JANNICK |
| 023.33892 | DE ELF |
| 023.33915 | GEERTJE II |
| 023.33916 | DIEUWERTJE |
| 023.33920 | ONBEKEND |
| 023.34004 | HENDRIKA JACOBA |
| 023.34007 | DUVENEE |
| 023.34122 | HOLLAND DIVING 3 |
| 023.34127 | BRUGGE |
| 023.34151 | B.V.D.1 |
| 023.34157 | GRACE |
| 023.34209 | FIX 20 |
| 023.34227 | RVE 17 |
| 023.34242 | ENERGIE |
| 023.34243 | FRANS |
| 023.34244 | BERTUS |
| 023.34262 | BRANTA |
| 023.34313 | VLIETER |
| 023.34320 | BIZON |
| 023.34434 | BRAKZAND |
| 023.34548 | SASKIA |
| 023.34640 | MAXIM |
| 023.34648 | OBAMTELE 2 |
| 023.34652 | TAATJE |
| 023.34658 | HEBO CAT 10 |
| 023.34709 | ANCOR |
| 023.34711 | TEMPTATION |
| 023.34721 | ASSISTENT |
| 023.34739 | WOEST |
| 023.34809 | G.S.N.12 |
| 023.34842 | MOZES |
| 023.34855 | VEERHAVEN III - WATERBUFFEL |
| 023.34863 | ATTACK 55 |
| 023.34936 | KAREL |
| 023.34960 | WARBER |
| 023.34968 | BIESBOSCH |
| 023.35122 | JAN DE STERKE |
| 023.35175 | MICHA |
| 023.35200 | MARJOLEIN |
| 023.35246 | CONQUEST 2 |
| 023.35264 | MAX |
| 023.35312 | ZIJPE |
| 023.35313 | SPERANZA |
| 023.35314 | ZEUS |
| 023.35334 | H.V.MAURITZKADE |
| 023.35341 | VIRGO |
| 023.35344 | BOATMAN 4 |
| 023.35345 | BOATMAN 5 |
| 023.35372 | CARPE DIEM |
| 023.35381 | CONDOR |
| 023.35399 | DICKENS |
| 023.35404 | WESTERDOK 1 |
| 023.35429 | JACOB LANGEBERG |
| 023.35438 | PORT OF AMSTERDAM 5 - POLLUX |
| 023.35439 | PORT OF AMSTERDAM 1 - CASTOR |
| 023.35442 | STERN |
| 023.35449 | VEERHAVEN IV - NEUSHOORN |
| 023.35451 | HAVENBEHEER |
| 023.35452 | PORT OF AMSTERDAM 3 - TRITON |
| 023.35459 | SNOEK |
| 023.35463 | KRAANERWEERD |
| 023.35484 | DANIEL |
| 023.35575 | SIRIUS |
| 023.35594 | ORINOCO |
| 023.35638 | VLB 3 |
| 023.35659 | MANTA |
| 023.35661 | AAKANT |
| 023.35680 | WALVIS |
| 023.35705 | FN STORMER |
| 023.35709 | WALRUS III |
| 023.35714 | RODIE 2 |
| 023.35714 | RODIE 2 |
| 023.35760 | BOXER |
| 023.35763 | EENDRACHT |
| 023.35777 | WUPPER |
| 023.35797 | NOOR |
| 023.35804 | MEEUW |
| 023.35811 | VIKTORIA |
| 023.35844 | OBELIX |
| 023.35874 | M & M |
| 023.35899 | PORT OF AMSTERDAM 2 |
| 023.35963 | VOORWAARTS 1 |
| 023.35978 | DE PEARL |
| 024.02010 | AXEL |
| 024.02014 | GRAVELINES |
| 024.02026 | MAAS |
| 025.06575 | HOUTMANKADE |
| 025.07482 | CONNY |
| 025.08363 | FALCON |
| 025.08683 | HUNTER |
| 025.08757 | ILHA DO TEIXEIRA |
| 025.08806 | GRAND SLAM |
| 025.08829 | KROONWIJK |
| 025.08946 | GAR |
| 025.09123 | NOBILING |
| 025.09164 | EEMS |
| 025.09166 | VENTO VIVERE |
| 025.09202 | NOORDZEE |
| 025.09334 | BERT JAN |
| 025.09565 | DR.IR.DR BLOCK VAN KUFFELER |
| 025.09729 | DIRK |
| 025.09762 | HANNES |
| 025.09825 | DE MAURICE |
| 025.10022 | AREND |
| 025.10077 | DIRK PIETER |
| 025.10243 | JOLLY |
| 025.18246 | POOLSTER |
| 026.02675 | HOLLAND |
| 026.03437 | M.N.O. EVA |
| 026.05169 | MARIAN |
| 026.05355 | MARIJKE |
| 026.05529 | COASTAL BIGFOOT |
| 026.05554 | GRUNO II |
| 026.05576 | POOLSTER |
| 026.05628 | WESTGAT |
| 026.05852 | M.N.O. ANNA |
| 026.05967 | SARA MAATJE VIII |
| 026.05989 | COASTAL EXPLORER |
| 026.06021 | HUNTER |
| 026.06123 | COASTAL DIGGER |
| 026.06163 | CAROLE |
| 026.06181 | BARRACUDA |
| 026.06695 | EEMS |
| 026.06881 | COASTAL SHUTTLE |
| 026.07303 | GRUNO IV |
| 026.10514 | MARY I |
| 027.06162 | HUDSON |
| 027.10610 | ANTILOPE |
| 027.10610 | MAASVLAKTE |
| 027.12747 | VIKING |
| 027.13394 | RUNNER |

| | |
|---|---|
| 027.14435 | LIDA |
| 027.14524 | EDWIN D |
| 027.14772 | HASSAN |
| 027.14857 | GYAS |
| 027.14956 | JOHANNE |
| 027.14957 | MARIEKE |
| 027.14981 | ORION |
| 027.15324 | GRIETJE |
| 027.15414 | STERN |
| 027.15590 | FURIE |
| 027.15604 | SJORS |
| 027.15882 | MARJAN |
| 027.16231 | ANTONIE II |
| 027.16321 | COASTAL SERVICE |
| 027.16424 | COR |
| 027.16479 | KERMIT |
| 027.16488 | SEA EAGLE |
| 027.16529 | BUIZERD |
| 027.16560 | SEA HORSE |
| 027.16627 | HEKTREK |
| 027.16629 | SMIT WAALHAVEN 3 |
| 027.16666 | DINTEL |
| 027.16747 | JANNIE B |
| 027.16820 | ZEEAREND |
| 027.16822 | CORMORANT |
| 027.16891 | PULAU BAAI |
| 027.16898 | VLIELAND |
| 027.16913 | SCHELDESTROOM |
| 027.16925 | MARGO |
| 027.16955 | ADE |
| 027.16983 | ROERDOMP |
| 027.16984 | SNIPE |
| 027.16985 | CATHY |
| 027.17035 | EN AVANT I |
| 027.17082 | LINGESTROOM |
| 027.17119 | F 50 |
| 027.17164 | ICARUS |
| 027.17179 | AVS 5 |
| 027.17225 | EBUGHU |
| 027.17324 | AILSA PAT |
| 027.17350 | MULTRATUG 4 |
| 027.17387 | DN 56 |
| 027.17388 | DN 57 |
| 027.17433 | MANTA |
| 027.17503 | ANTON P |
| 027.17566 | GEERTRUIDA M |
| 027.17629 | DOMMEL |
| 027.17932 | MARCO I |
| 027.18094 | HAM 814 |
| 027.18127 | COASTAL WORKER |
| 027.18182 | HAM 460 |
| 027.18339 | MULTRAJET |
| 027.18408 | BONANZA II |
| 027.18440 | KEG |
| 027.18472 | MERIJN |
| 027.18496 | JOKE |
| 027.18511 | NICOLINE |
| 027.18515 | FLEVOLAND |
| 027.18596 | COASTAL POWER |
| 027.18619 | RIJNSTROOM |
| 027.18639 | VITESSE |
| 027.18708 | NAOMI E |
| 027.18728 | KRIMPEN |
| 027.18866 | COASTAL ONE |
| 027.18882 | HAM 1406 |
| 027.18918 | STERN |
| 027.18919 | RUURTJE |
| 027.18920 | STORMVOGEL |
| 027.18927 | MULTRATUG 6 |
| 027.18935 | HAM 459 |
| 027.19064 | GOUWESTROOM |
| 027.19091 | BRANDARIS |
| 027.19115 | B.K.M.292 |
| 027.19117 | KLANG IV |
| 027.19187 | SUZANNE D |
| 027.19263 | HAM 1509 |
| 027.19290 | DOMBO |
| 027.19596 | DUTCH PIONEER |
| 027.19635 | CATHARINA 6 |
| 027.19706 | BISON |
| 027.19819 | LIDA |
| 027.19880 | MARISKA 2 |
| 027.19918 | JOOP |
| 027.20000 | ROOMPOT |
| 027.20007 | EN AVANT 7 |
| 027.20176 | DMS RAVEN |
| 027.20222 | MAX |
| 027.20306 | MARIA CATHARINA |
| 027.20321 | NEPTUN 7 |
| 027.20478 | DMS MERLIN |
| 027.20510 | GOLLWITZ |
| 027.20546 | NOVA K |
| 027.20644 | SIDI C |
| 027.21226 | GENT |
| 027.21388 | JANNEKE |
| 027.21709 | ZEEROB |
| 027.21736 | SEA ALFA |
| 027.21871 | JOCO V |
| 027.21976 | POOLSTER |
| 027.22353 | DMS ROOK |
| 027.22603 | NP 351 |
| 027.22604 | NP 352 |
| 027.22741 | ALCYON |
| 027.23298 | WALRUS II |
| 027.23301 | NOORD-ZUIDLIJN 2 |
| 027.23337 | WATERLINES |
| 027.23482 | YN 571684 |
| 027.23483 | YN 571657 |
| 027.23485 | YN 571675 |
| 027.23495 | RIGA |
| 027.23616 | YN 571683 |
| 027.23617 | YN 571682 |
| 027.23646 | SEA DELTA |
| 027.23662 | YN 571674 |
| 027.23671 | DIABLO |
| 027.23723 | YN 571690 |
| 027.23724 | YN 571698 |
| 027.23789 | NP 435 |
| 027.23851 | TESSA F |
| 030.10288 | DRUM |
| 030.10391 | JANNY |
| 030.10642 | AVONTUUR |
| 030.10799 | HERMES |
| 030.10803 | EDITH |
| 030.10809 | HARM |
| 030.10820 | WILLEM |
| 030.10826 | WESTERDOK |
| 030.10860 | WILJO |
| 030.11091 | MILENA |
| 030.11289 | JAN |
| 030.11341 | OBSESSIE |
| 030.11443 | BEVRIJDING |
| 030.11614 | IJSBEER |
| 030.11747 | BUFFEL |
| 030.11780 | MAC DONALD |
| 030.11805 | ANNIE |
| 030.11852 | VICTORIE II |
| 030.11876 | MARJO |
| 030.11903 | WILLY |
| 030.11924 | ZEEHOND |
| 030.11989 | HENDRIKJE |
| 030.20256 | CORRY |
| 030.20434 | N S I 32 |
| 030.20437 | AMICE |

| | |
|---|---|
| 030.20572 | WIJDO |
| 030.20758 | PI AD |
| 030.20813 | TRITON |
| 030.20832 | POLARIS |
| 030.20990 | JACOBA II |
| 030.20992 | SPAARNE |
| 030.20993 | SPARTAN |
| 030.20994 | HOUTVAART I |
| 030.20995 | OOSTERPOORT II |
| 030.20996 | WILCO 2 |
| 030.21115 | ANNA 1 |
| 030.21124 | JACOBA 1 |
| 030.21135 | HOUTVAART 6 |
| 030.21138 | ARGO |
| 030.21206 | CONDOR |
| 030.21323 | DE RUYTER |
| 030.21481 | DE TROUW |
| 030.21498 | HOUTVAART 7 |
| 030.30067 | NELLEKE |
| 030.30168 | REIDERLAND |
| 030.30817 | DESPERADO |
| 030.30918 | RIXT |
| 030.30949 | STERNA |
| 030.31047 | ORION |
| 030.31144 | HARMONIE SR |
| 030.31171 | BRAM |
| 030.31182 | WODAN |
| 030.31188 | SPES |
| 030.31198 | QUINTO |
| 030.31245 | GER ANT |
| 030.31260 | MAR-JOH |
| 030.31300 | RODIE |
| 030.31370 | ANNA |
| 030.31382 | ERICA 7 |
| 030.31421 | LOEKI |
| 030.31474 | ARGO |
| 030.31546 | KEES |
| 030.31586 | THALASSA |
| 030.31618 | AMJA II |
| 030.31624 | ZEEMEEUW |
| 030.31797 | DIEU DONNE |
| 030.31811 | JUSTICE |
| 030.31867 | SALUTÉ |
| 030.31906 | MATHIEU |
| 030.41199 | JACOB S |
| 030.50560 | CORNELIA |
| 030.50588 | ROMAR |
| 030.50592 | BIANCA |
| 030.50595 | EN AVANT |
| 030.50601 | MEEUW |
| 030.50604 | JOHANNA |
| 030.50612 | NES |
| 030.50616 | XIEWEL |
| 030.50628 | STORMER |
| 030.50653 | ANNIE |
| 030.50664 | PRESTO |
| 030.50666 | LEBA III |
| 030.50668 | BRITTANNIA |
| 030.50670 | STERRE DER ZEE |
| 030.50676 | MASADA |
| 030.50684 | BOVENRIJN |
| 030.50695 | SIEKLAJAMA |
| 030.50697 | ANNA |
| 030.50714 | KATHY |
| 030.50722 | HECTOR |
| 030.50741 | MARGREET |
| 030.50760 | ADEA |
| 030.50788 | ADA |
| 030.50797 | RESIDENTIE |
| 030.50803 | FURIE |
| 030.50824 | IN RESI DUO |
| 030.50831 | SALLAND |
| 030.50832 | IJSSEL |
| 030.50897 | HUMUS III |
| 030.50919 | POOLSTER |
| 030.50931 | NOSTALGIE |
| 030.50944 | INA |
| 030.50950 | STERNA |
| 030.50956 | MAARTEN TROMP |
| 030.50959 | ALFA |
| 030.51085 | EMMELOORD |
| 030.51141 | INEKE |
| 030.51172 | VOLHARDING |
| 030.51173 | VOLHARDING 2 |
| 030.51192 | IJSSEL |
| 030.51204 | EVERDINA |
| 030.51208 | HARMKE |
| 030.51242 | GEERTJE |
| 030.51266 | DE JONGE GERBRAND |
| 030.51268 | PIETER |
| 030.51294 | IDA 3 |
| 030.51295 | VOLHARDING |
| 030.51308 | ANIMO |
| 030.51318 | IDA 1 |
| 030.51360 | DELTA |
| 030.51380 | AMSTELSTROOM |
| 030.51396 | JANNY |
| 030.51426 | SUZANNA |
| 030.51427 | COBY |
| 030.51463 | VIOS |
| 030.51481 | WILLEMIEN |
| 030.51484 | ANTONIE |
| 030.51505 | KOBUS |
| 030.51551 | HENKIE |
| 030.51561 | DE OTTER |
| 030.51589 | ZUIDERZEE II |
| 030.51608 | JANNIE |
| 030.51645 | AGATHA |
| 030.51646 | GERARD |
| 030.51698 | SJUTTEL |
| 030.51710 | ANNA 6 |
| 030.51713 | DUIKER |
| 030.51720 | EOS |
| 030.51726 | ALBERT R |
| 031.10012 | VARIATIE |
| 031.10063 | RONS II |
| 031.10291 | ISA MATHILDE |
| 031.10347 | AREND |
| 031.10402 | MARIA LOUISE |
| 031.10404 | GERDA |
| 031.10421 | ANTJE 4 |
| 031.10448 | ALKMARIA VICTRIX |
| 031.10464 | GERMA II |
| 031.10622 | SIRIUS |
| 031.20009 | HENDRIK SR |
| 031.20010 | HOLLAND |
| 031.40014 | GEEZINA |
| 031.40047 | NOSTALGIE |
| 031.40051 | ANNABELLA |
| 031.40053 | DIRKJE |
| 031.40055 | ANJO |
| 031.40076 | ESPERANCE |
| 031.40116 | OTTER |
| 031.40122 | HERMAN GRE |
| 031.40128 | RIBUT |
| 031.50151 | HANNIE |
| 031.50236 | EN AVANT |
| 031.50310 | IJSSEL |
| 031.50350 | ORCA |
| 031.50357 | MATTHEUS |
| 031.50381 | IJSSEL |
| 031.50417 | TRITON |
| 031.50429 | ALBATROS II |

| | |
|---|---|
| 031.50558 | ANNA W |
| 031.50652 | LEKKO |
| 031.60098 | PURA VIDA |
| 031.60111 | GERMA |
| 031.60121 | ANNA |
| 031.70028 | HEWI |
| 031.70133 | FARLEY |
| 031.70338 | BRAVOURE |
| 031.70502 | DAFNIA |
| 031.70525 | WILLEKE |
| 031.70543 | IPSWICH |
| 031.70722 | DREUMES SR |
| 031.71719 | AMANCIS |
| 032.10010 | PETRA |
| 032.20046 | ARGO |
| 032.20188 | BEVER |
| 032.30059 | VOLHARDING |
| 032.30165 | ORCA |
| 032.30201 | LINGE |
| 032.30225 | DRIEBOND II |
| 032.30238 | RIVAL |
| 032.30260 | NELLY |
| 032.30273 | BROEDERTROUW 4 |
| 032.30275 | SCARLET |
| 032.30277 | ALBATROS |
| 032.30281 | BLAUWE ZEE |
| 032.30288 | ROTTERDAM 59 |
| 032.30344 | HZ 8 |
| 032.30350 | BERT |
| 032.30360 | URK |
| 032.40032 | COMMEWIJNE |
| 032.40078 | NELLIE |
| 032.40079 | MATTHY |
| 032.40087 | ANNIE |
| 032.50169 | ALIE |
| 032.50198 | ANTJE 8 |
| 032.50208 | GERRIT DINA |
| 032.50214 | JEANNE |
| 032.50226 | MARIA GRATIAS |
| 032.50252 | JAELMA |
| 032.50259 | EVELINE |
| 032.50260 | CORNELIA |
| 032.60052 | ZEELANDIA |
| 032.60095 | N S I 8 |
| 032.60108 | LINDA |
| 032.60109 | N S I 12 |
| 032.60135 | GOUWZEE II |
| 032.60140 | TYFOON |

| | |
|---|---|
| 032.70456 | SHANTYMAN |
| 032.70495 | MARTJE I |
| 032.70496 | LAURUS |
| 032.70528 | ORION |
| 032.70554 | HARM JAN |
| 032.70605 | ORION |
| 032.80078 | DONAU |
| 032.80082 | SUZANNE |
| 032.80095 | RIJSBERGEN 1 |
| 032.80118 | LEO 3 |
| 032.80122 | TYBER |
| 032.80124 | STATUM |
| 032.80137 | VICKY |
| 032.80159 | BEATRIX |
| 032.80187 | PICO |
| 032.80202 | JORINDA |
| 032.90144 | WESTKAPELLE |
| 032.90279 | WILCO B |
| 032.90301 | ANS |
| 033.10256 | VUTURE |
| 033.10263 | HAPPINESS |
| 033.10342 | DE RUIGT |
| 033.10387 | GRUTSK |
| 033.10401 | BOBO |
| 033.10402 | ORCA |
| 033.10407 | KEES |
| 033.10417 | RICHARD |
| 033.10511 | EN AVANT 32 |
| 033.10530 | GYAS |
| 033.10537 | JOHANNA |
| 033.20040 | MERWEDE 6 |
| 033.20049 | MANTA |
| 033.20072 | JOHANNA JACOBA |
| 033.20073 | V H 52 |
| 033.20080 | DE BEER |
| 033.20083 | JAN WILLEM |
| 033.20084 | GEJA |
| 033.20085 | JORN |
| 033.20093 | LODEWICUS |
| 033.20096 | SEVILLE |
| 033.20112 | PAES 6 |
| 033.20115 | RUBENS |
| 033.20120 | DIRKJE |
| 033.20125 | MAASSTROOM |
| 033.20126 | MICHIEL |
| 033.20129 | JOKOR |
| 033.20143 | HEAIDOR |
| 033.20192 | MERWEDE 36 |

| | |
|---|---|
| 033.20223 | T'MAKKEN |
| 033.20232 | STYN |
| 033.20236 | SUMUS UMBRA |
| 033.20460 | NIELS |
| 033.20553 | HUDSON |
| 033.30113 | DEBORAH |
| 033.30134 | ASSISTENT |
| 033.30184 | LUCTOR |
| 033.30241 | WADDENZEE II |
| 033.40098 | NEPTUNUS |
| 033.40121 | JIM |
| 033.40122 | JAN |
| 033.40136 | ATTACK 12 |
| 033.40407 | KEES |
| 033.50184 | NJORD |
| 033.50187 | JACOBA |
| 033.50197 | CINCHONA |
| 033.50364 | STAD UTRECHT 1 |
| 033.50365 | BARCA |
| 033.50366 | STAD UTRECHT 3 |
| 033.50367 | SIMSON |
| 033.50379 | LENY II |
| 033.50399 | BAMSER |
| 033.50411 | GRETA |
| 033.50418 | WILMA |
| 033.50430 | EN AVANT |
| 033.50474 | MARIUS |
| 038.00003 | NORA |
| 038.00004 | KEVIN |
| 038.00005 | ANTJE 5 |
| 038.00006 | ASSISTENT |
| 038.00008 | RIAN |
| 038.00009 | KNAR |
| 038.00011 | SOPHIA |
| 038.00012 | ANTJE 10 |
| 038.00014 | URSUS |
| 038.00019 | ANTJE 9 |
| 038.00047 | LYTSFEINT |
| 039.00026 | RWS 59 - IR JOSEPHUS JITTA |
| 040.08540 | AGNES |
| 040.11580 | ARGO |
| 040.23150 | FLEVO TRANS |
| 040.25340 | NASSAUKADE |
| 040.27560 | ERNST WERNER |
| 046.01790 | JUPITER |
| 046.05770 | SONDERNHEIM |
| 050.03720 | ORION |

| | |
|---|---|
| 050.18620 | REIHER |
| 050.18740 | BARKI II |
| 050.27030 | ORION |
| 050.29310 | PARCHIM |
| 050.45500 | SENDEN |
| 051.00980 | ANNA TOBY |
| 053.01610 | HANS |
| 054.00560 | BORKUM |
| 054.02370 | RYSUM |
| 055.02450 | TOM |
| 056.02780 | GERDA |
| 056.04470 | SCH 2331 |
| 056.09040 | OURTHE |
| 056.09480 | ORION II |
| 060.02231 | STATUM |
| 060.02235 | BRENDAN |
| 060.02595 | MANTRA |
| 060.02897 | FRISIAN |
| 060.03353 | SYNERGY |
| 060.03459 | MAASSLUIS |
| 060.03724 | HERCULES |
| 060.03817 | MATRICARIA |
| 060.04094 | GANZESTAD |
| 060.04113 | CURACAO |
| 060.04114 | SOBRINA |
| 065.03070 | CHRISTIAN 2 |
| 065.03505 | DIDI |
| 065.03576 | CHRISTIAN |
| 065.03741 | STIER |
| 065.03773 | TIMMY |
| 065.03801 | KEVIN |
| 065.03864 | DANIQUE F |
| 065.03878 | MERWEKRACHT |
| 065.03955 | SABA |
| 065.03959 | BIRGIT |
| 065.04214 | ELIN F |
| 065.04296 | BIZON |
| 070.01720 | LAMBERT |
| 080.23064 | CREDO |
| 080.23139 | MAIN XXI |
| 322.00670 | FARMSUMERDIEP |
| 027-61 | IJSSELMEER |
| 050-82 | RWS 83 |
| 051-82 | RWS 18 |
| 053-82 | RWS 57 |
| 061-52 | NIVEAU |
| 083-71 | V 86 |
| 1886-01 | JULIUS |
| 1887-04 | BUGSIER V |
| 1889-01 | CORRIE II |
| 1893-05 | SAN REMO |
| 1896-06 | ANTWERPEN 12 |
| 1898-04 | SPERBER |
| 1899-01 | CARDINAL D |
| 1900-05 | GIOIA ELIZE |
| 1900-07 | JOHAN |
| 1900-08 | ANNA |
| 1900-09 | MAGDA |
| 1900-10 | SWETSER |
| 1903-05 | JELLE |
| 1903-06 | GABRIELLE |
| 1904-01 | MURENE |
| 1905-07 | DJATI |
| 1906-09 | VALK |
| 1906-12 | VERONA |
| 1907-07 | LEKKO |
| 1907-08 | THERESE |
| 1907-09 | PEEPSLEEP |
| 1909-10 | EVERT |
| 1910-14 | OLLE TEUS |
| 1910-17 | ELIZA |
| 1910-19 | REGINA |
| 1910-20 | ROCHEN VI |
| 1910-21 | VOLHARDING |
| 1910-30 | PEERKE |
| 1911-14 | ACTIEF |
| 1911-15 | CABADELLO |
| 1912-01 | BRUTUS |
| 1912-11 | GOUWZEE |
| 1912-13 | DE HOOP |
| 1912-14 | D'OUWE |
| 1912-16 | JANNES |
| 1913-04 | SANKT PAULI |
| 1913-08 | KOLONIEN |
| 1913-09 | KNILLIS |
| 1914-07 | PRINSES |
| 1914-09 | ADRI |
| 1915-02 | TIEDE |
| 1915-03 | HISTORY |
| 1915-05 | ERIN I |
| 1915-06 | GEDEELDE ZORG |
| 1916-03 | EDAM |
| 1918-02 | BRIKET |
| 1918-03 | JOOP |
| 1919-01 | T IS NIE ANDERS |
| 1920-01 | SNIKKEL |
| 1920-05 | SATILIK |
| 1920-06 | UT E BLOKSLEAT |
| 1920-07 | KMK |
| 1920-08 | SWETTE |
| 1920-09 | AXEL |
| 1920-10 | BRIES |
| 1920-11 | DE STROPER |
| 1920-12 | GIJS |
| 1920-13 | EVA |
| 1920-14 | OCEAN II |
| 1920-15 | SKUA |
| 1920-16 | ORCA |
| 1920-17 | JETJE |
| 1920-18 | WIEBKE |
| 1920-19 | GLOEIKOP |
| 1920-20 | KOPSTUK |
| 1920-21 | NELUS |
| 1920-22 | PIER |
| 1920-23 | GABBER |
| 1920-23 | REMOS |
| 1920-24 | SHERIFF |
| 1920-25 | JANNEKE II |
| 1920-28 | DREUMES |
| 1920-29 | JAKELE |
| 1921-02 | FURIE |
| 1921-03 | THEODOOR |
| 1922-02 | ASSISTENT |
| 1922-03 | TJEDDE |
| 1922-04 | JOPKE |
| 1922-06 | HISTORY |
| 1923-04 | KETELDIEP |
| 1923-05 | CORNELIS |
| 1924-06 | HENDRIKJE |
| 1924-08 | PA KO |
| 1924-09 | PUF PUF |
| 1924-10 | DE WILHELMINA RP 17 |
| 1924-11 | MARINUS |
| 1924-12 | PIERELIER |
| 1924-13 | DEBBY |
| 1924-14 | JANTJE |
| 1924-15 | JUNIOR |
| 1925-11 | DE ZON |
| 1925-12 | ZAR III |
| 1925-13 | KLORUS |
| 1925-14 | TITAN |
| 1925-15 | TWAALF TERMIJNEN |
| 1925-17 | KRAUSE |

| | |
|---|---|
| 1925-18 | ANNE BAUKE |
| 1925-19 | TRIJN |
| 1925-20 | BUFFEL |
| 1926-06 | TYPHOON |
| 1926-07 | IJSVOGEL |
| 1926-08 | CREDO |
| 1926-09 | SHIPDOCK IV |
| 1926-10 | TIA |
| 1927-02 | WAMMES |
| 1927-08 | JOHAN DE WITT |
| 1927-09 | ZELDZAAMHEID |
| 1927-10 | ORA ET LABORA |
| 1927-11 | SHIPREPAIR |
| 1927-13 | ARETHUSA |
| 1927-14 | OCHTUM |
| 1927-15 | THOR |
| 1928-01 | HENRI S |
| 1928-08 | FLINT |
| 1928-14 | ZWERVER |
| 1928-15 | DORUS RIJKERS |
| 1928-16 | JILLIS |
| 1928-17 | TYPHOON |
| 1928-20 | GEERTJE |
| 1929-07 | EN AVANT |
| 1929-08 | STROBBE |
| 1929-10 | MIEP |
| 1929-11 | TITAN |
| 1929-15 | VREDE |
| 1929-21 | MARIE LOUIS III |
| 1929-25 | ROLF |
| 1929-26 | ARIKOK |
| 1929-30 | OUWE VOS |
| 1929-31 | THEO |
| 1930-04 | NEELTJE W |
| 1930-07 | SIMSON |
| 1930-08 | KOPPELGAST |
| 1930-09 | JOSEPHUS B |
| 1930-10 | FURIE |
| 1930-11 | BURRO |
| 1930-12 | TRITON |
| 1930-13 | VOLHARDING |
| 1930-14 | YVONNE |
| 1930-15 | MAATJE |
| 1930-16 | ZWOEGER |
| 1930-17 | BENJAMIN |
| 1930-18 | VRIJHEID |
| 1930-19 | SMOKEY |
| 1930-20 | STAD UTRECHT |
| 1930-21 | TRIXY |
| 1930-22 | TURBOOTJE |
| 1930-23 | ZEEROB II |
| 1930-24 | SAENSTROOM IV |
| 1930-25 | SEAHORSE |
| 1930-26 | JANTJE |
| 1930-27 | CORNELIA CATHARINA |
| 1930-28 | EBELTJE II |
| 1930-29 | FLORIS |
| 1930-30 | RINGVAART 7 |
| 1930-31 | HENRIETTE |
| 1930-32 | STERN |
| 1930-33 | PIETJE BEL |
| 1930-34 | Z SCHIPPER |
| 1930-35 | LEKSTROOM |
| 1930-36 | MIJNTJE |
| 1930-38 | NAMPIE |
| 1930-39 | ONDERHOUD BRUGGEN |
| 1930-40 | OUWE BRAM |
| 1930-41 | IVONNE |
| 1930-42 | JAAPJE |
| 1930-43 | ROY |
| 1930-44 | ASSISTENT |
| 1930-45 | BERTUS |
| 1930-46 | BLUFF |
| 1930-47 | DANNY |
| 1930-48 | D'OUWE |
| 1930-49 | DIEUWERTJE S |
| 1930-50 | BARST |
| 1930-51 | DORUS |
| 1930-52 | WALRUS |
| 1930-53 | BALDER |
| 1930-54 | HECTOR |
| 1930-55 | CONJO |
| 1930-57 | HANSEAT |
| 1930-58 | ROZEMARIJNTJE |
| 1930-59 | HENDRIK SR |
| 1930-61 | OPDONDERTJE |
| 1930-62 | THIJS |
| 1930-63 | ANTJE |
| 1930-64 | ASSISTENTJE |
| 1930-65 | BONKE |
| 1930-66 | OME TINUS |
| 1931-03 | SHARON |
| 1931-06 | STAD GENT |
| 1931-07 | RES NOVA |
| 1931-09 | HENDRIKJE |
| 1932-04 | M.S.1 |
| 1932-06 | MAAIKE |
| 1933-04 | TINKER |
| 1933-05 | OFFENBURG |
| 1933-06 | ONDERHOUD BRUGGEN 2 |
| 1933-07 | ALCO II |
| 1933-08 | NOOIT VOLMAAKT |
| 1934-01 | WODAN |
| 1934-02 | THEMIS |
| 1934-03 | RATHENOW |
| 1934-04 | JORIS |
| 1934-05 | ALTIJD WAT |
| 1935-01 | ARIE |
| 1935-02 | NESTOR |
| 1935-03 | NOOIT VOLMAAKT |
| 1935-04 | SERVIO |
| 1935-05 | ASTERIX |
| 1935-06 | OUWE JAAP |
| 1935-07 | JUNIOR |
| 1935-08 | OXI |
| 1935-09 | AAGJE |
| 1935-10 | AGATHA M |
| 1935-12 | ANTJE |
| 1935-13 | LADY RAISSA |
| 1935-14 | ATLAS |
| 1935-15 | DUWEZEL |
| 1935-16 | DRIEKUS |
| 1935-17 | KEVER |
| 1935-18 | ISABEL |
| 1936-02 | TIGRIS |
| 1936-03 | ANJE GEZINA |
| 1936-04 | Y 8122 |
| 1937-01 | WAMANDAI |
| 1937-02 | SKYLLA |
| 1938-05 | BUIZERD |
| 1938-06 | WIERINGEN |
| 1938-07 | KATTENMEER |
| 1938-08 | GERDA |
| 1938-09 | OME GIJS |
| 1938-10 | NEET |
| 1938-11 | BARCA I |
| 1938-12 | OMNIA |
| 1939-06 | ALDERFERS-KUORRENDST |
| 1939-08 | JUMBO 2 |
| 1939-09 | WILLEM |

| | |
|---|---|
| 1940-05 | DAJA |
| 1940-06 | WILLY |
| 1940-08 | TIETJE |
| 1940-09 | BOAT BRIDGE ERECTION |
| 1940-10 | ALDMAN |
| 1940-11 | OPMAATJE |
| 1940-12 | RAKKER |
| 1940-13 | BO ALEXANDER |
| 1941-02 | HAVENDIENST 20 |
| 1943-02 | ADRIANA |
| 1943-03 | ISKRA |
| 1944-01 | HENNY |
| 1945-02 | BRIEFJE |
| 1945-03 | ANNA |
| 1945-07 | POLY TUG |
| 1946-07 | SVEN |
| 1946-08 | DE ZEEUW |
| 1947-08 | KINDERDIJK 4 |
| 1947-10 | DE LIEFDE |
| 1947-11 | RVE 21 - TITAANTJE |
| 1949-26 | POTHOOFD |
| 1949-27 | QUATRO |
| 1950-21 | CHALLIS |
| 1950-22 | AVANTI |
| 1950-23 | BONGEL |
| 1950-24 | ENNO |
| 1950-25 | HARMONIE |
| 1950-26 | WUTA |
| 1950-28 | SHIPDOCK V |
| 1950-29 | BERTUS |
| 1950-30 | BEREBOOT |
| 1950-31 | PW 305 |
| 1950-32 | ZWARTE ZEE II |
| 1950-33 | DOKUS |
| 1950-34 | AARSTROOM |
| 1950-35 | GUUST |
| 1950-36 | MARIE III |
| 1950-37 | LOUTJE |
| 1950-38 | TITANIC |
| 1950-39 | VIOS |
| 1950-40 | VLIELAND |
| 1950-41 | PW 2 |
| 1950-42 | ANNA |
| 1950-43 | DELIVERTJE |
| 1950-44 | ALJO |
| 1950-45 | LOT |
| 1950-46 | ANNA 3 |
| 1950-47 | AVONTUUR |
| 1950-48 | GIJSBERTHUS |
| 1950-49 | ANTOON |
| 1950-50 | BUDDY |
| 1950-51 | ATALANTA |
| 1950-53 | ATTACK 5 |
| 1950-54 | ENERGIE |
| 1951-09 | DOORDOUWER |
| 1951-10 | ARGUS |
| 1951-11 | FURIE |
| 1952-08 | NEROS |
| 1952-09 | ANNABEL |
| 1953-18 | CLAES COMPAEN |
| 1954-10 | GENIEMUSEUM |
| 1954-11 | ITHAKA |
| 1954-12 | ALBATROS |
| 1955-02 | SCHELPENDAM |
| 1955-03 | SPARTA |
| 1955-04 | Y 8017 DOMBO |
| 1955-05 | NELIS |
| 1955-06 | KOCO |
| 1955-08 | OUWE SEUN |
| 1956-11 | SB 21 |
| 1956-13 | VLIELAND |
| 1957-07 | BENJAMIN |
| 1957-08 | LUNE |
| 1958-11 | TYPHOON |
| 1958-12 | NEPTUN |
| 1958-13 | KRIJGSMAN |
| 1958-14 | KRONOS II |
| 1959-04 | MAASSLUIS |
| 1959-06 | FREONSKIP |
| 1960-19 | GRETHA |
| 1960-20 | JOHN PAUL |
| 1960-21 | ARCHIMEDES |
| 1960-23 | TOR |
| 1961-12 | MARTIN |
| 1961-13 | PROVINCIE ZUID HOLLAND |
| 1961-15 | TARRA |
| 1961-17 | KREKEL |
| 1961-18 | MARTINUS JAN |
| 1961-19 | OLIEBRON |
| 1961-20 | LIBBEN |
| 1962-09 | LASEIGNURE |
| 1962-10 | YVONNE |
| 1963-26 | STELLE |
| 1963-27 | ORESUND |
| 1963-31 | NOORDGEUL |
| 1964-18 | SCHELDE III |
| 1964-19 | IJSTROOM |
| 1964-23 | AVONTUUR |
| 1964-24 | SIMSON |
| 1965-25 | GILEPPE |
| 1965-27 | IMAGO |
| 1965-28 | ELISE 6 |
| 1965-29 | WISSELSTROOM |
| 1965-30 | QUINT |
| 1966-17 | GANTEL |
| 1966-18 | SB 13 |
| 1966-19 | HEINZ |
| 1967-15 | BATAVIAHAVEN |
| 1968-07 | TOM |
| 1968-09 | KILSTROOM |
| 1968-10 | SPICA |
| 1968-11 | SB 2 |
| 1969-03 | BARKOS |
| 1969-04 | SB 24 |
| 1969-04 | SB 24 |
| 1969-05 | RAMBO |
| 1969-06 | SB 17 |
| 1969-07 | ANTJE 3 |
| 1970-11 | PIJLMAN |
| 1970-13 | POTVIS |
| 1970-15 | VAN NOORTKADE |
| 1970-16 | SB 15 |
| 1970-17 | WANDELAAR |
| 1970-18 | WORTMAN |
| 1970-19 | AUKE |
| 1972-06 | RUIGOORD |
| 1972-07 | W D PETREL |
| 1972-08 | W D SKUWA |
| 1972-09 | W D PLOVER |
| 1973-06 | MAHIRA |
| 1973-07 | KIM |
| 1973-08 | JACOBA 9 |
| 1973-09 | SB 16 |
| 1974-07 | HUBERT |
| 1974-08 | NANCY |
| 1974-09 | SB 3 |
| 1974-10 | HAVENDIENST 3 |
| 1975-08 | MULTICAT |
| 1975-09 | POPKE |
| 1975-10 | MATHEA |
| 1975-11 | SB 8 |
| 1976-05 | BK 25 |

| imo nummer | naam |
|---|---|
| 2311117 | AARON |
| 5062314 | EN AVANT 27 |
| 5100427 | ELBE |
| 5300261 | ROSOMAK |
| 5422112 | POLLUX |
| 6724672 | SEALIFT 22 |
| 6907171 | GRUNO V |
| 7052911 | BARRACUDA |
| 7232626 | MULTRATUG 11 |
| 7232638 | MULTRATUG 10 |
| 7302225 | VOS SOUTHWIND |
| 7302237 | NORTHWIND |
| 7328114 | MULTRATUG 9 |
| 7514189 | DRADO |
| 7528491 | ARION |
| 7610012 | MTS VISCOUNT |
| 7612620 | HERCULES |
| 7647443 | SARA MAATJE X |
| 7700180 | SIRIUS |
| 7719052 | SATURNUS |
| 7917991 | SMIT COLLINGWOOD |
| 8103066 | ZP CONDON |
| 8103078 | ZP CHALONE |
| 8107177 | VOS SYMPATHY |
| 8108377 | IVERO |
| 8113657 | FRIESLAND |
| 8117483 | ZEELAND [35] |
| 8224339 | RPA 15 |
| 8306412 | RPA 14 |
| 8318166 | WATERMAN |
| 8412821 | MARIAN V |
| 8414154 | MULTRATUG 16 |
| 8433435 | CATHARINA 11 |
| 8433564 | PANTER |
| 8433681 | WILLEM B SR |
| 8433710 | ZEEHOND |
| 8433899 | MPR SOUNDER |
| 8516952 | BLIZZARD |
| 8516976 | BLUSTER |
| 8516988 | BOULDER |
| 8521141 | SVITZER SVEZIA |
| 8521701 | POLEN |
| 8607476 | COASTAL SAGA |
| 8703995 | A 877 ROTTE |
| 8844531 | SMIT TAHITI |
| 8862652 | CONRAD |
| 8872057 | SIRE |
| 8873805 | OCEAAN |
| 8954398 | REBECCA S |
| 8954702 | COASTAL CONQUEST |
| 8954714 | VLIELAND |
| 8959879 | ARMANBORG |
| 8985969 | WATERSTAD |
| 8987424 | COASTAL ENTERPRISE |
| 9034999 | ZELZATE |
| 9035008 | EVERGEM |
| 9054365 | SIMSON |
| 9059298 | JAMUNA I |
| 9060699 | TEXELBANK |
| 9060704 | THAMESBANK |
| 9065807 | DANCING WATER |
| 9094547 | MMS OMEGA |
| 9102887 | COASTAL LEGEND |
| 9107409 | FAIRPLAY XII |
| 9110406 | OCEAAN II |
| 9110860 | WATERGEUS |
| 9152624 | A 878 GOUWE |
| 9153616 | FAIRPLAY 24 |
| 9173941 | SMIT YENOGOA |
| 9174567 | SD JACOBA |
| 9174593 | SMIT TRAFALGAR |
| 9179012 | SMIT RIMA |
| 9186077 | COASTAL LIBERTY |
| 9187253 | SMIT NIDA |
| 9190054 | RT INNOVATION |
| 9190066 | RT MAGIC |
| 9190121 | KHAZARBORG |
| 9190391 | SMIT CLYDE |
| 9190494 | SMIT LOIRE |
| 9190509 | SMIT RHONE |
| 9190614 | RT PIONEER |
| 9190829 | RT SPIRIT |
| 9192313 | PM 1 |
| 9210995 | FAIRPLAY 25 |
| 9239563 | RPA 10 |
| 9251987 | DMS CONDOR |
| 9252527 | THETIS |
| 9264386 | EN AVANT 10 |
| 9265706 | MMS KINETIC |
| 9273870 | VOS PRODUCER |
| 9273911 | VOS POWER |
| 9289996 | GOKSU |
| 9292852 | SVITZER MARS |
| 9292888 | SVITZER MUIDEN |
| 9292890 | SVITZER MARKEN |
| 9295775 | AMSTELSTROOM |
| 9304904 | COASTAL RAMBLE |
| 9309813 | SMIT CURACAO |
| 9315563 | FAIRMOUNT SHERPA |
| 9315575 | FAIRMOUNT SUMMIT |
| 9317901 | SVITZER MALLAIG |
| 9322592 | SMIT NICOBAR |
| 9333888 | RT ZOE |
| 9334026 | VOS PROMINENCE |
| 9342102 | EN AVANT 1 |
| 9344769 | FAIRMOUNT GLACIER |
| 9344784 | FAIRMOUNT ALPINE |
| 9350161 | MULTRATUG 5 |
| 9352224 | VOS SATISFACTION |
| 9355329 | SMIT DONAU |
| 9358943 | FAIRMOUNT EXPEDITION |
| 9360582 | MULTRATUG 4 |
| 9365116 | FAIRPLAY III |
| 9366706 | SMIT ARUBA |
| 9372664 | COASTAL RANGER |
| 9376220 | RT MARGO |
| 9378034 | POOL EXPRESS |
| 9378046 | VOS BASE |
| 9380647 | NORTH |
| 9382463 | BALOE |
| 9389485 | SMIT ELBE |
| 9394026 | MEANDER |
| 9394038 | ISA |
| 9395783 | COASTAL ASSISTANT |
| 9396220 | SMIT EUROPE |
| 9396232 | SMIT AFRICA |
| 9396426 | SMIT DANE |
| 9397925 | SMIT MADAGASCAR |
| 9402457 | SMIT VENTA |
| 9405382 | SEA GOLF |
| 9408645 | EN AVANT 20 |
| 9411109 | GIESSENSTROOM |
| 9414204 | DMS HAWK |
| 9416563 | FAIRPLAY 30 |
| 9423425 | ZWERVER I |
| 9428047 | WATERSTROOM |
| 9428059 | WATERSTRAAT |
| 9431903 | VIKING |

| | |
|---|---|
| 9433767 | ITC CYCLONE |
| 9434826 | SMIT JAGUAR |
| 9434876 | WEST |
| 9438951 | FAIRPLAY 29 |
| 9443247 | SMIT BONAIRE |
| 9444338 | VOS PRECIOUS |
| 9444663 | SEA ECHO |
| 9447093 | COASTAL GUARDIAN |
| 9450258 | COASTAL VICTORY |
| 9451252 | ANDRE B |
| 9451537 | TRITON |
| 9453925 | ITC MISTRAL |
| 9470181 | KIM K |
| 9474917 | RT PETER |
| 9476393 | SMIT EBRO |
| 9476394 | SMIT SEINE |
| 9479113 | RWS 71 |
| 9479125 | RWS 75 |
| 9479137 | RWS 78 |
| 9479175 | RWS 70 |
| 9479187 | RWS 72 |
| 9479199 | RWS 73 |
| 9479266 | RWS 74 |
| 9479278 | RWS 76 |
| 9479280 | RWS 77 |
| 9479292 | RWS 79 |
| 9479785 | YOGI |
| 9480875 | MARIA G |
| 9481752 | MULTRATUG 17 |
| 9487029 | SEA BRAVO |
| 9489948 | RT EDUARD |
| 9492256 | BEVER |
| 9492880 | MULTRATUG 18 |
| 9494993 | COASTAL HUNTER |
| 9503794 | TESSA W |
| 9507051 | BRENT |
| 9507063 | GINGER |
| 9510228 | ITC CHINOOK |
| 9513244 | EAST |
| 9516272 | SMIT MONTSERRAT |
| 9516284 | SMIT CAYMAN |
| 9520144 | MARIANNA G |
| 9520338 | COASTAL WARRIOR |
| 9524504 | BLACKBIRD |
| 9524516 | HARRIER |
| 9524528 | BUZZARD |
| 9524932 | CONSTRUCTOR |
| 9528299 | SMIT BULLDOG |
| 9528304 | SMIT BUFFALO |
| 9529425 | EN AVANT 31 |
| 9532305 | SMIT AL KOUT |
| 9534078 | COMPASS |
| 9541708 | FAIRPLAY XIV |
| 9546849 | MORAQ M |
| 9547879 | DUTCH POWER |
| 9547881 | DUTCH PEARL |
| 9548885 | KINGFISHER |
| 9548897 | DMS OSPREY |
| 9552084 | KASYMBORG |
| 9552197 | VOS ARES |
| 9556612 | DINTELSTROOM |
| 9562984 | DMS WEAVER |
| 9563201 | BRUTUS |
| 9563213 | SKINFAXE R |
| 9563861 | COASTAL DISCOVERY |
| 9564217 | INGE J |
| 9569346 | ATLAS |
| 9570888 | AILEEN M |
| 9572006 | MULTRATUG 20 |
| 9572824 | ODIN |
| 9577472 | NORTHWIND |
| 9577484 | SOUTHWIND |
| 9579418 | COASTAL FIGHTER |
| 9582764 | LYDIA D |
| 9585261 | MTS VANTAGE |
| 9586409 | M.P.R.1 |
| 9591569 | COASTAL VANGUARD |
| 9593256 | M.P.R.2 |
| 9600463 | COASTAL BOXER |
| 9600762 | ARGUS |
| 9601510 | VOS SHINE |
| 9601522 | VOS SWEET |
| 9605347 | TARKA |
| 9605449 | SEA FOXTROT |
| 9606091 | VOS THALIA |
| 9606106 | VOS THALASSA |
| 9611539 | M.P.R.3 |
| 9612806 | NORNE |
| 9614878 | ZWERVER III |
| 9616577 | M.P.R.4 |
| 9618381 | JOLI L |
| 9621522 | SANABORG |
| 9621534 | SERKEBORG |
| 9623142 | TORSTEN |
| 9630250 | MULTRATUG 19 |
| 9631498 | YVONNE W |
| 9635975 | MULTRASALVOR 3 |
| 9636125 | MENA C OF RHU |
| 9637363 | IEVOLI AMARANTH |
| 9639737 | ELIZABETH |
| 9639969 | OCEANUS |
| 9639971 | CRONUS |
| 9641479 | OPUA |
| 9641481 | NERO |
| 9643659 | BOMMEL |
| 9646314 | BYLGIA |
| 9646326 | KOLGA |
| 9646560 | LIZ F |
| 9646778 | DUTCH BLUE |
| 9647320 | COASTAL CHALLENGER |
| 9648180 | JIF BREIZH |
| 9652090 | RIMFAXE R |
| 9652399 | YN 571670 |
| 9653202 | ANNA B |
| 9660293 | YN 571680 |
| 9660322 | COASTAL VOYAGER |
| 9665023 | AMERSTROOM |
| 9667863 | MULTRATUG 26 |
| 9667875 | MULTRATUG 27 |
| 9668025 | BERNARDUS |
| 9675963 | FENNA B |
| 9679464 | YN 509654 |
| 9684639 | YN 571688 |
| 9688673 | YN 571707 |
| 9688867 | YN 571712 |
| 9688881 | YN 571685 |
| 9695523 | MERCURIUS |
| 9695779 | SEA HOTEL |
| 9696498 | YN 571677 |
| 9700536 | YN 571703 |
| 9700548 | YN 571705 |
| 9701384 | KEES JR |
| 9704946 | COASTAL CHARIOT |
| 9712412 | INGE W |
| 9714575 | EDDY I |

**Vereniging De Motorsleepboot (VDSM)**
Vereniging de Motorsleepboot , is een vereniging die bestaat uit eigenaren/liefhebbers van sleepboten en opduwers. De Vereniging is op 6 februari 1993 opgericht. Het aantal leden/begunstigers bedraagt zo'n 600, waarvan het merendeel in het bezit is van een sleepboot of opduwer.
Ieder jaar wordt, tijdens het Hemelvaartweekend door de Vereniging 'De Nationale Sleepboot Dagen' georganiseerd, het ene jaar in Zwartsluis, het andere jaar in Vianen. Dit evenement wordt door veel leden met hun schip opgeluisterd. Van april tot ver in september zijn er meerdere evenementen door Nederland, maar ook in Duitsland en België, waarin leden van de Vereniging hun 'varend erfgoed' tonen aan het publiek.
Eén van de doelstellingen van de Vereniging De Motorsleepboot is 'het mede in stand houden van het varend erfgoed'. Meerdere schepen hebben inmiddels de respectabele leeftijd van 100 jaar bereikt. De schepen zijn vaak voorzien van motoren met legendarische namen als, Brons, Industrie en Kromhout. Ondanks soms de hoge leeftijd van de motoren leveren ze nog de nodige pk's en brengen ze schipper en bemanning daar waar ze naar toe willen.
Op de site van de Vereniging is te lezen en, aan de hand van foto's, ook te zien wat er zoal leeft op het gebied van dit onderdeel van het 'varend erfgoed'. Ook is er te lezen waar er een evenement plaats zal gaan vinden ,waar leden met hun sleepboot of opduwer te bewonderen zijn.
Voor meer informatie kunt u terecht bij: VDMS, Postbus 1015, 2400 BA Alphen a/d Rijn.
e-mail: secretaris@motorsleepboot.nl – website: www.motorsleepboot.nl

**Stichting Lekko Foundation**
Als vereniging heeft LEKKO zichzelf opgeheven en is omgevormd in Stichting Lekko Foundation. Lekko werd in 1975 opgericht en verenigde een groot aantal mensen met belangstelling voor de (inter) nationale sleepvaart. De activiteiten bestonden ondermeer uit het organiseren van bijeenkomsten welke veelal maandelijks ergens in Nederland werden gehouden, zoals vaartochten en de jaarlijkse rederijdagen waarbij de leden te gast waren bij een sleepvaartrederij.
Wat blijft is de uitgave van het Nederlandstalig blad LEKKO en het Engelstalig tijdschrift Lekko Internationaal. Beide periodieken geven in vaste rubrieken volop informatie over de nationale en internationale sleepvaart. (een combiabonnement op beide bladen is mogelijk).
Voor nadere informatie kunt u zich wenden tot: Secretariaat Lekko, Hooiland 35, 9205 ED Drachten.
e-mail: info@lekko.org – website: www.lekko.org

**Stichting BASM**
De Stichting tot Behoud van Authentieke Stoomvaartuigen en Motorsleepboten houdt zich bezig met wetenschappelijk en historisch onderzoek van de sleep - en duwvaart. Voorts verzorgt zij publicaties op het gebied van bestaande én verdwenen sleep - en duwboten, alsmede aanverwante categorieën als werkschepen, overheids- en dienstvaartuigen.Ook houdt zij zich bezig met behoudszaken voor doelgroepschepen, waaronder het beoordelen en schouwen van genoemde doelgroepvaartuigen ten behoeve van het Nationaal Register Varende Monumenten en zij neemt deel in fondsen welke bijdragen tot behoud daarvan.
Deze activiteiten worden gepubliceerd in het tweemaandelijks tijdschrift Sleep & Duwvaart.
Tenslotte tracht zij vlaggen van voormalige Nederlandse machinefabrieken (her -) uit te geven, zoals Bolnes, Industrie, Kromhout, Samofa en Lister.
Voor nadere informatie kunt u terecht bij: Stichting BASM, Postbus 190, 1520 AD Wormerveer.
e-mail: basmbehoud@xs4all.nl – website: www.basm.nl

**Tijdschrift Sleep & Duwvaart**
Het tijdschrift Sleep & Duwvaart wordt speciaal vervaardigd door een onafhankelijke redactie voor de Sleep - & Duwvaartbranche in Nederlandse wateren. De redactie bestaat geheel uit vrijwilligers die voor een groot deel werkzaam zijn/waren in de binnenvaart en/of aanverwante branches.
Het blad verschijnt rond de 15de van de even maanden en wordt uitgegeven door de Stichting B.A.S.M. Iedere uitgave omvat weer een schat aan gegevens over bestaande én verdwenen sleep - en duwboten, alsmede aanverwante categorieën als werkschepen, overheids- en dienstvaartuigen.
De basis van de publicatie bestaat uit een databestand van ruim 25.000 files, dat vanaf begin jaren tachtig is opgebouwd uit gegevens uit openbare registers.
Voor nadere informatie kunt u terecht bij: Tijdschrift Sleep & Duwvaart, Postbus 190, 1520 AD Wormerveer.
e-mail: sleepduwvaart@xs4all.nl
website: www.sleepduwvaart.nl - www.dienstvaartuig.nl - www.varenderfgoed.nl - www.sleepboothavens.nl

**Vereniging "De Binnenvaart"**

De Vereniging De Binnenvaart (opgericht op 3-2-1990) heeft als doelstelling: "Het stimuleren van de interesse in de nationale en internationale binnenvaart op niet politieke, commerciële of ideologische grondslag". De vereniging is sinds de oprichting in 1990 een begrip geworden. De ruim 3400 leden komen zeker niet alleen uit binnenvaartkringen. Vele liefhebbers uit Nederland en van ver over de grenzen hebben zich inmiddels aangesloten en daarmee is de vereniging dan ook één van de grootste (niet-commerciële) verenigingen in de binnenvaart. In 2004 heeft de Vereniging de historische duwboot René Siegfried aangekocht en deze ondergebracht in de stichting De Binnenvaart. Aan boord zijn het eerste Nederlandse binnenvaartmuseum en het binnenvaart documentatiecentrum gevestigd. De René Siegfried heeft zijn ligplaats in Dordrecht en is wekelijks op donderdag geopend voor belangstellenden. Online is de Vereniging te bewonderen op www.debinnenvaart.nl. Vereniging De Binnenvaart weet met haar nautisch tijdschrift BINNENVAART, vele interessante artikelen over de wereldwijde binnenvaart onder de aandacht van een groot publiek te brengen. Daarnaast organiseert de Vereniging jaarlijks een interessante excursie en sinds 2001 hebben er ook maritieme studiereizen naar China, Noord en Oost Europa en de Verenigde Staten van Amerika plaatsgevonden.
Voor nadere informatie kunt u terecht bij: Vereniging De Binnenvaart, Postbus 24066, 3007 DB Rotterdam.
e-mail: info@debinnenvaart.nl – website: www.debinnenvaart.nl

**Verantwoording**

Het jaarboek Sleep - & Duwboten 2015 kwam tot stand met de medewerking van zeer gewaardeerde sleep - en duwboot specialisten met specificaties in zee -, haven -, bagger - en binnenvaart. Hierbij gaat onze dank uit naar de medewerkers L. Bergsma - Harlingen, C. de Bijl – Dordrecht, K. Hegemans – Spijkenisse, D. Henken – Strijen, P. Inpijn – Nieuwegein, E. Jongerden - Breukelen, J. v.d.Klooster, D. Ooms - Lekkerkerk, R.H. Mulder – Amsterdam, A. Poots – Dordrecht, L. Schuitemaker - Klundert, G. Schuth – Koblenz, J.W.F. Smallegange – Nieuwe Tonge, F. de Vries – Amsterdam, Jan Weij – Aalsmeerderbrug, R.J.M. Weteling – H.I.Ambacht, T. de Wit - Castalla Alicante (Spanje) en T. v.d.Zee – Maassluis.

Alsmede de bedrijven Register Holland in Enkhuizen, Scheepswerf Jac den Breejen in Hardinxveld, Cummins Holland BV uit Dordrecht, Machinefabriek Dolderman BV in Dordrecht, Pon Power in Papendrecht, De Haas Dieselmotoren BV in Maassluis, De Groot Motoren in Dordrecht, MTU Detroit Diesel Benelux in Dordrecht, Pon in Papendrecht, Volvo Penta Europe in Beest en diverse Kamers van Koophandel.

We hopen dat de inzenders, die ons voorzagen van grote hoeveelheden foto's, tevreden zijn met de door ons naar "eer en geweten" geselecteerde en gepubliceerde foto's.

**Geraadpleegde literatuur**

Weekblad Schuttevaer, Vereniging De Binnenvaart, Lekko, Scheepsfotoruilbeurs, Scheepvaartkrant, Binnenvaartkrant, Sleep en Duwvaart, Schip en Werf, Motoren nieuws, HBS International, Nieuwsblad Transport, De Waterlijn, meerdere dagbladen en de webside van binnenvaartorganisaties, scheepswerven, machinefabrieken, rederijen, particuliere eigenaren en sleepvaarthobbyisten.n.

| | |
|---|---|
| Huidige Scheepsnaam | Reg. nr. |
| Eigenaar | |
| Adres | Woonplaats |

Sleepboten 2015

Gewijzigde gegevens

| | | | | |
|---|---|---|---|---|
| Scheepsnaam | | | Reg.nr. | |
| Ex namen | | | | |
| Afmetingen | | | | |
| Eigenaar | | | Telefoon | |
| Adres | | | Woonplaats | |
| Bouwjaar | | | Bouwwerf | |
| Vermogen | ............ kW | ......... pk | Motormerk | Type |
| Boegschroef | ............ kW | ......... pk | Motormerk | Type |

## Mutatiekaart

In envelop en voldoende
gefrankeerd zenden aan:

Redactie Binnenvaart
R. Kiplingerf 232
3315 AJ Dordrecht

U kunt ook een e-mail sturen aan:
binnenvaart@hetnet.nl
binnenvaartwvh@gmail.com

Of een fax naar:
Uitgeverij de Alk: 072 - 512 99 89

Afz: ..............................................................................

..............................................................................

..............................................................................

..............................................................................